KB081130

Điện Biên Phủ

보응웬지압 著

강범두 譯

디엔비엔푸 베트남 독립전쟁 회고록

2019년 11월 30일 초판 1쇄 발행

저　　자　보응웬지압
번　　역　강범두
편　　집　정경찬, 박관형
마 케 팅　정다움
디 지 털　김효준
주　　간　박관형

발 행 인　원종우
발　　행　이미지프레임
주소 [13814] 경기도 과천시 뒷골 1로 6, 3층
전화 02-3667-2654(편집부)　02-3667-2653(영업부)　**팩스** 02-3667-2655
메일 imageframe@hanmail.net　**웹** imageframe.kr

I S B N　979-11-6085-978-2 03390

서문

디엔비엔푸(Điện Biên Phủ) 전투가 끝난 지도 어언 60년이 흘렀다. 그러나 그 메아리는 여전히 울려 퍼지고 있고, 아직도 일련의 사건과 결과에 대한 격론이 계속되고 있다. 소규모 매복이나 강습이 아닌 장기간에 걸친 현대전투에서, 본질적으로 농민들에게 원시적인 무기를 무장시켜 구성된 베트남 인민군이, 어떻게 현대식 무기와 풍부한 경험을 가진 프랑스군보다 다양한 부대들을 양호하게 협조시킬 수 있었을까?

이 모든 의문에 대한 답변이나 비평은 베트남 전략에 정통하고, 승리를 위한 모든 군사적 및 정치적 사실을 밝혀 주는 빛이며, 드라마의 주역이고, 당시 베트남 인민군 총사령관이었던 보응웬지압(Võ Nguyên Giáp) 대장의 설명으로 대체할 수 있을 것이다.

Thế Giới(세계) 출판사

역자 서문

이 책은 베트남의 전쟁영웅인 보응웬지압(Võ Nguyên Giáp) 대장이 지은 『디엔비엔푸로 가는 길』과 『디엔비엔푸』의 영문판을 한글로 번역하고 한권으로 합본한 것이다. 이 책은 디엔비엔푸 전역을 준비하던 1950년 여름부터 디엔비엔푸 전역이 종료된 1954년 5월까지의 상황을 다루고 있다.

이 책은 객관성이 중요시되는 전쟁사가 아닌 지압 장군의 회고록이다. 또한 이 책이 일부 내용(고뇌에 찬 결단)을 제외하고는 미국과의 긴장이 고조되고 있던 1964년에 저술되었다는 점도 이해할 필요가 있다.

본인이 베트남에서 출간된 이 책을 번역하게 된 동기는 두 가지 이유 때문이다.

첫째, 지압 장군의 추천이다. 본인은 베트남에서 국방무관직을 수행하던 중 만나고 싶었던 지압 장군을 만나게 되었다. 잘 알다시피 그는 호치민과 더불어 베트남의 전쟁영웅이었다. 아니 어찌 보면, 지압 장군은 호치민보다도 더 위대한 영웅일지도 모르겠다. 2008년 8월 어느 날, 그를 방문할 수 있는 영광이 주어졌다. 그와의 면담은 그의 위상과 건강을 고려하여 베트남 정부가 통제하고 있었기 때문에 몇 번의 노력 끝에 어렵게 성사되었다. 당시 그의 나이는 97세였는데, 사진에서 보던 위풍당당한 체구는 세월의 뒤안길로 사라지고 야위되 야윈 모습이었다. 그러나 그는 시종 꼿꼿한 자세를 잃지 않았고, 음성은 어눌했으나 논리는 정연했다. 내가 그에게 질문했다. "디엔비엔푸 1차 포위 시, 만인의 반대를 무릅쓰고 공격을 하지 않고 후퇴하셨습니다. 그 이유는 성공 확률이 100%가 아니라는 것이었습니다. 그렇다면 2차 포위 시에는 성공을 100% 확신하셨습니까?" 갑자기 그가 눈을 번쩍 뜨고, 주먹을 불끈 쥐면서 대답했다. "나는 성공을 100% 확신했습니다. 우리는 프랑스군의 강약점을 조목조목 분석했고, 이를 우리가 여하히 이용할 것인가를 알았기 때문이었지요."

이 만남이 있은 지 2년 뒤인 2010년 10월, 그의 나이 99세가 되던 해에 하노이 주재 무관단 방문 때 그를 다시 만날 수 있었다. 본인은 그에게 "장군님! 우리가 베트남을 제대로 이해하려면 무엇을 공부해야 합니까?"라고 물었고, 그는 "우리 베트남의 역사는 전쟁의 역사라 해도 과언이 아닐 것입니다. 적어도 3권의 책은 필히 읽어봐야 할 것입니다. 이를 읽지 않고는 베트남을 안다고 말할 수 없을 것입니다." 그때 지압 장군이 우리에게 소개해준 책 3권이 바로 『30년 전쟁』, 『디엔비엔푸로 가는 길』, 그리고 『디엔비엔푸』였다.

둘째, 디엔비엔푸 전역이 베트남의 역사뿐만 아니라 세계사적으로도 중요한 위치를 점하고 있음에도 불구하고, 우리나라에는 동 전역이 일부 자료로써 소개되었을 뿐 온전한 한 권의 책으로는 소개된 적이 없었다. 이제 디엔비엔푸 전역 65주년을 맞이하여 이를 바로잡고자 한다.

이 책의 내용 중 베트남군의 전과에 대한 진위 확인은 우리에게 그리 중요한 것이 아닐 것이다. 우리에게 필요한 것은 지압 장군이 어떻게 국내외 정세를 분석하고, 이를 전략과 작전술로 발전시켰으며, 상황이 유리할 때와 불리할 때 싸우는 방법을 어떻게 달리했고, 당군관민(黨軍官民)의 혼연일체를 이루어 승리를 이루었는가를 살펴보는 것일 것이다.

끝으로 본 번역서가 세상에 나올 수 있도록 도표와 사진에 정성을 기울여 주신 이승엽님과 감수와 출판에 혼신의 노력을 아끼지 않으신 한국전략문제연구소 부소장이신 주은식 장군님, 그리고 길찾기 출판사 원종우 사장님께 감사드린다.

2019.11

역자 강 범 두

목차

디엔비엔푸로 가는 길

디엔비엔푸

부록

디엔비엔푸로 가는 길

- 다가온 기회
- 주타격지점
- 국경지방 해방
- 베트남 노동당
- 내륙지방으로
- 평원지대를 향해
- 1951년 여름
- 커다란 의문
- 화빙 전역
- 두 개의 전선
- 떠이박을 향한 새로운 여정
- 삼네우아의 봄

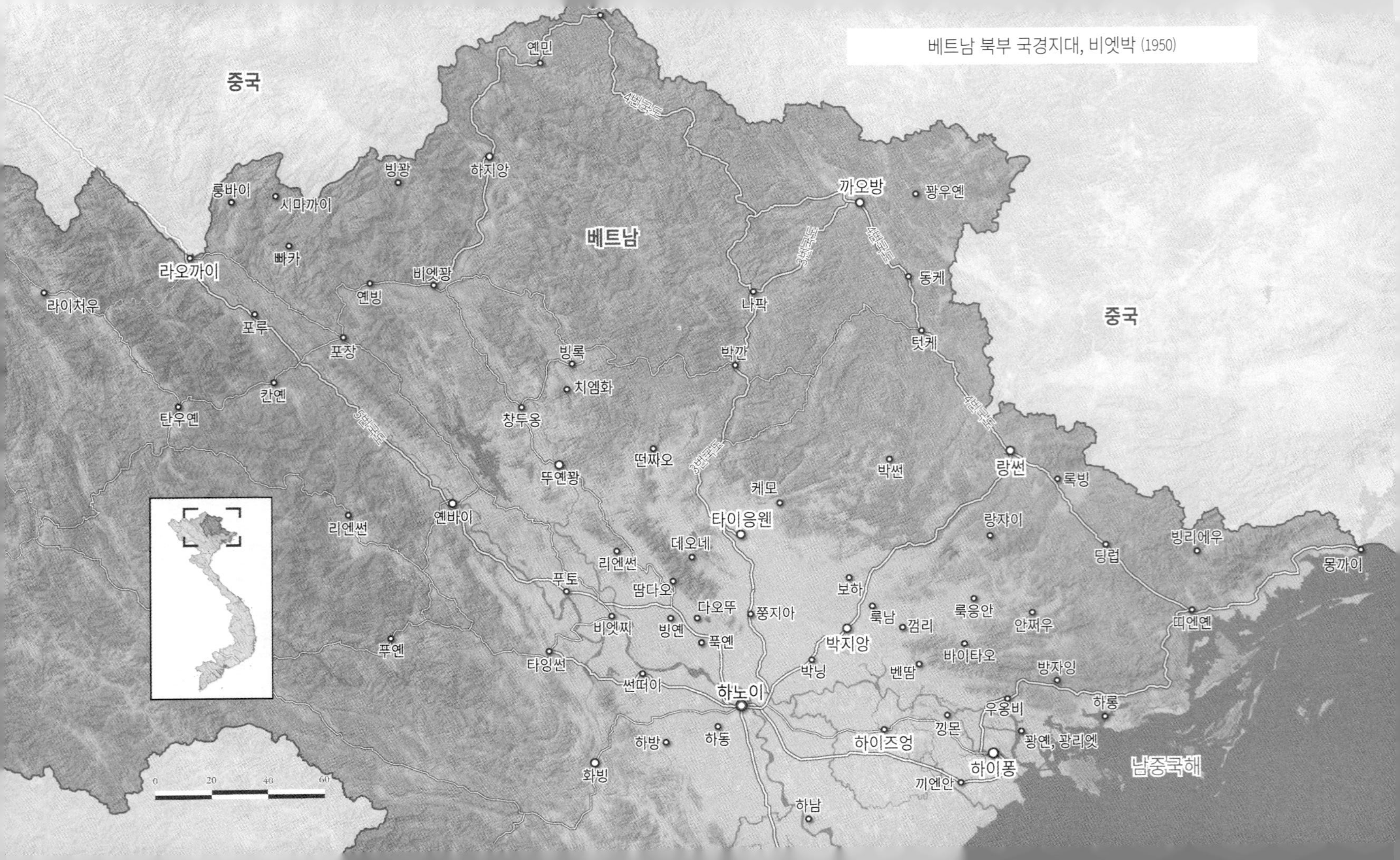
베트남 북부 국경지대, 비엣박 (1950)
중국
중국
베트남
남중국해
옌민
4번국도
하지앙
빙꽝
룽바이
시마까이
까오방
꽝우옌
빠카
라오까이
비엔꽝
옌빙
3번국도
4번국도
동케
나팍
라이처우
포루
포장
빙록
박깐
텃케
칸옌
치엠화
탄우옌
5번국도
창두옹
4번국도
떤짜오
3번국도
랑썬
박썬
록빙
뚜옌꽝
케모
옌바이
타이응웬
랑쟈이
리엔썬
빙리에우
데오네
딩럽
리엔썬
몽까이
포토
땀다오
보하
다오뚜
쭝지아
룩남
룩응안
띠엔옌
비엣찌
빙옌
껌리
안쩌우
박지앙
푸옌
푹옌
바이타오
타잉썬
박닝
벤땀
방자잉
썬떠이
하노이
하롱
우옹비
깡몬
하이즈엉
광옌, 광리엣
하방
하동
화빙
하이퐁
끼엔안
하남
0
20
40
60

1. 다가온 기회

1

1945년 9월 23일부터 1950년 여름까지, 그리고 그로부터 적을 포위하며 싸웠던 지난 5년간[01] 베트남은 독립을 잃을 위기에 노출되지 않았다. 후대의 많은 인도차이나 전쟁사학자들은 1950년대 초반의 프랑스가 베트남 재점령에 실패했다는 데 동의하고 있다. 이러한 평가는 전쟁 후에 내려졌다. 그러나 전쟁이 진행되는 동안, 프랑스 당국은 그들의 군대를 철수시킬 시점이라는 생각을 전혀 하지 않는 것처럼 보였다.

1949년 7월, 프랑스군 총참모장 레베르[02]는 중국 인민해방군이 중국-베트남 국경 방향으로 진격하게 되면 원정군이 직면하게 될 어려움에 대해 본국 정부에 보고했다. 레베르는 프랑스군이 까오방(Cao Bằng)[03]과 동케(Đông Khê)[04]지역에서 철수한다면 상황을 유지할 수 있다고 믿었다. 그는 현황 유지를 위해 동-서 회랑을 협소하게 조성하고, 홍강 삼각주[05]를 보다 효과적으로 보호할 수 있도록 내선의

01 해당 서문은 1964년에 작성되었다.

02 George Revers (1891~1974), 프랑스의 군인. 1943년부터 구 프랑스 육군 출신의 저항조직인 ORA의 책임자로 활동했으며, 전후인 1946년 육군참모총장으로, 1947년 총참모장으로 임명되었다. 레베르가 인도차이나에 대해 작성한 '레베르 보고서'는 베트남 북부 내륙과 평야지대 점령지역을 확대하는 정책의 근거가 되었다.

03 베트남 북동부에 있는 성 (역자 주)

04 까오방 남쪽 45km에 위치한 작은 읍 (역자 주)

05 중국 윈난성에서 발원해 남중국해로 흘러나가는 홍허(Hồng Hà, 紅江) 하류의 삼각지대. 베트남 최대의 농경지이자 베트남의 수도인 하노이 등 인구 밀집 지역이 위치한 곳으로, 북부 베트남 최대의 요충지다.

도로망을 차단하기를 원했으며, 동시에 미국이 인도차이나 전쟁에서 해당 지역을 유지하는 전략을 채택하도록 유인하려 했다.

프랑스의 인도차이나 주둔군 사령관인 까르빵띠에[06]는 이와 같은 충고를 고려하기는 했지만, 까오방과 동케에서 철수해야 한다고 생각하지는 않았다. 공산국가들이 무기들을 포함한 군수지원을 계속하고 있다고 하나, 베트민[07]의 전력이 까오방과 같이 견고하게 방어 중인 전초(前哨)에는 여전히 위협이 되지 않는 수준이라고 여겼기 때문이다. 프랑스군 북베트남 사령관 알르쌍드리[08]는 심지어 비엣박[09] 혁명기지를 목표로 삼아 1947년 동계 공세보다 큰 규모로, 더욱 현대화된 무기를 동원해 공세를 감행하는 계획을 수립하기도 했다. 장 드 라뜨르 드 따시니[10]와 앙리 나바르[11]는 베트민을 상대로 결정적인 전투를 시행할 방안을 강구하기로 결정했다. 이 지휘관들 가운데 어느 누구도 자신들이 패배하리라고는 생각하지 않았다.

최후의 승리에 대한 베트민들의 믿음은 계속 강해졌지만, 앞에 놓인 길은 멀고도 험난할 것이 분명했다.

전장의 변화가 보다 빈번해졌다.

1950년 초여름, 비엣박의 긴장이 고조되었다.

---

06 Marcel Carpentier (1895~1977) 프랑스의 군인. 1937년 레반트 사령부 참모부에서, 이후 제1군 참모부에서 복무했고, 1942년 모로코에서 드골 휘하 자유프랑스군에 합류했다. 전후에도 식민지군으로 모로코 등지에서 활동했으며, 1949년 인도차이나 방면 사령관으로 임명되었다.

07 Việt Minh, 한자로는 越盟(월맹), 베트남 정규군을 지칭한다. (역자 주)

08 Marcel Alessandri (1895~1968) 프랑스의 군인. 1차대전 당시의 활약으로 레지옹 도뇌르 훈장을 받았고, 2차대전 중에는 프랑스령 인도차이나에서 7년간 근무했다. 전후인 1948년 8월에 프랑스 극동원정군단 똥낑 방면 지휘관으로 임명되어 주로 북부 국경지대의 베트민을 상대로 한 군사활동을 담당했다.

09 Việt Bắc(越北) 베트남 최북단의 6개 성, 즉 랑썬, 까오방, 하지앙, 박깐, 뚜옌꽝(Tuyên Quang) 및 타이응웬(Thái Nguyên)을 통칭하는 지역명이다. 베트남은 크게 북부(Bắc Bộ), 중부(Trung Bo) 및 남부(Nam Bo)로 구분되는데, 이 글의 중심이 되는 북부는 다시 최북단 베트남(Việt Bắc), 내륙지방(Mid land) 및 삼각주(Delta) 등으로 구분된다. 이 가운데 비엣박이 항불전쟁 당시 베트남 측의 기반이 되었다. (역자 주)

10 Jean De Lattre De Tassigny (1889~1952) 프랑스의 군인. 1차 세계대전 당시 베르됭 전투를 포함해 다양한 전투에 참전해 레지옹 도뇌르 훈장을 받았다. 전간기에는 모로코 전쟁에 참전했고, 2차대전 당시 비시 프랑스 휘하에서 튀니지 사령부에서 근무하다 자유프랑스군에 합류, 자유 프랑스군 1군단을 지휘했다. 1945년 5월 8일 독일의 항복 조약 당시 프랑스 대표로 참석했다. 1951년 인도차이나 총독 겸 프랑스 극동원정군단 사령관으로 임명되었으나 건강 악화로 본토에 복귀 후 1952년 사망했다.

11 Henri Navarre (1898~1983) 프랑스의 군인. 1차대전 당시 기병으로 종군했고, 1919년과 1922년, 각각 시리아와 독일에서 근무했다. 1930~1934년간 모로코에 배속되었으며, 이후 ORA를 거쳐 자유프랑스에 합류해 자유프랑스 제1군단 휘하 기갑연대를 지휘했다. 전후 알제리 등 해외 근무를 거쳐, 1953년 라울 쌀랑의 후임으로 프랑스 극동원정군단 지휘관이 되었다. 디엔비엔푸 전투 당시 프랑스군 최고지휘관이었다.

1950년 베트남에 파견된 프랑스 해병대의 행정상륙장면. 프랑스 원정군은 본토와 식민지 주둔부대의 추가파병과 현지 징집으로 꾸준히 전력을 확충했다. (ECPAD)

삼각주와 내륙지방을 점령한 프랑스는 타이응웬(Thái Nguyên)성[12]의 남동쪽 관문 근처로 접근해 왔다. 프랑스군의 총포탄 소리를 빙옌(Vĩnh Yên)과 푹옌(Phúc Yên)에서도 들을 수 있었다. 스핏파이어[13]와 킹코브라[14] 전투기들이 요란스럽게 상공을 비행했고, 그 조종사들은 혁명기지에 있는 파괴된 도로들이 복구되는 모습을 목격했다. 프랑스의 정찰기들도 우리 중앙정부의 여러 기관들이 설치되어 있던 홍산맥(紅山脈)을 따라 저공으로 비행했다. 적들은 뚜옌꽝(Tuyên Quang)성에서 직경 10km가량의 지역에 시간 당 수백 발의 폭탄을 투하했다. 때로는 적이 땀다오(Tam Đảo)[15]를 점령했고, 쿠온추(Khuôn Chu)까지 진격하거나 뚜옌꽝에 이르렀

12 하노이 북방 60km에 위치한 도시 또는 성 (역자 주)

13 슈퍼마린 스핏파이어(Supermarine Spitfire) 2차대전 당시 영국 공군의 주력 전투기로, 프랑스 공군은 1946년에 인도차이나에서 철수하던 영국군에게 공여 받은 스핏파이어 VIII과 프랑스 본토에서 수송한 스핏파이어 IX을 베트남에서 운용했다. 인도차이나 방면에 총 60대의 스핏파이어가 있었으나 가동률은 낮았다.

14 Bell P-63 킹코브라(King cobra) 미국의 전투기. 대부분 수출용으로 생산되었다. 프랑스 공군은 1945년 중 킹코브라를 인도받았지만 2차대전 중에는 거의 사용하지 못했다. 프랑스 공군은 인도차이나 방면에 60대의 킹코브라를 투입했는데, 미국이 부품 공급을 중단했으므로 가동률은 극히 낮았다.

15 하노이 북동쪽 50km에 위치한 산. 1년 내내 20도 내외의 쾌적한 기후를 유지하는 고산지대로, 프랑스인들이 휴양촌으로 개발했다. 구름이 끼면 산봉우리 3개가 마치 3개의 섬처럼 보인다 하여 Tam Dao(三島)라 불리기도 한다. 일대는 베트남의 혁명기지 중 하나가 되었다. (역자 주)

다는 뜬소문이 나돌기도 했다. 프랑스 공산당 중앙위원회 위원인 레오 피게르[16]는 5월 중순에 비엣박까지 찾아와 프랑스군이 혁명기지를 목표로 실시할 대규모 공격에 주의하라고 조언하기도 했다.

비엣박의 여름은 훈련하기 좋은 시기였으므로 대체로 분주하게 시간을 보냈다. 그러나 올해는 최고사령부의 주력부대들이 쭝주(Trung Du, 내륙지방)와 박박(Bắc Bắc, 北北) 전장과 4번 국도[17] 일대에서 전투를 치르고 있었다. 일부 부대는 신규 장비 수령을 위해 중국으로 떠난 상태였다. 적이 비엣박 지역에 대해 주노력을 지향한다면 제308여단의 부재는 커다란 어려움을 초래할 수도 있었지만, 우리는 모두 비엣박 전역에서 적과 맞서 싸울 수 있는 유용한 경험을 얻었으므로 불안해하지 않았다. 우리 정보원들은 모두 군사조직화 되었고, 자주 그들의 위치를 변경했다. 비엣박에 잔류하고 있는 부대는 주전장에서 그들의 임무를 온전히 수행하기 위해서 적과 맞서 싸울 준비가 되어있었다.

우리가 직면한 가장 큰 어려움은 바로 식량 부족이었다. 산악지방은 경작지가 극히 제한되었고 주민들도 여기저기 흩어져 있었다. 그들은 저항[18]을 시작할 때부터 중앙 기관원들과 삼각주에서 피난 온 사람들에게 숙식을 제공해야 했다. 점점 더 많은 병사들이 비엣박으로 모여들었다. 적이 중부지방의 여러 성을 점령하자 많은 사람이 그곳에서 도망쳐 비엣박에 정착했다. 산악지방의 얼마 되지 않는 주민들은 행정업무를 맡거나 군에 입대하거나 전꽁[19] 임무를 수행했고, 농업에 종사하는 사람은 많지 않았다. 따라서 우리의 주식인 쌀과 소금은 삼각주[20]에서 조달해야 했다. 적도 이와 같은 상황을 너무나 잘 알고 있었고, 1949년 중반부터 경제 및 식량, 특히 쌀과 소금을 철저하게 차단했다. 또한, 항공기를 사용해 댐

16 Leo Figueres (1918~2011) 프랑스의 기자, 작가. 2차 세계대전 당시 코르시카의 공산주의 레지스탕스 조직을 지휘했으며, 해방 이후 프랑스 공화당 청소년연합 결성과 활동을 주도했다. 1950년 1월 베트남을 방문해 호치민을 포함한 공산주의 지도자들을 만난 혐의로 기소당했다.

17 Route Coloniale 4, 제4식민령도로, 편의상 4번 국도로 옮겼다. 4번 국도 일대는 이후 까오방 전투의 주전장이 되었다. 프랑스 측에서는 약칭인 RC4로 부르곤 했다.

18 이 당시 베트남 사람들은 '독립운동'이라는 용어 대신 '저항운동'이라는 용어를 사용했다. (역자 주)

19 dân công(民工)은 한국전쟁 당시 전시근로자와 유사한 임무를 수행했다. 베트남의 경우 여자도 전꽁으로 참여했고, 임무도 식량 및 탄약 수송, 부상자 수송 등으로 보다 다양했다. (역자 주)

20 홍강 삼각주(역자 주)

1944년 최초로 조직된 베트남 인민군은 규모와 장비가 모두 열악했으나 1950년까지 괄목할 만 한 발전을 이룩했다. (BẢO TÀNG LỊCH SỬ QUỐC GIA)

을 폭파하고 대포와 수륙양용 장갑차를 동원해 식량 생산을 방해하는 등 기습적인 초토화 작전을 실시하곤 했다. 1949년에 쌀값은 천정부지로 치솟았다. 1949년 초 타이응웬 지방에서 1kg에 4.3동[21]이었던 쌀값이 1949년 중반에는 14.2동으로, 연말에는 22동까지 뛰어올랐다. 병사들 한 달 월급으로는 쌀을 고작 7~ 8kg밖에 살 수 없었다. 1950년 여름이 되자 쌀의 구매 자체가 거의 불가능해졌다. 중앙 기관에서 같이 일하기 위해 지방에서 이동해 온 간부들은 쌀을 직접 가지고 오거나 쌀과 맞바꿀 수 있는 담배나 옷가지 등을 가져와야 했다. 베트남 화폐는 급속하게 평가절하되었다. 바나나 하나에 15동, 파인애플 하나에 60동이나 했다! 병사들이나 간부들이 먹는 식사를 보면 측은하기 그지없었다.

그러나 1950년 여름, 모든 전장의 상황은 조용하기만 했다.

프랑스 원정군[22]은 주로 메콩강 삼각주와 홍강 삼각주에 있는 성들을 위주로 점령지역을 넓혀갔다. 중부지방에서는 꽝빙에서 꽝남(Quảng Nam)에 이르는 삼각

21 dong, 베트남 화폐 단위. 과거 엽전을 동(銅)으로 주조한 데서 유래한 이름이다. (역자 주)
22 정식 명칭은 프랑스 극동원정군단 (Corps expéditionnaire français en Extrême-Orient, CEFEO)

주를 점령했다. 또한, 북부 국경에 있는 라이처우(Lai Châu)[23], 라오까이(Lao Cai), 까오방, 랑썬(Lạng Sơn)[24], 하이닝(Hải Ninh)[25] 성을 점령했다. 프랑스는 인도차이나 원정군을 증원하기 위해서 수도에서 13개 대대를 소집했고, 임시 피점령지역[26]에서 징집을 실시해 전체 규모를 총 180,000명까지 확대했다. 프랑스 원정군은 강력한 기동성과 화력을 겸비한 육, 해, 공군으로 편성된 하늘과 바다의 주인이었다. 적은 주간에는 전장을 통제했고 베트민이 없는 지역에서는 언제든 활개를 치고 다녔지만, 후방의 안전을 보장해야 하는 입장이었으므로 총 124개 대대 중 12개의 전략적 기동대대만을 사용할 수 있었다. 그 가운데 기동 전략군의 3/4에 해당하는 9개 대대는 북베트남 전장에 산개되어 있던 3개 다중대대[27]로 구성되었다.

우리는 비엣박 혁명기지, 3개 성(타잉화Thanh Hóa[28], 응헤안Nghệ An, 하띵Hà Tĩnh), 그리고 꽝응아이(Quảng Ngãi), 빙딩(Bình Định), 푸옌(Phú Yên)성[29]으로 이뤄진 제5연합구역[30]의 삼각주 지역을 장악하고 있었다. 전국에 걸쳐 우리가 보유한 군사력은 지방군 45,000명을 포함해 총 166,542명에 달했다. 준군사부대와 게릴라를 합산하면 그 규모는 200만 명을 초과했다. 북부는 주전장이 되어갔으며 전략 기동군은 그곳에서 밝은 빛을 보았다. 최고사령부는 예하에 53,921명으로 구성된 30개 대대를 보유하고 있었다. 총체적인 병력의 규모 면에서는 우리도 적에 비해 뒤떨어지지 않았다. (166,000명 대 180,000명) 이제 우리는 처음으로 적보다 수적으로 우세한 전략 기동군을 보유하게 되었다. 그러나 구성면에서 아군은 보병 위주였고, 장비는 빈약했으며, 주 이동수단은 두 다리였다. 산악포를 포함한 무기들도 병사들이 어깨에 지고 운송해야 했다.

---

23 하노이 북서쪽 300km, 디엔비엔푸 북북동 100km 지점에 있는, 베트남 북서 지방 국경선 부근의 소도시. (역자 주)

24 하노이 북동쪽 150km 지점의, 중국 난닝으로 향하는 국경 도시. 1979년 중월전쟁의 격전지 중 하나다. (역자 주)

25 베트남 북서부에 위치한 지방, 짱빙 일대로 구분된다.

26 프랑스가 일시적으로 점령한 지역을 뜻한다. (역자 주)

27 다중대대(multi-battalion)는 당시 프랑스군의 특수한 제대로, 통상 3개 이상의 대대를 묶어 다중대대라고 칭했다. 부대본부는 있지만 본부대(각종 지원부대)가 없어 연대로 구분되지는 않는다. 본문에 언급된 3개 다중대대는 공정다중대대, 북부아프리카 다중대대, 모로코 다중대대다. (역자 주)

28 하노이 남쪽 130km, 닝빙 남쪽 30km 부근에 위치한 성, 혹은 성의 중심도시. (역자 주)

29 베트남 남부 중앙에 위치한 성 (역자 주)

30 당시 베트남은 전국을 10개 군사구역(연구, 연합구역)으로 구분했으며, 제5연구는 중부의 북부에 해당하는 지역으로 베트남이 독립하기까지 계속 베트민이 확보했던 중요 지역이다. (역자 주)

군사지휘기구를 강화하기 위해 국방부와 최고사령부는 총참모부, 총정치국 및 군수총국의 3개 부서로 편성되었다. 당 중앙상임위원회는 응웬치타잉[31]을 총정치국장에, 쩐당닝[32]을 군수총국장에, 황반타이[33]를 총참모장에 임명했다.

우리 주력군은 1949년에 기습, 매복 및 유럽-아프리카 중대가 방어 중인 초소의 파괴에 있어 괄목할 만한 진전을 이뤘다. 우리는 다음 단계의 요망에 부응하기 위해 적 점령지역 및 그 일대를 파괴하는 노력을 필요로 했다. 적 초소를 공격하는 부대의 화력은 아직도 미약했고 대부분의 충격부대[34]는 칼로 무장하고 있었다. 적들에게 탈취한 소총들은 점점 성능이 저하되었고, 가내수공업으로 제작한 박격포는 하나같이 명중률이 떨어졌다.

중국 혁명이 성공한 이후, 우리의 당면 과제는 북부 국경지역의 신속한 해방이었다. 이 지역은 인도차이나 3개국의 광활한 혁명 후방지대가 될 수 있도록 사회주의 진영에 인접해 있었다. 국제적인 보급선을 개설해야만 형제들의 도움을 받을 수 있었다.

1950년 초, 최고사령부는 프랑스군이 허술하게 방어 중인 중월 국경선 지역인 라오까이 지역에서 '국경선 차단 해제'를 목적으로 떠이박(北西)작전[35]을 감행하기로 결정했다. 우리 군은 응히아도(Nghĩa Đô)[36]의 적에게 철수를 강요하기 위해 포루(Phố Lu)시와 반러우(Bản Lầu) 초소를 공격했으나, 오히려 상당한 피해를 입었고[37] 결과적으로 작전은 일시 중단되었다. 1950년 4월 하순, 최고사령부는 라오

31 Nguyễn Chí Thanh (1914-1967) 베트남의 군인. 적 병력에 육박해 공격을 실시해 적의 포격이나 공습을 무력화하는, 소위 '적의 허리띠를 붙들고 때리는'(Nắm thắt lưng địch màđánh)전술의 고안자로 유명하다. 전후 대장까지 진급했다. 하노이에 그이 이름을 딴 거리가 있으며 베트남에서 가장 아름다운 거리로 선정되기도 했다. (역자 주)

32 Trần Đăng Ninh (1910~1955) 베트남의 행정가. 8월 혁명 이후 보응웬지압과 함께 행동했고, 이후 공산당 중앙위원회 최초의 감찰총장과 베트남 인민군 군수총국의 첫 국장직을 역임했다. 과로와 지병으로 인해 하노이 점령 직후인 1955년 사망했다.

33 Hoàng Văn Thái (1915-1986) 베트남의 군인. 1938년 인도차이나 공산당에 가입한 후 1941년부터 군인으로 활동했다. 1944년 베트남 해방군 선전대(베트남 인민군의 전신)에 참가, 이후 8월 혁명을 거쳐 1945년 신설 베트남 인민군 총참모장으로 임명되었다. 1959년까지 보응웬지압의 참모로 작전을 수행했고, 1960년 이후 남베트남 민족해방전선(베트콩)의 창설자로 베트남 전쟁 종결까지 베트콩 최고사령관 겸 남베트남 임시혁명정부 주석으로 재직했다.

34 공격선도부대. 사전에 은밀히 적진 가까이 다가가서 은밀히, 혹은 과감하게 진지 외곽을 돌파하여 본대의 진입을 보장하는 부대. (역자 주)

35 정식 작전명은 레홍퐁Lê Hồng Phong I이다.

36 베트남 최북단 지방인 라오까이의 한 지역, 포루와 반러우도 동일하다.

37 포루 전투에서 전사 100명, 부상 180명의 피해가 발생했고, 그중 13명은 간부였다

까이 주변 지역을 목표에서 배제하고 중국 윈난성과 철도가 연결된 라오까이시를 장악하기 위해 떠이박 작전을 6월에 재개하기로 결정하고 이를 준비했다. 우리는 그간 중국 및 라오스와 근접한 떠이박 전장을 항상 주목해 왔다.

중국과 소련 방문을 마치고 귀국한 호치민[38]은 당 중앙상임위원회 회의를 개최하고 라오까이 해방이라는 종전의 계획을 까오방 해방으로 변경했다. 1940년 말 귀국한 호치민은 중국 광시성과 국경을 맞대고 있으며, 국제적 병참선을 확보하기에 양호한 여건을 지닌 베트남 최북단 지방의 전략적 요충지, 까오방성에 각별한 관심을 보여 왔었다.

까오방은 매우 중요한 전략 도로인 3번 및 4번 국도가 교차하는 지역이었다. 중국으로 가는 3개 관문을 잇는 4번 국도는 북동 국경선을 따라 해안 지역인 박보만(북부만)까지 뻗어 있고, 3번 국도는 까오방과 박깐, 타이응웬 및 하노이와 연결되는 도로였다. 일대의 대부분은 산악과 밀림으로 구성되어 접근이 어려웠다. 지역민들은 고난을 극복해 왔고, 베트민 전선의 태동과 수년에 걸친 투쟁으로 더욱 강인해졌다. 호 아저씨[39]는 까오방을 공격과 방어에 모두 유리한 지역으로 여겼다. 우리는 까오방에서 작전을 전개해 적군의 주요 부분을 격멸할 수 있다는 명확한 가능성을 보았으며, 일단 승리한다면 새로운 국면으로 전환하는 데 필요한 이점을 제공하리라 판단했다.

북부 국경 지역인 까오방에는 인도차이나에서 가장 잘 훈련되었다고 여겨지는 유럽-아프리카군 대부분이 배치되어 있었다. 적은 11개 대대와 9개 보병중대, 17문의 다양한 포, 8대의 항공기, 4개 차량화중대 및 4개 공병중대로 구성되었다. 방어 진지는 매우 견고했다. 특히 북서지역의 적이 북동지역의 진지보다 강력했다.

38 Hồ Chí Minh (1890~1969) 현대 베트남의 국부로 평가받는 혁명가, 독립운동가, 정치인. 1911년 프랑스 유학 중 프랑스 공산당에 가입, 1930년 중국에서 베트남 공산당을 설립했고, 2차 세계대전부터 베트남 내 항일 독립전쟁을 주도했다. 1945년 9월 프랑스의 괴뢰정권인 응우옌 왕조를 폐위시키고 베트남 독립을 선언한 후, 이를 거부하는 프랑스를 상대로 독립전쟁(1차 인도차이나 전쟁)을 수행해 1954년 독립협정을 이끌어냈다. 베트남 통일 이전인 1969년 9월 심장질환으로 사망했다.

39 베트남 사람들은 호치민 친근하게 부를 때 박호(Bác Hồ)라는 호칭을 사용했다. 이 가운데 박(Bác)은 아버지보다 나이가 많은 남자를 지칭하는 말로, 한자의 백(伯)과 의미가 같다. 이를 감안해 박호를 호 아저씨로 옮겼다. (역자 주)

1950년 7월 초순, 당 중앙상임위원회는 까오방-랑썬 지역에 우리의 노력을 집중해 공격 방향을 북서지역에서 북동지역으로 변경하기로 결정했다. 최고사령부는 총참모부와 군수총국에 9월까지 준비를 완료하도록 지시했다. 우리 군대가 아직 생생했고 상태도 좋아서 까오방 공략 작전의 개시에 대한 찬성론이 우세했다. 쩐당닝과 황반타이가 작전 준비를 위한 일정을 계획했다.

1950년 7월 25일, 당 중앙상임위원회는 국경전선과 작전사령부에 당 위원회를 두기로 결정했다. 나는 당 위원회 서기이자 총사령관 겸 전역(戰役) 정치국원으로 임명되었다. 당 위원회 위원으로는 쩐당닝, 황반타이, 부이꽝타오[40], 레리엠[41]이 임명되었다. 황반타이는 총참모장, 레리엠은 총정치국장이었고, 쩐당닝은 군수총국장이 되었다.

분위기는 매우 고조되었다. 모든 사람들은 작전을 신속하게 준비하기 위해 열심이었다. 작전 개시에 대한 당중앙위원회의 결정은 그날로 긴장을 날려버렸는데, 이것이 총공세 준비 정책이 변경되었다는 헛소문을 낳았다.

2

1950년 초반, 호 아저씨의 중국과 소련 방문은 획기적인 사건이었다.

'포위 속의 전투'라는 책[42]에 언급했듯이 1948년 초에도 베트남과 중국의 공산당은 접촉을 계속하고 있었다. 두 공산당은 연락관을 통해 양국의 혁명 발전 과정에 대해 첩보를 교환하고, 가능하면 언제든지 상호협력하기로 합의했다.

중화인민공화국 건국을 선언한 지 한 달도 되지 않아, 중국 공산당은 베트남 민주공화국을 승인하고 베트남 대사의 북경 파견을 제안할 예정임을 알려 주었다.

40 Bùi Quang Tạo (1913~1995) 베트남의 정치가. 1943년부터 베트남 공산당의 독립운동에 합류해 일본을 상대로 싸웠고, 1차 인도차이나 전쟁에서는 비엣박 방면의 저항위원회 위원장이자 군 정치위원회 위원장으로 활동했다. 독립 후 베트남 최초의 건설부 장관으로 임명되어 1973년까지 전시지원과 전후복구를 책임졌다.

41 Lê Liêm (1922~1985) 베트남의 정치가, 행정가. 2차대전기부터 독립운동에 참여했으며, 1차 인도차이나 전쟁 당시 총정치국 차장과 국장, 혹은 방면사령부의 정치지도자로 활동했다. 전후 문화부 차관과 교육부 차관 등 정부행정업무를 담당했다.

42 Chiến đấu trong vòng vây, 보응웬지압 저, 1995년 출간.

중국군사고문단과 베트민 지도부의 대화. 우측부터 쯔엉칭, 호치민, 천겅, 루오구이보 (BẢO TÀNG LỊCH SỬ QUỐC GIA)

중국 다음에는 소련의 차례였다. 그리고 모든 사회주의 국가들이 베트남을 승인했다. 당 중앙상임위원회는 호 아저씨와 중국 및 소련 공산당 지도자들 간의 만남이 일찍 이뤄질수록 베트남 혁명의 승리에 보다 크게 기여할 것임을 깨달았다. 호 아저씨는 보안 유지를 위해 중국으로 가는 길에 대표단의 단순한 일원으로 역할을 수행했다. 그러나 대표단은 그를 존경했으므로 중국 광시성의 난닝에서 호 아저씨의 존재를 중국 친구들에게 알려주었다. 호 아저씨가 난닝시에 도착하자 중국 공산당 중앙위원회 위원, 신4군 전임 군단장, 광시성 위원회 서기이자 광시군구 사령원 겸 정치위원인 장윈이[43]까지 그를 만나기 위해 강둑까지 마중을 나왔다. 장 동지는 광시성이 호 아저씨가 마오쩌둥과 만났을 때 베트남이 필요로 하는 일체의 사항을 지원할 준비가 되어 있다고 말했다.

43 張雲逸 (1892-1974) 중국의 군인. 1929년 광시에서 덩샤오핑과 함께 백색기의를 일으킨 주역으로, 중일전쟁 초기 신4군의 1사단장 및 참모장으로 활약했고 국공내전의 회해 전역에 참가하는 등 많은 활동을 했다. 건국 이후에도 광시성 일대에서 활약했으며, 대장까지 승진했다. 원문에서는 베트남식 표기인 장준이(Zhang Junyi)를 사용했다.

난닝에 머무는 동안, 호 아저씨는 서남군구 부사령관이며 윈난군구 사령관인 천경[44] 동지를 만났다. 그는 우연히 인근에서 임무를 맡게 되었다. 호 아저씨는 그를 1924년 말부터 알고 있었는데, 그 당시 천경은 황포군관학교(광둥성 소재)의 학생으로 M.M. 보로딘[45]이 중국 국민당 정부와 협력하기 위해 소련 고문단을 이끌고 왔을 때 통역관으로 일했다. 천경은 과거 브엉(Vương) 동지라 부르며 알고 지내던 호 아저씨가 주석이 되리라고는 전혀 예상치 못했기에 크게 감동을 받았다. 그는 호 아저씨에게 호의를 표했고, 중국공산당에 자신을 군사고문관으로 베트남에 파견하도록 요청해 줄 것을 제의했다.

북경에 머무는 동안, 호 아저씨는 류사오치[46], 저우언라이[47], 주더[48]를 만났고 그들과 실무회담을 했다. 그들은 호 아저씨에게 마오쩌둥을 소련에서 만날 것이라고 전했다. 호 아저씨는 며칠 동안 북경에 머문 후에 소련으로 갔다.

당연하다는 듯이 마오쩌둥도 참석한 스탈린과의 실무회담에서 호 아저씨는 11개 보병여단과 1개 방공연대를 무장시킬 수 있는 장비의 지원을 요청했다. 스탈린은 다음과 같이 대답했다.

"베트남의 요구는 그리 거창한 것이 아닙니다. 중국과 소련 사이에는 역할 분담이 필요합니다. 소련은 현재 동유럽 국가들에 전력을 다하고 있습니다. 중국은 베트남이 필요로 하는 것을 도와줄 것입니다. 중국이 비축하지 않은 물자들은 지원계획에 따라

44 陳廣 (1903~1961) 중국의 군인. 인민해방군 초기의 대장 10인 가운데 한 명으로, 중일전쟁 당시 제386여단장직을 수행했으며 이후 중국 인민지원군 제3병단 사령관으로 한국전쟁에 참전했고, 6월부터 이듬해 7월까지 인민지원군 부사령관을 겸직했다. 이후 인민해방군 부총참모장과 국방위원회 위원, 국방부 부부장 등을 역임했다. 호치민과 만났을 당시에는 서남군구 부사령관 겸 윈난군구 사령관이었다. 원문에서는 베트남식 표기인 Chén Gēng을 사용했다.

45 Mikhail Markovich Gruzenberg (1984~1951) 소비에트 연방의 요원. 소비에트의 코민테른 요원으로 영국, 미국, 멕시코에서 활동했다. 1923년과 1927년에 소비에트 연방 대표자로 중화민국에 파견되었다. 1949년 시베리아로 추방되고 2년 후 사망했다.

46 劉少奇 (1898~1969) 중국의 정치가. 국공합작 붕괴 이후 후베이와 상하이, 푸젠성 일대의 공산당 담당자였고 대장정에도 참가했다. 1949년 중화인민공화국 설립 이후 중앙정부 부주석이, 1959년에는 2대 주석이 되었다. 이후 문화대혁명 시기에 정치적 공격으로 실각 후 사망했다.

47 周恩來 (1898 ~1976) 중국의 정치가, 외교가. 5.4운동을 주도했으며, 이후 프랑스 유학 도중 공산당에 입당했다. 대장정 기간 중 마오쩌둥에 이은 공산당의 2인자가 되었으며, 전후 중국 초대 국무원 총리, 2대 인민정치회의 주석으로 재직했다. 대약진과 문화대혁명 기간에도 총리로 활동했다. 중국인들이 가장 존경하는 현대 정치가로 꼽힌다.

48 朱德 (1886-1976) 중국의 군인, 정치가. 군벌 출신이었으나 저우언라이의 후원으로 소비에트 연방에서 군사학을 배웠다. 초기 홍군의 조직과 지휘를 담당했으며, 두 차례 국공내전에서 모두 크게 활약했다. 1945년 일본 패망 후 인민해방군 총사령관이자 육군원수로 국가부주석, 중앙군사위 부주석 등 요직을 역임했다.

소련이 중국에 보급중인 목록 중에서 선택하면 됩니다. 그러면 소련이 중국에게 더 보내줄 것입니다."

농담조로 스탈린이 이렇게 덧붙였다.

"중국은 이번 거래로 잃을 것이 없을 겁니다. 중국이 베트남에 중고품을 제공하면 소련에서 신제품으로 되돌려 받을 테니 말입니다. 국제 관계는 상호 거래가 필수적입니다. 만일 소련이 중국에게 탱크 한 대를 주면 암탉 한 마리를 돌려받을 것이고, 포 한 문을 주면 계란 한 개를 돌려받게 됩니다. 베트남이 보답하기 위해서 중국에 돌려줘야 할 것은 양국 간 상호 협의에 달려있습니다."

마오쩌둥이 말했다.

"베트남이 프랑스를 몰아내기 위해서는 10개 여단이 필요합니다. 가장 시급한 과제는 북베트남의 6개 여단을 무장하는 것입니다. 베트남은 일부 부대를 중국에 보내 무기를 수령할 수 있습니다. 광시성은 베트남에게 바로 그런 후방지역이 될 것입니다."

호 아저씨는 북경으로 돌아와 중국에게 대규모 전투가 기획되고 있는 베트남에 고문단을 파견해줄 것을 요청했다. 그는 천경 동지를 고문단에 포함시켜 줄 것을 제안했다. 중국 측은 천경은 이미 다른 직위에 임명되었다며 중국 공산당 중앙위원회 위원인 루오구이보[49]를 고문단 대표로 명했다. 웨이구오칭[50]은 군사고문단장에, 메이자셍[51]은 자문담당 고문관에, 마시푸[52]는 군수 고문관에 임명되었다.

---

49 罗贵波 (1907~1995) 중국의 정치인, 외교관. 1927년 중국 공산당에 입당했으며 중일전쟁 기간 동안 팔로군으로 활동했다. 전후 중국 군사위원회 소속으로 1950년 1월 연락관 겸 고문단 대표로 베트남에 파견되었다. 1954년부터는 중국 최초의 주 베트남 대사로 임명되었다. 원문에서는 베트남식 표기인 Luo Gui-ba를 사용했다.

50 國國清 (1013~1989) 중국의 군인. 좡족 출신으로 중일전쟁 당시 팔로군 육성을 담당했다. 종전 후 베트남 군사고문단이나 광시성 사령원 등으로 활동하했다. 원문에서는 베트남식 표기인 Wei Guo-qing을 사용했다.

51 梅嘉生 (1913~1993) 중국의 군인. 1938년 제4군에 입대했고 중일전쟁 당시 야전지휘관으로 활동했으며, 이후 베트남 자문단을 거쳐 인민해방군 해군항공대 설립을 주도했다. 원문에서는 베트남식 표기인 mei jia-seng을 사용했다.

52 马西夫, 중국의 행정가. 화남공작단(華南工作團)이라는 가칭으로 활동하던 중국군사고문단의 물류전문가로 물자

호 아저씨가 베트남으로 돌아오고 1950년 3월 말이 되자 중국은 약속을 이행하기 시작했다. 1950년 4월, 제308여단의 2개 연대는 무기를 수령하기 위해 멩지(Meng Zi, 윈난성의 멍쯔蒙家)로 향하는 하지앙[53] 도로를 따라 이동했다. 그리고 제312여단의 1개 연대는 까오방을 지나 후아통(Hua Tong, 현 광시 자치구 후아동촌化峒镇)으로 갔다. 중국은 프랑스군을 상대로 대치 중이어서 전장에 잔류해야 했던 2개 연대를 무장시키기 위해 까오방까지 무기를 수송해 주었다.

중국에 간 부대들은 지원받은 무기로 재무장하도록 계획되어 있었다. 그들은 폭풍 전술(stormy tactics)[54] 훈련을 받았는데, 특히 폭약을 사용하는 기술은 이전까지 그런 기술을 배울 기회가 전무했으므로 익숙치 않았다. 3개월에 걸친 실탄 사격을 포함한 훈련을 받은 우리 병사들은 매우 빠른 진전을 보였다. 베트남 병사들을 훈련시킨 많은 중국 친구들은 간부부터 말단 병사까지 모두가 빠르게 배우는 모습을 보고 놀라움을 금치 못했다. 그들은 베트남 장병들의 지적, 사회적 배경에 많은 의구심을 품고 있었으므로, 우리는 많은 간부들이 군대에 입대하기 전에 젊은 학생이었다는 사실을 그들이 이해하도록 노력해야만 했다. 대부분의 병사들은 시골에 살던 젊은이였으며, 대부분이 입대 후에야 읽고 쓰는 법을 배우기 시작했다.

중국의 광시성과 윈난성은 산악지대였고 얼마 전에 해방되었으며 여전히 궁핍하게 살고 있었다. 그러나 두 성의 주민들은 베트남군(당시 암호명으로 '르엉꽝Lưỡng Quảng'군이라 불렸다)을 정성을 다해 도와주었다. 베트남군이 올 때마다 중국 젊은이들은 '으엉까'[55] 춤을 추며 그들을 환영했다.

처음으로 주력 연대의 전투대형에서 투창(投槍)이 사라졌다. 중국 인민해방군은 현대식 무기가 부족했고, 우리에게 시급히 필요한 대전차 및 대공화기 같은 무기는 아예 가지고 있지도 않았다. 브렌 경기관총[56]과 맥심 기관총은 무겁고 부담

와 무장의 반입업무를 담당했다. 원문에서는 베트남식 표기인 Ma Xifu를 사용했다.

53 Hà Giang(河江) 베트남 최북단 중국 접경지역의 성. 하장, 혹은 하지앙으로 표기한다.

54 게릴라전과 대비되는 정규전 (역자 주)

55 Ương ca, 원앙새 (역자 주)

56 브렌 경기관총. 영국군이 1935년 이후 배치한 탄창식 기관총으로, 동아시아에서는 국민당 정권에서 대규모로 운용

스러웠으며 왜소한 우리 병사들에게는 맞지 않았다. 제174연대는 지난해 4번 국도 전투에서 획득한 가볍고 현대적인 프랑스제와 미제 무기를 그냥 보유하게 해 줄 것을 건의했다. 총참모부는 모든 주력부대에 신무기를 수령할 것을 지시했다. 과거에 각 병사들의 꿈은 총을 소지하는 것이었지만, 이제는 총과 실탄이 풍부해졌다. 보병 연대의 화력이 극적으로 향상되었다.

1950년 6월, 루오구이보 동지가 비엣박으로 왔는데, 그는 베트남 주재 중국 대사이자 중국 군사고문단장직을 수행하게 되었다.

7월 말, 전선의 총참모부, 총정치국, 군수총국의 대표적인 부대들이 국경에 모습을 드러냈다.

전선으로 투입되기 전에 나는 내 임무를 응웬치타잉에게 인계했고, 떤짜오(Tân Trào)[57]로 가서 호 아저씨에게 출발 신고를 했다. 이번 작전은 베트민 군의 최초이자 최대 규모의 작전이었다. 당 중앙상임위 회의에서 호 아저씨는 이제 자신이 전선으로 가야 한다고 말했다. 그는 중국 군사고문단 외에 천겅 동지를 이번 작전에 참가하도록 초청했다. 그는 8월 말이나 9월 초순에 직접 까오방으로 갈 것이라며, 내게 당부했다.

"이건 아주 중요한 작전이야. 자네는 무조건 승리해야만 하네!"

3

나는 3년 만에 까오방으로 돌아왔다. 1947년, 마지막으로 그곳에 있었을 때 나는 바로 그 시내에서 지역 유지들과 같이 일했다. 현재(1950년) 까오방은 임시 피점령지역이 되었다. 내 고향을 해방하러 오게 되다니 감개무량했다. 총봉기 이전에 비엣박[58] 혁명기지에서 혁명사업을 했던 그들뿐만 아니라 내게도 비엣박, 특히 까오방은 제2의 고향이 되었다.

했으며, 이후 중국 인민해방군이 해당 총기를 입수해 한국전쟁까지 사용했다. 잔여 총기 일부가 베트남 지원용으로 할당되었다. 원문에서는 Light Breno로 표기했다.

57 베트남 북단 지역에 위치한 베트남 혁명기지

58 하노이 북방 60km 지점에 위치한 마을 (역자 주)

1950년 당시 항공촬영한 까오방의 모습 (Archives de France)

1950년 7월 초순부터 타이응웬-까오방[59], 타이응웬-뚜옌꽝-푸토(Phú Thọ)[60], 뚜옌꽝-하지앙-라오까이[61] 등 일련의 병참선 축선들이 복구되었다. 이 도로들은 적 차량화 부대의 전진을 지연시키기 위해 저항 초기에 철저하게 파괴되었다. 비엣박 연합구역 당 위원회가 복구를 위임받았다. 쩐당닝은 다시 한번 공사 감독을 위한 정부 특사로 임명되었다.

저항운동은 새로운 국면을 맞이했다. 3개월 후, 수백 km에 달하는 도로 보수가 완료되었다. 비록 비엣박 소수민족들은 식량 부족으로 고통받고 있었지만, 미

59 하노이 북방 70km에 위치한 도시. 타이응웬-까오방 병참선은 북베트남의 동북방향으로 이어진다. (역자 주)

60 하노이에서 70~90km가량 떨어진 북동-북서 간 병참선 (역자 주)

61 북베트남 북서지역의 병참선 (역자 주)

래의 승리를 기원하며 전사들을 지원하고 그들의 각박한 삶을 극복해갔다.

오랫동안 숲에 감춰두었던 차량 한 대를 꺼내서 장차 작전에 사용하기 위해 수리했다. 도로들은 북쪽의 국경지역으로 향하고 있었으므로 주간에는 적기들이 새로 보수한 병참선을 눈에 불을 켜고 통제했다. 따라서 차량은 야간에만 사용이 가능했다. 우리에게는 다행스럽게도 달빛을 이용할 수 있는 시기였다. 도로를 따라 병사들과 전꽁들이 무거운 짐을 지고 북쪽으로 이동하는 모습이 보였다. 그들 중 대부분은 잠시 멈춰서 차량을 보며 즐거워했다. 그들은 기쁨과 열정으로 가득 차 있었다. 혁명기지에 차량이 있다는 것은 승리로 가는 길이 바로 눈앞에 있다는 것을 의미했기 때문이다.

우리는 나팍(Nà Phạc)에 도착한 후, 보안을 감안해 차에서 내려서 말로 갈아타고 응웬빙(Nguyên Bình)으로 이동했다. 그리고 우리는 까오방시 북쪽으로 돌아서 시에서 북동쪽 25km 지점에 있는 꽝응웬으로 향했다. 그곳에서 몇 개 연대가 재편성을 마치고 베트남으로의 복귀를 기다리고 있던 후아통과 젱시[62]로 향하는 도로를 따라갔다.

여정 내내 내 임무에 대해 생각해 보니, 나는 매우 만족할 수는 없는 그 무엇이 있음을 느꼈다. 전역 목표가 현존하는 우리 능력을 초과하지는 않는가? 우리는 장기간 작전에 참가하는 그 많은 병사들과 전시근로자들에게 충분한 식량을 공급할 수 있을까?

우리 군은 최고사령부 산하에 5개 주력 연대[63]가 있었는데, 그들은 모두 지난 몇 차례 작전에서 많은 시련을 겪은 부대들이었다. 또한, 비엣박 연합구역의 3개 주력 대대, 까오방, 랑썬성의 군대도 있었다. 우리는 다가오는 전투에 우리의 모든 중요 자산을 투입할 예정이다. 북동 국경선 일대의 적은 수적으로 우리와 비슷했고 훈련 상태가 양호한 유럽-아프리카군이 대부분이었다. 그러나 우리가 작전을 개시했을 때 적의 규모는 20개 대대에 달했다. 즉, 우리는 적에 비해 수적 우위를 점하지 못했고, 적은 우리보다 우수한 무기와 장비를 보유하고 있었다.

62 Zheng Xi, 현 중국 광시성 징시靖西현

63 지방군, 민병대 등과 구별되는 부대. 정규군 연대로 보아도 무방하다. (역자 주)

적의 최대 약점은 전투부대와 화력지원 수단들이 분산되어 있고, 그들의 진지가 산악 및 밀림으로 인해 이동이 어려운 지역에서 수십 km가량 떨어져 있다는 점이었다. 이 문제는 각 진지 간의 상호 지원을 어렵게 했다. 우리가 만일 이와 같은 적의 약점을 십분 활용하고 우리 정규군의 기동성을 최대한 보장할 수 있다면 승리할 수 있을 것 같았다.

까오방시를 작전 개시를 위한 전단(戰端)으로 삼는 것이 타당할까?

까오방시는 베트민 후방 깊숙이 위치한 곳으로, 적은 이곳에 2개 대대를 보유하고 있었다. 만일 베트민이 승리한다면 그들의 정치적 영향력이 강력한 중요 국경지역 도시를 해방하게 될 것이다. 그러나 베트민은 아직까지 유럽-아프리카군 2개 대대가 방어하는 진지를 공격해 본 경험이 없었다. 까오방은 내가 일찍이 본 것과 같이 두 개의 강 사이에 위치한 도시로, 낡았지만 견고한 요새를 두르고 있었다. 이는 우리가 경험한 적이 없는 전투 형태인 진지전을 강요했다.

내 생각에 이번 전투의 주전단은 동케가 되어야 했다. 거기에는 적 1개 대대만이 주둔하고 있어서 우리 능력으로 휩쓸어 버릴 수 있었다. 만일 적이 동케를 잃으면 까오방은 완전히 고립되고, 적은 동케를 탈환하지 않을 수 없게 된다. 그러면 우리는 산악 및 밀림 지형에서 적을 소멸시킬 기회를 포착할 것이다. 나는 총참모부에 4번 국도에 있는 적을 고립시켜 우리의 장차 계획에 장애 요소가 되지 않도록 하라고 지시했다.

동케 전투는 1950년 5월 25일 최고사령부의 승인 하에 제174연대에 의해 개시되었다. 베트민군이 동케에 있던 적을 소멸시키고 있다는 사실이 북동 국경지대를 계속 요동치게 했다. 소규모 적진지들은 뒤로 후퇴해 전술기지[64]를 구축했는데, 그 기지에는 적어도 2개 중대가 주둔했고 증강된 화력과 견고한 흉벽을 갖추고 교통호와 지하갱도를 구축했으며, 일부 지역은 비행장도 있었다.

비록 까오방 지역을 해방하기 위해 준비가 진행되었지만, 내 마음은 두 갈래로 나뉘었다. 만일 전투가 성공적인 결과를 가져오지 못한다면 최고사령부의 가장

---

64 Entrenched camp, 병력이 주둔할 수 있는 막사 등의 기본 시설과 병력과 장비, 그리고 시설을 적의 공격으로부터 방호할 수 있도록 지뢰, 철조망, 교통호, 특화점, 땅굴 등등을 설치한 진지 (역자 주)

우수한 연대들이 작전 초기에 소멸될 위험을 안고 있지 않은가!

까오방은 완전히 해방되지는 않았지만 평화로운 분위기가 지배적이었고 시장은 활기가 넘쳤다. 도처에 병사와 전시근로자들이 보였다. 까오방시에서 불과 10km밖에 떨어지지 않은 느억하이(Nước Hai) 시장에는 수많은 가게에서 물건을 사고파는 인파로 북적댔다. 프랑스는 군대를 그곳에 주둔시키고 있었지만, 가장 중요한 군사기지 인근에서도 행정권을 행사하지 못하고 있었다.

1950년 8월 3일 오후, 나는 하롱(Hạ Long)베이와 풍경이 유사한, 산이 많은 지역인 꽝우옌(Quảng Uyên)[65]에 도착했다. 작전사령부는 따파이느아(Tả Phày Nưa) 마을에 있었는데, 도로에서 멀리 떨어지지 않았지만 숨기에는 안성맞춤인 지역이었다.

우리는 작전 목적상 보안을 유지하려 했지만, 수많은 병사들이 도착하는 모습을 본 주민들은 까오방이 다음 목표라고 믿게 되었다.

나는 상황을 전반적으로 살펴보기 위해 황반타이와 쩐당닝을 만났다. 황반타이는 까오방시 해방 준비가 완료되어가고 있다고 보고했다. 적정을 파악하는 데는 다소 어려움이 있었다. 성(省) 내에는 특별히 훈련된 정찰 집단이 없었고, 첩보는 적진 부근의 마을에 조직된 인간정보망을 통해 수집되었다. 통신수단이 거의 없었으므로, 우리는 보안이 보장되지 않는 우체국 같은 곳에 의지할 수밖에 없었다. 전령을 운용하기에는 지나치게 많은 시간이 소요되었다. 총참모부의 첩보수집부대는 정보를 직접 수집하는 동시에, 지방 간부들을 급히 교육하는 수밖에 없었다. 또한, 적정을 세밀하게 관측할 수 있는 관측소를 설치하기 위해 제1연합구역[66] 정보부대와 협조해 나갔다.

8월 2일, 총참모부는 연대급 이상 모든 작전 참가 부대를 대충 만든 사판(砂板)[67]앞에 소집해 임무를 부여했다. 계획에 따르면 우리는 작전 초기단계에서 모든 병력과 화력을 집중시켜서 까오방시에 있는 적을 격멸하고, 지상과 공중으로

65 까오방 동쪽 20km 지점 일대 (역자 주)

66 당시 호치민 측은 군사적 목적상 전국을 10개의 연합구역(聯區)으로 구분했으며, 그 가운데 제1연합구역은 북부 국경의 성들을 한데 묶어 구성했다. (역자 주)

67 부대원이 이해하기 쉽게 만든 축소 전장 상황판. 원래 모래로 만들었기 때문에 사판이라는 명칭이 붙었다. (역자 주)

오는 적의 증원군을 소멸시켜야 했다. 제308여단, 174연대 및 신규 편성된 포병연대가 시내에 위치한 적과 시 외곽에 위치한 공정부대를 소멸시키는 임무를 부여받았다. 제209연대와 제246대대에는 동케에서 공중과 지상으로 오는 증원군을 격멸하는 임무가 부여되었다.

타이[68]는 토론 중에 일부 간부들이 까오방이 작전 시발점이 된 것을 우려하고 있다고 말했다. 총참모부는 모든 연대장들이 참가하는 전장 정찰을 계획했다. 제308여단과 동행하던 일련의 중국 고문관들이 그들과 동행했다.

쩐당닝은 직간접적으로 이번 작전에 참가할 인력이 약 30,000명은 될 것이라고 예상했다. 그러므로 보급품은 쌀 2,700t 및 무기와 탄약 200t을 포함하여 3,000t에 달할 것으로 예측되었다. 작전에 봉사하고 있던 까오방성 및 랑썬성의 소수 민족들은 사기가 매우 높았다.

우리의 수송로는 협소한 진흙길이어서 통행이 어려웠다. 급경사가 많았고 우기인 관계로 일부 구간은 붕괴되어 있었으며, 적들도 항공기와 대포로 폭격과 포격을 해 댔다. 전시근로자 박썬(Bắc Sơn)중대는 4번 국도를 횡단하던 중에 적에게 발각되고 항공기의 공습을 받아 71명의 사상자가 발생했다. 그 중대는 뽀마(Pò Mã)로 쌀을 실어 나르기 전에, 시체를 묻고 부상자를 돌보느라 꼬박 하루 동안 이동을 멈춰야 했다. 주민들이 수백 톤의 식량을 병사들에게 팔아 주었지만, 작전 소요에는 한 참 못 미치는 양이었다. 내륙지방에서 오는 식량 보급은 수송로가 매우 신장되어 있었다. 쩐당닝은 광시성에 보급을 요청했다. 광시성 당국자는 자신들의 식량도 부족한 상황임에도 적극 지원해 주기로 약속했다. 쩐당닝은 중국 군사고문단을 만나기 위해 광시성으로 갈 준비를 했다.

나는 황반타이에게 까오방 정찰대를 신속히 구성해 줄 것을 요구했다. 해 질 녘에 회동이 예정된 통나무집[69]이 부엌에 피워 놓은 불길로 따뜻해졌을 때, 내가 전에 까오박랑(Cao Bắc Lạng)[70] 혁명기지의 골수 동지로 알고 있던 각 성의 지도자들

68 황반타이 (역자 주)

69 베트남 북부 시골의 전형적인 가옥 형태로 나무로 2층집을 지어서 1층은 동물을 키우거나 창고로 쓰고, 2층에 사람이 거주한다. (역자 주)

70 베트남 북동부 지역에 있는 까오방(Cao Bang), 박깐, 그리고 랑썬(Lang Son) 등 주요 3개 도시를 지칭한다. 본문에

이 도착했다. 우리는 재회에 기뻐했다. 오랜 친구들을 만날 때마다 훈훈한 정이 가슴으로 스며들었다. 그들은 까오방 주민들도 식량 부족으로 고통받고 있으나, 소수민족들은 쌀이나 옥수수를 마지막 한 톨까지 병사들에게 판매할 것이 틀림없다고 말했다. 까오방성 및 랑썬성 출신 간부의 2/3는 작전에 투입할 전시근로자와 식량을 동원하기 위해 소집되었다. 고산족인 흐몽(H'mong)과 자오(Dao) 같은 소수 민족들은 대부분 생전 처음 쌀과 탄약을 운반하게 되었지만, 개울을 건너거나 비를 만나면 차라리 자신들이 젖더라도 쌀과 탄약은 젖지 않도록 조치했다. 성 지도자들은 모두 이번 작전이 끝난 뒤에 까오방시에서 만나기를 기원했다.

서는 동케, 텃케 등이 이 3개 도시의 중앙에 위치하고 있으므로 까오박랑이라는 표현을 사용한 듯하다. (역자 주)

2. 주타격지점

1

1950년 8월 5일 이른 아침, 전장연구팀이 짙은 안개 속에 길을 떠났다. 거친 비포장길을 여러 팀이 말을 타고 갔다. 작전사령부 부참모장 판팍[01], 정보국장, 최고사령부 비서실 차장 외에 제308여단 참모장 럼낑[02], 작가 응웬후이뜨엉[03]과 사진사 부낭안[04]이 있었다. 작가들과 예술가들도 이번 작전에 참가했다. 정치국장인 레리엠은 최고사령부에 응엔후이뜨엉, 부낭안과 동행해줄 것을 요청했다. 작년에는 쩐당[05]이라는 유망한 작가가 전선에서 영광스럽게 전사한 일도 있었다.

우리가 마푹(Mã Phục) 고개에 도착한 시간은 정오였다. 관측소장인 꿕쭝(Quốc Trung)이 우리를 꽝우옌-짜링(Trà Lĩnh)-까오방시의 교차점[06]에서 만났다. 거기서 우리는 말을 남겨두고 숲길을 따라 이동했다.

---

01 Phan Phác (1915~2009) 베트남의 군인. 프랑스 포병학교 출신으로, 1946년에 군사훈련부 초대 부장을 역임했다.

02 Lâm Cẩm Như. 베트남의 군인. 1944년 최초로 조직된 베트남 인민군 소속 장교 34인 중 한 명이었다. Lâm Kính은 별칭이다.

03 Nguyễn Huy Tưởng (1912~1960) 베트남의 극작가, 언론인. 베트남 작가협회의 초기 설립자 가운데 한 명이자 베트남의 대형 출판사인 킴동의 창립자로 베트남의 국가설립 초기 문화예술분야에 공헌했다. 많은 역사소설의 저자로 사후 호치민 예술문화상을 수상했다.

04 Vũ Năng An (1916~2004) 베트남의 언론인, 사진작가, 영화제작자. 1945년부터 종군사진기자로도 활약해 베트남 독립과 관련된 많은 역사적 사진을 촬영했다. 1954년 이후에는 영화제작자로 많은 역사 다큐멘터리와 극화를 촬영해 호치민 예술문화상을 수상했다.

05 Trần Đăng (1912~1949) 베트남의 작가, 비평가. 1946년 공산당의 대 프랑스 항쟁이 시작되자 공산당에 가입했으며, 내무부를 거쳐 1948년부터 군의 종군기자로 활약했다. 1949년 중국과 지원을 협의하는 과정에서 프랑스군의 공격을 받아 전사했다.

06 꽝우옌은 까오방 동쪽 20km, 짜링은 까오방 북동쪽 25km 지점에 있다. (역자 주)

비록 비는 내리지 않았지만 길은 진흙탕이었다. 몇 개의 고개를 오르고, 냇물을 건너고, 깊은 수풀을 헤쳐 나가 마침내 까오방시 주변의 산 정상에 올랐다. 거기에 도착했을 때는 정오와 저녁 사이 즈음이었다. 그곳에는 성능이 우수한 망원경이 설치된 관측소가 있었다. 관측소장은 관측소가 적 비행장과 매우 가까이 있고, 적기가 빈번하게 상공을 비행하고 있다며 모두에게 위장을 철저히 하고 주변을 돌아다니지 말 것을 요구했다. 보초가 경계를 서고 있었다.

관측소에서 내려다보니 단지 안개 바다만이 보였다. 나는 관측소장에게 여기서 시내까지 얼마나 떨어져 있느냐고 물었다. 그는 대답했다.

“직선거리로 약 1km 떨어져 있습니다. 맑은 날은 맨눈으로도 볼 수 있습니다. 이 산은 시 동쪽에 위치하고 있습니다.”

우리는 한참 동안 그곳에 머물러 있었지만 시내에 있는 어떤 것도 식별할 수 없었다. 내가 말했다.

“기상 덕 좀 보네. 적이 우리를 탐지하지 못하잖아.”

이 말에 모두는 미소를 머금었다. 나는 꿕쭝에게 물었다.

“우리가 얼마나 기다려야 하나?”

“바람이 불면 시내가 쉽게 보입니다.” 그는 대답했다.

갑자기 노래와 음악 소리가 우리 주변에서 들려왔다.

“어느 전초에서 틀어 놓은 전축 소리입니다.”

꿕쭝이 말했다.

망원경을 지키고 있던 병사가 우리 쪽을 향하더니 말했다.

“바람이 세게 불기 시작했습니다. 시내를 곧 보시게 될 겁니다.”

나는 망원경이 설치된 장소로 돌아왔다. 안개가 바람에 날려갔다. 계곡이 붉은 능선과 함께 나타났고, 강물이 금빛 물결을 이루고 있었다. 누군가 소리쳤다.

“방지앙(Bằng Giang)강이다!”

시내 전체가 우리에게 모습을 드러냈다. 나는 까오방을 여러 번 와봤지만, 이번에 처음으로 높은 곳에서 망원경을 통해 시내를 보니 전혀 다른 곳 같았다.

나는 처음으로 2개의 강줄기와 시를 둘러싸고 있는 일련의 고지군에 구축된 적

프랑스 공군의 항공촬영사진을 기반으로 작성된 까오방 방어구역도 (Archives de France)

의 전초 체계를 볼 수 있었다. 전초의 빨간 지붕과 철조망이 쳐진 담장이 내 관심을 끌었다. 내가 세어보니 15곳에 전초가 있었다.

판팍 동지가 나에게 다가와 시내 앞까지 산기슭을 따라 구불구불 난 4번 국도와 나깐(Nà Cạn)비행장, 그리고 방지앙강을 가로지르는 교량을 가리켰다. 우리는 이 도로를 따라 시를 향해 전진할 계획이었다. 그는 좌에서 우로 까오방 요새, 용병과 괴뢰[07]군의 막사, 도로, 시 관문, 괴뢰 행정관청 등을 가리켰다. 나는 정보국장인 까오파(Cao Pha)를 바라보면서 질문했다.

"우리 정찰대를 비행장과 강둑까지 보냈었는가?"

까오파 2개 정찰대를 두 번씩 야음을 틈타 적 배치선에 침투시켰으나 정찰대들은 그곳까지 다가갈 수 없었다고 보고하며, 비행장에서 500m 떨어진 곳에 적은 초소들을 쭉 설치하고 용병들이 밤낮으로 순찰을 돌기 때문이라고 했다.

나는 (부참모장) 판팍을 쳐다보며 물었다.

"전에 여기 와서 요새 남쪽과 읍내 서쪽을 살펴본 적이 있나?"

"두 번 있습니다. 읍내 서쪽은 지형과 적 방어 진지가 여기와 유사합니다. 강이 있고 방어체계가 강력하며 튼튼한 바리케이드가 있습니다. 남쪽에는 수많은 총안구가 뚫린 높은 성채가 있습니다. 성채 양쪽에 특화점과 감시초소가 있습니다. 외곽은 철조망을 두른 평평한 불모지대로 되어 있습니다. 두 방향에서 시내로 통하는 도로는 일련의 벌거숭이 고지군을 통과하고 있습니다."

그는 대답했다.

나는 각 진지를 정찰한 후, 적 병력의 수, 배치된 병사들의 종류, 장차 우리 병사들이 시내로 가기 위해 통과해야 할 도로 및 적 방어 공사의 수준 등에 대해 질문했다. 그리고 우리 병사들이 전장에서 닥칠 어려움을 추론해 보고, 어떻게 하면 그들이 이러한 어려움을 극복하게 할 것인가를 고심했다. 나는 왜 프랑스 최고 사령부가 까오방에서 그의 군대를 철수시키지 않았는지 이해했다. 저렇게 강력한 요새를 구축한 적은 우리의 공격을 걱정할 필요가 없다고 여겼을 것이다.

07 원문의 puppet은 현지인 가운데 프랑스에 의해 고용된 공무원, 경찰, 군인 등을 지칭한다. 베트남 측에서 괴뢰라고 칭했으므로 이를 그대로 옮겼다. (역자 주)

시내의 조명이 불을 밝혔다. 관측소장은 이 계절에는 밤에 자주 비가 내리니 이만 돌아가자고 요청했다. 우리가 우의를 지참하지 않았다는 것이 생각났다. 어둠이 아주 빠르게 닥쳐왔고 이슬비가 내리기 시작했다. 우리가 산 중턱까지 내려올 즈음에는 들이붓는 듯한 폭우가 되었다. 꿩꽁이 정찰대용으로 확보한 초가집에서 비를 피했다가 비가 그치면 가자고 제안했다.

초가집이 매우 협소해서 경계병은 밖에 나가 있어야 했다. 비는 그치지 않았지만, 어느새 7시가 지난 것을 깨닫고는 길을 떠나기로 결심했다.

경계병이 횃불 두 개에 불을 붙였으나 곧 꺼져버렸고 길을 분간하기가 매우 어려웠다. 우리는 썩은 대나무조각을 각자 모자에 끼웠다. 그랬더니 대나무에서 뿜어내는 인광(燐光) 덕분에 앞에 가는 사람을 볼 수 있었다. 안내인은 산꼭대기에서 흘러내리는 물을 따라가기로 결심했다. 마침내 산자락에서 아침에 건넜던 도랑과 만나면서 돌아가는 길을 가늠할 수 있게 되었다. 그러나 도랑은 아침처럼 고요하지 않았다. 어마어마한 양의 물이 이끼 낀 돌로 덮인 바닥을 휩쓸고 있었다. 우리 모두 계속해서 넘어졌다. 나는 가장 많이 넘어진 사람 중 한 명이었다. 내가 도랑을 건너는 데 서툴러서가 아니라 아침에 전속부관의 조언대로 가시에 찔리지 않도록 가죽 신발을 신었기 때문이었다.

우리는 밤새도록 도랑을 건너고 진흙탕이 된 숲을 통과했고, 우리 옷은 수세미가 되었다. 여명 직전에 우리는 주민들이 떠나며 버려진 작은 마을에서 멈춰 섰다. 병사들이 나무를 가져다 불을 피웠다. 우리는 옷을 벗어 물기를 짜낸 뒤에 불 위에 말리고, 마루에 올라앉아 비좁게 자리를 잡아야 했다. 지금까지 이렇게 많은 인원이 정찰에 참가한 적은 없었다. 나는 응웬후이뜨엉을 쳐다보면서 참고가 될 만한 말을 했다.

"오늘 프랑스군 전황속보에는 아마도 '까오방 전선 이상 없다'라고 쓰여 있을 거야."

부느또(Vũ Như Tô)[08]를 쓴 작가는 미소를 지으며 만족했다.

---

08 응우엔후이뜨엉이 집필한 드라마의 제목

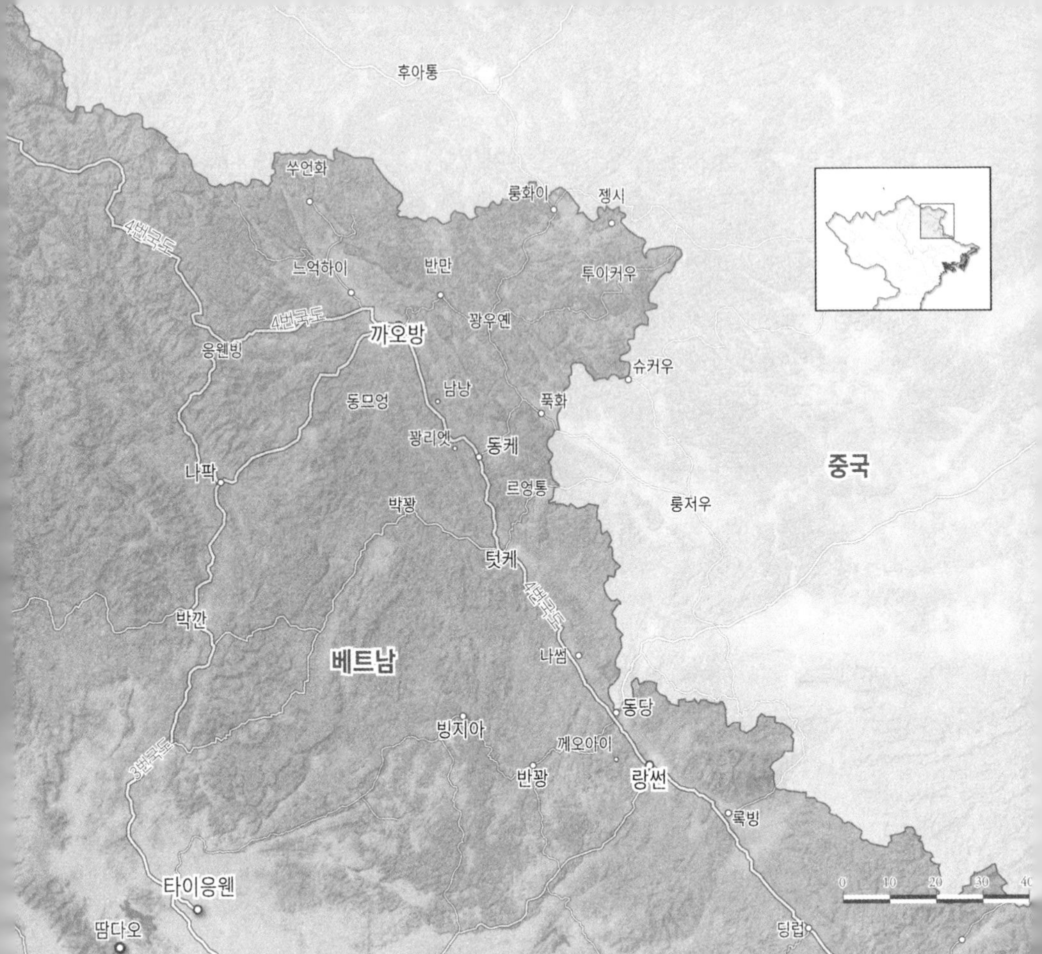

까오방-랑썬 간 4번 국도 구역 및 중국-베트남 북동부 국경

정찰 후에 우리 모두는 생각이 많아졌다.

내가 말했다.

"철저한 준비 없이는 승리를 보장할 수 없다."

아침나절까지 짜링(Trà Lĩnh)[09]에 도착하니 옷이 말라 있었다. 우리는 꽝우옌으로 돌아왔다. 우리 일행이 정찰하는 동안에 다른 연대장들도 전장에서 정찰 활동을 실시했다.

09 비엣박에 위치한 혁명기지

2

나는 참모부에 까오방 지방의 대축척지도를 요청했으나 참모부가 보유한 지도는 1:500,000 지도 한 종류 뿐이었다. 까오방 일대를 살펴본 후에 나는 이 지역이 작전의 주전단이 될 수 없음을 확신했다. 까오방에 있는 적은 그렇게 많아 보이지 않았지만, 접근이 어려운 산과 강들로 이뤄진 지형이 적에게 유리한 여건을 조성해주고 있었다. 만일 우리가 까오방을 공격하기로 결정한다면 우리는 그간 거의 경험해보지 못한 일련의 전술적 문제점을 해결해야 했다. 우리는 강을 도하해야만 할 것이다. 그리고 적진 깊숙이 공격을 해야 하는데, 그러기 위해서는 우리 병사들은 며칠간 주간에도 전투를 벌여야 할 것이다. 우리는 노출된 지역에서 항공기와 포병의 엄호를 받는 공정부대와 싸워야 할 것이다. 또한 우리는 경무장된 보병으로 강력한 적진지를 파괴해야 할 것이다. 그렇다면, 오랜 병가의 가르침에도 불구하고 우리는 성을 공격하는 어리석은 실책을 범해야만 하는가?[10]

우리는 까오방을 공격 목표로 삼아 왔다. 적의 증원부대를 궤멸시켜서 의미심장한 승리를 얻을 수 있다고 생각했기 때문이다. 그러나 나는 도상연구 과정에서 적의 증원부대가 도로를 경유해 까오방으로 올 가능성이 거의 없음을 깨달았다. 텃케(Thất Khê)[11]에서 까오방에 이르는 도로는 적이 활용하기에는 너무나 위험했다. 지난 몇 달 동안 까오방에 대한 보급은 공중에 의존했다. 만일 적 증원부대가 까오방을 향해 필사적으로 달려온다 해도 도로로 이동하기에는 너무 멀었다. 따라서 까오방이 우리 군의 위협을 받는다면 적은 까오방에 배치된 병력들은 희생시키고, 우리가 까오방 공격 준비에 몰두하는 동안 주력부대를 동케와 텃케에서 랑썬으로 철수시킬 확률이 가장 높아 보였다.

만일 우리가 까오방을 공격한다면, 우리의 '초전 필승'이라는 구호는 쉽게 실

10 손자병법 모공편에 있는 其下攻城(성을 공격하는 것이 가장 피해야 할 일이다)을 뜻하는 것으로 보인다. (역자 주)

11 베트남 동부 국경지대의 두 도시인 까오방(Cao Bang)과 랑썬(Lang Son) 사이에 있는 소읍지로, 규모는 작으나 3번 국도와 4번 국도가 교차하는 교통의 요충지다. 까오방-동케는 45km, 동케-텃케는 20km, 텃케-랑썬은 60km가량 떨어져 있다. (역자 주)

현되지 않을 것이다. 그리고 설사 우리가 승리를 거두더라도 우리는 심대한 피해를 입는데 반해, 적의 피해는 '새 발의 피'에 해당하는 2개 대대의 손실에 불과할 것이다.

작전의 목적은 대규모의 적을 격멸하고 까오방을 해방시키는 것이었다. 그렇다면 우리의 목적을 달성하기 위해서 무엇을 해야 하는가?

나는 작전을 개시하는 최선의 방법은 텃케, 까오방과 연결되는 도로상의 전술기지인 동케를 공격하는 것이라고 결심했다. 동케가 요새화되어 있다 해도 우리는 이 중요한 기지를 파괴할 능력이 있었다. 일단 적이 동케를 상실하면 적은 동케를 탈환하거나 까오방으로 철수하려 할 것이다. 그러면 우리는 적을 성채 밖에서 격멸시킬 기회를 얻게 된다. 만일 적이 동케를 탈환하지 않으면 우리는 텃케를 공격할 것이다. 일단 적이 동케와 텃케를 모두 잃으면 적의 사기는 땅에 떨어지고, 여건은 우리에게 보다 유리하게 변할 것이다. 상황을 분석해본 결과, 우리는 진지전을 치르면서 까오방을 해방시키는 대신, 적을 포위해 항복을 강요하는 편이 낫다는 확신을 가지게 되었다.

나는 다음 날 이 사실을 전선 당위원회 회의 안건으로 상정하기로 결심했다. 모든 위원들이 까오방 공격이 승리를 이끌 수 없으며, 동케를 주전단으로 선택해야 한다는 데 동의했다. 그러나 그들은 다음과 같은 의견을 피력했다.

"당 중앙상임위원회에서 까오방을 공격하기로 결정했고, 모든 작전 및 작전지원 준비도 거기에 맞춰져 있습니다. 만일 우리가 계획을 변경한다면 작전을 연기해야만 합니다."

나는 그 토론에 결론을 내렸다.

"상임위원회의 결정은 적의 핵심전력 일부를 격멸하고 중월 국경을 개방하기 위해 까오방을 해방시키는 것입니다. 까오방을 주전단으로 선택한 것은 당 총군사위원회(General Army Committee)의 결정입니다. 만일 우리가 그러한 작전을 개시한다면 우리는 작전 목적을 달성하지 못할 것입니다. 우리는 상임위원회에 보고해 결심을 득해야 합니다. 우리가 상임위원회의 결정을 기다리는 동안에도 모든 준비는 계속해야 합니다."

각 부대의 간부들이 정찰 후 각자의 의견을 개진했다. 요새 파괴 임무가 부여된 제308여단은 적의 방어 공사가 매우 견고해서 쉽게 승리를 거둘 수 없어 두려웠다고 말했다. 방강을 도하해야 하는 제209연대는 강물이 깊고 물살이 빨라서, 도하 중 적의 집중사격에 노출되는 상황을 걱정했다. 제174연대는 동케를 제일 먼저 공격하자고 제안했다.

8월 12일에 쩐당닝이 웨이구오칭, 메이자셍, 뎅 이-판으로 구성된 중국 군사고문단과 함께 광시성에서 돌아왔다. 그들이 따파이뜨(Tả Phày Tử)[12]에 머무는 동안, 단장인 웨이구오칭은 상황을 파악하기 위해서 미리 파견된 다른 중국 전문가들을 만났다.

8월 15일, 나는 작전 방향을 동케로 전환하는 데 찬성한다는 호 아저씨의 전문을 수령했다. 나는 즉각 당위원회, 전역사령부, 그리고 총참모부, 총정치국 및 군수총국의 주요부서 합동회의를 소집해야 한다고 결심했다.

회의는 8월 16일에 개최되었다.

황반타이는 우리에게 전역사령관이 직접 까오방 일대의 전장을 조사했다고 알려주었다. 그리고 작전계획 초안, 우리의 장점과 단점, 그리고 전선 당위원회가 작전 초기단계부터 까오방이나 동케 공격을 고려했다는 사실 등을 보고했다. 회의는 이 문제에 집중되었다. 대부분 동케 공격을 선호했다. 모든 사람들은 동케 공격이 어렵지 않겠지만, 준비는 처음부터 다시 실시해야 한다는 데 동의했다. 동케는 까오방 남쪽 45km지점에 위치해 있었다. 우리는 1950년 5월 전투 이래 수많은 변화를 겪은 동케를 다시 정찰하고, 텃케에서 동케까지, 동케에서 까오방까지 이어지는 4번 국도 구간을 세밀히 연구해야만 했다. 전역의 군수지원 사업도 변경할 필요가 있었다. 까오방 공격을 위해 설치되었던 저장창고, 역, 병원 등의 체계를 동케 전투에서 용이하게 활용할 수 있도록 장소를 전환할 필요가 있었다. 중국-베트남 간 도로 중에 꽝우옌에서 푹화(Phục Hòa)를 지나 투이커우(Thủy Khẩu)[13]까지 이어지는 구간(30km 이상)은 보수가 필요했다. 적이 동케 공격을 예상

12 비엣박의 혁명기지 가운데 한 곳

13 까오방시 동쪽 60km 지점에 위치한 국경 마을 (역자 주)

했을 경우, 승리하지 못할 수도 있다는 주장을 포함해 다양한 의견이 개진되었다. 나는 결론을 내렸다.

"당위원회와 전역사령부는 까오방 정찰을 마치고 돌아온 다양한 제대 지휘관들의 의견을 들었습니다. 장점과 단점에 대해 분석하고 가중치를 두어 판단해본 결과, 그들은 작전 목적을 달성하기 위해서는 전투 계획이 변경되어야 한다고 믿고 있습니다. 동케를 점령하고 적 증원부대, 특히 공정부대를 궤멸시키며, 만일 적이 텃케를 증원하지 않을 경우 우리가 그곳을 점령하기 위해서 아군 병력을 집중시켜 작전을 개시하는 새로운 계획이 호 아저씨에 의해 승인되었습니다. 만일 적들이 증원부대를 파견한다면 우리는 우선적으로 소규모 전술기지와 텃케 남쪽에 주둔중인 기계화부대를 격멸한 후 텃케를 파괴해야 합니다. 동케와 텃케를 파괴하고 적 일부를 격멸한 뒤에 우리 병사들은 잠시 휴식을 취합니다. 그 다음에 우리는 까오방을 공격합니다. 까오방을 공격하기로 했던 이전의 계획은 기만 술책이 될 것입니다."

나는 이 결정이 지난 한 달 동안 달성한 준비를 뒤엎는 것은 물론, 까오방시를 해방시키기 위해 최초 전투에 참가하기를 원했던 사람들의 열정을 식힐 우려가 있음을 알고 있었다. 그러나 우리는 다른 대안이 없었다. 승리에 필요한 것은 대담성이지 분별없는 행동이 아니었다.

회의를 마친 후, 나는 중국 고문관들을 만나기 위해서 따파이뜨로 향했다. 웨이구오칭은 나보다 조금 나이가 많았다. 그의 외모와 태도에서 오랫동안 혁명사업에 참가해 온 간부로서의 진지함, 완숙미, 절제감 등이 느껴졌다. 그는 영국 주재 중국 대사로 갈 준비를 하고 있을 때 베트남에 파견된 군단[14]의 군단장이었다. 우리는 처음 만났을 때부터 서로 호감을 가지고 있었다. 웨이구오칭은 항불전쟁이 종결되기까지 국방장관 및 최고사령관의 고문관이었다. 나는 작전 준비에 대해 그에게 설명했다. 그는 내 말을 듣고는 자신이 천경이 도착하기를 기다리고 있다고 말했다.

---

14 multi-battalion, 프랑스의 다중대대와 영어 표기는 동일하지만 규모는 상당한 차이가 있다. 중국의 편제에서는 야전군 다음으로 큰 규모의 부대이므로 유사어인'군단'으로 번역했다. (역자 주)

1950년 당시 항공촬영한 동케의 모습 (Archives de France)

당시 중국 인민해방군 편제를 보면, 가장 높은 제대가 '야전군'(field army)이고 그 아래 '군단'(multi-battalion)이 있었다. 천경은 야전군 부사령관이자 중국 공산당 중앙위원회 후보위원이었다.

합동회의를 마친 후, 전원이 사업에 착수했다. 항불전쟁 기간 내내 3개 기관(총참모부, 총정치국, 군수총국)과 최고사령부 지휘부의 관계는 공동 목표를 공유했다는 점에서 동지들 간의 표본이 되었다. 그들은 마치 한 가족처럼 행동했다.

8월 21일, 당 중앙위와 전역사령부는 3개 기관의 준비상태를 청취하기 위해 회합을 가졌다. 타이가 동케 전투 초안을 발표했다. 레리엠은 정치사업에 관한 사항을 보고했다. 닝은 군수문제를 보고했다. 그들은 모두 새로운 임무를 완수하겠다는 결의를 표했다. 나는 타이에게 승인용으로 제출할 수 있도록 초안을 공식 문서화할 것을 상기시켰다.

1950년 8월 25~26일, 전선 당위원회는 연대급 이상 간부회의를 소집했다. 회의는 꽝우옌에서 6km 떨어진 산골마을 넘떠우(Nậm Tấu)에서 개최되었다.

이번 작전에 참가하는 모든 부대의 대표자들이 이 회의에 참가해 임무를 부여받았다. 나는 회의에 참가한 사람들의 능력과 성격을 알고 있었다. 그들은 모두 지난 몇 년간의 전투에서 시련과 고난을 전부 겪어본 사람들이었다. 브엉트아부[15], 레꽝바[16], 까오반카잉[17], 레쫑떤[18], 꽝쭝[19], 부옌[20], 타이중[21], 부랑[22], 홍썬[23], 당반비엣[24], 조안투에(Doãn Thuế), 그들에게 이렇게 거창하게 협조된 전투는 처음이었다. 그들은 각각 확고한 의지와 용맹성으로 전투에 임하기 위해 이번 회의에서 부대의 긍지와 결의를 표명했다.

---

15 Vương Thừa Vũ (1910~1980) 베트남의 군인. 소년기에 가족이 중국으로 이주했고, 이후 황포군관학교에서 교육을 받았다. 1940년 국민당의 공산당원 탄압을 피해 베트남으로 돌아갔으나 프랑스 식민정부의 공산당 색출로 체포-투옥되었다. 1943년부터 베트남 공산당에 가입해 육군 사관학교장과 인민군 참모차장, 지역사령관 등으로 활동했다. 1차 인도차이나 전쟁에서 유명한 제308여단을 지휘했다.

16 Lê Quảng Ba (1914~1988) 베트남의 군인. 정치가. 1936년 인도차이나 공산당에 가입한 후 1941년부터 항일 무장투쟁을 지휘했다. 1945년부터 1947년까지 제1연합구역의 부국장이었고, 이후 북동부 전선 사령관으로 활동했다. 1960년 이후에는 소수민족 중앙위원회나 중앙 농업위원회 등을 거쳐 공산당 중앙위원회 위원으로 일했다.

17 Cao Văn Khánh (1917~1980) 베트남의 군인, 정치가. 인도차이나 대학에서 법률을 전공했으나 이후 청년운동을 통해 베트남 독립운동에 참가했다. 이후 빙딩성 군사위원장을 거쳐 육군 사관학교장, 제3연합구역 참모장, 제4연합구역 사령관, 베트남 인민군 참모차장과 총장, 총사령관 등 다양한 요직을 역임했고, 국회의원으로도 선출되었다.

18 Lê Trọng Tấn (1914~1986) 베트남의 군인. 동경의숙 출신 학자의 아들로, 청년기에 축구선수로 프랑스 공군 팀에 소속되기도 했다. 1943년 공산당에 합류해 고향의 군사위원회 위원이 되었고, 인민군에서 활동했다. 1차 인도차이나 전쟁 초기에 유명한 206연대의 지휘관이었다. 동케 전선에서 베트남 인민군 부사령관직을 거쳐 제312사단의 사단장에 임명되어 디엔비엔푸 전투의 주역 중 한 명이 되었다. 이후 사관학교장 등을 거쳐 총참모장까지 진급했다.

19 Quang Trung (1921~1995) 베트남의 군인, 정치가. 1937년 이후 인도차이나 공산당으로 활동했으며, 프랑스 당국에 체포된 후 중국으로 탈출해 게릴라를 조직한 후 1944년 베트남으로 복귀했다. 종전까지 미국의 OSS와 함께 활동했고, 1차 인도차이나 전쟁에서 제5연합구역 군사령관직과 제312보병사단장을 맡았다. 베트남 전쟁과 중월전쟁에서도 지휘관으로 활약했고, 이후 국회의원을 겸직하며 정치가로도 활동했다. 본명은 땀꽝쭝이며, 꽝쭝은 애칭이다.

20 Vũ Yên (1919~1979) 베트남의 군인. 1944년 이후 하노이를 중심으로 활동했으며, 1차 인도차이나 전쟁에서는 제308여단 소속 지휘관이었다. 전후 육군사관학교와 육군대학의 교장직을 맡았다.

21 Thái Dũng (1919~) 1945년 베트남군에 입대해 29대대장을 거쳐 1차 인도차이나 전쟁에서 308여단의 88연대 지휘관으로 활동했다. 전후에 육군사관학교와 육군대학의 교장직을 수행하는 등, 군사 고등교육의 전문가로 활동했다. 본명은 응웬타이중이며, 타이중은 애칭이다.

22 Vũ Lăng (1921~1988) 베트남의 군인. 8월 혁명 당시 베트남군에 입대했다. 1차 인도차이나 전쟁 당시에는 냐짱-닝화 방면에서 일선 지휘관으로 활동했고, 이후 제308여단 54대대 지휘관이 되었다. 제316여단 98연대장으로 디엔비엔푸 전투에서 C1고지를 점령하여 결정적인 승리에 기여했다. 베트남 전쟁에서도 제3군단의 지휘관으로 활동했다.

23 Phạm Hồng Sơn (1923~2013) 베트남의 군인. 법학전공자로 1945년 하노이 학생연합에 가입해 반일활동을 시작했으며, 이후 308여단 36연대를 거쳐 군사과학연구소 부소장, 군사전략연구소 부소장 등 군사연구교육직을 거쳤다. 본명은 팜홍썬이며, 홍썬은 애칭이다.

24 Đặng Văn Việt (1920~) 베트남의 군인. 의사 출신으로 1945년부터 교내의 베트남 독립동맹에 가입했다. 1차 인도차이나 전쟁이 시작되자 베트남군에 입대해 9번, 7번 국도 방면에서 제174연대 지휘관과 군 의무국장 등으로 활동했다. 1953년 토지개혁법 발효로 부친을 포함한 가족이 고발당하는 과정에서 좌천되었으나 이후 정부기관으로 복직했고, 은퇴 후 다양한 전쟁사 서적과 회고록을 저술했다.

동케 전투사령부는 황반타이를 사령관에, 레리엠을 정치지도원에, 레쫑떤을 부사령관에 임명했다.

동케 전투에 참가할 부대는 제174연대와 제209연대였다. 제308여단에게는 적 증원부대를 타격하라는 임무가 부여되었다. 전 부대는 작전계획에 의거해 1950년 9월 14일에 배치될 예정이었다. 각 부대들에게 임무가 부여된 후, 나는 다음과 같이 덧붙였다.

"텃케를 점령한 후, 우리 병사들은 휴식을 취하며 10~15일간 재편성을 실시할 것이다. 그다음에 까오방에 대한 공격을 감행한다. 동케에 있는 적이 격멸되고 적이 까오방에서 남쪽방향으로 후퇴하면, 우리는 모든 전투력을 집중해 까오방-동케 간 노상에서 적을 궤멸시킨다. 이처럼 작전의 진행방향은 처음에는 취약하고 규모가 작은 전술기지고, 나중에는 크고 강한 전력이 된다. 우리는 병사들을 훈련시키는 동안에도 싸워야 한다. 만일 우리가 동케를 점령하고 적을 궤멸시키면 까오방에 있는 적은 까오방을 방어하지 못하고 도망갈 길을 찾을 것이다. 그러면 우리는 보다 많은 적을 소멸시킬 기회를 얻게 되며, 까오방을 해방시키고 금번 작전의 목표를 달성할 결정적인 상황을 조성할 수 있을 것이다."

3

9월 초순은 긴장되는 하루의 연속이었다. 1950년 9월 1일, 전선당위원회 위원들이 4번 국도에 대한 적 상황을 수집하기 위해서 소집되었을 때, 우리는 8월 23일부터 적이 푸토를 향해 (소위 번데기 행군이라 불리는 방식으로) 행군을 해 왔고, 병력을 랑썬에 집결시키고 있다는 후방지역에 관한 정보국의 보고를 접했다. 우리는 전투 준비에 박차를 가하기로 결정했다. 참모부는 9월 3일 이전에 작전명령과 지침을 완성해야 했다. 사실 다음 날 작전명령이 비준되어 모든 부대에 하달되었다.

1950년 9월 3일, 동케 전투사령부는 전장 조사를 마치고 복귀해 적 중앙 지휘초소가 일부 변경되었다고 보고했다. 북쪽 방향으로 우리 병사들이 교두보를 확보하기 위해 지나가야 하는 도로를 따라 언덕 위에 있던 나무들이 베어져 우리 병력들에게 엄호를 제공하지 못하게 되어버렸다.

1950년 9월 9일, 당위원회와 전역사령부는 마지막으로 동케 전투계획에 대한 비준을 위해 연대급 이상 지휘관들을 소집해 회의를 열었다.

이번 작전만큼 주의 깊게 준비해온 전투는 없었다. 공격계획은 상세하게 수립되었다. 이번 전투에는 지난 5월 전투보다 3배가량 많은 병력이 투입될 것이다. 지난 5월 동케 전투에서 승리를 거둔 제174연대가 주공(主攻)으로 선발되었다. 제209연대는 제174연대의 협조된 부대로서 역할을 수행할 것이다. 각 연대와 협력 중인 산악포병 부대가 보강되었다. 충격부대는 제308여단에서 무반동총 사용 경험이 있는 병력으로 보강되었다.

호 아저씨가 따파이뜨에 도착했다는 연락을 받고 우리는 오전 과업을 마무리했다. 나는 호 아저씨가 기다리고 있는 장소로 말을 타고 진흙 길을 달려갔다. 그는 일주일에 걸친 여독으로 야위고 햇볕에 그을려 있었다. 그는 말했다.

“9월 2일 정부위원회 회의에 참석한 후 즉시 길을 잡았네. 내가 여기에 있는 것을 아무도 몰라. 올해 중앙 기관들은 독립일 경축행사를 하지 않았네. 여기에 있는 당신들도 그 날을 기억하고 있지?”

내가 대답했다.

“우리는 잊지는 않았습니다. 그러나 기념식 계획은 전혀 없습니다.”

나는 호 아저씨를 본부로 초대했다. 그는 수건으로 턱수염을 가리고 모자를 쓴 채 나와 함께 길을 나섰다.

나는 정오에 전역사령부가 다음과 같은 계획을 수용하기로 결정했음을 호 아저씨에게 보고했다. 즉, ‘작전은 동케 공격으로 시작되고, 이후 증원부대를 섬멸한다. 텃케를 공격한 후, 마지막으로 까오방을 해방시킨다.’는 개념이었다.

호치민은 손가락을 하나하나 꼽으면서 말했다.

“첫째, 동케 공격. 둘째, 적 증원군 섬멸. 셋째, 텃케 공격. 넷째, 까오방 해방. 그러니까 4단계로 이뤄져 있군.”

나는 대답했다.

"예!"

"동케는 크지는 않지만 매우 중요한 곳이지. 거기가 무너지면 까오방이 고립되니까. 그러면 적들은 동케를 탈환하기 위해 증원부대를 보낼 수밖에 없어. 따라서 우리 병사들은 기동전[25]을 수행할 기회를 얻는 거지."

나는 말했다.

"저희도 그렇게 생각합니다."

"우리 병사들이 기동전에 익숙한가?"

"그들은 지난 여름 내내 훈련을 받았고, 기량이 많이 늘었습니다. 까오방은 산악, 밀림 지역에 위치하고 있습니다. 제 생각에 이 조건은 우리에게 유리합니다."

호 아저씨가 뜬금없이 말했다.

"대대급 간부들을 만나고 싶네."

나는 말했다.

"여기에 있는 간부들은 모두 연대장들입니다. 내일 오후에 대대장 한 명을 만나게 해 드리겠습니다."

회의 둘째 날 오후, 호 아저씨가 낡은 카키 군복을 입고 나타나자 분위기가 사뭇 고조되었다. 그의 예상치 못한 출현은 이번 작전이 얼마나 중요한가를 우리에게 실감하게 해 주었다.

호 아저씨는 좌중을 애정 어린 눈빛으로 바라보면서 말했다.

" 전역사령부는 이번 회의가 전투 준비를 위한 마지막 회의라고 선언했습니다. 나는 이번 회의가 마지막이 아니라고 봅니다. 우리가 승리를 쟁취하기 전에는 준비가 다 끝났다고 말할 수 없습니다. 군대의 일에 있어서, 우리는 항상 준비를 하지 않으면 안 됩니다. 이번 전투에서 우리가 이기면 우리는 비로소 제1단계 준비가 완료되었다고 말 할 수 있는 것입니다. 오직 승리를 쟁취해야만 준비가 끝나는 것입니다. 군사(軍事)를 말함에 있어서, 우리는 단호하며 대담해야 합니다. 대담성이나 용기가 만용을 뜻하는 것은 아닙니다. 용기가 지혜라면 만

25 진지 공방전에 상대가 되는 개념으로 매복, 차단, 강습 등을 칭한다. (역자 주)

용은 어리석음입니다. 어느 한 사람이 단호하고 용감한 것은 충분하지 않습니다. 우리 모두 단호하고 용감해야 합니다. 우리는 똘똘 뭉치기 위해 우리 군대의 전투 정신을 유발하는 힘인 군기가 있어야만 합니다. 여러분 모두는 국경 전역을 개시한다는 당 중앙위원회의 결심을 경청해왔습니다. 여러분은 각각 임무를 확고하게 수행해 왔습니다. 나는 단 하나를 제외하고는 더 이상 할 말이 없습니다. 그 하나는 바로 시간이 그지없이 귀중하다는 것입니다. 여러분이 다가오는 전투를 정성스럽게 준비하는 데 있어 최고의 방법은 바로 시간을 잘 사용하는 것입니다. 오직 정성스러운 준비만이 최소의 피해로 위대한 승리를 거둘 수 있는 것입니다. 까오박랑 전역은 매우 중요하고 우리는 필승의 의지를 가져야 합니다. 이길 수 있지요?"

"예!"

우렁찬 대답이었다.

"건투를 빕니다."

그가 말했다.

4

그날 저녁, 나는 호 아저씨와 같이 중국 윈난성에서 따파이뜨로 돌아온 천겅을 만났다. 천겅은 호 아저씨를 기다리면서 고문단 일행과 일을 하고 있었다. 그는 명목상으로만 호 아저씨의 손님이었다. 호 아저씨가 내게 말했다.

"중국 내전 기간 동안, 천겅은 해결하기 어려운 과제에 많이 파견되었네. 그는 우리 손님이지만 우리는 그의 자문을 구할 수 있도록 노력하고 시간을 만들어야 하네."

천겅은 아직 50살도 되지 않았다. 약간 뚱뚱한 편이었고 안경을 썼으며, 하얀 얼굴이 진지해 보였다. 서로 인사를 나눈 후, 호 아저씨는 보안 목적상 천겅을 지금부터 '동(Đông) 동지'로 부르기로 했음을 주지시켰다. 천겅이 말했다.

"내가 베트남에 오기 전에, 나는 도상 연구를 통해서 프랑스군 막사가 도처에 있는 것을 알았습니다. 나는 여행을 할 만한 안전한 도로를 찾기 어려울 것이라고 생각했습니다. 그러나 베트남에 온 지 한 달 만에 나는 100km를 아주 쉽고 안전하게 여행했음을 깨달았습니다. 나는 시장이 물건을 사고 파는 사람들로 북적대는 모습을 목격했습니다. 나는 안내인에게 '여기서 적 초소까지 거리가 얼마나 되나?'라고 물었습니다. 그는 '10km'라고 대답했습니다."

천겅은 말을 계속했다.

"우리가 있는 곳에서 까오방까지는?"

"25km입니다."

"호 아저씨도 우리와 같은 장소에 있습니다. 위험하지 않습니까?"

"지금은 전혀 위험하지 않습니다. 우리 뒤는 우리의 광대한 후방입니다."

천겅은 미소를 머금고 말했다.

"루오구이보가 귀국했습니다. 우리는 베트남이 식량을 확보하는 데 어려움이 있음을 알고 있습니다. 보다 많은 식량이 올해 연말 이전에 베트남에 운송될 것입니다."

나는 지도를 펼쳐 놓고 그에게 적 상황을 설명한 후, 작전에 참가하는 우군 병력, 작전계획, 그리고 왜 우리가 동케에서 전단을 구하려 하는가를 설명했다. 천겅은 도상 연구를 한 후에 나에게 까오방, 동케 및 텃케의 지형, 적 전투력 및 방어공사 상태 등을 질문했다. 그가 말했다.

"내 생각에는 호 주석과 전역사령관이 올바른 결정을 하신 것 같습니다. 이번 작전에 참가하는 베트남군은 대규모가 아닙니다. 동케를 공격하여 적이 증원군을 보내게 하는 계획은 중국 인민해방군이 장개석군과 싸울 때 자주 사용했던 '진지 공격과 증원군 섬멸' 전술입니다. 베트남은 이런 전술을 자주 사용할 필요가 있습니다. 동케 공격은 적을 섬멸할 수 있는 조건을 조성할 것입니다. 만일 우리가 어느 지역을 해방시키고자 한다면 우리는 아주 많은 적군을 섬멸해야 합니다. 동케 전투에 얼마나 많은 병력을 투입할 생각이십니까?"

"적의 방어 병력은 1개 대대입니다. 우리 공격부대는 9개 대대가 될 것입니다. 진지전에 우리가 그처럼 높은 수적 우세를 가지기는 처음입니다."

“나는 작전 참가 병력이 많다고 보지 않습니다. 우리는 적이 동케를 잃은 후에 어떻게 나올지 기다려 봐야 합니다. 나는 호 주석께서 현지에 오셨으니 반드시 승리할 것으로 믿습니다.”

그날 밤, 떠이박(Tây Bắc)[26]에 있는 우리 병사들이 사격을 개시했다. 제165연대가 라오까이성에 있는 빠카(Pa Kha)초소를 공격했다.[27]

9월 12일, 호 아저씨는 제209연대 대대장 가운데 한 사람인 황껌(Hoàng Cầm)[28]을 만났다. 호 아저씨는 대대장으로부터 전투 준비상태를 보고 받은 후에 그에게 물었다.

“대대장은 이번 전투에서 이길 것으로 확신하는가?”

대대장이 대답했다.

“예, 그렇습니다.”

9월 13일, 전역 전선사령부를 동케에서 직선거리로 10km 떨어진 나란(Nà Lạn)으로 옮겼다.

전역사령부는 관측소가 까오방에 그대로 남아있도록 결정했다. 꿕쭝에게는 적의 철수 징후가 감지되면 지체 없이 보고하는 임무가 부여되었다.

5

호 아저씨가 전쟁지역에 있다는 사실이 혁명기지 부근에 어떻게 퍼져 나갔는지는 잘 모르겠다. 아마도 그가 자주 중대의 병사와 전시근로자들과 함께 도로를 따라 걸었기 때문인 것 같았다. 호 아저씨는 그들과 대화하는 것을 좋아했고, 항상 전선에서 임무를 완수해야만 하는 간부의 역할을 흉내 냈다. 변장을 했지만 많

26 떠이박(Tây Bắc, 西北) 베트남 북서 지방을 지칭한다. 옌바이, 라오까이(Lao Cai), 썬라 및 라이쩌우 등 4개 성으로 구성되어 있다.

27 라오까이는 떠이박 지방의 중요 도시 중 하나로, 베트남군이 이곳을 먼저 타격한 것은 북동부 지역에 있는 동케나 까오방 공격에 대한 양공작전으로 프랑스군의 주의를 끌기 위한 것으로 추정된다. (역자 주)

28 황껌(1920~2013) 베트남의 군인. 농촌 출신으로 인도차이나 식민군에 입대했으나, 이후 베트남군에 합류했다. 1차 인도차이나 전쟁에 소대장으로 참전해 대대장까지 진급했고, 디엔비엔푸 전투에서 209연대의 부연대장으로 활동했다. 전후 베트남 전쟁까지 제9사단장과 제4군단장을 거쳐 상장 계급으로 사이공 군사행정위원회 부의장이 되었다.

까오방, 동케 방면을 직접 시찰한 호치민 (BẢO TÀNG LỊCH SỬ QUỐC GIA)

은 사람들이 그를 알아보았다. 사람들은 호 아저씨에 관한 이야기를 다른 사람에게 속삭였다.

"호 아저씨는 타이응웬에서 까오방까지 8일 만에 걸어서 왔다더라."[29]

"호 아저씨는 주로 맨발이고 돌길에서만 샌들을 신는다더라."

"호 아저씨는 우리처럼 쌀과 깔판을 가지고 다닌다더라."

어느 것이 진실이고 어느 것이 꾸며낸 이야기인지 구별하기 어려웠다.

재미있는 이야기가 더 많이 있었다. 호 아저씨는 자신에게 가까이 붙어서 도로를 따라 자신과 같은 속도로 걷고 있는 병사를 발견했다. 호 아저씨는 자신의 존재를 감추려고 일부러 시냇물 한 복판에 멈춰서 비누를 꺼내 손수건을 빨았다. 그 병사도 그 뒤에 멈추더니 냇물로 얼굴을 씻었다. 호 아저씨는 돌아서서 그를 바라

29 타이응웬-까오방의 거리는 도로를 따라 이동해도 200km 이상이다. 당시의 도로망 등을 고려한다면 초인적인 행동으로 여겨졌을 것이다. (역자 주)

보았다. 병사는 '비누 좀 빌려주세요'라고 말했다. 호 아저씨가 말했다. '네 비누는 어디 있어? 왜 내 것을 빌려 달라는 거야?' 그 병사가 대답하지 못하자 호 아저씨는 그에게 비누를 건네며 말했다. '너 가져!' 그러자 그 병사는 호 아저씨를 앞질러 가 버렸다.

나와 관련된 병사 한 명이 호 아저씨를 직접 만나고 그와 이야기를 할 수 있는 행운을 얻었다. 그는 잠시 휴식을 취할 생각에 폐가로 들어섰다. 그는 거기 앉아 있는 호 아저씨와 경호원들을 발견하고는 호 아저씨에게 말했다.

"존경하는 아저씨! 제가 듣기로는 총반격 명령이 오래 전에 발령되었다고 알고 있습니다. 그런데 왜 전투가 없는 겁니까?"

호 아저씨가 그에게 반문했다.

"자네 아이들이 있나?"

병사는 미혼이라고 말했다. 아저씨가 답했다.

"좋아! 나는 자네가 왜 아직도 이해를 못 하는지 알 것 같네. 산모가 아이를 낳으려면 아홉 달 하고도 열흘을 더 기다려야하는 법일세. 총반격에는 준비가 필요하네. 우리는 말로만 '총반격'을 해서는 안 되네."

호 아저씨에 대해 어떤 이야기가 나와도 모두들 경청했다. 말하는 사람이나 듣는 사람이나 모두 행복해했다. 그러나 호 아저씨가 커다란 기쁨을 가지고 참가했던 작전 기간 동안의 이야기가 잘 떠돌지 않았다.

어느 새벽, 호 아저씨는 작은 마을을 지나다 많은 여성 전시근로자들이 쪼그린 채 잠을 자고 있는 모습을 목격했다. 호 아저씨는 아침밥을 짓기 위해 불을 피우는 소녀를 보았다. 그가 물었다.

"당신들은 항상 집 밖에서 잠을 자지요? 그렇지 않나요?"

그 소녀는 대답했다.

"우리가 머물던 집들은 너무 협소해서 군량미를 저장할 수 있는 공간밖에 없어요. 우리는 들판에서 잠을 자도 행복해요."

한번은 호 아저씨가 다른 소수민족에서 온 수천 명의 사람들이 횃불을 들고 무엇을 나르느라 장사진을 이룬 것을 보았다. 그들은 안개 낀 밤에 식량과 탄약을 병사들에게 나르고 있었는데, 마치 바위 언덕을 기어오르는 불 뿜는 용처럼 보였다.

1,500만 명의 베트남 사람들이 노예의 멍에를 쓰고 살아갈 때, 응웬아이꿕[30]은 인민들의 문화적 잠재력을 깨닫고 '인민을 얻으면 모든 것을 얻는다'라는 말을 신봉하게 되었다.

1950년 가을과 겨울, 호 아저씨는 지난 5년간의 저항을 통해 얻은 업적이 그가 헌신했던 조국의 새로운 문화적, 도덕적 가치에 통합되고 있음을 깨달을 기회를 얻었다. 전역에 참가하면서, 그는 젊은 의용군을 위해 시를 지었다.

"어려운 것은 없나니,
두려운 것은 해결책을 모르기 때문이라.
임무가 산을 옮기는 것이나 바다를 메우는 것이라 해도
우리는 할 수 있나니, 뜻만 확고하다면."

동케 전선에서 머무는 동안, 호 아저씨를 위해 나란에 있는 사령부 근처에 깨끗한 목조 가옥[31] 한 채를 여분으로 마련했다. 그러나 호 아저씨는 이를 마다하고 밀림 가장자리에 마련된 오두막에서 생활하기로 결심했다. 경비원들이 큰 나무 근처에 알랑(alang)풀[32]로 지붕을 얹은 산골 오두막을 그를 위해 만들었다. 우리는 밀림의 축축한 날씨 때문에 호 아저씨의 건강이 염려되었다. 게다가 당시에 산악지방은 매우 추워지고 있었다. 우리는 그가 규칙적으로 업무를 보고, 매일 아침 운동을 하고 냇가에서 목욕하는 모습을 보며 다소 안심했다.

동케 전투 이후 우리가 적을 기다리는 며칠 동안, 호 아저씨는 말했다.

"우리 인민들은 정말 대단해! 우리는 80년간의 외국의 지배를 받다 독립한 지 고작

30 Nguyễn Ái Quấc, 호 아저씨의 다른 이름.
31 베트남 북부 양식의 목조가옥
32 갈대나 억새의 한 종류로, 지붕 공사 등에 사용한다. (역자 주)

5년 밖에 되지 않아. 300년간 외국의 지배를 받으면 민족이 없어진다는 말이 있어. 그리고 우리 베트남은 과거 1,000년 동안 식민지였지. 지배층은 바뀌더라도 촌락과 마을은 유구해. 쯩 자매[33]와 찌에우 할머니[34]는 아직도 우리 사원에서 추앙을 받고 있어. 지금, 우리는 치랑(Chi Lăng)이 치렀던 전투[35]와 유사한 전투를 치를 거야."

호 아저씨의 존재는 작전 성공에 있어 중요한 요소였다.

6

1950년 9월 15일 아침, 호 아저씨의 편지가 각 전투부대에 전화통신문으로 전달되었다.

"친애하는 장병 여러분! 까오박랑 전투는 매우 중요합니다. 우리는 이번 전투에서의 승리를 다짐했습니다. 이 작전을 끝내기 위해, 여러분은 모두 결연하고도 용맹해야 합니다. 모든 장병은 적을 경쟁적으로 섬멸하고 까오박랑 전선에서 그들이 초소들을 증강하지 못하도록 꼼짝도 할 수 없게 해야 합니다. 여러분들의 성공을 축하할 날을 기대합니다."

그날 밤, 우리 선발대가 적 초소에 은밀하게 접근했다.

황반타이 전투사령관이 말라리아성 열로 쓰러졌는데, 이는 내게 큰 걱정거리가 되었다. 다음날이 바로 작전개시일이었기 때문이다.

9월 16일 아침, 호 아저씨와 나는 아침 일찍 일어나서 나란 마을 근처의 산 정상에 새로 구축된 관측소로 걸어갔다. 관측소와 동케는 직선거리로 약 10km가량 떨어져 있었다. 거기에서 우리는 망원경을 통해 전투 진전 상황을 추적할 수 있었다. 관측소에는 전화와 무전기가 마련되었다. 근처에 경비병들이 비를 피할 수 있도록 풀을 엮어 움막도 만들었다.

33 Trưng. AD 40~43년경 중국 한나라에 맞서 독립운동을 전개했던 쭝씨 성의 자매 (역자 주)
34 Triệu. AD 3세기 당시 중국의 신민 폭정에 맞서 싸웠던 여성 독립운동가 (역자 주)
35 15세기 중국 명나라의 침략 당시 있었던 레 로이의 승리를 뜻한다.

날이 밝자 안개가 조금씩 걷히기 시작했다. 망원경을 통해서 4번 국도 한편으로 4개의 대형 초소, 피아코아(Phìa Khóa) 및 깜퍼이(Cặm Phầy) 진지가 있는 동케가 보였다. 옌응아(Yên Ngựa) 고지와 도로에 연해 있는 가옥들도 보였다.

6시 정각, 우리의 75mm 평사포가 본청(本廳)을 향해 불을 뿜었다. 곧바로 우리 야포가 지정된 표적에 사격을 가했다. 동케가 순식간에 포연으로 뒤덮였다. 동케 계곡이 온통 끓어오르는 것처럼 보였다. 우리의 공격이 시작되고 처음 몇 시간 동안은 적이 우리의 급작스러운 공격에 대응할 충분한 시간을 갖지 못했다.

동케 전투사령관은 북쪽과 북동쪽 방향에서 우리의 주공인 제174연대가 교두보를 확보했다고 보고했다. 9시경, 주공은 옌응아 고지를, 10시 30분에는 피아코아를 점령했다. 적의 역습은 없었다. 그러나 우리는 남서쪽 공격을 담당하고 있는 제209연대로부터 아무런 보고를 받지 못했다.

적기가 나타났다. 우리는 관측소에서 6대의 헬캣[36]이 하늘을 휘저으며 폭탄을 투하하는 모습을 선명하게 볼 수 있었다. 초소 안의 적들이 평정심을 회복하고 있었다. 대형 초소에 있는 적들이 공격대형을 갖추고 있는 제174연대에 사격을 가해왔다. 나는 걱정이 되기 시작했다. 남동쪽에 있는 우리 부대들이 아직 행동을 취하지 못해, 적이 병력을 집중하여 제174연대를 상대할 수 있도록 허용했다. 전투가 장기화되었다. 적은 강력한 방어 체계를 갖췄으며, 항공기의 지원을 받고 있었다. 우리 부대들은 불리한 상황에 처하게 되었다. 나는 타이에게 제209연대가 남동쪽 방향에서 강력하게 공격하도록 명령할 것을 일깨워 주었건만, 이 방향은 조용하기만 했다.

정오경, 타이는 제209연대의 일부가 길을 잃어 제시간에 공격 대형을 갖추지 못했다고 보고했다. 그는 싸움을 잠시 멈춘 후, 남동쪽 부대를 재편성하고 양방향에서 적에 대해 보다 협조된 공격을 할 수 있는 밤을 기다리자고 건의했다.

그토록 정성을 다해 준비했지만, 우리 계획은 전투 첫 몇 시간 만에 뒤틀어져 버렸다. 나는 타이의 건의를 받아들였다.

36 그루먼 F6F 헬캣. 미국 해군이 2차대전 중 사용한 함상전투기. 프랑스는 해군항공대용으로 도입한 헬캣을 인도차이나 전쟁에 투입했다.

호 아저씨는 관측소에 앉아있었다. 그는 적기에 의해서 폭격을 당한 지점을 가리키고 지도에서 그 지점을 찾아냈다. 그는 낭보가 날아들면 감동을 받았다. 전투가 꼬여가면 그는 침묵을 지키며 지휘관들이 문제를 해결하도록 했다. 그의 마음에 시적 영감이 자리잡고 있음을 아무도 알 수 없었다.

장기화된 진지전에서 대규모 사상자가 속출했다. 지휘소의 분위기는 긴장으로 가득 찼다. 한 간부가 호 아저씨를 안심시키기 위해 그의 옆에 있는 누군가에게 큰 소리로 말했다.

"오늘 밤, 두 시간이면 거점을 점령하기에 충분할 거야."

아저씨는 그를 쳐다보며 조용히 말했다.

"너무 낙관하지 말게!"

격렬한 전투가 9월 16일 내내 지속되었고, 밤새 전황이 요동쳤다. 적들은 부대를 모아 북동쪽 방면의 공격에 대응했다. 9월 17일 오전 4시 전에 제174연대가 깜퍼이를 점령했다. 남쪽에 있는 제209연대는 고작 동케 남쪽 부분인 푸티엔(Phủ Thiện), 냐꾸(Nhà Cũ)와 학교를 점령했는데, 예기치 못한 초소를 통과하다 적의 박격포 공격을 받아 멈춰야 했다. 두 부대의 선두는 더 이상 전진하지 못했다.

천겅이 주장했다.

"우리는 전투를 오래 끌어서는 안 됩니다."

그러나, 호 아저씨가 힘주어 말했다.

"그러나 상황이 어렵더라도 최초 전투는 승리해야만 해."

전역사령부는 다음과 같은 내용의 지침을 동케 전투사령부에 하달했다.

'2개 연대는 대형을 재정비하고, 경험에서 교훈을 도출하여 전술 전기의 단점을 보완하며, 특히 두 선두부대 간, 그리고 보병과 포병과의 협조에 신경 쓰고, 9월 17일 야간에 최후의 돌격을 준비하기 위한 명령을 하달한다.'

제174연대장인 당반비엣은 최고사령부에 제209연대의 공격방향을 적이 집중되어 있는 북쪽 방향 대신 동쪽으로 변경하고, 남쪽에서 적을 압박할 수 있는 별동대를 보내는 한편, 후방에서 요새를 공격할 수 있는 특공대를 보낼 것을 건의했다. 그의 건의는 받아들여졌다.

9월 17일 08:30분에 황반타이가 총공격 명령을 하달했다. 아군 포병에 의한 강력한 공격준비사격에 이어, 제174연대 선두가 요새 동쪽에 교두보를 확보했다. 북쪽 방향에서는 병원을 점령하고, 7번 특화점[37]까지 전진해 후방에서 중심 요새를 공격하던 제209연대의 예하 대대와 연결했다. 다른 방향의 보병이 대형 초소 공격에 협조했다.

전장에서 탁월한 용감성의 본보기가 많이 나타났다. 제174연대의 라반꺼우(La Văn Cầu)라는 특공대장은 특화점을 날려버리기 위해 팀원을 지휘했다. 팀원이 모두 부상을 당하자, 꺼우는 특화점을 향해 홀로 폭약을 짊어지고 앞으로 돌진했다. 교통호 3개를 가로질렀을 때, 그는 총탄에 맞았고 기절했다. 그는 정신을 차렸을 때 자신의 한쪽 팔이 부러진 것을 알았고, 동료에게 그 팔을 잘라 달라고 부탁하고는 폭약을 지닌 채 다시 전진을 시작했다. 마침내 특화점은 제거되었고, 돌파구가 형성되어 부대 전체가 쇄도할 수 있었다.

제209연대 소속 중대장인 쩐끄(Trần Cừ)는 충격부대를 지휘해 파괴된 특화점을 통과하다 특화점 잔해 속에 숨어있던 적군으로부터 기습 사격을 받았다. 우리 병사들은 적 기관총 사격으로 전진할 수 없게 되었다. 쩐끄는 심각한 중상을 입었음에도 특화점 쪽으로 가기 위해 애를 썼다. 그는 전방으로 신속히 이동해 자신의 몸으로 총안구를 막아 적이 사격을 하지 못하도록 시간을 벌고, 그 틈을 이용해 충격부대가 달려가 적의 초소를 파괴했다.

딩티저우(Đinh Thị Dậu)라는 여성 전시근로자는 사선에서 전투가 치열하게 벌어지고 있는 와중에 부상당한 병사를 등에 업고 전장에서 무사히 후송시켰다. 그녀는 무려 7명의 부상자를 적 초소에서 후송했다.

찌에우티쏘이(Triệu Thị Soi)라는 눙(Nùng)족 처녀는 선천적으로 피를 무서워했음에도 포탄을 날랐다. 그녀는 심각한 부상병을 비단 끈으로 등에 동여매고 그 위험한 바위 언덕을 올라갔다. 부상병을 보고 가슴이 무너진 그녀는 두려움조차 잊어버렸다.

37 토치카

1950년 9월 18일 04:30분, 우리 병사들이 동케 본부를 공격했다. 그들은 초소 지휘관인 대위와 참모들을 생포했다. 10시, 마침내 전투가 끝났다.

동케 전투는 성공적이었다. 우리는 300여 명의 적을 사살하거나 생포했다. 적의 일부는 동케에서 텃케로 도망쳤다. 우리는 적 무기를 모두 노획했다. 아군의 사상자는 예상보다 많았다. 전투는 52시간 동안 치러졌다. 동케 전투사령부는 해체되었고, 각 부대는 적 증원부대를 공격하기 위해 준비했다.

호 아저씨는 부상자들에게 서신을 발송했다.

"정부와 인민은 당신들에게 감사하고 있습니다. 나는 당신들의 업적을 치하하고 조속히 회복해 다시 적과 전투를 계속할 수 있기를 소망합니다."

3. 국경지방 해방

1

동케 해방 후 2일 동안, 적은 까오방에 1개 외인대대를 항공기로 증원하고 텃케에도 1개 공정대대를 공수낙하시켰다. 우리가 동케 전투를 오래 끌었으므로, 적들도 아군이 동북전장에 주력을 집중했다고 판단했을 것이라 추정했다. 그들도 동케를 탈환하려면 지난 5월과 같은 규모의 공정부대로는 충분하지 않다는 것을 깨닫고 있었다. 우리는 적 보병(2 3개 대대)이 동케 및 그 주변에 낙하된 공정부대(1개 대대로 예상)와 협조된 작전을 구사하기 위해 4번 국도와 뽀마-보박(Bố Bạch) 도로를 따라 텃케에서 동케로 이동할 것이라고 예견했다.

작전에 참가하는 부대를 둘로 나누기로 했다. 그중 1개 부대는 공정부대에 대한 공격 임무가 부여되었다. 그 부대는 동케에 은밀하게 주둔 중이던 제174연대 및 제209연대로 구성되었다. 다른 부대에는 적 보병과 싸우는 임무가 부여되었다. 이 부대들은 아직 전투에 참여하지 않은, 생생하고 힘이 넘치는 제308여단 소속의 제36, 88, 102연대로 구성되었다. 제308여단은 룽차(Lũng Chà)-빙시엔(Bình Xiển)-나빠(Nà Pá) 일대에서 동원해 나빠, 룽퍼이(Lũng Phầy), 커우루옹(Khâu Luông)[01]에서 적을 섬멸하기 위한 준비에 착수했다.

전역사령부는 랑썬- 텃케 지역에서 도로 파괴, 매복 및 교란 임무를 수행하던

01 高山을 뜻한다.

지방군에게 일시적으로 작전을 중지하도록 명령했다. 이때 우리는 텃케와 까오방 일대에 정찰대를 파견했다. 정보국 감청부대에도 프랑스군 무선 도청과 프랑스군 이동 징후에 관한 모든 사항을 보고하도록 임무가 부여되었다.

기다림은 긴장을 가져왔다. 어느 날, 적 3개 대대가 텃케에서 동케로 향하고 있다는 보고가 들어왔다. 나는 제308여단장 브엉트아부를 호출했다. 부는 부여단장인 까오반카잉에게 3개 대대를 지휘해 적 도착에 대비하고 기다리도록 했다. 후에 우리는 그 첩보가 거짓임을 알게 되었다.

일주일 동안 적의 움직임이 포착되지 않았다. 군수국은 만일 대기 시간이 길어진다면 용사들에게 지급되는 쌀과 소금이 충분하지 않을 것이라고 보고했다. 전역 보급위원회[02] 위원 중 한 사람인 쩐밍뜨억(Trần Minh Tước)은 사령부에 다음과 같이 보고했다.

"우리 식량이 바닥나지는 않았습니다. 주민들은 아직 상당량의 옥수수를 저장해 놓고 있습니다. 그러나 거리가 멀고 접근이 어려운 수많은 가옥에 소산되어 있어 동원하기 어렵습니다."

또 다른 좋지 않은 조짐이 보였다. 모기와 거머리가 득실대는 축축한 밀림에서 오랫동안 기다리다 보니 우리 용사들의 건강상태가 저하되고 있었다.

천겅이 물었다.

"무엇을 생각하십니까? 철수해야 할까요? 적 증원부대는 아직 도착하지 않고 있습니다. 텃케의 적 증원부대는 계속 증가해 이제 4개 대대 규모입니다. 우리 군대는 진지전에 익숙하지 않습니다. 우리는 텃케나 까오방을 공격할 수 없습니다. 만일 당신이 까오방을 공격하기를 원한다면 중국 인민해방군의 화이하이(Huáihǎi, 淮海)[03] 전역처럼 전장에 전투 참호를 구축해야 합니다."

02 베트남군은 중국을 경유해 반입되는 무장이나 촌락별로 분산되어 수송과 집중이 어려운 식량을 효율적으로 보급하기 위해 군수총국 휘하에 각 전역별로 전역 보급위원회를 설치했다. Hoàng Văn Kiều, Dương Công Hoạt, Hồng Kỳ, Lê Hoàng, 그리고 본문에 언급된 Trần Minh Tước등이 각 위원회의 책임자로 30,000명 내외의 병력이 30~40일간 사용할 물자와 이를 수송할 인력을 준비하고 관리했다.

03 1948년 11월부터 1949년 1월까지 중국의 산둥, 장쑤, 허난, 안후이 일대에서 진행된 전역. 덩샤오핑의 중원야전군, 천이의 화둥야전군이 쉬저우를 공략하여 50만 이상의 국민당군을 격파하고 장강 이북을 장악했다. 랴오선, 핑진 전역과 함께 2차 국공내전 3대 전역 중 하나로 꼽힌다. 천겅은 중원야전군 소속으로 세 차례 거대 포위전을 지휘했다.

이에 내가 대답했다.

“동케 전투 기간 동안 우리는 대규모 군대를 사용했으나, 주전단의 최선의 방향을 선택할 수 없었고, 선두 부대 간 협조가 원활하지 못했으며, 전투를 오래 끌었습니다. 지난 5월에는 제174연대가 단독으로 동케를 함락시켰고 사상자도 거의 없었습니다. 나는 우리가 인내심을 가지고 적 증원군이 도착할 때까지 기다려서 계획한 대로 텃케를 점령할 준비를 해야 한다고 생각합니다.”

만일 우리가 동케에서 멈춘다면 작전 결과가 도대체 어떻게 된단 말인가? 최고사령부의 정예로 편성된 제308여단은 아직 투입하지 않고 있었다. 우리는 까오방 해방에 대한 희망을 잃지 않았다. 적은 너무 많았기 때문에 까오방에서 항공기를 이용해 철수할 수 없을 것이다. 그곳에는 3개 대대와 괴뢰군의 가족, 협력자들이 있었다. 만일 적이 까오방에서 철수한다면 우리는 그들의 군대를 격멸시킬 기회를 얻게 될 것이다.

마침내 호 아저씨와 천경은 우리 군이 적 증원군을 기다리는 동안 소규모 적 부대를 공격하는 분견대를 운용하며 텃케 해방을 위한 준비를 진행하자는 데 동의했다.

1950년 9월 25일, 전역사령부는 다음과 같은 내용의 작전명령 5호를 발령했다.

“모든 부대는 텃케 점령을 위한 전투 준비를 신속히 실시한다. 이 명령에 근거해 텃케 전선을 구성하기 위해 다음과 같이 결정한다. 브엉트아부를 사령관 겸 정치지도원에, 까오반카잉과 레쫑떤을 부사령관에, 쩐도[04]를 부정치지도원에 각각 임명한다. 전선은 1950년 10월 1일에 작전을 개시한다.”

텃케 공격 준비를 위해서는 전역에 참가한 부대들을 다르게 운용할 필요가 있었다. 제308여단은 반만(Bản Mán), 반니엠(Bản Niềm) 및 뽀마에 배치할 예정이었다. 제209연대는 나지앙(Nà Gianh)에 배치되었다. 예비인 제174연대는 텃케 남쪽의 티엔라잉(Thiên Lãnh)으로 전환될 예정이었다. 제174연대는 적의 주의를 끌기

04 Trần Độ (1923~2002) 베트남의 군인, 정치가. 민족언론 활동으로 프랑스 식민정부에 여러 차례 체포되었으나 탈주, 베트남군에 자원하여 정치위원으로 활동했다. 전역 후 베트남 국회 부의장, 문화부 차관 등의 요직을 역임했다.

1950년 텃케의 항공사진. (Archives de France)

위해서 격렬한 전투를 벌이고, 그동안 텃케를 공격할 부대들을 재편성하는 전투 준비를 완료할 것이다.

제174연대가 남쪽으로 행군을 시작했을 때, 제308여단은 텃케 전장을 살펴보기 위해 몇 명의 고급 간부를 파견했다. 그 병력의 2/3는 새로운 작전에 필요한 쌀을 운반하도록 투이커우에 파견되었다.

우리가 예측하지 못한 것이 하나 있었다. 너무 오래 기다린 나머지, 우리 간부와 병사들은 새로운 명령을 수령했을 때 우리가 적의 증원부대 도착을 기다리고 있었음을 거의 망각했던 것이다. 아군은 오직 텃케 공격에만 몰두하고 있었다. 제308여단의 2/3는 쌀을 운반하기 위해 파견되었고 무기고를 경계하는 약하고 병든 병사들만 남았다. 전장은 텅 비었고 전투를 수행할 수 있는 병사들이 부족했다.

그동안 텃케에서 출발한 레빠즈[05]의 다중대대는 제308여단 매복 지대를 조용히, 성공적으로 통과해 버렸다.

2

인도차이나 전쟁을 다룬 베트남과 프랑스의 책들은 프랑스에서 '까오방의 재앙'이라 부르는 사태를 빈번히 분석해왔다. 이제 우리는 전쟁의 새 지평을 연 상황을 두 관점에서 살펴볼 수 있을 것이다.

프랑스 국방위원회는 1년 전에 까오방과 동케에서 철수하기로 결정했다. 그러나 인도차이나 원정군 지휘관들은 까오방에 대한 위협이 없다고 생각해 이를 실행에 옮기지 않았다.

알르쌍드리는 "까오방은 최고의 방어체계를 보유하고 있어서, 포병의 지원을 받는 15개 대대가 공격해 와도 막아낼 수 있다."고 말했다. 프랑스인들은 모두 까오방을 장악하면 배트민에 대한 중국의 접촉과 무기 지원을 차단할 수 있다는 데 동의했다.

그러나 1950년 7월 초순부터 상황이 역전되었다. 4번 국도에 설치된 적 초소들은 중국으로 향하는 도로를 차단할 수 없었고, 중국에서 베트남 북부지방으로 유입되는 중국 무기를 차단하지도 못했다. 그들은 국경을 통제하지도, 지키지도 못했다. 1950년 초반부터 까오방과 동케는 공중보급에 의존해야 했다. 베트민 장악지역에 있는 고립된 초소들은 무기력해지고 위험에 노출되었으며, 보급지원을 위해 점점 더 많은 대가를 치르게 되었다.

1950년 9월 2일, 고등판무관 삐뇽[06]과 총사령관 까르빵띠에는 까오방과 동케를 버리고, 대신 타이응웬을 차지하기로 결정했다.

---

05 Marcel LePage (?~?) 프랑스의 군인, 포병 출신 장교로, 중령으로 인도차이나에 파견된 후 4번 국도 방면에 투입된 혼성부대인 Groupement Bayard를 지휘했다.

06 Léon Pignon (1908~1976) 프랑스의 행정관. 2차 세계대전 중 세네갈에서 프랑스 식민부 행정관으로 일했으며, 1948년부터 인도차이나 주재 프랑스 고등판무관으로 재직했다. 1950년 12월, 패전의 책임을 지고 고등판무관직을 사퇴한 후 UN을 포함한 각국 외교업무를 수행했다.

프랑스군의 까오방 철수 및 타이응웬 공격 계획

1950년 9월 16일, 까르빵띠에는 비밀리에 까오방과 동케 전초에서 철수해 타이응웬을 점령하라는 명령을 내렸다. 이를 통해 껩(Kép)에, 보하(Bố Hạ), 타이응웬을 지나 쭝지아(Trung Giã)[07]에 이르는 홍강 삼각주 신 방어선을 구축하려는 의도였다. 이동은 1950년 10월 초순에 시작되었다. 그때까지 까오방에 1개 대대가 추가 증원되었다. 철수로는 4번 국도로 예정되었다. 비록 도로 상태가 불량하고 매복이 쉽게 노출되는 단점이 있었지만, 그 경로가 최단거리였다.

우리 군대가 동케를 공격했던 바로 그 날. 북동 국경지대 사령관인 꽁스탕 대령[08]은 동케 봉쇄를 풀기 위해 1개 공정대대 규모의 증원을 요청했다. 공정대대장은 이 요청에 응한다면 무의미한 희생으로 이어지는 위험한 선택이 되리라고

07 상기 지역을 연결해 보면 하노이에서 60km 떨어진 북동향 지점에서 정북으로 일련의 선이 형성된다. (역자 주)

08 Louis Constans (1904~1990) 프랑스의 군인, 모로코에서 리프 전쟁에 참전했으며, 2차 세계대전 중 모로코에서 자유프랑스군에 합류했다. 전후 1949년까지 모로코의 Agadir 지역사령관직을 수행하고 베트남 북동지역 지휘관으로 임명되었다. 본국 소환 후 준장으로 전역했다.

생각했다. 동케에는 부대가 낙하할 수 있는 지역이 단 한 곳뿐이었고, 이미 1950년 5월 말에 그곳으로 낙하한 적이 있어서 기습효과를 기대할 수 없었다. 북베트남 프랑스군 사령관 대리인 마르샹(Marchand) 장군[09]역시 텃케에 공정대대를 공수낙하시키는 방안을 좋아하지 않았다.

9월 18일, 까르빵띠에는 랑썬에 있을 때 동케 함락 소식을 들었다. 그 소식은 까르빵띠에가 까오방에서 철수해 타이응웬을 점령하려는 계획을 확고히 고수하게 했다. 까르빵띠에는 꽁스땅에게 자신의 의도를 분명히 하고 현지에서 지침을 하달했다. 그들은 까오방에서 철수해 타이응웬을 점령하는 데 3일이 소요될 것으로 판단했다. 까오방은 철수 이전에 따보르(Tabor)[10] 연대를 투입해 증강하기로 했다. 한편, 레빠즈의 다중대대는 까오방에서 철수 중인 샤르똥[11]의 부대와 합류하기 위해 텃케에서 출발할 예정이었다. 샤르똥 부대는 성가신 장비는 휴대하지 않았다. 그들은 레빠즈의 다중대대와 접촉하기 위해 가능한 단거리 통로를 선택하려 했다. 그들로서는 작전 첫째 밤 이후에 상호 접촉하는 방안이 최선이라고 생각되었을 것이다. 꽁스땅은 양호한 기상조건만을 기준으로 규정을 하달하고 작전시간을 고정시켰다. 까르빵띠에는 신속한 움직임과 적(베트민)이 예측할 수 없는 극도의 보안 유지를 주문했다.

계획이 착수되면서 까르빵띠에는 즉시 까오방으로 날아가 샤르똥에게 따보르 3대대가 공중으로 증원될 것이라고 알려주었다. 까르빵띠에는 샤르똥에게 회항하는 항공기 편으로 모든 민간인을 후송시키라고 요구했다. 까르빵띠에는 까오방의 철수 계획에 대해서는 언급하지 않았다. 그는 수행 책임이 있는 사람들에게는 마지막 순간에 계획을 통보해야 한다는 데 마르샹 및 꽁스땅과 의견을 같이했다.

1950년 9월 20일, 휴가에서 복귀한 까르빵띠에는 하노이에서 마르샹에게 자신의 지휘권을 회수한 알르쌍드리에게 자신의 결심을 말해주었다. 알르쌍드리

09 프랑스로 휴가를 떠난 알르쌍드리의 임무 대행이었다.

10 프랑스인 장교가 지휘하는 프랑스령 모로코인들로 구성된 부대 (역자 주)

11 Pierre Charton (1903~1987) 1950년 베트남에 부임했고, 전투 당시 까오방 방면의 부대인 Groupement Charton의 지휘관이었다. 전역 후 까오방 전투에 대한 책 RC4, The Cao Bang Tragedy를 저술했다.

는 그 소식에 격렬하게 반응했다. 까르빵띠에는 모든 필수적인 수단들이 상세하게 조사되었고, 명령이 이미 하달되었다는 점을 확실히 말해두었다.

다음 날, 까르빵띠에는 사이공으로 날아갔다. 그는 최고사령관으로서 자신이 행한 모든 조치는 필요한 것이었고, 걱정할 것이 없다고 예단했다. 그는 까오방 철수가 통상적인 작전이 되리라 여겼다. 프랑스 다중대대는 지금까지 북베트남 지역에서 베트민의 공격을 받은 전례가 없었다. 원정군 최고의 대대로 인정받는 2개의 다중대대는 베트민들의 입장에서는 숨는 것 외에 대응할 방도가 없는 항공력의 지원까지 받고 있었다. 이브 그라스[12]는 그의 저서에서 다음과 같이 설명했다.

"만일 까르빵띠에가 보안의 중요성, 작전의 성공에 필수적인 신속성과 예외성을 강조했다면, 그것은 직면한 재앙에 대한 불길한 예감 때문이 아니라, 불필요한 전투나 손실을 회피하고 싶었기 때문일 것이다."[13]

1950년 9월 29일, 알르쌍드리는 타이응웬에 대한 공격을 개시했다. 대부분의 전투부대가 북쪽에 배치되었으므로, 총 6개 보병대대가 '바다표범'이라는 암호명이 부여된 공격작전에 참가했다. 프랑스군은 푸로(Phủ Lỗ)에서 이어지는 3번 국도와 빙옌과 데오네(Đèo Nhe)를 잇는 도로를 활용했다. 해군 강습 1개 대대가 꺼우(Cầu)강[14]을 따라 전진했다. 1개 공정대대가 꺼우강 북쪽에 공수낙하한 후 교두보를 형성했다. 10월 1일, 적은 텅 빈 타이응웬시를 점령했다. 레빠즈는 9월 30일에 꽁스땅에게 병력을 이끌고 텃케에서 동케로 10월 2일까지 이동하라는 명령을 수령했다. 레빠즈의 부대는 동케에서 다른 임무를 수행할 예정이었다.

레빠즈의 다중대대는 1950년 9월 19일 랑썬에 있었다. 처음에 다중대대는 3개 아프리카 대대(제1따보르대대, 제11따보르대대, 제8모로코연대 1대대)로 구성되어 있었

12 Yves Gras (1921~2006) 프랑스의 군인, 역사가. 2차대전 중 프랑스가 패하자 본토를 탈출, 자유프랑스군에 투신했다. 전쟁 중 마다가스카르, 인도차이나, 알제리 등 해외에서 긴 시간을 보냈고, 이후 전쟁사에 대한 여러 저술을 남겼다.

13 이브 그리스, 인도차이나 전쟁(Histoire de la guerre d'Indochine) 제3권, 2장 까오방의 재앙(1992) 323-366p

14 타이응웬의 북동쪽에서 남동쪽으로 흐르는 강 (역자 주)

다. 1950년 9월 20일, 다중대대는 텃케에서 제1원정군 공정대대가 추가되어 총 4개 대대가 되었다. 이 다중대대의 명칭(Groupement Bayard)은 16세기의 프랑스의 기사인 '두려움도 흠결도 없는' 바야르[15]의 이름에서 따왔다.

레빠즈는 엄습해 오는 위험을 예감하고, 작전을 24시간 연장해 공군력의 지원을 받을 수 있는 기상 조건 하에 작전을 개시하게 해줄 것을 요청했다. 그러나 레빠즈는 어떤 불명확함도 없이 '명령대로 할 것'이라는 회신을 받았다.

레빠즈 부대는 13:00시부터 동케로 행군을 시작했고, 공정대대가 길을 여는 임무를 수행했다. 병사들은 밤새도록 조심스럽게 전진했다. 그들은 작전 28시간 동안 텃케에서 동케 방향으로 28km를 전진하는 데 그쳤다. 도로상에서 그들은 어떤 저항도 받지 않았다. 제308여단이 10km에 달하는 책임지역을 방기했기 때문이었다.

10월 1일 저녁, 레쫑떤은 상당한 규모의 적을 발견했는데, 대부분 공정대대와 따보르대대라고 전역사령부에 보고했다. 제209연대는 사격을 개시했다.

"그들이 오는 방향이 어디야?"

라고 내가 물었다.

"텃케에서 옵니다. 동케를 탈환하려는 의도가 확실합니다."

"제209연대는 무슨 수를 써서라도 적이 동케를 탈환하지 못하도록 막아라. 이들이 바로 우리가 기다리던 증원부대야. 일단 적을 고착시키고 제308여단이 오길 기다렸다가 힘을 합쳐 적을 쓸어버려!"

내가 말했다.

본부의 모든 사람들은 며칠 동안 내내 팽배했던 긴장된 분위기를 풀어주는 적 출현 소식에 환호했다. 그러나 우리는 프랑스군이 어떻게 아무런 손실도 입지 않고 제308여단 책임지역을 통과해 왔는지 이해할 수가 없었다.

나는 즉각 브엉트아부를 호출했다.

---

15 베야르 영주 '테렐의 피에르'(Pierre du Terrail, seigneur de Bayard, 1473~1524)를 말한다. 단신으로 200여 명의 스페인군을 막아섰던 가릴리아노 다리의 전투로 유명한 이 기사는 '두려움도 흠결도 없는 기사'(le chevalier sans peur et sans reproche)라는 별칭으로 유명했다. 프랑스군은 부대나 장비, 작전명으로 베야르라는 명칭을 즐겨 사용했다.

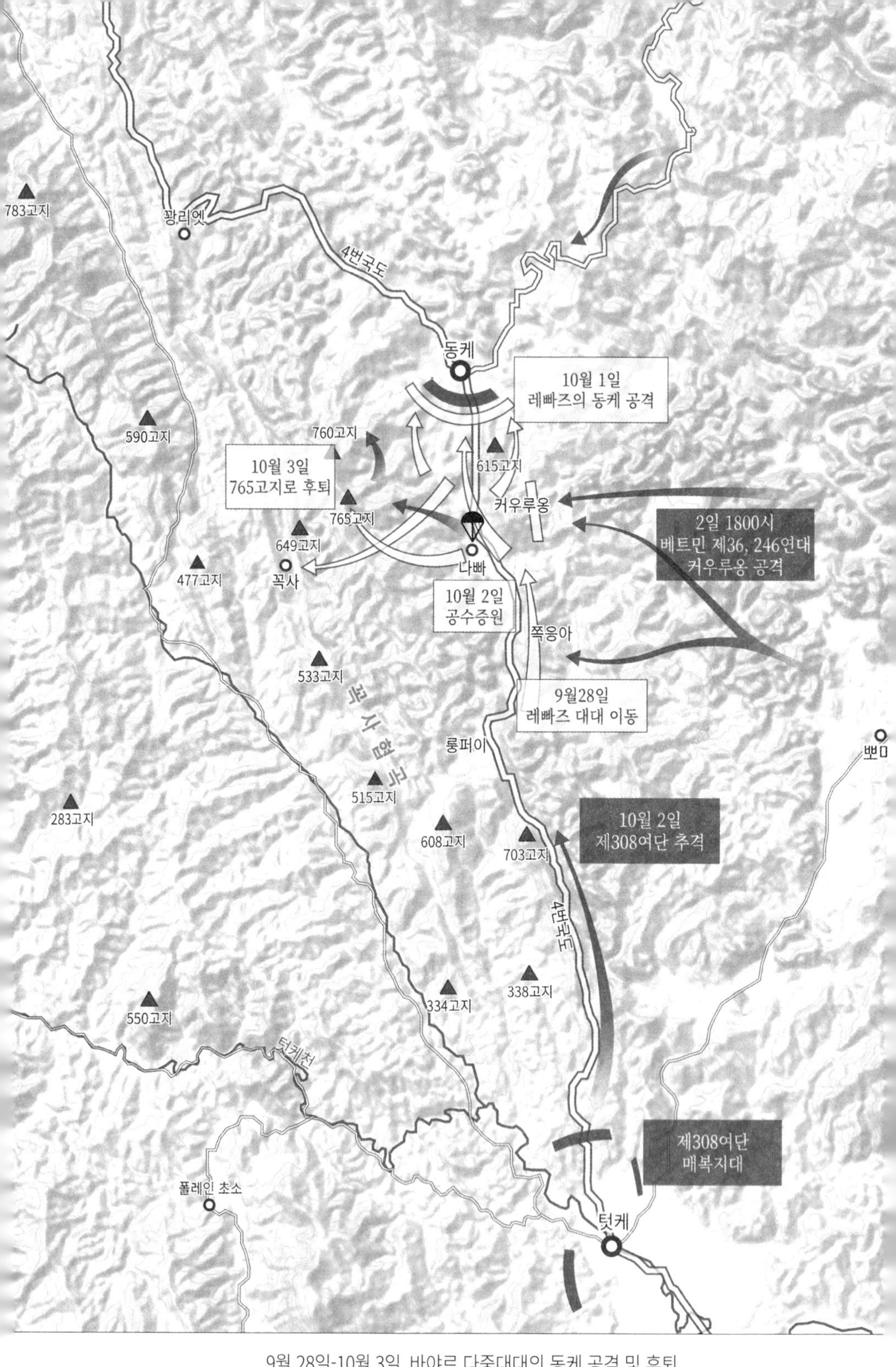

9월 28일-10월 3일, 바야르 다중대대의 동케 공격 및 후퇴

"당신은 적 증원부대가 제308여단 책임지역을 통과한 것을 알고 있나?"

라고 내가 물었다.

"예, 일련의 고급 간부들이 전투 준비를 위해 부대를 비웠습니다. 병사의 2/3도 쌀을 가지러 갔습니다. 그밖에 부주의한 면도 있고, 보초 세울 인원도 부족하다 보니 간밤에 적이 지나가는 것을 발견하지 못했습니다. 여단장으로서 잘못을 사과드립니다."

라고 그가 대답했다.

"대대 단위를 중대 단위로 재편성[16]해 각 지휘관을 임명하고, 우리 군이 동케로 진격해 적과 즉시 교전하도록 명령을 하달하라! 동시에 사람을 보내 쌀을 가지러 갔던 병사들을 불러와! 우리 병력이 얼마가 되었든지 상관없이 싸울 것이다. 우리가 해야만 하는 일은 적이 텃케로 되돌아오지 못하게 하는 것이다. 여단장은 특히 꼭사(Cốc Xá)와 커우루옹 같은 동케 고지군에 각별한 주의를 기울여야 해. 만일 적이 동케로 진입하지 못한다면 바로 여기에 머물 거야. 당신은 적 증원군을 격멸할 기회를 잃어버리면 안 돼!"

"명령에 따르겠습니다. 늦어도 내일까지 여단이 사격을 개시할 것입니다."

전역사령부는 다음과 같이 결론을 지었다.

"적은 동북 지역의 봉쇄를 풀기 위해 우리 주력부대를 유인할 목적으로 타이응웬을 공격 중이다. 우리는 타이응웬의 상황에 대해서는 걱정할 필요가 없다. 타이응웬에 있는 요원들과 주민들이 오래전에 예고한 일이었다. 북베트남 사람이라면 이와 같은 공격에 대해 경험을 가지고 있다. 제246연대는 지방군과 협력해 시내에서 적이 마음 놓고 활개 치지 못하도록 방해할 것이다. 동케 방향으로 적이 전환하는 목적은 동케 탈환이거나 까오방에서 철수하는 적들과 연결하려는 것이다. 적의 의도가 무엇이건, 적이 동케로 병력을 전환하는 것은 우리에게 이익이 된다. 적군을 소멸[17]시킬 기회가 다가오고 있다. 우리는 적을 포위하고

16 대대 병력의 2/3가 쌀을 가지러 갔으므로, 남은 1/3은 중대 규모밖에 되지 않아 내린 결정이다. (역자 주)

17 소멸은 적군을 전투행위로부터 이탈시키는 제반 활동으로, 여기에는 적군을 사살하거나, 부상을 입히거나, 탈영하도록 하거나, 포로로 잡거나, 전투를 기피하도록 하는 등 폭넓은 의미가 담겨 있다.(역자 주)

소멸할 수 있도록 우리 군대를 전투 대형으로 조직해야 한다."

이에 호 아저씨가 응수했다.

"절호의 기호가 찾아왔다. 우리는 그 기회를 반드시 잡아야만 한다."

3

전역사령부는 다음과 같은 내용의 명령을 하달했다.

"동케로 향하고 있는 적을 완전히 소멸하기 위해 우리 군을 집중 운용한다. 주 전투는 동케-께오아이(Keo Ái)의 선상에서 일어날 것이다. 제209연대는 적의 동케 탈환을 결사적으로 방어한다. 제88연대는 적을 께오아이에서 정지시킨다. 제36연대는 동케 남쪽에 있는 4번 국도상의 전 지역을 굽어볼 수 있는 커우루옹을 점령한다. 제102연대는 예비 임무를 수행한다."

전 전선에 걸쳐 흥분과 열정적인 분위기가 조성되었다. 우리 장병들은 마른 바나나 잎으로 지붕을 얹은 움막을 떠나, 무기를 집어 들고 병사들의 전진을 막기 위해 적기가 폭격을 가한 4번 국도로 이어지는 소로를 내달렸다. 군수창고에 쌀을 가지러 갔던 장병들은(일부는 복귀 명령을 받고, 일부는 총포 소리를 들었다) 밤을 새워 달려서 각자의 자리로 돌아와 무기를 움켜잡고 전장 속으로 달려가는 전우를 따라갔다. 적기의 공격으로 부상을 입은 간부와 사병들은 간단한 치료만 하고 전진을 재개했다.

10월 1일 오후 동안 공정대대가 동케에 도달하기 전에 멈춰 서자, 레빠즈는 공격을 중단하고 내일 아침까지 머물 요량으로 동케 남쪽 고지군을 점령하도록 명령했다. 적이 점령한 지역은 동케에서 남쪽으로 룽퍼이, 커우루옹, 나빠, 쪽응아(Trọc Ngà)에 이르는 4번 국도 10km 구간을 통제할 수 있었다.

10월 2일 오전, 레빠즈는 2개 대대에게 동케 공격을 명령했다. 제11따보르대대는 동케 서쪽 고지군과 동케 비행장을 방어하는 전술기지를 탈환하는 데 성공했지만, 제209연대에 의해 전진 불가 상태가 되었다. 공정대대 또한 남쪽 산맥에서 돈좌되었다.

TRES SECRET

T E L E G R A M M E   D E P A R T

URGENCE "O"

EXPEDITEUR COLONEL COMMANDANT Z.F.

DESTINA TA IRE SOUS SECTEUR CAO BANG

RESERVE LIEUTENANT COLONEL CHARTON
N° 972/3.S POUR VOTRE INFORMATION CI JOINT EXTRAIT DEMARQUE
ORDRE DONNE GROUPEMENT BAYARD COMMANDE PAR LIEUTENANT COLONEL
LEPAGE STOP STOP SUIVANT OBJET OPERATION THERESE ORDRE POUR
MANOEUVRE GROUPEMENT CHARTON PREND EFFET A COMPTER 3 OCTOBRE
ZERO HEURE STOP CETTE DATE PEUT ETRE AVANCEE STOP MISSION
GROUPEMENT LEPA GE FACILITER ET COUVRIR MOUVEMENT GROUPEMENT
CHARTON STOP EXECUTION PREMIER TEMPS GROUPEMENT BAYARD SERA
POUSSE DE DONG KHE A NAM NANG AU KM II4 A ATTEINDRE LE TROIS
OCTOBRE POUR Y FAIRE LIAISON AVEC GROUPEMENT CHARTON STOP
DEUXIEME TEMPS SOUS LES ORDRES LIEUTENANT COLONEL LEPAGE
ENSEMBLE GROUPEMENT CHARTON ET BAYARD MARCHERA SUR DONG KHE
STOP SUCCES THERESE EST FONCTION SECRET ET RAPIDITE EXECUTION
STOP GRA ND EFFORT DEMANDE A TOUS DOIT ETRE ACCOMPLI SANS FAILLIR
STOP ACCUSEZ RECEPTION STOP SIGNE CONSTANS FIN

테레즈 작전의 명령서. 이 결정으로 프랑스군의 운명이 확정되었다. (ONACVG)

레빠즈는 동케 탈환이 쉽지 않음을 깨달았다. 동시에 프랑스 정찰기들이 보박에서 나빠 방향으로 움직이는 일단의 베트민 군대를 포착했다. 레빠즈는 나썸(Na Sầm)[18]에 남아 있던 포병 연대를 공수낙하 시켜줄 것을 요구했다.

14:30분, 항공기 한 대가 꽁스땅이 하달한 명령을 전달했다.

"레빠즈는 병력을 동케 북쪽 15km지점의 넘낭(Nậm Nàng)으로 전환한다. 거기서 샤르똥과 합류해 같이 철수한다. 합류 시 지휘권은 레빠즈에게 있다."

18 랑썬에서 4번 국도를 따라 까오방 방면 50km 지점에 있는 촌락 (역자 주)

레빠즈는 바로 그때 '테레즈(Thérèse)'[19]라는 암호명이 부여된 작전의 핵심이 까오방에서 철수하기 위해 부대를 재편성하는 것임을 깨달았다. 레빠즈는 동케 공격 중지 명령을 하달했다. 레빠즈는 부대의 절반(제1공정대대 및 제11따보르대대)을 동케 남쪽에 남기기로 결정했다. 그것은 우리에게 압력을 가하고 동케를 방어하도록 강요하기 위해서였다. 이 2개 대대는 2개 부대가 철수할 때 안전을 보장하기 위해 4번 국도의 동케-룽퍼이 구간 주요 고지군을 점령할 예정이었다. 레빠즈는 2개 대대를 이끌고 동케 서쪽을 우회하고 북쪽으로 전진해 샤르똥의 부대와 합류할 예정이었다. 명령이 그대로 이행되었다면 레빠즈 다중대대는 1950년 10월 3일 자정에는 꽝리엣(Quang Liệt)에 있어야 했다.

우리 기술통신국은 적의 무선망을 잘 도청하고 있었다. 상황이 긴급한 통신을 요했으므로, 프랑스군의 명령은 대부분 암호화되지 않았다. 오후 동안 레빠즈가 요청한 포병연대는 델끄로[20]가 본부를 설치한 나빠에 공수낙하했다. 기수가 긴 킹코브라 전투기가 4번 국도 방면에서 접근하는 아군 병사들을 막기 위해 반시엔 근처의 좁은 돌길을 폭격할 준비를 하며 상공을 선회했다.

우리는 적이 동케를 탈환하기 위해 증원부대를 보낸다면 4번 국도를 연한 남쪽 고지군, 특히 커우루옹과 쪽응아 산맥을 통제하기 위한 전투가 있을 것이라고 예견했다. 커우루옹은 인근에서 가장 높은 고지로, 동쪽에서 4번 국도 쪽으로 고도가 높아지는 몇 개의 산으로 구성되어 있었다. 산악지형은 복잡했다. 어떤 곳은 삼림지대고, 어떤 곳은 풀이 사람 키만큼 자라 있다. 4개의 가장 높은 봉우리가 4번 국도 위에서 주변을 굽어보고 있다. 커우루옹 남쪽 뒤에 자리 잡은 쪽응아 기슭은 초목이 무성했지만, 정상은 소나무 4그루뿐인 둥그스름한 곳으로, 멀리서 보면 대머리처럼 보였다. 다소 낮은 편이라고 하나, 이 산은 우리 병사들이 전투에 참가하기 전에 집결했던 4번 국도의 동쪽 지역으로 진입하는 데 장애물 역할을 했다. 작전 초기에 제308여단의 일부가 쪽응아 기슭에서 주둔했었고, 공정부대를 상대로 싸우기 위해 커우루옹 정상에서 전개한 경험이 있었으므로

19 영어권의 테레사와 같은 의미다. (역자 주)

20 제11모로코 따보르대대 지휘관 앙리 델끄로(Hanri Delcros)소령을 의미한다.

그들은 두 봉우리를 모두 잘 알았다.

1950년 10월 2일 16:00시, 제308여단이 공격을 개시했다. 쌀을 가지러 갔던 병사들은 아직 돌아오지 않은 상태였다. 이런 상황에서도 중대 단위로 재편성된 대대는 적기의 폭격을 받은 4번 국도에 이르는 소로를 지킨다는 결의에 차 있었다. 제29대대장인 훙싱(Hùng Shin)은 예하에 1개 중대뿐이었다. 그는 부대원들을 철저하게 위장시키고 적이 주둔한 쪽응아에 숨어들었다. 적들도 은밀하게 방어를 준비 중이었다. 새소리 외에는 정적만이 흘렀다. 아군은 갑자기 수류탄을 투척하고 기관단총을 쏘며 적을 교란했다. 아군이 출현하자 아군보다 배는 더 많은 적이 공황상태에 빠져 산 정상 쪽으로 도망가기 바빴다. 우리 병사들은 신속히 적을 추격했고, 제29대대 소속 한 소대는 적들보다 10분가량 늦게 쪽응아 정상에 도착했다. 적들은 곧 낮은 진지로 밀려났다. 바로 그때, 폭발 소리가 산 너머 저편에서 들려왔다. 제18대대가 지원을 온 것이다. 제8모로코 보병연대는 무력화되었고, 대위 1명이 전사했다. 잔적들은 공황상태에 빠져 커우루옹 쪽으로 달아났다. 쪽응아 전투는 17:00시까지 종결되었다.

18:00시에 제36연대가 커우루옹에 대한 공격을 개시했다. 우리 포병은 가장 높은 산봉우리에서 방어 중인 적들을 공격하는 두 곳의 아군을 화력으로 지원했다. 2개 중대로 재편한 제80, 84대대가 공격을 선도했다. 제36연대는 중부 지역에서 북부로 온 지 얼마 지나지 않아서 아직 산악 지형에 익숙하지 못했기 때문에 고전을 면치 못했다. 게다가 제84대대도 손실을 입어서 제80대대만이 두 개의 정상 중 하나를 공격했다. 제11따보르대대는 지형의 이점을 활용해 격렬하게 저항했다. 제80대대는 오후 중반부터 한밤중까지 세 번 돌격을 감행했으나 모두 격퇴당했다.

10월 3일 아침, 레빠즈는 델끄로 소령에게 남은 부대를 지휘해 나빠, 커우루옹 및 615고지를 방어할 것을 명령했다. 레빠즈는 제8모로코연대의 1개 대대를 이끌고 그가 샤르똥 부대를 만났던 4번 국도 서쪽으로 향했다. 따보르 1대대가 동케 비행장을 떠나 레빠즈를 따르기 위해서는 전투기의 지원을 받는 수밖에 없었다. 제209연대가 즉각 그들을 추격했다. 10시간에 걸친 행군에도 불구하고 레빠즈와 그의 부대들은 나빠에서 5km밖에 이동하지 못했다.

10월 3일 06:00시, 제80대대가 커우루옹 최정상에 대한 공격을 재개했다.포병은 아군 병사들이 전진할 수 있도록 공격로를 청소했다. 경사는 급했고 미끄러운 아랑풀로 덮여 있었다. 병사들은 마치 중기관총이나 박격포를 당기듯 풀을 잡고 늘어졌다. 수류탄과 총검을 쓰는 백병전이 이어졌다. 전장은 폭탄과 총탄 냄새, 아랑풀 타는 냄새로 가득했고 곳곳에 시체와 탄흔이 널려 있었다. 정오경에 제80대대는 전투력이 소진되어 철수 명령을 받았다. 제11따보르대대는 아직 4개 봉우리를 차지하고 있었으나 전의를 상실한 상태였다.

새로운 상황이 발생했다. 레빠즈의 다중대대가 2개로 분할되어 2개 대대는 레빠즈 본부에 남고, 2개 대대는 나빠와 커우루옹으로 파견되었다. 전역사령부는 이들의 상호 지원을 방해하고 섬멸하기 위해서는 반드시 양자를 분리해야 한다고 판단했다. 먼저 나빠와 커우루옹에 있는 적을 제거하기로 했다.

쌀을 수송하기 위해 떠났던 간부와 병사들이 모두 돌아와 제308여단의 전력이 회복되었다.

15:00부터 아군 부대가 커우루옹에 대한 공격을 시작했다. 우리의 산악포병, 박격포와 다양한 종류의 기관총이 동시에 불을 뿜었다. 적은 인도차이나 전장에서 처음으로 강력한 화력에 직면했다. 곧 '돌격'나팔 소리가 울려 퍼졌다. 제11대대와 제84대대가 두 봉우리씩 맡아 공격했다. 적군 측은 커우루옹에 있는 제11따보르대대를 증원하기 위해 동케에서 파견된 제1공정대대가 격렬하게 저항했다. 맑은 기상의 이점을 얻은 적기들은 우리의 공격을 저지하기 위해서 3시간에 걸쳐 폭격을 계속했다.

17:30을 기해 적기가 사라지자마자 우리 포병이 적진에 불을 뿜었다. 그리고 밤이 되면 다시 '돌격'나팔이 울려 퍼졌다. 목표별로 각각 제파식 돌격을 시도해 성공했다. 산꼭대기는 총탄의 번쩍이는 빛으로 가득했는데, 어떤 실탄의 폭발인지 분간할 수 없었다. 여러 나라에서 온 용병들이 온갖 언어로 울부짖었다. 이때 제84대대는 가장 높은 봉우리를 점령하고 그곳에서 다른 네 봉우리를 위협하기 시작했다.

제1공정대대와 제11따보르대대는 하루 종일 계속된 전투에서 큰 손실을 입었다. 커우루옹은 유린될 처지에 놓여 있었다. 델끄로는 레빠즈에게 더 늦기 전에 모든 부대를 룽퍼이로 철수시킬 것을 건의했다. 레빠즈는 대담하게 중요한 결정을 내리지 못하고 랑썬에 있는 꽁스땅에게 제안했다. 꽁스땅은 자신이 철수할 때 레빠즈의 다중대대가 샤르똥의 부대와 연결 및 엄호 임무를 수행할 예정이었으므로 그 제안을 수락하지 않을 수 없었다.

1개 중대 규모밖에 남지 않은 잔여 따보르 대대는 밤중에 커우루옹을 떠나기 시작했다. 그들이 쪽응아에 도착하자 숲속에 자리 잡고 있던 군 정보국 소속 병사들의 사격을 받았다. 매복에 걸렸다고 생각한 그들은 마구잡이로 사격을 하며 뒤에 오고 있던 제1공정대대 쪽으로 후퇴했다. 공정대대장인 쎄끄레땡 소령[21]은 들것에 실려 오는 부상자를 포함한 전 부대원이 각자 길을 개척하고 밀림을 통과해 레빠즈 다중대대가 주둔하고 있던 765고지 방향으로 가야 한다고 결정했다. 하지만 그들은 1시간에 겨우 수백 미터밖에 전진할 수 없었다. 한참이 지나서야 가까스로 765고지에 도달하는 데 성공했지만, 기아와 갈증, 그리고 3일 밤낮을 자지 못한 피로로 인해 기진맥진한 상태였다.

10월 3일, 레빠즈는 공정대 및 따보르대대가 실패하기 전에 더이상 북쪽으로 이동하지 않기로 결심하고, 그의 부대를 과거에 합류한 적이 있고 텃케를 향해 길이 나있는 477고지 근처의 꼭사 방향으로 이끄는 데 만족하기로 했다.

우리는 적에 대해 수집된 첩보를 통해 까오방에서 철수하려는 샤르똥의 의도를 파악했다. 우리 전역참모부는 프랑스군의 작전 개시 초반부터 까오방 부근의 초소에 통신감청반을 파견해 적에 관한 소식과 이동을 감시해 왔다. 그러나 까오방 관측소로부터 아무런 소식이 없었다. 나는 조바심이 났다. 그러던 중, 1950년 10월 3일 아침에 지방군 소속 병사가 전화를 통해 샤르똥과 그의 부대가 까오방에서 남쪽으로 철수했다는 급작스러운 소식을 알려왔다. 그들은 까오방에

21 Pierre Segrétain (1909~1950) 프랑스의 군인. 2차 세계대전 초기 외인부대 소속으로 레반트 지역에서 종군했고, 1942년 북아프리카에서 자유프랑스군에 소속되었다. 전후 제1공수샤쇠르연대 소속으로 인도차이나에 파병되었고, 교전 중 부상을 입어 사망했다.

서 21km 떨어진 지점에서 4번 국도를 버리고 밀림에 난 도로를 택했다. 즉, 그들은 36시간 이전에 시내를 떠난 것이다. 통신감청반장과 소통한 결과 우리가 적에게 속고 있었음을 깨달았다. 10월 3일~4일 밤에는 까오방 시내의 모든 전등이 환하게 불을 밝혔고, 적의 무선망도 정상적으로 작동하고 있었다. 우리 지방군 병사는 4번 국도를 따라 철수하고 있는 적 부대를 목격했지만, 지방군에는 무전기가 없었다. 그 병사는 소식을 전하기 위해 우체국까지 가야 했다. 소식이 그렇게 늦게 도착한 이유였다.

사령부는 제209연대에 즉각 꽝리엣으로 가서 샤르똥 부대의 전진을 지연시키라는 명령을 하달했다. 제308여단에게도 꼭사에서 샤르똥 부대의 도착을 기다리며 집결 중인 레빠즈 다중대대를 궤멸시킬 절호의 기회를 놓치지 말라고 명령했다. 레빠즈 다중대대를 궤멸시킨 후, 우리는 샤르똥 부대로 그 노력을 전환할 예정이었다. 제308여단은 제209연대의 1개 대대를 증원받았다.

이런 상황이 벌어지는 동안, 최고사령부 기술정찰대는 그들이 샤르똥과 레빠즈가 477고지인 '석회암 산' 서쪽 지점에서 만난다는 무선을 도청했다고 나에게 보고했다. 우리는 황급히 지도를 펼쳤다. '석회암 산'은 꼭사가 틀림없었다. 그러나 477고지는 어디 있다는 말인가! 저기다! 꼭사 근처 서쪽!

나는 이미 커우루옹에 진지를 편성한 제36연대장 홍썬을 호출했다.

"귀관의 현 위치는?"

내가 물었다.

"저는 꼭사 앞에 있는 765고지에 있습니다."

"거기서 477고지가 보이나?"

"여기서 고지는 많이 보입니다만 제게는 지도가 없습니다."

"우리 지도에 477고지는 꼭사 서쪽 3km에 있다." 내가 말했다.

"일련의 프랑스군이 있는 방향으로 산맥이 뻗어 있다. 그 산 밑으로 텃케로 가는 도로가 있다. 지형을 잘 살펴보고 감 잡았으면 즉시 보고해!"

잠시 후, 홍썬은 산더미가 보이고 그 꼭대기는 아랑풀로 덮여 있다고 나에게 보고했다. 멀리서 보면 그 산은 벌거숭이산처럼 보였지만, 산자락에는 넓고 빽빽한 숲이 있었다.

사령부는 제308여단에 다음과 같은 명령을 하달했다.

"제308여단은 샤르똥 부대와 합류하기 위해 꼭사에서 477고지로 가는 레빠즈 다중대대를 방해할 것!"

레빠즈 다중대대는 커우루옹에서 곡소리 나게 얻어맞은 후로는 며칠 동안 전투력을 회복하지 못했다.

4

샤르똥 부대는 1950년 10월 3일 05:30분에 까오방을 떠났다.

레빠즈는 그의 기동에 대해 최후의 순간에 통보받았다. 반면 샤르똥은 그가 까오방을 방문했을 때, 알르쌍드리가 구상한 '테레즈'작전에 대한 까르빵띠에의 계획을 들어 알고 있었다. 까오방에 있던 프랑스군은 위험을 피하기 위해 예외적으로, 그리고 신속히 철수를 단행했다. 계획대로라면 샤르똥은 하룻밤을 행군한 후, 까오방에서 35km 떨어진 지점에서 레빠즈를 만나 텃케로 가야 했다. 그러나 샤르똥은 자신이 수립한 계획에 따라 철수하기로 결심했다.

샤르똥은 4번 국도에서 빈번히 직면하는 매복을 두려워했다. 그 도로는 접근이 어려워서 프랑스군의 통행에 사용하지 않은 지 오래였다. 샤르똥은 부대 전체의 안전을 위해 먼저 1개 대대를 고지에 보내 고지를 점령하고, 도로 반대편까지 정찰하게 했다. 이런 행동은 부대 전체의 안전에 큰 도움이 되었다. 샤르똥 부대는 차근차근, 마치 궤도처럼 전진했다. 하지만 첫날에 고작 17km밖에 전진할 수 없었다.

10월 4일 오전, 샤르똥은 꽁스땅에게 즉각 4번 국도를 버리고 꽝리엣 서쪽 길로 오후까지 룽퍼이에 도착하라는 명령을 수령했다. 그러면 샤르똥의 부대는 760고지와 765고지를 점령중인 레빠즈 다중대대의 보호를 받을 수 있었다.

그 길은 오랫동안 방치되어 많은 구간이 나무로 뒤덮여 있었으므로, 샤르똥은 야포, 탄약 및 모든 차량을 4번 국도에 버려야 했다. 병사들도 통로 개척을 위해 나무를 쳐서 쓰러뜨렸다. 그러다 보니 이동 속도는 시간당 300m에 불과했다. 꽁스땅의 재촉에도 불구하고 그들은 하루에 7km 이상은 전진하지 못했다.

10월 5일, 샤르똥은 짱리엣 계곡으로 가는 길을 그의 지도에서 찾아내지 못했다. 3개 대대와 까오방 지사를 포함한 500명의 민간인으로 구성된 대열이 길게 늘어섰다. 그들은 동케 서쪽에 있는 커우네(Khâu Né)에서 우리 병사들과 조우했다. 제209연대 일부가 제때 도착해 사격을 가했다. 샤르똥은 가던 길을 버리고 떤베(Tân Bế)에 이르는 정상으로 난 우회로를 택해야 했다. 하지만 샤르똥의 부대는 우회로를 따라가다 제88연대 소속 또반(To Văn) 중대의 전장에 진입해버렸고, 샤르똥은 다른 길을 찾아야 했다. 그날 오후, 제대 선두인 따보르 3대대가 나란에 도착했다. 선두부대는 6km를 이동했지만 후미는 아직도 뽀라(Pò La)에 있었다.

10월 6일, 따보르 3대대가 약속 장소인 477고지에 발을 들여놓았다. 행군 대열의 길이는 5km에 달했다. 괴뢰대대[22]는 제대 맨 후미에서 이동하고 있었는데, 본부와 무전 교신 없이 떤베 방향으로 향했다. 그들은 제18대대에게 전진이 차단된 후 되돌아가야 했다. 하루 종일 샤르똥 부대는 단 4km를 전진했을 뿐이다.

4일 동안 샤르똥 부대가 전진한 거리는 45km에 불과했다. 그들은 약속 장소에 도착했고, 전투부대는 거의 손실을 입지 않은 상태였다. 그러나 레빠즈는 도대체 어디 있단 말인가? 왜 그는 여기에 없는가? 샤르똥은 2일 전에 있었던 일을 알 길이 없었다. 레빠즈가 꼭사에 도착했을 때, 그는 제1공정대대에게 477고지를 점령하라고 명령했다. 제18대대 일부가 그 대대를 기관총과 수류탄으로 공격해 그들을 꼭사로 격퇴시켰다. 그때부터 레빠즈의 다중대대는 석회암 산맥 지역에 포위된 형국이 되었다.

10월 6일 05:00시에 샤르똥은 처음으로 레빠즈에게 무전을 쳤다. 샤르똥은 그가 위험을 벗어났다고 생각했다. 그러나 레빠즈는 위험한 상황에 처해 있었다. 레빠즈는 샤르똥에게 말했다.

22 현지(베트남) 출신의 프랑스 용병 대대를 얕잡아 부르는 표현이다. (역자 주)

10월 3일-10월 6일, 꼭사 일대에서 수행한 포위섬멸

"477고지와 533고지에서 나를 기다려라!"

우리는 상황을 평가했다.

'레빠즈와 샤르똥 대대는 합쳐서 5개 대대인데, 현재 꼭사와 477고지에 집결된 상태다. 적은 수가 많지만 사기가 매우 저하되어 있다. 꼭사에 있는 레빠즈의 2개 대대(제1원정군대대 및 따보르 1대대)는 심대한 손실을 입어 우리와 대적할 수 없으며, 그저 전투를 회피하려고 할 것이다. 477고지에 있는 샤르똥의 3개 대대(따보르 3대대, 제3외인연대 1대대, 괴뢰대대)는 며칠 동안 숲을 누비고 오느라 기진맥진한 상태다. 그들은 단지 신속한 철수만 생각할 뿐이다. 그들은 모두 포위되어 있다.'

기상이 점점 불량해져서 비와 안개로 적기의 활동이 제한된 점도 우리에게는 유리하게 작용하고 있었다.

사령부에 남아 있는 사람들도 시시때때로 변화하는 전선의 상황을 추적해야 했으므로 긴장되기는 매한가지였다. 전령들은 밤낮없이 전선을 오갔다. 전선에서 적과 싸우고 있는 병사들과 비교할 수는 없었지만, 다들 잠을 자지 못해서 눈이 푹 꺼져 있었고, 일부는 쉰 목소리로 전화통을 잡고 고래고래 소리를 질렀다. 누군가 결정적인 전투 이전에 우리 장병들에게 하루 동안 휴식을 부여해야 한다는 아이디어를 제안했다. 호 아저씨는 말했다.

"우리가 지금 쉴 필요가 있나? 우리는 피곤하지. 그러나 적은 우리보다 10배는 더 피곤하다네. 결승선을 목전에 둔 주자는 쉴 수가 없는 걸세."

전역사령부는 우리 병력 주력으로는 477고지에 있는 적을 포위하고, 잔여 병력으로는 꼭사에 있는 레빠즈 다중대대를 소멸시키기로 결정했다.

베트민의 전투전개가 완료되었다. 병력은 꽝리엣에서 텃케까지 이어졌다. 북쪽에서는 제209연대 예하 2개 대대가 꽝리엣 방면에서 밀고 내려왔다. 남쪽에서는 제174연대가 적의 퇴로를 차단하면서 꼭똔(Cốc Tồn) - 커우삐아(Khâu Pia) 방향으로 전진했다. 제308여단은 꼭사와 477고지를 재빨리 포위했다.

호 아저씨는 장병들에게 짧은 메시지를 보냈다.

"현 상황은 우리에게 매우 유리합니다. 여러분들은 완전한 승리를 거두기 위해서 적을 소멸시켜야 한다는 점을 명심해야 합니다."

전역에 참가 중인 모든 부대가 결정적인 전투에 동원되었다. 밀림과 바위투성이 지형을 무대로 진행된 이 경주에서 적은 주간에 300m를 채 전진하지 못했지만, 우리는 야간에도 1km를 달려서 적보다 1~2 시간 먼저 목적지에 도착하는 경우가 많았다. 많은 부대들이 전투 계획을 세우며 걷고, 먹으면서 걷고, 자면서 걷고, 길을 찾으며 걷고, 적을 찾으며 걸었다. 시간과 경주를 벌이던 전투병들 외에도 후방에는 남성 취사병들과 전시근로자들의 기나긴 대열이 있었다. 이 대열에는 무기를 잡고 적에 대한 경계를 서던 사람도 있었고, 숲속에 흩어졌던 패잔병들도 있었다. 남성 취사병들은 적군을 설득하는 임무를 수행해 많은 성과를 올렸다. 그들은 굶주린 적군에게 주먹밥을 주면서 항복을 권유했다. 그런 상황에서 한 덩이의 주먹밥은 어떤 호소나 설명보다도 더 효과적이었다.

꼭사와 477고지 전투 이전에, 나는 전화로 장병들에게 명령을 하달했다.

"존경하는 동지들! 간밤에 비가 내려 우리는 다 젖었습니다. 그러나 여러분의 전의(戰意)는 혁명의 불꽃으로 활활 타오르고 있습니다. 나는 적이 여러분보다 더 배고프고 춥다는 것을 압니다. 적은 심각한 손실을 입었고, 그들의 사기는 땅에 떨어져 침략군의 패배가 눈앞에 보이고 있습니다. 대부분의 적을 소멸시킬수 있도록 좀 더 노력합시다. 비와 안개는 우리 편입니다. 장병 여러분, 남쪽부터 적 초소들을 성공적으로 파괴하고 텃케로 전진, 합동 작전을 전개합시다. 전진!"

5

꼭사는 동케의 6km 남쪽에 위치하고 있는데, 급경사와 석회암 산맥으로 둘러싸여 있는 계곡 지대여서 접근하기 어려웠다. 커우루옹 전투의 패잔병을 동반한 레빠즈의 2개 대대는 동굴에 대피호를 구축했다. 그들은 다양한 화력 수단과 골짜기, 노출된 지형 등 지형적으로 방어에 유리한 조건을 가지고 있었다. 산맥에서 꼭사 계곡에 이르는 통로는 골짜기 하나뿐이었다. 그것은 마치 칼날처럼 보였다. 통로는 765고지에서 시작했다. 10월 3일, 레빠즈는 이곳에서 전진을 멈추고, 자신의 부대가 석회암 산 지역으로 이동하는 동안 소규모의 부대를 남겨서 이 고지를 방어하도록 했다. 제308여단이 이 고지를 신속히 점령해버리자 계곡으로 가는 통로는 봉쇄되었다.

제308여단과 제209연대가 4번 국도 방면에서 꼭사를 조여 들어갔다. 전장으로 보다 신속히 이동하기 위해 일련의 병사들은 적기가 보급품을 낙하시키는 지역이나 나무를 잘라 통로를 개척한 지역을 목표로 삼아 전진했다. 연대장들은 어떤 부대가 오면 바로 전투 편성을 실시했다.

꼭사 근처에 3개 방향에서 신속히 진지를 편성했다. 계획에 따르면 제308여단의 3개 연대가 꼭사를 공격하게 되어있었다. 그러나 샤르똥 대대가 477고지로 이동하면서 제308여단의 전력 대부분이 477 고지로 향했다. 따라서 꼭사에는 3개 대대만 남았다. 홍썬 연대장은 이 대대들을 지휘해 적이 477고지 쪽으로 오지 못하도록 하는 한편, 현지에서 그들을 궤멸시키는 임무를 부여받았다.

홍썬의 결정에 따라, 제11대대는 477고지에 이르는 유일한 통로를 차단하기 위해 정면 공격을 하도록 했다. 제209연대 154대대는 북쪽에서 공격했다. 제36연대 89대대는 썬마(Sơn Mã)의 지휘 하에 남쪽에서 공격을 실시했다. 제89연대 1개 중대는 산 정상으로 올라가서 적진 가운데를 향해 덮쳐 내려갔다. 각 대대는 10월 5일 밤까지 전투 대형을 갖추고 진지를 점령해 다음 날 아침 5시나 6시에 사격할 준비를 마쳤다.

밤이 되자 레빠즈는 부상병들을 두 명의 의사와 함께 남기고 477고지에 도달하기 위해 죽기살기로 공격을 시도하기로 결심했다.

10월 5일 야간, 제1공정대대는 아군의 제11대대에게 4번이나 격퇴당하고 심각한 손실을 입었다.

10월 6일 아침이 되자 공정대대는 짙은 안개를 이용해 꼭사 계곡으로 나 있는 울퉁불퉁한 통로를 따라 전 부대를 조용히 이끌었다. 아군은 안개 장막 속에서 프랑스군을 향해 사격을 가했고 그들은 계곡 안쪽으로 격퇴되었다. 제11대대가 전진했으나 통로가 협소했고 적군이 바위 뒤편에 숨어서 아군을 향해 사격했기 때문에 전투 대형으로 전개할 수 없었다.

포위망 안쪽으로 총의 발사광이 보이고 폭발 소리도 들려왔다. 제89대대 35중대는 산 정상에서 많은 병력들이 모여 있는 따보르 1대대의 중앙을 향해 끊임없이 총을 쏘고 수류탄을 투척했다. 적은 혼란에 빠졌다. 모로코 병사들은 대열을 이탈해 칡이나 나무줄기에 매달려 북쪽 절벽에서 계곡으로 미끄러져 내려갔다. 그들은 거기에 아군 제154대대가 기다리고 있음을 알지 못했다.

레빠즈는 그의 부하들에게 앞으로 달리라고 명령했다. 아군 제11대대는 유일한 통로를 따라 계곡으로 진입했고, 10정 이상의 기관총으로 끊임없이 사격을 가했다. 적은 많은 사상자를 냈으나, 내부 사정이 훨씬 위험했으므로 그들은 밀고 나가려는 시도를 멈추지 않았다. 레빠즈는 궁지에 빠진 병사들 속에 머물러 있었다.

정오에 레빠즈 다중대대의 생존 병력들이 477고지에 도달했다. 그곳에서 잔존 대원들은 자신들이 비극적인 상황에 처했음을 깨달았다. 약식으로 인원 파악을 시작한 레빠즈는 2,500명의 다중대대원 가운데 650명밖에 확인하지 못했다. 특히 제1공정대대의 경우, 장교 9명과 병사 121명만이 남아 있었다.

10월 6일 06:00시에 477고지에 있는 모든 샤르똥 부대의 진지가 공격을 받았다.

477고지는 다섯 개의 봉우리로 구성된 민둥산들로, 꼭사에서 서쪽으로 3km, 텃케에서 북서쪽으로 20km 지점에 있다. 그곳에서 단 하나의 오솔길이 반까(Bản Ca)와 텃케로 이어졌다.

477고지를 공격했던 우리 병력은 5개 대대(제308여단 18, 23, 29, 130대대, 제209연대 166대대)로 구성되어 있었다. 10월 6일 아침에 아군 2개 중대가 고지 세 곳을 점령했는데, 그 가운데 500고지가 포함되어 있었다. 그곳은 텃케로 가는 통로 옆에 있는 샤르똥과 레빠즈의 마지막 피난처였다. 샤르똥은 항공기 6대의 지원 하에 부대원을 독려하며 잃었던 고지를 탈환하려 했다. 그러나 정오까지 그들은 2개의 고지를 탈환하는 데 그쳤다. 500고지는 여전히 제261중대(제18대대 소속)의 수중에 있었다. 레빠즈 다중대대의 패잔병들이 곤란한 처지에 빠진 샤르똥이 있는 꼭사에 도착했다. 레빠즈 다중대대 잔존 부대원들의 도착은 샤르똥 부대원들에게 공포심을 안겨주었다.

샤르똥은 꽁스땅에게 텃케로 가는 길을 열기 위해 1개 공정대대를 낙하시켜 줄 것을 요청했다. 그러나 꽁스땅은 밀림을 헤치고 서쪽으로 나가는 것만이 유일한 탈출구이며, 야음을 틈타 드 라봄[23]이 대기하고 있는 나까오(Na Cao) 남쪽에 도달해야 한다는 말만 몇 번이고 되풀이했다. 같은 날 아침, 꽁스땅은 철수부대의 측면을 엄호하기 위해 4개 중대를 해체해 드 라봄에게 지휘를 맡기고 룽퍼이 서쪽에 있는 515고지와 나까오로 가도록 명령했다. 샤르똥은 반까에 1개 공정대대를 낙하시키는 방안은 무의미한 손실만 불러올 뿐임을 알고 있었다.

16:00시, 477고지의 상황은 더 어지러워졌다. 자신들이 공격받고 있다고 생각한 따보르 3대대는 자신들의 진지를 버리고 용병 3대대가 주둔하고 있는 옌응아로 가 버렸다.

샤르똥은 상황이 점점 더 절망적으로 변해가고 있음을 알게 되었다. 스스로 상황을 헤쳐나가는 수밖에 없었다. 그는 수백 명의 병력을 모아서 477고지를 버리고 베트민을 상대로 추가적인 교전을 피하기 위해 밀림을 헤치며 이동했다. 샤르똥은 이 병력으로 필요하다면 목숨을 걸고서라도 나까오로 이동하기를 원했다. 그러나 뒤를 돌아본 그는 대부분의 부하들이 전열에서 이탈했음을 알게 되었다. 샤르똥과 참모, 그리고 남아 있던 몇 안 되는 병사들은 지도에서 남쪽으로 나 있는 숲길을 발견했다. 그가 가는 곳 도처에서 그는 남성 취사병들과 여성 전시근로자를 만났다. 그들 중 일부는 무장하고 있었다. 공포는 곧 현실화되었다. 한 여성 전시근로자가 땅 위에 발자국을 남겼다. 그녀는 남성 취사병들에게 적에게 주먹밥을 던져 주고 항복을 권하라고 요청했다. 그러나 두 명의 남성 취사병은 숲속으로 달아나 버렸다. 일제사격이 있었다. 취사병들은 몇 발자국 뒤로 후퇴하면서 다른 사람들에게 적을 포위하라고 요청했다. 이러는 동안 그들은 우리 병사들의 관심을 끌기 위해서 고함을 쳤다.

반까에서 총소리를 들은 제263중대 1개 분대, 제18대대 및 (88연대와 협조된 작전

23 Jean François Labaume (1918~1971) 프랑스의 군인. 까오방 전투 당시 제3외인보병연대 소속 대위였다.

을 펼치던) 제102연대가 숲으로 쇄도해 들어갔다. 누군가가 외국 악센트의 베트남어로 말했다.

"쏘지 마세요. 항복합니다."

하얀 안경을 쓴 장교 한 명이 숨어있던 나무줄기에서 나와서 손을 자기 머리 위로 들었다.

"대령님이 저기 계세요."

그가 말했다.

"레빠즈 맞지?"

"아뇨. 샤르똥입니다."

숲으로 돌진해 들어간 우리 병사들은 무기와 탄약이 쌓여 있는 것을 발견했다. 누런 얼굴에 입술은 창백한 샤르똥이 장교들 가운데 서 있었다. 그가 말했다.

"우리는 쓸데없이 피를 뿌리고 싶지 않소. 나는 부상당했소."

포로 중에는 까오방 성장인 하이투(Hai Thu)도 있었다.

레빠즈는 13:00시 이후 샤르똥과 접촉이 단절되었다. 그는 부대원들을 모아 밤이 깊을 때까지 기다렸다가 텃케로 질주하라고 지시하고, 그중 몇 명을 선발해 자신과 같이 가도록 했다. 레빠즈는 가는 곳마다 총소리를 들으며 공포로 가득한 밤을 보냈다. 누군가 야음을 뚫고 나와 자신의 목을 낚아채는 듯한 느낌을 떨치지 못했다. 레빠즈는 그럴듯한 길을 발견했고, 산맥 정상을 가로지르는 길을 선택했다. 레빠즈는 매 30분마다 드 라봄과 연락을 취했다. 레빠즈는 우리가 반까에 쳐 놓은 통발에 걸려들고 말았다. 10월 8일 오전, 지도에 표기된 지점을 보면 그는 드 라봄과 불과 수 킬로미터밖에 떨어져 있지 않았고, 드 라봄 부대의 총소리를 가까이 들을 수 있었다. 그러나 바로 그때, 무전기를 매고 있던 괴뢰 병사가 사라졌다. 레빠즈는 그가 적에게 항복하러 갔고, 이제 자신에게 재앙이 임박했음을 짐작했다. 갑자기 흥분된 목소리가 들려왔다. 따보르 병사들은 당황한 가운데 서로를 쳐다보았다. 연락 장교가 사태를 파악하기 위해 나무에 올랐으나 곧 미끄러져 내려와서는 공포에 질린 목소리로 말했다.

"우리는 포위되었습니다. 우리 주위에 사람들이 새까맣게 깔렸어요."

레빠즈는 명령했다.

"515고지로 간다. 활로를 열어라!"

그러나 누구도 그의 명령을 실행하는 자가 없었다. 그들 모두, 장교와 병사들은 꼼짝 않고 머물러 있었다.

"모든 게 끝났군."

레빠즈는 깨달았다.

제88연대 소속 중대장인 쩐당키엠(Trần Đăng Khiêm)은 항복한 프랑스군 근처에서서 다른 프랑스군 장교와 병사들에게 항복하라고 소리치게 했다. 그는 돌연 손나팔을 만들어 소리치면서 숲을 나오고 있는 프랑스 장교 한 명을 발견했다.

"우리는 당신네 지휘관을 만나고 싶소!"

"이리 내려와!"

키엠이 응답하자 프랑스 장교는 시키는 대로 내려왔다. 대위 계급의 그 장교는 거수경례를 하더니 키엠에게 공책을 건넸다.

"이것은 바야르 다중대대원 명단이고 우리는 당신들이 레빠즈 대령의 항복을 수용하기를 요구하오."

키엠은 부하 몇 명을 대동하고 프랑스 장교를 따라 숲속으로 들어갔갔다.

프랑스 장교는 레빠즈와 휘하의 장교들을 소개했다.

"나는 레빠즈 대령의 항복을 수락합니다. 모두 무기를 내려놓으시오."

레빠즈는 그의 권총을 건네며 말했다.

"나와 우리 부대원은 지금부터 당신의 지휘하에 들 것이오. 대위! 당신은 곧 소령으로 진급할 거요."

샤르똥과 그 부대 지휘관들은 전날 오후부터 그곳에 있었다.

레빠즈는 그의 장교들을 쳐다보면서 한숨을 쉬었다.

"샤르똥은 우리가 가길 원치 않은 장소에서 기다리고 있었군."

10월 8일 오전, 레빠즈와 샤르똥 부대 모두 패배했다. 같은 날, 전선에 있는 모든 장병은 다음과 같은 호 아저씨의 서한을 받았다.

"친애하는 장병 여러분.

여러분은 피로, 배고픔과 추위를 용감히 극복하고 오직 적 소멸이라는 사명에 매진했습니다.

나와 최고사령부는 이 승리를 축하하기 위해 연회를 베풀기로 결정했습니다.

여러분 사랑합니다!"

6

레빠즈와 샤르똥을 포로로 잡은 후, 전역사령부는 소수의 병력만 전장정리 차원에서 그곳에 남기고 패잔병 소탕작전을 시행하기로 결정했다. 사상 최대 규모의 병력이 그곳을 포위하고, 내부에 있는 몇몇 초소를 파괴하고 남쪽으로 향하는 퇴로를 차단하기 위해 텃케로 이동했다. 텃케에 대한 포위 및 공격 임무는 제308여단, 제174연대, 제209연대에 부여되었다.

10월 7일, 꽁스땅은 까르빵띠에에게 텃케가 위협을 받고 있으니 즉각적인 공정대대 증원이 필요하다고 보고한 적이 있었다.

10월 8일, 까르빵띠에는 제3공정대대를 텃케에 공수낙하시켰다. 그 대대는 라오스에 있다 하노이로 호출되었으며, 실제 병력은 280명에 불과했다. 따라서 알제리에서 막 도착한 1개 용병 공정중대로 보강해야 했다.

10월 9일, 제102연대 79대대가 텃케 북방 5km에 있는 반네(Bản Ne) 초소를 파괴했다.

같은 날 저녁 무렵, 텃케 남방 6km에 있는 4번 국도상의 반짜이(Bản Trại) 교량이 파괴되었다.

드 라봄의 병사들은 증원된 공정대대와 함께 텃케로 철수했고, 총 병력은 1,500명이 되었다. 꼭사와 477고지에서 살아남은 생존자들이 무질서하게 텃케로 유입되었다. 까르빵띠에는 4번 국도상에 구축된 진지에서는 적의 공격을 막아낼 수 없음을 인지하고, 까오방의 재앙이 재현되지 않도록 드 라봄에게 즉시 텃케에서 철수하라고 명령했다. 꽁스땅이 1개 용병 공정대대를 이끌고 텃케에서 철수하는 부대를 엄호하기 위해서 랑썬에서 나썸으로 왔다.

10월 9일, 호 아저씨와 나는 룽퍼이에서 레빠즈를 생포한 제88연대를 방문했다. 전선 상황은 여전히 긴장이 감돌았다. 호 아저씨는 몇몇 간부를 만나고 연대본부를 방문했다. 연대에서는 우리가 밤을 보낼 수 있도록 바위 동굴에 안락한 장소를 마련해 주었다. 다음 날, 나는 프랑스군이 텃케를 떠났다는 보고를 받고, 사령부에 전화해 모든 부대에 즉각 적을 추격하라고 지시했다. 내가 텃케 현장에 있는 동안 호 아저씨는 사령부로 돌아왔다.

적의 보급 창고는 전혀 손상을 입지 않았는데, 이는 적군이 자신들의 철수계획이 드러날까 두려워 철수 전 물자를 파괴하지 않았음을 의미했다. 우리는 주민들에게 적이 오늘 아침 철수를 시작했지만 마지막 병사는 조금 전에야 떠났다는 사실을 전해 들었다.

나는 드 라봄의 본부로 들어갔다. 비밀문서가 사방에 흩어져 있었다. 어느 간부가 부엌문을 열고 구운 닭다리 하나를 발견했는데, 아직 따뜻했다.

나는 폭발 소리를 듣고 황급히 드 라봄의 본부를 나왔다. 한 간부가 달려와서 탄약고에 불이 났다고 보고했다. 그는 나에게 떠날 것을 권유했다. 전역사령부로 향하기 전에 나는 우리 장교들에게 행정절차대로 경계병을 세우고 화재 원인을 조사할 것을 상기시켰다.

제308여단의 11, 79, 322대대, 제209연대 130대대 및 제174연대는 나썸 방향으로 적을 추적하라는 임무를 부여받았다. 당시 우리는 적이 텃케와 6km가량 떨어져 있고, 지난밤에 파괴된 교량이 있는 반짜이[24]에서 장기간 휴식을 취했다는 사실을 알지 못했다. 그래서 우리는 적을 격멸할 절호의 기회를 날려버렸다.

수천 명에 달하는 드 라봄의 부대와 일단의 민간인이 끼꿍(Kỳ Cùng)강 북쪽 제방에 구름처럼 몰려 있었다. 프랑스 공병이 보유한 보트는 6척뿐이어서 도하가 더디게 진행되었다. 용병들이 앞장서고 수비대가 뒤를 따랐다. 도하를 마치자마자 최대한 빨리 남쪽으로 향하는 것 외에 그들이 할 수 있는 일은 없었다.

24 텃케 남방 4km 부근의 끼꿍강과 4번 국도가 교차하는 지점 (역자 주)

제3공정대대는 강둑에 남겨졌는데, 그들은 곧 처절한 운명을 맞이했다. 이 부대는 자력으로 도하해야 했고, 본대와 멀리 떨어진 채 남겨졌다. 21:00시, 그들은 수비병들이 드 라봄의 철수 부대와 합류하기 위해 떠난지 오래인 데오카익(Đèo Khách) 초소에 도착했다. 지방군 소속의 제428대대가 이 병영을 점령했다. 우리 병사들이 공격하자 제3공정대대장은 부하들에게 숲속으로 도망가라고 명령했다. 그들은 밤새도록 빽빽한 대나무 숲을 헤매고 다녔다. 다음 날 내내 행군을 했지만 오히려 용병 부대들과 더 멀어졌다. 룽바이(Lũng Vài) 초소에 도착한 제3공정대대는 곧 아군 제174연대와 교전했고, 또다시 숲속으로 도망가야 했다. 이번에는 전장 일대를 잘 아는 제174연대가 있었으므로 더이상 도망갈 수 없었다. 결국 장교 2명과 사병 3명만이 동당(Đồng Đăng)[25]에 도착하는 데 성공했다.

10월 13일, 적은 나썸에서 철수했다.

10월 17일, 적은 동당을 포기했다.

10월 18일 04:00시, 랑썬에서 철수가 시작되었다. 이는 우리가 예견하지 못한 사건이었다. 그때까지 프랑스 최고사령부는 랑썬을 포기한다는 어떤 단서도 제공하지 않았다. 랑썬은 레베르 계획[26]의 중요한 지점이었고, 홍강 삼각주의 핵심적인 방어선이었다. 랑썬에 배치된 적은 보병 6개 대대, 기갑 및 포병으로 구성되었고, 일대의 지형은 까오방처럼 장애물로 가득 차 있었다. 경계는 삼엄했으며, 만일 공격을 받더라도 삼각주에서 증원을 받기에 유리했다.

전역사령부는 제426, 428 및 888독립대대에게 동당 - 랑썬 - 록빙(Lộc Bình) 축선을 따라 적을 추격하라고 명령했다. 제98연대는 랑썬-띠엔옌(Tiên Yên)[27]간 4번 국도 구간에서 합류하는 임무를 부여받았으나 상황이 너무나 빨리 진행되어 제시간에 도착할 수 없었다.

10월 18일 같은 날, 적은 랑쟈이(Lạng Giai)에서 철수했다.

텃케 증원을 위해 파견한 제3공정대대가 궤멸당한 까오방의 재앙은 꽁스땅을

25 랑썬 북방 15km 지점에 위치한 소읍 (역자 주)

26 프랑스군 총참모장 조르쥬 레베르가 작성한 '레베르 보고서'의 평야 지대 점령지 확장계획을 뜻한다.

27 랑썬에서 4번 국도를 따라 남동쪽 120km 지점에 위치한 해변 부근의 읍 (역자 주)

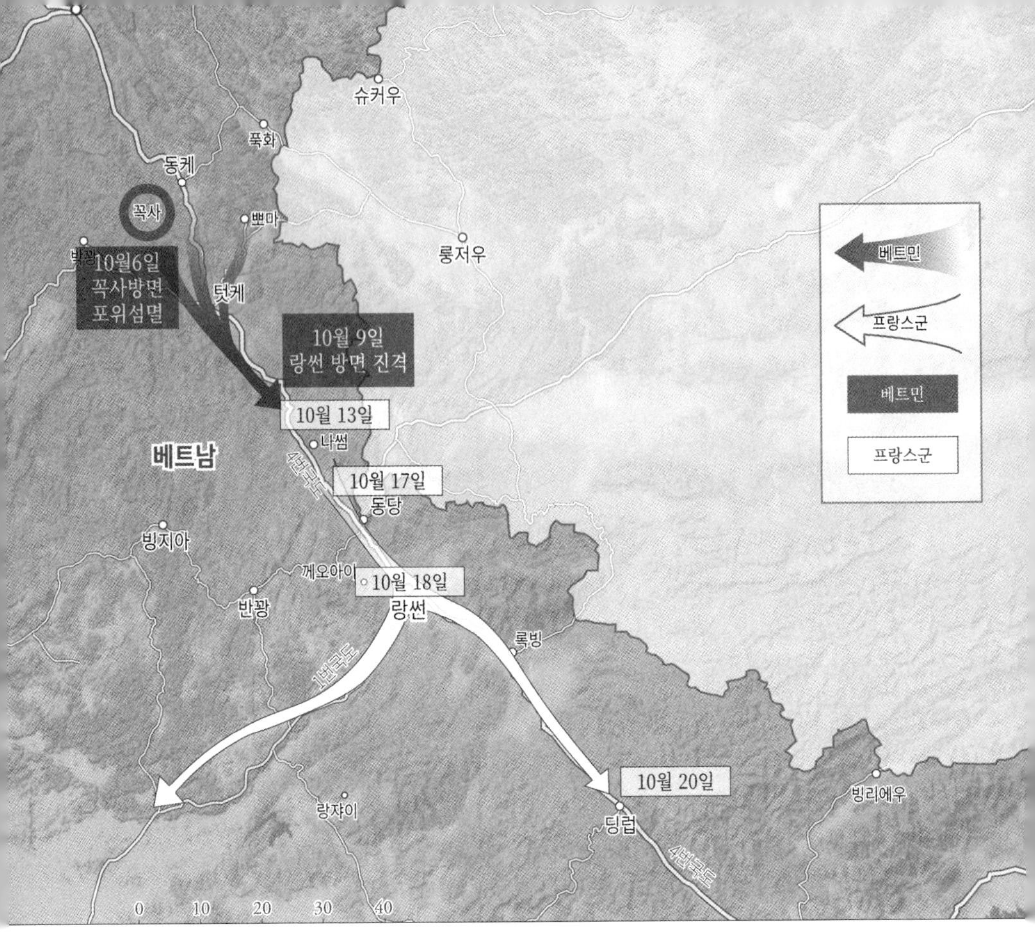

드 라봄의 랑썬 후퇴 및 프랑스의 국경방어선 포기

혼을 빼놓았다. 꽁스땅은 '테레사' 작전의 지휘관으로, 레빠즈와 샤르똥이 절망 속에서 울부짖으며 구원을 요청하는 소리를 아무런 조치도 취하지 못한 채 듣고 있어야 했다. 그는 베트민이 속전속결로 작전을 구사할 탁월한 능력을 보유하고 있으며, 신규 편성된 베트민 전투단은 강력하고 전투 잠재능력을 보유하고 있음을 깨닫게 되었고, 이제 승리로 고무된 18개 주력 전투대대가 랑썬을 위협하게 되었다고 생각했다. 꽁스땅은 까르빵띠에에게 더 늦기 전에 북동 국경선에서 철수할 것을 건의했다. 까르빵띠에는 꽁스땅이 보낸 보고서를 한 손에 들고 상황을 곰곰이 되짚어보았다.

"토요일 야간과 일요일에 접수한 상황은 끔찍했다. 랑썬의 1번 국도에서 반란이 일어났다. 4번 국도와 1번 국도 간의 연결이 차단되었다. 랑썬에 주둔 중인 부대는 포병 및 수송 중대와 함께 고립되었고 함정에 빠질 위기에 처했다."

10월 16일 오후, 까르빵띠에는 삐뇽과 함께 상황에 관해 의견을 나눈 후에 '꽁스땅과 그의 부대에 10월 17일부로 랑썬에서 철수하라는 명령을 하달하기로' 결단을 내렸다.

국경지대의 혼란과 적의 공황이 일어나기 전에, 나는 우리 부대들에게 띠엔옌까지 추격하도록 명령을 내리려 했다. 그러나 천겅 동지는 띠엔옌이 너무 멀고 우리가 전투를 계속 치러왔으므로, 승리한 상태에서 재편성하는 편이 낫다며 나를 설득했다. 천겅은 대규모 전투에 수없이 참가한 경험이 있는 전투의 베테랑이었다.

10월 20일에 적은 록빙과 딩럽(Đình Lập)[28]에서 철수했다. 딩럽은 띠엔옌 해안지역 방어의 요충지였다.

10월 23일, 적은 안쩌우(An Châu)에서 철수했다. 보고에 의하면 4번 국도의 해안 쪽 끝에 있는 도시인 몽까이(Móng Cái)[29]시에 있는 적들도 철수를 준비하고 있었다.

적은 1950년 10월 23일부터 10일에 걸쳐 100km에 이르는 방어선. 즉 동당-랑썬-딩럽-안쩌우 선을 띠엔옌 근처까지 후퇴시켰다. 프랑스 북동 국경 사령부도 띠엔옌 해안가로 이전했다.

그렇게 광활한 북동지역이 해방되었다. 국경 부근에 광대한 후방지역이 동에서 서로 확장되었다. 텃케 평야는 황금물결로 넘실댔다. 병사들은 농부들의 수확을 도우며, 철조망을 걷고 적이 매설한 지뢰를 제거했다. 마을마다 곡식 빻는 소리가 울려퍼졌다.

나는 텃케를 떠나 나란으로 향했다. 호 아저씨는 제308여단 장병들을 만나고 싶어 했다. 여단은 부상당한 전쟁포로를 관리하기 위해 텃케 부근으로 이동해 있었다. 동행한 호 아저씨는 적이 다시는 넘보지 못할, 흥겨운 분위기에 젖은 해방지역에 있다는 사실에 기뻐하는 듯했다.

---

28 랑썬과 띠엔옌을 잇는 4번 국도 끝자락에 있다. 띠엔옌 해안지역 방어의 요충지다.

29 베트남 북동쪽 꽝닝성에 위치한, 중국으로 가는 관문 가운데 한 곳이다.

밤 즈음, 나는 막 2급 군사공로훈장을 받은 제308여단에 도착했다. 브엉트아부가 국가 주석 환영행사를 준비하고 있었다. 우리 장병들은 말끔한 군복을 입고 풀밭 위에 3개 제대로 정렬해 호 아저씨를 기다렸다. 그러나 호 아저씨는 산을 떠날 때 안내인에게 뒷길로 살짝 가자고 부탁했다. 산속에 서 있던 사람들이 호 아저씨를 보고 소리쳤다. 밖에 있던 병사들이 돌아서서 호 아저씨를 보고는 환호성을 질렀다. 그들은 모자를 벗어 흔들고, 공중으로 던졌다 다시 받았다. 그들은 무기를 치켜들고 휘둘러 댔다. 그들의 이런 행동은 호 아저씨를 감동시켰다. 그가 가는 곳마다 우레와 같은 갈채가 쏟아졌다. 뒤에 서 있던 병사들은 어떻게 해서라도 호 아저씨를 한 번이라도 보기 위해 애썼다. 우리가 준비했던 환영식은 죄다 쓸모가 없어졌다. 여단장은 이내 포기하고 호 아저씨를 병사들에게 연설할 수 있는 장소로 청했다. 호 아저씨는 미소를 짓더니 머리를 끄덕이며 곧장 풀밭 가운데로 걸어갔다. 그는 병사들에게 자기 주변으로 오라고 손짓했다. 웃음소리와 함성소리가 흘러 넘쳤다.

호 아저씨는 병사들에게 앉으라고 하더니 이야기를 시작했다. 그는 당과 정부를 대신해 명령을 우수하게 수행했고, 많은 난관을 극복했으며, 대단한 용기로 투쟁한 여단의 성과를 치하했다. 그리고 병사들 사이에서 앞뒤로 왔다 갔다 하다 어느 병사에게 질문했다.

“우리가 대승을 거둔 이유가 무엇인가?”

그는 다른 병사에게도 질문했다.

“귀관은 우리 정책을 수행했는가?”

“귀관은 위생수칙을 잘 지켰는가?”

대답할 때마다 폭소가 터져 나왔다.

연대장인 타이중은 모든 간부와 병사를 대신해 앞으로 용감하게 싸워 전공을 세우겠다고 약속했다. 아저씨가 그를 두 팔로 포옹하자 그의 주변에서 열광적인 함성이 일어났다. 호 아저씨는 간부와 병사들을 한 번 쳐다보고는 말을 했다.

“이제 나는 가야 합니다. 더 이상 여기에 머물 수 없습니다. 나는 여러분들의 건승을 기원합니다. 그렇게 내가 전진하라고 하면 여러분은 전진할 것이며, 내가 싸우라 하면 여러분은 승리할 것입니다."

모든 사람들은 호 아저씨를 가슴에서 우러나오는 박수로 배웅했다. 그는 자주 뒤돌아보며 그들에게 손을 흔들었다. 호 아저씨가 시야에서 사라질 때까지 장병들은 모두 일어서서 그가 떠난 방향으로 시선을 고정했다.

7

우리는 숲속에 숨어있던 패잔병들을 소탕하느라 며칠을 더 보냈다. 우리 병사나 전시근로자들이 만난 유럽-아프리카 병사들은 키가 크고 아직 무장을 하고 있었지만 순순히 항복했다. 소대장인 응웬꿕찌(Nguyễn Quốc Trị)는 포로 숫자를 센 다음 수용소로 인솔했는데, 수용소에 도착해서 다시 세어 보니 처음 셌을 때보다 인원이 50%가량 늘어나 있었다고 이야기했다. 그때까지 숲에 숨어있던 프랑스군들이 몰래 포로 대열에 합류했던 것이다. 패잔병 생포 임무를 수행하던 우리 병사들은 잘 모르는 외국어(프랑스어)로 대화를 시도하는 대신, 취사병들이 그랬듯이 대나무 꼬치 끝에 주먹밥을 꽂아 들어 보였다. 이런 평화적인 선행이 말보다 설득력이 있었다.

프랑스군은 철수하면서 어떤 것도 파괴하지 않았다. 지난번 전투처럼 안하무인으로 거드름을 피우는 모습은 이상 보이지 않았다.

부연대장인 부랑은 들것에 누워 있는 제1용병 공정대대장인 쎄끄레땡에게 물었다.

"당신 내가 누군지 알겠소?"

쎄끄레땡은 그를 힐끗 쳐다보더니 고개를 가로저었다.

"1949년 봄에 우리는 하방(Hạ Bằng)에서 만났소."

쎄끄레땡은 아! 하는 탄식과 함께 두 손을 올리더니 눈을 감으며 말했다.

"예, 그래요. 이제 기억이 나요."

지난 해 봄, 쎄끄레땡 대대는 하방에서 부랑이 지휘하던 제54대대를 곤란에 빠뜨린 적이 있었다.

대다수가 부상을 당한 대규모 전쟁포로는 우리의 군수에 큰 부담이 되었다. 호 아저씨는 전쟁포로들을 잘 치료해주고 급식 부족으로 인해 고통을 받지 않게 하라는 지침을 하달했다. 우리는 의약품과 식량이 충분치 못했다. 그래서 프랑스 측과 협의해 부상당한 프랑스 포로들을 프랑스 측이 텃케에서 치료하도록 했다.

우리 공병은 항복한 적의 도움을 받아 텃케 비행장에 매설되어 있던 지뢰를 제거하고 프랑스 항공기들이 안전하게 착륙하도록 조치했다. 공항 입구에는 백색 낙하산 천으로 만든 텐트가 설치되었고, 텐트 꼭대기에는 베트남 국기와 국제적십자사 깃발을 달았다. 800여 명의 부상당한 적군 포로들이 비행장 근처의 작은 텐트촌에 수용되었다. 그들에 대한 응급조치와 1차 진료는 우리 의료진이 담당했다. 우리는 포로들이 앞으로 우리에게 총부리를 들이대는 대신 베트남의 평화를 위해 싸워주기를 희망했다.

제308여단 부여단장인 까오반카잉이 부상당한 포로들을 국제적십자사에 인계하는 임무를 부여받았다.

전쟁포로를 인계하기 하루 전날, 베트남군은 캠프파이어 행사를 계획했다. 그들 중 일부는 심각한 부상을 입어 텐트에 머물러 있어야 했지만, 대부분의 부상 포로들이 간호사들에게 요청해 행사에 참가하고, 웃고 박수를 치며 즐겼다. 병사, 의사, 간호사 및 전시근로자들이 불 주위에 둥글게 모여 앉아 열정과 긍지에 넘치는 혁명가요를 불렀다. 부상 포로들은 자신들의 언어 즉, 프랑스어, 독일어, 아프리카어로 된 노래를 불렀다. 갑자기 모든 사람들이 소리쳤다. '호치민 만세! 호치민 만세!' 소리가 되풀이되었다. 총상을 입은 한 병사가 일어서서 울먹였다.

"나는 독일 병사인데 5년 전에 프랑스군이 나를 포로로 잡아 강제로 프랑스군에 편입시켰습니다. 그때부터 나는 불행한 삶을 살았지만 결코 운 적이 없었습니다. 그러나 지금은 기쁨에 겨워 울고 있습니다. 나는 결코 오늘 밤을 잊지 못할 것입니다. 지금 이 순간이 생각날 때마다 계속 울 것입니다. 호치민 주석님 감사합니다."

독일 병사의 연설에 응답하듯이 소리쳤다.

포로들을 만나고 있는 보 응웬 지압 (BẢO TÀNG LỊCH SỬ QUỐC GIA)

“호치민 만세!”

부상 포로들을 접수하기 위해 텃케에 온 사람은 위아르(Huare) 대령이었다. 사복차림으로 방문한 위아르 대령은 아주 신중한 사람이었다. 그는 원래 하노이 의대 교수로, 텃케에서 옛 제자들을 만났다. 지금 그의 제자들은 베트남군의 군의관이 되어 있었다. 몇 년 후, 그들은 이와 비슷한 상황으로 디엔비엔푸에서 다시 만나게 되었다.

어느 부상병은 들것에 실려 활주로까지 와서는 다음날 떠나고 싶다고 요청했다. 그는 하얀 안경을 쓴 정치지도원을 만나고 싶어 했다. 그 정치지도원의 이름은 응웬주이리엠(Nguyễn Duy Liêm)이었는데, 제308여단 선전선동부 부책임자였다. 그는 부상병들과 ‘자본 민주주의와 프롤레타리아 민주주의’에 관해서 토의를 벌여왔다. 그에게 말했다.

“나는 내가 며칠밖에 더 살 수 없다는 것을 잘 압니다. 내 일생동안 나는 기만에 둘러싸인 외로운 사람이었습니다. 나는 예쁜 여자를 포함해 모든 사람을 증오해 왔습니다. 나는 삶에 복수하기 위해 누군가를 죽이고 싶어서 용병이 되었습니다. 나는 지난밤 잠을 제대로 잘 수 없었습니다. 나는 물을 달라고 다섯 번을 울부짖었습니다. 간호사는 다섯 번이나 친절하게 나에게 물을 갖다 주었습니다. '왜 나를 증오하지 않지요?' 내가 그녀에게 물었습니다. 그녀는 대답했습니다. '내가 만일 당신을 전선에서 만났다면 미친 개를 죽이듯 당신을 쏴 죽였을 겁니다. 그러나 당신은 현재 항복한 포로이자 부상자입니다. 그리고 내 임무는 당신을 인간적으로 치료해주는 것입니다.' 나는 며칠밖에 못 살 겁니다. 그러나 이 짧은 순간이 내 인생에 최고의 순간이 될 겁니다. 당신네 군대가 프랑스를 이겼습니다. 항복한 병사가 존경심을 표하니 받아주십시오. 안녕히 계십시오."

나는 4번 국도에 있는 적진지를 조사하러 가기로 결심했다. 나는 머지않은 장래에 이와 같은 적의 방어진지를 수없이 마주하게 되리라는 것을 알고 있었다. 나는 만일 우리에게 시간이 있으면 우리 군대에 진지전을 훈련시켜야 한다고 생각했다. 이 전쟁에서 우리는 더욱 강화되고 보강된 적진지를 피할 수 없을 것 같았다.

나는 동케에서 다중 교통호 진지를 발견했는데, 이런 방어진지는 단일 교통호 진지보다 훨씬 공격하기가 어려웠다. 동케 전투가 장기화되고 우리 측 사상자가 다수 발생한 이유는 적의 강한 곳을 우리의 주타격방향으로 선정한 데 있었다. 나는 서쪽으로 방향을 돌려 꼭사를 방문하면서, 산악지형에서 우리 병사들이 얼마나 어려움을 겪었는지, 그리고 레빠즈가 어떻게 자신의 부대를 '죽음의 덫'으로 이끈 어리석은 결정을 내렸는지 깨달았다.

도로에 연해 설치된 다른 진지들을 보니, 선형방어는 장차 해방전쟁에서 우리에게 돌파당할 수 있는 많은 취약점을 내포하고 있음을 파악하게 되었다.

동당에 있는 적진지가 가장 인상적이었다. 그 진지는 동케나 텃케의 진지들보다 훨씬 더 강력했고, 화력지원체계가 매우 조밀하게 편성되어 있었다. 나는 스스로에게 물어보았다. '왜 적은 저처럼 견고한 진지를 버렸을까? 만일 적이 여기를 최후 거점으로 삼았다면 우리는 많은 난관에 봉착했을텐데.'

랑썬시와 하이퐁(Hải Phòng)[30]은 프랑스가 가장 먼저 점령했던 지방이었다. 프랑스풍으로 건축된 오래된 주택과 거리가 있는 그 도시는 만일 적이 군영으로 전용하지 않았다면 전쟁 이전과 다르지 않았을 것이다. 랑썬에 있는 끼르아(Kỳ Lừa)시장은 여전히 붐볐다. 시내는 병사들과 행복에 겨운 주민들로 가득 차 있었다. 전리품을 적기의 공습에서 보호하기 위해 차량들이 전조등을 밝히고 밤을 새워가며 도시 밖으로 실어 날랐다.

적이 랑썬에서 너무 황급히 철수하는 바람에 대부분의 보급저장고가 멀쩡했다. 우리가 새로 해방된 도시를 점령했을 때, 처음으로 모든 것이 우리가 바라는 대로 진행되었고, 막대한 물자가 손상되지 않은 채 남았다. 프랑스 측의 자료에 의하면 꽁스땅은 장비 1,500t, 군용품 2,000t, 기관단총 4,000정, 포탄 10,000발, 폭약 150t 등 8개 연대를 무장할 수 있는 물자를 랑썬에 남겨두었다.

나는 군수참모부에 포탄을 수거해 잘 보관하도록 지시했다. 우리는 포탄이 부족한데다 동맹국들도 우리가 요구하는 물량을 100% 지원하지 못했기 때문이다. 이 포탄은 후에 우리가 유용하게 사용했다. 나는 시 행정위원회에 적이 랑썬에 다시 올 경우 우리가 활용할 수 있도록 적이 구축한 방어진지를 잘 보존하라고 지시했다.

랑썬 검열을 마친 후, 나는 전쟁교훈 분석회의에 참석하기 위해서 까오방으로 출발했다. 가는 동안 나는 스스로에게 물었다.

'왜 프랑스군이 그렇게 황급히 철수했을까? 우리가 대승을 거둔 것은 사실이지만 이는 적의 연속된 과오에서 기인한 것이다. 그들은 우리를 주관적으로 판단했고, 얕잡아보았다. 한번 패배하자 그들은 공황에 빠졌다. 전투 초기 동케에 있던 적 1개 대대는 9배나 많은 아군의 공격을 받았지만 무려 50시간을 버텼다. 전투 말기에 적 5개 혼성대대는 10일 만에 전투력이 저하되었고, 우리는 477고지에서 전투력이 잘 보존되어 있던 샤르똥의 4개 대대를 포함한 5개 대대를 격멸했다. 477고지 전투만 그랬던 것은 아니었다. 꼭사에서는 우리 3개 혼성대대

30 하노이 동쪽 100여km 지점에 위치한 항구도시 (역자 주)

가 기동이 곤란한 산악에 진지를 편성한 레빠즈의 2개 대대를 격멸했다. 쪽응아에서는 제88연대 소속의 1개 소대가 기관총과 박격포로 방어진지를 구축한 모로코 1개 중대를 패퇴시켰다. 그리고 만일 동당에서 적이 철수하지 않았다면 어떻게 되었을까? 우리는 불가피하게 4번 국도에서 적을 몰아내기 위해 레홍퐁 3호(Lê Hồng Phong III) 작전을 전개해야 했을 것이다. 이런 결과를 보고 우리는 어떤 교훈을 도출할 수 있을까?'

동케에서 까오방으로 오면서, 작전을 시작한 이래 처음으로 피로감과 두통을 느꼈다. 나는 11일 밤 동안 잠을 자지 못했고, 많은 날들을 말의 등 위에서 지냈다. 3개월에 걸친 작전에서 불리한 시기는 지나갔다. 승리의 기쁨도 누릴 만큼 누렸고, 이제는 자기 성찰이 필요한 시기였다. 의미심장한 의문이 떠올랐다. '이번 작전 이후, 우리가 다음에 공격할 적은?' 문득 길가의 작은 마을에서 음악소리가 들려왔다.

나는 말을 끌며 동료에게 마을에 가서 숙영할 곳을 알아보라고 요청했다. 우리가 휴식자리를 정리하고 있을 때 음악소리가 멈췄다. 나는 한 간부에게 가서 음악을 연주한 사람을 찾아서 우리를 위해 몇 곡 연주해 줄 것을 요청해 보라고 말했다. 잠시 후 젊은 병사가 기타를 들고 나타났다. 모든 전선의 상황이 조용했으므로 나는 한 시간 동안 무전기를 끄도록 하고 일행을 불러 모아 음악을 듣자고 했다.

전훈[31]분석이 개최될 예정인 람썬(Lam Sơn)[32]으로 가기 전에, 나는 투이커우에 들렀다. 중국 광시군구 부사령관인 리티안유[33]와 군사고문단이 이미 도착해 있었다. 나와 리, 그리고 중국 고문단 요원들은 기억에 남을 승리를 자축하는 연회를 열었다. 나는 통상 술을 마시지 않는데, 그날은 술 몇 잔을 즐기고 난생처음 술에 취해 떨어졌다.

31 전쟁교훈(戰爭敎訓)

32 까오방성 소재, 까오방시 남쪽 70km에 위치한 마을 (역자 주)

33 李天佑 (1914~1970) 중국의 군인. 두 차례 국공내전에서 둥베이 야전군의 선봉부대 지휘관으로 널리 알려졌다. 특히 1949년 톈진 전투에서 활약했다. 원문에서는 베트남식 표기인 Li Qian-you를 사용했다.

8

작전에 참가했던 전 부대가 1단계 작전에서 전훈을 도출하기 위해 까오방에 모였다. 이번 행사는 베트남군 최초의 대규모 작전에 대한 강평이어서 특히 중요했다. 당 총군사위원회[34]는 풀뿌리 단위까지 강평 지침을 하달했다. 총참모부, 군수총국 및 총정치국은 자체 강평은 물론 풀뿌리 부대의 강평에 참석해야 했고, 나아가 타이응웬에 있는 최고사령부에 의해 개최될 차상급 강평을 준비하기 위해 간부들을 파견했다. 호 아저씨는 간부들과 병사들에게 다음 사항을 상기시키는 서한을 발송했다.

'우리의 최고의 무기를 만들기 위한, 민주적 방법에 의한 비판 및 자아비판.'

'우리의 장점을 발전시키고 단점을 보완하기 위해'

'보다 광범위한 승리를 쟁취하기 위해'

중국 고문단도 까오방에 있었다. 이번에는 웨이구오칭이 나와 함께했다.

천겅은 작전 성공 요인에 대해서 상세히 언급했다. 그는 국경 전역의 성공을 축하하며, 그로부터 중요한 교훈을 도출하고 혁명군의 속성에 대해서 깊이 언급했다.

"이번 작전에서 베트민은 적을 격멸하고 8,000여 명에 달하는 포로를 획득했습니다."

천이 말했다.

"중요한 것은 그들 중에 프랑스군이 정예부대로 삼던 유럽-아프리카군 5개 대대가 포함되어 있다는 것입니다."

천은 까오방에서 하노이에 이르는 3번 국도를 가리키며 어림짐작으로 말했다.

"200km...? 아주 가까운 거리인데."

---

34 the General Army Party Committee

그는 내륙지방, 하노이 북부, 그리고 하노이 남부를 구분하는 3개의 원을 그렸다. 그리고 말을 계속했다.

“국경 전역과 같은 작전이 3개는 더 필요하겠군요. 일 년은 걸리겠습니다.”

천경은 베트남을 떠날 준비를 하면서, 나를 쳐다보며 말했다.

“작전도 성공적으로 마쳤으니, 당신을 광저우에 며칠 초청했으면 합니다.”

나는 말했다.

“나는 새로운 작전계획을 준비해야 합니다. 나는 언젠가 북경에서 만나고 싶습니다. 만리장성도 가 보고요.”

얼마 지나지 않아 천경은 한국전에 참전한 중국군 부사령관이 되었다. 몇 년 후에 그를 하노이에서 만났는데, 그의 얼굴에는 네이팜탄에 의한 화상으로 생긴 흉터가 있었다. 이후 나는 중국을 방문할 때마다 그의 가족을 찾아가는 것을 잊지 않았다. 그는 용기와 지혜를 겸비하고, 낙관적이며, 국제적인 동지애를 갖춘 혁명군의 사령관으로 영원한 인상을 남겼다.

국경 전역과 궤를 같이해 전 베트남에서 적에 대한 공격이 개시되었다. 1950년 9월 12일부터 북서지방에서 제165연대와 제148연대가 사방에서 적에게 공격을 실시해 파카, 씨마까이(Si Ma Cai), 황수피(Hoàng Su Phì), 반떠우(Bản Tấu) 및 반피엣(Bản Phiệt)에서 적을 라오까이시까지 몰아냈다. 1950년 11월 2일, 까르빵띠에는 프랑스군에게 라오까이시를 버리고 탄우옌(Than Uyên)으로 후퇴하라고 명령했다. 중국과 소통할 수 있는 북베트남의 관문이 훨씬 넓어졌다.

타이응웬에는 적 6개 대대가 시내에 포위된 상태였다. 제246연대는 민병대 및 게릴라로 구성된 지방군과 함께 공격을 감행해 적을 패퇴시켰다. 10월 10일, 적은 타이응웬에서 황급히 철수했다.

제3연합구역[35]에서, 제304여단은 지방군과 함께 팟지엠(Phát Diệm)[36], 하남(Hà Nam) 및 하동(Hà Đong)을 공격해 적을 약화시키고 50개 진지에서 후퇴를 강요하는 한편, 적 소탕 상황에서 매복공격으로 600여 명의 적을 생포하고 다수의 무

35 제3연합구역은 하노이 남부 일대의 지역을 지칭한다. (역자 주)

36 남딩성 소재, 닝빙시 남쪽 20km에 위치한 도시 (역자 주)

기를 노획했다.

빙찌티엔(Bình-Trị-Thiên)[37] 부대는 판딩풍(Phan Đình Phùng)작전을 개시해, 꽝찌(Quảng Trị)시에 진입, 후에(Huế)[38]-다낭(Đà Nẵng)간 도로에 지뢰를 매설하거나 적 부대를 공격해 적을 약화하고 고립시켰다.

제5연합구역[39]에서는 제108연대 및 지방군이 황지에우(Hoàng Diệu)작전을 전개, 다낭시를 공격하고 다낭-후에 선에서 열차를 전복시켰다. 제803연대는 닝화(Ninh Hòa)까지 진출했고, 게릴라전을 전개해 10여개소의 감시초소를 파괴하고 수백 정의 무기를 노획했다.

남부에서는 제7구역[40]에서 7번 국도와 14번 지방도로를 차단할 목적으로 투저우못(Thủ Dầu Một)에서 벤깟(Bến Cát) 작전을 전개해 게릴라전 수행을 위한 여건을 조성하고, 메콩 삼각주 보급로를 소통시켰다. 작전사령부는 사령관 또끼[41], 참모장 레득아잉[42], 정치지도원 응웬주이아잉(Nguyễn Duy Anh)이 보직되었다. 그 작전은 남부 베트남의 동부지방에서 프랑스에 대한 저항으로 시작된 최초의 작전이었다. 한 달 동안 지속된 작전 기간 중, 우리 군은 전술기지에 대한 38회의 공격, 증원군에 대한 2차례의 매복 공격 및 차량화 부대에 대한 43회의 공격을 감행했다. 그들은 두 차례 소탕작전과 204회의 강습작전을 통해 사살 509명, 부상 155명, 생포 120명, 10여 개소의 감시초소 및 검문소, 12개의 교량, 84대의 차량, 5대의 오토바이 및 7대의 모터보트를 파괴했으며, 총기류, 탄약, 장비 및 식량을 노획했다. 지방 당서기인 레주언[43]은 다음과 같이 평가했다.

37 중부지방의 3개 성 즉, 꽝빙(Quảng Bình), 꽝찌 및 트아티엔(Thừa Thiên, 후에 지역)을 지칭한다. (역자 주)

38 베트남 중부에 위치한 유서 깊은 도시, 베트남 마지막 왕조의 도읍이었다. (역자 주)

39 꽝남(Quang Nam), 꽝응아이(Quang Ngai), 빙딩 및 푸옌(Phu Yen)등 4개 성을 지칭한다. (역자 주)

40 호치민 시(당시 사이공) 북동쪽의 떤우옌(Tân Uyên)현 일대를 의미한다. (역자 주)

41 Tô Ký (1919~1999) 베트남의 군인. 1936년에 베트남 독립운동을 시작했고, 1947년부터 1950년까지 사이공 일대의 베트남군을 지휘했다. 부대의 지휘보다는 주로 군사법원이나 정치위원의 임무를 수행했다.

42 Lê Đức Anh (1920~2019) 베트남의 군인, 정치인. 1937년부터 베트남 독립운동에 가담했고, 제7, 제8연합구역의 참모장직을 수행했다. 이후 베트남전에서 9군 사령관과 남부 해방군사령관을 거쳤고, 국방장관직을 수행한 후 1992년에는 베트남 국가주석이 되었다.

43 Lê Duẩn (1907~1986) 베트남의 정치가. 1928년부터 인도차이나 공산당 소속으로 독립투쟁을 벌여 수차례 투옥되었으나 2차대전 이후 석방되었다. 이후 1차 인도차이나 전쟁 중 남베트남을 중심으로 항불전쟁을 수행하거나 지하조직을 확대했다. 전후 중앙군사위원회 비서 등 요직을 차례로 거치며 호치민 사후 공산당 총비서로 베트남의 최고 지도자가 되어 캄보디아 침공이나 중월전쟁 등 주요한 군사적 결정을 내렸다.

"벤캇 작전은 남부 베트남의 동부지방의 군사적, 인민적 저항운동을 조성해 전국적인 저항선을 연결시킨 제7구역 군사력의 성숙을 위한 중요한 행보였다."

제8구역[44]에서는 짜빙(Trà Vinh)에서 꺼우응앙(Cầu Ngang)작전을 개시해 10여 개 감시초소와 특화점을 파괴하고, 밤꼬동(Vàm Cỏ Đông)강에서 16척의 보트를 침몰시켰으며, 1번 국도와 13번 지방도를 파괴해 3일간 교통 체증을 유발했다. 롱썬(Long Sơn) 소속의 병사들은 적 2개 증원대대를 공격해 200여 명의 사상자를 내게 했다. 해당구역의 지방군은 93번의 전투에 참가해 12개소의 감시초소를 파괴하고, 500여 명의 적을 사살하거나 부상을 입혔으며, 500정의 총기를 노획했다.

제9구역[45]의 인민들과 게릴라들은 롱쩌우(Long Châu)를 공격해 30개의 감시초소를 파괴하고 180명의 적을 사살했다. 베트민은 화하오(Hòa Hảo)와 까오다이(Cao Đài)지역에 괴뢰 행정부 및 군대를 조직하려던 적의 계획을 좌절시켰다.

라오스에서는 라오스-베트남 동맹군이 삼토 진지를 공격했다.

우리는 모든 전장에서 활약을 펼쳐 적의 전진을 멈춰 세웠다. 1950년 9월 말 이후, 레빠즈 다중대대 소속 제1공정대대, 파카 주둔 용병인 제2공정대대, 팟지엠에 증원 차 파견되었던 제10공정대대, 10월 5일 라오스에서 하노이의 호출을 받고 황급히 텃케로 왔다 격멸된 제3식민공정대대, 중부 베트남 주둔 제6식민공정대대, 남부 베트남 주둔 제1식민공정대대, 9월 28일 하노이로 이동 명령을 수령하고 타이응웬시 점령을 목표로 파견되었던 제7식민공정대대 등 프랑스 원정군의 7개 공정대대가 인도차이나의 4개 지역에서 사라졌다. 프랑스군 최고사령부는 사태가 악화되었음에도 불구하고 4번 국도에 파견할 어떤 예비전력도 보유하지 못했다.

우리는 국경 전역에서만 8,000여 명(유럽-아프리카 8개 대대, 괴뢰 2개 대대)의 적을 사살하거나 생포했다. 격멸된 유럽-아프리카 부대 중 55%는 북부 베트남 기동

44 호치민 시 남서 방향 120km에 위치한 동탑(Đong Thap)성 일대 (역자 주)

45 베트남 남부에 있는 우밍(U Minh) 밀림 지대 (역자 주)

부대였고, 41%는 전 인도차이나 전장의 기동예비였다.

북동방향에서 우리는 4번 국도 가운데 200km의 주인이 되었는데, 이는 우리가 최초 계획했던 길이의 3배에 달했다. 우리는 그 지역에서 국제적 통로를 개방했고, 동시에 북베트남 혁명기지를 확장, 강화했다. 우리는 모두 전략적 요충지인 17개 읍과 까오방, 랑썬, 라오까이, 타이응웬 및 화빙(Hòa Bình)[46] 등 5개 도시를 해방시켰다. 적을 격멸하거나 110개 진지에서 철수를 강요하는 등, 북부베트남 산악지방에서만 베트남-중국 국경선의 2/3, 면적으로는 4,000㎢ 이상을 해방시켰다.

9

전쟁 첫날부터 우리에게 가장 훌륭한 학교는 바로 전장이었다. 각 작전이 종결되면 사후강평을 실시했다. 이번에 전쟁이 우리에게 좋은 결과를 가져오다 보니, 많은 간부와 병사들이 자만심에 빠지고 적을 이기는 것이 손쉬운 일이라 여기게 되었다. 최고사령부는 중대급 이상의 제대에서 진지하게 실시한 강평의 결과를 중심으로 지침을 하달했다.

1950년 11월 27일, 국경 전역에 대한 사후검토회의가 타이응웬성 소재 처돈(Chợ Đồn)[47]에서 열렸다. 작전에 참가했던 모든 주력부대 및 협력부대가 참석했다. 그 외에 제5연합구역 및 빙-찌-티엔 연합구역에서 대표자인 응웬차잉[48]과 쩐뀌하이[49]가 참석했다. 당의 이름으로, 쯔엉칭[50] 당 총서기는 전선에서 그들의 임무를 영광스럽게 완수한 모든 간부, 병사 및 인민들을 치하했다. 특히 '투쟁의

46 하노이 남서쪽으로 70km가량 떨어진 지역 (역자 주)

47 하노이 북방 150km에 위치한 현(역자 주)

48 Nguyễn Chánh (1914~1957) 베트남의 군인. 1929년 베트남 혁명적 청년동맹에 가입했고, 1945년 이후 게릴라 부대를 시작으로 연합구역 지휘관까지 진급하며 활약, 1954년 베트남군 참모차장까지 진급했다. 1957년 응웬차잉이 사망하자 보응웬지압은 재능있는 장군이자 좋은 친구를 잃었다며 애도했다.

49 Trần Quý Hai (1913~1985) 베트남의 군인. 1945년 이후 베트남군 소속으로 인도차이나 전쟁에 참가하여 1차 인도차이나 전쟁을 거치며 인민군 총참모차장까지 진급했다. 회고록 연기의 시대를 저술했다.

50 Trường Chinh (1907~1988) 베트남의 정치가. 베트남 제1당서기장, 베트남 부총리, 국회 상임위원회 주석, 국가 회동 주석, 베트남 공산당 총비서 등 요직을 역임했다.

챔피언이며 용맹의 표상'이 된 그들의 임무를 초과달성한 까오(Cao)-박(Bắc)-랑(Lạng) 전역[51]에 참가한 병사들을 치하했다. 쯔엉칭은 승리의 요인을 다음과 같이 지적했다.

"군과 민이 한마음으로 똘똘 뭉쳤습니다. 우리 용사들은 적을 소멸시키기 위해서라면 어떤 희생도 감수할 준비가 되어 있습니다. 우리 인민들은 적절한 전략과 전술을 궁리해 왔고, 당중앙위원회가 직접 작전을 지휘했습니다. 호치민 주석께서 전선에 있던 병사들의 전투정신을 고양했고, 마지막으로 우리 동맹과 그 인민들의 지원이 있었기 때문에 승리를 거둘 수 있었습니다."

호치민 주석이 나타나자 우레와 같은 박수가 쏟아졌다. 그는 작전이 개시되기 전부터 국경지방에 있었고, 전시근로자 중대와 청년의용대에 가입하기도 했다. 호 아저씨는 각 전투가 시작되기 전에 간부와 병사들의 열정을 이해하기 위해 노력했다. 처음에는 사령부에서, 나중에는 관측소에서 전선의 상황 전개를 추적하고 자신의 결심과 지침을 하달했다. 작전 기간 중에도 그는 서한을 통해 장병과 인민들에게 호소했다. 결과적으로 모든 사람들은 자신들 곁에 그가 함께 있음을 느낄 수 있었다. 승리를 거둔 후에는 부상자들과 병사들을 방문했고, 심지어 변장을 하고 레빠즈와 샤르똥을 만나 대화하며 패장들이 무엇을 느끼는지 알기 위해 노력했다.

호 아저씨는 진정한 전역의 혼이었고, 또한 승리의 혼이었다.

그는 매우 중요한 연설을 했다.

"이번 작전에서 우리는 많은 교훈을 얻었습니다. 우리는 경험의 장려사항과 보완할 사항 모두를 수용하며, 그 경험을 유포시키고 교훈을 도출해야 합니다. 당 중앙위원회는 공을 들여 명확한 지침을 수립해 오고 있습니다. 지방 위원회들은 이정표를 제시했습니다. 민관군이 밀접히 협조하고 일심동체로 행동해 왔습니다. 우리 용사들은 열정적이며 용기가 충만합니다. 수없이 많은 희생의 모범 사례가 생겼습니다. 어느 병사는 돌격을 위해서 자신의 팔 하나를 잘랐고, 다

51 베트남 북동부의 까오방-박깐-랑썬 등 3개 성(省)의 통칭 (역자 주)

른 이는 폭약을 안고 적진으로 뛰어들었습니다. 우리는 3일이나 4일 동안 아무 것도 먹지 못하면서도 당차게 싸웠습니다. 우리 국민들은 참 착합니다. 수없이 많은 낑(Khin), 만(Mán), 토(Thổ), 눙(Nùng)족의 여인들은 군대를 위해 보급품과 탄약을 날랐는데, 나는 일찍이 그런 모습을 본 적이 없었습니다. 격무와 우울함과 위험에도 불구하고 그녀들은 열정적이면서도 즐겁게, 그리고 용감하게 임무를 수행했습니다. 그녀들은 진정 존경받아 마땅합니다. 적은 제멋대로 판단했고 우리를 얕잡아 보았습니다. 그들은 우리 군대가 그렇게 빨리 성장했고, 그렇게 신속히 전진하는지 알지 못했습니다. 그것이 바로 그들이 경망스럽고 경계를 소홀했던 결과입니다. 그러나 지나치게 낙관적이어서는 안 됩니다. 한 번 승리했으니 다시는 어려움과 실패가 없을 것이라는 생각도 금물입니다. 지금부터 최후의 승리까지 우리는 많은 어려움에 직면할 것이며, 많은 실패를 경험할 수도 있습니다. 전쟁에서 승리와 패배는 백지 한 장 차이도 안 됩니다. 정말 중요한 일은 최후의 승리를 쟁취해야 한다는 것입니다. 적을 얕잡아 보면 안 됩니다. 그들은 두려워서 후퇴한 것이 아니라 그들의 진영에서 새로운 공격을 준비하기 위해 후퇴한 것입니다. 그들은 보복을 준비할 시간을 벌기 위해 노력 중입니다. 우리 쪽 사정을 보면, 우리는 준비를 위해 시간이 필요합니다. 이는 승리를 위해 필요한 조건입니다. 시간은 전쟁에 있어 아주 중요한 요소입니다. 만일 우리가 우리의 시간을 가장 잘 활용한다면, 우리는 적을 격멸하는 데 필요한 모든 요소를 확보하게 됩니다. 시간을 얻기 위해서는 이런 회의도 짧아야 합니다. 여러분의 보고는 간결해야 하며, 요점만 말해야 하며, 길게 말하지 말고, 시간을 낭비하지 않도록...."

우리는 국경 전역에서 많은 교훈을 도출했다.

작전 지침과 연계한 장려사항은 다음과 같았다.

– 적절한 전단 선정, 적 증원군이 오기를 기다린 전사들의 인내와 용단, 적 증원군 및 추가 파견 병력 모두를 격멸하기 위한 병력 집중.

우리의 보완사항은 다음과 같았다.

- 적이 4번 국도를 이용할 것을 예견하지 못했고, 이로 인해 적이 무질서하게 퇴각할 때 격멸시킬 절호의 기회를 상실함.

전투기간 중, 기동전에 최초로 교전을 한 우리 병사들은 소규모 부대로 작은 손실을 입고 다수의 적을 격멸했다. 그러나 몇 가지 문제점이 있었다. 특히 동케 전투에서 전장에 대한 연구조사가 제대로 이뤄지지 않아서 적이 지하에 구축한 화기진지를 발견하지 못했다. 주전단 선택도 좋지 못했다. 전투 초기에 우리 선두부대 중 하나가 길을 잃었다. 그렇게 우리는 다수였고 적은 예상보다 소수(단지 2개의 증강된 중대)였음에도 불구하고 전투는 장기화되었고, 우리는 많은 사상자를 냈다. 이는 우리가 지난 5월에 제174연대가 동일한 진지를 별 어려움 없이 파괴했던 것을 기억하면서 제멋대로 판단을 했기 때문이었다. 제308여단은 하루 동안 전장을 이탈해 적 증원부대를 소멸시킬 기회를 상실했다. 우리 참모들은 적이 까오방에서 철수할 때 적시에 적 상황을 파악하지 못했다. 그 결과, 우리는 철수하는 적을 상대로 싸울 준비를 제대로 하지 못했다.

작전기간 중에는 적진지 공격 및 증원부대에 대한 소멸을 실시했다. 과거에 우리는 무기가 부족해 강력한 화력을 보유하고 항공 및 포병의 지원을 받는 적 기동부대에 대한 공격을 회피했다. 우리는 주간에 단지 차량화 부대나 이동 중인 소규모 부대에 대한 신속한 매복공격만 실시했고, 소규모 적진지에 대한 공격은 언제나 동이 트기 전에 끝내야만 했다. 레쫑떤은 모헴(Mỏ Hẻm)전투에서 북부지방의 유리한 지형 덕분에 전술기지 파괴와 증원군 소멸 전술의 활용에 성공했다. 그러나 동일지역인 포루 전투에서 우리는 적을 며칠에 걸쳐 포위했지만, 우리가 기다리던 증원부대가 너무 소규모였으므로 적은 패배를 면했다.

우리 참모장교들은 이번 작전기간 동안 점차 성숙했다. 그들은 오직 전투경험을 통해서 훈련되었고, 게릴라 스타일의 전투를 지속해 통신이나 정찰 방법에 대한 역량이 부족했다. 그러나 참모장교들은 적정을 파악하고 당 군사노선을 충분히 이해하는 것과 그들의 모든 경험을 작전 지침과 적시적인 결심을 부여하는 최고사령부를 보좌하는 것에 있어 지대한 공헌을 했다.

이번 작전기간 동안 군수지원은 승리에 가치 있는 공헌을 했다. 이전까지 항시 식량이 부족하고 인구밀도가 희박한 지역에서 장기간 작전을 수행하며 보급을 확보한 사례는 없었다. 여러 가지 어려움에도 불구하고 군수지원은 쌀 및 식료품 1,886t, 실탄 41t을 수송하고, 부상자 1,200명 및 포로 3,500명에 대한 응급조치 등을 지원했다. 호치민 주석은 까오-박-랑 3개 성민들에게 감사 서한을 보냈다.

"정부와 군의 이름으로, 저는 최고의 찬사를 보냅니다."

작전기간 중 보급책임자였던 쩐당닝 군수총국장은 강평회의에서 호 아저씨의 칭찬을 받았다.

중국 광시성 인민들은 해방된 지 얼마 지나지 않았고, 여전히 산적한 난제들을 끌어안고 있었음에도 작전 기간 중 자신들의 식량을 나눠주며 지대한 공헌을 했다. 중국 인민해방군의 긴 수송차량 행렬이 중월 국경을 가로지르는 도로를 한 달 내내 밤낮으로 달렸다.

1950년 말까지, 우리는 무기 및 탄약 1,020t, 군사장비 180t, 쌀 2,634t, 의약품 및 의무기재 20t, 무기 800t, 차량 30대, 석유 120t 및 차량 부속품을 중국에서 수령했다. 중국의 지원은 우리 작전을 위한 중요하고도 긴요한 보급 자산이었다.

국경 전역은 베트민 군에 의해서 새로운 장, 즉 반격 및 공세의 장을 연 사건으로 고려될 가치가 있다. 이는 항불전쟁 기간 중 전형적인 기동 공세작전이었다. 이번 작전기간 동안 우리는 공격을 위한 주전단 선정, 매복전 전개, 전투 배치의 신속한 변경 및 핵심 전투에 투입하기 위한 병력 집중 등에 관한 작전 지침과 군사술(Military art)면에서 성숙했음은 앞서 언급했다. 우리는 전반적인 승리를 쟁취하기 위해서 적의 과오를 확대했고, 아군의 제한적인 전력이 지닌 이점을 극대화했으며, 강력한 적을 약화시켰고, 최초로 대규모 전투에 참가한 병력들에게 영향을 미친 단점을 장점으로 전환했다.

까오랑(Cao Lạng)[52]에서 승리를 거두고 며칠 후, 우리는 중국 주석 마오쩌둥의 한자로 된 축하 서한을 받았다.

"젊은 베트남군
단지 일갈(一喝)로 적을 겁주었도다."

국경 전투는 진정한 기동전이었고, 장차 결정적 전투를 이끈 성공적 투쟁이었다.

52 국경지역, 까오-박-랑 등과 같은 뜻이다. (역자 주)

4. 베트남 노동당

1

1951년 초, 베트남의 국내 정치사에서 역사적으로 중요한 사건이 발생했다. 바로 인도차이나 공산당 2차 전당대회로, 이는 베트남에서 개최된 최초의 전당대회였다.

1930년 2월 3일 창당 이래, 우리 당은 언제나 은밀하게 활동해 왔다. 당은 20년 이상 국가의 운명에 있어 결정적인 역할을 했다. 응웬아이꿕(Nguyễn Ái Quốc)[01]은 그의 공산주의자로서의 신념에 맞게, 베트남 국민들의 독립, 자유, 그리고 행복을 쟁취하기 위해서 투쟁의 길로 나서기로 결심했다. 베트민전선(The Việt Minh Front)은 국가의 독립과 해방을 위해 투쟁하기 위해 선발되었다. 1945년 총봉기의 날에는 당원이 단지 5,000명에 불과했으나, 1951년에는 760,000명으로 늘어났다. 저항기간 동안 당 활동과 회합은 은밀하게 진행되었고, 공산주의자들은 대중 앞에 나타날 때는 '마르크스주의 연구위원'이라는 가칭을 사용했다.

1950년 초, 중국과 소련의 회합 이후 호 아저씨는 당 활동을 공개적으로 전환할 가능성을 고려해 당중앙위원회를 제안했다. 국내 및 국제적 혁명 상황이 극적으로 변해가고 있었다. 당이 혁명과 저항을 수행하기 전 몇 년 동안 그 명성이 인민들 사이에 자자했다. 베트남 민주공화국이 전 세계 사회주의 국가들에 의해 인

01 애국자라는 뜻. 호치민의 여러 가명 중 하나. (역자 주)

정되었다. 호 아저씨는 당의 새로운 공개적 면목이 인민들에게 용기를 북돋아 주고, 저항을 촉발하며, 최후의 승리를 가져다줄 것으로 믿었다. 그러나 국제적 정황과 국내 상황을 고려하고, 당이 적의 선전 공세에 대응하고, 많은 인민들을 우리 편으로 끌어들이기 위해서는 새로운 명칭이 필요했다. 호 아저씨는 '베트남 공산당'을 제안했다.

명칭 변경은 베트남 혁명만의 문제가 아니라 라오스 및 캄보디아 혁명과도 연관이 되어있었다. 이와 같이 중요한 사안은 인도차이나 공산당 전당대회에 의해서 공표될 필요가 있었다. 치열한 전쟁 중에 전당대회를 조직하는 것은 쉬운 일이 아니었지만, 당중앙위원회는 1951년 2월에 전당대회를 개최하기로 결정했다.

호 아저씨와 쯔엉칭은 전당대회에서 군사 상황을 보고하라며 나를 지목했지만, 전당대회를 준비하던 1개월 동안 나는 전선에 있었다. 나는 보고서를 완성할 시간이 부족하다고 호 아저씨에게 서한을 발송했고, 호 아저씨가 답변을 보냈다.

"당신은 적과 싸우는 데 전력을 다하시오. 보고서에 관해서는 당신은 단지 큰 그림만 제시하고 나머지는 나중에 완성하도록 하시오."

쭝주 전역은 예상보다 조기에 종결되었다. 나는 전선에서 곧장 호 아저씨에게 갔는데, 그곳에서 뜻하지 않게 남부지방에서 전당대회에 참석하기 위해 도착한 쯔엉칭과 레주언을 만났다. 호 아저씨와 쯔엉칭은 나에게 군사보고서 완성의 필요성을 상기시켰다.

레주언은 남끼(Nam Kỳ)[02]에서 응웬티밍카이[03]와 함께 혁명과업을 수행해 왔다. 내가 중국에 있는 동안 내 아내인 꽝타이[04]는 하노이에 남아 그녀의 혁명과업을 수행했었다. 그녀는 1943년 프랑스 보안요원에 체포되어 1944년 화로(Hỏa Lò) 형무소[05]에서 사망했다. 레주언은 나에게 타이에 관한 이야기를 들려주었다. 프랑

02 베트남 남부지방을 뜻한다. 코친차이나도 같은 지방을 지칭하는 다른 이름이다. (역자 주)

03 Nguyễn Thị Minh Kai (1910~1941) 베트남의 정치가, 혁명가. 1927년 이후 베트남 공산당의 핵심 인물로 활동했으나, 1940년 프랑스 식민지 정부에 체포되고 1941년 사형이 집행되었다. 베트남 공산당에서는 혁명 초기의 대표적 여성지도자이자 순교자로 추앙한다.

04 Nguyễn Thị Quang Thái (1915~1944) 베트남의 정치가, 혁명가. 보응웬지압의 아내이자 응웬티밍카이의 여동생. 언니와 함께 학생운동에 투신했으며, 이후 베트남 내에서 독립운동을 수행했다. 1944년 식민지 정부에 체포되어 12년 형을 선고받고 수감 중 지속적인 고문의 후유증과 장티푸스로 사망했다.

05 서대문 형무소와 유사한 역할을 맡은 하노이의 정치범 수용소. 현재는 일부 시설만 남아 있다. (역자 주)

스 식민행정부가 남끼 봉기의 지도자들을 체포하기 위해서 혈안이 되었을 때, 타이는 그녀의 언니를 만나기 위해 하노이에서 사이공으로 가서 궁정 뜰에서 밍카이와 레주언을 만났다. 타이가 주언과 이야기를 하고 있을 때, 밍카이가 주언에게 종이쪽지를 던졌다. 그것을 경찰이 목격했다. 타이는 즉각 몸을 구부려 종이를 집어서 입에 넣었다. 그녀는 그것을 씹어 삼켰고, 경찰은 멍하니 지켜보는 수밖에 없었다. 법정에서 밍카이는 사형을 선고받았다. 레주언이 말했다.

"만일 타이가 그렇게 재빨리 재치 있는 행동을 하지 못했다면 나는 오늘 여기서 당신을 만날 수 없었을 겁니다."

몇 년 후, 레주언은 그 이야기를 나와 몇몇 동지들에게 몇 번이고 들려주었다.

전당대회 이전의 며칠가량은 고양이 해[06]의 설날 명절이 있었다. 정부 위원회가 음력 초하루에 소집되었다. 그날 아침, 우리 중 몇몇이 아직 잠에서 깨어나지 못했을 때, 호 아저씨는 방마다 찾아다니며 새해 축하 인사를 건넸다. 그는 우리에게 봄[07]을 노래한 시가 적혀있는 붉은색 카드[08]를 한 장씩 건네주었다.

> 이번 설날은 독립운동을 한 지 다섯 번째 해라네
> 많은 성공적인 설날들이 우리를 승리 가까이 데려다 주겠지
> 모든 인민들이 하나임을 보여주고 있네.
> 다가오는 총공세를 앞다투어 준비하네.

정부 각료회의에서 군 대표로 참가한 나는 호 아저씨에게 새해 인사를 드렸다. 나는 또한 국회와 정부에 우리 병사들을 잘 지원해 준 것에 감사하고, 새해에 또 다른 승리를 약속했다. 이 상황에서, 베트남 공산당은 행정조직을 강화하기로 결심했다. 호 아저씨는 우리가 간부, 행정부를 비판할 수 있도록 인민들의 용기를 북돋워야 한다고 강조하면서, 이 길이 진실과 통찰에 이르는 민주적 권리를 연습

06 베트남에서는 12간지 가운데 토끼 대신 고양이를 넣는다. (역자 주)
07 춘절, 설날(역자 주)
08 베트남 사람들은 붉은색이 복을 가져온다고 하여 연하장 등을 붉은색으로 사용한다 (역자 주)

하는 것이라고 했다. 회의는 다음 날 오후에 끝났다. 호 아저씨와 몇몇 동지들이 전당대회가 열리는 장소로 길을 잡았다. 나는 황화탐(Hoàng Hoa Thám)[09]전선에서 열리는 제1차 당위원회에 참석하고, 전당대회 개회식에만 참석하기 위해 사무실로 되돌아왔다.

2

몇 번에 걸친 예행연습을 거친 후, 제2차 인도차이나 공산당 전당대회가 뚜옌꽝성 치엠화(Chiêm Hóa)현 빙꽝(Vinh Quang)면[10]에서 2월 11일 개회되어 19일 폐회했다. 그 회의에는 158명의 대표자와 53명의 대리가 참석했다. 초대받은 인사 중에는 중국, 프랑스 및 태국 공산당 대표도 포함되어 있었다. 초대된 대표자 가운데 프랑스 공산당 대표단만이 불참했다. 그들은 너무나 늦게 도착해 회의에 참가할 수 없었다.

모든 대표자들은 오랜 시간을 혁명투쟁으로 보낸 사람들이었다. 그들은 법을 어겼고, 투옥되거나 추방된 사람들이었으며, 그들 중에는 사형선고를 받고 감옥에 수감되었던 사람들도 있었다. 그들은 총봉기와 현재의 저항 전쟁 이전까지 공산당을 이끌던 사람들이었다. 그들 중 대부분은 중년이었고 일부는 백발노인도 있었다.

호 아저씨는 당 창당에서 오늘에 이르는 과정을 되짚어보고, 저항 전쟁을 성공적인 결론에 이르게 하기 위한 새로운, 혁명적인 단계를 완수하는 데 필요한 과업을 제시하는 등, 전당대회에 그의 정치적 보고를 제시했다. 호 아저씨는 말했다.

"(전략)…저항 전쟁 초기에, 우리 군대는 보잘것 없었습니다. 비록 우리 장병들은 용기가 넘쳤지만 무기와 경험 등 모든 것이 부족했습니다.

09 박보(북동지역, 혹은 북동 삼각지대)를 목표로 1951년 3월 개시된 황화탐 전역을 뜻한다. 황화탐이라는 이름은 19세기 말에서 1913년까지 25년간 프랑스에 대항해 독립운동을 전개했던 베트남의 민족 영웅에서 땄다. (역자 주)

10 하노이 북방 150km 지점에 위치한 시골 마을 (역자 주)

적군은 세계에서 가장 유명한 군대 중 하나였습니다. 적군은 육, 해, 공군 모두 다 전투를 위해 고용된 자들이었습니다. 그들은 미국, 영국 등의 제국주의자들, 특히 미국의 지원을 받았습니다. 우리와 비교할 때 그들의 군대는 너무나 강해서 누군가는 다음과 같이 말했습니다. '우리 투쟁은 비유컨대 메뚜기가 코끼리를 걷어차려는 것과 같다.'라고 말입니다."

그는 만일 베트남 혁명이 성공을 계속하면 그것은 다음과 같은 이유에서 기인하는 것이라 했다. '우리는 마르크스-레닌주의, 전 공산당원의 부단한 노력, 그리고 전 군대와 인민의 지원과 믿음에 기반을 둔 위대하고도 강력한 당의 영도 때문이다.'

보고서에 2가지 주요한 과업을 제안했다.

1. 완전한 승리를 위한 저항전쟁의 지도에 관하여
2. 베트남 노동당 창당에 관하여

호 아저씨는 말했다.

"이 단계에서 노동계급, 노동자 및 그 국가의 권한은 동일합니다. 베트남 노동당은 노동계급의 당이며 노동자의 당이며 베트남 국가의 당이기 때문입니다. 이제 당의 제일 과업은 저항 전쟁을 완전한 승리로 이끄는 것입니다. 여타의 모든 과업은 여기서 파생되어야만 합니다. 우리는 독립되고, 통일되고, 민주적이며 부유한 베트남, 새로운 민주 베트남을 건설할 것을 결의합시다."[11]

당 총서기인 쯔엉칭은 '베트남 혁명에 관하여'라는 제하의 보고서를 제출했다. 이 보고서는 새로운 시대의 혁명계획을 제시했다. 총서기는 20년 이상 혁명

11 호치민, 선택된 사업, 사실(Su That) 출판사, 하노이, 1980년, 472-491p

회의를 주재중인 호치민 (Bảo tàng Hồ Chí Minh)

사업에 대해 당을 이끌어 온 실질적인 경험에 기초해, 베트남에서 사회주의로 향하는 인민의 민주적이고 국가적 혁명을 위한 전반적 지침을 전당대회 이전에 제시했다.

"베트남의 상황에서 야기되는 가장 큰 문제는 인민민주주의 정권과 반동 군대와의 모순을 어떻게 해결하느냐는 것인데, 이를 위해 인민민주주의 정권을 강하게 발전시키고 사회주의로 나아가야 합니다."

그는 말했다.

"베트남 혁명의 주요한 과업은 제국주의 침략을 분쇄하는 것이며, 완전한 독립을 이룩하고 베트남을 재통일하는 것이며, 모든 형태의 봉건적 착취를 일소하고, 논을 경작자에게 돌려주고, 사회주의로 향하는 것입니다. 제국주의에 대한 투쟁은 봉건주의에 대한 투쟁과 유사합니다. 그러나 현 단계에서 혁명의 주요한 목적은 우리 조국을 해방시키는 것입니다. 우리 혁명의 적들은 제국주의 침략자들과 그 앞잡이들입니다. 혁명의 창 끝은 그들을 겨냥해야 합니다."

혁명계획은 유종의 미를 거두기 위한 12개 정책을 제안했다.

·완전한 승리를 쟁취하기 위한 저항 전쟁에 박차를 가할 것
·'경작자를 위한 논'이라는 구호 실현을 위해 토지정책을 점진적으로 시행할 것
·정치적, 경제적, 문화적 측면에서 인민민주주의 정권을 건설, 강화, 발전시킬 것
·제국주의 침략자에 대한 일치단결된 국가 전선을 공고화할 것.
·인민군을 건설하고 발전시킬 것
·민족정책을 시행할 것
·종교정책을 시행할 것
·임시 피점령 지역의 주민에 대한 정책을 시행할 것
·베트남 거주 외국인에 대한 정책을 시행할 것
·캄보디아 및 라오스 혁명을 지원할 것
·전 세계 인민들의 평화, 민주주의 및 독립을 적극적으로 공헌할 것.

전당대회는 정치 보고와 베트남 혁명 계획에 대해 3일간 토의를 진행했다.

3

사전 회의에서 호 아저씨는 대표자들에게 전당대회의 토론 목적이 저항전쟁을 완전한 승리로 이끄는 것과 베트남 노동당 건설에 있다는 사실을 다시 한번 주지시켰다. 그러나 전당대회 기간 중 당 명칭 변경과 '누구의 당인가?' '어느 계층이 지도 계층인가?' '마르크스-레닌 주의란 무엇인가?' 등에 초점을 맞춘 다양하고도

장기간에 걸친 토론이 있었다.

일부 대표자들은 그들이 책에서 본 내용을 인용하면서 공산당은 노동자 계급의 당이 되어야지, 광범위하게 그저 일하는 사람들의 당이 되어서는 안 된다고 주장했다. 그들의 의견에 따르면 자본주의적 요소들은, 특히 지주계급들은 설령 애국자들이라 하더라도 노동자 계급일 수 없다는 것이다. 토론은 때로는 격해졌다. 호 아저씨는 상이한 견해를 청취하고 간단명료한 말로 대표자들이 전당대회의 보다 중요한 문제를 지향하도록 능수능란하게 주의를 전환시켰다. 토론이 '마르크스-레닌주의란 무엇인가?'라는 문제를 두고 논쟁하면, 그는 혁명을 위해 좋은 길을 찾도록 부드럽게 말했다. 호 아저씨의 말은 폭소를 자아냈고, 박수갈채를 받았으며, 토론의 지름길이 되었다. 그는 베트남 혁명이 책에서 찾을 수 없는 많은 일을 해왔다고 말하지 않았다.

전당대회 4일째 되는 날, 분과위원회가 개최되었다. 당 중앙위원회는 회합을 가지고 군사문제를 토의했다. 호 아저씨와 쯔엉칭이 의장을 맡았다. 나는 적의 계획, 아군의 정책과 전략계획 및 다가오는 전역을 위한 준비 사항 등 군사상황을 보고했다. 북부 및 남부지역, 그리고 제3, 4, 5연합구역 대표자들은 차례로 자신들의 목소리를 냈다. 그들이 많은 어려움을 거론하자 호 아저씨가 격려하는 어조로 말했다.

"우리 장병들은 현재 요람에 누워 있다 갑자기 어른이 된 그 옛날 푸동(Phù Đổng)[12] 어린이와 같습니다. 그는 너무 빨리 자라서 의복, 식량, 기타 생필품, 부인을 마련할 수 없었습니다. 비록 이런 어려움이 많겠지만 이는 사람들이 자라면서 만나는 것과 같은 어려움입니다. 우리 장병들은 잠재력이 뛰어나고 장점이 많이 있습니다. 그들의 앞날은 밝을 것입니다."

나는 전당대회 기간 중에 멀리 떨어진 전장의 상황을 배울 수 있었다. 제5연합구역에서 온 동지들은 만일 자신들에게 더 많은 무기가 있다면 보다 큰 전투를 수행할 수 있다고 생각했다. 제5연합구역에는 3개의 해방된 성이 있고, 그곳의 산

12 베트남의 유명한 전설 속 등장인물로, 세 살까지 자라지 않다가 외적이 침입하자 급격히 자라나 적을 무찌른 영웅설화의 주인공이다.

맥과 밀림에는 불굴의 정신을 지닌 사람들이 살고 있었다. 떠이응웬은 우리가 제대로 이용하지 못한 많은 이점을 보유한 전장이었다. 나는 프랑스가 북부에서 성장하고 있는 우리의 주력부대를 상대하기 위해서 남부 안정화에 최선을 다할 것이라고 말한 레주언과 많은 대화를 나눴다. 총반격 준비 명령이 하달되자마자, 우리 연대와 그 예하 부대들은 남부에서 전면전을 수행할 준비를 했다. 그러나 우리가 주력 강화에 신경 쓰다 보면 게릴라전의 동력이 약화되는 경향이 있었다. 레주언은 남부가 심각한 시련에 직면할 것을 예언했다. 1947년에 최고사령부가 '독립여단'이라 불리는 주력군 여단을 창설하기로 결심했을 때, 나는 다양한 곳에서 온 부대들을 통합해야 했다고 말했다. 우리는 북부에 대한 적의 전략적 공세 이전에 통합된 부대를 독립 중대와 통합 대대로 분할할 시간이 있었기 때문에 적의 공세에 성공적으로 대적할 수 있었다. 레주언은 나에게 북부지방군인 정규군 동원에 관한 경험을 문의했다. 그리고 그는 '지역별 투쟁방식'에 관한 남부 게릴라들의 창의성, 특히 사이공과 같은 거주지역에서 축적된 풍부한 정치투쟁 경험에 대해 이야기했다.

2월 14일 오후, 나는 전당대회에 군사보고서를 제출했다. 이 보고서는 무장 투쟁 기간 중 당의 지도력을 시험하고 적의 주관적 분석에서 기인한 경험을 요약했으며, 정규전을 개시하고 게릴라전을 수행하는 데 필요한 작전반응시간 등 총반격 준비과업을 수행하면서 직면하게 될 난관들을 평가했다. 또한 국경과 쭝주 전장에서 우리가 시행했던 과정을 강조했으며, 현 전략 지침을 다음과 같이 규정했다.

> '주 전선에서는 정규전을 확대하고, 적 주력부대를 소진시키기 위한 게릴라전을 발전시켜 군사적 우위를 달성하여 총반격으로 전환한다. 중부와 남부에서는 게릴라전을 주노력으로, 정규전을 보조 노력으로 한다.'

나의 보고서는 군대 증강에 관한 문제점도 다뤘다. 참모 조직에 관해서는 전장에서 싸우는 병력의 수효를 증가시키고, 인민들의 부담을 경감하면서 병사들의 전투 효과를 상승시키기 위한 우리 전술을 고려할 때, 군 정보부대의 축소 개편이 필요했다. 그리고 우리의 전략적 및 전술적 지침에 좀 더 부합되도록 군사 훈련을 강화할 필요가 있었다.

장비에 대해, 우리는 두 가지 공급원. 즉 적에게 탈취한 무기와 우리 스스로 제작한 무기에 대해서 주의를 기울일 필요가 있었다. 적에게 탈취한 무기가 우리의 주 자산이지만, 무기 제작 능력도 발전시켜야만 했었다. 특히 필수적인 무기들이 더욱 그랬다.

보급에 대해, 우리는 장병들의 요구와 인민들의 공헌에 적합한 양을 발전시키고 규정해야만 했다.

정치 사업에 대해, 우리는 우리의 관심을 정치 교육과 사상적 지도력에 초점을 맞출 필요가 있었다. 장병들은 전쟁의 목적과 성격, 당과 정부의 노선과 정책에 관해 교육을 받아야 했다. 장병들의 정치의식 또한 재고되어야 했다. 우리는 그들의 전투 정신을 훈련시키고, 군 내외부의 단결력을 공고화해야 할 것이다.

군 내부의 당 조직 강화는 무엇보다도 중요한 과업으로 고려되었다.

우리는 궁극적인 의사결정권을 정치지도원이 아닌 당위원회에 돌려주기 위한 제도를 수립할 필요가 있었다. 우리는 또한 당 성격과 계급의식에 대해 특별한 관심을 가져야 하며, 당 노선과 정책에 관해 인민들을 교육시켜야만 했다. 군 내부의 당세포들은 강화되고, 그들의 지도력이 고양되어야 했다. 간부 대표단을 형성하는 것은 인민군 건설에 문제가 있는 것처럼 보였다. 우리는 정치와 노동 효율에 관해 군대를 교육시켜야 했다. 우리는 간부들을 훈련시키고, 승진한 간부나 병사(노동자나 농민을 포함)를 지명해 그들에게 학교기관뿐만 아니라 복무를 통해서도 재충전할 수 있는 기회를 주어야만 했다. 우리는 노동자 및 농민들의 교육수준을 향상시켜 그들이 중요한 직위를 담당하도록 하는 한편, 교육을 받은 우수한 간부들을 국가 이익을 위해 충성을 다하는 사람으로 변환시켜야 했다. (3월 1일)

호 아저씨는 우리 장병 중에서 모범 용사들을 칭찬하고, 왜 우리 인민들이 그러한 군대를 보유했는가를 설명하는 연설을 했다. 그는 우리 조상들의 불요불굴의 정신, 자위정신, 창조정신, 그리고 형제국가(과거 소련의 애국전쟁, 중국의 해방전쟁)들의 투쟁 경험에서 배울 수 있는 능력을 과시한 것을 언급하며, 빠른 시간 내에 원숙한 경지에 오른 우리 군대에 감사했다.

군사보고서는 전당대회에서 비준되었다. 그리고 전당대회는 우리의 저항전쟁에 있어 '전 인민의, 전 분야의, 독립적인' 노선을 항상 견지해야 함을 결정하면서 군사결의안을 채택했다.

결의안은 확고한 전쟁 지도력의 필요성을 제시했다. 당은 다음 3가지, 즉 국가적, 대중적 및 민주적 특성을 갖춘 강력한 인민군을 건설하기로 결정했다. 정규군 창설, 지방군 강화, 민병대와 게릴라의 발전이 필요했다.

전투 노선은 '게릴라전을 주노력으로, 정규전을 보조노력으로 하되, 점차 정규전 능력을 향상시켜서 주노력이 되도록 한다'는 필요성을 재언급했다. 그러나 각 전장의 특성이 상이하기 때문에, 우리는 노선을 적합하게 적용하기 위해 명확한 상황에 의존할 필요성이 있었다. 우리는 살상전의 원칙을 잊지 않아야 했다.

인도차이나 3개국의 군사관계에 관해, 전당대회는 인도차이나가 전장이며, 베트남이 캄보디아 및 라오스와 협력해야 하기 때문에 캄보디아와 라오스의 두 나라에서 게릴라전을 발전시키고 그들의 군대와 혁명 기지를 건설해 두 나라의 저항전쟁을 지원할 필요가 있다고 결정했다. 베트남 공산당이 공개 활동으로 정책을 전환함에 따라 베트남 동맹국인 캄보디아와 라오스도 새로운 국면을 맞이했다. 프랑스 제국주의자들의 인도차이나 침공은 반도 내 모든 국가들이 공동 적에 대항해 싸우는데 협력하도록 했다.

1941년 당 중앙위원회 제8차 전체회의에서는 '베트남 독립 동맹'을 구성하면서, 호 아저씨는 다음과 같은 사항을 강조했다.

"라오스와 캄보디아에서 총 봉기를 준비할 수 있도록 각각 독립연맹을 창설할 수 있습니다."

자유를 위한 투쟁에서 통일 국가들의 확장된 전선 조직이 인도차이나 3개국에 적합하다는 점이 고려되었다. 그러나 이 3개국에서 혁명의 발전은 각각 다르게 진전되었다. 라오스와 캄보디아의 지방 당조직은 해외 거주 베트남인이 사는 도시와 읍에만 출현했고, 시골에서는 아직 나타나지 않았다. 베트남 사회주의공화국이 창건된 직후, 우리 정부는 라오 이싸라 정부[13]와 베트남-라오스 연합군 창설에 관한 합의서에 서명했다. 또한, 우리 정부는 캄보디아 독립 위원회와 함께 '베트남-캄보디아-라오스 항불 연대' 공동 선언문에 서명하고 베트남-캄보디아 연합군을 조직했다. 수년에 걸친 저항 기간 동안, 우리는 라오스-베트남 연합군이나 베트남-캄보디아 연합군 소속으로 라오스 저항정부와 캄보디아 국가해방위원회의 지휘 하에 투쟁하도록 베트남 의용군 부대를 양국에 파견했다. 전장이 적에 의해 분할되었으므로 3개국은 북부 라오스와 함께 제10연합구역을, 중부 라오스와 함께 제4연합구역을, 남부 라오스와 함께 제5연합구역을, 동부 및 북동부 캄보디아와 함께 북동 남부 동맹 전선으로 각각 구성했다. 저항전쟁 초기에 삼토(Sam To), 나페(Nape), 세폰(Sepon), 타카액(Tha Khaek) 및 시엠립(Siem Reap) 등지에서 거둔 승리는 인도차이나 3개국의 동맹이 지닌 힘을 과시했다.

본래는 인도차이나 공산당이 3개국에서 혁명운동의 지도자적 역할을 해 왔다. 전당대회에서 라오스 공산당을 대표해 카이손 폼비한[14]이, 캄보디아 공산당을 대표해 손응옥밍[15]이 상임간부회의 일부로 참석했다. 그러나 각 국가의 혁명은 독립적이었고 각 국가 공산당의 자율적인 지휘 하에 있었다. 인도차이나 3국의 군사 동맹은 3개 공산당의 토론, 협력 및 공동 합의를 통해 유지되었다. 그러나 일련의 문제가 발생했다. 라오스 및 캄보디아에 공산당 창당을 위한 선동위원회 설립, 베트남-캄보디아-라오스 연합전선[16] 결성, 그리고 인도차이나 반도 3개 동맹국 전당대회[17]를 조직할 필요성이 있었다.

---

13 Lao Issara, 자유 라오스. 라오스의 반프랑스, 비공산주의 민족주의 독립주의 운동, 혹은 자유 라오스 정부. 펫사라트 라타니봉사 왕자가 주도했으며, 1946년 프랑스군에 크게 패한 이후 1949년 사실상 해체했다. 이후 펫사라트의 이복동생인 수파누봉 왕자가 네오 라오 이사라를 창설, 이후 팟헷 라오스의 전신이 되었다.

14 Kaysone Phomvihane (1920~1992) 라오스의 정치인. 베트남 유학 중 프랑스 제국주의에 반하는 파테트라오 운동에 투신, 이후 라오 인민자유군을 창설하고 인민혁명당에 소속되어 수파누봉과 함께 라오스 내전을 진두지휘했다. 라오 인민공화국 수립 이후 초대 총리가, 1991년 2대 대통령이 되었다.

15 Sơn Ngọc Minh (1920~1972) 캄보디아의 정치가, 혁명가. 캄보디아 공산당의 창립자 가운데 한 명. 크메르 자유당 출신으로 연방자유전선을 이끌며 1950년 독립선언을 주도했다. 인도차이나 전쟁 종결 이후에는 북베트남 지원을 위해 활동했고, 1972년 지병 치료 중 중국에서 사망했다.

16 The Front of Solidarity of Viet-Cambodian-Lao Alliance, 베트남-캄보디아-라오스 연대 전선은 1951년 3월 11일에 결성되었다. 전선 대표자들로는 팜반동(Pham Van Dong), 황꿕비엣(Hoang Quoc Viet), 수파누봉(Souphannouvong). 누학(Nouhak), 손응옥밍(Son Ngoc Minh), 툿소뭇(Tutsomut)이 있었다.

17 인도차이나 3개 동맹국 전당대회는 1952년 8월에 개최되었다.

라오스와 캄보디아에서 가장 시급하게 필요한 요소는 새로운 상황적 요구에 부응하기 위한 게릴라전 발전, 그리고 군대와 혁명 기지를 건설하는 등 저항 전쟁의 추동력 향상이었다.

내가 다시 카이손 폼비한을 전당대회에서 만났을 때, 1948년 만났을 때 품었던 그에 대한 내 첫인상이 사실임이 증명되었다. 당시 북부 베트남에 왔던 학생은 독립과 민주주의를 쟁취하기 위해 투쟁의 길을 따라가기로 결심한 라오스 신세대의 상징이었다. 나는 그에게 지난 몇 년 동안 우리는 모든 노력을 적의 활동에 대응하는 데 집중해야만 했다고 말했다. 그래서 베트남군은 라오스 혁명에 깊이 기여하지 못했으나, 이제는 좀 더 많은 기여를 할 수 있게 되었다. 라오스는 북부 가장 편리한 지역에 저항 거점을 시급히 건설해야 했다. 카이손은 수파누봉 왕자[18]의 가담으로 혁명운동이 새로운 국면을 맞이했고, 급속히 발전할 것이라고 생각했다. 공개적인 라오스 저항정부 설립이 필요했다. 수파누봉 왕자는 당시 북베트남에 있었는데 베트남-캄보디아-라오스 연합전선 창설을 준비하고 있었다. 호 아저씨와의 만남에서 왕자는 호 아저씨를 향한 그의 깊은 감정과 존경을 나타냈다.

인도차이나 공산당 제2차 전당대회는 호치민을 의장으로, 쯔엉칭을 총서기로 하는 베트남 노동당 중앙위원회 위원단을 선출했다.

전당대회는 저항 전당대회로 인식되었다. 군 대표자들은 전장에서 화약 냄새를 옮겨온 듯한 느낌을 주었다. 그들 중 일부는 전당대회가 끝나기도 전에 군사작전에 참가하기 위해 떠나야 했다. 나도 전당대회 폐회식까지 머물 수가 없었다. 나는 1951년 2월에 개최된 전선당위원회 제2차 회의에 참석하고, 그 회의에서 다가오는 전역을 위한 작전계획을 함께 토의하고 선택해야 했다.

인도차이나 공산당 제2차 전당대회는 인도차이나 반도의 새로운 혁명 시대를 열었다. 우리 공산당은 '베트남 노동당'이라는 새로운 이름으로 최초의 구조, 즉 1930년 2월 3일에 응웬아이꿕이 의장이 되어 개최된 인도차이나 공산주의 전당

18 Prince Souphanouvong (1909~1995) 라오스의 정치인, 독립운동가. 루앙 프라방의 마지막 부왕인 분콩 왕자의 아들. 라오 인민혁명당의 지도자로 활동했으며 호치민과 함께 인도차이나 공산주의 운동을 주도했다. 라오 인민혁명당 창립자 중 한명으로, 1978년 라오 민주주의 인민공화국의 초대 대통령으로 선출되었다.

대회에서 승인된 베트남 공산당의 창당을 재개했다. 우리 공산당이 공개 활동으로 전환한 후에는 국가에 앞서 공산당 책임이 우선하는 그 임무에 충실했다. 이번 전당대회는 우리의 두 형제 공산당인 캄보디아 및 라오스 공산당 활동의 새로운 지평을 열었다. 새로운 인도차이나 3국간 전투동맹이 각각의 혁명을 승리로 이끌기를 기대했다.

5. 내륙지방[01]으로

1

우리는 1950년 가을~겨울에 걸쳐 약 10,000여 명의 적을 전국의 전장에서 소멸시켰다. 국경 전역에서는 많은 적 정예부대들이 축출되었는데, 여기에서 말하는 정예부대란 프랑스 원정군의 선봉으로 알려진 공정대대들, 전쟁 초기부터 프랑스 고급 장교들의 든든한 버팀목이었던 외인부대들, 제2차 세계대전 당시 프랑스 해방 전쟁에서 라인강을 건넜던 최초의 부대이자 북아프리카에서 명성을 떨쳤던 따보르 부대[02]들이었다.

사망하거나 생포된 간부들도 상당히 많았다. 장교 90명, 부사관 200명(훈련 중이던 공정대 부사관단 포함), 그리고 2개 다중대대와 동케 전술기지[03]의 참모들이 여기 해당했다. 북부 국경선 차단 전술, 홍강 삼각주를 방어하기 위한 사변형 요새지 형성, 그리고 비엣박 지방을 삼각주에서 차단하기 위한 동서지구대 구성 전략 등, 적의 중요 전략들은 완전한 실패로 귀결되었다.

까오방에서 프랑스군이 철수하는 데 반대했던 알르쌍드리는 이제 하노이 방어에 필요한 4개 대대를 추가로 보유하기 위해 몽까이와 띠엔옌, 그리고 혼가이

01 홍강삼각주, 비엣박지방, 북서지방 사이에 위치한 지역. (역자 주)

02 Tabor, 혹은 모로코 구미에(Goumiers marocains). 프랑스군에 자원한 모로코 군인들, 혹은 모로코인으로 구성된 부대를 지칭한다. 프랑스는 정해진 기간동안 복무하는 통상적인 모로코인 부대와 달리 인도차이나 전쟁 기간 동안 복무하는 별도의 계약을 채결한 부대를 투입했다.

03 Cluster of entrenched camps. 교통호가 둘러진 상호 지원 가능한 진지들을 유기적으로 결합하고, 장기간 주둔이 가능하도록 설계한 방어체계를 뜻한다. (역자 주)

(Hòn Gai)[04] 철수를 건의했다. 발루이[05]는 딩럽과 띠엔옌 철수에 동의했다. 인도차이나 프랑스군 총사령관인 까르빵띠에는 하노이를 떠나며 베트민의 압력이 예상보다 강력할 경우 하이퐁에 최후 방어선을 구축하는 제안을 훑어보았다.

하노이 방면의 보고에 의하면 일대의 프랑스군은 공격을 받을까 두려움에 떨고 있었다. 수도 북방에 집결한 기갑부대들은 까오방과 랑썬 방면에서 있을지 모를 베트민의 공격에 대비해 경계를 강화했다. 거리마다 무장 경찰들이 방어 공사를 감독했다. 프랑스인들은 베트남을 떠나도록 종용받고 있었다.

북베트남에서 온 나쁜 소식은 파리에 파란을 일으켰다.

프랑스 정부의 첫 번째 조치는 인도차이나에 조사단을 파견하는 것이었고, 후속조치는 1개 기갑 연대, 2개 포병단, 1개 폭격기 대대, 대규모 직사포 및 차량을 포함한 7개 보병 대대를 증강배치하는 것이었다. 인도차이나 주둔 프랑스 최고 사령부는 여기에 추가로 50,000명의 정예 병력과 주둔전력보다 3배 많은 공군을 요구했다. 반면, 삼각주 점령지역은 축소가 불가피했다.

프랑스의 재정 적자가 1억 4700만 프랑에 달하자, 인도차이나 전쟁 문제는 일시적이나마 프랑스의 최우선 사안에서 밀려났다. 그러나 패전 소식이 해당 사안을 정부와 의회의 최우선 과제로 끌어올렸고, 언론과 여론의 광범위한 토론 주제가 되었다. 조사단장인 주엥 장군[06]은 프랑스로 돌아가 대통령과 수상에게 보고했다.

"우리는 조만간 인도차이나를 포기해야 합니다. 인도차이나는 프랑스에서 너무 멀리 떨어져 있어서, 전쟁을 수행하기에는 지나치게 많은 비용이 듭니다. 최선의 방책은 호치민과 협상을 하거나 국제전으로 비화시키는 것입니다."

04 꽝닝성의 도시인 하롱베이 부근에 위치한 항구. 베트남 최고의 석탄 매장지인 꽝닝성의 석탄수송에 핵심적인 연결고리였다. (역자 주)

05 Jean Étienne Valluy (1899~1970) 프랑스의 군인. 1차 세계대전 당시 해병으로 참전했고, 2차 세계대전에서 자유프랑스군에 소속되어 제9식민지보병사단을 지휘했다. 1945년 12월에 해당 사단과 함께 인도차이나로 건너갔으며 1946년부터 르끌레르의 후임으로 2대 CEFFEO 사령관으로 부임했다.

06 Alphonse Juin (1888~1967) 프랑스의 군인. 1차 세계대전 중 모로코 여단을 지휘했고, 2차 세계대전 당시 제15보병사단장으로 됭케르크에서 독일군에 항복했다. 이후 비시프랑스군 소속으로 북아프리카에 파견되어 모로코 방면을 담당하다 연합군에 가담, 이탈리아 방면에서 싸웠다. 전후 총참모장과 모로코 총독직을 역임했다. 최종계급은 원수.

프랑스 국회의원인 삐에르 망데 프랑스[07]는 해결이 불가능하다고 여겨지는 인도차이나 전쟁의 정치적, 군사적 사안에 관해 의회에서 많은 연설을 하며 이렇게 강조했다. "우리와 맞서 싸우는 사람들과 협상을 할 필요가 있다."

프랑스 의회는 두 가지 방책, 즉 미국에 의지해 전쟁을 계속할 것인가, 아니면 호치민 정부와 협상을 통해 전쟁을 종결시킬 것인가를 두고 토론을 벌였다. 망데 프랑스는 두 번째 방안을 선택했다. 그것이 비록 '무겁고, 고통스럽고, 부당'하지만 '타당'했기 때문이다.

레네 쁠레방[08]정부는 제3의 방안을 찾았다.

1949년 6월, 프랑스는 베트남의 독립과 통일을 엄숙히 인정한다고 공표했다. 하롱베이에서 프랑스 전권대표인 볼라에르[09]와 응웬반쑤언[10]이 조인하고, 바오다이[11]와 공동으로 선언했다. 그러나 조인 3일만에 꼬스뜨 플로레[12] 프랑스 외무부 장관은 의회에서 다음과 같이 발언했다.

"프랑스 정부는 여전히 프랑스 연방의 외교 및 국방에 관한 단일성을 유지하고 있습니다. 베트남은 오직 국내 치안을 담당할 경찰력을 보유하고 있을 뿐입니다. 간단

07 Pierre Mendès France (1907~1982) 프랑스의 정치인. 1932년 프랑스 최연소 하원의원이 되었고, 2차 세계대전 당시에는 공군으로 복무, 프랑스 함락 이후 자유프랑스군에 참가해 폭격기 부대 지휘관이 되었다. 프랑스 해방 이후 경제부 장관에 취임했다. 1947년 제4공화정의 주역 중 한 명으로 제1차 인도차이나 전쟁을 종결시켰으나 이후 알제리 문제와 관련된 논란으로 인해 실각했다.

08 René Pleven (1901~1993) 프랑스의 정치가. 2차 세계대전동안 프랑스령 적도아프리카 행정가로 자유프랑스를 지원했으며, 전후 민주사회주의 항전동맹을 결성해 정치가로 나섰으며, 총리, 국방부장관직 등을 역임했다. 유럽방위공동체(European Defence Community, EDC)의 기점이 된 쁠레방 플랜의 발안자로 유명하다.

09 Émile Bollaert (1890~1978) 프랑스의 정치인. 군인으로도 1차 세계대전 중 알프스 샤쇠르 부대의 중위로 활약해 레지옹 도뇌르 훈장을 받은 전적이 있다. 전후 정치관료가 되었으며 1940년 독일 점령 이후 레지스탕스로 활동하다 체포되어 독일에 수감되었다. 1947년 다르장리외 제독의 후임으로 인도차이나 고등판무관이 되었다.

10 Nguyễn Văn Xuân (1892~1989) 프랑스의 군인, 베트남의 정치가. 1912년 프랑스 유학 후 프랑스군에 입대해 포병장교로 1차 세계대전에 참전했고, 종전 이전 대령까지 진급했다. 1947년에는 프랑스 인도차이나 방면군 소속 준장으로 진급했으며 1948~1949년간 프랑스가 임명한 남베트남 임시대통령으로 활동했으나 제1차 인도차이나 전쟁 이후 축출되어 프랑스로 망명했다.

11 Hoàng đế Bảo Đại (1913~1997) 베트남 응우옌 왕조의 13대, 마지막 황제. 1926년에 13세의 나이로 베트남 황제가 되었다. .2차 세계대전 중에는 일본군이 베트남을 점령하고 연합군이 탈환하는 와중에도 명목상의 황제직을 유지했다. 1945년 8월 혁명으로 제정이 붕괴되면서 황위에서 물러났고, 1946년 홍콩에 망명했다 제1차 인도차이나 전쟁이 일어나자 1949년 프랑스와 손잡고 귀국해 베트남 공화국 국가원수가 되었고 전쟁 종결 이후에도 베트남 공화국(남배트남)의 국가원수직을 유지했으나, 1955년 국민투표로 다시 퇴진한 후 프랑스에 망명해 여생을 마쳤다.

12 Paul Coste-Floret (1911~1979) 프랑스의 정치가, 법률가. 알제의 레지스탕스 출신으로, 전후 쌍둥이 형제 알프레드와 함께 정치가가 되어 내각 자문위원과 뉘렘부르크 법원 검사 등으로 일했고, 제4공화국 시기에는 프랑스 해외영토부(Ministère des Outre-mer) 장관직을 수행했다.

히 말하자면, 후에 황궁(Hoàng thành Huế, 皇城化)[13]에서 작성한 조약에 명기한 바와 같이 '3끼(Ky)'[14] 규정은 코친차이나[15]에 관한 규정을 포함해 여전히 그대로 존재합니다. 만일 의회에서 이 문제에 대해 새로운 결정을 내리지 않는다면 말입니다."

1949년 8월 3일, 미국의 압력 하에 프랑스 대통령 벵상 오리올[16], 플로레, 그리고 바오다이가 엘리제 협정서에 서명했다. 프랑스는 베트남이 프랑스와 협의 하에, 프랑스 장교들에게 훈련과 지휘를 받는 강력한 50,000명의 군대를 보유한 독립국임을 인정했다. 베트남은 외교활동의 일환으로 베트남 명의의 대사관을 태국, 중국, 인도 및 바티칸에 설치했다. 조약에도 베트남 통일에 관해 '프랑스는 3끼의 재통일을 방해하지 않는다'라고 명시되었다.

조약이 채결된 이래 몇 년 동안 '베트남 정부'의 구성원들은 꼭두각시에 지나지 않았다. 그러나 프랑스군이 4번 국도의 재앙에 직면하자 그들은 프랑스 당국자들의 식민주의적 사고를 공개적으로 비판했다. 그리고 1950년 10월 22일에는 쁠레방이 갑자기 인도차이나 국가에 주권과 독립을 약속하는 조약의 비준을 국회에 요구했다. 이 조약은 인도차이나 국가들에게 정부 결성권과 외교권, 군사력을 부여하는 내용으로, 베트남에 대해서는 1951년 1월 1일 이전에 프랑스 보호령을 종결하고 행정권을 이양한다고 규정했다.

비록 그 대상이 프랑스의 괴뢰들로 한정되었다고 하나, 극도로 보수적인 프랑스 식민주의자들이 극히 관대해진 이유는 무엇인가? 그간의 전황을 통해 프랑스에게는 전쟁을 계속할 충분한 전력이 없음이 명백히 드러났다. 이런 상황에서 쁠레방이 제안한 조약이 채결된다면 프랑스군은 미국제 무기로 무장한 50만명 이상의 괴뢰 병력을 확보할 수 있었다. 쁠레방은 조약 채결만이 프랑스 극동원정군이 직면한 최악의 상황에 대처하고, 국민 여론과 프랑스 의회의 압박에 대응할 유

13 베트남 응우옌 왕조의 수도인 후에에 위치한 황궁. 현재 유네스코 세계문화유산으로 지정되어 있다.

14 끼(Ky) : 프랑스 통치 당시 베트남 행정 구역 단위

15 유럽에서 베트남 남부 지역을 통칭할 때 사용했던 호칭.

16 Vincent Auriol (1884~1966) 프랑스의 정치가, 법률가, 언론인. 2차 세계대전 당시 비시 프랑스에 반대하다 가택연금 당했으나 1942년 탈출 후 레지스탕스 활동을 전개하고, 이후 영국으로 건너가 자유프랑스에 합류했다. 전후 헌법 제정 의회 의장과 UN 초대 프랑스 대사를 거쳐 1947년 제16대 대통령으로 선출되었다.

좌로부터 버나드 몽고메리, 드와이트 아이젠하워, 게오르기 주코프, 장 드 라뜨르 드 따시니.
드 라뜨르는 2차 세계대전 당시 프랑스 대표로 독일의 항복을 받았다. (Archives de France)

일한 방법이라 여겼다.

물론, 프랑스 당국자들은 이와 같은 결정이 미국에게 괴뢰 정부와 군을 통제할 수 있도록 길을 열어주는 행위가 될 수 있음을 잘 알았다. 그간 미국이 프랑스에게 그와 같은 결정을 내리도록 빈번히 압력을 가해 온 것은 결코 우연이 아니었다. 하지만 프랑스인들도 자신들의 수중에 있는 소수의 배반자들에 의지해 진정한 독립과 자유를 위해 투쟁해 온 모든 베트남의 국민들에 맞설 수 없음을 잘 알았다. 프랑스인들로서는 달리 방도가 없었다.

프랑스 정부의 또다른 결정은 사기를 진작시키지 못한 까르빵띠에의 교체였다. 프랑스 원정군 사령관 자리를 놓고 알퐁스 주엥과 마리-피에르 꼬에니[17]가 물

17 Marie-Pierre Kœnig (1898~1970) 프랑스의 군인. 1차 세계대전 참전 이후 모로코와 카메룬에서 복무했고, 2차 세계대전 당시 프랑스가 함락되자 자유프랑스군에 합류했다. 이후 중동지역에서 프랑스 여단을 지휘했고, 노르망디 방면 프랑스 지휘관, 파리 군정총독, 전후 독일의 프랑스군 점령지 사령관과 국방장관까지 다양한 요직을 역임했다.

망에 올랐으나, 이들은 모두 사령관직을 거절했다. 오리올은 장 드 라뜨르 드 따시니[18]를 거론했다. 오리올은 제2차 세계대전 당시 프랑스 1군단을 지휘해 지중해 연안에서 다뉴브강까지 진격했던 5성 장군 드 라뜨르야말로 목전에 닥친 재난에서 프랑스 원정군을 구할 적임자라고 주장했다. 그러나 모두가 찬성하지는 않았다. 뻘레방은 이렇게 말했다.

"드 라뜨르는 휘하 부대원들을 주저없이 희생시킨는다는 평판이 있어서, 장교들 가운데 반절은 그를 따르지 않을 것이다."

그러나 결과적으로 오리올의 제안이 채택되었다.

프랑스 고위 장교들은 인도차이나 전장의 어려움을 잘 알고 있었으므로, 그들 가운데 일부는 드 라뜨르가 누구도 해내지 못한 임무를 맡으려 한다고 여겼다. 드 라뜨르는 즉각 사령관 직을 수락하면서 하나의 조건, 즉 민정권과 군 지휘권을 모두 요구했다. 그는 자신이 어느 누구에게도 보고나 설명을 할 필요가 없는 지위에 오른다면 상황을 성공적으로 반전시킬 수 있다고 여겼다.

1950년 12월 6일, 프랑스 국방위원회는 드 라뜨르를 인도차이나 최고 고등판무관 겸 총사령관으로 지명했다. 두 요직을 겸직한 인물은 그가 처음이었다.

2

1950년 말, 베트민은 238,884명에 달했다. 지난 여름과 비교하면 현격하게 증가된 규모였다. 적군은 239,000명으로 전쟁 전반에 걸쳐 이 시기에만 적과 아군이 대등한 규모의 전력을 보유했다.

---

18 Jean Joseph Marie Gabriel de Lattre de Tassigny (1889~1952) 프랑스의 군인. 1차 세계대전 당시 5차례나 부상을 입으며 싸웠고, 전공을 인정받아 레지옹 도뇌르 훈장을 받았다. 모로코 식민지군을 거쳐 2차 세계대전 당시에는 프랑스 최연소 장성 중 한 명이 되었다. 비시 프랑스 몰락 이후 런던으로 건너가 자유프랑스군에 합류한 후 육군을 지휘했고, 종전 당시 프랑스군 대표로 각국 사령관들과 동석했다. 1948~50년 서부연합군 사령관으로 재직한 후 1951년 인도차이나 총독 겸 극동원정군 총사령관으로 부임해 베트민과 싸웠다. 전쟁 도중인 1952년 암으로 사망했다.

당시 베트민은 균등하게 배치되지 않았다.

- 북부 : 66% (최고사령부 직접 지휘를 받는 38% 포함)
- 중부 : 19%
- 남부 : 12%
- 라오스 북부 : 3%

베트민은 장비와 보급 문제로 인해 부대를 신속히 발전시킬 수 없었다. 인구가 많은 지역은 여전히 적의 통제 하에 있었기 때문이다.

전쟁의 새로운 단계에서는 점차 주전장이 되어가는 북부에 강력한 주력군이 요구되었다.

최고사령부는 이미 창설된 제308여단[19] 및 제304여단에 더해, 1950년 12월 25일에 제312여단을 창설하기로 결정했다. 제312여단의 모체부대는 최고사령부 직속 부대인 제209연대였다. 제312여단에는 북서지방에서 온 제165연대, 새로이 편성된 제308여단의 제11, 16대대로 구성된 제141연대, 그리고 북베트남 구역의 독립대대가 통합되었다.

1951년 초, 베트민은 3개 보병여단과 1개 공병-포병여단을 추가로 창설했다.

제320여단은 1951년 1월 16일에 제3연합구역의 2개 주력 연대(제48, 64)와 제52연대로 창설되었다.

제325여단은 1951년 3월 11일에 빙-찌-티엔 전선의 3개 연대를 통합해 창설되었다.

제351여단(공병-포병여단)은 1951년 3월 27일에 75mm 포병연대[20]와 제308여단 포병대대, 제209 및 제174연대 소속 포대들, 105mm 포병연대(창설시 제3연합구역 34보병연대), 그리고 제151공병연대를 함께 편성해 창설되었다.

19 베트남군의 여단은 타국의 여단과 규모 면에서 상이하다. 전체 규모는 보병사단과 유사하므로 일부 자료에는 사단으로 표기되기도 한다.(역자 주)

20 당시 베트남군이 사용한 75mm 야포는 크루프 M1908을 일본에서 복제생산한 41식 산포였다. 초기에는 일본군이 베트남에서 떠난 후 잔존 무기와 탄약을 입수했고, 이후 중국에서 노획하거나 복제한 동규격의 포들을 혼용했다.

제316여단은 1951년 5월 1일에 최고사령부 직속 부대인 제174연대를 모체로 동북베트남 전선 출신 제98연대와 랑썬의 제176연대를 편성해 창설되었다.

최고사령부의 주력부대는 6개 여단(제304, 308, 312, 316, 320, 325여단)으로 구성되었고, 이 주력부대는 항불전쟁이 종결될 때까지 유지되었다.

연합구역의 주력 부대가 여단으로 격상되었으므로 각 연합구역에는 지방군 부대만 남게 되었다. 각 부대를 무장하는 것은 극히 어려운 일이었다. 6개 여단을 무장하려면 1,200t의 무기가 필요했는데, 1950년 당시 중국은 한반도에 의용군[21]을 파병중이었으므로 240t만을 보내주었다. 따라서 우리는 주요 무기를 다른 우방국에게 제공받거나, 적에게서 얻거나, 자체제작했다.

프랑스 원정군 239,000명 가운데 유럽-아프리카 병사들은 117,000명에 불과했다. 국경 전역 이전과 비교해 적군은 50,000명 가까이 증원되었는데, 이들은 대부분 괴뢰군이었다. 적은 보병 118개 대대, 포병 13개 대대, 기갑 3개 연대, 항공기 143대 및 함정 263척을 보유하고 있었다. 프랑스는 순양함 1척과 통보함 2척[22](La Grondiere 및 La Moqueuse)도 보유하고 있었다.

적의 배치는 다음과 같았다.

- 북부 : 64개 대대(54%)

주요지역 점령 – 28개 대대(유럽-아프리카 10개 대대, 괴뢰군 18개 대대)

전략기동 – 20개 대대(유럽-아프리카 17개 대대 및 괴뢰군 3개 대대)

전술기동 – 16개 대대(유럽-아프리카 14개 대대 및 괴뢰군 2개 대대)

병과 별 6개 포병 대대, 2개 차량화연대와 4개 공병대대

- 중부 : 20개 대대(17%)

21 중국인민지원군(中國人民志願軍)을 뜻한다. 신생국가인 중화인민공화국은 국제연합군을 상대하면서 형식적으로나마 직접 충돌을 피하기 위해 인민해방군 제4야전군을 차출해 의용병이라는 명목으로 한국전쟁에 투입했다.

22 프랑스 해군은 아시아나 아프리카의 식민지 해역 경계 임무를 목적으로 통보함(Aviso, sloop)을 다수 건조했다. 배수량 2000t급의 작은 선체에 가벼운 무장만을 장비했다. 라 그랑디에레는 부겡빌급 통보함 5번함으로 한국전쟁에도 극동함대 소속으로 참전한 전적이 있다. 라 무퀴스는 엘랑급 소해통보함 9번함(계획기준 13번함)으로 1940년 영국군에 나포된 후 자유프랑스군 함정으로 운용되었으며, 2차 세계대전 이후 1965년 퇴역했다.

주요지역 점령 – 16개 대대 (유럽-아프리카 10개 대대 및 6개 괴뢰군 대대)

전술기동 – 4개 대대(전부 유럽-아프리카)

병과 별 1개 포병대대, 1개 차량화연대, 1개 공병연대

– 남부 : 23개 대대(19%)

주요지역 점령 – 21개 대대(유럽-아프리카 20개 대대 및 1개 괴뢰군 대대)

전략기동 – 2개 유럽-아프리카 대대.

– 라오스 : 7개 대대(6%)

주요지역 점령 – 7개 라오스 대대

– 캄보디아 : 4개 대대 (4%)

주요지역 점령 – 1개 유럽-아프리카 대대, 3개 크메르 대대

적은 1950년부터 괴뢰군을 강하게 발전시켰다. 이는 원정군의 양적 한계를 보완하고, '대다수가 국가정규군에 소속된 55,000명 규모의 괴뢰군을 육성'하는 목표를 달성하기 위한 정책으로, 대다수(30,000여명)가 베트남 남부에서 모병되었다. 그 결과, 괴뢰군의 규모는 30개 대대에 달했다.

적은 우리 최고사령부의 주력 부대에 필적하는 전력을 갖추기 위해 긴급히 7개 기동단[23]을 구성했다. 각 기동단은 3개 보병 대대, 1개 포병 부대, 1개 공병 중대로 구성된 연대급 제대였다. 그러나 편성된 기동단 가운데 4~5개 기동단만이 전투를 수행할 수 있었다. 적의 모든 기동단은 하노이 북방 및 북동방에 위치했는데, 박닝(Bắc Ninh)[24], 지아람(Gia Lâm)[25], 빙옌, 비엣찌(Việt Trì), 하이즈엉(Hải Dương), 박지앙(Bắc Giang)[26], 푸로, 동찌에우(Đông Triều)[27]가 주둔지였다. 공정대대들은 하

23 프랑스어로는 Groupement de Manoeuvre, 약칭 GM으로 표기한다. (역자 주)

24 하노이 북동쪽 40km에 위치한 성 및 성도의 이름 (역자 주)

25 하노이의 동부에 있는 비행장. 현재의 노이바이 국제공항이 건설되기 전까지 하노이의 주 비행장이었다. (역자 주)

26 하노이 북동쪽 60km 일대에 위치한 성 및 성도의 이름(역자 주)

27 꽝닝(Quang Ninh)성에 위치한 마을

노이에 있었다.

적의 배치를 연구한 결과, 우리는 적이 내륙지방에서 실시할 아군의 총공세에 대비하고 있음을 발견했다.

3

1950년 6월 25일, 한국 전쟁이 발발했다. 북한군은 단시간에 남한의 대부분을 점령했다. 우리는 베트남이 더이상 홀로 싸우지 않는다는 것을 알고 기뻐했다. 호 아저씨만이 주의를 환기시켰다. 그가 말했다.

"북한군이 잠정 군사분계선을 넘어 미군이 주둔했던 남쪽으로 진군했다. 미국은 중국 본토에서 축출된 직후이니 반응하지 않을 리 없다. 한국 인민의 투쟁은 어렵고 오래 끌 것이다."

국경 전역이 개시되었을 때, 우리는 미군이 한반도에 진주해 38도선 북쪽으로 진군해 들어갔다는 소식을 들었다. 이는 북한군이 후퇴를 강요받고 있음을 의미했다. 미군은 곧 압록강까지 전진했다. 1950년 10월 말이 되자 중국은 의용군을 북한에 파견해야 했다. 전투는 아주 격렬해졌다. 한국은 동서 간, 두 중국 간, 북한군과 소련의 공군, 미국과 위성국가들로 구성된 연합군이 대결하는 전장이 되었다. 양측의 인적 및 물적 손실은 상상을 초월했다.

호 아저씨에게 베트남의 독립과 통일은 변할 수 없는 목적이었다. 그는 투쟁을 통해 이 목표를 성취하는 데 있어 항상 영명한 전술을 사용해 가능한 손실을 최소화하는 방법을 찾도록 노력했다. 1950년 이후 베트남 사회주의 공화국은 모든 사회주의 국가들에 의해 승인되었다. 이런 상황은 베트남 혁명에 새로운 전망을 제시했다. 그러나 우리는 새로운 임무를 부여받았고, 새로운 도전에 직면해 있었다. 베트남은 동남아에서 사회주의의 전초가 되어갔다. 이 모든 상황이 호 아저씨를 심사숙고하게 만들었다.

국경 전역 강평에서 제시된 권고사항에 대해, 호 아저씨는 두 가지 사항을 강조했다. '이번 승리는 초기의 성공일 뿐이다.' 그리고 '우리는 가용한 시간을 가장 유용하게 사용하도록 해야 한다.'

원정군의 사기 저하도 가능한 신속히 확산시켜야 했다.

우리의 전략은 국경에서 거둔 승리를 최대한 확대해, 지속적인 공격으로 적을 패퇴시켜서 대담하게 주도권을 확보하고, 홍강 삼각주를 해방시켜 전장의 상황을 변환하는 것이었다.

처돈에서 개최된 회의에서 쯔엉칭은 우리에게 1950년 북베트남 전장에서 당의 군사적 임무에 대해 상기시켰다.

"첫째, 국경지방을 해방시켜서 국제 병참선을 위한 길을 연다. 둘째, 내륙지방으로 진격해 주 혁명기지를 공고히 하고, 동서 회랑을 돌파하는 작전을 전개한다. 셋째, 적 후방에서 게릴라전을 강화하고 홍강 삼각주를 점령하려는 적의 계획을 분쇄한다."

북부에서 51개 대대로 구성된 적은 대부분 삼각주와 내륙지방의 15개 중소도시에 집중되었다. 북서 베트남에는 단지 3개 대대의 적만이 있었다.

적 부대들이 아직 불안정하고 삼각주 방면의 방어체계를 강화할 시간이 충분치 않은 지금같은 기회를 우리가 최대한 이용하려면, 내륙지방과 삼각주를 목표로 삼고 그에 앞서 내륙지방에 대한 공격 작전을 전개해야만 할 것 같았다.

내륙지방에 대한 공격은 적의 중요 부대들을 격멸하고, 비엣박 다음으로 인구가 많고 땅이 기름진 지역에서 적을 몰아내며, 혁명 기지를 강화하고 확장하는데 기여할 것으로 전망되었다.

그러나 내륙지방을 공격한다는 것은 하노이 방어선의 외곽을 친다는 것을 의미했다. 북베트남과 서베트남에는 높은 산맥이 있고, 이 산맥들은 홍강 삼각주 방향으로 기울어져 있다. 그러나 내륙지방은 낮은 구릉과 평지가 대부분인 지역이다. 그러므로 병사들이 적에 대해서 행동을 취할 때 몸을 숨길 만한 곳이 없었다. 내륙지방에는 기갑 차량과 선박들에게 양호한 기동로를 제공하는 도로와 하천이 그물처럼 이어져 있었다. 이런 지형은 적에게 공군과 포병 부대를 마음 놓고 사용하도록 해 주었고, 기동단도 100% 활용할 수 있었다. 이런 상황은 베트민에게 새로운 도전이었다.

나는 삼각주와 내륙지방에서 전투할 경우 우리 병사들이 직면할 장·단점에 대해서 웨이구오칭과 의견을 나누었다. 그는 내게 중국 인민해방군이 사용했던 본떱 전술[28]을 가르쳐주었다. 먼저 병사들을 적 포병의 사거리 외곽, 즉 적진으로부터 15km가량 떨어져 있는 지점에 위치시킨다. 그리고 야간에 적진을 기습하고 몇 시간 내에 적을 격멸한 후, 날이 새기 전 출발 기지로 귀환하는 것이다.

이와 같은 방법은 적의 항공기와 포병의 화력을 제한하는 효과가 있었지만, 오직 전술기지를 공격할 경우에만 적용할 수 있었다. 본떱 전술은 지난 작전에 적합했다. 당시에는 적의 압도적 항공력과 포병 우세를 제한하기 위해 하룻밤 안에 전술기지를 공격해 적의 증원을 수포로 만들었다. 그러나 현 시점에서 우리가 삼각주의 전술기지를 공격하려면 더 멀리 기동하고, 더 많이 노력해야 했다.

총참모부는 9월 말부터 간부들을 비엣박 연합구역[29]에 보내 전장을 준비하도록 했다. 1950년 11월 말, 중앙상임위원회는 최고사령부가 제출한 전투 계획을 승인했다.

쩐흥다오[30] 계획으로 명명된 이 계획은, 아군이 내륙지방, 북동 해안지방, 제3연합구역에서 공세를 개시하는 내용이었다. 우리의 목적은 지역 내 적의 일부를 격멸하고, 식량 생산지역을 확대하며, 게릴라전을 발전시키는 한편, 진지를 방호하려는 적의 계획을 분쇄하기 위해 지대한 노력을 경주하는 것이었다.

전역에 참가하는 부대는 2개 여단, 5개 연대, 4개 포대, 지방군 4개 대대, 민병대 및 게릴라로 구성되었다. 주타격 방향은 빙옌과 푹옌으로 지향되는 비엣찌-박지앙(2개 여단) 간 내륙지방이었다. 보조 타격방향은 북동 해안지방으로, 2개 연대와 제3연합구역의 3개 연대가 담당할 예정이었다.

---

28 bôn tập, 奔襲, 강행군 후 기습 공격

29 베트남 서북부 지역과 라오스 북부 지역에 걸친 군사적 협력 분구 (역자 주)

30 Trần Hưng Đạo 원나라와 싸워 크게 이긴 베트남 장군. 현지에서는 군신으로 추앙받고 있다. (역자 주)

11월 30일에 5명으로 구성된 전선 당위원회가 진행되었다. 위원은 나(보응웬지압), 응웬치타잉, 추반떤[31], 쩐흐우즉[32], 그리고 다오반쯔엉[33]이었다. 나는 전선 서기장 겸 사령관으로 위원회에 참석했다.

작전은 2단계로 구성되었다. 제1단계의 목적은 적 증원군을 끌어내고 적의 대응을 파악하는 것이었다. 우리는 대대의 운용 방법을 정했다. 각 대대는 적의 전술기지에서 10~15km 이격된 장소에서 신속히 전진해 적의 전술기지를 공격하기로 했다. 우리 병력은 적 증원군을 격멸하도록 계획된 장소에 분산 배치되었다. 적 전술기지를 공격하는 부대들은 재빨리 전투를 종결하고 신속히 철수해 날이 밝기 전에 기지로 복귀할 계획이었다. 제2단계의 목적은 적이 우리를 상대하는 방법을 기준으로, 적 전력이 약하고 경계가 취약한 지점에 병력을 집중해 전술기지를 파괴하고 증원군을 소멸시키는 전술을 적용하는 것이었다. 처음에는 적의 소규모 전술기지와 증원군을 상대하지만, 점차 규모가 큰 전술기지와 증원군까지 상대할 예정이었다.

당 위원회는 병사들이 전장에서 봉착할 어려움을 예측해, 병사들에게 그들이 절실히 원하는 사상사업을 수행하기로 결정했다. 각각의 연속적인 전장이 이전의 전장보다 확대될 필요는 없었다. 우리는 작은 승리들을 조합해 대승을 조성할 수 있을 것이다. 당 위원회는 국경 전역의 경험을 살려, 각 부대에 전장 별 전체 계획에 따라 수립된 지침과 지휘를 이행하면서 창조성을 확대할 것을 요구했다.

전역을 전개하기 하루 전, 각 부대는 호 아저씨의 편지를 받았다. 우리는 각 분견대부터 3인 세포에 이르기까지 호 아저씨의 권고에 따르도록 서로서로를 독려했다.

31 Chu Văn Tấn (1909~1984) 베트남의 군인. 1934년부터 박썬 일대의 자경대를 이끌었고, 이후 일본과 프랑스를 상대로 활약해 박썬의 회색 호랑이라는 별명을 얻었다. 1차 인도차이나 전쟁에서 비엣박 방면 사령관을 담당했고, 정치가로도 국회 부의장으로 재직했으나, 1979년 중월전쟁 당시 친중파 호앙 반 호안의 측근이라는 혐의로 연금당했다.

32 Trần Hữu Dực (1910~1993) 베트남의 정치가. 1926년부터 공산주의 운동에 참가했고, 베트남 노동당 중앙위원회의 일원으로 내무부, 농림부, 군수책임자, 당위원회 비서관 등 다양한 요직을 역임했다.

33 Đào Văn Trường (1918~2017) 베트남의 군인. 1936년 18세의 나이로 인도차이나 공산당에 합류해 독립운동을 시작하다 프랑스 식민정부에 여러 차례 투옥되었다. 1945년 이후 제1연합구역의 사령관으로 여러 전역을 담당했고, 베트남 인민군 참모차장 및 총참모장 등을 역임했다. 행정가로 교통부와 노동부의 차장급 직책을 수행하기도 했다.

"각 개인, 각 부대, 각 집단은 보다 보안을 유지하고, 보다 노력하고, 보다 굳건할 것."

쩐흥다오 전역에 참가할 아군의 병력은 27,638명이었다. 제1단계에서 우리는 (적)중대가 주둔한 전술기지들을 공격했다. 1단계의 목적은 2~3개 대대를 소멸시키는 것이었으며, 이는 국경 전역에 비하면 소규모 목표였다.

우리가 적의 공격을 회피해야만 하는 시기는 지났다. 우리는 결정적인 승리를 쟁취할 수 있는 계획 수립에 골몰했다. 비록 적이 다소 허둥대고 있다 하나, 여전히 가용 수단과 무기 측면에서 우리보다 강력했다.

그리고 전역이 전개되면서 우리를 기다리는 큰 난관을 사전에 예측하지 못했음을 깨닫게 되었다.

4

쩐흥다오 전역은 종종 쭝주 전역으로도 불렸다. 쭝주 지역이 가장 중요한 전역 활동을 수행하는 주전장으로 선택되었기 때문이다.

이 지역의 베트민 군대는 제308 및 (1개 연대를 결한) 312여단, 75mm 3개 부대(1개 부대당 4문 보유), 박닝, 박지앙 및 빙푹(Vĩnh Phúc)[34]에서 온 4개 지방군 대대 및 2개 공병 중대로 구성되었다.

빙푹, 박닝, 박지앙성의 적 병력은 14,806명으로 유럽-아프리카군이 9,326명, 괴뢰군 5,480명 외에 토피(Thổ Phỉ)[35]도 있었다. 적 제3기동단은 빙옌-비엣찌에 주둔중이었다. 박닝, 지아림, 박지앙, 하이즈엉 및 동찌에우에 주둔한 다른 기동단들도 필요시 신속히 개입할 수 있었다. 적 병력은 수가 많았지만 가능한 많은 지역을 점령하기 위해 분산되었다. 특히 작전의 주목표인 빙푹성이 취약했는데, 그곳에는 유럽-아프리카군 2,400명, 괴뢰군 1,900명으로 구성된 총 4,300명의 병력과 105mm 야포 5문, 75mm 4문밖에 없었다.

34 빙푹성(Tỉnh Vĩnh Phúc/ 省永福) 홍강 삼각주 유역에 위치한 베트남의 행정구역. 빙옌, 푹옌이 이곳에 속한다.

35 프랑스 식민정부에 징집된 베트남 소수 민족으로 구성된 비정규군

내륙지방의 사람들은 대부분 베트민을 추종했다. 적이 3개 성에 수립한 705개소의 괴뢰 행정위원회 가운데 502개소가 저항 정부와 연계되어 있었다. 빙푹에서도 175개소의 위원회 중 135개소가 저항 세력에 포함되어 있었다. 우리가 유리한 조건을 형성할 수 있다면, 그것은 인민전쟁 덕일 것이다.

적의 압력에도 불구하고 저항군은 여전히 건재했다. 그들은 어디에든 숨어있었으며, 여건이 성숙하면 돌아가 전투력을 회복하고 저항운동을 한층 강화했다. 특별한 전선으로 적을 끌어내기 위한 대규모 작전은 적 후방지역의 인민전쟁을 발전시키는데 효과적으로 도움을 줄 유일한 방법이었다.

1950년 12월 말, 베트민 정규군 2개 여단이 까오방과 랑썬에서 남쪽으로 은밀하게 행군을 개시했다. 두 여단은 동년 12월 25일 재집결지에 모습을 드러냈다. 그들은 14일간의 야간 행군을 통해 내륙지방에 도착해 적의 경계가 취약한 지역에 대한 즉각적인 기습 공격을 개시해야만 했다.

베트민군은 완벽한 보안을 유지한 채 이동을 계속할 수 있었지만, 우리의 의도가 드러나도록 작전을 개시했다. 12월 중순부터 총참모부는 멀리 떨어진 전장까지 작전 개시 결정에 대해 전파했고, 우리에게 적이 부대를 전환해 북쪽에 위치한 부대를 증강하는 것을 방해하도록 협조된 작전을 실시하라고 요구했다. 훗날 우리는 당시 적의 가장 중요한 정보 출처가 아군이 다른 지역에 보내는 암호 전문이었음을 알게 되었다.

우리 계획에 의하면 쩐흥다오 전역은 1950년 12월 26일 밤에 개시되어야 했다. 그날 아침, 제312여단장 레쫑떤은 아군의 제312여단 2개 대대가 재집결중인 리엔썬(Liễn Sơn), 수언짜익(Xuân Trạch)[36]방향으로 적 다중대대가 이동중이라고 전역 사령관에게 보고했다. 떤은 우리 전투원들에게 사격을 지시해 이 적들을 격멸시키자고 건의했다. 베트민의 의도는 적군을 자신들의 진지에서 사전에 준비중인 지역으로 유인하는 것이었고, 적들은 베트민이 전투준비를 갖추고 있는 해방지역 안으로 깊숙이 진입했다.

36 하노이 북서쪽 80km에 위치한 지방. 빙푹성 럽타익현. (역자 주)

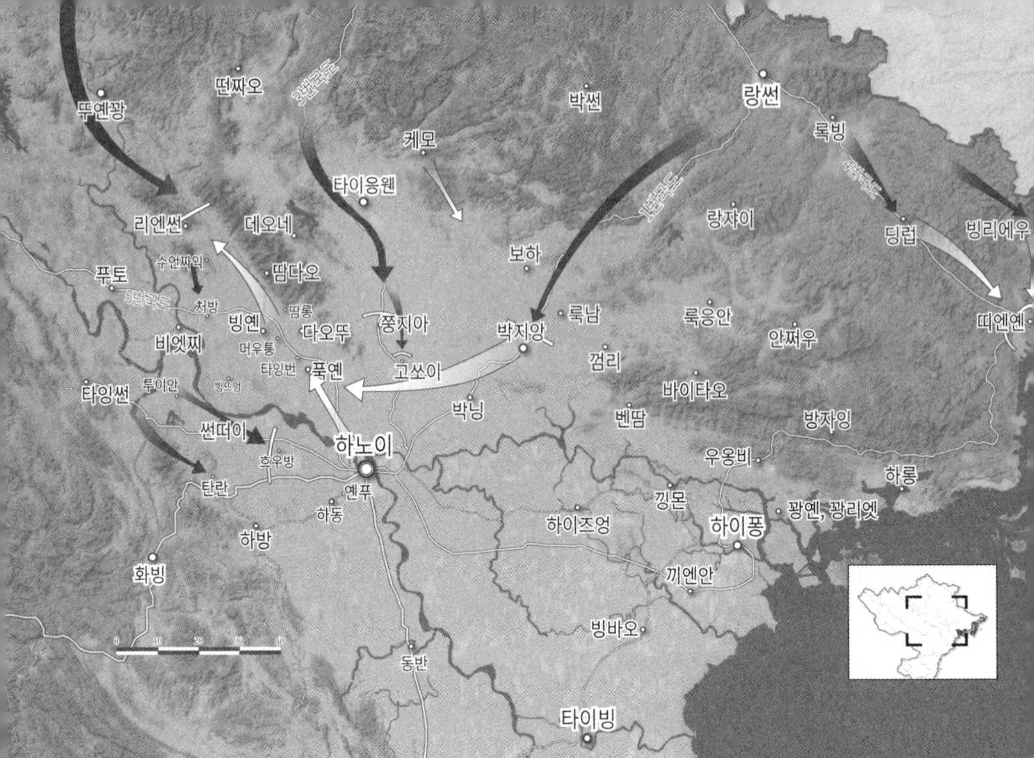

쭝쭈 전역 1단계 : 베트민의 공세와 프랑스군의 이동

나는 여단장의 제안에 즉각 동의하면서 그에게 말했다.

"우리는 이 기회를 놓쳐서는 안 되네. 귀 부대가 사격을 개시하면 작전이 시작되는 걸세. 이번 첫 전투에서 승전고를 울려야 하네."

쩐은 3개 대대를 지휘하며 정규전을 감행해 1개 아프리카 대대 전부와 다른 대대의 과반을 궤멸시켰다. 잔적들은 공황에 빠져 야포를 남겨둔 채로 달아났다. 여단은 작전의 보안을 유지하기 위해 추격은 하지 않았다. 추격이 없다는 사실을 깨달은 적은 돌아와 야포를 수거해갔다.

작전 계획에 따라 1950년 12월 26일 야간에 우리 병사들이 내륙지방과 북동지방에 있는 적진에 대해 동시에 공격을 개시했다.

내륙지방에서 제308여단 예하 대대들은 다음과 같은 진지를 완전히 파괴했다. 흐우방(Hữu Bằng), 탄란(Thằn Lằn), 뚜따오(Tú Tạo), 고쏘이(Gò Sỏi), 업까페(Ấp Cà Phê), 고어우(Gò Âu) 및 옌푸(Yên Phụ). 오직 처타(Chợ Thá)전투만이 중단되었는데, 그곳에서는 우리가 날이 밝을 때까지 승리를 거두지 못했다. 제312여단의 209대대는 처방(Chợ Vàng)을 두 차례에 걸쳐 공격했지만 실패했다. 동북지방에서는 제 174연대가 빙리에우(Bình Liêu) 진지를 쓸어버렸다. 우리의 위협을 받은 적은 처우썬(Châu Sơn), 케모(Khe Mo), 퐁주(Phong Dụ), 화잉모(Hoành Mô) 진지에서 황급히 철수해 띠엔옌에서 재편성하며 마지막 방어를 준비했다.

베트민은 처음으로 내륙지방에서 많은 전술기지를 파괴하고 본떱 전술을 성공적으로 적용했다. 모든 전투가 하룻밤만에 결판났기 때문에 우리 공격에 대응하는 포병이나 항공력, 증원병력 파견 등이 극히 제한되었고, 아군에게는 여명 이전에 야포 사거리 밖으로 철수할 충분한 시간이 있었다.

1950년 12월 30일, 전역사령부는 1단계 작전 종료를 선언했다. 우리는 1,200명에 달하는 -2/3가 유럽-아프리카 병력이었다- 적을 전장에서 퇴출시키면서 1단계에 부여된 과업을 100% 수행했다.

전쟁 포로를 신문한 결과, 적은 우리의 공세 방향을 정확하게 추정하고 있었다. 적은 우리가 하이닝에서 공격할 가능성에 대해 경계했다. 그러나 우리의 공격이 개시되자 적은 패배로 인해 당황했고, 사기도 급속히 떨어졌다. 수언짜익이 포위당하자 적 1개 소대는 모두 항복했다. 적의 저항은 미약했고, 대부분 최후방어선으로 후퇴해 증원부대를 기다리는 것이 고작이었다.

전술기지를 대거 파괴하면서 우리의 군수지원능력도 개선되었다. 우리는 전장에서 6km가량 이격된 곳에 소규모 식량 창고를 운용해 병사들에게 신속하게 음식을 보급할 수 있었다. 이 음식은 그들의 보잘것 없는 보급품들 가운데 가장 좋은 것이었다. 각 중대는 '전장' 카드[37]를 받았는데, 이 표는 전역 내 임시점령지에서 식량을 제공받을 수 있는 표식이었다.

각 연대에는 약 300명의 전시근로자들이 따라다녔는데, 이들의 주 임무는 부상자 후송이었다. 보다 많은 병력을 작전에 투입하기 위해 우리는 한시적으로 군의학교를 폐쇄했다. 그 결과 의사 10명, 보조의사 및 약사 91명, 그리고 264명의 간호사가 전선에 도착했다. 의정병과, 응급진료소, 그리고 수술팀에게는 의

37 원문에서는 'Field battle card'로 표기했다. 당시 발행한 군표로 보인다. (역자 주)

약품과 의료 장비가 보급되었다. 제1단계에서 아군 사상자는 218명 전사, 630명 부상으로 적군의 2/3에 달했다.

5

1950년 12월 17일, 드 라뜨르가 해외영토부 장관인 레뚜르노[38]와 함께 전용기를 타고 사이공으로 날아왔다.

드 라뜨르는 처음부터 자신의 권위를 뽐냈는데, 그는 번쩍이는 흰색 군복을 입고 항공기 문 앞에 홀로 나타났다. 그리고 꼿꼿이 서서 지팡이를 움켜쥐고 군중을 내려다보더니 천천히 계단을 내려왔다. 그는 자신을 만나기 위해 참석한 군인과 민간인 등 인도차이나의 선배들에게 차가운 태도를 숨기지 않았다. 그는 즉각 장엄한 열병식을 조직한 지역사령관을 해임했다.

다음날, 드 라뜨르는 총참모부의 각 부서장들을 프랑스로 돌려보내고 자신의 추종자들로 대체하기로 결심했다. 쌀랑[39]은 인도차이나에 대한 지식 덕분에 부사령관으로 임명되었고, 드 라뜨르가 지휘하던 1군단에서 복무한 대령 알라르[40], 보프레[41], 꼬니[42], 그라시외[43]가 등용되었다.

38 Jean Letourneau (1907~1986) 프랑스의 정치가, 법률가. 2차 세계대전 중 레지스탕스로 활약했으며, 전후 통신부 장관, 상무부 장관, 도시재건개발부 차관, 해외영토부 장관, 정부부 장관 등을 차례로 역임했다.

39 Raoul Salan (1899~1984) 프랑스의 군인. 2차 세계대전 중 됭케르크에서 부대가 괴멸된 후 비시 프랑스군으로 서아프리카에 파견 중 연합군에 투항, 제9식민지사단장으로 서부전선에서 싸웠다. 전후 신설된 프랑스 극동원정군 소속으로 베트남에 파견되었고, 드 라뜨르 사망 후 프랑스 극동원정군 지휘관이 되어 패전의 책임을 지고 경질된 1953년까지 재직했다. 1956년 알제리 주둔 제10군 사령관으로 임명되었으나 1960년 해임되자 스페인으로 망명 후 극우 민족주의 지하조직인 OAS의 수장이 되어 1962년 체포되었다. 수감생활 중 1968년 석방, 1984년 사망했다.

40 Jacques Allard (1903~1995) 프랑스의 군인. 모로코에서 리프 전쟁에 참여했고, 모로코에서 연합군에 투항, 프랑스-독일 전역에서 드 라뜨르의 1군단 소속 장교로 일했다. 1951년 베트남에 부임해 드 라뜨르의 참모장이 되었다. 1953년에는 알제리에 파견되는 등 식민지 군사작전의 전문가로 인정받았다.

41 André Beaufre (1902~1972)프랑스의 군인. 군사전략가. 사관학교에서 드골에게 사사받고, 1938년에 모스크바 주재 무관으로 일했다. 2차 세계대전 중 비시정권에 체포되었다 석방 후 종전까지 파리 해방군에서 일했다. 1947년 베트남으로 배치되었으며, 1950년 드 라뜨르 참모부에 배속되었다. 1956년 수에즈 전쟁 당시 이집트 원정군 지휘부에 편성되었다. 1960년대 이후 프랑스 특유의 핵 억지이론과 핵전쟁 시나리오 연구에 결정적 영향을 끼쳤다.

42 René Cogny (1094~1968) 프랑스의 군인. 2차 세계대전 중 독일군의 포로가 되었다 탈출한 후 레지스탕스로 활동했다. 이후 국방부 사무처장으로 재직 중 드 라뜨르의 호출에 인도차이나로 전속했다. 드 라뜨르 사망 이후 홍강 삼각주 기동부대를 지휘했으며, 디엔비엔푸 전술기지의 위치를 나바르에게 제안한 인물이기도 하다. 1953년 귀국 후 49세로 최연소 소장(Divisional general, OF-7)으로 진급했고 1956년 모로코 프랑스군 사령관이 되었다.

43 Jean Gracieux (1908~1974) 프랑스의 군인. 2차 세계대전 당시 세네갈에 있었고, 이후 자유프랑스군 소속으로 프랑스 방면에서 싸웠다. 1945년 이후 식민지 군무에 다시 투입되어 1948년부터 프랑스 극동원정군 본부 작전참모가 되

62세의 자신만만한 장군은 식민지에서 자신의 경력에 종지부를 찍을 의사가 없었다. 그는 공식적인 발표 이전까지 자신을 임명한 프랑스 정부의 의도를 알지 못했다. 드 라뜨르는 그가 봉착해야 할 난관들에 대해 장단점을 분석해 보았다. 그는 자신에게 상황을 깔끔하게 해결할 능력이 있으며, 홍강 삼각주의 베트민을 지속적으로 압박해 승리를 쟁취하고, 미국의 원조를 통해 강력한 군대를 건설할 수 있다고 생각했다. 그는 프랑스 정치인들이나 군인들이 불가능하다고 믿는 문제를 해결해 자신의 군 경력을 보다 영광스럽게 하기를 원했다.

12월 18일, 드 라뜨르는 랑썬과 띠엔옌을 잇는 4번 국도 끝자락의 딩럽 주둔 병력이 베트민의 압력을 받아 자발적으로 철수했다는 보고를 받았다.

다음날, 드 라뜨르가 하노이로 날아왔다. 4년 전에 발루이가 인도차이나 전역에서 전쟁을 벌였던 날이었다. 쌀쌀한 오후, 흐리고 습한 하늘 아래 8개 대대의 프랑스 원정군이 신임 총사령관을 맞이하기 위해 열병식에 참가했다. 그들은 풀이 죽은 모습을 숨길 수 없었다. 드 라뜨르는 부하들을 동정 어린 시선으로 바라보고는, 열병식이 끝난 후 장교들을 소집했다. 그는 장교들이 이전까지 전혀 들어보지 못했던 논리로 이야기했다.

> "우리가 싸우는 목적은 이익을 위해서가 아니다. 우리가 똥낑[44]을 싸워서 지킨 것은 문명을 위해서다. 우리는 지배하기 위해서 싸우는 것이 아니라 해방시키기 위해 싸우는 것이다. 일찍이 전쟁이 이처럼 고귀한 적은 없었다. 나는 현 시간부터 귀관들이 군대는 물론이고 민간분야까지 지휘하게 될 것임을 확언한다."

다음 날, 드 라뜨르는 하이퐁에 가서 하노이에서 말했던 이론을 되풀이했다. 이 무자비한 지휘관은 국경전투에서 패배한 장교들에게 강력한 경고를 날렸다. 드 라뜨르의 태도는 원정군 사기에 괄목할만한 자극제가 되었다.

12월 27일, 레뚜르노는 드 라뜨르에게 전반적인 활동 지침을 제공할 목적으로

었다. 1956년 수에즈 전쟁 당시 공수부대 지휘관으로도 일했다.

44 Tonkin, 통상 베트남 북부지방 전체를 뜻하나, 여기에서는 똥낑만 일대를 지칭한다. (역자 주)

작성된, 프랑스의 인도차이나 주요 정책에 관한 문서를 전달했다.

"귀관은 모든 작전을 다음과 같은 원칙에 근거할 것 :

가능한 효과적으로 연방국가들의 독립을 조성할 것. 어려운 전쟁에 필요한 어떤 요소도 폄하하지 말 것. 베트민과 맞서 싸울 때 동조국들이 그들의 책임을 이행하도록 대항 수단과 투지를 부여하고, 행동계획에 따라 동조국들의 정부가 권력을 행사하고 즉시 '현지'부대를 즉시 조직할 수 있도록 지도할 것."

드 라뜨르는 군사 분야에서 다음과 같이 지침을 부여했다.

"4번 국도에서 패배한 군대의 떨어진 사기를 고양시키고, 예측되지 않는 베트민의 향상된 전투 능력과 만에 하나 있을지 모르는 중국의 개입에 대응할 준비를 해야 한다. 단기적으로 방어해야 할 지역은 똥낑과 타이(Thái)족[45]이 사는 지역이다. 그럼에도 원정군은 가장 중요한 존재이다. 필요시에는 부분적으로 하이퐁이나 다낭으로 철수도 고려될 수 있을 것이다. 그러나 프랑스군은 정치적 및 경제적 사활이 걸린 요지인 코친차이나에 계속 주둔해야만 한다."

이 지침은 방어 전략과 만약의 경우 닥쳐올 수 있는 최악의 상황에 대한 대비를 강조했다. 즉, 드 라뜨르는 프랑스군의 패배를 막고, 남부 베트남에서 프랑스 국가이익을 유지하는 것이 필수적 임무임을 규정했다.

드 라뜨르는 여기에서 보다 큰 야망을 품었다. 그는 인도차이나 방면의 제한적 철수로 자신의 과업을 시작하려 하지 않았다. 북베트남 철수는 프랑스 원정군과 연방국의 사기를 저하시키고, 프랑스가 영원히 인도차이나에서 물러나는 계기가 될 가능성이 있다. 그리고 만약 북부 곡창지대이자 인구가 800만 명에 달하는

45 베트남 북서부 지방의 소수 민족 중의 하나. 당초 중국 남부에 거주했으나 대다수가 현재의 태국 일대로 이주하고, 일부는 라오스 북부. 일부는 베트남 북서부로 이주했다. 인구가 100만 명에 달하며, 프랑스 지배 당시 프랑스 측에 징집되어 베트민을 상대로 싸웠다. (역자 주)

홍강 삼각주가 중국제와 소련제 무기를 갖춘 베트민에게 재차 점령된다면 동남아시아 전역에 걸친 위협이 될 수도 있었다. 이 삼각주는 북에서 남쪽으로 밀려오는 '붉은 파도'를 막아주는 인도차이나의 '방파제'와 같은 곳이었다.

프랑스 정부의 명령과는 반대로 드 라뜨르는 전황을 역전시키고, 전장에서 주도권을 회복하고, 궁극적으로는 반격을 가하기 위해 모든 노력을 북쪽에 집중시키기 시작했다. 식민주의 행정가들이 얼마나 보수적인지 잘 알고 있던 드 라뜨르는 프랑스 정부에 군사와 정치에 관한 권력을 요구했다. 자신의 목적을 성취하려면 미국에 의존해야 했으므로, 미국의 개입을 무시할 수 없었기 때문이다.

드 라뜨르가 사이공에 돌아왔을 때, 바로 쩐흥다오 전역이 개시되었다.

띠엔옌과 몽까이에서 프랑스군을 철수시키자는 피에르 보이어 드 라뜨르[46]의 건의는 드 라뜨르(De Lattre)를 격분케 했다. 드 라뜨르는 모든 철수를 중단시키고 사이공에 있던 쌀랑을 하노이로 보내 피에르 보이어 드 라뜨르에게 북베트남 방면 지휘권을 인수받도록 했다. 그리고 남부, 중부 베트남의 3개 보병대대와 1개 포병단을 북쪽 부대들에 파견해 전력을 증편하고, 4개 보병대대, 1개 기동단과 1개 포대를 홍강 삼각주에서 띠엔옌과 몽까이로 보낸 후 어떤 대가를 치르더라도 일대를 방어하라고 지시했다. 그리고 오르똘리[47] 제독을 호출해 그의 함대를 띠엔옌 부근에 배치하고 띠엔옌에 있는 보병을 화력으로 지원토록 했다. 이제 하노이는 3개 기동단만으로 방어해야 했다. 드 라뜨르는 12월 31일에 직접 띠엔옌을 방문해 전면 공격에 신경이 곤두선 부대원들을 격려했다.

동박(Đông Bắc, 東北)지방에서 아군 제174, 98연대는 적의 중요 전력 일부를 유인해 내는 데 성공했다. 최고사령부는 쭝주 전역에서 실시된 제2단계 작전에서

46 Pierre Boyer de Latour du Moulin (1896~1976) 프랑스의 군인. 1차 세계대전 당시 제1모로코 소총연대를, 2차 세계대전에서는 모로코 따보르 부대들을 지휘해 활약했다. 특히 1944년 겨울 마르세이유 방면의 승리에 크게 공헌했다. 종전 이후 인도차이나 방면에서 근무했으나, 1949년 모로코로 복귀했고, 오스트리아 점령군과 튀니지 주둔군 사령관 등 요직을 역임했다. 원문에는 de Latour로 표기되어 de Lattre 혼동될 여지가 없으나, 번역서가 채택한 국문 표기 장 드 라뜨르 드 따시니와 동일해 혼동의 여지를 줄이기 위해 풀네임을 표기했다.

47 Paul Ortoli (1900~1979) 프랑스의 군인. 해군 포술장교로 임관, 이후 잠수순양함 쉬르쿠프 개발에 참여하는 등 기술장교로도 인정받았다. 1939년 뒹케르크에서 어선들을 동원해 프랑스군의 철수를 지원했고, 자유프랑스군 소속으로 참전했다. 제독으로 승진한 후 1949년 극동함대 지휘관이 되었고, 1950년 한국전쟁 당시 극동함대의 초동대응도 지휘했다. 이후 인도양 방면사령관과 동남아시아 조약기구 군사고문직을 거치는 등 해군의 요직을 역임한 인물이다.

제1단계 작전 중 심각한 피해를 입은 제3기동단이 점령 중인 빙옌시를 공격하기로 결정했다. 우리는 그 지역의 전술기지와 증원군을 격멸할 준비에 착수했다. 이 전투에 운용될 아군 부대는 제308여단 예하 36, 88, 102연대, 제312여단 예하 209, 141연대, 빙푹과 푸토 성의 지방군 2개 대대와 75mm 포병 3개 부대였다.

보조노력 방향은 북동지방에서 제174, 98연대와 박닝, 박지앙 및 꽝옌(Quảng Yên)[48]성의 지방군 3개 대대, 1개 75mm 포병부대를 투입해 박지앙성으로 전환되었다. 썬떠이(Sơn Tây)[49]전장은 제320여단과 썬떠이-하동(Hà Đông) 지방군 대대의 책임 하에 놓이게 되었다. 제304여단과 지방군은 닝빙(Ninh Bình)[50] 전선을, 제42연대와 지방군은 따응안(Tả Ngạn, 左岸)전선 통제를 책임졌다.

1951년 1월 10일, 총참모부는 주노력 방향에 대한 명령을 각 부대에 하달하기 위해 회의를 소집했다. 장교들은 땀다오산 자락의 쿠온추에 있는 작전사령부에서 만났다. 나는 그 모임에서 다음과 같이 선언했다.

“ 전역의 2단계를 위해, 전역 당위원회는 아군의 화력을 빙옌 전장에 집중하기로 결정했습니다. 드 라뜨르는 ‘우리는 한발자국도 양보하지 않는다.’라고 선언했습니다. 그러므로 만일 우리가 어떤 진지를 공격하든 적은 강력한 증원군을 보낼 것입니다.”

우리는 작전사령부를 쿠온추에서 산꼭대기로 옮겨 해발 800m의 휴양촌에 머무르게 되었다. 휴양촌은 이미 완전히 파괴된 상태였지만, 우리는 이전에 프랑스 총독이나 바오다이의 여름별장이었던 잔해 사이에서 머물 곳을 찾아냈다.

드 라뜨르는 베트민의 공격을 한가롭게 앉아서 기다리고 있지 않았다. 그는 주도권을 되찾고 싶어 했다. 보프레는 ‘트라페즈’(Trapèze)[51]작전을 제안했는데, 이 작전은 타이응웬과 박썬 산맥 자락에 위치한 것으로 추정되는 베트민 군수 기지를 공격하기 위해 5개 기동단을 투입하는 것이 핵심이었다. 그러나 드 라뜨르는

48 하이퐁과 하롱베이의 중간 지점에 있는 소도시(역자 주)

49 하노이 북서쪽 30km에 위치한 도시(역자 주)

50 하노이 남쪽 100km에 위치한 도시. 다만 본문에서는 닝빙이라는 도시의 이름이 아닌, 동으로 하롱베이(150km), 북으로 50km, 서로 30km, 남으로 100km가량 간격을 두고 하노이를 둘러싼 방어선을 의미한다. (역자 주)

51 프랑스어로 ‘그네’를 뜻한다.(역자 주)

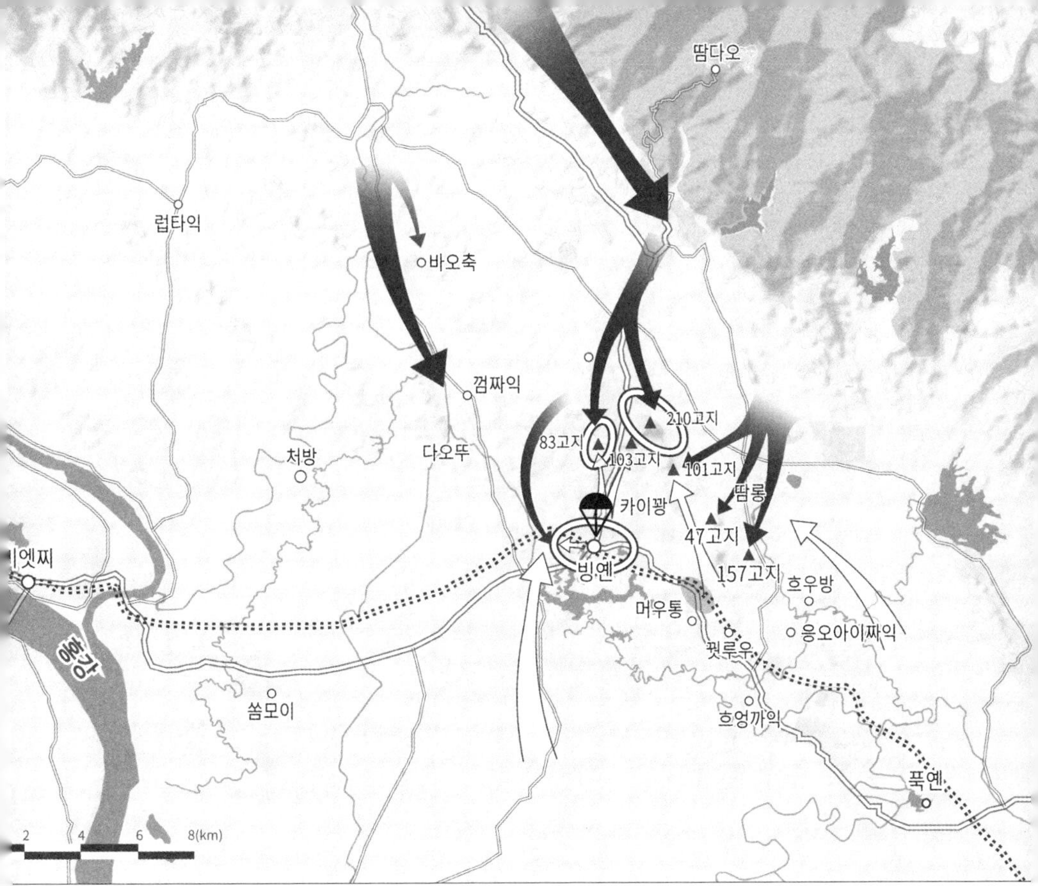

쭝쭈 전역 2단계 : 베트민의 빙옌 공격과 프랑스군의 방어 및 증원

이 계획이 너무 위험하다고 판단해, 상대적으로 제한된 작전을 전개하기로 결심하고 레동(Redon)이 지휘하는 2개 기동단을 1951년 1월 15일까지 추(Chũ) 방향으로 진격시켰다. 그러나 라뜨르는 이 계획을 실행에 옮길 시간이 없었다. 우리가 쭝주 전역 2단계를 개시했기 때문이다.

6

1951년 1월 12일 밤, 제98연대와 제174연대가 박박 지역에 대한 견제 사격을 개시했다. 제174연대는 동케 초소를 궤멸시켰지만 제98연대는 껌리(Cẩm Lý)[52]를

52 하노이 북동쪽 80km에 위치한 마을. (역자 주)

함락시키지 못했다.

다음 날 밤, 제141연대는 빙옌 북서쪽 11km에 위치한 바오축(Bảo Chúc) 진지를 공격했다. 이곳은 특화점과 강력한 참호, 7중 철조망 및 지뢰로 구성된 매우 강력한 전술기지였고, 5개 중대가 배치되어 있었다. 제88연대, 제36연대, 제209연대는 껌짜익(Cẩm Trạch), 타잉번(Thanh Vân) 및 다오뚜(Đạo Tú) 전장을 통제하면서 빙옌 방면에서 접근할 증원군을 상대로 전투를 준비했다.

바오축 일대의 적은 강력하게 저항했다. 우리는 새벽 4시가 되어서야 가까스로 적 방어진지에 천입(穿入)[53]하는 데 성공했다. 전투는 정오까지 적을 모두 사살하거나 생포하면서 종결되었다. 1월 14일 오전, 바누셈[54]이 지휘하는 제3기동단이 바오축을 증원하기 위해서 빙옌에서 도착했다. 적 제8므엉족(Mường)대대[55]는 투이안(Thủy An)에서 제209연대의 공격을 받자 껌짜익 고지로 후퇴해 방어로 전환했다. 같은 시각, 제3기동단의 대대들은 계속 전진중이었다. 제36연대와 제38연대는 적 가까이 근접해 적을 포위하고 절단시켰다. 전투는 고지와 산악의 노출된 곳에서 격렬하게 진행되었다.

적은 항공기와 포병의 지원을 받고 있었지만 개전 초기부터 수세에 몰려 있었으므로 점차 패배에 가까워졌다. 리엔썬 전투 이후 증강된 제3기동단은 재차 심각한 피해를 입은 후 빙옌까지 도주했고, 아군은 날이 어두울 때까지 그들을 추격했다. 우리가 적을 추적하자 적은 땀롱(Tam Lộng), 머우퉁(Mẫu Thông), 꿧르우(Quất Lưu) 및 머우럼(Mậu Lâm) 등의 진지를 포기했다.

1월 14일 밤, 참모들이 도청반에서 바누셈이 북부사령부에 보내는 전문을 도청했다고 보고했다. 그 전문의 내용은 '빙옌[56] 사실상 포위됨' 이었다. 빙푹 지역 사령관 갈리베르는 신속한 증원을 요청했다. 빙옌시를 점령중이던 프랑스군은

53 사회주의 국가들이 사용하는 전술로, 원문에서는 Piercing으로 표기했다. 적의 극히 좁은 방어진지에 강력한 전투력을 투입하여 소규모 돌파구를 조성한 후 이를 확장하는 방식으로 진행된다. (역자 주)

54 Paul Vanuxem (1904~1979) 프랑스의 군인. 저술가. 2차 세계대전 중 이탈리아 전역에서 알퐁소 쥐앵의 지휘 하에 몬테카시노 전투에 참가한 자유프랑스군 지휘관이다. 인도차이나 전쟁 참전 이후에는 튀니지 일대에서 국경지역을 책임졌으나, 이후 OAS 가담혐의로 체포되었다. 방면 후 중동지역과 인도차이나 전쟁에 대한 회고록을 저술했다.

55 므엉족으로 구성된 프랑스 식민지군 현지 부대. (역자 주)

56 하노이 북서쪽 40km에 위치한 도시(역자 주)

긴장했다. 나는 야간에 레쫑떤과 브엉트아부에게 빙옌을 기습 공격하기 위해 1개 연대를 보낼 수 있는지 알아보았다. 그러나 두 지휘관은 자신들의 부대가 어디 있는지 확신이 없어서 1월 15일 야간에 공격할 것을 건의했다.

제320연대는 썬떠이와 쭝하(Trung Hà) 사이의 11번 국도 주변에 있던 9개의 소규모 진지를 파괴하고 유럽-아프리카 1개 중대를 궤멸시켰으며, 야포 1문을 노획했다. 제304여단은 닝빙에 있던 진지 6개소를 파괴했다.

중부에 있는 5개 성의 지방 부대들은 1950년 12월 20일부터 1951년 1월 11일까지 전투를 치러 일련의 성과를 이룩했다. 빙뜨엉(Vĩnh Tường)에서만 1개 초소와 9개 감시탑을 파괴했고, 제1단계에서 제209연대에게 두 차례 공격을 받고 축출된 처방의 적군을 압박해 진지를 포기하도록 했다.

쌀랑은 제1기동단을 하노이에서 푹옌으로 전진시켜 베트남군 측면 깊숙이 침투할 준비를 하도록 명령했다. 그리고 1개 공정대대를 빙옌에서 5km 떨어진 동다우(Đồng Đau)에 보내, 다음 날 공수낙하할 준비를 하도록 조치했다.

1월 14일 오후 4시, 드 라뜨르가 프랑스군이 껌리를 성공적으로 방어하고 있다는 선전을 퍼뜨리기 위해서 기자회견을 열고 있을 때, 그는 빙옌에 대한 나쁜 소식을 보고받았다. 드 라뜨르는 즉각 기자회견을 중지하고 어떻게 대처할지 고민하기 시작했다. 그는 쌀랑과 레동에게 명령해 즉각 빙옌을 떠나 상황을 호전시키고 각 부대간 협조체계를 유지하도록 했다. 그날 밤, 드 라뜨르는 제2기동단을 룩남(Lục Nam)[57]에서 차출해 빙옌에 보내기로 결심했다. 그리고 알라르 참모장에게 남부와 중부에 있는 5개 대대를 북부로 전환하도록 명령했다.

드 라뜨르는 공군사령관 마리꾸르[58]에게 미국에서 제공한 네이팜탄을 빙옌에 투하하도록 명령했다. 드 라뜨르는 베트민이 프랑스군을 빙옌 방면으로 유인한 후 하노이를 공격하는 상황을 우려하여 중요한 보병과 기갑차량을 시 북쪽에 집중시키고 보프르의 지휘하에 두었다.

---

57 하노이 북동쪽 80km에 위치한 박지앙 소재 현(역자 주)

58 Alain de Maricourt (1909~1999) 프랑스의 군인. 1929년부터 항공 병과를 선택했고, 2차대전 당시에는 리비아 방면에 배치되어 본토 방어에 참전하지 못했으나, 1942년 연합군 측으로 넘어가 폭격기 부대를 지휘했다. 1950녕 이후 하노이에 배치되어 방면 공군을 지휘했다. 강경한 성격으로 육군과 종종 마찰을 빚었다

그날 밤, 바누셈은 베트민의 다음 돌격을 우려하면서도, 가벼운 손실을 입은 므엉대대 외에는 피곤에 지친 240명의 알제리 기병, 280명의 모로코 병사들만을 소집할 수 있었다.

다음 날 오전, 아군은 응오아이짜익(Ngoại Trạch), 카이꽝(Khai Quang), 머우통에서 빙옌으로 전진중이던 제1기동단을 공격했다. 제1기동단의 일익이 베트민에 의해 고립되었고 흐엉까잉(Hương Canh)으로 후퇴를 강요받았다. 동시에 우리는 제1알제리보병연대 소속 2개 중대를 포위했다. 제1기동단 전체가 수세에 몰렸다. 그러나 적기가 나타나 네이팜탄을 투하했다. 우리 병사들은 새로운 무기체계에 어떻게 대응해야 할지 몰랐다. 그날 적기는 70여 회를 출격해 수백 발의 폭탄을 전장에 투하했고, 우리 병사들은 네이팜탄을 피하기 위해 두꺼운 옷과 담요를 뒤집어써야 했다. 적은 우리에게 닥친 고난을 십분 활용해 반격을 가하고 빙옌으로 향하는 도로를 개방했다. 그러나 그들은 하루에 고작 1km밖에 이동할 수 없었다.

제3기동단은 여전히 베트민 제209연대에 포위되어 있었다. 적은 제1기동단과 연결하기 위해 몇 번이고 포위망 돌파를 시도했으나 번번이 실패로 끝났다.

오후 4시 30분, 드 라뜨르와 쌀랑은 빙옌에 도착해 수백 명의 사상자를 목격했다. 드 라뜨르는 감시탑에서 똑바로 선 채로 레동에게 물었다.

“귀관은 이 복잡한 과업을 수행할 자신이 없나?”

레동은 ‘복잡한 과업’이라는 표현은 현 상황에 사용하기에 적절하지 않은 용어라고 대답하며, 만일 이번 전투가 베트민의 승리로 끝난다면 베트민의 다음 목표는 하노이가 될 것이라고 말했다. 드 라뜨르는 놀랐지만 바누셈은 레동의 의견에 동의했다. 드 라뜨르는 쌀랑을 돌아보며 말했다.

“귀관은 나를 속이기 위해서 노력해 왔거나 자기만족에 빠져 있었군.”

그는 그리고는 레동에게 물었다.

“귀관이 두려워하는 것이 뭔가? 자네가 원하는 것은 뭔가?”

레동이 대답했다.

“제가 원하는 것은 제1기동단을 강화시키는 것입니다. 저는 강력한 예비를 보유하기를 바랍니다. 포병을 포함한 추가적인 6개 대대를 말입니다."

드 라뜨르는 말했다.

"귀관이 요청한 것을 다 들어주겠네."

하노이에서 드 라뜨르는 레동에게 전문을 발송했다.

"오전에 귀관은 12개 보병대대와 3개 포병단을 인수받게 될 것임. 나는 이것으로 귀관이 임무를 수행할 것이라 믿음."

1월 15일 저녁, 우리 부대들은 철수 명령을 수령했다. 부상자들을 치료해야 했고 다음 날의 전투를 위해 탄약 재보급도 필요했다. 따라서 우리는 포위를 풀었고, 제1기동단은 빙옌에 도착했다.

다음 날 오전, 제1기동단과 제3기동단은 3개 공격제대를 구성해 다잉(Đanh)구릉지대를 점령했다. 이 구릉지대는 빙옌 북쪽으로 7km에 걸쳐 이어져 있었다. 가장 높은 곳은 210고지로, 빙옌시에서 땀다오로 이어지는 도로에 인접한 곳이어서 주변 넓은 지역을 관찰할 수 있었다.

제209연대의 1개 파견대가 산에 주둔했다. 적의 공격에 맞서서 우리 군은 용감하게 싸웠으나, 적의 보병, 항공 및 포병으로 구성된 대규모의 공격에 후퇴해야만 했다. 제1기동단은 다잉 산맥 전체를 장악했고, 제3기동단은 빙옌 북동쪽에 있는 일련의 고지군을 성공적으로 점령했다.

전역사령부는 일련의 상황을 다음과 같이 평가했다.

"빙옌은 강력하게 증강되었다. 적은 방어를 강화하고 증원군으로 일대의 고지를 점령했으므로 적의 증원군을 공격할 기회는 사라졌다. 이와 같은 고지 방어는 우리의 공격에 대한 지속적인 방어선으로 작용할 것이다. 하지만 고지 방어를 견고히 하기 위해서는 여전히 추가적인 공사가 필요하다. 우리는 빙옌을 공격하려는 계획을 포기하고, 대신 적들이 방어체계를 견고히 하기 전에 산에 있는 적을 공격해야만 한다. 아군은 국경 전역 기간 동안 급편방어중인 고지를 어떻게 공격하는가를 배웠다."

오전 동안 긴급 준비를 마친 후, 16일 오후 1시 30분을 기해 아군이 전진했다.

전투는 아군이 기지를 출발하자마자 곧바로 격렬해졌다. 적기가 네이팜탄을 끊임없이 투하했고 적 포병이 우리 공격 부대에 사격을 가해 왔다. 그러나 베트민은 상상을 초월하는 용기와 능숙한 기동으로 적의 화력집중구역을 통과하는 데 성공해 공격을 개시했다. 제209연대가 70, 103고지를 점령한 후, 오후 5시에 제36연대가 157고지 방향으로 전진했다. 적 증원이 도착했지만 제209연대에 차단당해 철수를 강요받았다. 제1기동단과 제10식민공정대대는 밤까지 부대를 재편성하고 각 고지에 원형진[59]을 형성한 채 대기했다.

그날 밤, 제308여단과 제312여단이 적에 대한 공격을 개시했다. 적의 항공기 폭격과 포병 사격이 워낙 강력해 아군은 돌격을 중단했다. 47, 101, 210고지 전투는 특히 치열했다. 오전 2시경에 우리는 모로코 대대에 심각한 타격을 주고 101고지를 장악했다. 우리는 적 방어선을 돌파했지만 아군의 전투력도 고갈되었다. 210고지만 아군 부대 간의 조율에 실패해 공격이 중단되었다.

7

1951년 1월 17일 오전 2시, 공격에 문제가 있음을 인지한 전역사령부는 철수를 결심했다.

기습적 요인은 사라졌다.

드 라뜨르는 전 인도차니아에서 병력을 긁어모아 베트민 정규군 5개 연대와 맞먹는 규모의 병력을 내륙지방에 집중시켰다.

이제 베트민 군대는 처음으로 프랑스 기동단에 대해 1:1로, 주야를 불문하고, 낮은 고지나 평원에서 맞서게 되었다. 프랑스는 정예군을 투입하고, 미국에게 증여받은 장비로 전투력을 증강시켰다. 아군은 23일 동안 주야를 가리지 않고 않고 싸웠다. 그들은 적 5,000여 명을 전장에서 퇴출시켰고 그중 2,000여 명을 포로로 잡았다. 또한 30여 개의 진지를 파괴하고, 1개 연대를 무장하기에 충분한 1,000

59 圓形陣, 한국에서는 전면방어(全面防禦)로 표기한다. (역자 주)

여 정의 직사화기를 노획했다. 빙옌과 푹옌의 북부 일부와 동북성의 2개 현(빙리에우, 황모Hoàng Mô)이 해방되었다. 우리는 하이닝 성의 해방지역도 띠엔옌과 몽까이까지 확장했다. 게릴라전이 내륙지방과 제3연합구역의 적 후방에서 전개되었다.

이번 전투는 베트민이 치른 두 번째로 큰 규모의 정규전이었다. 국경 전역에서 산악과 밀림 등 지형적 우세를 바탕으로 전투를 치렀다면, 이제는 은신처를 전혀 제공해 주지 않는 낮은 고지와 평지 등 우리에게 이점을 거의 제공하지 않는 공간에서도 효과적으로 싸울 수 있음을 증명했다.

신속한 기동성은 정규전에서 필수 불가결한 요소다. 우리는 까오박랑 지역의 산악과 삼림에서는 적에게 우리 움직임에 반응하도록 강요했으므로 종종 적보다 몇 시간 빨리 목적지에 도착할 수 있었다. 그러나 내륙지방에서는 상황이 역전되었다. 항공기와 기갑차량을 갖춘 적은 우리보다 신속하게 이동했다. 적의 상황도 빈번히, 그리고 신속하게 변경되었다. 우리가 사격을 개시하면 적은 증원군으로 2개 기동단을 신속하게 투입했다. 지칠 대로 지친 제3기동단의 유럽-아프리카군 패잔병 500여 명이 방어하던 빙옌시도 야간을 틈타 완전히 전투력을 복원했다.

정규전에서는 보급에 대한 요구가 매우 크다. 최신 현대무기도 탄약이 없으면 무용지물이 된다. 우리는 모든 군수작전을 전시근로자에 의존했고, 정규전에 필요한 많은 다양한 무기들을 갖추지 못했다. 적의 포병을 능가하는 중화기가 충분치 않았고, 대공화기는 아예 없었다. 따라서 아군의 공격 대형은 '할머니'[60]라는 별명이 붙은 정찰기에 의해 유도되는 적 항공기와 포병의 쉬운 표적이 되었다.

아군은 리엔썬, 수언짜익, 타잉번 및 다오뚜에서 제3기동단을 몰아내고, 항공기의 지원을 받은 제1기동단의 공격을 격퇴시키며 하루 종일 전투를 감행했다. 그러나 우리는 공격기간 내내 적의 네이팜탄과 포탄에 대응할 방법을 찾지 못했다. 우리는 아직 이런 문제점을 극복할 수 없었다.

1951년 1월 17일 오전에, 우리는 쭝주 전역을 종료하기로 결정했다.

60 원문에서는 'Old Ladies'로 표기했다. 베트남인들이 'bà già'(노파)라는 부르던 이 기체는 2차대전 당시 나치의 정찰기인 Fieseler Fi 156 Storch로, 프랑스군은 Storch를 Morane Saulnier MS 500이라는 이름으로 운용했다.

1951년 1월 16일, 전선 시찰을 위해 빙옌 방면으로 이동중인 드 라뜨르의 지휘부. 소형 정찰기인 MS 500에 분승했다. (Memorial Marshal Jean de Lattre de Tassigny)

8

내륙지방에서 복귀한 후, 나는 전역 상황을 보고하기 위해 호 아저씨와 쯔엉칭을 만나러 갔다. 드 라뜨르가 우리를 대하는 방법은 이전의 프랑스 총사령관들과 달랐다. 나는 당전선위원회에 새로운 작전을 전개할 것을 건의했다. 우리는 드 라뜨르가 그의 군대를 강화하고 삼각주를 석권하는 시간을 벌지 못하도록 우기 이전에 활동을 활발하게 전개해야 했다. 호 아저씨와 쯔엉칭은 그 계획을 즉각 준비하라고 말했다. 아저씨는 그가 쭝주 전역이 종료되면 장병들에게 격려문을 보낼 것이라고 덧붙였다.

당 의회는 단지 20일간 개회했다. 당 총군사위원회는 긴급회의에 중국 고문단을 초청했다. 당 중앙위원회는 쭝주 전역 이후에 홍강 삼각주 해방을 목적으로 제3연합구역[61]에서 작전을 개시하기로 계획했다. 그러나 쩐흥다오 작전이 우리의 기대와 같이 종료되지 않았으므로, 우리는 작전 시행에 대해 주저했다. 어떤 이는 회의에서 룩남을 기점으로 하는 내륙지방에서 다시 작전을 개시하자고 주장했고, 중국 고문단은 우리가 몽까이를 공격해 북쪽 국경부근을 모두 해방시킬 것을 제안했다.

나는 내륙지방이 군수지원에는 용이한 지형이지만, 빙푹, 박닝, 그리고 박지앙을 잇는 적 방어선이 매우 견고하며 적이 고도의 경계태세를 갖추고 있음을 깨달았다. 반대로 제3연합구역은 적의 전력이 약하고 경계도 취약하지만, 대신 병참선이 늘어나는데다 중간에 많은 강을 건너야 했다. 제3연합구역이 내륙지방과 유사한 점은 프랑스군이 쉽게 전력을 증원할 수 있다는 것이었다. 몽까이는 적 후방지역 깊숙한 곳에 위치했고 해안에 가까웠으며, 함포 지원이 용이해 프랑스가 지역을 통제하기 쉬웠다. 설령 우리가 도시를 해방시킨다 해도 방어하기 어려운 곳이었다.

당 총군사위원회는 고문단과 대화를 나누었다. 모두 다 한마음으로 선택한 곳은 적의 경계가 허술한 내륙지방이었다. 그러나 우리가 적 진지나 증원부대에 대한 공격을 원활히 하기 위해서는 산악과 삼림이 필요했다. 나는 당 중앙상임위원회와 호 아저씨에게 제3연합구역의 작전을 잠정적으로 연기하고 북동지역에 집중해야 한다는 내용의 보고서를 제출했다. 위원회와 아저씨는 이에 동의했다.

1951년 1월 30일, 당 중앙위원회는 전역당위원회 위원으로 보응웬지압, 응웬치타잉, 추반떤, 황반타이, 그리고 쩐흐우즉 등 다섯 명을 선발했다. 나는 당위위원회 서기 겸 전역사령관이 되었다. 당 중앙위원회는 적 소멸(6~8개 대대), 적 방어 강화계획 분쇄 및 게릴라전 확대라는 전역의 목적을 규정했다. 전역의 명칭은 베트남 국가영웅인 '황화탐'으로 정했다. 총참모부는 신속히 계획을 수립했고 간부들을 전장으로 보내 준비하게 했다.

정부위원회 회합은 음력 정월 초하루에 열렸다. 나는 쭝주 전역에서 우리 군의

61 하노이 일대의 12개 성으로 구성된 군사구역. 제2구역, 제3구역 및 제11구역의 총칭. (역자 주)

성취와 실패를 포함한 지난 작전에 대해 보고했다. 보고를 전부 들은 후, 호 아저씨가 언급했다.

"내륙지방에서 우리 군은 많은 성과를 이루었습니다. 우리는 적 기동단을 맞아 주간과 평원에서 싸워 적 기동단을 격멸했습니다. 따라서 이는 과업을 완수한 것이 아니라 초과 달성한 것입니다."

우리가 전역으로 선택한 북동전장은 적 지역 깊숙한 곳으로, 17번 및 18번 국도가 있는 곳이었다.

18번 국도는 꽝옌성에서 해안을 따라 우옹비(Uông Bí), 비처(Bí Chợ), 짱바익(Tràng Bạch), 마오케(Mạo Khê)[62], 동찌에우, 파라이(Phả Lại)[63]를 지나 박닝성까지 이어졌다. 17번 국도는 파라이에서 벤땀(Bến Tắm)을 지나 룩남으로 이어졌다. 이 지방은 흔히 '검은 황금' 지역이라고 불렸다. 혼가이, 방자잉(Vàng Danh), 마오케 석탄광산은 프랑스가 오래전부터 개발해 왔다. 18번 국도는 동찌에우 산맥과 적의 전함이 자주 출몰하는 다바익(Đá Bạch)강을 건너 뻗어나갔다.

베트민의 북동 해방지역은 병참선이 보잘 것 없었고, 대부분 중국-베트남 소수민족이 거주하는 인구밀도가 낮은 협소한 지역이었다. 베트민과 거주민의 관계가 발전되지 않아서 전장 준비가 많은 난관에 봉착했다.

전역 당위원회는 진지전과 기동전의 중요성을 덧붙여 전술에 관한 결정을 내렸다. 작전 전개 상황에 따라 새로운 결심이 뒤따랐다. 베트민은 초소를 공격하고 적 증원군을 소멸하는 전술을 구사할 것이다. 그러나 쭝주 전역의 교훈을 바탕으로 여건이 허락하지 않으면 기동전에 의지하지 않기로 했다. 이미 아군은 빙옌에서 적의 항공기와 포병 공격에 많은 사상자를 낸 경험이 있었다.

총참모부는 두 가지 작전계획을 제시했고, 전역사령부는 그중 하나를 전투계획으로 선정했다. 1번 계획은 17번, 18번 국도를 결정적인 목표로, 13번 국도를 보조 목표로 선정했다. 2번 계획 역시 기본은 비슷하지만 부분적으로 상이한 내용이었다.

---

62 하이퐁 항 북쪽 30km에 위치한 지방 (역자 주)

63 하롱베이가 있는 꽝닝(Quảng Ninh) 성의 지방들.

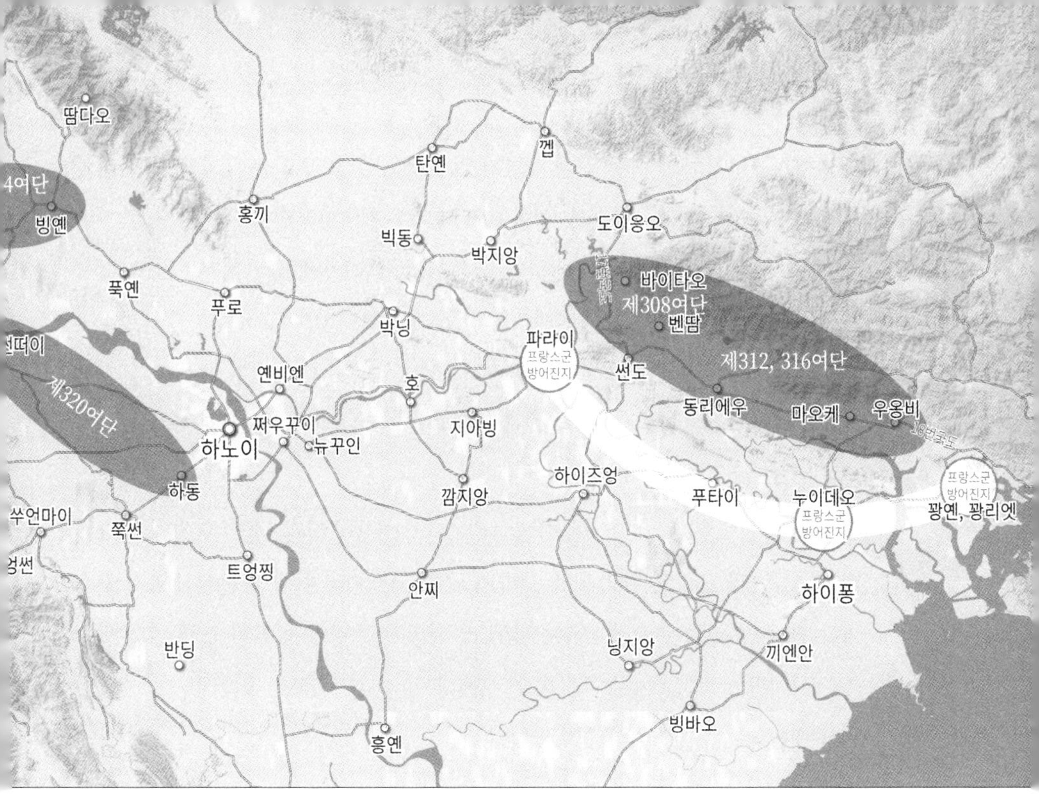

황화탐 전역 방면도

전역당위원회는 두 계획의 장단점을 비교한 후, 바이타오(Bãi Thảo)에서 우옹비로 이어지는 18번 국도의 50km 구간을 결정적인 목표로 선정했다. 이 지역에서 적 방어선은 하이퐁, 하이즈엉 및 5번 국도를 방호하기 위해 3개 구역인 누이데오(Núi Đèo), 꽝옌 및 파라이에 설치되어 있었다. 이 지역의 적 규모는 주둔부대와 기동부대를 합쳐 총 11개 대대였다. 적 기동부대의 일원인 제7기동단은 파라이에 위치해 있었다. 쩐흥다오 전역 이후, 적은 파라이, 마오케, 우옹비, 그리고 꽝옌에 있는 병력을 증강시켰다. 우리는 아군이 18번 국도를 공격하면 적이 그 중요성을 인식하고 즉각 지상, 해상 및 공중으로 병력을 증원할 것이라고 분석했다. 18번 국도상의 평야, 밀림, 산악지형, 그리고 맹그로브 숲으로 덮인 소택지 등으로 구성된 지형은 우리가 기동전을 전개하고 적의 중요한 일부를 소멸시킬 수 있도록 허용할 것이다.

우리는 작전 첫날에 하노이와 하이퐁에 강한 압력을 구사하기로 결심했다.

제304여단은 빙옌과 비엣찌 간에 있는 적을 공격하라는 임무를 부여받았다.

제320여단은 썬떠이와 하동을 공격하기로 예정되었다. 우리는 내륙지방과 비엣박 지방의 북서지역, 그리고 제3연합구역의 따응안, 그리고 흐우응안(Hữu Ngạn, 우안)[64] 지역에서 게릴라전을 확대하기를 원했다. 우리는 1, 5, 6, 그리고 11번 국도를 파괴하기로 결정했다. 최고사령부는 내륙지방의 지방군에게 1, 2, 13번 국도상에 지뢰를 매설하고 병참선과 교량을 파괴하라고 지시했다. 그들은 동시에 박닝과 빙푹 남쪽에 있는 적진을 파괴하고 프랑스 기동 예비를 괴롭히는 임무를 부여받았다.

작전 참가 병력은 40,000명에 육박했다. 전역계획에 따라 작전 수행에 필요한 1,263t의 식량과 156t의 탄약을 수송하기 위해 50,000명 이상의 전시근로자를 동원해야 했다. 보급로는 수백 km에 달했고, 적의 항공기와 포병에 의해 위협을 받을 가능성이 있는 많은 애로 구간이 존재했다.

우리는 전역기간을 1개월로 계산했다.

전역의 주노력 방향에 참가하는 부대로는 제308, 312여단, 제174, 98연대, 그리고 75mm 포병부대가 있었다.

베트남 공산당 인민회의 폐회 이후, 호 아저씨는 인민회의 결의안을 모두에게 설명하기 위해서 박깐(Bắc Cạn)[65]으로 이동했다. 그리고 1951년 3월 초순, 호 아저씨는 나에게 공병부대를 방문하고 싶다고 말했다. 군수총국장인 쩐당닝과 나는 아저씨의 제250중대 방문에 동행했다. 아저씨는 그들의 작업과 학습에 관한 것들을 청취한 후에 질문을 했다.

"하루에 쌀을 몇g씩 취식하는가?"

그들은 대답했다.

"800g입니다. 아저씨."

호 아저씨는 쩐당닝을 돌아보면서 말했다.

"공병은 일이 고되서 잘 먹어야 하네. 지금부터 하루에 900g씩 지급하도록."

---

64 홍강을 지도에서 정치하면 서안이 좌안, 동안이 우안이 된다. 따라서 본문 중 제3연합구역(하노이 남부지방)의 좌안 및 우안은 홍강을 중심으로 한 좌우측 지역을 의미하게 된다. (역자 주)

65 하노이 북쪽 150km에 위치한 도시 또는 성 (역자 주)

국경 전역 이후 호 아저씨는 병참과 수송 문제에 각별한 관심을 기울였다. 그는 도로를 건설중인 전시근로자들을 빈번히 방문했다. 1951년 3월에는 교량 보수상태를 검열하고, 3번 국도상의 수송기지들과 보급소들을, 그리고 최근 창설된 병참수송부 최초의 차량부대를 방문했다. 호 아저씨가 말했다.

"우리나라는 아직 자동차를 만들지 못합니다. 석유도 생산하지 못합니다. 그래서 매우 소량의 자동차밖에 가지지 못했습니다. 저항은 오랫동안 지속될 것이고, 작전 지역은 확장되고, 수송 요구는 한없이 확대될 것입니다. 차량과 석유는 인민의 땀과 눈물이며, 뼈와 살입니다. 여러분은 차를 자식처럼 보살펴야 하며, 석유을 여러분의 피처럼 아껴야 합니다."

이 말은 항불(抗佛), 대미(對美) 저항 전쟁 기간 내내 병사들의 마음속에 깊이 새겨졌다.

3월 3일, 호 아저씨는 베트민과 리엔비엣(Liên Việt, 聯越)[66]을 통합시키기 위한 인민회의 개회식에 참석했다. 그의 창작물인 '베트민'이 베트남 역사에 위대한 역할을 수행하고 있었다. 그는 매우 흡족해하며 말했다.

"결속의 숲은 꽃을 피우고 열매를 맺게 했고, 그 뿌리는 더욱 깊이, 더욱 넓게 전 인민들 속에 뻗쳐 나갔으며, '영원한 청춘'이 미래가 되었습니다. 그리고 결속에 있어서 전 베트남 인민뿐만 아니라 두 형제 국가인 캄보디아와 라오스 인민 전체가 자신들의 일체성을 깨닫게 해 줄 것입니다."

1951년 3월 5일, 최고사령부는 디엠막(Điềm Mạc)[67]에서 회의를 열고 주노력 공격부대에게 과업을 하달했다. 쭝주 전역에 참전했던 대부분의 간부들이 회의에 참가했다. 회의 도중에 호 아저씨가 와서 말했다.

"여러분은 역사적 현장인 바익당(Bạch Đằng)[68]-반끼엡(Vạn Kiếp)[69]을 곧장 쳐들어가야합니다. 그러면 우리가 침략자들과 맞서 싸웠던 영광의 표본을 되새기게 될

66 두 기구는 베트남 혁명에 중요한 역할을 수행했다.

67 비엣박의 혁명기지에 소속된 딩화(Định Hóa)성에 소속된 작은 산골 마을. 하노이 기준 북쪽으로 100km가량 떨어져 있다. (역자 주)

68 하롱베이 남부에 있는 강의 이름. 1288년 몽골 침입 시에 베트남의 군신(軍神)이라고 추앙받는 쩐흥다오(Trầan Hưng Đạo) 장군이 이곳에서 몽골의 해군을 전멸시킨 전투로 유명하다. (역자 주)

69 꽝닝성의 지명. 베트남의 국가적 영웅 쩐흥다오가 3차례에 걸친 몽골-원의 침략을 저지한 곳으로 유명하다.

것이며, 작전을 승리로 이끌고 우리 조상들의 영광스러운 전통을 유지하며 우리 인민과 조국을 지키기 위해 투쟁을 계속하게 될 것입니다."

9

1951년 3월 초순, 프랑스군 참모부는 베트민이 가용 5개 여단을 운용해 삼각주에 대한 새로운 공세를 준비중이라고 믿고 있었다. 그들은 이 전투가 북부 베트남[70]의 운명을 결정짓는 건곤일척의 대회전이 될 것으로 기대했다. 그러나 프랑스는 어디에 우리의 공세가 개시될 것인지 알지 못했다. 프랑스 최고사령부는 베트민에 대해 당시까지 수집한 정보를 바탕으로, 비엣찌가 직접적인 위협을 받고 있다고 판단했다. 드 라뜨르는 증원군을 추가로 요청하기 위해 프랑스로 돌아가기 전, 베트민의 활동을 막기 위해서 골머리를 앓았다. 프랑스군 참모부는 드 라뜨르의 명령을 이행 중에 제308 및 312여단이 돌연 푸랑트엉(Phủ Lạng Thương)[71]과, 불확실하지만 동찌에우를 위협하고 있다는 소식을 접했다. 쌀랑은 3월 19일에 보다 구체적인 첩보를 입수했는데, 두 여단이 제316여단 예하의 2개 연대와 함께 동찌에우 산맥에 집결 중이며, 3월 23일경에 전투가 시작될 것이라는 내용이었다. 제304, 320여단은 서쪽에서 하노이를 위협하기 위한 전투대형을 편성하고 있었다.

주노력 공격방향의 베트민 병력은 총 25,719명이었다. 전투부대를 지원하기 위해 30,000명의 전시근로자가 동원되었다. 비록 전투원과 전시근로자들이 각각 상이한 지역에서 행동을 개시했지만 그들 모두가 적의 탐색에서 자유로운 것은 아니었다. 모두가 무거운 짐을 날랐다. 병사들은 총, 탄약, 폭발물 및 식량 등 30kg의 짐을 어깨에 짊어졌다. 전시근로자는 더 무거운 짐(쌀이나 탄약)을 어깨 막대기[72]로 날라야 했다. 대신 이전까지 인력으로 이송하던 산악포를 처음으로

70 베트남 전체를 3등분했을 때의 북부 배트남, 즉 국경지역, 내륙지방, 홍강 삼각주가 여기에 모두 포함된다. (역자 주)

71 박지앙성 내의 지명.

72 베트남에서 돈가잉(đòn gánh)이라고 불리는, 운송에 사용하는 막대형 도구. 양 끝에 바구니나 보따리를 매달고 어깨에 짊어진 채 이동한다. (역자 주)

말 등에 실어 나르기 시작했다.

전역개시 첫날은 기상이 불량했는데, 이는 우리에게 유리했다. 적기가 뜨지 못해 우리 활동을 탐지할 수 없었기 때문이다. 인민들은 긴 행렬을 이루면서도 적에게 들키지 않고 적 후방으로 길을 개척해 나갔다. 병사들과 전시근로자들은 행군 도중에 인민일보 1호를 받아보았는데, 거기에는 당 인민회의에 관한 기사가 실려 있었다.

"당 합법적 활동으로 전환"

환호와 박수 소리가 멀리, 그리고 넓게 메아리쳤다. 많은 부대들이 즉시 그 사건을 축하하기 위해 모임을 마련했다. 행군하던 사람들은 전역사령부에 당과 군이 자신들에게 부여한 과업을 어떤 난관이라도 극복할 것을 다짐하는 서신을 산더미처럼 보냈다.

1951년 3월 18일과 19일, 전역 당위원회가 룩응안(Lục Ngạn)에서 남쪽으로 14km가량 떨어진 바이다(Bãi Đá), 마이씨우(Mai Siu)[73]에 있는 지휘소에 집결했다. 정찰부대는 아직 적에 관한 충분한 정보를 획득하지 못했고, 18번 국도상의 지형은 협소하고 개활지는 많아서 대규모 부대를 집중시키거나 숨기기에 어려움이 많다고 보고했다.

우리는 두 가지 방책을 고려했다. 제1안은 소규모 초소들을 공격하고 증원군을 소멸시키는 것이었다. 이 계획의 장점은 실행할 경우 승리를 확신할 수 있고 아군을 숨길 수 있다는 것이었다. 그러나 우리가 소규모 초소를 공격한다면 적은 소규모 증원군을 보낼 것이므로, 확전을 위해 아군이 오래 대기해야 한다면 보급지원에 차질을 빚을 수 있다는 단점이 있었다.

만일 우리가 제2안을 따른다면, 우리는 강력한 진지에 대한 공격을 통해 대규모 증원군을 끌어낼 수 있었다. 이 안은 기습의 원칙에 충실했다. 적이 강력한 증

73 3개 지역 모두 박지앙성에 있다.

원군을 신속히 파견하면 우리는 단지 며칠 내에 승리를 위한 조건을 형성할 수 있을 것이다. 그러나 2안의 단점은 우리가 승리를 확신할 수 없다는 데 있었다.

우리는 적의 동정을 지켜볼 필요성을 느꼈다. 전역 당위원회는 제1안을 선택했다. 그러나 적절한 상황이 조성된다면 제2안으로 전환한다는 전제가 붙었다. 베트민은 방자잉에서 하이퐁에 이르는 상수도관을 방호하는 일련의 초소들을 공격하고, 짱옌에서 우옹비에 이르는 도로를 차단하며, 증원군을 소멸시키기 위해 2개 연대를 매복 상태에 두고 작전을 개시했다.

당위원회는 우리 부대들이 적 상황을 제대로 파악하지 못했음을 인식하고, 준비 기간을 3일 연장하기로 결정했다.

부대 재집결지는 접근이 매우 제한되었다. 그곳으로 가는 유일한 통로는 오랫동안 방치되어 있었고, 높은 고개와 가파른 언덕이 많아 대부대가 집결하기에는 적합하지 않았다. 이런 문제뿐만이 아니라 베트민 전투부대의 이동을 감지한 적은 우리의 진척 상황을 파악하기 위해 항공기로 폭탄을 투하했다. 많은 도로들이 적 포병의 사거리 안에 있었다.

비가 줄기차게 내려서 강물이 불어났고, 건너기에는 너무 위험해졌다. 충격선도부대[74]는 기름에 절인 천과 담요로 탄약과 쌀을 감싸고 바위와 작은 나뭇가지 등에 의지해 고갯길을 지났다. 땅바닥은 극도로 미끄러운 진흙탕으로 변해갔다. 병력들이 퍼붓는 빗속에서 휴식할 장소도 없고 배낭을 내려놓을 수도 없는 상태로 강 복판에서 서 있어야 할 때도 있었다. 그들의 옷은 완전히 젖었다. 설상가상으로 쌀까지 썩기 시작했다. 제308, 312여단은 적의 폭탄세례를 받았지만, 이 공중공격과 포격은 아군에게 심대한 피해를 주지 못했다. 우리가 우려하는 바는 작전을 개시하기도 전에 전투원들의 건강을 악화시킬 것만 같은 불량한 도로와 기상 조건이었다.

이 와중에 가장 놀라웠던 것은 나이부터 제각각인 수만 명의 전시근로자들이 보여준 인내였다. 우리는 많은 학교에서 근무하고 공부하던 교사와 학생이 전시

74 사회주의 군대에 존재하는 공격선도부대(역자 주)

근로자로 일하고 있음을 알았다.

해방지역뿐만 아니라 적 후방지역에서 온 인민들도 작전에 기여했다. 그들 대부분은 박닝, 박지앙 그리고 꽝옌 성 출신들이었다. 전시근로자들 중에는 남성 및 여성 게릴라, 떠이응웬(Thủy Nguyên), 낑몬(Kinh Môn), 옌흥(Yên Hưng), 동찌에우, 꿰즈엉(Quế Dương) 및 보지앙(Võ Giàng) 같은 군(郡)과 현(縣)[75] 소속 간부들도 있었다. 그들은 우리가 전역을 조직할 때 임시 피점령지역의 분위기를 고조시켜주는 역할을 했다. 그들이 챙긴 짐은 아주 단출해서, 대부분 담요도 모기장도 우의도 없었다.

전시근로자가 전투원을 만나면 그들은 서로 반갑게 인사하며 고향을 물어보고, 만일 군이나 현 혹은 촌락(村落)이 같으면 기쁨에 넘쳐 온몸을 떨었다. 즐거운 노랫가락이 비, 추위 그리고 안개 속에서도 울려 퍼졌다.

> 고개가 높으면 얼마나 높을까?
>
> 우리가 올라가면 고개보다 높지.

누가 이 노래를 작곡/작사했는지 아무도 모른다. 그저 퉁(Thùng) 고갯길에서 한 번 불렸던 것인데 나중에 우리 국가문화유산이 되었다.

병사들과 전시근로자들에게 있어 가장 큰 보상은 멀리서 하이퐁의 전등 불빛을 보는 것과 산기슭에서 들판과 언덕 사이로 난 18번 국도를 바라보는 것이었다. 퉁 고개를 지나면서 웨이구오낑이 말했다.

> "중국에는 산이 많지만 정상까지 오르기는 그리 어렵지 않은데, 베트남의 산은 높지 않아도 장애물이 너무 많습니다. 산악과 밀림에서 베트남군과 싸우는 제국주의 군대는 패배가 결정된 것이나 다름없습니다."

75 베트남 행정체계는 군현제(郡縣制)로, 성(省)에 소속되는 군은 대도시 지역, 현은 지방 지역을 뜻한다. (역자 주)

비엣찌에 설치된 프랑스군 전술기지. 프랑스는 교통로를 보호하기 위해 불가피하게 도로를 따라 설치된 각 지역의 전술기지로 전력을 분산시켜야했다. (UWM Libraries)

전역사령부는 다시 옌뜨(Yên Tử)산[76]의 기슭으로 이전했다.

10

1951년 3월 23일 밤, 우리는 작전을 개시했다. 제308여단 88연대의 23, 322대대가 락느억(Lạc Nước), 덥느억(Đập Nước), 쏭쩌우(Sống Trâu)의 적 진지를 별다른 사상자 없이 파괴했다. 제316여단 174연대는 란탑(Lán Tháp) 초소를 쓸어버렸다. 방자잉에서 하이퐁시의 상수도를 방호하던 모든 초소들이 파괴되었다. 우리는 그 도시의 유일한 수원을 차단하면 적이 곧 증원군을 보낼 것이라고 여겼다.

제102, 제36연대는 방자잉에서 우옹비까지 석탄 수송용 철도를 방호하던 적들

76 꽝닝성에 속한다. 지금은 관광지로 유명하다.

을 몰아냈다. 제312여단은 동찌에우에서 오는 적을 기다리고 있었다. 제98연대는 일련의 고가(高架)초소를 공격하고, 비에우응히(Biểu Nghi)에 있는 교량을 파괴해 적을 혼란에 빠트렸다.

3월 25일 야간에 제98연대는 첩케(Chấp Khê)진지를 함락시켰다.

3일을 기다려 보았지만, 적 증원에 관한 소식은 들어오지 않았다.

전역사령부는 우옹비 부근에 있는 18번 국도상의 대규모 전술기지들을 공격하기로 결정했다. 목표에는 비처나 짱바익 같은 중요한 진지들도 포함되었다.

3월 27일 야간에 전 부대가 포문을 열었다.

포병 2개 대대의 지원을 받는 제102연대는 4개 종대 대형으로 유럽-아프리카군이 광범위하게 방어 중인 비처를 공격했다. 우리는 초전에 적 지휘소와 통신소를 파괴했다. 충격부대는 폭약을 사용해 두께 60cm의 방어벽을 신속히 허물어뜨리고 사방에서 쳐들어갔다. 비처 초소는 45분 만에 붕괴되었다. 적 포병은 적시적인 지원에 실패했다. 그날 밤, 제36연대는 판후에(Phán Huế) 진지를 파괴했고, 제312여단의 141연대는 짱바익 진지를 소탕했다. 공황에 빠진 적들은 고가초소를 버리고 도망쳤다.

전역사령부는 짱바익, 비처 및 방자잉 근처의 18번 국도상에 있는 우옹비를 공격하기로 결정했다. 그러나 3월 28일 오후, 적은 우옹비를 떠나 꽝옌으로 이동했다. 이 소식은 우리를 놀라게 했다.

바로 이때, 바익당성 지방군 대대가 적진 깊숙이 들어가 인민봉기를 일으키고 적 초소를 포위했다. 그리고 괴뢰 행정체계를 무력화시켰으며 배반자들을 처형하고 교량과 도로를 무너뜨렸다. 그들은 18번 국도상의 모든 교량을 파괴했다. 18번 국도의 40km 구간이 차단되었다. 바익당과 끼잉터이(Kinh Thầy)강 근처에 살던 인민들은 적에게 공포감을 심어주기 위해 밤새도록 북을 치고 종을 두드렸다.

황화탐 전역은 드 라뜨르가 인도차이나를 비운 동안 시작되었다. 쌀랑은 제308, 312여단의 동박출현, 제304, 320여단의 빙푹-썬떠이 부근 출현, 그리고 베트민이 하노이와 하이퐁을 공격할 것이라는 추정으로 인해 기동단을 내륙지방과 북동지역으로 전환했다. 쌀랑은 18번 국도에 대한 공세가 진행되는 동안에도 기동단을 위험한 산악이나 밀림지역으로 보내지 않았다. 대신 경순양함 뒤게-트루앵(Duguay-Trouin)[77]이 호위함인 사보르냥 드 브라자(Savorgnan de Brazza)[78], 슈브뢰이(Chevreuil)[79]와 함께 북동 해안에 전개해 있는 동안에 많은 수상타격대를 18번 국도 부근의 다바익강으로 파견했다.

여전히 증원의 낌새는 없었다.

전역사령부는 동찌에우와 5번 국도로 향하는 경로를 막고 있는 중요한 진지인 마오케를 파괴하기로 결정했다. 그러면 적이 증원군을 보낼 듯했다. 마오케에는 2개 중대의 전술기지가 있었는데, 하나는 마오케 광산에, 다른 하나는 마오케읍에서 2km가량 떨어진 낮은 구릉과 논에 구축되어 있었다. 우리는 적이 방어력을 증강하기 전에 마오케를 소탕하기로 했다. 제312여단의 지휘 하에 제209, 36연대가 마오케 광산과 마오케읍을 공격하도록 임무가 부여되었다. 전투는 3월 29일에 개시되었다.

같은 날, 우리는 드 라뜨르가 하노이로 복귀했다는 소식을 접했다. 그의 출현으로 적의 대응은 확실히 보다 강력해질 것 같았다.

그날 저녁, 기술부[80]는 적이 제6식민공정대대로 마오케읍을 보강했다고 보고했다. 이는 예상 밖의 일이었고, 전역사령부는 읍을 공격하지 않기로 결정했다. 그러나 그 명령이 제36연대에 제때 전달되지 않았고, 마오케읍의 적은 150명에서 700명으로 증원된 상태였다. 제209연대는 마오케 광산을 공격해 수비대의 절반 이상을 사살했으나, 적 함정과 포병에게 심대한 손실을 입고 후퇴하게 되었다. 제36연대는 마오케읍 내부로 진입해서야 자신들을 기다리는 적이 1개 괴뢰중대가 아니라 공정부대와 전차, 장갑차임을 깨달았다. 그럼에도 불구하고 그들

77 뒤게 트루앵급 경순양함(9350t) 1번함. 동급은 총 3척이 건조되었다. 프랑스 항복 이후 자유프랑스군에 합류해 동급함 가운데 유일하게 전후까지 생존했고, 이후 프랑스 해외식민지 방면에 투입되었다.

78 부갱빌급 통보함 8번함. 본문에서는 호위함(Frigate)로 표기했으나 프랑스 해군의 함종규정에서는 통보함에 해당한다. 해당함은 1940년 프랑스 몰락 이후 자유프랑스군에 합류해 활동했고, 2차 세계대전 이후 아시아 방면에 투입되었으며 1957년 퇴역했다.

79 샤무아급 소해통보함 2번함. 부갱빌급 통보함에 이어 건조되었으나 선체규모는 절반가량인 만재배수량 900톤급이다. 경무장 외에 기뢰를 제거할 수 있는 소해장비와 기뢰부설장비를 장비했다.

80 Technical Department, 기술정보부 즉, 통신감청부대를 뜻한다. (역자 주)

은 적과 처절하게 싸우다 동이 트기 전에 퇴각했다.

 전역사령부는 18번 국도상의 잔존 진지들이 강화되었음을 파악하고 제1단계 작전을 종료하기로 결정했다.

보급선이 신장되고 적기와 포병에 공격에 빈번히 노출된 결과, 전역 군수지원이 문제로 부상하기 시작했다.

비록 18번 국도가 심각하게 손상을 입었으나 적 기동예비는 전혀 움직임이 없었다. 우리는 제2단계로 작전을 전환하기로 결정했다. 2단계에서 우리는 적이 점령 중인 일련의 진지를 공격할 것이다. 당시 모든 목표가 17번 국도에 놓여 있었다.

1951년 4월 4일 밤, 베트민이 포문을 열었다. 제102연대는 벤땀을, 제88연대는 바이타오를, 제141연대는 황지안(Hoàng Gián)을, 그리고 제98연대는 하치에우(Hạ Chiêu)[81]를 각각 공격했다. 그러나 모두 실패했다. 제98연대장인 부마잉훙(Vũ Mạnh Hùng)이 전투 중에 전사했다. 전투에서 패배한 원인은 견고한 방어 참호나 전투 의지가 아닌, 전술기지에서 퍼붓는 화력이었다.

다음 날 아침, 나는 웨이구오칭과 이야기를 나누었다.

"적이 기동단을 이곳으로 지향하지 않을 것이 확실합니다. 우리는 철수해야만 합니다."

"나는 보 장군 의견에 동의합니다. 고문단 일행의 의견도 작전을 종료해야 한다는 것입니다."

웨이구오칭이 말했다.

"베트민군이 소진되었습니다."

"당신은 정확한 사상자 명단을 보유하고 있습니까?"

"참모부에서는 약 2,000명의 사상자가 발생했다고 추측하고 있습니다. 연대장을 포함해 500명의 전투원이 전사했고, 1,500명 이상의 전투원이 부상을 입었습니다. 피아 전투력 손실은 비슷합니다."

81 하노이 북동쪽 70~80km에 위치한 작은 읍들(역자 주)

"이번 전역에 25,000명이 동원되었습니다. 2%의 전사자 비율은 높은 것이 아닙니다. 게다가 많은 부상자가 원대로 복귀할 것입니다."

"베트남의 어떤 전역에서도 이렇게 많은 사상자는 없었습니다."

"베트남군은 그동안 계속해 보다 큰 전투를 치러왔습니다. 이제부터 당신은 대규모 사상자 발생을 각오해야 합니다. 프랑스군의 포병은 아주 잘 훈련되어 있습니다."

"나는 적과 보다 더 잘 싸울 방법이 필요하다고 생각합니다."

1951년 4월 5일, 내 가슴에 큰 짐을 남긴 채로 황화탐 전역이 종료되었다.

훗날에야 알았지만, 황화탐 전역이 쭝주 전역 종결 직후 신속히 시작되었으므로, 드 라뜨르는 '자신이 수행해야 하는 과업이 얼마나 어려운지 깨닫고 불안해했다.'[82] 드 라뜨르는 산악전이나 정글전을 피하기 위해 기동단을 붙들고, 베트민이 물자가 고갈되어 철수하기를 기다리는 등 상궤에서 벗어난 결정을 내려야 했다. 드 라뜨르는 전속부관인 로이에(Royer) 대위에게 속내를 털어놓았다.

"정말 끔찍하군, 내가 말려든 일이 말이야. 지금까지 나는 상황을 제대로 파악하지도 못했어."[83]

82 Yves Gras: Op.cit., p.398

83 "C'est terrible, ce dans quoi je me suis engagé. Je ne m'en rendais pas vraiment, complètement compte jusqu'à présent"

6. 평원지대를 향해

1

황화탐 전역에서 돌아온 나는 쯔엉칭 당총서기를 만났다. 그는 한결같이 나를 반겨주었다.

다년간에 걸친 은밀한 혁명활동을 통해 성립된 쯔엉칭 총서기의 원칙주의와 신중함은 그의 천성인 친절함, 정직함과 잘 어우러졌고, 이런 변함없는 인상은 언제나 그를 대하는 사람들에게 온정과 신뢰를 이끌어 냈다.

전역이 진행되는 동안 당중앙위원회는 정기 보고를 접수해왔다. 쯔엉칭은 적 부대의 소멸이 제한적임을 잘 알고 있었다. 그는 나에게 물었다.

"당신은 중앙위원회의 3월 결의안을 접수했습니까?"

"예, 그렇습니다."

내가 전선에 있을 때 개최된 중앙위원회 전체회의 결의안은 다음과 같이 재차 정의했다. '우리의 투쟁은 오래 걸릴 것이며, 끈기가 필요하다.' '자신을 믿어야 한다.' 당은 우리 앞에 놓인 길이 장애물과 위험이 가득 차 있음을 예견했다.

나는 작전에서 제한사항이 발생하는 이유에 대해서 모두 보고했다. 쯔엉칭이 말했다.

"전쟁의 승패는 병가지상사지요. 우리는 현명하지만 적도 현명하다는 것을 알아야합니다. 우리는 국경에서 적 2개 다중대대를 소멸시켰고 내륙지방에서 제3기동단을 거의 격멸했습니다. 적은 경험을 통해 교훈을 얻었고 더 이상 어리석지 않습니다. 만일 우리가 '진지를 공격하고 증원군을 소멸한다'는 원칙을 고수하려면 전술을 바꿔야합니다. 우리는 교훈을 도출하기 위해서 강평회의를 열어야만 합니다."

"부대가 아직 퇴각 중이지만 우리는 강평을 위해 간부들을 소집해야 합니다. 자, 모두들 와서 강평에 동참하시지요."

쯔엉칭이 말했다.

"3월 말에, 호 아저씨와 중앙위원회는 당신과 응웬치타잉이 제안한 보고서를 접수했습니다. 그 보고서에는 황화탐 전역 이후 몽까이에 대한 공격을 취소하고 제3연합구역에서 새로운 작전을 개시할 것이라고 했습니다. 제3연합구역은 모든 준비가 완료되었다고 보고했습니다. 사실, 주민들은 병사들의 복귀를 원했습니다. 삼각주에서 작전을 수행하는 것은 아주 어렵습니다. 그러나 삼각주와 내륙 지방 외에 우리는 현재 다른 목표를 발견할 수 없습니다. 중앙위원회는 우리가 우기 이전에 다른 작전을 개시해야만 한다고 생각하고 있습니다. 우리 병사들이 휴식을 취하고 재충전하는 데 얼마나 시간이 걸리겠습니까?"

"지난 작전에서 적을 많이 소멸시키기 못해서 모든 전투원들이 싸우러 나가기를 원하고 있습니다. 우리는 제3연합구역에서 작전을 개시할 것입니다. 그러나 세부사항에 대해서는 차후 중앙위원회에 보고하겠습니다. 나는 병사들이 몇 주 내에 행군을 개시할 것으로 생각합니다."

쯔엉칭은 강평회의에 참석할 것을 약속했다.

사무실로 돌아온 뒤에 즉각 간부 대표들이 제3연합구역의 임무에 대해 보고하는 회의에 참석했다. 우리가 동박에서 전투를 수행하고 있을 때, 총참모부는 간부들을 제3연합구역에 파견해서 상황을 파악하게 했다.

나는 보고를 통해 대부분의 유럽-아프리카 부대들이 우리를 상대하기 위해 제3연합구역 북쪽으로 움직이고 있음을 알게 되었다. 따라서 남쪽에 남아 있는 적은 대부분 괴뢰군으로 구성된 부대였다. 이 지역의 기동예비는 많지 않았고, 적은 대부분 방어 참호를 강화하기 전에 분산되었다. 우려할 만한 점은 적이 무장 괴뢰 행정조직을 설립하고 다소 위험한 첩보망을 조직하기 위해 많은 카톨릭 신

1951년 4월 25일, 황화탐 전역 종결을 위한 회의에 참석한 베트민 지휘관들. 쯔엉칭, 레쫑떤, 쩐도 등이 참석했다. (BẢO TÀNG LỊCH SỬ QUỐC GIA)

도들을 활용했다는 점이었다.

제3연합구역은 당중앙위원회의 결심에 따라 전장 준비에 착수했다. 반띠엔중(Văn Tiến Dũng)이 준비위원장으로 임명되었다. 통신망이 비엣박에서 타잉화까지 개통되고, 군량으로 5,000t의 쌀과 약간의 식료품이 조달되었다. 그해 여름 수확은 대풍이었다. 연합구역당위원회는 200명의 당세포와 현(縣) 당위원회 위원으로 구성된 작전에 종사하는 간부들을 위한 교실을 열었다.

제3연합구역에서 복귀한 간부들의 판단에 따르면 닝빙이 가장 취약한 곳이었다.

나는 호 아저씨를 만나러 디엠막으로 향했다.

내 보고를 들은 호 아저씨는 해당 사항을 쯔엉칭과 계속 토의해 왔다고 말했다. 드 라뜨르가 일견 공격적인 것처럼 보이지만 그는 다혈질과는 거리가 먼, 극히 총명한 인물이었다. 쌀랑도 얕잡아볼 수 없었다. 드 라뜨르가 파리에 있을 때, 동북

지방에 증원군을 보내지 않기로 결정한 인물이 바로 쌀랑이었다. 그러나 우리가 볼 때는 드 라뜨르와 쌀랑 모두가 우리 정규군에 몰두해 있는 것처럼 보였다. 국경 전역 이전에 적은 오직 우리 정규군을 찾아내고 격렬한 전투를 통해 격멸하려 했었다. 그러나 지금은 우리 정규군이 적을 찾으러 다니는데도 그들은 아무런 움직임 없이 우리와 싸우지 않으려 했다. 그렇다고 적이 우리를 두려워한다고 말할 수는 없었다. 적은 준비를 하고 있었기 때문이다. 그들은 여건이 호전되기를 기다리며 우리 군대와의 결정적인 전투를 치를 유리한 장소를 물색하고 있었다.

"존경하는 호 아저씨, 많은 적을 소멸시킬 과업이 필요합니다. 그러나 만일 우리가 그러지 못한다면 우리는 게릴라전을 지원하기 위한 투쟁을 계속해야 합니다. 우리가 작전을 전개할 때마다, 적 후방에 거주하던 주민들은 적의 평정작전으로 인한 고통을 덜었고, 인민전쟁도 신속히 발전할 수 있었습니다."

"당신 말이 맞아요."

아저씨는 잠시 깊은 생각에 잠겨 있는 것처럼 보이더니 말을 계속했다.

"한국전쟁의 상황이 호전되어가고 있어요. 중국 의용군이 '인해전술'을 사용해 미군을 38도선으로 쫓아냈습니다. 오직 인구가 4억이 넘는 중국만이 그런 전술을 사용할 수 있지요. 우리는 우리 방식대로 싸워야 합니다. 우리는 전투원들의 피를 최대한 아껴야 합니다. 군대는 꼭 많을 필요는 없어요. 우리 인민은 가난합니다. 그런데 우리가 어떻게 거대한 군을 먹여 살릴 수 있겠습니까? 쩐꿕뚜언(Trần Quốc Tuấn)[01]이 말하기를 '군대에서 양(量)보다 중요한 것은 질(質)'이라고 했습니다. 언제 5개 여단이 완성됩니까?"

"올해가 가기 전에 5개 여단을 편성하고 무장하기를 희망합니다. 무기는 일부는 친구에게, 일부는 적에게 얻고, 일부는 우리 스스로 제작합니다."

"내 생각에는 5~6개 여단이면 충분합니다."

아저씨가 말했다.

4월 중순, 호 아저씨의 주재 하에 정치국 회의가 개최되었다. 그는 황화탐 전역

01 쩐흥다오(Tran Hung Dao)의 다른 이름. 베트남의 국가적 영웅으로 700여년 전 몽골의 세 차례 침략을 막아냈다.

에 대한 보고와 우기 전에 새로운 전역을 개시해야 한다는 결정에 대한 보고를 경청했다. 나는 전역의 어려움과 한계, 결과를 보고한 후, 당 총군사위원회는 경험을 도출하기 위한 결산에서 자아비판을 하기로 결정했으며, 아저씨와 쯔엉칭이 그 결산에 참가한다는 것을 발표했다.

아저씨가 말했다.

"자아비판은 필요합니다. 그러나 그것은 결속을 공고히 하고 교훈과 경험을 요약하며 장차작전에 신뢰를 줄 수 있도록 시행되어야 합니다."

정치국은 이 모임에서 삼각주 안, 적의 남쪽 분구에 있는 하남닝(Hà Nam Ninh)[02]에서 전역을 전개하기로 결정했다. 호 아저씨는 카톨릭 신자들을 우리 편으로 끌어들이는 과업에 특별한 관심을 표했다. 그는 적이 민중의 종교적 신념을 저항이나 혁명과 충돌하도록 유도하고 있다고 여겼다.

1951년 4월 20일, 중앙위원회는 제3연합구역에서 적의 일부를 소멸시키고, 괴뢰군을 격멸하며, 게릴라전을 진전시키고, 주민들을 우리 편으로 끌어들이기 위해서 꽝쭝(Quang Trung) 전역[03]을 개시한다는 결의안을 제출했다. 전역 당위원으로는 나 자신, 응웬치타잉, 레타잉응히[04], 반띠엔중, 황반타이, 그리고 황썸[05]으로 구성되었다. 나는 당 서기이자 총사령관이었다.

4월 26일, 18번 국도 방면 작전의 교훈 도출을 집약하기 위한 회의가 우리 기지에서 개최되었다. 이 회의에서 호 아저씨가 의견을 개진했다.

"먼저 여러분 자신을 비판하고 남을 비판해야 합니다. 자아비판이 주(主)가 되고 타인비판이 종(從)이 되는 것입니다. 자아비판과 비판의 목적은 사상의 통합입니다. 사상이 통일되면 다음으로 행동이 통일되는 것입니다."

"우리 모두는 책임감이 있어야 합니다. 행동하기 전에 올바른 결심과 계획을

---

02 하남, 남딩, 닝빙성, 하노이 남쪽 80~100km 지점에 위치

03 하남닝 전역의 암호명

04 Lê Thanh Nghị (1911~1989) 베트남의 정치가. 1928년부터 혁명 활동에 참가했으며, 1945년 무장봉기 당시 활약했다. 8월 혁명 이후 제3연합구역의 저항위원회 위원장이 되었고, 국회의원과 베트남 부총리, 총리직을 역임했다.

05 Hoàng Sâm (1915~1968) 베트남의 군인. 12세에 태국으로 유학을 떠나 그곳에서 호치민의 연락책이 되었고, 이후 인도차이나 공산당 소속으로 동맹국 공산당과의 협력을 맡았다. 1941년부터 까오방에서 설립된 최초의 베트민 부대에 합류한 후, 1차 인도차이나 전쟁에서 활약하며 소장직까지 진급했다.

수립하기 위해 신중한 토론이 있어야만 합니다. 일단 결심이 내려지면 모두가 따라야 합니다. 우리의 신념을 굳게 하고 주저 없이 결심을 실현시키기 위해 단호히 행동에 옮깁시다."

"간부들은 병사들을 잘 보살피지 않으면 안 됩니다. 분대장에서 총사령관에 이르기까지 물심양면으로 병사들을 보살펴야 합니다. 그들을 주목하고 그들의 관심사를 이해해야 합니다. 만일 병사들이 식사를 하지 못했다면 간부들은 배고프다는 불평을 해서는 안 됩니다. 전투원들이 옷을 제대로 입지 못했다면 간부들은 춥다고 말해서는 안 됩니다. 전투원들이 잘 곳을 마련하지 못했다면 간부들은 피곤하다고 불평해서는 안 됩니다. 이것만이 우리에게 민주주의, 단결 그리고 승리를 가져올 것입니다."

"군은 인민을 위해 적과 싸웁니다. 그러나 인민을 구원하는 것이 아니라, 인민들을 위해 봉사해야 하는 것입니다. 군은 인민들의 신뢰, 존경 그리고 사랑을 얻기 위해 열심히 일해야 합니다. 각개 병사는 군에서 자신의 과업을 통해 선전의 간부가 되어야 합니다. '인민은 물과 같고, 군대는 물고기와 같다.' 여러분은 최대한의 지원을 얻어야만 적을 이길 수 있는 것입니다."

이는 황화탐 전역 이후 호 아저씨가 비판의 목적과 방법에 관해 언급한 두 번째 연설이었다.

2

베트남의 홍강 삼각주는 메콩강 삼각주에 이어 베트남에서 두 번째로 넓은 삼각주다. 900,000헥타르의 농경지에 베트남 인구의 1/6이 거주하는 홍강 삼각주는 인적, 물적 자원의 보고다. 삼각주에는 북쪽, 중앙 및 남쪽 방향은 물론 해외로 이어지는 도로, 수로, 철도 및 항공 수송망이 구성되어 있다. 크고 작은 많은 강들이 흘러 드는 200km의 해안은 항해에 유리한 조건을 갖추고 있다. 바익롱비(Bạch Long Vĩ), 롱쩌우, 깟바(Cát Bà), 깟하이(Cát Hải) 같은 많은 섬들은 동해의 중요한 외곽 초소로 본토를 방호한다.

저항촌의 죽책. 날카롭게 자른 대나무를 엮고 경보용 깡통을 달았다. (UWM Libraries)

홍강 삼각주는 수도 하노이가 그곳에 있었기 때문에 전쟁에서 특히 중요한 위치를 차지했다. 또한, 국가 혁명기지인 비엣박과도 인접해 있었다. 프랑스는 저항 원년 당시 하노이와 일부 도시들, 즉 하이퐁, 하이즈엉, 끼엔안(Kiến An), 하동, 남딩(Nam Định)[06]과 시 외곽 10km가량을 점령중이었을 뿐이지만, 우리 당은 조만간 적이 삼각주 일대의 점령 지역을 확대할 것임을 예견했다.

1948년 11월 25일, 정부는 12개 성으로 구성된 제3연합구역 설립에 관한 법령을 발표했다. 12개 성은 하이퐁, 끼엔안, 타이빙(Thái Bình), 흥옌(Hưng Yên), 하이즈엉, 하노이, 하동, 썬떠이, 하남닝, 남딩, 닝빙, 그리고 화빙이었다. 이는 제2, 제3, 제11 등 3개 혁명 기지를 통합한 연합구역으로 면적이 약 16,000㎢에 달했으며, 동쪽으로는 동해 연안[07], 북쪽 및 북서쪽으로는 내륙 지방의 꽝옌, 박닝, 박지앙,

06 하노이 남부 지역에 있는 성 (역자 주)

07 베트남어로는 biển Đông으로 표기한다. 배트남 연안에 면한 남중국해를 의미한다.

푹옌, 빙옌, 푸토, 서쪽과 남서쪽으로는 썬라(Sơn La)[08], 타잉화를 포함했다. 당에서 지명된 제3연합구역 당위원은 응웬반쩐[09], 레타잉응히, 도므어이[10], 레꽝화[11], 응웬카이였다. 응웬반쩐이 서기로 활동했다. 구역사령관은 황썸 소장이, 정치지도원으로는 레꽝화가, 구역부사령관에는 황밍타오[12]가 임명되었다.

제3연합구역에는 정규군 6개 연대, 즉 제34, 42, 48, 52[13], 64, 66연대가 배치되었다. 비록 병력의 수준은 높았지만 장비는 부족했다. 베트민은 소규모 부대로 싸워 높은 효율을 얻는, 소위 '독립 중대와 집권화 대대' 방식에 따라 과업을 수행했다. 삼각주 방면의 게릴라전은 잘 발달되어 있었다. 1948년 말, 구역 전체에 48개소의 저항촌을 운영했다. 각 마을은 두꺼운 죽책(竹柵)을 둘러쳤고, 연락용 교통호, 지하 대피소, 지하 식량창고, 비밀 통로, 감시소 등을 갖췄다. 적의 소탕작전 기간 중에 저항촌에 대한 일련의 공격이 전체 공세의 3/4을 차지했다. 적은 방어 공사와 장애물을 제거하기 위해 항공기와 대포를 동원했고, 마을에 진입하면 야만적인 파괴와 살상을 일삼았다.

썬떠이의 벗라이(Vật Lại), 하동의 땀흥(Tam Hưng), 화빙의 농화(Nông Hóa), 남딩의 리엔밍(Liên Minh) 같은 저항촌이나 빙지앙(Bình Giang), 타잉하(Thanh Hà), 하이즈엉의 낌타잉(Kim Thành), 언티(Ân Thi), 응옌의 코아이처우(Khoái Châu)등 5번 국도 인근의 마을들은 적에게 중대 혹은 대대 단위로 하루 종일 공격을 받았고, 때로는 2~3일간 지속적으로 공격을 받기도 했다. 하지만 적들은 심대한 손실을 입

08 하노이 북서쪽 200km 및 디엔비엔푸 동쪽 75km에 위치한 도시(역자 주)

09 Nguyễn Văn Trân (1916~2018) 베트남의 정치가. 18세부터 인도차이나 민주전선에 합류했고, 독립 후 초대 국회의원으로 선출되었다. 이후 당 중앙위원회 비서관과 하노이 저항위원회 의장 겸 당위원회 서기, 베트남 총독부 장관 및 교통부장관직을 역임했다.

10 Đỗ Mười (1917~2018) 베트남의 정치인. 1939년 인도차이나 공산당에 합류했으나 2년 후 프랑스 식민정부에 체포-투옥당했다. 1945년 대전 말기의 혼란 중 탈옥해 하동성으로 건너갔고, 그곳에서 8월 혁명 당시 봉기를 지휘했다. 전후 주요 부서의 장관과 부총리, 정치국 위원 등 요직을 거쳐 총리직까지 올랐다.

11 Lê Quang Hòa (1914~1993) 베트남의 군인. 정치장교. 1939년 인도차이나 공산당에 가입했으나, 곧 프랑스 식민정부에 체포되었고, 1945년 탈옥에 성공한 후 독립운동에 합류해 제3연합구역의 정치지도원으로 활동했다. 정치장교로 정치국 부국장과 제1군단 정치위원을 역임한 후 국방부 차관으로도 일했다.

12 Hoàng Minh Thảo (1921~2008) 베트남의 군인. 군사이론가. 1937년 랑썬에서 청년동맹에 가입했고, 8월 혁명 이후에는 주로 군인으로 활동했다. 1948년에는 27세의 나이로 대령이 되었고 2년 후 신규창설된 제304여단의 여단장으로 활약했다. 1954년 이후에는 사관학교장으로 장기 재직했으며, 배트남전 당시 중부고원전선 사령관으로 잠시 활약한 후 다시 학교에서 교육과 집필에 전념했다. 배트남 내에서는 지휘술, 작전술에 능통한 연구가로도 주목받았다.

13 제52연대는 한때 서진(西進) 연대로 불리기도 했다.

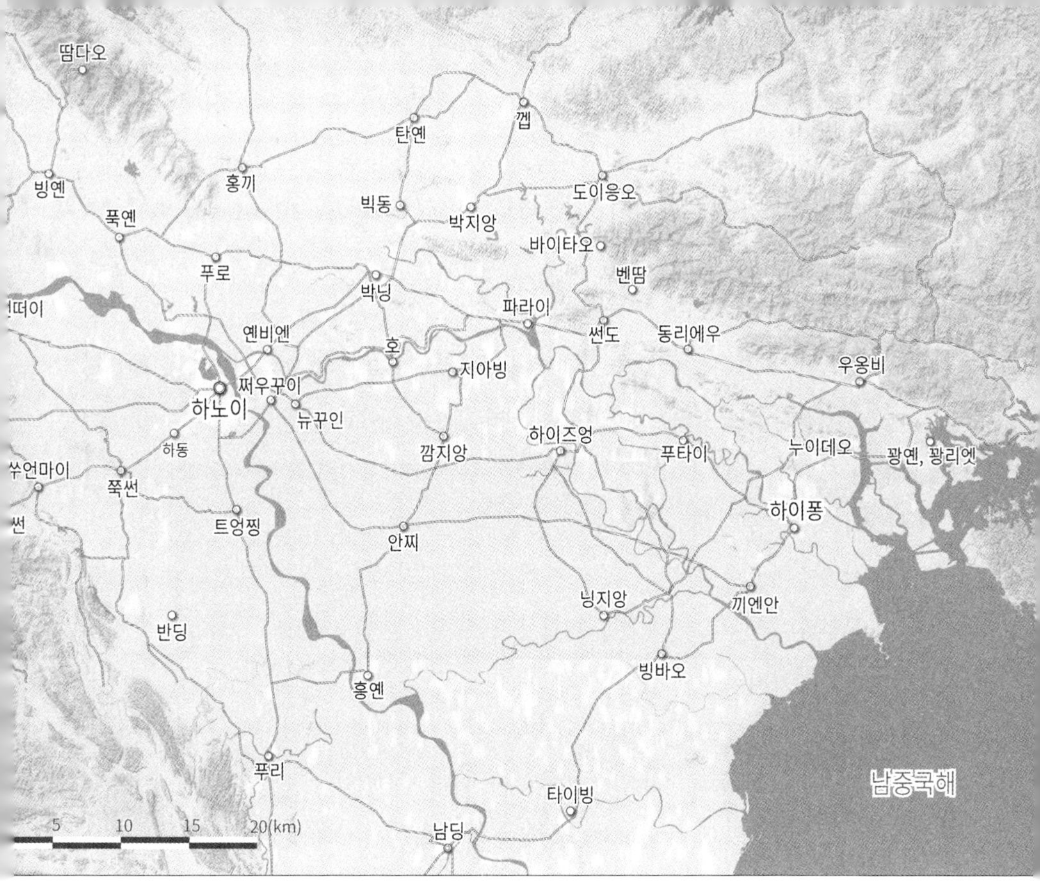

하노이-홍강 삼각주 방면도

으면서도 마을 진입에는 실패했다. 하노이와 하이퐁을 잇는 5번 국도는 천둥소리가 진동하는 전선이 되었다. 적 열차나 화물차가 전복되거나 파괴되었다. 적의 평정작전에 대항하는 통신선 절단, 독립 초소 파괴 등 군사적 행동과는 별도로, 강제 징집에 대항하는 투쟁이 보다 크게 발전했다. 각 주민들은 적군을 설득시키는 간부가 되었다. 많은 괴뢰군 장교와 병사들이 인민들을 죽이라는 명령에 불복했다. 그들은 각자 도망치고, 총부리를 돌려 프랑스군을 겨누거나 적 대열 속에서 제5열[14] 역할을 했다.

1948~1949년 동춘(冬春) 기간 동안 우리는 제5열을 이용해 14번을 싸워 14개 초소를 격파했고, 2,000명 이상의 괴뢰군이 항복하거나 총을 버리고 고향으로

14 스파이를 뜻한다. (역자 주)

돌아갔다. 도시에 주둔한 적은 사실상 인민전쟁 운동의 포위망에 갇히게 되었다. 하노이에서 인근 성까지, 특히 하노이-하이퐁 구간의 적 수송선과 통신선은 항시 공격의 위협에 노출되었다.

1949년 말, 중국해방군이 후아난(Hua Nan)에 진주한 이후, 프랑스군은 홍강 삼각주 전역을 점령하려 했다. 그들은 인적 자원과 식량의 보고를 차지하기 위해 북베트남에 전략적 장벽을 계획했다. 그리고 프랑스인들의 생명선인 하노이-하이퐁항 도로를 보호하고, 필요시 북쪽에서 철수시킬 수 있도록 해서 우리의 총공세를 위한 준비를 분쇄했다. 1949년 10월부터 1950년 5월까지 그들은 제3연합구역의 삼각주에 있는 8개 성을 공격하기 위해 6개의 대규모 작전을 조직했다. 그들은 끊임없이 진무, 소탕작전을 진행했다. 프랑스는 인구분포가 극히 조밀한 홍강 삼각주를 여러 개의 소규모 구역으로 나누고, 괴뢰군과 괴뢰행정기관을 만들고 초소들을 건설했으며, 주민들이 저항운동을 지원하지 못하도록 테러, 회유, 통제 및 겁박 등 모든 종류의 행위를 자행했다. 특히 자신들이 카톨릭 신자라는 이점을 바탕으로 다수의 반동 성직자들을 활용해 카톨릭 신자와 비신자 간의 반목을 조성하는 방식으로 국가적 결속을 파괴하고 카톨릭 신자들을 혁명에 반대하도록 회유했다. 임시 피점령지역에서 베트민이 발각되면, 적은 즉각 그들을 포위하고 격멸하거나 지역 밖으로 축출하려 했다.

1950년 3월, 최고사령부는 다음과 같은 지침을 하달했다.

> "1950년 제3연합구역의 군사적 과업(지침 번호 62 HL/A3, 1950년 3월 15일) 우리는 홍강 삼각주를 북베트남 일대에 대한 인적, 물적 자원의 주 제공자로 결정했다. 그것이 바로 적이 우리의 총공세를 위한 준비를 방해하기 위해 그들의 점령지역을 확대하려는 이유다. 우리는 제3연합구역의 투쟁이 날로 격렬해질 것이며, 지역 주민들은 심각한 어려움에 직면하게 될 것임을 예견한다."

적이 제3연합구역 전체를 점령하면서 수많은 새로운 난관에 봉착했다. 삼각주 전장 직후방이 감소했으므로 우리는 하남의 낌방, 화빙의 락투이(Lạc Thủy), 낌보이(Kim Bôi), 떤락(Tan Lac), 닝빙의 쟈비엔(Gia Viễn) 및 뇨꽌(Nho Quan)[15] 지역의 산과 밀림으로 내몰렸다.

대회전을 준비하면서 제3연합구역의 3개 연대를 모아 제320여단을 창설했다. 제3연합구역의 1개 연대와 제4구역의 군대를 합쳐 제304여단을 구성했다. 다른 연대는 곡사포 부대를 만들기 위해 파견되었다. 구역 내의 정규군은 제42연대가 유일했다.

1950년 9월, 국경 전역과 궤를 같이해 제3연합구역의 군대와 제304여단이 닝빙과 적 후방에서 쩐흥다오 전역[16]을 개시해 700여 명의 적을 퇴출시켰다. 그들은 적을 압박해 44개 진지에서 몰아내고, 열차를 3회 전복시켰으며 수많은 군용차량을 파괴했다. 제3연합구역 당위원회는 적의 사기가 저하된 절호의 기회를 놓치지 않기로 결정했다. 1950년 11월, 당위원회는 지침을 수행해 삼각주의 각 성에서 게릴라전을 고조시키고, 저항촌을 건설해 적의 소탕에 맞섰다. 전투원과 게릴라들은 적의 초소를 에워싸고 괴롭혀 적들이 제대로 먹지도 자지도 못하게 만들었다. 어떤 지역에서는 게릴라들이 많은 사람들을 동원해 바나나 줄기로 만든 가짜 대포를 끌고 다니면서 '베트민 정규군이 마을로 되돌아왔다'는 허위 정보를 유포했다. 이런 행동은 적을 놀라게 해서 도시로 철수하게 만들었다. 게릴라전이 파도처럼 발전하면서 널리 퍼져 있는 풀뿌리 괴뢰조직을 일소했다. 적은 위축되어 초소 안에 갇힌 채 감히 나올 생각을 하지 못하게 되었다. 1950년 12월 6일, 적은 화빙시에서 철수했다.

홍강 좌안에서는 각 성들이 수십 개의 소규모 혁명 기지를 적 후방지역에 구축하는 데 성공했다. 특히 하이즈엉, 흥옌, 타이빙에서 루옥(Luộc)강 남쪽과 북쪽에 게릴라 활동지역과 기지를 구축했는데, 그곳에는 타이빙성의 북쪽 3개현으로 구성된 '띠엔(Tiên)-주옌(Duyên)-흥(Hưng)' 게릴라 기지 연결고리(Chain)가 있었다. 띠엔-주옌-흥 기지는 강력한 거점이 되어갔고, 삼각주에서 베트민 공세를 위한 도약대 역할을 했다. 홍강 우안에서는 적이 격렬하게 반격해 왔지만 우리는 많은 기

15 닝빙 서쪽 30km에 위치한 도시 및 소도시(역자 주)

16 1950년 12월 최고사령부의 쫑주(내륙지역)작전명인 쩐흥다오와는 작전명이 동일하나 다른 작전이다.

지들을 탈환하고 하동, 하남 및 닝빙 등의 적 후방에 수 개의 게릴라 기지를 구축하는 데 성공했다.

1950년 12월 말, 쫑주 전역과 병행해 제3연합구역 군대와 제320여단은 썬떠이 성 북서쪽에서 춘계작전을 개시했다. 그들은 1주일에 걸친 작전으로 700여 명의 적을 생포 혹은 사살하고 적의 무기와 탄약도 노획했다. 이런 무기와 탄약으로 정규군 1개 대대와 지방군 1개 중대를 무장시켰다. 썬떠이 북서쪽에 있던 괴뢰 행정기관의 일부를 해체했다.

드 라뜨르는 주 전선에서 끊임없는 공세에 직면하면서도 홍강 삼각주에서 수행하는 대게릴라전에 무게를 두고 있었다. 그는 이 삼각주가 인도차이나 전쟁에서 결정적인 역할을 할 것이라 믿었다. 드 라뜨르는 홍강 삼각주를 3개 구역으로 구분했다. 사령부를 남딩에 설치한 남부구역 외에 하노이에 사령부를 설치한 서부구역과 하이즈엉에 사령부를 설치한 북부구역을 설정했다. 각 구역 사령관들은 책임지역을 방호하며 작전을 수행하도록 임무가 부여되었다.

쫑주 전역 이후, 드 라뜨르는 기동단에게 즉각 복귀하여 삼각주 지역 평정작전에 참가하도록 명령을 내렸다. 이런 이동은 과거에 비해 규모가 컸다. 1951년 2월과 3월, 제3연합구역의 군과 인민은 기동단의 평정작전에 끊임없이 맞서야 했다. 적의 공격 강도는 베트민 군대가 18번 국도에 대한 공세를 시작하자 완화되었으나, 황화탐 전역이 종료되자 대규모 평정작전이 더욱 거세게 진행되었다. 드 라뜨르는 원정군의 후방을 위협하는 게릴라전의 발전을 두려워했다. 그는 특히 제3연합구역의 제42연대가 주둔해 있던 빙바오(Vĩnh Bảo)와 하이즈엉을 주시하며 걱정했다.

1951년 4월 18일, 드 라뜨르는 평정작전을 개시하기 위해 닝지앙(Ninh Giang)[17]에 15개 보병대대, 4개 포병단, 2개 수상 돌격단, 그리고 기갑 차량들을 집중시켰다. 평정작전은 북부구역사령관인 드 리나레 장군[18]의 지휘 하에 실시되었다. 4

17 하이즈엉 남동쪽, 하이퐁 남서쪽 30여 km에 위치한 소도시(역자 주)

18 François de Linarès (1897~1956) 프랑스의 군인. 1차 세계대전 당시 병으로 징집되었으나 2년만에 상사로 진급한 후 사관학교에 입대해 장교가 되었다. 2차 세계대전 당시 제15알팽샤쇠르 대대 대대장이었고, 정부 항복 이후 영국으로 건너가 자유프랑스군에 투신했다. 종전 후 오스트리아 주둔군을 거쳐 1948년 4월 소장으로 승진했고, 1951년

월 19일, 3개 기동단이 평정작전을 개시했고, 모든 전함들이 강을 순찰했다. 전차와 지방대대들이 지역을 작은 소분구로 분할하면서 모든 도로를 점령했다. 소규모 부대들이 행군 부대에 앞서 이동했다. 적은 소부대가 베트민이나 게릴라와 조우하면 포병 화력과 전차의 지원을 받고 병력을 집중시켜 포위섬멸을 노리려 했다. 각 기동단은 주민들을 통제하고 위협해 그 지역에서 마을을 정리하는 임무를 부여받은 대대를 후속했다.

4월 16일, 프랑스 병사들은 일주일에 걸친 평정작전에도 목표인 제42연대를 발견하지 못한 채 해안에 도착했다. 그날 오후, 제1기동단은 2개 지역대대를 결한 상태에서 안꺼(An Cợ)[19]에서 멈춰섰고, 또다시 제42연대가 프랑스군을 기습했다. 공격이 짧고 치열하게 이뤄졌으므로 프랑스 기동 예비부대는 전투력이 강하고 수적으로 우세했음에도 불구하고 대응할 시간이 없었다. 평정작전이 시작된 지 보름이 지난 5월 5일, 드 리나르는 제42연대를 께쌋(Kẻ Sặt)[20]에서 발견했다. 그는 제42연대의 운명을 결정짓고 장기전의 수렁에 빠진 작전을 종결짓기 위해 베르수 장군[21]에게 '파충류'(Reptile)라 명명된 공격을 실시할 병력을 소집하도록 명령했다. 공격은 조심스럽게 준비된 후 야간에 개시되었다. 그러나 프랑스군이 케쌋에 진입했을 때, 제42연대는 물론 지방군도 이미 사라지고 없었다.

적은 베트민 군을 소멸시킬 수 없었다. 베트민은 지형을 보다 잘 파악했고, 주민들의 보호를 받았다. 국경 전역 이후에 구축되거나 재건된 베트민 게릴라 기지 및 작전지역의 대부분은 평정작전 이후에 다시 임시 피점령지가 되었다.

3

꽝쭝 전역을 위해 선정된 지역은 삼각주에 있는 적의 남쪽 지역인 하남, 남딩,

똥낑 지역 주둔사령관으로 임명되었다. 1952년에는 라울 쌀랑 장군 부재시 임시 최고사령관직도 수행했다.

19 하이퐁 남서쪽 50km에 있는 바닷가의 작은 마을 (역자 주)

20 하이즈엉 서쪽 20km에 위치한 마을 (역자 주)

21 Henry de Berchoux (1894-1985) 프랑스의 군인. 2차 세계대전 당시 프랑스 항복 이후 자유프랑스군에 합류, 제8모로코 식민지보병연대를 지휘했다. 1944~1945년간 북서유럽에서 활약하여 레지옹 도뇌르 훈장을 수훈했다.

닝빙 등 3개의 성으로 구성되어 있었다.

적은 1949년 10월 중순 이래로 이 지역에서 점령지역을 확장해 갔다. 하잉티엔(Hành Thiện) [22], 부이추(Bùi Chu)[23], 그리고 닝빙성 3개 현과 남딩성 남쪽에 있는 현들을 공격하기 위해 적 공정부대가 팟지엠에 공수 낙하했고, 수언쯔엉(Xuân Trường)[24]에 공수 착륙[25]했다. 이 지역들은 카톨릭 신자들이 밀집된 곳이었다. 한때 베트민 정부 고문이었으나 프랑스에 회유된 레흐우뜨 명의주교[26]는 '카톨릭 자치 구역'을 만들고 22개 경비중대와 1개 자치대대를 조직했다. 각 교구는 카톨릭 사제의 직접 지휘 하에 소규모 부대를 운용했다. 부이추에 설립된 '부이추 카톨릭 자치성'은 수언쯔엉, 지아오투이(Giao Thủy), 하이허우(Hải Hậu) 및 쯕닝(Trực Ninh)현과 남쯕(Nam Trực)현 일부로 구성되었다.

부이추 대주교는 괴뢰 행정기구와 경호부대의 중추신경으로 변모했다. 황뀡(Hoàng Quỳnh) 사제는 팟지엠과 부이추의 경비사령관으로 임명되었다. 성당 종탑은 감시탑이 되었고, 교구마다 감옥과 고문실이 있었다. 베트민의 지도자, 간부, 군대는 축출되었다. 적은 카톨릭 신도와 비카톨릭 사이를 갈라놓기 위한 씨앗을 뿌릴 흉계의 필요성을 인식했다. 그들은 카톨릭 신도를 악질 앞잡이로 전환시켜 동포를 죽이는 과업을 부여하고 저항세력과 싸우게 해서 신성한 땅을 군 요새로 바꿔 놓았다. 부이추와 팟지엠은 제3연합구역 반동 카톨릭군의 중심이 되었다. 일대에는 500개의 성당과 800,000명의 카톨릭 신자가 있었다.

적은 이 지역에서 카톨릭 교회의 기반에 의지했다. 이 지역에 주둔하고 있는 적은 제3연합구역 전체를 통틀어 가장 약했다. 적은 하남딩(Hà Nam Định)[27]에 4개 대대와 27개 중대를 보유하고 있었는데, 대부분 카톨릭 신자들 중에서 선발한 괴뢰

22 남딩성에 있는 마을. (역자 주)

23 닝빙성의 면

24 닝빙성의 읍

25 낙하산을 이용한 공수가 아닌, 항공기가 활주로 등에 착륙하는 형태의 공중 이동(역자 주)

26 Tađêô Lê Hữu Từ (1897-1967) 베트남의 종교인. 1921년 신학교에 입학하여 1928년 서품을 받았다. 1945년 주교가 되면서 팟 디엠의 요청으로 괴뢰정부의 최고고문을 겸직했다. 민족주의자이자 반공주의자로 베트남 독립을 추구하면서 공산당과 대립하며 카톨릭 자치구의 무장을 시도했다. 인도차이나 전쟁 종전 후 남배트남으로 이주했다.

27 하노이 남부에 위치한 하남(Ha Nam), 남딩(Nam Dinh) 및 닝빙(Ninh Binh) 등 3개 성을 통칭하는 말 (역자 주)

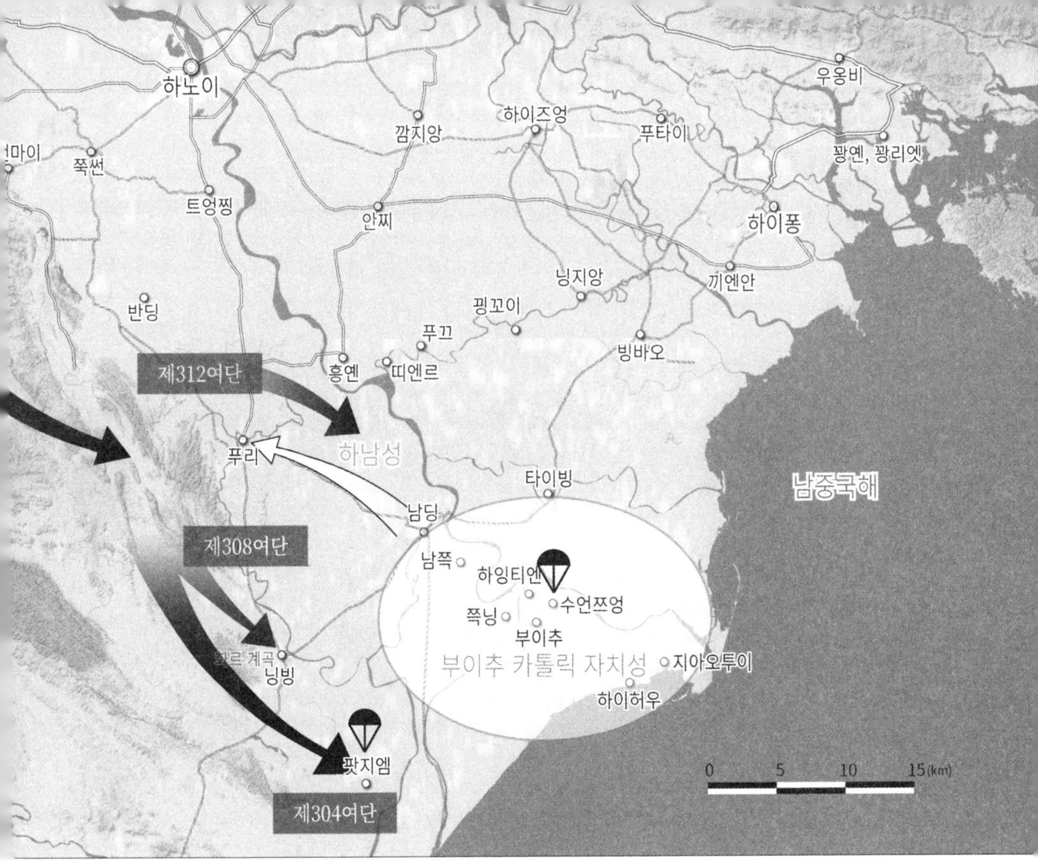

꽝쭝 전역 방면도

군 신병들이었다. 남딩에 주둔 중인 제6식민보병연대의 1개 대대는 전 지역의 기동타격대 역할을 수행했다. 적은 삼각주의 남쪽 지역에만 100개소 이상의 지역에 주둔했고, 이 가운데 20개소는 중대 또는 그 이상 제대의 수비대 병영이었다. 닝빙에는 50개소의 진지가 있었으며, 그중 9개소 모두 중대급 이상의 병영이었다. 호 아저씨는 병사들에게 충고했다.

"여러분의 과업은 적을 소멸시키는 것입니다. 그러나 인민의 마음을 얻은 것이 우선입니다. 이 목적을 달성하려면 여러분은 군기를 엄중히 하고 인민을 존경하고 사랑하며 적을 격멸해야 합니다. 군사적 승리는 정치적 승리를 위한 기반이 되는 것입니다."

작전에 참가하는 부대는 제304, 308, 312 여단 등 총 3개 여단으로 구성되었다.

또한 5개 포대, 몇몇 공병부대, 지방군 4개 대대와 게릴라도 있었다. 제304여단은 우방국에서 보내준 신형 무기와 탄약으로 재무장했다. 적에게 노획했던 여단의 무기는 주로 적진 후방에서 작전했던 제320여단에 전환했다. 적 사상자 예측에 대해 총참모부는 보다 겸손한 숫자인 3개 대대를 제시했다. 다가오는 우기를 감안하면 작전을 오래 지속할 수 없다고 판단했기 때문이었다.

4월 말, 우리는 전역으로 가는 길을 잡았다. 타이응웬성 꽝납(Quảng Nạp)[28]마을에서 제3연합구역으로 가는 여정은 상당히 길었다. 각 부서장급 이상의 간부들은 자전거를 이용했다. 우리는 5월 초가 되어서야 뇨꽌과 닝빙에 도착했다. 제3연합구역 당위원인 레타잉응히, 반띠엔중, 그리고 황썸이 식토(Xích Thổ)[29]에서 우리를 만났다. 이번 전역의 규모는 저항 전쟁 이래 삼각주에서 최고사령부가 주도한 전역 가운데 가장 컸다.

적의 상황도 변화했다. 제4기동단의 일부가 푸리(Phủ Lý)[30]로 이동했다. 전역 당위원회는 닝빙성의 성도인 닝빙시를 주작전 지역으로 선정했다. 홍강 삼각주에 대한 베트민 최초의 공격은 큰 반향을 불러올 것으로 전망되었다.

우리는 초전 필승을 확신하고 있었다. 그러나 상황은 빠르게 변할 수 있었다. 작전지역 전체가 하계 침수지역이었고, 도로와 하천이 많았다. 이는 적에게 유리한 조건이었다. 적은 항공기와 포병의 지원 하에 도로와 수로를 이용해 용이하게 이동할 수 있었고, 반대로 베트민군에게는 많은 어려움을 강요했다.

전역 당위원회는 다음과 같은 지침을 제안했다.

"전투가 크건 작건, 승리를 확신할 때만 싸운다."

당위원회는 다푹(Đa Phúc)-빙옌 간 노상 전투 중에 적 증원부대를 상대하며 얻은 전훈을 바탕으로 병사들에게 유리한 상황에서만 싸우고 증원부대를 소멸시키

28 하노이 북방 100km에 위치한 마을(역자 주)

29 하노이 남방 80km에 위치한 닝빙성의 한 현(역자 주)

30 하노이 남방 60km에 위치한 읍(역자 주)

라고 권고했다. 현재의 지침은 다음과 같았다.

"초소는 동시에 많이 공격하고 파괴하라. 증원부대는 기회가 있을 때 공격하고 소멸하라."

1951년 5월 22일, 전역사령부는 제308, 304여단이 닝빙시와 닝빙성, 팟지엠성 일대의 초소를 소멸시키는 동안, 제320여단은 하남에서 작전을 전개하라는 지침을 부여했다.

나는 작전에 관한 중앙위원회의 지침을 강조했다. 즉, 병사들이 절대로 적을 얕잡아봐서는 안 된다. 병사들은 인민들을 우리 편으로 만들고, 괴뢰군과 카톨릭 신자들을 설득하라는 해방 예정지역에 대한 당 정책을 준수해야 했다. 이번 작전에서 정치적 승리는 군사적 승리 못지않게 중요했다.

작전 개시 전, 제304, 320여단은 전역을 수행하기 위해 지정된 장소에 위치를 잡고 있었다. 적을 기습하기 위해 제308여단은 북동지방에서 사전에 준비된 재집결 장소로 곧장 이동해 도착과 동시에 포문을 열도록 명령을 받았다. 제308여단은 북동지방에서 박지앙, 타이응웬, 푸토, 화빙, 그리고 하남성을 지나고, 로(Lô)강, 타오(Thao)강, 다(Đà)강[31] 등 3개의 큰 강을 도하하면서 적 후방에서 400km를 행군해야 했다. 작전은 우기 초기에 밤을 새워 시작되었다.

5월 후반에, 덤다(Đầm Đa), 치네(Chi Nê), 그리고 식토 시민들의 눈앞에서 총과 대포로 무장한 병사들의 끝없는 행렬이 데(Đế)선착장과 쯔엉엔(Trường Yên)을 향해 빠른 속도로 행군하고 있었다. 그들은 행군 행렬을 쳐다보느라 도로 양쪽에 불을 환히 밝힌 주막에는 관심을 두지 않았다. 주민들은 집에서 뛰어나와 행렬을 환영해 주었다.

"비엣박 정규군이 시내로 오고 있다."

새벽이 되자 제308여단의 병사들은 거대한 은빛 물결의 장막을 헤치고 오두막

31 중국 윈난성에서 발원하여 베트남 북서부에서 남동 방향으로 흐르다가 화빙에서는 북으로 흐르는 강. 하노이 북서쪽 50km에 위치한 비엣찌(Việt Trì)에서 홍강과 합류한다.(역자 주)

집과 마을들을 볼 수 있었다. 그들은 지평선까지 나 있는 익어가는 여름 곡식과 바위산들을 바라보며 자신들이 최종 목적지에 제 때 도착했음을 알 수 있었다.

마지막으로, 그들은 햅쌀 냄새, 민물 게 국, 계란찜, 녹차 등 모든 삼각주 특산품을 맛보았다. 둥근 찹쌀떡, 대나무 뗏목, 강가의 숲 속에 숨겨둔 삼판[32] 등을 구경하며 닝빙 주민들이 오랫동안 행사를 준비해 왔음을 알게 되었다.

전투원들에게는 전투 준비를 위해 단 하루의 시간만이 주어졌다.

1951년 5월 27일 오후, 행군 명령이 하달되었다. 병력들이 숨어 있는 곳은 화르(Hoa Lư) 계곡이었는데, 그곳은 1,000년 전에 어린 소년이었던 딩보링[33]이 물소를 타고 갈대를 휘두르며 전쟁놀이를 하던 곳으로, 딩보링은 이후 다이꼬비엣[34]의 황제가 되었다. 지금은 이 지역도 여름 벼가 넘실대는 들판일 뿐이었다. 병사들은 마옌(Mã Yên)산 자락에서 무기와 탄약, 목재와 폭약을 들고 뛰쳐나왔다. 쯔엉옌 주민들은 멀리서라도 병사들을 보기 위해서 포장도로를 꽉 메웠다. 수백 척의 삼판이 강가에서 그들을 기다리고 있었다. 그들은 현수막을 들고 있었다.

"닝빙을 치러 온 용사들을 환영합니다."

적들만이 돌아가는 정황을 알지 못했다.

닝빙에 근무 중이던 정보부 간부가 제102연대에 황급히 보고했다.

"시내의 상황이 변했음. 논느억(Non Nước)산에 주둔 중인 적 외에 오늘 프랑스군 1개 특공중대가 증원되었는데, 그 중대는 성당에 머물고 있음."

부옌 연대장은 걱정하기는커녕 오히려 웃으며 말했다.

"좋아. 아주 좋아."

부옌은 제79대대장에게 그 특공중대를 해치우라는 과업을 부여했다.

5월 28일 밤, 제79대대는 지방 정보원의 안내를 받아 닝빙시 안에 있던 다이퐁(Đại Phong) 성당으로 다가갔다. 도시가 안전하다는 판단 하에 특공중대 '프랑스와'(François)는 밤을 보낼 장소로 성당을 선택했다. 베트민군의 기습 공격에 직면

---

32 Sampan, 작은 배의 일종(역자 주)

33 Đinh Bộ Lĩnh (924~979) 베트남 딩(Đinh) 왕조의 시조. 965년 십이사군의 난을 거치며 969년 왕이 되었으나 979년 장자와 환관에게 암살당했다.

34 Đại Cồ Việt (大瞿越) 딩 왕조 시대 베트남의 국호

한 프랑스 해병대는 30분 만에 격멸되었다.[35] 논느억을 목표로 한 전투는 동일 야간에 개시할 예정이었으나 대대의 강 도하가 지연되어 다음 날로 순연되었다.

'프랑스와' 특공중대가 격멸되자 프랑스군은 경계를 강화했다.

삼각주 남분구사령관인 감비에[36]는 예비대를 즉각 다이(Đáy)강[37] 지역으로 전환했다. 제1보병대대와 2개 해병특공중대가 제3해병단에 의해 닝빙으로 이동되었다. 후일 알았지만 드 라뜨르의 아들은 제1보병대대의 중대장으로 있었다. 비록 프랑스군은 도로상의 전투로 다소 지체되었지만, 5월 29일 저녁까지 예정된 시간 내에 도착하고 다이강 남쪽 바위산을 점령하여 닝빙으로 가는 길을 장악했다.

5월 29일 야간, 베트민군은 논느억과 고이학(Gối Hạc), 두 진지를 공격했다.

논느억은 닝빙시 한가운데 다이강과 번(Vân)강이 합류하는 지역에 솟아 있는 바위산이다. 정상에는 절이 있다. 강물에 비친 논느억의 풍광은 절경이다. 적은 도시 초토화 정책을 실시하면서 닝빙을 점령했다. 남은 건물은 논느억 사원과 다이퐁 성당뿐이었다. 프랑스군은 사방이 절벽으로 둘러싸여 접근이 곤란한 지형적 이점을 활용해, 이곳을 도시 방어를 위해 2개의 방어선을 갖춘 중요한 진지로 바꿨다. 산 밑은 유자 철조망을 둘렀고, 총안구를 갖춘 방벽을 쌓았다. 올라가는 유일한 길은 절벽 부근의 구불구불한 계단뿐이었다. 약 2개 중대 규모의 적이 진지를 방어했다.

논느억에서 수백m 떨어진 곳에는 고이학산이 있었다. 그 산은 시내로 향하는 대로를 방패처럼 보호하는 형태였다. 현지 첩보에 의하면 고이학산에는 적이 없었지만, 우리는 작전이 개시되면 적이 즉각 이 산을 점령할 것이라고 판단했다. 따라서 우리는 고이학산을 사전에 공격 점령할 계획을 수립했다. 포문을 열기 직전에 남딩에 도착한 적 증원군은 2개 제대로 나눠 두 개의 산을 점령하려 했다.

2시간의 전투 끝에, 제54대대는 논느억 진지를 점령하고 적 200명을 사살하

35 이 전투로 알베르 라벵 중위가 지휘하는 프랑스 해군 '프랑스와' 특수중대 병력 76명 가운데 40명이 전사하고 9명이 실종되었으며 생존자 중 5명은 포로로 잡혔다.

36 Fernand Gambiez (1902~1989) 프랑스의 군인, 군사역사가. 2차 세계대전 당시에는 제1공수충격대대 지휘관으로 코르시카 제압 임무를 수행했다. 이후 드 라뜨르 사령관의 호출을 받아 베트남에서 카톨릭 자치구 방면 지휘관으로 부임했다. 이후 알제 쿠데타 당시 반군에게 감금당한 후 일선에서 물러나 군사사 연구와 저술에 집중했다.

37 하노이 북서쪽에서 발원하여 하노이 서쪽, 닝빙시 동쪽을 경유 베트남 동해로 흘러가는 강(역자 주)

논느억 산을 오르는 길. 일대는 모두 가파른 바위산이었다. (Archives de France)

며, 적 지휘관을 생포했다. 동시에 제29대대는 고이학산 정상의 일부 고지에 있는 적을 격멸했다. 인접 고지에 있던 적들은 베트민에게 경고도 없이 달아났다. 하룻밤 만에 베트민은 닝빙시에 있던 대부분의 적을 소멸시켰다.

그날 밤 동안, 베트민 도청반은 프랑스군이 '베르나르'(Bernard)라고 불리는 사람을 긴급히 찾고 있다고 보고했다. 그는 닝빙에서 실종되었다. 나는 참모부에 베르나르의 정체에 대해 알아보도록 하면서 혹 고급장교가 아닌지 확인하도록 했다. 다음날, 우리는 그가 드 라뜨르의 아들, 즉 베르나르 드 라뜨르 중위라는 사실을 알게 되었다. 그는 고이학산 전투에서 전사한 것으로 밝혀졌다.

닝빙시 점령을 위한 제308여단의 장거리 작전은 프랑스 원정군 총참모부의 보고서에서 '나폴레옹과도 같은 작전'으로 간주되었다. 거기에는 다음과 같은 주석이 붙었다.

"5월 28일 및 29일 밤에 인도차이나 전쟁에서 가장 통탄할 일이 벌어졌다."

제304여단은 옌비(Yên Vị), 추아저우(Chùa Dầu), 옌모트엉(Yên Mô Thượng), 꼬도이(Cổ Đôi) 등 팟지엠-겡(Ghềnh) 간 59번 국도상의 4개 소규모 진지를 파괴했다. 닝빙 지방군도 벤사잉(Bến Xanh)과 뚜이록(Tuy Lộc) 등 2개 진지를 파괴했다.

제320여단은 하남 방면의 흥꽁(Hưng Công), 까잉링(Cảnh Linh) 및 보지앙 등 진지 3곳을 파괴하고 마이꺼우(Mai Cầu)와 타잉리엠(Thanh Liêm)에서 평정작전을 전개하던 1개 중대를 격멸했다.

1951년 5월 26일부터 31일까지, 이렇게 짧은 시간에 베트민은 진지 26곳을 파괴하거나 철수를 강요했고, 대규모의 괴뢰 행정기구를 분쇄해 다이 강 방어선에 심대한 타격을 입혔다. 우리는 작전 1단계에서 군사적 및 정치적 승리를 거뒀다. 하노이와 닝빙을 연결하는 모든 도로가 차단되었다. 베트민은 카톨릭 괴뢰군이 강하게 저항하지 않을 것이라거나, 이전까지 반동 카톨릭의 중심지였던 지역의 주민들이 아군의 진격에 아무런 방해도 하지 않을 것이라는 기대는 하지 않았다.

4

드 라뜨르는 국경지역의 실패로 저하되었던 프랑스 극동원정군의 사기를 고양시키는 데 기여했지만, 인도차이나 전쟁의 전황을 역전시킬 신속한 해법을 구사할 수는 없음을 깨달았다. 원정군은 아직 베트민 정규군에 대한 대규모 공세를 실시할 형편이 아니었고, 상대인 베트민군은 고난에 익숙한데다 높은 전투기술과 정신을 보유하고 있었다.

드 라뜨르는 홍강 주위에 벙커로 연결된 방어선을 구축하고 불모지대를 형성하기로 결심했다. 이는 베트민의 침투, 특히 북쪽 방면의 침투를 방어하기 위한 전략이었다. 강력한 방어선이 내륙지방을 가로질러 혼가이에서 동찌에우, 룩남, 박지앙, 박닝, 썬떠이를 거쳐 하동과 닝빙까지 형성되었다.[38] 삼각주 방면으로는 장기간에 걸친 대규모 평정작전이 예정되어 있었다. 이는 베트민군을 추적해 멀리 쫓아버리고, 괴뢰 행정기구를 강화하며, 북베트남의 핵심 인적, 물적 자원을 확보하려는 계획이었다. 그러나 이는 아직 실현되지 않았다.

드 라뜨르에 따르면 적과 맞서는 최선의 방법은 침략군의 '황색화'[39]를 신속히 추진해 전쟁을 '베트남화'[40]하는 것이었다. 그는 원주민들에게 반 공산주의 정책의 의무가 있다고 여겼다. 드 라뜨르가 즉각적으로 요구한 전력은 효과적인 전투력을 갖춘 4개 괴뢰사단이었다. 그러나 그의 모국에서는 그만한 지원을 기대할 수 없었다. 드 라뜨르는 달랏(Đà Lạt), 투득(Thủ Đức), 냐짱(Nha Trang), 후에, 남딩 등지에 많은 군사학교들을 세웠다.[41] 다만 그 과업을 성공적으로 종결하려면 먼저 바오다이의 괴뢰 권력을 통제할 필요가 있었다.

4월 중순의 흥부엉 기일[42] 즈음, 드 라뜨르는 괴뢰 수상인 쩐반흐우[43]를 대동하고 빙옌으로 가서, 자신이 어떻게 베트민의 결정적 공세를 막아냈는가를 자랑하고는 쩐반흐우에게 말했다.

"베트남에 대한 지원은 베트남이 독립적으로 성장하기 위한 지원일 뿐입니다. 베트남은 스스로를 구원하기 위해 모든 역량을 한 방향으로 집중할 수 있을 만큼 강력해

38 드 라뜨르 라인이라는 명칭으로 알려져 있다. 총378km의 방어선에 250개 그룹으로 구분된 1200개의 고강도 콘크리트 벙커를 설치하고 30t급 전차의 이동이 가능한 도로로 연결하는 장대한 방어선이었다. 인도차이나의 마지노선, 혹은 지그프리드선이라 불리던 이 방어선은 1951년 말이 되어서야 완성되었다.

39 원문에서는 Yellowing으로 표기했다. 베트남 현지인 중심의 전력 확보를 의미한다. (역자 주)

40 원문에서는 Vietnamize로 표기했다. 프랑스가 베트남에 원정작전을 수행하는 구도를 베트남 현지의 내전 구도로 수정하는 정책을 의미한다. (역자 주)

41 당시의 시설을 활용해 설립된 달랏의 지휘참모대학, 투득의 제2육군사관학교가, 냐짱의 해군사관학교가 지금도 그대로 유지되고 있다. (역자 주)

42 기원전 베트남을 최초로 통일했다는 훙왕(Hùng Vương)의 기일. 베트남에서는 흥부엉을 국가적 조상으로 여겨 음력 3월 10일을 기념하고 있다. (역자 주)

43 Trần Văn Hữu (1895~1985) 베트남의 정치가. 1948~1949년간 코친차이나 공화국 대통령. 1950~1952년간 남베트남의 수상이었으며, 1950년 학생시위 박해 등으로 지탄의 대상이 되었다. 1954년 응오딘지엠의 정권 장악 이후 프랑스로 건너가 사실상 정계에서 은퇴했다.

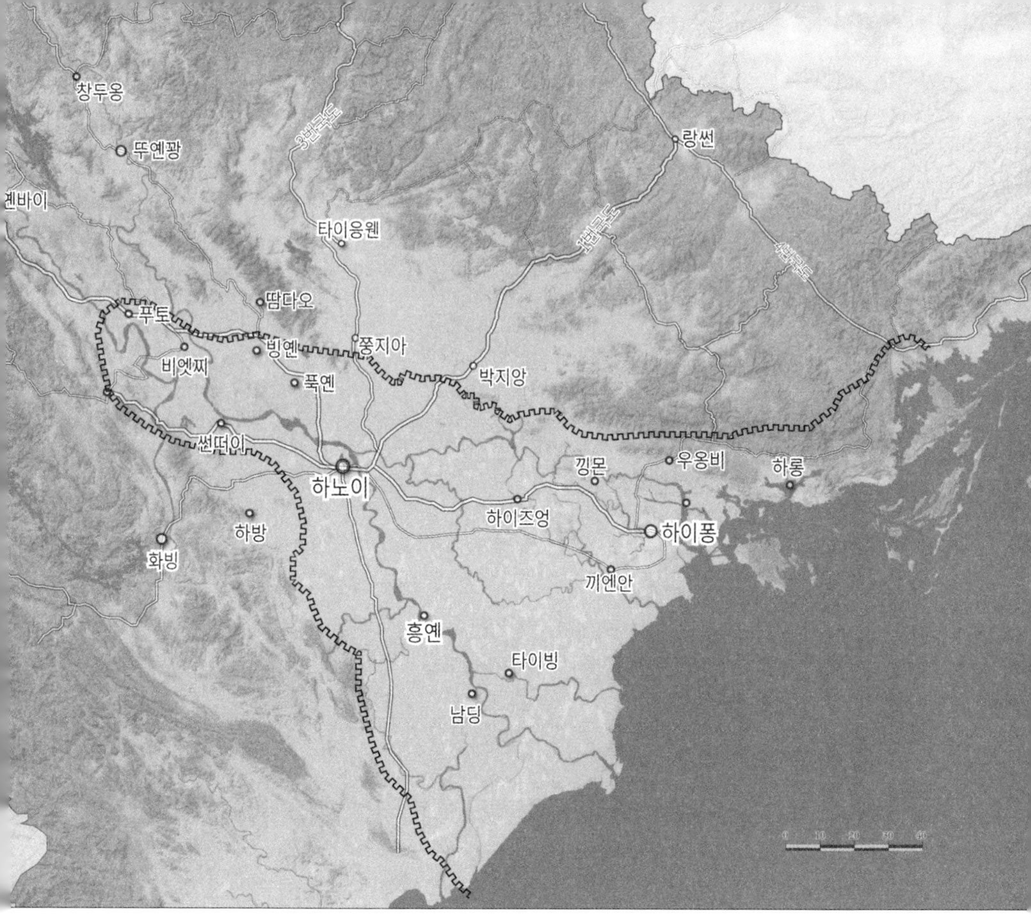

홍강 삼각주를 보호하기 위해 설치된 드 라뜨르 라인

져야 합니다."

바오다이의 대리인인 쩐반흐우는 드 라뜨르에게 프랑스와 베트남에 있어 공동의 적인 베트민을 상대로 가차없이 전투를 수행하겠다는 결심을 표했다.

4월 27일, 드 라뜨르는 원정군의 각 대대가 신규 편성되는 괴뢰대대의 후견인 역할을 하도록 결정했다.

1952년 5월, 드 리나레가 삼각주 지역에 대한 평정작전을 수행하는 데 열중하는 동안, 드 라뜨르는 게으르고 바람둥인데다 이제는 '독립'국가의 권리에 대해 프랑스와 협상을 하느라 지쳐버린 바오다이 왕을 상대로 정치적 문제를 해결하기 위해 노력을 집중했다.

5월 5일, 드 라뜨르는 바오다이를 만나기 위해 달랏으로 이동했고, 5월 7일에는 바오다이와 냐짱으로 돌아왔다. 그는 흐엉지앙(Hương Giang)의 왕실 요트를 타고 동해 바다를 가르며 동승한 괴뢰 왕이 베트남이 독립국으로서 자주권을 가져올 수 있음을 납득시키기 위해 노력했다. 훗날 드 라뜨르는 당시의 대화가 '특별한 중요성'을 지녔다고 여겼다.

5월 중순, 드 라뜨르는 동남아 방어를 위한 회의에 참석차 싱가포르로 향했다. 그는 미국과 영국에게 홍강 삼각주의 전략적 위치에 관한 보고서를 제시했다. 보고서에는 홍강 삼각주가 진정한 '동남아시아 전체 구조의 열쇠'라고 씌여 있었다. 그의 주장은 상당히 설득력이 있었다. 영국 대표인 말콤 맥도날드[44][45]는 이후 '말레이지아 방어선은 북베트남에서 시작한다'고 선언했다. 미국, 영국, 프랑스의 모든 대표들은 인도차이나에 대한 중국의 위협을 감안해 2배에 달하는 공군력을 갖춘 4개 사단의 전략예비를 구성할 것을 각자의 정부에 건의하기로 합의했다.

드 라뜨르가 정치 문제에 골몰하는 사이에 베트민은 삼각주 남쪽에서 공세를 시작했다.

5월 마지막 주, 프랑스군 참모부는 제304, 320여단의 일부 부대들이 남쪽으로 전환하는 징후를 포착했다. 그러나 프랑스군은 이 첩보에 별다른 주의를 기울이지 않았다. 이 부대들은 이전에도 해당 지역에 출몰한 적이 있었기 때문이다. 프랑스 지휘관들은 팟지엠에서 얻은 첩보에 대해서는 항상 주의를 기울였지만, 정작 카톨릭 자치성 당국은 베트민 정규군이 주변 지역에 나타났다는 보고를 전혀 하지 않았다. 따라서 모든 전투가 동시에 시작했을 때, 드 라뜨르의 경계는 완전히 소홀해진 상태였다.

5월 29일 아침, 하노이에 있던 드 라뜨르는 남부에서 확인된 공세에 대응할 대책을 마련하기 위해 즉시 기상했다. 이미 남쪽으로 향하는 모든 도로는 차단된

44 Malcolm MacDonald (1901~1981) 영국의 정치가, 외교관. 영국 사상 최초의 노동당 내각 수상인 램지 맥도날드의 아들로, 1929년 총선을 통해 국회에 진출했고, 1938년부터 자치령 장관과 식민지 장관직을 수행했다. 이 과정에서 유대인의 팔레스타인 이민을 제한하는 맥도날드 백서를 작성했다. 1948년부터 동남아시아 총감독관으로 부임해 1955년까지 재직했으며, 이후 영국 고등판무관, 케나 고등판무관직 등을 수행했다.

45 원문에서는 미국 대표로 기술했으나 착오로 보인다.

상태였으므로, 공세의 위협에 노출된 잔존 진지에는 오직 수로와 공중으로만 증원부대를 보낼 수 있었다. 남딩에 주둔중이던 프랑스군 제3해병돌격단[46]이 닝빙에 증원부대를 수송하고 잔존 부대에 대한 화력지원을 수행하는 임무를 부여받았다. 동시에 리나레는 제1기동단을 닝빙으로, 제4기동단을 푸리로 전환시켰다. 제7식민공정대대는 닝빙 북쪽, 제2식민공정대대는 타이빙에 공수낙하했다.[47]

남딩에서 급거 이동한 증원부대들은 5월 29일 저녁까지 닝빙시 인근에 도착했지만, 이미 벌어진 상황도, 드 라뜨르의 하나뿐인 아들의 생환 문제도 수습할 수 없었다. 제1기동단은 48시간을 이동한 끝에 5월 30일 오전까지 닝빙시 인근에 도착한 후, 항공기와 지상, 함상 화력이 베트민의 활동을 감시하는 동안 닝빙시를 재점령했다.

6월 1일, 드 라뜨르는 쌀랑에게 사령관의 권한을 인계한 후, 아들의 주검을 안고 하노이를 떠나 프랑스로 향했다.

5

1951년 6월 1일, 전역 당위원회 회의에서 작전의 2단계를 개시하기로 결정했다. 2단계에서는 게릴라전을 발전시키고, 농촌의 추수를 보호하며, 정치적 승리를 획득하고 이를 공고히 하고, 적 부대를 격멸하고, 일정 규모의 부대를 적 후방으로 전환시키는 목표 등이 포함되었다.

각 부대의 임무는 다음과 같았다.

–제308여단은 까오 사원을 파괴하고, 닝빙에서 까오 사원으로 오는 증원부대와 싸우며, 황단(Hoàng Đan)을 공격할 준비를 하고, 닝빙시를 탈환하도록 노력한다.

–제304여단은 벤사잉과 팟지엠에서 육로와 수로를 통해 까오 사원을 지원하는 적

46 Dinassaut. 프랑스 해군이 인도차이나 방면의 내륙수로 작전을 위해 1947년부터 편성한 부대로, 주로 강상수송과 전투용으로 소형 상륙정을 운용했다.

47 하노이 남방 100km 이상 이격된 도시들(역자 주)

증원부대와 싸울 준비를 한다.

–제320여단은 하남성과 하동성 전역에서 게릴라전을 전개하고 동시에 2개 대대를 적 후방지역인 하동의 처차이(Chợ Cháy)[48]와 하남의 타잉리엠으로 전환시키는 등 산발적인 활동을 수행한다.'

6월 3일, 제304여단은 누이써우(Núi Sậu) 진지를 포위해 적에게 항복을 강요하고, 적에게 빙하(Bình Hà) 진지, 프엉나이(Phương Nại) 면사무소와 프엉나이사(寺)에서 후퇴하도록 강요했다.

6월 4일 야간, 제88연대가 까오 사원을 공격했다. 이 절은 적이 요새로 개조한 닝빙의 수많은 절과 성당 가운데 하나였다. 까오 사원은 닝빙시 남동쪽 방향에, 다이강 제방과 팟지엠으로 향하는 도로상에 위치하고 있었으며, 팟지엠 성당 구역을 방호하는 외곽진지 역할을 했다. 적은 벽돌과 콘트리트로 견고한 방어 공사를 실시했고 1개 특공중대가 진지를 방어하고 있었다. 특공중대는 많은 사상자가 나왔음에도 원거리 포병 화력지원과 방어 체계에 의존해 아직까지 버티고 있었다. 베트민은 새벽까지 초소의 2/3를 점령했다. 적은 제3기동단과 제7공정대대를 수로를 통해 보내서 포위망을 풀어내려 했다.

6월 5일, 황반타이가 직접 제308여단에 합류, 까오 사원의 전황을 파악했다.

6월 6일 밤, 제88연대는 전투를 천천히 진행할 준비를 하며 까오 사원에 대한 공격을 계속했다. 전날 야간전투로 지친 프랑스 특공중대는 제7공정대대의 1개 중대로 교체되었으며, 그들은 공격을 견디며 지원을 기다렸다. 새벽까지 진지를 점령하지 못한 제88연대는 철수해야 했다. 황단 진지가 강화되었다는 첩보를 입수한 사령부는 제36연대에게 황단 진지에 대한 공격을 중단시켰다.

제88연대는 제308여단의 효과적인 타격부대였다. 연대는 제4번 국도에 연해 있던 유럽-아프리카 부대가 점령한 다수의 진지들을 한 시간 안에 박살내곤 했다. 나는 전령이 보고했듯이, 제88연대의 공격 중단이 공격 준비 과정의 실수나

48 하동성 응화Ứng Hòa현

프랑스 해병돌격단이 촬영한 닝빙 일대의 전경. 북부와 남부의 산악지대 사이에 넓은 평지가 있다. (Cdo François)

전투원들의 피로로 인해 발생한 문제가 아니라고 판단했다. 이는 적이 베트민을 상대로 하는 전투방식을 바꾸면서 발생한 문제였다. 적은 정교한 포병화력을 바탕으로 진지에 대한 야간 공격을 방어했다. 포병은 증원부대와 항공기가 도착할 때까지 진지를 고수하도록 지원하는데 역량을 집중했다. 프랑스 최고사령부는 부대의 저하된 사기를 북돋기 위해 포병과 항공기를 최대한 활용했다.

삼각주 남부는 작전 초기처럼 취약하지 않았다. 적은 아주 짧은 시간 내에 푸리, 남딩, 닝빙시에서 팟지엠시까지 다이강을 연해 3개 기동단, 2개 공정대대, 4개 박격포중대, 1개 장갑차부대, 1개 해병 돌격단 등의 부대를 주둔시켰다. 그러나 그들은 전투력이 보다 양호한 부대로 닝빙시 부근의 이미 파괴된 몇 개소의 진지를 점령하고 점령지역에 대한 소규모의 평정작전을 펼치는 것이 고작이었다. 황화탐 전역에서 그랬듯이, 적은 베트민이 있다고 소문이 난 바위 산맥 지역으로는 감히 멀리 진출하지 못했다. 적도 이 지역에 적절한 대피소가 넘쳐난다는 것을 잘 알았으므로 항공기와 포병의 공격도 빈번하지는 않았다. 베트민 병사들은 삼각주에서 멀리 떠난 몇 년 동안 주민들과 소통했다. 그들은 벼 수확과 방아 찧기를 도왔고, 아이들에게 노래와 춤을 가르치고, 딩(Đinh)왕[49] 사당과 빅동(Bích Động)[50]을 구경하고, 발을 써서 기술적으로 노를 젓는 사공들에게 경의를 표했다.

이번 작전에서는 자유지역 공격에서 적을 방해하기 위해 제316여단은 타이응웬에, 제312여단은 푸토에 주둔했다. 두 여단은 언제라도 전투에 투입될 수 있도록 훈련을 받았다. 이들은 훌륭한 정규군이었다. 작전에 참가한 3개 여단 가운데 제308여단을 제외한 제304, 320여단은 우리 친구들의 새로운 경험을 전수받았지만, '견고하게 공사된 방어시설'을 공격하는 방법을 알지 못했다. 제304여단은 새로운 무기로 무장했으나 제320여단은 여전히 구형 무기를 쓰고 있었다.

6월 15일, 전역 당위원회는 회의를 열고 푸리에서 닝빙까지 1번 국도상에 있는 적진들이 이미 증원되었다고 평가했다. 우리는 우기가 시작되었음을 감안해 작전을 종결하기 전에 소규모 전투로 전환했다.

제36연대는 닝빙시 남서쪽 4km에 위치한 검지아(Gẩm Giá)에서 평정작전을 수행하던 적과 교전했다. 연대는 적 60여 명을 사살하고 상륙장갑차 9대를 파괴했다. 제320여단은 하남성 소재 포꾸(Phố Cú)와 푹럼(Phúc Lâm)에 있는 두 개의 작은 진지를 파괴했다.

6월 중순, 제320여단 소속 1개 대대가 처차이로 침투했다. 이 지역은 하노이와 닝빙을 연결하는 1번 국도를 직접적으로 위협하는 장소였다. 프랑스에서 막 복귀한 드 라뜨르는 침투한 부대를 즉각 격멸하기로 결심했다. 적은 아군을 '움켜쥐기' 위해 지역을 포위하려는 의도로 포병과 차량화부대의 지원을 받는 6개의 공정 및 보병대대를 동원했다. 작전은 폭우 속에서 6월 18일에서 20일까지 진행되었다. 그러나 제320여단 소속의 1개 대대는 지방군 및 게릴라들과 협력 하에 평정작전 부대에 맞서 수백 명을 소멸시키고 안전하게 철수했다.

제42연대는 지방군, 민병대 및 게릴라의 지원을 받아 1951년 5월 20일부터 30

---

49 딩보링 왕을 뜻한다. 화르(땀꼭)에 사당이 있다. (역자 주)

50 하노이 남서쪽 100km 지점의 닝빙성에 위치한 아름다운 수로길. 육지의 하롱베이 라고 불리기도 한다. (역자 주)

일까지 10일에 걸쳐 홍강 좌안의 협력 방향으로 전투를 벌였다. 그들은 흥옌성 소재 푸끄(Phủ Cừ)현과 띠엔르(Tiên Lữ)현, 하이즈엉성 소재 지아록(Gia Lộc)현과 빙지앙현, 그리고 타이빙성 소재 뀡꼬이(Quỳnh Côi)현에서 18개의 초소를 파괴하고 12개의 다른 초소에서 적을 축출했다.

작전 말기의 짧지만 치열한 전투기간에 괄목할 만한 성과를 거뒀다. 지속적으로 시행된 강력한 평정작전으로 둔화되었던 홍강 삼각주의 게릴라전 활동도 회복되었다.

짱쭝 전역은 1951년 6월 20일에 종료되었다.

총참모부의 분석에 따르면, 피아간 전투력 손실비율은 1:1.2로 적의 피해가 컸다. 적 사상자 가운데 40%가 유럽-아프리카 부대였다. 적에게 노획한 총포류는 모든 종류를 통틀어 1,000점을 초과했다. 이는 1개 연대를 충분히 무장시킬 수 있는 양이었다. 우리는 30개의 적진지를 파괴하거나 무력화시켰다. 우리 측 사상자의 대부분은 적진지를 공격하다 발생했고, 특히 까오 사원 전투에서 피해가 컸다. 비록 고문관들은 피해율이 낮다고 평가했지만, 우리가 평가한 피해율은 용납하기 어려웠다. 우리 전투원들은 일면 훈련과 일면 전투를 병행했기 때문이다.

중국 고문관들은 논느억 작전계획 이전에 제54대대장의 보고를 청취한 후에 다음과 같이 언급했다.

> "이번 전투는 우리 정규군이 보다 높은 수준에 도달했음을 증명했습니다."

아군이 적 중대가 방어중인 4개 진지를 동시에 격파한 것은 삼각주 전선이 최초였다.

6

1950년 9월 중순에서 1951년 5월 중순까지, 우리는 계속해서 4개의 대규모 전역을 수행했다. 2~3개 여단이 동원되었는데, 일부 여단과 연대는 3개 전역에 연속적으로 참가했다. 제308여단만이 4개 전역에 모두 참가했다.

꽝쭝 전역에 대한 사후강평회의에서 웨이구오칭이 말했다.

"베트남 병사들은 혁명적입니다. 혁명군만이 그토록 심한 어려움을 극복할 수 있기 때문입니다. 그들은 끊임없이 퍼붓는 프랑스군의 폭탄과 포탄의 위협을 뚫고 천리길을 따라 행군해야만 했습니다. 강철 같은 의지가 없으면 할 수 없는 일입니다."

최근 4개 전역은 8개월동안 각각 상이한 전역에서 실시되었다. 4개의 전역은 그 연속성과 동일한 참가부대, 지휘 체계와 전투 방법 등을 감안하면 장기전에 비견할 수 있었다. 우리는 대규모 기동전으로 전환해 가고 있었다.

우리는 쩐흥다오, 황화탐, 꽝쭝 등 3개 전역에서, 중요하고 통합된 지침에 의거해 삼각주 내의 도시와 적 중대가 점령했던 많은 진지 등 약 70개의 적진을 파괴했다. 증원부대를 상대로 한 전투에서는 수 개 대대에 심각한 손실을 입혔고, 1개 대대와 제1, 3, 4기동단 소속 수 개 중대들을 소멸시켰다. 전체적으로 우리는 약 10,000명(이 중 절반은 기동단 소속이다)의 적군을 전장에서 퇴출시켰고, 상당한 무기와 현대적 장비 등을 노획했다. 쩐흥다오 전역에서는 리엔썬, 수언짜익, 타잉번(Thanh Vân), 다오뚜(Đạo Tú)가, 황화탐 전역에서는 비처 전술기지 격파가, 꽝쭝 전역에서는 논느억 전술기지 격파 과정에서 수행한 기동전이 삼각주와 내륙지방 전역(戰域)에서 우리 병사들의 전술전기가 한 단계 성숙되었음을 보여주었다. 반대로 바이타오, 벤땀, 까오 사원의 진지 공격이 실패사례로 두드러졌다. 대부분의 사상자는 적의 장거리 포병에 의해 발생했다.

쭝주 전역에서 이번 전역까지 내가 걱정했던 일부 문제들이 큰 도전으로 다가왔다.

드 라뜨르는 원정군의 떨어진 사기를 자신의 격려를 통해 고양시켰을뿐만 아니라, 결정적인 장소에 집중하는 방법, 작은 실수를 감내하는 방법 및 불리한 여건하에서 전투를 회피하는 방법을 잘 알았으므로 휘하 장병들의 신뢰를 얻었다. 그는 진지전이나 기동전에서 우리에 대응하기 위해 현대적인 무기와 기술의 위력을 극대화하는 방법을 발전시켰다. 그리고 이 5성 장군은 형편이 좋지 않은 프랑스 정부 휘하에서 개인적 특권과 경험을 활용해 현실적이고 위험한 레베르의 계획을 모두 이행했다.

국경지방의 승리 이후, 베트남 공산당과 중국 고문관들은 북베트남 전구(戰區)에 있던 베트민이 원정군의 사기가 급속히 저하되기 전에 이미 산악지역에서 내륙과 삼각주 평원으로 발전했다고 여겼다.

홍강 삼각주는 신속히 강화될 것이다. 베트민 정규군의 대부분이 철수한 후, 상황은 어떻게 발전할 것인가?

7. 1951년 여름

1

1951년에는 많은 가뭄과 홍수 등 자연재해로 인해 전국에 흉년이 들었다. 제4연합구역[01]은 평년 대비 20~40%의 손실을 입었다. 수천 톤의 소금이 물에 쓸려갔다. 기근은 제5연합구역에 있는 해방된 4개 성까지 위협했다. 국가적 곡창지대인 남부 베트남 일부 지역마저 기근으로 고통을 받았다.

전쟁 이전에도 베트남 농업은 매우 낙후되어 있었다. 몬순과 자연재해가 잦은 지역에 사는 사람들은 여전히 '천지신명께 풍년을 기원했다'. 기후가 양호한 해에는 다들 풍족하게 살았지만, 가뭄이나 홍수가 잦은 해에는 식량이 부족했다. 봉건주의자들의 혹독한 통치 하에 기근이 빈번하게 발생했다. 몇 해에 걸쳐 주린 농민들이 다 죽는 바람에 온 들판에 수확하지 않은 익은 벼가 가득한 적도 있었다.

베트남의 저항은 '모든 사람들이 생산하게 하자'는 슬로건이 증명하듯이 자급자족의 원칙에 기반을 두고 있었다. 거국적 저항 첫 해, 베트남 인민들은 식량 생산에 있어서 신기원을 이룩했다. 해방 지역의 농민들은 1946년에 비해 벼를 289,000t을 증산해 2,194,000t을 거둬들였고, 474,000t의 잡곡도 생산했다. 이렇게 해방 지역의 인민들은 충분한 식량을 확보했다.

중부 베트남의 남부지역은 1946년 1월 최초 발행된 베트남 화폐의 시범사용

01 하노이 중부지방의 북부지역인 타잉화(Thanh Hoá)성, 응헤안(Nghe An)성, 하띵(Hà Tinh)성으로 구성된 지역. 베트남 전쟁 30년사, 제6장 '거국적 저항' p.21, 스텃출판사, 하노이, 2012

1951년 발행된 200동 화폐. 프랑스의 지속적인 위폐유통으로 사용에 곤란을 겪었다. (SBV)

지역이었다. 베트남 인민들은 베트남 '동'(dong)을 '호 아저씨 화폐'라 부르며 최후의 승리에 대한 믿음을 표현했다.

풍부한 식량과 국가 화폐 덕택에 우리는 적과의 투쟁에 집중할 수 있었다.

그러나 프랑스는 우리 식량 보급을 고사시키고 동의 가치를 평가절하하기 위한 방법을 찾아냈다.

그들은 베트남의 인력과 식량의 주 근원인 메콩 삼각주와 홍강 삼각주를 점령하고, 임시 피점령지역에서 해방 구역으로 가는 모든 길을 차단했다. 그리고 많은 지역에서 추수를 마친 농민들에게 벼를 특정한 장소로 집하하도록 하고, 가족의 수를 기준으로 필요 최소한의 양만 되돌려줬다. 그리고 평정작전을 수행할 때는 베트민군을 찾는 한편으로 농작물과 생산 기구들을 파괴했다. 그들은 물소 한 마리를 죽이는 것을 게릴라 두 명을 죽이는 것과 동일시했다. 벼나 다른 곡식을 발견하면 불태우거나 강에 쏟아버렸다. 프랑스인들은 항공기와 대포를 사용해 논을 파괴하고, 농부들이 논에서 일하지 못하도록 방해했다. 상륙용 장갑차로 논을 깔아뭉개기도 했다. 더 야만적인 것은 탁후옹(Thác Huống), 바이트엉(Bái Thượng), 퐁락(Phong Lạc), 반타익(Bàn Thạch) 및 도르엉(Đô Lương)의 댐에 대한 폭격으로, 이로 인해 200,000헥타르 이상의 논이 말라버렸다.

1951년부터는 내륙지방 및 삼각주 여러 곳에 넓이가 5～10km에 달하는 '무인지대'를 만들었다. 그렇게 수십만 헥타르의 기름진 옥토가 황무지로 변했다.

베트남 동은 많은 계략에 의해 공격을 당했다. 적은 임시 피점령지역에서 '호 아저씨 화폐'를 사용하지 못하게 했다. 그들은 (식민정부가 발행하는) 100동 화폐의 '가짜 유행'을 만들기 위해, 우리의 고가(200동 혹은 500동) 지폐가 더 이상 유효하지 않다는 허위 사실을 거듭 유포했다. 우리 화폐를 평가절하기 위한 그들의 주요 기만책은 위조지폐 유통이었다. 푸옌에 공수 착륙한 프랑스군은 자유 지대의 시장에 위조지폐 800,000장을 유통시켰다. 우리는 남베트남의 제8구역 및 제9구역[02]에서만 위조지폐 100,000,000동을 압수했다. 그들에게는 위조지폐 인쇄가 쉬운 일이었지만, 전시체제인 우리에게는 매우 어려웠다. 우리 종이공장과 인쇄소는 적의 공중 공격을 피하기 위해 계속 다른 지역으로 이동해야 했다. 지폐는 작전 비용을 충당하기 위한 소요를 충족할 정도로 신속하게 발행되지 않았고, 심지어 간부, 병사 및 노동자들의 봉급도 제대로 줄 수 없었다. 식량부족과 베트남 동을 평가절하하려는 책동으로 인해 1951~1951년간 우리의 화폐 가치가 급격히 떨어졌다. 타이응웬에서는 쌀 1kg이 45동이었지만, 병사의 한 달 봉급은 기본급 180동에 수당 5동이 전부였다. 가끔은 돈이 있어도 쌀과 소금을 구매할 수 없었다. 그래서 과거 몇 해 동안은 간부와 병사들에게 삼각주에서 비엣박까지 2～3kg의 소금을 나르도록 요구해야 했다.

02 사이공 외곽에 위치한 전쟁 구역들로써 8구역은 동탑성 일대, 9구역은 우밍 밀림지대

이런 상황은 병사들의 전투 능력에 지대한 영향을 끼쳤다. 나는 제2차 전당대회에 제출한 보고서에 다음과 같이 제안했다.

"우리는 병사들의 요구와 인민의 기여에 관한 적절한 비율을 명확히 하여 병사들의 보급을 향상시키기 위한 결심을 내려야만 합니다."

당은 병사들을 지원하기 위해 이미 다음과 같은 다양한 사항을 제안해 왔다. '금 모으는 주', '단결의 날', '군인들을 위한 동복', '국방 성금', '군인들을 위한 쌀 바구니', '저항 국채' 발행, '공공 봉급 자금'과 '토지세' 책정. 쌀 가격과 환율이 요동치는 동안 쌀 현찰구매에 근거한 세금 징수는 농민들에게 불리했다. 제2차 전당대회는 인민들의 생활수준을 향상시키기 위해서 정당한 장기정책이 필수적임을 지적했다. 이런 정책들은 저항의 큰 요구를 충족시키기 위한 인적 및 물적 자원을 동원하게 할 것으로 전망했다.

베트남 화폐가 불안정할 때, 일부 사람들은 정부회의에 앞서 세금을 벼로 징수하는 편이 낫다며 목소리를 높였다. 그러나 이는 인민들의 관습에 반하는 행위인데다, 실행을 위해 벼 보관창고를 따로 짓고 모은 벼를 보관할 방법도 모색해야만 했다. 중국 고문관들은 그들이 과거 자국에서 실시했던 농업세를 벼로 징수하는 풍부한 경험으로 우리를 도와주었다.

정부는 농업세를 벼로 징수하는 법령을 1951년 7월 15일에 공표했다. 이런 규정은 간단하고, 정당하며, 일원화된 세금 징수 방법이었다. 농업세는 인민들의 공헌과 농업 발전 촉진에 보조를 맞춰 저항의 요구를 보장하기 위해 고안되었다. 세율은 머우(mẫu)[03]당 65kg부터 시작했다. 가난하거나 중위층에 속하는 농부들에게는 1950년에 비해 세율이 경감되었다. 공무원 봉급, 토지 및 고정된 가격에 의한 벼 징수 등을 위해 다른 세금은 모두 폐지되었다.

정부는 농업세에 대한 법령 발표 외에, 예산, 검약 실천, 그리고 낭비 및 횡령과의 전쟁에 균형적으로 대응하도록 확고한 수단을 마련했다.

양곡 저장 서비스 및 무역 서비스, 은행 제도와 세금 서비스가 수립되었다. 양

---

03 1머우 = 3,600㎡(역자 주)

곡 저장 서비스와 무역 서비스는 식량과 최소한의 생필품에 대한병사의 요구를 보장하도록 군의 군수 기관과 밀접하게 운용되었다.

호 아저씨는 농업세 법령 발표에 각별한 관심을 표명했다. 그는 직접 상황을 점검하고 여론에 귀를 기울였다. 법령 발표 3개월 전부터 많은 정부 간부로 구성된 대표단이 비엣박 연합구역, 제3, 4연합구역에 파견되어 여름 벼 수확 시 농업세에 대해서 미리 인민들에게 통보했다. 이번 세금은 1951년 5월에 정부회의에 의해서 인준된 초안에 의거해 정부에 납부하도록 되어있었다. 이는 신 조세정책에 대한 반응을 느껴보도록 노력하기 위한 방법이기도 했다.

결과는 예상을 뛰어넘었다. 전국의 온 인민들이 농업세에 대해 환영을 표했다. 최초 예상치가 결코 낮지 않았음에도 수집된 벼는 예상을 두 배나 초과했다. 이는 예측이 식민주의 행정부가 남긴 오래된 통계에 근거한데다, 5년에 걸친 저항운동 이후의 농업발전에 대해 올바른 평가를 하지 못했기 때문이다.

베트남 주민은 이제 식량을 자급자족할 수 있게 되었다. 여름 벼에 대한 농업세를 미리 징수한 후, 재정부 장관인 레반히엔[04]은 정부회의에 앞서 환희에 차 발표했다. "비엣박에서 미리 징수한 벼만으로도 겨울 수확까지 병사들을 먹여 살리기에 충분합니다."

농업세는 1951년 말부터 저항운동 기간 동안 우리 병사들의 식량에 대한 주요 요구를 보장하는 동시에 국가 재정의 주 수입원이 되었다.

정부는 1951년에 산업 및 상업세 정책을 공표하고 재정부에 의해 발행된 구권을 점진적으로 대체할 목적으로 베트남 은행 지폐를 발행했다. 베트남 은행의 설립은 국가 금융과 재정의 원칙에 보다 가까워지는 정책이었다. 응웬르엉방[05]이 국립은행장으로 임명되었다. 중국에서 인쇄된 새롭고 아름다운 베트남 화폐는

04 Lê Văn Hiến(1904~1997) 베트남의 혁명가, 행정가. 1930년부터 인도차이나 공산당에 가입해 독립활동을 했고, 아내와 함께 수차례 포되어 수감생활을 했다. 1945년 다낭의 인민위원회 위원장 자격으로 호치민 행정부에 합류, 1946년 이래 재정부장관직을 수행했다. 이후 국회의원과 주 라오스 대사 등 입법, 외교분야에서도 활동했다.

05 Nguyễn Lương Bằng(1904~1979) 베트남의 혁명운동가. 정치가, 외교가, 행정가. 1925년 베트남 혁명청년협회에 가입한 이후 베트남 독립운동의 신진 주역으로 활동했고, 1931년 프랑스 식민정부에 체포되어 종신형을 구형받았다. 두 차례 탈옥과 체포를 거쳐 1943년부터 베트남 공산당의 재정위원으로 활약했다. 8월 혁명 이후 베트남 국립은행 총재, 중앙감사위원, 소비에트 연방 대사를 거쳐 1969년 베트남 부통령이 되었다.

1951년 6월 초순에 발행되었다. 누구든 그 화폐를 손에 쥔 사람은 감격에 겨워 가슴이 북받쳐 왔을 것이다.

당은 물론 행정기관도 저항 첫날부터 명확하게 정의되지 않았다. 참모진은 중앙기구뿐만 아니라 지방기구에서도 점차 확대되었다. 그들은 총봉기(1945년)를 전후해 혁명에 가담한 사람들이었다. 그들 중 대부분은 실전을 통해서 성숙하고, 능력을 갖춰 나갔다. 그러나 일부는 자신들의 직책에 정통하지 못했다. 화폐가치가 평가절하된 이후로 능력이 부족한 사람들은 소속 집단에 커다란 짐이 되었고, 반면에 전선이나 군부대는 인력 부족을 호소했다. 인력 감축에 대한 논의는 오래전부터 있었지만 감정적인 문제 등 이런저런 이유로 실행에 옮기지 못했다.

정치국 회의 기간 동안, 중국 고문단장인 루오구이보는 기구 편성에 관한 문제에 주의를 환기시켰다. 각 기관은 모자라지도 남지도 않는, 능력 있는 사람과 참모를 필요로 했다. 이 문제는 병사의 전투력과 국가예산에 연계되어 있었다.

1951년 중반, 각 기관들은 예산을 절감하고 관리 효과를 증진시키기 위한 구조조정에 착수했다. 초과 인력은 전투부대나 생산부서로 전보되었다. 이를 통해 비엣박, 제3연합구역 및 4연합구역은 40%의 인력을 감축할 수 있었다. 제5연합구역[06]은 '질을 높이고 양을 낮춘다'라는 구호에 따라 현의 수효를 줄이고 면을 늘리는 등 구역과 성(省)의 통합 원칙에 따라 인력을 감축했다.

군대의 모든 제대에서 구역사령부에서 중대에 이르기까지 최고사령부와 각급 본부의 부서들은 '똑소리 나는 부대, 잘 훈련된 간부'를 창출하고, 지휘효과를 증진하며, 중간부서를 감축하고 전투에 직접 참가하는 인력을 늘리는 등 구조조정을 단행했다. 비엣박 연합구역의 사령부는 단기간에 60%의 인력을 감축해 군부대에 증원요원으로 전보했다. 연대 본부는 단지 20명의 간부와 병사로 구성되었다. 빙찌티엔 사령부 참모부는 700명의 간부가 있었으나 130명으로 감축했다. 제5연합구역은 정규 연대를 그대로 유지했지만 신규 대대들을 창설해 전체 인원은 줄고 전투인력은 15% 증가했다.

06 중부지방의 남부지역인 꽝남(Quang Nam), 꽝응아이(Quang Ngai), 빙딩 및 푸옌(Phu Yen)등 4개 성(The 30 years of War, 하노이, 2012년 도표 #1 참조)

2

꽝쭝 전역이 종료된 후, 응웬치타잉은 장병들의 정치의식을 고양시키기 위해 보수교육 과정을 조직할 필요가 있다고 나에게 말했다. 타잉은 기본, 중간급 간부들이 기껏해야 소자본가 계급에서 온 학생에 불과하므로, 모두가 그렇지는 않겠지만 국가 의식에 문제가 있으며 확고한 신념도 부족하다고 여겼다. 보수교육 과정에서 우리는 간부들에 노력의 초점을 맞출 필요가 있었다.

우기가 시작되었다. 병사들은 약 2개월에 걸쳐 단련, 훈련 및 휴식을 진행할 예정이었다. 1년 내내 이곳에서 저곳으로 이동하는 것은 인간의 인내를 초월했다. 우리는 저항운동이 훨씬 더 길어질 것이라고 판단했으므로, 병사들의 정치적 및 군사적 의식을 고양시킬 필요가 있다는 데에 동의했다. 군 당중앙위원회가 보수교육 과정의 내용을 결정하는 동안, 우리는 며칠가량을 예비기간으로 두어 간부들에게 상황과 장차 수행해야 할 임무를 설명할 필요가 있다고 생각했다. 그들은 최근까지 끊임없이 전투를 벌여왔으므로 국내 및 국제 정세 변화를 잘 알지 못했다. 타잉화에서 실시된 이 보수교육 과정은 좋은 결과를 가져왔다.

1951년 하계 정치보수교육은 병사들의 생각을 바꾸는 이정표가 되었다.

소대 간부와 병사들은 '베트남 인민군'[07]과 '저항운동은 승리한다'[08]라는 교재를 공부했다. 장병들은 우리 군이 모두 베트남인들로 구성되었고, 모든 불의로부터 인민들을 해방시키려는 당의 영도 아래 싸우는 새로운 형태의 군대임을 철저하게 이해하게 되었다. 군에서 간부와 병사의 관계는 인민들의 행복을 위해 적과 생사를 걸고 싸우는 통일된 혁명사 속에서의 사랑과 친밀의 관계였다.

장기간에 걸친 끈질긴 저항운동은 반드시 우리에게 승리를 가져올 것이다. 우리 인민들은 호치민 주석이 이끄는 선구자적 당의 지도력을 가졌기 때문이다. 보수교육 과정은 간부와 병사 간에 새로운 의식의 기조에 대한 믿음과 감정을 확고

07 quân đội nhân dân việt nam

08 *Kháng chiến nhất định thắng lợi.* 저항운동이 난관에 직면했던 1947년에 쯔엉칭이 저술한 책.

Tính chất cuộc kháng chiến của ta

13

당시 주요 사상교육 교보재였던 '저항운동은 승리한다' (Khu di tích lịch sử nhà tù Hỏa Lò)

하게 했다.

중대장급 이상 간부들은 '베트남 혁명'에 관한 보수교육 과정에 소집되었다. 수업에서는 참가자들의 의식과 관점을 당의 지도 아래 국가적, 민주적 혁명사업 차원에서 친구와 적을 구별하는 사항이 부각되었다. 이런 주제는 참석자 대부분이 당원이었기 때문에 익숙한 것이었다.

비판적인 수업은 분위기를 빈번히 긴장 속으로 몰고 갔다. 견해의 내용도 과장되었고 세련되지 못했다. 성의가 부족하다고 여겨지는 것이 두려웠던 일부 인사들은 자신들이 잘못을 하지 않았음에도 잘못을 고백했다. 모 여단에서는 전투 중에 매우 영웅적인 행동을 한 대대 간부 중 한 명이 자신을 적의 간첩이었다고 위증하는 사건도 있었다. 신문과정에서 그는 다른 간부와 관련된 일련의 사건에 대한 전모를 밝혔다. 대대 지휘부는 그가 고백한 모든 잘못들이 '탐정 소설에 미친 학생'의 상상의 소산이라는 것을 발견하는 데 많은 시간을 허비해야 했다.

보수교육은 단기간만 존속되었다. 혁명에 대한 새로운 의식은 아직 단순했다.

어떻게 인간의 마음을 송두리째 바꿀 수 있겠는가? 비록 이 교육이 즉각적인 결과를 가져온 것은 사실이지만, 차후 보수교육을 위한 노력에 악영향을 끼쳤다.

병사들의 기술적, 전술적 수준을 높이기 위한 군사훈련은 전쟁 초기부터 부각되었다. 우리는 1948년부터 지속적으로 '성과 있는 병사 훈련'과 '간부와 병사 훈련' 과정을 운영해 왔다. 훈련의 내용과 방법은 전장의 실질적인 요구에 부합되도록 지속적으로 개선되었다. 건기 전투는 항상 군사훈련에 뒤이어 실시되었는데, 이번에는 좀 더 길게, 1951년 6월부터 11월 중순까지 지속되었다. 전투기술면에서 병사들은 5대 기본과목인 사격, 수류탄 투척, 총검술, 폭파 및 참호구축을 훈련받았다. 전술적으로는 물이 찬 논이나 강, 삼각주에서 진지전 및 기동전[09] 수행요령을 훈련받았다. 이는 최근 수행한 작전들의 실상과 경험에서 도출한 총참모부 자료에서 근거한 것이었다.

3

드 라뜨르는 베트남으로 복귀하자마자 전쟁의 '베트남화'라는 자신의 계획을 실현시키기 위한 일련의 조치를 이행하기 시작했다. 그는 고등판무관으로서 사이공 의원들에게 행정권을 괴뢰 정부에 이양하도록 압력을 행사했다. 그는 제대의 고하를 막론하고 패배한 지휘관들을 모두 신랄하게 비난하고 때로는 모욕도 서슴지 않았지만, 행정부 수반으로서 역할을 수행하기 위해서 바오다이를 조언하는 데 있어서는 완전히 유연하고도 참을성 있게 대처했다. 1952년 7월 중순, 바오다이는 '총동원령'을 선포하며 다시 한번 자신이 국가의 폭군임을 증명했다.

그러나 드 라뜨르는 여전히 충분치 않음을 알았다. 그는 잠정 점령된 지역의 주민들이 전쟁에 극히 무관심하다는 사실을 깨달았다. 바오다이의 칙령은 단지 젊은이들이 깡패가 되는 대신 강제로 입대해 원정군의 통제 하에 살도록 하는 데 성공했을 뿐이었다. 그들을 어떻게 공산주의자들과 싸우게 할 것인가가 결정적

09 당시 베트남군은 전투형태를 진지전(stormy batlte), 기동전(mobile battle), 게릴라전으로 구분한 듯하다. (역자 주)

인 관건이었다. 드 라뜨르는 그가 '공화국 군대'의 장교가 될 교육받은 젊은이들을 설득해야 한다고 생각했다. 사이공에서 개최된 사쓰루 로바 학원(Lyceum of Chasseloup-Laubat)[10]의 표창식에서 젊은이들에게 말했다.

"여러분은 성인 남녀가 될 것입니다. 만일 여러분이 공산주의자라면 베트민 대열에 합류해 정당치 못한 이유로 투쟁하는 사람들을 보게 될 것입니다. 그러나 여러분이 애국자라면 여러분의 조국을 위해 싸우십시오. 왜냐하면 이 전쟁은 바로 여러분의 것이기 때문입니다. 국군은 독립 베트남의 상징입니다. 그리고 국군의 발전은 대체로 여러분이 기하급수적으로 지원할 간부들에게 의존하게 될 것입니다. 여러분은 특권적 문화를 누릴 것이며, 그리하여 그만큼 투쟁의 선봉에서 봉사해야 할 것입니다."

이런 연설은 젊은이들에게 별 영향을 끼치지 못했다.

1952년 7월 14일, 프랑스 혁명기념일 즈음, 드 라뜨르는 하노이에서 바오다이가 참석한 가운데 성대한 군사 퍼레이드를 개최했다. 새로이 창설된 괴뢰 대대들이 '베트남군' 창설을 선전하기 위해 '호안끼엠 호수'[11] 주변을 행진하 프랑스군 대열에 합류했다.

한편, 한반도의 휴전 협상으로 인해 드 라뜨르와 괴뢰행정부의 우려가 깊어졌다. 한국전쟁이 종결된다면 중국에게 행동의 자유가 부여되므로 중국이 보다 이른 시점에, 보다 깊숙이 인도차이나 전쟁에 관여할 수 있게 되기 때문이었다. 드 라뜨르는 누군가가 세계대전 당시 독일의 지그프리트 방어선[12]에 비견한 방어선[13]에 희망을 걸었다. 그러나 삼각주 일대에 구축된 벙커들로 이뤄진 방어선은 연말에나 완성이 가능한 상태였다.

한반도의 상황은 드 라뜨르에게 홍강 삼각주뿐만 아니라 전국에 걸친 임시 피

10 식민지 정부 측이 직접 관리하던 대학급 교육기관, 학교의 명칭은 프랑스 제2제국 당시 해군 식민지장관 사쓰루 로바 후작의 이름을 땄다.

11 하노이에 있는 호수. 옥산사와 함께 호국의식을 심어주는 장소로 유명하다. (역자 주)

12 독일이 1938년 네덜란드 쪽에 프랑스의 마지노선에 대응하는 개념으로 건설한 방어선. (역자 주)

13 드 라뜨르 라인을 의미한다.

점령지역에 대한 안정화작전에 매진하도록 강요했다.

1951년 초 남부 베트남에서는, 당이 중앙정치국의 결정에 의해 남부당위원회 조직 가운데 레주언을 서기로, 레득토를 상임부서기로 교체하기로 결정했다.

수많은 강들이 흐르는 메콩 삼각주는 전쟁 초기부터 사방이 굳게 둘러싸인 채 적의 통제 하에 있었다. 당 중앙위원회에서 멀리 떨어져 있는 남부의 군과 인민의 투쟁은 극도로 어려운 환경 하에서 시행되고 있었다. 적은 지난 6년여에 걸쳐, 남부를 예전의 '황금기'로 되돌려 놓기 위해 노력을 경주했다. 드 라뜨르의 주임무는 북쪽에서 우리와 대적하기 위해 프랑스군을 집중시키는 것이었지만, 그는 절대 남부를 도외시하지 않았다. 드 라뜨르가 인도차이나에 도착한 이래 남부의 안정화활동도 강화되었다.

북쪽으로 전출된 드 라뜨르의 후임인 상송 장군[14]은 그들의 기지를 끊임없이 공격하고 있는 남부의 저항세력을 메콩강을 따라 2개 지역으로 분할해 베트민 게릴라 활동을 분쇄하기로 결심했다. 적은 끊임없이 초소와 감시탑을 건설하고, 육로와 수로의 병참선을 통제하기 위해 전함과 모터보트를 사용했으며, 마침내 제 7, 8구역[15]을 완전히 고립시키는 데 성공했다. 직면하거나 극복해야 할 문제가 너무 많아서, 메콩강과 쏘아이랍(Soài Rạp)강은 '머리가 새는 강'이라고 불렸다. 동탑므어이(Đồng Tháp Mười)[16]에서 저항기지 D까지 이동하려면 때로는 3~4개월이 소요되었다. 한 지역에서 다른 지역으로 식량을 수송하거나 전갈을 보낼 때마다 사상자와 실종자가 부지기수로 발생했다. 적은 사이공 주변의 읍이나 군사, 경제기지 지역을 목표로 빈번하게 소탕작전을 실시했다. 우리는 저항기지 D, 즈엉밍처우(Dương Minh Châu) 및 동탑므어이 기지에 대한 끊임없는 공격으로 인해 지도부와 보급창고의 위치를 계속 옮겨야 했다.

프랑스는 비엔화(Biên Hòa)와 동탑므어이 북쪽에 사는 소수 민족인 떠이닝(Tây

14 Charles Chanson (1902-1951) 프랑스의 군인. 유명한 포병장교가문에서 태어났고, 2차 세계대전 당시에는 북아프리카에서 자유프랑스군에 합류하여 서부전선에서 싸웠다. 1946년부터 프랑스-인도차이나군 사령관으로 부임했으며, 까오다이교 출신 암살자의 자살 폭탄 공격으로 암살당했다.

15 7구역은 사이공 북방 40km에 위치한 떤유엔이, 8구역은 사이공 남서쪽 60km에 위치한 동탑이 중심지다. (역자 주)

16 메콩강 유역의 갈대평원(역자 주)

Ninh)에 있는 까오다이(Caodai)[17] 교도들을 회유했다. 그리고 남부 작전지역을 소규모 지역들로 분할해 우리의 확실한 안내 및 보급 수송을 어렵게 만들었고, 때로는 원천 봉쇄하기도 했다.

1951년 초, 남부사령부는 그들이 남부 전장에서 프랑스의 활동을 통제하기 위해 주도권을 잡고, 남부사령부도 거국적으로 진행중인 저항운동을 따라잡을 수 있도록 하겠다고 건의했다. 우리는 주도권을 확보하기 위해 제8구역을 탈환하고, 제7구역을 통제하며, 제9구역에 대한 소통을 굳게 하고, 캄보디아 운동의 발전을 돕고, 떠이응웬 및 중부베트남 최남단 지역과 협력을 강화하기 위한 제반 노력을 추진해야만 했다. 우리는 '게릴라전에 역점을 두면서 정규전의 속도를 높여야 한다'[18]는 전략지침을 확실히 따라야 했다.

그 당시에 응웬빙 중장[19]이 비엣박으로 오던 중 매복에 걸려 캄보디아에서 사망했다. 응웬빙은 1945년 총봉기 이전까지는 동찌에우 저항기지 사령관이었다. 프랑스가 사이공을 점령한 후, 그는 정부에게 남쪽으로 이동하라는 명령을 받았다. 1945년 11월 남부 군사회의에서 응웬빙은 남부사령관으로, 황딩동(Hoàng Đình Đông)은 정치지도원으로 지명되었다.[20] 응웬빙은 적이 두려워하는 용기 있고 활동적인 지휘관이었다.

남부 전장에서, 지휘부의 변화가 있었다. 중앙국 서기인 레주언이 정치지도원 겸 남부사령관으로, 즈엉꿕칭[21]이 부사령관으로 임명되었다.

1951년 5월, 중앙국은 띠엔쟝(Tiền Giang)강을 2개 연합분구(sub-interzone)의 경계로 하는 동연합분구와 서연합분구를 창설하여 남부 전장의 새로운 행정 조직을 만들기로 결정했다. 일련의 성들은 각 지역이 광대역 발판을 제공하고, 상호

17 1926년 베트남 남부의 떠이닌에서 응오 반 쩨우(Ngô Văn Chiêu)에 의해 창시된 대승불교 기반의 혼합적 유일신교.1926년 이후 독자적인 민병대를 보유했으며, 프랑스, 일본, 남베트남 등의 정부와 가까운 관계를 유지한데 반해 공산주의자들과는 거리가 있었다.

18 남보 지역 지휘에 대한 군사결의안. 1951. File 43, 남부사령부, 국방부 문서보관소

19 Nguyễn Bình (1906~1951) 베트남의 군인. 1936년 이래 꽝닝 무장독립운동의 중심인물이었고, 1945년 이후 남부지역 통합 사령관이 되었다. 베트남 인민군 최초의 대장이 된 보응웬지압과 같은 시기에 최초의 중장으로 임명받았다.

20 The resistance in eastern Nam Bo 1945-1954, People's Army Publishing House, 1990, Vol 1. P.85, 172

21 Dương Quốc Chính (1918~1992) 베트남의 군인, 정치가. Lê Hiến Mai라는 별칭으로 유명하다. 1939년부터 혁명에 가담했으며, 1940년부터 썬떠이의 청년운동을 주도하다 프랑스 식민행정부에 체포되었다. 1944년 탈옥 이후 해방군에 참여했고, 1974년까지 군의 요직을 거친 후 1971년 내무부장관 임명을 기점으로 정치가, 행정가로 활동했다.

연결을 위한 회랑과 상이한 지역을 강화할 수 있는 혁명 기지를 보유할 수 있도록 통합되었다. 통합은 성 수준의 참모진을 감소시키고 풀뿌리 수준의 참모진을 강화시켜 주었다. 쩐반짜[22]와 팜훙[23]이 동연합분구의 사령관과 정치지도원으로 각각 임명되었다. 판쫑뚜에[24]와 응웬반빙[25]이 서연합분구의 사령관과 정치지도원으로 각각 임명되었다. 동나이(Đồng Nai)와 떠이도(Tây Đô) 연대는 해체되었다. 군은 각 연합구역 및 성마다 대대를, 각 현마다 독립중대를 보유하는 형태로 재편되었으며, 동시에 육군병과의 발전으로 무장선전부대들을 창설하고 각 면마다 게릴라전을 조직했다.

베트민은 곧바로 서연합분구에서 전투력을 발휘하게 되었다.

1951년 6월 과 7월, 제300대대와 냐베(Nhà Bè) 병사들은 사격을 가해 42척의 함정을 격침시키고 8개 소대와 13개 분대를 격멸했다. 제300대대 특공대는 3개 유럽-아프리카 중대들이 주야로 경계 중인 유류 비축기지에 침투, 접촉식 기뢰를 사용해 석유 500,000리터를 불태웠다. 2개 해병특공대는 어뢰로 생 루베르비에(Saint Luberbier)라 불리는 가장 큰 적함을 롱따우(Lòng Tàu)강에서 격침시켰다.[26] 제302, 303대대와 기동예비중대는 4번, 13번, 2번, 20번 국도상에서 적을 공격해 수백 명의 적을 사살하고 많은 장갑차와 감시탑을 파괴했으며, 도시와 읍으로 침투해 적을 내부에서 격멸했다.

가장 괄목할만한 전투는 7월 20일에 발생한 짱봄(Trảng Bom) 전투였다. 짱봄은 비엔화 북쪽 20km에 위치한 1번 국도상에 있는 중요한 군사 기지였는데, 1개의

22 Trần Văn Trà (1919~1996) 베트남의 군인. 1938년 인도차이나 공산당에 합류했고, 8월 혁명을 기점으로 군에 참가해 인도차이나 전쟁에서 활약했다. 1968년 구정 대공세와 1975년 사이공 함락 당시 지휘관으로 유명하다.

23 Phạm Hùng (1912~1988) 베트남의 정치가. 1930년 인도차이나 공산당에 가입한 이후 독립운동을 주도하던 중 프랑스 식민정부에 체포되어 사형선고를 받았다. 무기징역 감형 후 8월 혁명을 통해 석방되었고 이후 남방공작을 중심으로 활동했다. 1967년에는 남베트남의 해방군 정치위원으로 임명되었으며, 베트남 전쟁 말기까지 주로 남부 해방활동에 종사했다. 1987년 베트남 총리가 되었으나 이듬해 심장마비로 사망했다.

24 Phan Trọng Tuệ (1917~1991) 베트남의 군인, 행정가. 1934년 인도차이나 공산당 가입 이후 하동의 지방위원회 위원장으로 활동했다. 프랑스 식민당국에 체포되었으나 8월 혁명을 통해 석방된 후 남서부 10개 성을 관할하는 군사지휘관으로 활동했다. 1958년 공안차관으로 임명된 이후 치안, 교통 전문가로 활동했고 1974년 부총리로 임명되었다.

25 Nguyễn Văn Vịnh (1918~1978) 베트남의 군인. 1936년부터 학생운동에 참여했고, 식민지 정부에 체포당해 1940년까지 수감생활을 했다. 이후 프랑스 식민지 석방 베트남 식민지군에 입대했고, 공산당 가입을 이유로 재차 체포되었으며 8월 혁명을 통해 석방되었다. 인도차이나 전쟁에서는 프랑스에 대항해 남부지역의 게릴라 전투를 지휘했다.

26 당시 제300대대는 일본군이 방치한 채 떠난 기뢰를 접촉식으로 개조해 공격에 투입했다. 이 공격으로 7000톤급 수송선이 큰 피해를 입었다.

사이공 일대에서 활동하던 프랑스 순찰선. 프랑스는 대형함이 진입할 수 없는 강에서 임무를 수행하기 위해 상륙정을 개조한 '강상 모니터' 포함들을 적극적으로 활용했다. (Cdo François)

주 초소와 10개의 보조 초소를 1개 유럽-아프리카 중대와 1개 괴뢰 중대가 지키고 있었다. 투저우못-비엔화성의 군부대장인 후잉반응헤(Huỳen Văn Nghê)가 전투를 계획하고 실시했다. 제303대대 55중대와 투비엔(Thủ Biên) 특수임무부대로 구성된 75명의 간부, 병사들이 고무농장 노동자로 위장하고 2대의 트럭에 분승해 이동했다. 그들은 적 기지를 통과하면서 차에서 뛰어내려 정문을 지키던 병사들을 제압하고 기지로 들어가 특화점과 장갑차들을 장악했다. 전술기지 인근에서는 빙끄우(Vĩnh Cửu), 수언록(Xuân Lộc), 짱봄현(縣)의 지방군, 무장선전부대, 게릴라들이 협조된 계획에 따라 적시에 사격을 가했다. 기습을 당한 적은 제대로 응사하지 못했다. 우리는 유럽-아프리카군 50명을 사살하고 50명을 생포했으며, 괴뢰군도 상당수 체포하고 200여 정의 각종 총기류, 수천 톤의 탄약, 식량 및 장비를 노획하고 500만 동의 인도차이나 동 화폐를 획득해 무사히 기지로 복귀했다.

7월 31일, 싸덱(Sa Đéc) 마을에서 특수요원이 남부사령관인 상송 장군을 도시 순찰 검열기간 동안 인민을 공격한 죄를 물어 처형했다.[27]

27 까오다이교 출신의 암살자가 수류탄을 사용한 자살 폭탄 공격을 가했다. 샤를 상송과 함께 식민정부의 행정가이자 베트민의 비밀요원이었던 Thái Lập Thành도 이 공격으로 사망했다.

8월 말, 우리 군과 인민은 동탑므어이를 목표로 진행된 '뚜르비용'(Tourbillon) 작전을 무력화시켰다. 제309대대 파견대는 바주카포를 사용해 9척의 함선과 바지선을 격침시켰다. 9월 4일 야간, 미토(Mỹ Tho)성 특공대가 까이베(Cái Bè)시 안으로 돌진해 석유 100만 리터 이상을 불태웠고, 탄약 1,000t을 폭파했으며, 80명의 유럽-아프리카군을 소멸시켰다.

적의 평정작전에 맞선 전투 기간 동안, 인민들은 병사들과 어깨를 맞대고 같이 싸웠다. 라이우이엔(Lai Uyên)면에 사는 70세의 므어이띵(Mười Tỉnh)은 '동나이의 호승심 넘치는 전사'라는 별명을 얻었다.

저항 진지 D는 중앙국의 기지로 건설되었다.

우리 병사들은 서연합분구에서 크메르를 해방시키고 해방구역을 확장할 목적으로 5월에 쏙짱(Sóc Trăng)작전을 전개했다. 그 작전은 연합분구 부사령관인 응웬차잉이 지휘했다. 제410대대는 3시간에 걸친 전투 끝에 세오메(Xẻo Me)초소를 격파하고 적의 증원군과 싸울 수 있도록 전투 대형을 전개했다. 적 증원군은 오전 중에 포병의 지원을 받으며 박리에우(Bạc Liêu)시에서 파견되었고, 적기도 아군 진영에 네이팜탄을 투하했다. 우리 병사들은 굳은 결의로 전장을 고수해 적 2개 소대를 격멸하고 차량 7대를 파괴했다. 오전 3시, 적 증원병력인 1개 기동예비대대가 껀터(Cần Thơ)에서 달려왔다. 우리 병사들은 적의 포탄과 항공기 폭탄 속에서도 용감하게 싸워 50여 명의 적을 격멸하고 적을 후퇴시켰다. 일련의 제반 전투 중에 우리 손실은 단지 30명에 불과했다.

작전의 보조노력 부대 방향에서 제406대대는 적의 평정작전을 무력화시키고 약 70명의 적을 소멸시켰으며 적기 1대를 격추시켰다. 우리는 타잉찌(Thanh Trị)와 빙처우(Vĩnh Châu)현에 있는 크메르 지역의 기지를 복구했다.

그럼에도 불구하고 이때가 서연합분구에 있어 가장 우울한 시기였다. 적은 벤쩨(Bến Tre)성 전체와 빙롱(Vĩnh Long) 및 짜빙성의 상당 부분을 침략했으며, 껀터와 자익쟈(Rạch Gia) 내에서 평정작전을 실시했다. 어떤 곳에서는 성 주력 대대가 기지를 유지할 목적으로, 면이나 마을의 부대를 지휘하기 위해 각 현에 파견되었다. 결과적으로 많은 병사들이 게릴라가 되었다.

1951년은 남베트남에게 가장 어려운 시기 중 하나였다. 우리 군사기지는 빈번히 포위되었고, 고립된 상태에서 끊임없이 적의 평정작전에 대응해야 했다. 프랑스는 평정작전을 위해 군종 장사병을 괴뢰 참모에게 인계했다. 프랑스는 특히 젊은이들을 모든 수단을 동원해 입대시켜서 남베트남 전역에 걸쳐 다양한 병종의 68개 대대를 창설했다. 고맙게도 그들은 7개 정규대대와 2개 포대를 올해 초에 북쪽으로 전환시켜 발생한 결원을 보충했다. 우리는 전선과 군의 재편성을 통해 남부가 올바른 방향으로 진행하도록 하고, 인도차이나 전장에서 적군의 20%를 묶어놓아 남부를 지원했다.

7월 24일, 적은 중부 베트남의 푸록(Phủ Lỗc)과 트아티엔에서 평정작전을 이행하기 위해 기갑, 포병, 해병 및 공군을 동반한 8개 대대를 집중시켰다. 막 그곳으로 전환된 제101연대는 민병대 및 게릴라와 함께 즉각 반격을 준비했다. 4일간의 전투 끝에 연대는 적 600여 명을 전투에서 이탈시켰고 평정작전을 분쇄했다.

7월과 8월, 적은 북부 베트남에서 게릴라지역과 '무인'지대에 대해 수백 번에 걸친 평정작전을 실시했다. 주목해야 할 점은 양이 아니라 규모와 수행된 작전의 방법에 있었다. 적은 제병과의 무장능력과 기술을 긴밀하게 협동시키기 시작했다. 또한 기동단의 신속한 기동을 강화했다. 프랑스는 국가 분할을 목적으로 한 괴뢰행정부, 상이한 종교의 신자, 인민 매수의 교활한 정치적 술책의 지원을 받아 저항 세력을 고립시키고 종래는 말살시키려 했다. 우리 시골 친구들은 아직 이런 활동에 대응할 준비가 되어있지 않았다.

하남, 남딩, 닝빙성에서 반동 종교기관과 협조체계를 구축한 괴뢰행정기구는 게릴라지역 파괴 작전을 이행했다. 그들의 구호는 '게릴라 제거, 간부 소탕, 젊은 군인 습격'으로, 그간 프랑스군에 의해 실시된 순수한 군사 활동과는 그 성격이 달랐다.

끼엔안성에서는 기동단에 의해 실시된 평정작전 이후, 괴뢰 군대와 행정기구는 모든 혁명 불만 세력과 그 추종자들을 규합해 지하 은신처를 찾아내 지역 내 비밀 요원과 게릴라들을 체포하기 위한 단체를 만들었다. 그들은 하루에 최대 200개의 지하 은신처를 찾아내기도 했다.

하이즈엉성에서는 장교, 군대, 간첩, 첩보제공자, 행정가, 교육-보건 전문가 등 안정화 과업에 특화된 이들로 구성된 기동행정작전단[28]을 조직했다. 그들은 어린이에게 읽기, 쓰기와 노래를 가르치고, 노인에게 선물을 주고, 아픈 사람들에게 약을 주며, 괴뢰 말단 행정기구를 다시 설립하는 등의 방법으로 주민을 우군으로 끌어들여 자신들의 손으로 저항 기지를 제거하도록 노력했다. 기동행정작전단은 하이즈엉성과 끼엔안성의 대다수 면에 행정기구를 설립했다.

타이빙성, 하남성 및 하동성에서는 주민과 간부들을 해방 지역에서 잠정 피점령지역으로 끌어내기 위해 '사회 구제 사업 부대', '복귀 피난민 수용소', '복귀 피난민 지원 연합' 등을 조직했다. 그들은 주민들과 저항 세력 간의 모든 관계를 차단할 목적으로 주민들을 집단 수용소에 소집하기 위해 '대면(大面)[29]'을 조직했다. 하동 성 소재 동꽌(Đông Quan), 타이빙성 소재 처보(Chợ Bo), 하남성 소재 동반(Đồng Văn)에 있는 '대면'에는 평정작전 기간 중 체포된 수천 명의 주민들이 억류되어 집도 없이 기근에 시달려야만 했다.

많은 곳에서 베트민 기지들이 제거되었다. 어떤 지방에서는 간부와 당원의 80%가 체포되고, 게릴라 기지와 마을이 파괴되고, 주민들이 죽었다. 게릴라 기지는 규모가 매우 작아졌고, 적 후방지역의 저항운동도 눈에 띄게 줄어들었다.

1949년에 레베르 계획이 수립된 이래, 적은 홍강 삼각주에 대한 평정작전을 이행하기 위해 노력을 집중해왔다. 레베르는 자신의 후방지역이 인민전쟁으로 좀먹히는 상황을 좌시하지 않았다. 1년가량은 우리의 끊임없는 공격에 대응하기 바쁜 적이 평정작전을 중단하는 경우도 있었다. 하지만 아군 정규군 활동이 중단되자 적은 건기 정면대응에 앞서 자신들의 후방을 견고히 할 시간을 벌어갔다. 우리는 평정작전이 강화되고 교활한 정치적 술책과 결합되어가는 데 대해 우려했다.

적 후방지역의 어려움을 인식한 당 총군사위원회는 당중앙위원회에 떠이박에서 소규모 작전을 개시하고 1개월간 게릴라전을 전개할 것을 제안했다.

28 GAMO, Groupment Administratif Mobil Operationel

29 great communes, 여러 개의 면을 하나로 통합시킨 임시적인 행정구역 (역자 주)

1951년 9월 11일, 정치국은 적을 소멸시키고, 기지를 건설하며, 게릴라전에 박차를 가하고, 타이족 괴뢰군을 격멸할 목적으로 북서지방에서 리트엉끼엣(Lý Thường Kiệt) 작전을 개시하라는 지침을 하달했다. 주노력 방향은 응히아로(Nghĩa Lộ)[30]분구였다. 참가부대는 제320여단, 75mm 산악포병 1개 부대, 2개 공병중대였고, 푸토, 옌바이(Yên Bái)[31] 및 뚜옌꽝성의 지방군이 합세했다. 작전 참가 병력은 총 8,479명이었다.

제312여단 사령부에 작전 지휘 책임이 부여되었다.

30 하노이 북서쪽 180km에 위치한 교통의 요충지. 32번, 37번 국도가 교차한다. (역자 주)

31 하노이 북방 40~120km 지점에 위치한 교통의 요지이자 전략적 요충지다. (역자 주)

8. 커다란 의문

1

1951년 9월의 마지막 10일 간, 제312여단은 여정을 떠났다. 제312여단은 꽝쭝 전역에 참가하는 대신 휴식을 즐기며 병사들을 보충하고 훈련시켰고, 그들의 건강상태는 나날이 좋아져서 100% 보충이 완료되었다.

응히아로 분구는 홍강에 의해 두 지역으로 양분된 옌바이성에 속해 있었다. 우안(右岸) 쪽에는 바오하(Bảo Hà)현과 룩옌(Lục Yên)현이 있었고 모두 해방구역이었다. 좌안 쪽에는 반반(Văn Bàn)현, 쩐옌(Trấn Yên)현, 그리고 탄우옌현이 있었고, 저항운동 초기부터 대부분 적이 점령중이었다. 1949년의 쏭타오(Sông Thao) 전역 이후, 포장(Phố Ràng), 다이북(Đại Bục) 및 다이팍(Đại Phác)에 있는 진지들은 파괴되었고, 임시 점령된 지역이 부분적으로 감소했다. 응히아로 분구의 적은 1개 타이족 대대와 4개 보충 점령중대로 응히아로, 지아호이(Gia Hội), 바케(Ba Khe) 및 트엉방라(Thượng Bằng La)에 있는 진지에 주둔하고 있었는데, 개별 진지는 중령[01]이 지휘하는 1개 중대를 보유했다.

1951년 9월 25일, 제312여단은 홍강을 도하해 떠이박 방향으로 전진했다. 여단은 양익(兩翼)을 구성해 응히아로 분구로 흘러들어갔다. 제165연대로 구성된 보조노력부대는 남동쪽에서 13번 국도를 통해 응히아로 방향으로 전진했다.[02]

01 원문에는 중령(Lieutenant colonel)으로 표기했으나 실제로는 중위-대위가 지휘했다. (역자 주)

02 13번 국도는 사이공 부근에 있다. 원문은 13번 국도지만 32번 국도가 타당해 보인다. (역자 주)

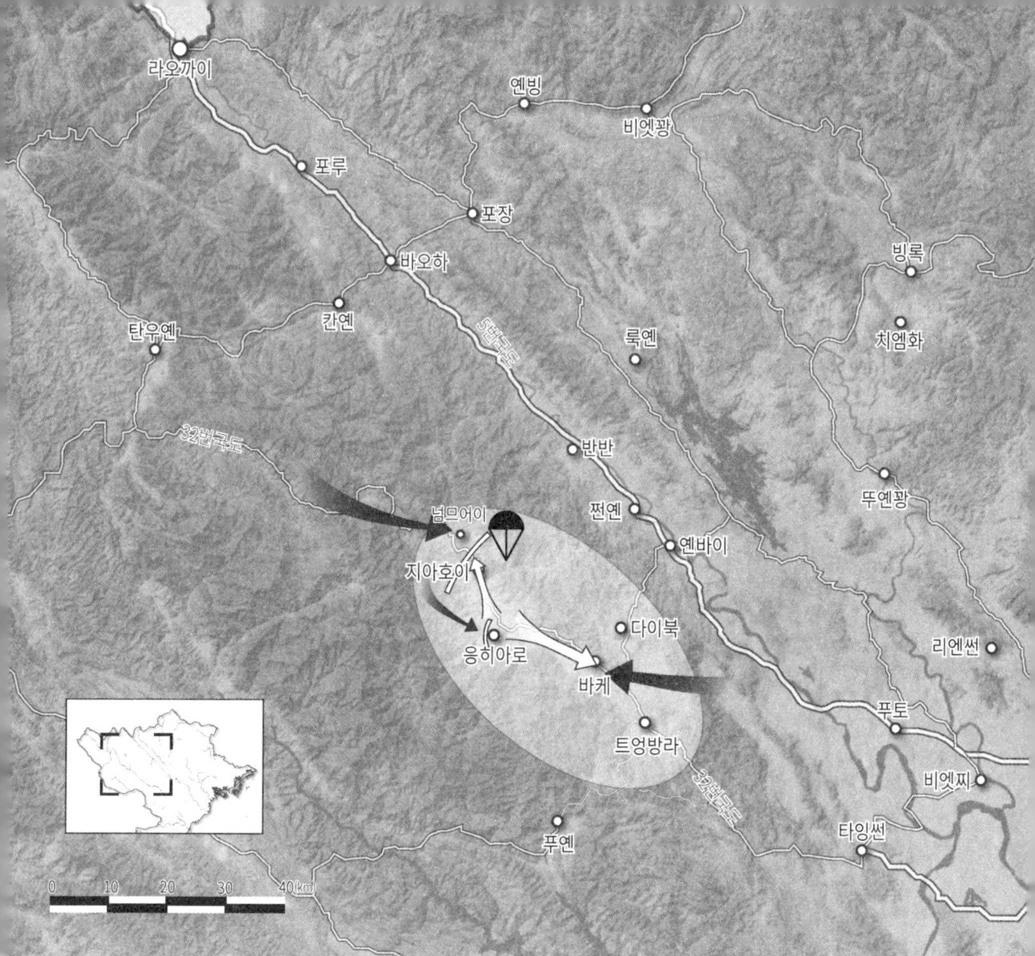

리트엉끼엣 전역

제141, 209연대로 구성된 주공은 75mm 포병 파견대와 함께 산악과 밀림지대에 나 있는 노출된 통로를 따라 북쪽에서 응히아로 방향으로 침투해 들어갔다. 제312여단은 주공이 기습을 달성하기를 희망했다. 훗날 우리는 제312여단이 옌바이에 도착했을 때, 이를 탐지한 적이 응히아로 방면 공세에 대비해 경계를 강화하고 있었음을 알게 되었다.

1951년 9월 30일, 보조노력 부대 방향에서 3번 국도[03]를 따라가던 제165연대 115대대가 사격을 개시해 까빙(Ca Vịnh)을 강습했다. 대대는 응히아로로 곧장 행

03 원문은 3번 국도지만 32번 국도가 타당해 보인다. (역자 주)

군하기 전에 끄아니(Cửa Nhì)초소를 통과해야 했다.

1951년 10월 1일, 주노력 방향에서 제209연대 166대대가 반뚜(Bản Tú)를 점령했다. 이제 떠이박 3대 곡창지대의 하나인 응히아로 평야로 향하는 북쪽 방면의 길이 열렸다.

타이족 괴뢰 1대대는 응히아로, 지아호이, 썬북(Sơn Bục)의 진지에 최후 방어선을 형성하고 지원을 요청하고 있었다.

1951년 10월 2일, 쌀랑은 응히아로 방향으로 전진중인 제312여단의 후방을 위협하기 위해 제8공정대대를 응히아로 북서쪽 20km 지점에 위치한 지아호이에 공수낙하시켰다.

사전 계획에 의하면, 분구에 대한 공세는 제165연대가 남서쪽에 있는 전초를 파괴하고, 응히아로에 대한 협조된 공격을 실시하기 위해 여단의 위치로 복귀한 후 공격을 시작할 예정이었다. 그러나 당시 제165연대는 끄아니를 통과하지 못하고 있었다. 주공과 보조노력 부대는 서로 25km 이격되어 있었다. 여단장인 레쫑떤은 제165연대가 올 때까지 기다리지 않고, 가용 부대로 응히아로를 파괴하고 공정대대와 맞서기로 결심했다.

10월 2일 밤, 제141연대가 응히아로 공격에 실패했다.

10월 3일 새벽, 제209연대는 지아호이와 8km 떨어진 지점에서 베트민 후방을 공격하던 공정대대와 조우했다. 제209연대는 사격을 개시하면서 즉각 1개 중대를 첨병으로 내보냈다. 공정대대는 서둘러 지아호이로 철수했다.

10월 4일, 제8공정대대가 심각한 피해를 입었음을 인지한 쌀랑은 제2공정대대를 지아호이로 파견했다. 두 공정대대는 반똥(Văn Tông)과 넘므어이(Nậm Mười) 부근에서 정지했고, 상호 연락이 두절되었다. 같은 날 밤, 제141연대는 두 번째로 응히아로를 공격했다. 동시에 제15연대 546대대가 동쪽에서 끄아니 초소를 공격했다. 두 공격 모두 성공하지 못했다.

10월 5일, 쌀랑은 다시 제10공정대대를 응히아로에 공수낙하시켰다.

추가적인 증원을 실시하고 며칠이 지난 후, 쌀랑은 응히아로 평야에서 작전중인 제312여단의 양익 가운데 한쪽의 보급로를 절단하기로 결정했다. 제2, 8공정

제2공정대대가 응히아로로 이동 중에 남닝강을 건너는 모습. (ECPAD)

대대가 커우박(Khâu Bác)의 산악, 밀림 지역으로 이동했고, 공정대대를 발견한 제312여단이 사격을 가했다. 프랑스군의 두 대대는 심각한 손실을 입고 지아호이로 퇴각했지만, 제312여단도 10일에 걸친 전투로 상당한 피해를 입었다. 식량도 2일 분량밖에 남지 않았다. 레쫑떤은 후퇴를 명령했다.

리트엉끼엣 전역이 진행되는 동안 적은 제3연합구역의 따응안에서 두 개의 대규모 평정작전을 실시했다. 따응안에 있는 적의 후방지역은 지난 수 년에 걸쳐 지속적으로 평정작전에 시달렸다. 그러나 이번에 실시한 두 작전은 '유령 연대' 또는 '공포의 연대'라는 별명을 지닌 제3연합구역의 제42연대 소탕이라는 특수한 목적 하에 대규모로 수행되고 있었다.

9월 말, 프랑스 최고사령부는 베트민 제42연대가 닝지앙 북부에 나타났다는 첩보를 입수했다. 적은 이 기회를 놓치지 않기로 다짐했다. 9월 25일, 드 리나레의 부장인 베르수는 '시트론'작전 수행 임무를 부여받았다. 시트론 작전의 작전지역은 루옥강 북쪽 및 닝지앙현 서쪽으로, 면적이 100㎢ 이상이었다. 베르수는 제2, 3, 4, 7 등 4개 기동단과 2개 해병충격부대를 지휘해 원거리에서 포위한 후, 포위망을 좁혀서 제42연대를 협소한 지역으로 유도하고 항공기와 포병으로 공격하려 했다. 베트민의 경계를 피하기 위해 작전에 참가한 모든 부대는 진지에서부터 야간에만 이동했다. 그러나 프랑스 제1기동단은 베트민의 제2지방군대대의 격렬한 사격을 받아 9월 25일까지 멈춰 섰고, 결국 포위망은 제대로 형성되지 못했다. 제42연대와 지방군은 소규모 부대로 분산해 현지 주민들의 도움을 받아 가며 삼판을 이용해 루옥강을 남쪽으로 도하, 포위망을 탈출해서 9월 25일 야간에 타이빙 지역으로 후퇴했다.

드 리나레는 이번 실패를 인정하지 못하고 자신이 직접 지휘하여 타이빙 방면에 '만다린'으로 명명된 작전을 실시했다. 병력은 이전 작전에 참가한 부대에 더해 3개 보병대대와 1개 기갑대대를 증강했다. 만다린 작전은 제42연대 섬멸이라는 목적 외에도 타이빙성, 흥옌성, 하남성 저항운동의 지휘기구가 위치한 띠엔-주옌-흥의 게릴라기지 격파와 타이빙성에서 홍강 우안의 다른 성으로 가는 관문의 봉쇄를 목표로 했다.

띠엔-주옌-흥의 기지는 홍강, 짜리(Trà Lý)강, 루옥강과 10번 국도로 둘러싸여 있었다. 9월 30일, 제1, 3기동단은 2개 공정대대, 1개 포병대대와 함께 39번 국도로 흥옌에서 타이빙까지 기동했고, 제4, 7기동단은 10번 국도로 전진했다. 제3, 4기동단은 전역에서 베트민을 동쪽으로 몰아가는 형태의 신중한 평정작전을 진행하는 임무가 부여되었다. 적은 최대한 포위상태를 유지하도록 노력하며 매일 수 km씩 천천히 전진했고, 동시에 전투함과 보트, 해병충격부대가 강을 삼면에서 빈틈없이 통제했다. 프랑스인들은 베트민의 은신처로 의심되는 곳마다 베트민을 사살하고, 대피소를 파괴하고, 주민들을 공포에 떨게 하기 위해 강력한 화력을 쏟아부었다. 어떤 경우에는 작은 마을을 30문의 포로 집중사격하기도 했다.

리트엉끼엣 전역에서 이동중인 베트민 대대. 주력 여단들은 정찰과 공습을 피하기 위해 은폐된 기동로를 적극적으로 활용했다. (BTLSQG)

기지에서 지방군, 민병대, 게릴라의 지원을 받던 제42연대는 베트민 기구들을 방어하고 주민들을 포위망에서 벗어나게 하기 위해서 적과 싸우기로 결정했다.

전투는 타이빙의 유명한 저항운동 마을인 응웬(Nguyễn)촌에서 시작되었다. 적 1개 연대가 공격을 개시했다. 포병의 격렬한 일제사격 이후 적 보병이 사방에서 공격해 들어왔다. 민병대와 게릴라들은 대피호, 교통호 또는 대나무 울타리에 의지해 총을 쏘고, 수류탄을 던지고, 지뢰를 매설하는 등 갖은 노력으로 적의 전진을 막아내려 했다. 종일 계속된 전투에도 적은 마을의 절반밖에 점령할 수 없었고, 완전히 점령하는 데 또 하루가 필요했다. 그리고 전투가 끝났을 때, 적이 발견한 것은 노인과 아이들만 남겨진 무너진 집들뿐이었다. 총을 소지한 모든 주민들은 떠나고 없었다.

제42연대는 끼엔안성 소속 지방군 제61, 131중대와 협력해 주옌하(Duyên Hà)성의 안타이(An Thái)와 타이트엉(Thái Thường)에 있는 적을 공격해 400여 명을 사살하고 많은 무기를 노획했다. 우리 군은 저항운동 마을의 특화점에 의지해 여러 장소에서 적을 정지시키거나 지연시켰다. 프랑스 제7공정대대는 화미(Hòa Mỹ)에서 항공기의 폭탄투하를 요청한 후 백병전 끝에 마을을 점령하기도 했다. 노이톤(Nội Thôn)에서는 제3외인대대가 105mm, 155mm 포병의 지원을 받으며 마을을 공격했으나 지방군 부대에 밀려 퇴각했다. 대나무 울타리들은 다시 한 번 적의 포병과 항공기 폭격, 평정작전에 대한 인내력을 증명했다.

적이 띠엔-주옌-흥에서 평정작전을 수행하고 있을 때, 삼각주 내의 다른 곳에 있던 모든 병력들은 격렬하게 전투를 벌여 적을 분산시켰다. 타이빙의 제38대대는 띠엔하이(Tiền Hải)현의 카톨릭 지역에 있는 적을 공격해 노이랑(Nội Lang) 진지를 파괴하고 몇 개 면을 해방시켰으며, 띠엔하이현에 보다 많은 기지를 건설할 계기를 마련했다.

1951년 10월 8일, '만다린' 작전이 종료되었다. 적은 3주간 구석구석을 샅샅이 뒤진 끝에, 363개 부락과 280,000명의 주민이 살고 있는 띠엔-주옌-흥을 재점령했다. 결과적으로 타이빙성 북쪽에 있는 띠엔흥(Tiên Hưng), 주옌하, 흥년(Hưng Nhân)현에 구성된 모든 기지가 임시 피점령지역이 되어버렸다. 적은 타이빙성 전역에 걸친 그물 같이 펼쳐진 195개의 진지 외에 10개의 진지를 추가 구축했다.

이전에도 그랬듯이, 대규모 평정작전은 적들의 후방지역에서 실시되었음에도 베트민 병사들을 함정에 빠뜨리거나 잡을 수 없었다. 오히려 적들은 아군 전사들에게 실전을 통한 훈련의 기회를 제공했고 그들이 한 단계 성숙시키는 계기가 되었다. 모든 부대가 포위망으로부터 탈출했다. 이제 주된 초점은 적이 임시 피점령지역의 주민들에게 무엇을 할 것인가에 맞춰졌다.

2

적이 가을에 홍강 삼각주에 대해 실시한 대규모, 고강도 평정작전은 호 아저씨와 당 중앙상임위원회에게 커다란 근심을 안겨주었다. 당 중앙상임위원회는 제2차 전체회의를 열어 현 상황에 대해 토의하고, 적 후방지역의 군사적 활동에 대한 지침을 손보기로 결정했다. 총서기는 나에게 긴급하게 보고서 작성 임무를 부여했다.

전체회의는 1951년 9월 27일~10월 5일에 개최되었다. 회의는 내륙지방과 삼각주에서 펼쳐졌던 세 차례 전역 이후의 전반적인 상황을 다음과 같이 평가했다.

> "베트민은 주전장에서 주도권을 확보했으나, 홍강 삼각주에서 상황 전환에 성공하지 못했다. 군사적으로 적보다 우위에 서지 못했고, 게릴라전이 새로운 난관에 봉착했기 때문이다. 정규군의 질은 여전히 미흡했다. 적 후방 전선과 여타 전선들이 박보(Bắc Bộ, 베트남 북부) 전선과 효과적으로 협조되지 못했다. 임시 피점령지역의 군사, 경제 등 상이한 분야에서 수행되는 포괄적 투쟁이 의도만큼 제대로 이뤄지지 않았다. 적은 스스로 저항세력과 맞설 충분한 전투력이 없었기 때문에, '전쟁을 지속하기 위해 전쟁을 하고, 베트남인이 베트남인과 싸우게 하는' 정책에 의존할 수밖에 없었다. 이 정책은 실패할 것이다. 이 정책은 억압과 민중선동에 의존하고 있고, 전국의 인민들을 증오하게 만들어 적에게 보다 강렬하게 저항하게 만들 것이기 때문이다."

전체회의는 군사적 관점에서 가까운 장래에 정규군의 질을 향상시키고, 지방군, 민병대 및 게릴라 양성에 박차를 가하기로 결정했다. 북베트남에서 적의 중요한 부분전력을 소멸시키기 위해서는 정규전을 보다 발전시킬 필요가 있었다. 우리는 박보 전장만이 아니라 쭝보, 남보 전장의 임시 피점령지역 및 게릴라지역에서 주전선과 연계한 효과적 통제와 실행을 위해 게릴라전을 강화하고 발전시킬 필요가 있었다.

전체회의 분석에 의하면, 우리가 적 후방에서 봉착했던 난관들은 일부는 적에 의해, 일부는 혁명운동을 지도하는 과정의 실수로 인해 발생했다. 우리는 전반적이고 장기적인 정책이 부족했고, 적이 기동을 변경했을 때 적시에 전투력을 유지하기 위한 방향 전환이 이뤄지지 않았다. 저항운동 지시가 너무 간단했고, 우리는 대중을 어떻게 저항운동의 뿌리로 활용할 것인가를 잘 몰랐다.

전체회의는 적 후방지역을 지역별로 상이한 지침을 준수하는 임시 피점령지역과 게릴라지역으로 구분할 필요가 있다고 판단했다. 임시 피점령지역에서는 기지를 건설하고 발전시킨다는 목적 아래 합법적인 활동을 전개해야 할 것이다. 동시에 괴뢰 행정기구의 사람들을 설득, 활용하고, 대중들에게 선전전을 전개하고 적을 상대로 한 투쟁에 참여시키기 위해, 우리는 적의 모든 기관에게 이익을 얻어야 했다. 상황이 허락한다면 대중 운동을 무장투쟁으로 변모시켜야 하겠지만, 통제되지 않은 방법으로 적을 쓸어내려는 위험하고 격렬한 행위는 피해야 했다. 게릴라지역에서는 우리는 악인들과 괴뢰 행정기구를 쓸어내기 위해 무장 투쟁을 강화하고 분발해야만 한다. 무장 투쟁을 정치적, 경제적 투쟁과 결합한다면 지역을 확장하고 게릴라 기지를 보다 더 많이 건설할 수 있게 된다. 만일 적이 더 강력해진다면 우리는 일시적으로 게릴라지역을 축소하고 투쟁 규모를 줄일 수 있을 것이다.

두 종류의 지역은 명확한 경계선이 없으며 상호 관련되어 있었다. 그러므로 모든 지도급 간부들은 각 지역의 군사 상황을 확실히 파악해야 했다. 그렇게 해야 적절한 지침을 하달할 수 있었다.

적 후방지역에서 시행될, 밀접하게 연관된 주요한 과업은 '설득을 위해 인민들과 적을 대상으로 선전전을 수행할 것, 그리고 게릴라전에 박차를 가할 것'이었다. 인민들을 설득하는 일은 그들은 회유하려는 적의 계략을 무력화시키기 위한 주요 과업이었다. 적을 선동하거나 설득하는 것은 전략적 과업이었다. 게릴라전을 향상시키는 과업은 적 후방지역에서 저항운동을 유지 및 발전시키는 데 있어 매우 중요했다.

호 아저씨와 쯔엉칭은 전체회의를 시종일관 주재했다. 호 아저씨가 말했다.

"저항운동을 성공적으로 완수하기를 원한다면, 우리는 게릴라전을 강력하게 발전시켜야만 합니다."

제2차 당 중앙상임위원회 전체회의의 결의안은 전쟁 종결까지 적 후방 저항운동 지침의 기조가 되었다. 같은 시기에, 호 아저씨는 러시아 작가 페도로프(Fedoroff)가 쓴 '비밀 지방당위원회'[04]라는 저서 번역본의 서문을 작성했다.

"나는 처음으로 책의 서문을 쓴다. 내가 서문을 쓰는 이유는 우리가 게릴라 운동을 조직한 민감한 시기에 이 책이 발간되기 때문이다…(중략) …게릴라는 나라를 해방시키기 위한 전쟁에서 아주 중요한 전투력을 구성한다. 만일 게릴라 부대가 강하다면, 해방 전쟁에서 반드시 이길 것이다.

조직은 굳건하고 적 점령지역의 안과 밖 등 모든 곳을 망라해야만 한다. 만일 각 마을마다, 각 현마다, 각 성마다 게릴라가 있다면, 이는 적이 도망갈 수 없는 '천라지망'을 만드는 것이다. 적이 어디를 가든, 그들은 멈춰세워지고, 싸움을 피할 수 없게 될 것이다. 또 무엇을 건설하든 파괴될 것이다. 게릴라 운동 한가운데에 빠지면, 적은 눈이 있어도 보지 못하고 귀가 있어도 듣지 못하며 다리를 절고 움직이지 못할 것이다. 적의 부분전력들은 점차적으로 전투력이 소진될 것이다. 생존에 성공한 잔여 부대는 근심과 공황 속에서 두려움에 떨게 될 것이다. 적은 종래에는 게릴라들에 의해서 소멸될 것이다. 만일 게릴라 운동이 잘 조직된다면, 모든 인민은 나이, 성별 또는 사회적 지위에 관계없이 모두 참여할 수 있다. 일부는 투쟁을 하고, 일부는 보급로에서 근무할 수 있다. 다른 이들은 정보, 연락 및 선전분야에서 일할 수 있다. 모두가 국가에 봉사할 수 있는 기회가 있다."

최고사령부는 제2차 전체회의 결의안 이행을 위해, 10월 중순부터 11월 중순

04 The Clandestine Provincial Party Committee

까지 1개월에 걸친 게릴라전 전개에 관한 지침을 하달했다. 작전은 내륙지방과 제3연합구역에서 정치 및 군사 기지를 강화하고 발전시키기 위해 실시될 예정이었다. 동시에 벼 창고 방호와 농업세 징수도 절대적으로 중요한 일이었다. 각 연합구역과 성들은 적 후방지역에서 게릴라전을 재강화하는 자체 계획을 가지고 있었다. 지방군과 일부 게릴라 부대에게는 저항 운동을 지원 및 협력하라는 과업이 부여되었다.

처음에 총참모부는 적 후방지역의 작전을 위해 2개 여단 전환을 건의했다. 당 총군사위원회[05] 회의에서 두 가지 의견이 제기되었다. 첫 번째 의견은 '만일 우리가 적의 기동예비대가 집중되어 있는 삼각주의 적 후방지역에 그렇게 강한 부대를 전환시키면 우리는 많은 난관에 봉착하게 될 것이다', 두 번째 의견은 '상이한 통로를 따라 연대 단위로 하나씩 전환시키면 가능하다'는 것이었다. 당 총군사위원회는 일부 주력[06]연대들을 내륙지방과 제3연합구역의 연결지역에 전환하기로 결정했다. 그들은 소규모 초소를 공격하고, 소규모 증원부대를 말살하며, 소규모 부대로 나눠져서 그들이 무장 선전과 평정작전에 저항하게 될 적 후방지역으로 침투하도록 계획했다. 제316여단은 제98연대는 주노력 방향인 박지앙에서, 제174연대는 보조노력 방향인 박닝에서 작전을 전개하도록 과업을 부여했다. 얼마 후, 제176연대를 랑썬에서 정치 재학습을 받게 될 제14연대와 교대하기로 했다. 하남닝에서 작전 중이던 제320여단은 제64연대를 주노력 방향에, 제48연대를 보조노력 방향에 운용했다.

게릴라전을 전개한 지 한 달 만에, 베트민은 포로 140명을 포함해 적 2,678명을 소멸시켰다. 그러나 그들은 적 후방지역에서 게릴라전 방법을 개선시키는 데는 성공하지 못했다.

레쫑떤이 리트엉끼엣 전역 실패를 보고하기 위해 떠이박에서 최고사령부로 왔다. 우리는 적의 부상자가 얼마나 되는지는 알지 못했지만, 적 500여명을 사살 또는 생포했다. 반면에 우리는 심대한 손실을 입었는데, 전사 253명, 부상 964명,

05 the General Army Party Committee

06 지방군과 대비되는 표현으로 정규군이라고 보면 무난하다. (역자 주)

그리고 실종 87명이었다. 레쫑떤은 그가 작전을 지휘한 이래 처음으로 실수를 저질렀음을 인정했다.

나는 작전에 있어서 공격방향 선정에 정확성을 기해 왔었고, 적 공정 증원부대에 대해 융통성 있게 대처해 왔다고 생각했다. 작전을 실패로 이끈 이유를 질문하자, 레쫑떤은 우리 전진이 너무 느렸기 때문에 적이 아군의 이동을 파악하고 공격에 대비할 시간이 있었다고 대답했다. 우리가 행군해 옌바이에서 응히아로까지 가는 데 5일이 걸린 반면, 적 공정 증원부대는 하노이에서 단 한 시간밖에 걸리지 않았다. 떠이박은 대체로 밀림과 산악으로 구성된 지형이지만, 베트민은 쭝주 전역과 같이 주간에 물이 차 있는 논에서 싸워야 했다. 공정부대는 밀림이나 산악지대에서는 베트민 군에게 그리 위험한 존재가 아니지만, 평지 특히, 항공기와 포병의 지원을 받는 경우에는 베트민 군에게 심대한 타격을 입혔다. 게다가 상당수의 베트민은 진지를 공격해 본 경험이 없었다. 그리고 전시근로자들이 맨발로 수백, 수천 km의 밀림 길을 거쳐 어깨막대기로 물건을 나르는 상황에서는 작전이 장기화되면 대규모 병력에 대한 보급이 문제가 될 수밖에 없었다. 그러나 여단장은 작전을 개시하기 전까지 모든 문제점을 예상하지 못했다.

3

나는 총참모부에 1951~1952 동춘 작전의 초기 계획을 수립해 당 총군사위원회에 제출하도록 지시했다. 그러나 1951년 10월 초순까지도 이행되지 않았다.

1951년 겨울, 최고사령부의 정규군은 제304, 308, 312, 316, 320, 325 등 6개 여단과 1개 연대였다. 제325여단을 제외한 5개 여단은 신무기로 무장했다. 각 여단의 병력은 완전히 보충되었다. 정치 재학습 과정 이후, 참모부는 최고사령부의 18개 주력 연대 중 6개 연대는 양호, 7개 연대는 보통, 4개 연대는 취약으로 평가했다. 취약한 4개 연대는 아직 중앙 집권화된 전투[07]에 참가한 적이 없었다. 특

07 전역사령부의 통제 하에 부대 전체가 동일한 시간, 장소 및 목표 하에서 실시하는 전투(역자 주)

히 제320, 325여단은 주로 지역활동에 개입했었다. 따라서 최고사령부는 정규전에서 운용할 부대는 4개 여단뿐이었다.

박보 전역에는 최고사령부의 5개 여단 및 1개 연대 외에, 지방군 14개 대대, 성 및 현 소속의 180개 중대가 있었다. 제3연합구역의 좌안(左岸)군 소속 부대를 제외한 다른 모든 지방부대들은 탄약이 부족했고 훈련이 잘 되지 않았으며, 전투 경험도 부족하고, 장비마저 온전치 못했다.

새로운 식량 배급 제도가 군에 시행되었다. 병사 1인당 하루에 800g의 쌀과 쌀 400g에 해당하는 부식이 공급되었다. 병사들의 건강은 괄목할 정도로 향상되었고, 환자들도 7~9%가량으로 줄어들었다. 예외적으로 제320여단은 39%에 달했는데, 이는 작전지역이 적 후방지역에 있었기 때문이다.

제5연합구역은 5개 연대와 지방군 등 총 37,148명을 보유중이었다.

남부 베트남은 보병 11개 대대, 51개 중대, 155개 소대와 지방군 등 총 32,678명을 보유했다.

라오(Lào)전선[08]은 4개 부대의 4,431명을 보유했다.

베트민의 병력은 총 253,270명에 달했다. 같은 시기에 적은 338,000명이었다. 만일 1년 전에 베트민 병력이 적과 동일했다면, 적의 현재 병력은 100,000명, 부대단위로 따지면 42개 대대를 더 보유했을 것이다.

162개의 적 보병대대 가운데 86개 대대가 박보, 22개 대대가 쭝보, 31개 대대가 남보, 그리고 12개 라오스 괴뢰대대가 라오스, 11개 크메르 괴뢰대대가 캄보디아 전구에 각각 배치되어 있었다.

적은 미국의 도움을 받아 병과 측면에서 양적, 질적으로 괄목할 만한 발전을 이룩했다. 프랑스는 105mm 및 155mm 포병 18개 대대, 박격포 7개 연대, 공병 7개 대대, 다양한 종류의 항공기 225대, 각종 전투함 230척 및 해병 충격부대 9개 부대를 보유하게 되었다.

적 전력에서 괴뢰군의 비율은 62%에 달했다. 그들은 전투에서 베트민의 상대

08 라오스 지역에서 라오스와 연합 작전 중인 베트남군 부대(역자 주)

1951년 7월 14일, 하노이에서 퍼레이드중인 '인도차이나'대대. 징집된 베트남인 병사들은 미국이 공여한 무장을 장비했다. (ECPAD)

가 되지 못했지만, 안정화 작전에서는 프랑스군을 능가했다. 괴뢰군은 같은 베트남인으로 지형과 소통요령에 대한 이해가 완벽했고, 주민들의 모든 관습과 습관도 잘 알았다. 그들은 비밀요원, 게릴라와 일반 주민들을 쉽게 구별해 냈다. 그리고 지역 주민들과 가족적, 종교적 유대를 맺고 있었다. 당시 일부 괴뢰 부대는 적 후방지역에서 수행하는 인민 전쟁에 있어 매우 위험한 존재였다.

1951년 말, 북부를 중심으로 홍강 삼각주 주변에 대한 드 라뜨르의 방어선이 완성되어갔다. 적은 북쪽에 1,200개, 중앙과 남쪽에 500개의 콘크리트 벙커를 구축하기로 계획했으나, 단지 800개의 벙커를 북쪽, 혼가이 해안에서 박지앙, 박닝 및 빙푹 성을 지나 하동성 소재 응아바타(Ngã Ba Thá)까지 구축할 수 있었다. 하지만 이는 인도차이나 전역에서 처음으로 등장한, 해방지역 바로 앞에 구축된 강력한 방어선이었다. 이 거대한 콘크리트 덩어리는 지표면보다 조금 높게 설치되어 있으며, 멀리 있는 포병 진지의 지원을 받으며 베트민 화력을 견뎌낼 수 있게 제작되었다. 적의 새로운 방어체계는 아직 무장상태가 열악한 중앙 및 남쪽 병사들에게 큰 장애물이 되었고, 동시에 대부분 경무장 상태인 북쪽의 주력 여단에게도 심각한 도전이었다.

적은 1951년 후반기에 전국의 후방지역 전선에서 모두 승리를 거뒀다. 전례를 찾아볼 수 없는 일이었다. 그러나 적은 침략군에 내제된 근본적 취약점을 제거할 수 없었다. 162개 대대 가운데 3/4이 점령임무로 분산되어 있었다. 적은 단지 41개 대대만 전략적 및 전술적 기동예비로 사용할 수 있었으며, 11개 대대만을 전략 기동예비로 보유했다.

전투력의 천칭은 우리 쪽으로 기울지 않았다. 적은 병력이 우리보다 많았고 장비 수준도 우수했다. 그러나 가용 정규군이 적과 대등한 아군은 주 전선에서 승리할 기회가 있었다. 베트민의 장점은 자신이 선택한 전장의 교전에서 주도권을 잡을 수 있다는 점이었다. 그러나 이번 동춘 전역을 어디에서 시작해야 한단 말인가? 다수의 적 기동단을 유인하기 위해 대규모 작전을 진행하려면 적 후방지역의 악화된 상황을 이용하는 것이 최선의 방법이다. 만일 우리가 공세를 천천히 수행한다면 적은 우리를 먼저 공격하고 아군을 불리한 상황으로 몰고 가서 반격을 감행할 것이다. 7개 기동단을 손에 쥔 드 라뜨르는 언제라도 우리를 공격할 수 있지 않은가!

적기는 온종일 비엣박[09] 상공을 선회했다. 정규군이 작전을 개시했을 때 후방지역은 고요하기만 했다. 적의 활동은 우리의 작전 준비를 분쇄하기 위한 행동을 넘어 테러리스트와 같은 행동도 서슴지 않았다. 적기들은 뚜옌꽝 마을에 한 시간 동안 폭탄을 투하하고 기총을 소사했다.

나는 웨이구오칭과 동춘 전역을 전개하기 위한 지침에 대해 의견을 교환했다.

09 베트남 북부의 6개의 성, 즉 랑썬, 까오방, 하지앙, 박깐, 뚜옌꽝 및 타이응웬을 통칭하는 말로, 항불전쟁시 베트남 측의 기반이 되었던 곳이다. (역자 주)

웨이는 적이 이 문제에 대해 여러 차례 토의했다고 말했다. 프랑스군은 내륙지방과 홍강 삼각주 일대로 병력을 집중시켰고, 그들의 방어선은 강화되었다. 프랑스군은 내선에 많은 수송 수단을 보유하고 있었으므로 부대를 매우 신속히 집중시킬 수 있었다. 프랑스 제국주의자들은 특히 주간 및 야간에 포병과 협동하는 데 있어 장제스군을 능가했다. 북한군과 중국의용군은 한반도에서 소련 항공기의 지원을 받기는 했지만, 근본적으로는 월등한 병력의 규모를 통해 승리했다. 항공기도 없고 방공무기도 없는 베트남은 삼각주 지역에서 적의 항공기와 포병에 대적하는 데 많은 어려움을 겪었지만, 그 이전에 아군이 많은 병력을 보유하지 못했다는 점이 가장 큰 문제였다.

내가 말했다.

"최근에 아군이 포병화력과 항공력이 제한된 적을 선별하여 해당 부대들을 분산시킨 후 교전하도록 여건을 조성한 후 몇몇 여단들로 소규모 작전을 수 차례 전개했지만 주목할 만한 성과를 얻지는 못했습니다. 이제 6개 여단 규모의 정규군을 보유한 우리가 소규모 전투만을 계속할 수는 없습니다. 지금과 같은 전쟁 방식은 우리 군에게 큰 피해를 입히지는 않겠지만 새로운 국면으로 상황을 바꾸지는 못합니다."

잠시 생각을 하더니, 웨이가 대답했다.

"나는 회의차 베이징으로 복귀할 예정입니다. 이번 기회에 중국 공산당 중앙위원회는 당신들에게 확실한 조언을 해 줄 것입니다."

며칠 후, 웨이가 베이징에서 복귀했다. 베트남 공산당 중앙위원회는 루오구이보의 서한을 받았다. 이서한은 현 상황에서 최선의 길로 게릴라전의 재개와 적의 장점을 제한하기 위한 인민전쟁을 발전시킬 것을 조언했다. 베트남군은 기동성을 향상시키기 위해 무장을 가볍게 해야 했다. 루오구이보는 우리에게 제351공병-포병 여단을 훈련차 중국에 보낼 것을 제안하며, 이 부대를 베트남이 필요로 할 때면 언제든지 되돌려 보내겠다고 말했다.

나는 정규군의 현 과업은 비록 적이 우수한 무기로 장비되었고 전술전기도 우리보다 낫지만, 우리가 소규모 전투에서 승리를 계속해 온 것처럼 대규모 정규전에서 승리하기 위해 우리의 능력을 증명하는 것이라고 생각했다.

4

10월 중순, 황반타이는 당 총군사위원회에 총참모부가 준비한 1951~1952 동춘 기간의 작전계획을 보고했다.

북부 전역의 상황에 대해 총참모부는 다음과 같이 평가했다.

"동박에서 적이 강화되고 있다. 이 전장은 보급과 통신이 곤란하고, 인민 기지가 열악하며, 지형이 복잡하고 해안에 근접해 있다. 결론적으로 베트민은 많은 적을 소멸할 수 없다. 내륙지방은 적이 견고한 방어선을 갖춘 막강한 지역이다. 베트민은 아직 이런 방어선을 공격할 능력이 없다.

떠이박의 적은 보다 산개되어 있고, 대부분이 괴뢰군으로 구성되어 있으며, 도로가 열악하고 산악과 밀림으로 구성된 험난한 지형인데다, 인구가 희박하고 보급 수송이 여의치 않다. 우리가 대규모 병력을 투입하기에는 좋은 조건이 아니다. 게다가 떠이박에서 승리를 거둔다고 해도 강력한 정치적 효과를 거두지는 못할 것이다."

작전을 전개하는 단초 지역으로 총참모부가 선정한 방향은 제3연합구역의 우안이었다. 우리가 직면한 문제는 언제나 그렇듯이 보급이었다. 강과 물이 찬 논이 많아서 작전에 용이한 지형도 아니었다. 그러나 적이 상대적으로 약하고 그들의 주요 기지와 멀리 이격되어 있다는 것은 장점이었다. 우리는 진지전, 기동전 또는 적 지역 한 복판으로 깊숙한 침투 등을 수행할 수 있을 것으로 보았다. 승리는 강력한 정치적 효과를 가져올 것이며, 주민들을 우리 편으로 만들고, 삼각주에서 게릴라전을 분발시킬뿐만 아니라 주도권을 확보하려는 적의 계획을 분쇄할 수 있을 것으로 보았다. 최근 군사 보수교육 과정에서 우리 병사들은 젖은 논이 있는 지형에서 싸우도록 훈련을 받았다.

총참모부는 4개 여단(304, 308, 312, 320)을 전투에 투입할 것을 건의했다.

당 총군사위원회는 하남딩 작전이 반복되지 않을까 걱정했다. 최종적으로 게릴라전을 응원하고, 우리에 대한 적의 대응 방법을 살펴보기 위해, 소규모이면서 소산된 전투를 필두로 하여 많은 부대들을 많은 전장에 동시에 투입하기로 결정했다. 제3연합구역의 우안을 다른 방향보다 더 많은 부대를 투입하게 될 주노력 방향으로 선정했다. 총참모부는 당 총군사위원회의 결정에 근거해, 작전계획을 다음과 같이 구체화시켰다.

"주노력 방향인 제3연합구역의 우안에 2개 여단을 투입한다.

제320여단은 하남, 하동 및 썬떠이 성 내에서 적 후방지역에 3~5개 대대를 운용한다. 잔여 부대는 우리 병사들이 침투할 외곽선에 운용한다.

제304여단은 남딩 및 닝빙성 외곽선에서 운용하고 상황에 따라 일부 부대를 적 후방지역으로 투입할 준비를 한다. 협조 방향은 제3연합구역의 좌안과 내륙지방이다. 제42연대 및 지방군은 좌안에 인민기지를 강화하고, 파괴된 인민기지를 회복한다.

제316여단은 내륙지방에서 2개 대대를 박닝의 적 후방지역으로 전환하고, 제246연대는 풍옌에서 운용한다. 잔여 부대는 외곽선에서 운용한다.

보조노력 방향은 떠이박이며 제312여단을 투입한다.[10] 제148연대와 제308여단, 또는 316여단의 1개 연대는 적 2~3개 대대를 소멸시키고 게릴라전을 응원할 목적으로 응히아로에서 운용한다.

계획에 따르면, 우리 장병들은 적들이 철수해 휴식을 취하고 새로운 과업을 준비하는 1951년 12월 중순부터 1952년 1월 중순까지 모든 방향에서 교전하게 될 것이다."

당 총군사위원회는 제3연합구역에서의 제320, 304여단의 작전계획을 토의하도록 총정치국장인 응웬치타잉과 작전부 부국장인 도득끼엔[11]을 지명했다.

10 베트민이 주노력 방향을 하노이 남쪽 지방에 보조노력 방향을 하노이 북서쪽 지방에 둔다는 의미다. (역자 주)

11 Đỗ Đức Kiên (1924~2003) 베트남의 군인. 학생운동에 참여하다 1944년부터 본격적으로 베트민에 가담했고, 이후 하노이 선전국장과 하노이 참모장등 요직을 거쳐 정치위원, 중앙군사위원회 비서관, 방위청장 등 요직을 역임했다. 디엔비엔푸 전역에서는 총사령부 참모장으로 활약했다. 전후에도 주요 군사교육기관 책임자로 재직하다 1967년 반공산당 활동 혐의로 투옥되었으나 1971년 석방되고 1977년 최종 무혐의 선고로 명예를 회복했다.

준비는 잘 진행되었다. 그러나 나는 여전히 주저했다. 나는 과업을 수행하기 전에 가져올 결과를 예측하는 습관이 있었다. 이번 전역의 전망은 끔찍해 보였다. 우리 병력들은 주초점(主焦點)없이 너무 넓은 공간에 지나치게 신장되어 있었다. 우리는 제3연합구역의 우안에 2개 여단을 집중하기로 했다. 그러나 우리는 그곳에서 많은 적을 소멸시킬 수 없을 것 같았다. 상황은 최근의 박닝이나 박지앙과 유사하게 발전할 것이 틀림없다. 정규군이 참가하면 게릴라전이 힘을 얻을 것이 확실하지만, 정규군이 철수한 후에는 게릴라 운동도 사그라질 것으로 판단되었다.

적은 베트민 정규군과의 대결을 회피하기 위해 재편성했기 때문에, 그들은 인민들을 억압하고 통제하기 위해 일정 시간 후에는 다시 분산 배치할 것이다. 우리는 적군을 현저하게 소멸시키지 않고서는 적 후방지역에서 저항운동을 강화할 수 없다. 만일 건기가 끝날 때까지도 베트남 정규군 6개 여단이 '돌파'를 달성할 수 있는 어떤 승리를 거두지 못한다면 상황은 어떻게 될 것인가? 그러나 이미 11월이었고, 대안이 없었기 때문에 이 계획을 실행해야만 했다.

제3연합구역에서 계획 설명을 마치고 막 복귀한 응웬치타잉은 다시 길을 떠나야 했다. 그는 당중앙위원회로부터 제3연합구역 작전사령관으로 임명되었다. 한편, 우리는 프랑스군이 화빙과 6번 국도를 점령하기 위해 매우 큰 작전을 전개하고 있다는 첩보를 입수했다.

드 라뜨르는 이번 건기에 우리에 대한 공격에 주도권을 쥐었다.

9. 화빙[01] 전역

1

드 라뜨르 드 따시니는 인도차이나 전쟁을 치르면서도 상황 변화에 민감하지 않았다. 그는 제2차 세계대전 이후에도 이런저런 방식으로 식민지를 유지해 '강력한 국가'로서 프랑스의 위상을 견지하려는 야심을 지닌 드골 장군[02]의 사상 노선에 속해 있었다. 그의 야망은 인도차이나에서 프랑스의 위상을 재정립하는 것은 물론, 모든 희생을 감수하더라도 승리를 거두고야 마는 것이었다. 그는 1951년 초에 프랑스 정부에게 서한을 발송했다.

> "우리는 도덕성과 프랑스 연방에 끼칠 수 있는 결과의 관점에서 패배를 허용할 수 없습니다. 우리는 승리할 수 있습니다. 정부는 저의 말을 믿어도 좋습니다."

드 라뜨르는 괴뢰정부를 위해 '주권'의 이양이나 '국군' 건설을 주도한 인사는 아니었지만, 주권과 군사력에 대한 조항은 프랑스 정부와 바오 다이 정권 사이에서 정식 합의문으로 채택되었다. 드 라뜨르는 이 합의가 그저 빈말로 그치지 않도

01 하노이 남서서 76km에 위치한 도시, 혹은 성 전체의 이름. (역자주)

02 Charles André Joseph Marie de Gaull (1890~1970) 프랑스의 군인, 정치가. 2차 세계대전 당시 제4기갑사단의 지휘관으로 활약했으며, 프랑스가 패배하자 런던으로 망명해 자유프랑스군 주석이 되었다. 이후 자유프랑스군을 대표하여 연합군과 함께 독일을 상대로 싸웠다. 전후인 1945년 총리 겸 국방장관에 취임했으며, 1947년 반공 정치단체인 프랑스 국민연합을 조직했다. 1951년 당시 프랑스 국민연합은 프랑스 제1당으로 성장하고 있었다.

록 하겠다고 마음먹었다.

1951년 7월 말, 드 라뜨르가 베트남을 떠났고, 바오다이 괴뢰정부에 관련된 현안은 일시적으로 해소되었다. 그러나 미국에 기대기 시작한 일부 인사들을 포함한 하노이와 사이공의 각 정당 간 경쟁과 권력 투쟁은 일거에 해결될 수 없었다. 당면한 과제는 미국과의 협력이었다. 드 라뜨르는 단지 반도에 있는 국가들을 프랑스 연합 내에 묶어 두기 위해 미국군에 의존하기를 원했을 뿐이다. 드 라뜨르는 미국의 환심을 사기 위해 노력했으나, 그가 원하던 푸짐한 지원을 얻는 데는 실패했다. 게다가 미국인들은 프랑스 원정군과 괴뢰군에게 보내주기로 약속한 품목과 지원을 적시에 진행하지 않았다. 드 라뜨르는 인도차이나 전쟁기간 동안 본국에 많은 기대를 할 수 없었으므로 미국의 지원을 최대한 활용해야 하는 처지였다. 불행은 결코 혼자 오지 않는 법이다. 닝빙전선에서 아들을 잃은 후, 드 라뜨르는 자신이 암에 걸렸음을 알게 되었다.

프랑스 정부는 드 라뜨르의 미국 방문을 주선했다.

미국은 태생적으로 프랑스의 구시대적 식민주의를 경멸했다. 그러나 드 라뜨르는 트루먼 대통령과 고위급 인사들을 예방하는 등 펜타곤에서 적절한 예우를 받았고, TV에도 출연했다. 병마가 깊이 침범했지만 어떤 초대나 인터뷰도 마다하지 않았다. 그는 한국전과 베트남전 발발의 원인이 모두 공산주의 팽창에 의한 것이라고 사람들을 설득하기 위해 노력했다. 드 라뜨르는 인도차이나가 동남아의 문제를 푸는 열쇠로서 전략적 중요성을 내재하고 있으며, 인도차이나의 상실은 서방세계에 상상할 수 없는 영향을 끼칠 것이라고 주장했다. 인도차이나 전쟁은 규모 면에서는 다소 작더라도 한국전쟁에 사용했던 모든 종류의 물자와 장비를 필요로 했고, 프랑스는 그 가운데 물질적인 지원만을 요구했다.

하지만 드 라뜨르의 미국 방문 결과는 그리 대단치 않았다. 미국은 단지 원정군과 '동맹국'의 군대들에게 현대적인 무장을 제공하기로 합의했을 뿐이다. 그리고 1951~1952년으로 계획된 원조품목들을 즉시 이전하기 위해 노력하겠다고 약속했다. 당시 드 라뜨르로서는 미국이 이 전쟁에서 프랑스의 승리도, 패배도 원치 않고 있음을 이해하지 못했을 것이다. 무력한 프랑스는 인도차이나와 같이 중요한 반공의 전초기지를 통제하기 어려웠지만, 미국은 아직 '게임을 위한 카드'를 완전하게 준비하지 않았다.

물론, 드 라뜨르도 자신이 전선에서 이룩한 성과들이 충분치 않음을 알고 있었다. 그는 상대의 공격에 대응하고, 이를 '승리'로 전환하기 위해 부대를 이리저리 이동시키며 노력했지만, 여론은 원정군이 방어적이고 수동적인 자세를 버렸음을 믿어주지 않았다.

1951년 12월 말에는 프랑스 의회의 인도차이나 전쟁 예산에 대한 표결이 예정되어 있었으므로, 연전연승하는 공세만이 적절한 예산과 증원에 필요한 의회의 지지를 얻을 수 있었다. 한국전쟁에서 미국이 그런 승리를 원했듯이, 말년의 드 라뜨르도 그와 같은 승리를 희망했다.

1951년 10월 말, 드 라뜨르는 하노이로 복귀하자마자 이렇게 선언했다.

"이제 프랑스가 선택한 장소에서 베트민이 싸울 수밖에 없도록 전역의 주도권을 다시 확보할 때가 되었다."

예전부터 그랬듯이 두 파벌 간의 논쟁이 일어났다. 주의 깊은 정치인들은 홍강 삼각주에 대한 안정화 작전을 우선시해야 한다고 주장했고, 강경파들은 대규모 공세를 전개해 적 군단을 격멸해야 한다고 목소리를 높였다.

드 라뜨르는 삼각주 외곽 지역에 공세를 실시해야 한다고 확신했다. 쌀랑은 총사령관이 다시 그 책무에 대해 추궁할 것을 알고 머리를 싸맸다. 모두가 드 라뜨르의 성격을 알고 있었으므로, 쌀랑이 고뇌하는 동안 누구도 감히 반발하지 않았다. 그렇게 계획이 시작되었다. 랑썬 탈환은 처음부터 목표에서 제외되었다. 그곳은 삼각주에서 너무 멀고, 중국-베트남 국경선에서 너무 가까웠다. 타이응웬-푸토에 대한 공격에 찬성하는 사람도 전혀 없었다. 많은 이들은 여전히 1947년 겨울 비엣박의 산악과 밀림에서 겪은 악몽을 잊지 않고 있었다. 쌀랑은 마지막 목표로 화빙 탈환을 건의했고, 드 라뜨르는 이에 즉각 동의했다.

화빙은 비엣박과 삼각주 및 중부 베트남을 연결하는 육로 및 수로의 교통 요충

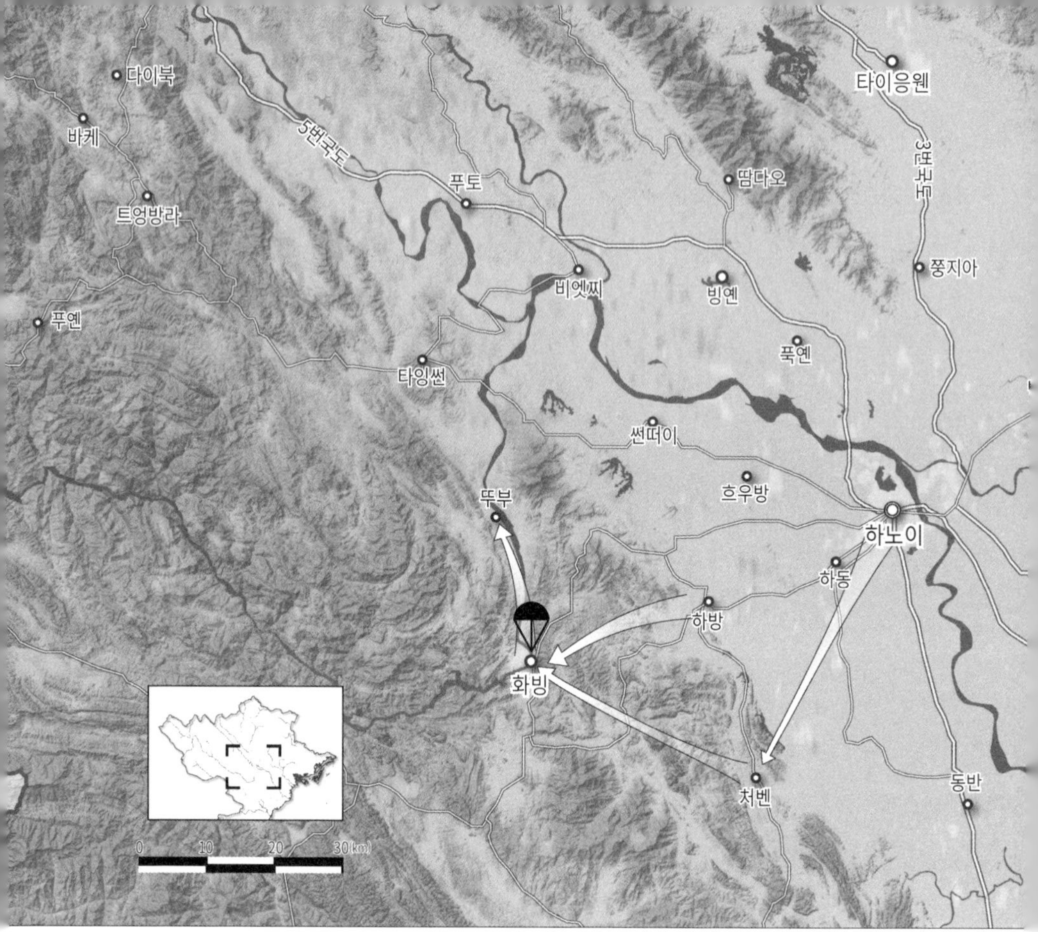

화빙 전역 : 프랑스군의 전개

지로, 베트민에게 매우 요긴한 곳이었다. 화빙 일대는 많은 밀림과 산악으로 이뤄진 복잡한 지형이어서 원정군의 화력을 운용하기는 어려운 반면 베트민의 침투는 용이했다.

화빙과 하노이를 연결하는 6번 국도는 산악과 밀림 사이로 나 있었는데 도로의 선형이 구불구불해 매복에 유리했다. 반면, 화빙은 삼각주에서 20km, 하노이에서 76km밖에 떨어져 있지 않아서 폭격기가 용이하게 접근할 수 있었다. 게다가 베트민 정규군의 모든 여단이 멀리 이동했고 현장에는 소규모 지방군만이 남아 있었으므로, 프랑스의 화빙 탈환에는 별다른 장애요소가 없었다.

프랑스 최고사령부는 화빙 일대의 지형이 베트민 측에 유리함을 명확히 알고 있었다. 그러나 자신들이 준비한 전장으로 적을 유인하려면 좋은 미끼가 필요하다는 생각을 떨치지 못했다. 화빙 점령은 이미 사회주의 국가들과 연계된 비엣박의 베트민 영토를 베트남의 광활한 남쪽 잔여 지역과 분할하려는 드 라뜨르의 장기 전략구상과 맞아떨어졌다. 이는 미국의 지원이 요구되는 제4연합구역을 탈환하려는 두 번째 구상을 위한 첫걸음이기도 했다.

'튤립'이라는 명칭의 작전이 개시되었다. 1951년 10월, 프랑스군 12개 보병대대가 5개 포대의 지원을 받으면서 처벤(Chợ Bến)을 점령해 비엣박에서 삼각주로 이어지는 우리 병사들의 이동로를 차단했다.

11월 14일, 쌀랑이 직접 지휘하는 '연꽃'작전이 뒤이어 진행되었다. 참가 전력은 공군력의 지원을 받는 16개 보병대대, 6개 포대, 2개 공병대대 및 2개 전차중대였다. 오후에 3개 공정대대가 파괴된 화빙시에 공수낙하했다. 야간에 2개 기동단이 둘로 나뉘어 1개 기동단은 6번 국도를 따라 화빙으로, 다른 기동단은 홍강과 다강[03]을 따라 뚜부(Tu Vũ)[04]로 전진했다.

11월 15일 오후, 드 라뜨르는 하노이에서 직접 기자회견을 열고 화빙에서 거둔 '승리'를 발표했다. 그는 이 회견에 적절한 기삿거리를 제공하기 위해, 이번 전투가 자신이 수립한 전략의 핵심적 목적이었다고 엄숙하게 선언하며 베트민에게 바로 이곳으로 군대를 끌고 와서 전투를 벌여보라고 도발했다. 드 라드르는 이렇게 말했다.

"오늘, 우리가 화빙을 공격해 적은 큰 곤경에 빠졌습니다. 화빙 공격은 적의 반격을 수반할 것입니다. 화빙 전투는 국제적으로 관심을 끌 것입니다."

드 라뜨르의 의견에 화답하듯, 프랑스 언론들도 이 주장을 부채질했다.

"이는 결정적인 승리다."

"화빙은 베트민을 갈아 뭉개는 고기 분쇄기가 될 것이다."

"고등판무관과 장군들이 베트민에게 그들의 전략적 능력을 보여줄 것이다."

1951년 11월 19일, 드 라뜨르가 화빙에 도착했다. 이는 총사령관으로서 고별방문이었다. 그의 병세는 여전히 비밀이었다.

03 화빙 호수에서 홍강 방향으로 바비산 서쪽(왼쪽)으로 흐르는 강(역자 주)

04 하노이 서쪽 약 70km, 화빙 북쪽 약 25km 지점, 바비 국립공원 남단의 다강 건너편에 위치한 읍 (역자 주)

2

11월 10일, 나는 적이 처벤을 공격했다는 사실을 접한 후, 응웬치타잉에게 제3연합구역으로 가는 것을 연기하고 상황의 전개를 지켜보자고 제안했다. 적이 화빙을 점령할 것이라는 생각이 들었다.

우리는 동춘 전역을 토의하는 동안 아군이 머뭇거리면 적이 먼저 공격할 것이며, 만일 적이 공격한다면 타이응웬, 랑썬, 그리고 화빙 중 한 곳이 목표가 될 것으로 예측했다. 그러나 당시 우리는 적이 화빙을 공격할 것이라는 예상을 배제했다. 화빙 일대는 산악과 밀림으로 둘러싸여 있어서 적에게 유리하지 않았으므로, 화빙 방면에 대해서는 걱정을 하지 않았던 것이다. 나는 참모부에 적이 화빙을 점령하는 상황에 대비해 작전계획을 즉각 준비하도록 지시했다. 그리고 참모부 고문관인 메이자셍과 토의했다.

11월 14일 저녁에, 기술첩보부[05]는 오늘 오후에 적 공정대대가 화빙에 공수낙하했다고 보고했다. 나는 안도의 한숨을 쉬었다. 드 라뜨르는 우리에게 프랑스군을 소멸시키고 적 후방지역의 상황을 역전시킬 절호의 기회를 부여했다. 나는 다음 날 군당위원회 회의를 개최하기로 결정했다.

1951년 11월 15일, 당 총군사위원회가 회의를 열었다. 황반타이가 총참모부의 개념을 보고했다.

총참모부는 두 가지 의견을 제시했다. 대다수가 제3연합구역에서의 작전을 중단하고, 화빙에서 작전을 개시할 것을 건의했다. 적이 이제 막 화빙에 도착했으므로 진지를 강화할 시간이 없다고 판단했기 때문이다. 화빙은 산악과 밀림으로 구성된 지역이므로 적을 포위하고 토막내기 용이했다. 게다가 화빙 일대는 비엣박과 인접해 있어서 작전과 보급에 모두 유리했다. 우리 정규군이 화빙에 근접해 있어서 포문을 열 시간이 충분했다. 그리고 화빙 방면에서 작전을 수행한다면 우

05 Department of Technical Information, 통신, 전자, 항공사진 등등의 첩보 수집을 담당하는 부서. 당시에는 통신 감청이 주 임무였을 것으로 추정된다. (역자 주)

리에게 심각한 위협이 될 수 있는 프랑스의 비엣박-남쪽 연합구역 간 분절을 막을 수 있었다.

두 번째 의견은 소수기는 했지만 매우 중요했다. 바로 우리가 현 작전을 계속 수행해야 하며, 적에 의해 수동적으로 움직여서는 안 된다는 내용이었다. 적이 공격은 우리를 그 방향으로 유인하려는 의도적인 행위로 보아야 한다는 것이다. 우리는 적의 강점을 피하고 약점을 공격해야 하며, 우리가 선택한 방향으로 적을 유인해야지 적이 만든 함정에 빠져서는 안 된다는 것이 두 번째 의견의 요체였다.

"고문관님 생각은 어떻습니까?"

내가 물었다.

황반타이가 대답했다.

"메이자생은 신중한 것 같습니다. 일반 정책에 관해서는 고문관들이 먼저 서로 토의하고 동의한 후 이야기하는 것이 상례입니다. 메이자생은 단지 우리가 적의 활동 이전에 수동적인 태세에 머물러서는 안 된다고 말한 것뿐입니다."

나는 지난 번 작전에서 아군의 사상자가 많이 발생했으므로, 고문관들이 적의 포병과 항공기의 효과를 억제할 수 있는 소규모 소산 활동 쪽으로 편향되었음을 이해했다.

당 총군사위원회는 적이 주도권을 다시 확보했다는 데 만장일치로 동의했다. 적은 화빙 공격으로 점령지역을 확장하고, 비엣박, 제3연합구역 및 남쪽 방면과 소통을 차단시킬 수 있는 전략적 요충지를 통제하고 있었다. 이는 우리에게 정치적-경제적으로 많은 문제를 야기했다. 그러나 적은 대규모 기동예비를 화빙으로 전환시키고 후방지역은 보다 더 취약한 상태로 남겨두어야 했다. 이는 게릴라전을 발전시키는 데 좋은 환경으로 보였다. 적은 교통과 통신이 어려운 산악과 밀림 지역으로 기동예비의 일부를 분산시켰다. 적이 방어선을 구축하려면 시간이 더 필요했다. 따라서 우리는 적군을 소멸시킬 기회를 잡은 셈이다. 최종적으로 당 총군사위원회는 중앙위원회와 호치민 주석에게 다음과 같이 건의했다.

"적이 막 점령한 지역을 공격해 수동적인 작전을 능동적으로 전환하기 위한 화빙 방면 작전의 승인을 바랍니다. 화빙이 주노력 방향이고 다른 지역은 단지 협력 방향입니다. 작전의 목적은 적을 소멸시키고 게릴라전을 한 단계 향상시키는 것입니다."

총참모부는 중앙위원회의 지침을 기다리는 동안 시간의 이점을 확보하기 위해 떠이박에 주둔하고 있던 제312여단을 보급기지와 병참선 보호 임무를 부여하고, 화빙 부근으로 이동하도록 지시했다. 제209연대는 단독으로 적 지역에 잔류해 적 소규모 부대를 소멸시키도록 했다. 처벤 가까이 주둔하고 있던 부대들은 적을 기진맥진하게 만들고 평정작전을 실시하는 적을 소멸시키기 위해 적이 방어공사를 견고하게 하지 못한 적절한 시점을 포착해야 했다. 제3연합구역은 적의 약점을 이용하여 삼각주에서 게릴라전을 향상시켰다.

총참모부와 군수총국은 2개 여단 작전에 충분한 식량, 무기 및 탄약 저장고를 돈방(Đồn Bàng)[06]의 중앙 경계선에 설치하기로 결정했다.

전선에서의 최초의 낭보가 날아들었다.

11월 16일, 응오아이다이(Ngoại Đái)에 있던 제320여단 소속 64연대가 처벤 남쪽에 있는 뜨덴(Tứ Đền)에서 2개 유럽-아프리카 중대를 발견했다. 이 중대들은 제3외인연대 2대대 소속이었다. 아군 병사들은 주간에 계곡 부근의 바위틈과 덤불에서 뛰어나와 적을 기습 공격했다. 1개 외인중대가 소멸되고, 다수가 생포되었다. 대대장 드 벵상(De Vincent)이 사살되고, 대대의 모든 지휘관들이 항복했다. 이 전투 이후 처벤 지역사령관은 자신의 부대가 기지를 떠나거나 편지를 보내는 것을 금지했다.

1951년 11월 17일, 총참모부는 제308, 312, 316여단과 비엣박 연합구역에 준비 명령을 하달하기 위해 회의를 소집했다. 제308, 312여단은 화빙 근처로 전환되었다. 제316여단에는 비엣박 연합구역과 함께 내륙지방에서 게릴라전을 발전시키도록 임무가 부여되었다. 제320여단에는 제3연합구역과 협력해 하남딩에서

06 푸토성 타잉썬현의 지명

게릴라전을 발전시키는 임무가 부여되었다. 제316, 320여단은 의명에 적 후방지역으로 일부 부대들을 보낼 수 있도록 준비를 완료했다. 제304여단은 화빙 공격에 참가하기 위해 6번 국도를 따라 전진했다.

11월 18일, 응웬치타잉과 황반타이는 당 총군사위원회 계획에 따라 작전을 지휘할 수 있도록 적시에 도착하기 위해 총참모부의 일부 '경무장' 부대들과 함께 화빙 부근의 껌케(Cẩm Khê)[07]로 향했다. 웨이구오칭은 재학습차 북경에 가서 아직 베트남으로 돌아오지 않았다. 나는 메이자셩을 초청하도록 황반타이에게 주지시켰다. 메이자셩이 황반타이에게 말했다.

"만일 당신이 일찍 가야만 한다면 어서 가십시오. 나는 작전에 직면한 일부 문제점들을 숙고할 생각입니다. 우리는 이번 겨울에 게릴라전을 확대하는 목적의 모든 계획을 복구해 소규모 전투로 환원해야만 합니다. 이번에 최고사령부가 하달한 새로운 지침에 대해 본국에 보고하게 해주십시오."

나는 고문관들이 이번 작전에 우리와 합류하지 않는다는 것을 알고 있었다. 그들은 만일 우리가 대규모 전투에서 곤란에 처했을 때 닥칠지도 모를 개인적 책임을 걱정하고 있었다. 이는 우리가 작전계획을 이행할 때 고려해야 할 정당한 우려였다. 11월 20일, 최고사령부는 각 여단에 작전명령을 하달했다.

> "제312여단은 화빙시에서 쫑하와 다강 양안에서 전투를 수행한다. 제316여단은 제246연대의 지원을 받아 박지앙과 박닝에서 지방군과 협력 하에 활동을 수행한다. 제98연대는 박닝의 적 후방으로 침투한다. 제174연대는 외곽지대에 있는 1~2개 진지에서 전투를 실시한다. 제176연대는 랑썬을 방호한다. 제308여단은 전투에 투입할 준비를 한다."

1951년 11월 23일, 호 아저씨가 주재한 정치국 회의는 작전방향을 화빙으로 전환한다는 당 총군사위원회의 제안에 동의했다. 회의를 마친 후, 나는 응웬치타잉

---

07 푸토성 내의 지명

과 황반타이에게 서한을 보내서 정치국의 결정을 통보하고, 이는 적을 소멸시키고 게릴라전을 확장시킬 기회라고 덧붙였다. 우리는 다수의 소규모 승리를 거두고 그것을 다시 대승으로 전환하려면 시간이 필요했으나, 너무 오래 기다릴 수는 없었다. 우리는 라푸(La Phù)나 뚜부 같은 작은 초소 한 두 개는 즉각적으로 파괴할 수 있었다. 만일 제312여단이 견고한 방어진지를 효과적으로 파괴할 수 없다면, 제308여단 소속의 1개 연대가 추가로 동원될 예정이었다. 나는 작전사령부에 1951년 11월 28일까지 가겠다고 약속했다.

11월 23일 밤, 제320여단 48연대는 화빙 남쪽의 21번 국도상에 위치한 도이씸(Đồi Sim)을 공격했다. 30분간의 전투 끝에 아군은 적진 깊숙이 돌파해 들어갔다. 방금 전에 그곳을 점령하고 있던 2개 중대의 적들 가운데 일부는 부상당하고, 일부는 도망가고, 일부는 항복했다. 지휘관은 체포되었다.

1951년 11월 24일, 당중앙위원회는 '화빙을 공격한 적을 격멸하는 과업'에 대한 지침을 하달했다.

중앙위원회는 다음과 같이 단언했다.

"이번이 적을 소멸할 수 있는 절호의 기회다. 내륙지방, 홍강 삼각주, 빙찌티엔, 그리고 전국에 있는 모든 작전 전구에서 정규군과 지방군을 망라한 우리 모두는, 적의 약점을 기필코 찾아내고 적을 전선과 후방에서 공격해야만 한다. 비엣박 연합구역은 적의 내륙지방 및 랑썬 공격 가능성에 대비해야만 한다. 제4연합구역은 유사시 타잉화 공격에 대비해야 한다. 특수한 상황에 기초해, 중부지방의 남쪽 구역과 남부지방은 적을 소멸시키고, 그들이 북부지방으로 전환하지 못하도록 그들을 고착시키기 위한 게릴라전을 증강시키는 활동을 활발히 전개해야 한다."

호 아저씨는 정규군, 민병대 및 게릴라의 간부와 병사들에게 격려 서신을 발송했다.

"전에는 우리가 적과 싸우기 위해서는 그들을 특화점에서 나오도록 유인해야만 했습니다. 이제는 그들 스스로 우리와 싸우려고 나왔습니다. 이는 우리에게 절호의 기회입니다."

중앙위원회의 지침을 수령한 후, 총참모부는 일부 여단들을 위해 보다 특별한 작전 과업을 수립했다. 제304여단은 화빙 남쪽에서 전투를 실시하되, 다강과 화빙시 지역에서 제308, 312여단과 협조해 일정 수의 고지를 점령하고, 6번 국도상의 수송로를 차단하도록 했다. 제320여단은 삼각주의 적진 후방으로 대부분의 부대를 전환시키되, 제64연대는 하남성 소재 주이띠엔(Duy Tiên), 빙룩(Bình Lục) 및 리년(Lý Nhân)으로, 1개 연대는 닝빙성 소재 낌썬(Kim Sơn)과 팟지엠으로 보내고, 1개 연대는 예비대 임무를 부여했다. 협조 전선은 활동적이어야 하고, 가능한 한 신속히 적에 대한 전선공격이 운용되도록, 그리고 적 후방지역의 장소로 부대들을 투입하기 위한 준비를 하도록 했다.

쌀랑이 발견한 바와 같이, 제312여단 165연대는 떠이박에서 화빙 쪽으로 이동하고 있었다. 그는 투꾹(Thu Cúc)과 라이동(Lai Đồng)에서 평정작전을 수행 중이던 제3타이대대[08]에게 여단의 이동을 지연시킬 목적으로 아군의 후방을 공격하라고 명령했다. 제165연대가 적과 대응해서 타이대대를 라이동에 있는 두 개의 고지에서 포위했다. 적기는 포위된 대대를 위해 식량과 유자철조망을 공중 투하했다. 11월 26일에 우리는 550명으로 구성된 적 대대를 대부분 사살하거나 생포했다. 그러나 제165연대도 전투력이 소진되었다.

뚜덴, 도이씸, 투꾹 및 라이동의 모든 전투를 통해 거의 1,000명의 적을 전투이탈[09]시켰다.

떠나기 전에 나는 정규군 및 지방군, 민병대 및 게릴라 부대의 모든 간부와 모든 병사들에게 적을 찾고 싸우며, 적이 신규점령한 진지를 파괴하고, 평정작전 중인 적을 소멸하며, 적의 교통과 연락을 두절시키고, 다강을 로강처럼, 6번 국도

08 타이족으로 이뤄진 대대 가운데 3대대를 뜻한다. (역자 주)

09 전사, 실종, 포로 및 부상 등으로 영원히 또는 상당기간 동안 전투에 참여할 수 없는 상태 (역자 주)

를 4번 국도와 같이 만들고[10], 적 부대를 소멸시키고, 화빙을 점령하려는 적의 의도를 좌절시키라는 요구 지침을 작성했다.

나는 어떤 의문도 지체도 없이 떠났다. 이번 작전은 승리로 끝날 것이 분명했다. 작전의 결과가 나타나기 시작했다. 우리는 많은 적을 소멸시키고, 홍강 삼각주뿐만 아니라 적 후방지역에서 게릴라전을 복원하게 될 것이라 믿었다.

3

1951년 11월 30일, 나는 껌케현, 동르엉(Đồng Lương)촌[11] 타오강 제방에 있는 전선사령부에 도착했다.

견고한 전술기지 체계를 갖추고 6번 국도와 다강을 따라 2개의 방어선을 형성한 대규모 점령 형태는 화빙에서 최초로 등장했다.

적은 나무와 흙으로 만든 벙커를 갖추고 유자철조망을 두른 다양한 크기의 전술기지 28개소와 전투적인 방어 기반시설을 건설해 왔다. 각 전술기지는 1~2개 중대에 의해 방어되고 있었다. 페오(Pheo), 동헨(Đồng Hen), 아오짜익(Ao Trạch)[12], 체(Chẹ), 다총(Đá Chông), 뜨부 같은 중요한 진지에는 전차 1개 반 및 포병 1개 포대로 증강된 3개 중대를 배치했다.

프랑스군은 2개 지역사령부를 운용했다. 화빙 북쪽에 있는 다강-바비(Ba Vì)[13]지역은 5개 보병대대, 1개 공정대대, 1개 전차소대와 1개 포병대대로 구성되었으며, 사령부를 단테(Đan Thê)[14]에 두고 도델리에 대령[15]이 지휘했다. 이 지역사령부는 화빙과 삼각주를 연결하는 수로를 방호하고 있었다. 남쪽에 있는 지역사령부

10 국경지역 작전 당시 로강과 4번 국도에서 승리를 거둔 것처럼 하라는 뜻이다. (역자 주)

11 하노이 북서쪽 100km에 위치한 마을(역자 주)

12 화빙에서 북동쪽 15km 지점에 위치한 읍(역자 주)

13 하노이 서쪽 45km에 위치한 산악지역, 현재는 국립공원으로 지정되어 있다. (역자 주)

14 하노이 북서쪽 50km에 위치한 마을 (역자 주)

15 Louis Dodelier (1904~1991) 프랑스의 군인. 1940년 자유프랑스 최초 결성 당시 합류한 장교 중 한 명이다. 2차 세계대전 이후 영관급 지휘관으로 인도차이나에 파견되었고, 귀국 후 1961년부터 대통령 군사참모를 거쳐 1962~1965년간 파리 군사총독까지 역임했다.

1951년 11월 11일, 화빙 일대를 정찰중인 프랑스군 소속 M24 채피 경전차. 미국에게 공여받은 경전차들은 접지압에 민감한 베트남의 무른 지형에 적합했다. (Archives de France)

는 화빙시-6번 국도지역 간에 배치된 6개 보병대대, 2개 공정대대와 1개 전차중대로 구성되었다. 사령부는 화빙에 있었고 사령관은 끌레망(Clement)대령이었다. 이 지역사령부는 화빙과 하노이를 연결하는 간선도로 통제를 책임지고 있었다. 일부 보병, 포병 및 전차부대들이 6번 국도를 점령했다. 적 예비대는 쭝하에 위치했다. 처벤 지역사령부는 화빙 동쪽을 방호하는 전초를 운용하고 있었다.

프랑스가 화빙을 장기간 점령할 것이며, 우리를 상대로 대회전을 기대하고 있음이 분명했다.

1951년 12월 1일, 당 총군사위원회는 회의를 열어 작전계획을 승인했다.

우리 군은 작전 1단계에서 다강-바비 선에 병력을 집중해 공격을 개시하고, 적의 주요 수상 보급로를 차단하면서 후방-전선 간에 아군 보급 회랑을 확보하며, 상황이 허락할 경우 대부분의 아군 병력을 6번 국도로 전환할 준비를 하는 임무를 부여받았다.

다강 방어선의 적은 라푸-단테와 뜨부-체산 2개소에 중요한 자체방어 지역을 운용했다. 적은 쭝하와 썬떠이 기지 부근보다 라푸-단테에서 보다 강력했고, 다른 진지에서 구원할 때 많은 수로를 이용할 수 있었다. 뜨부-체 방어선은 상대적으로 약했다. 비록 두 진지는 근접해 있었지만, 진지가 강 양쪽 제방에 위치하고 있어서 한쪽 진지가 공격을 받으면 단지 화력으로만 지원이 가능했다. 라푸-단테에 비해 뜨부-체의 허점이 많았다.

토의와 숙고 끝에, 당 총군사위원회는 뜨부-체 진지 파괴에 아군 병력을 집중하고, 동시에 다강에서 움직이는 적을 상대로도 전투를 벌이기로 결정했다.

작전 개시 임무는 4개 작전에 연속으로 참가했던 제308여단에게 주어졌다. 제308여단 창설 이래 브엉투아부는 정치지도원과 지휘관을 겸직했다. 하남딩 작전 이후, 최고사령부는 여단을 강화하기 위해 제10구역 정치지도원인 쏭하오[16]를 여단 정치지도원에 임명했다. 브엉투아부와 쏭하오는 제88연대가 뜨부 공격에 적임이라고 믿었다. 비록 이 연대는 추아까오(Chùa Cao)전투에서는 성공을 거두지 못했지만, 정규전에는 아주 잘 훈련된 부대였다.

각 부대별 세부 임무는 다음과 같았다.

'제308여단은 제88연대를 뜨부 진지 공격에, 제36연대를 도로와 수로 상 증원부대 대응에 투입하고, 제102연대는 예비로 흥화(Hưng Hóa)에서 견제 임무를 각각 수행케 한다. 제312여단은 제29연대에게 체 초소를 공격하며, 1개 대대를 바비 북쪽에 운용해 단테를 통제하고 썬떠이-다총 및 쭝하-썬떠이 간의 병참선을 절단토록 한다. 공격 개시 시간은 1951년 12월 9일이다.'

16 Song Hào (1917~2004) 베트남의 군인. 1939년 인도차이나 공산당 가입 이후 지역장관으로 활동했으며, 제308여단 부임이전까지는 북서정치위원회의 라오스 민사위원회장이었다. 전후 베트남 인민군 정치부장, 보훈사회부 장관, 중앙정부 검사위원회장 등 정치장교계통의 요직을 역임했다.

총참모부는 다음과 같이 전술적 요구[17]를 수립했다.

'행군은 절대적으로 기도비닉을 유지할 것. 야간에 실시할 것. 이동로 상에서 철저한 경계를 유지할 것. 휴식 장소는 대로에서 멀리 이격된 곳을 선정할 것. 불은 주간에 반드시 꺼서 적기가 우리 위치를 파악하지 못하게 할 것. 도하 시에는 적에게 발각되지 않도록 철저한 계획을 수립하고, 본대 이동 전에 일부 부대를 먼저 보내 교두보를 확보할 것. 도하는 질서정연하게 실시할 것. 도하 후에는 발자국 등 모든 흔적을 없앨 것. 정규전(진지전)에 있어, 각 부대는 기갑차량을 경계하고 적 포병을 통제하면서 적과의 접촉을 반드시 유지하되, 야간에 전투가 종결되도록 노력할 것. 만일 전투가 주간으로 이어지게 되면 반드시 공정부대에 대한 대책을 수립할 것. 지상에서 증원부대와 전투 시에는 도로와 교량을 파괴하는 등 적 전차를 상대하는 전투에 대비할 것. 증원부대와 강에서 전투할 경우, 부대를 소규모로 많이 분할해 길게 늘어서서 화력을 분산시키고, 적 항공기에 대비하고, 허위전선[18]을 형성할 것.'

제312여단의 도하를 지원하기 위해, 홍강 및 다강의 어부들이 모여 200척이 넘는 배로 화빙에서 19km 떨어진 락쏭(Lạc Song) 선착장에 부교를 건설했다. 그러나 여단 전체가 하룻밤 만에 다 건널 수는 없어서 뚜부-체산에 대한 공격은 다음날로 연기되었다.

12월 9일 아침, 나는 제209연대장 응웬방(Nguyễn Bàng)과 참모장 응웬떰(Nguyễn Tâm)이 체 진지 정찰 도중에 적의 매복에 걸려 전사했다는 보고를 받았다. 여단장은 제29연대 부연대장인 황껌이 응웬방을 대신하도록 조치했다. 나는 체 진지를 파괴하기 어렵다고 느꼈다.

12월 10일, 기술첩보부는 적이 5개 대대를 3개 제대로 구성해 제312여단이 재편성 중인 바비 남서쪽 지역에 대한 평정작전을 실시할 예정이라고 보고했다. 작전사령부는 제312여단에 휘하의 209연대를 보내 체에서 동쏭(Đồng Song)방향으

17 한국군의 야전수칙과 유사하다. (역자 주)

18 적이 화력, 병력 등을 집중시켜 전투력을 낭비하도록 인위적으로 형성한 가짜 전선. (역자 주)

로 평정작전을 진행중인 적을 격멸하도록 지시했다. 제209연대의 준비가 더뎠으므로 2개 공정중대만 격멸했고 나머지는 놓쳐버렸다. 다른 적들도 평정작전을 중단하고 후퇴했다.

같은 날, 적은 전차 1개 반을 보내 체 진지를 보강했다. 12월 9일의 기동전 이후, 12월 10일까지 체에 대한 야간 공격을 준비할 충분한 시간이 없었다. 제209연대는 체에 있는 포진지를 통제하라는 명령을 수령했다.

최초 전투의 승리에 대한 책임은 제88연대에 떨어졌다.

내가 말했다.

"당 총군사위원회는 귀 연대에 작전 개시에 대한 임무를 부여할 때 심각하게 고려했소. 귀 연대는 이 임무를 훌륭하게 수행할 것으로 생각하오. 귀관은 초전에 반드시, 꼭 승리해야 한다는 사실을 명심하기 바라오."

이제 처음으로 아군연대가 유럽-아프리카 대대가 방어하는 진지를 공격하게 되었다.

나는 물었다.

"귀관은 충분한 병력을 보유하고 있소?"

연대장인 타이중이 대답했다.

"저희 연대는 75mm 포병단의 지원을 받고 있습니다. 저는 이 정도면 충분하다고 생각합니다. 우리는 올바른 전단을 찾아야만 합니다. 적은 포병에서는 우위에 있으나, 오히려 너무 많은 부대를 동원했기 때문에 우리의 우세를 바꾸어 놓지 못할 것입니다."

나는 정치지도원인 당꿕바오[19]에게 질문했다.

"병사들의 사기는 어떻소?"

"우리 연대가 까오 사원 공격에서는 명령을 완전히 이행하지 못했지만, 당 총군사위원회로부터 작전 개시에 대한 명령을 받았습니다. 그러므로 우리 병사들

19 Đặng Quốc Bảo (1927~) 베트남의 군인, 정치인. 1945년 공산당에 입당한 후, 제140연대 정치장교로 군생활을 시작했다. 1955년 정치국 사무처장으로, 1966년 북서군구 정치지도자로 임명되었고, 이후 베트남인민군 정치총국 비서관이 되었다. 교육차관, 공산주의 청년연합 제1비서, 공산당 중앙위원회 위원 등 정치인으로도 활약했다.

은 매우 고무되어 있습니다. 당세포들은 부대원들의 용기를 북돋기 위해 최선을 다하고 있습니다. 우리는 연대가 임무를 완수할 것으로 확신합니다."

뚜부는 정예부대인 제1 모로코보병대대가 점령한 전술기지였다. 그곳은 뜻밖에도 부토 지역에서 깊은 다강의 왼쪽 제방에 놓여있었다. 이 진지는 다강을 연해 300m가량 설치되었는데, 좁고 평평했으며 3개 지역으로 분할되어 있었다. A지역과 B지역은 C지역과 폭 6m가량의 도랑으로 분리되었다. 화력은 매우 막강해서, 5개의 특화점, 중기관총, 기관총 및 박격포가 다수 배치되어 있었다. 게다가 전차 6대와 기갑차량들이 진지 안에서 기동예비 임무를 수행했다. 진지는 폭 24m의 철조망과 지뢰로 둘러쌌고, 진지 주변에 자라던 갈대는 100m까지 깨끗이 제거되었다.

12월 10일, 브엉트아부는 비록 312여단이 체를 공격하기에는 충분한 시간이 없지만 뚜부에 대한 공격은 오늘 저녁에 실시할 것이라고 보고했다. 그는 전역사령부가 체에 있는 적 포병을 제압해 줄 것을 건의했다. 사령부는 만일 전투가 내일까지 연장될 경우 제36연대를 예비로 사용하도록 명령을 하달했다.

오후 8시, 우리는 전장을 점령하자마자 적에게 발각되었고, 적은 단테와 다총, 체에서 포병 사격을 개시해 뚜부 진지를 화력장벽으로 둘러쌌다. 주공을 맡은 또반(Tô Văn) 중대는 두 번에 걸친 일제사격 사이의 간격을 활용해 A구역 방어선으로 접근했다. 보병의 지원을 받는 산악포병부대를 포함한 다른 모든 부대들은 적의 포병 사격에 돈좌되었다. 다만 지정된 시기에 사격을 개시할 수 있었던 제88연대 322대대만이 C구역을 점령하는 데 성공했다. 자정에 다른 보병 중대들이 B구역의 방어 장벽까지 접근했다. 산악포 3문이 적진지에 다가가는 도중에 고장났다. 여단은 뚜부를 주간에 공격할 제88연대를 증원하기 위해 제36연대를 파견하기로 결정했다.

마지막으로 10월 11일 오전 2시, 산악포 7문 중 3문이 보병과 함께 A 구역에 도착했다. 또반 중대는 철조망 장벽 근처에서 5시간이나 포탄 세례 속에 놓여있었다. 공격은 즉각 재개되었다. 3문의 포가 동시에 특화점 3개소를 박살냈다. 모든 보병화기가 일제사격을 가했다. 충격부대[20]들이 철조망 지대와 지뢰지대를 폭약으로 파괴하면서 꼬리에 꼬리를 물고 앞으로 내달렸다. B구역에서 전투 명령을 기다리면서 제23대대 209중대원들은 절단기 등을 이용해 은밀하게 철조망을 잘랐다. 그들은 A구역에서 포탄 소리를 듣고 전투가 시작된 것을 알았다. 그들은 폭약을 터뜨려서 잔여 철조망을 제거하고 적진 속으로 돌진했다. 그들은 몇 개의 총상을 파괴했다.

적이 완전히 방심한 틈을 노리느라 공격은 생각보다 늦게 개시되었다. 적은 포병사격을 제대로 가하지 못했다. 적은 5시간 동안 29문의 포가 사격을 했으니 아군 충격부대들을 짓뭉개버렸을 것이라고 생각했다. 그러나 충격부대는 마치 하늘에서 떨어진 것처럼 바로 적진 가운데 나타났다. 남은 적들은 베트민군의 일제사격을 받으며 강 쪽으로 달아났다.

오전 5시. 제88연대 정치지도원 당꿕바오에게 뚜부를 완전히 파괴했다는 전화보고를 받았다. 그때부터 제88연대는 '뚜부 연대'로 불리게 되었다.

나는 잔여 세력을 지휘해 승리를 이뤄낸 제88연대 참모장인 남하(Nam Hà)의 안내를 받아 뚜부를 방문하기로 했다. 뚜부는 완전히 평평한 지형의 강가에 자리 잡은, 강력한 방어력을 갖춘 대규모 전술기지였다. 일대의 땅거죽을 바라보면 누구라도 적의 포병 사격이 얼마나 밀도 있게 실시되었는가를 알 수 있을 것이다. 나중에 안 일이지만 뚜부 일대에만 5,000발의 포탄이 쏟아졌다. 나는 삼각주와 내륙지방에서 수행했던 성공적이지 못한 전투들을 회상했다. 제88연대는 까오 사원에 대한 공격에 실패했었다. 그러나 이번에는 우리가 적의 방어 사격을 뚫고 들어가 승리를 거뒀다. 정치 재학습 과정을 거친 뒤로, 우리 장병들이 많은 진전을 이룬 것이 분명했다. 전투에서 명확한 교훈을 도출하는 것은 분명 필요한 일이었다. 교훈은 이후에 우리가 내륙지방과 삼각주에서 작전을 수행할 때 유용하게 활용되었다.

20 진지 공격 시 선두에서 장애물 등을 제거하면서 공격을 선도하는 부대(역자 주)

화빙 전역 : 프랑스군의 방어진지와 베트남군의 공격

4

화력은 우리의 예상보다 일찍 화빙 주전선과 협조되었다.

제320여단은 12월 11일, 아군은 삼각주에서 적 초소를 은밀히 통과하고 강과 늪지대를 건너 첩보망의 협조 하에 닝빙의 적 후방 깊숙이 침투하는 데 성공했다. 12월 12일 02:30분, 팟지엠 시에 대한 반격이 기습적으로 시작되었다. 제48연대는 단 두시간만에 팟지엠에 주둔하고 있던 적을 완전히 제압했다. 과감하고 용감한 전투는 그에 앞서 신중하게 준비되었다. 우리 병사들은 아직 적이 방어중인 초소들을 파괴하기 위해 폭약을 터뜨리기 전에 근처에 살고 있던 주민들을 그들의 안전을 위해 대피시켰다. 시는 새벽까지 완전히 해방되었다. 도로, 교회, 가구를 포함한 가옥, 가축, 그리고 심지어 익은 오렌지까지 모든 것이 온전히 남아있었다. 제18괴뢰대대는 사라지고, 도시는 녹색 군복을 입은 병사들로 넘쳐났다. 주민들은 그들을 환영하며 요리를 만들고 잔치를 열었다. 제52연대는 반띠엔중이 명명한 '만개한 수련'[21]이라는 전술로 까오 사원 가까이에 숨어서 팟지엠을 증원하려는 적 2개 중대가 도착하기를 기다렸다. 적이 10번 국도상에서 매복에 걸리자 제52연대는 사격을 가해 적을 소멸시켰다. 적이 충격을 받는 사이에, 제48연대는 옌모트엉과 꺼우사잉(Cầu Xanh) 진지에 있는 적을 12월 15일 중에 격멸했다. 동시에, 제64연대가 적 후방지역인 하남에서 공격을 개시해 응오케(Ngô Khê)진지를 파괴했다. 적은 공황에 빠져서 안농(An Nông), 토꺼우(Thọ Cầu) 및 바다(Ba Đa)에 있는 초소에서 도주했다. 제64연대는 지방군, 민병대, 게릴라 및 지역 주민들과 협조해 적에 대한 반격을 감행했다. 리년과 주이띠엔의 게릴라지역이 회복되고 상호 연결되었다. 수백 명의 괴뢰군들은 그대로 붕괴되거나 명령을 어기고 물러났다.

내륙지방에서 레꽝바와 추후이먼[22]은 박닝의 적 후방지역으로 침투시키기 위해 신속히 제316여단의 2개 연대를 전환하라는 명령을 받았다. 12월 9일, 제316여단 98연대는 괴뢰군 1개 중대와 1개 소대가 방어하던 트아(Thứa)[23]진지를 파괴했다. 제7기동단이 트아를 탈환하기 위해 접근하다 제98연대의 공격으로 300명의 전사자를 냈다. 후에 제98연대는 두옹(Đuống)교 지역과 하노이 부근의 지아람 읍을 위협하는 더우(Đậu) 초소도 파괴했다. 12월 16일, 제316여단 174연대는 흑인 부대와 괴뢰 소대가 방어하던 라리베(Larrivé)진지를 공격했다. 이 전투는 베트민 대대(응웬흐우안이 지휘하는 제249대대)가 드 라뜨르 라인에 있는 새로운 방어 체계를 파괴한 첫 번째 사례였다.

적은 화빙 지역에서 가장 잘 방어된 뚜부 진지가 무너졌다는 소식을 듣고 경악

21 원문에서는 The Blooming Nenuphar로 표기했다.

22 Chu Huy Mân (1913~2006) 베트남의 군인. 정치가. 1930년 공산당 입당 이후 코민 경호부를 시작으로 독립운동을 시작했고, 1947년부터 1949년까지는 72연대, 74연대, 174연대 등의 지휘도 담당했다. 전후 라오스 혁명자문단의 대표로 건너가 라오스 독립을 지원하고, 5군 사령관과 군 당위원회 차관 등 지휘관과 정치장교직을 두루 역임했다

23 랑따이의 현청 소재지다.

뚜부 전투에서 격파된 프랑스군 경전차. 베트남군은 뚜부에서 최초로 대규모 전술진지를 격파하는 데 성공했다 . (BẢO TÀNG LỊCH SỬ QUỐC GIA)

했다. 오직 병력의 일부만이 체 진지 방향으로 강을 헤엄쳐 건너서 도주했다.

제312여단이 바비에 출현하자 체 진지는 바람 앞의 등불이 되었다. 쌀랑은 '자스민' 작전을 오래 끌 수밖에 없었다. 12월 11일, 적 2개 대대의 한쪽 날개가 바비산 서쪽 측면에서 평정작전을 수행중임을 인지한 전역사령부는 제312여단에게 작전 개시를 명했다. 제4기동단의 1개 대대가 솜쑤이(Xóm Sủi)에서 제209연대에게 포착되어 포위되는 바람에 소멸위기에 처했다. 쌀랑은 포위된 대대를 구출하기 위해 증원부대를 보냈지만, 3일만에 작전 종료를 명해야 했다.

쌀랑은 '자스민' 작전 실패로 의기소침했다. 그는 제312여단의 4개 대대만이 바비에 대기할 수 있다고 여겼고, 프랑스 최고사령부는 5개 포대와 항공기의 지원을 받는 6개 정예 보병대대면 베트민을 그 지역에서 축출할 수 있을 것이라고 판단했다. 그러나 프랑스인들은 자신의 원정군 대대가 소규모 인원과 장비를 갖춘, 그러나 '따라잡기 어렵고, 기동성이 뛰어나며, 놀라운 속도로 작전을 전개하며 적절한 시기에 부대를 집중할 줄 아는' 적들에 대해 너무 무기력했음을 알게 되었다.

홍강 삼각주 방면의 제2전선이 개시되었다. 제316, 320여단이 삼각주와 내륙 지방에서 공세를 시작했다. 드 라뜨르의 방어선에 있는 취약한 초소들은 공격을 감당할 만큼 강하지 못해서 기동단과 공정부대의 상당 부분이 궤멸되었다. 쌀랑은 박닝에 침투해 들어간 제316여단을 상대하기 위해 바비에서 평정작전을 수행 중인 제1, 4기동단을 내륙지방에 전환하기로 결심했다. 이 사실을 입수한 전역사령부는 긴급하게 제312여단과 협조된 작전으로 프랑스군을 격퇴시킬 수 있도록 제308여단 102연대를 다강 우안으로 보냈다. 그러나 베트민군은 도로와 적을 제대로 움켜쥐지 못했으므로 제89번도로 상의 동떰(Đồng Tâm) 인근에서 단 1개 중대에 한해 손실을 입히는데 그쳤다.

적은 6번 국도를 따라 수언마이(Xuân Mai)-벤응옥(Bến Ngọc) 구간에 제4모로코 보병연대와 제13외인부대 준여단[24] 소속 11개 유럽-아프리카 중대를 전개했다. 이런 중대들은 몇몇 괴뢰중대의 안내를 받았다. 1~2개 중대가 1개 고지를 점령했다. 수언마이, 아오짜익, 고부이(Gò Bùi), 동바이(Đồng Bái), 동비엔 및 팅롱(Thịnh Long) 등의 기지에는 포병진지가 전 방어구역을 지원할 준비를 마쳤다. 적은 12번 국도를 따라 수언마이-처벤 구간에 고지군을 형성했는데, 그중에서도 가장 중요한 곳이 고모이(Gò Mối)와 동떰이었다.[25]

제304여단은 66연대를 추옴(Chuộm)-동바이 구간에서 작전을 수행하고, 제9연대는 증원부대 전진을 점검하는 동시에 정찰부대와 교전하도록 했으며, 제57연대는 21번 국도를 따라 처벤-수언마이 구간에서, 전선 남쪽 측면을 방호하며 전투하도록 명령했다.

1951년 12월 2일, 제66연대는 화빙 북동쪽 15km 지점인 꺼우주(Cầu Dụ)-항다(Hang Đá) 구간에서 매복을 하며 적을 기다렸다. 11시 45분, 포장을 친 30대의 차량이 수언마이 방면에서 다가오는 모습을 발견했다. 그와 동시에 병력을 가득 태운 트럭 4대가 꺼우주에 있는 병력과 합류하기 위해 화빙 방면에서 다가왔다. 베트민은 양쪽 선두차량에 사격을 가했다. 기습에 놀란 적들은 제대로 저항하지 못

24 원문에서는 Semi-brigade로 표기했다. 여단과 연대의 중간 제대로 추정된다. (역자 주)

25 본 단락에 나오는 지명은 하노이에서 서쪽(북서, 남서 포함)으로 30~70k 간격으로 이격되어 있다. (역자 주)

했다. 제66연대는 채 20분도 지나지 않아 차량 34대를 파괴하고 6번 국도상의 서전을 승리로 장식했다. 2월 7일, 제9연대 353대대는 화빙 서쪽 8km 지점인 지앙모(Giang Mỗ)에서 매복을 실시하여 적 200명을 소멸시키고, 전차 1대를 포함한 차량 10대를 파괴했다. 이 전투에서, 꾸칭란(Cù Chính Lan) 분대장은 전차 위에 뛰어올라 수류탄을 전차 안으로 던져넣었다. 적은 그것을 밖으로 집어 던지고 포탑을 돌려 그를 전차에서 떨어뜨렸다. 그는 수류탄을 더 들고 달려 전차를 따라잡고 다시 뛰어올랐다. 이번에는 그는 안전핀을 뽑고 어느 정도 기다렸다 터지기 직전에 안에 던져 전차를 파괴했다. 12월 11일, 재375대대는 꼬또(Cô Tô)대대와 협력해 족껨(Dốc Kẽm)지역에서 전투를 벌여 거의 2개 소대를 소멸시키고 공병 차량 11대를 파괴했다.

제304여단이 수행한 능동적인 작전은 적을 놀라게 했다. 그들은 비명을 질렀다.

“6번 국도가 절단되었다!”

12월 11일 오전, 다강 좌안의 도안하(Đoan Hà)에서 제36연대 84대대가 모터보트 호송단을 매복 공격해 1척을 침몰시키고 2척에게 피해를 입혔다. 오후에는 제141연대 16대대가 락쏭에서 매복을 하고 기다리다 동하(Đồng Hà)에서 뚜부로 오는 모터보트 호송단을 발견하고 2척을 타격했는데, 그중 한 척은 백기를 내걸고 항복했다.

4일에 걸친 전투를 마친 후, 최고사령부는 작전 1단계를 종료하기로 결정했다.

나는 1951~1952 동춘 기간 동안, 아군의 활동에 대해 안심하게 되었다. 아군은 4일에 걸친 전투를 통해 대부분이 유럽-아프리카 부대인 적 23개 중대를 전장에서 몰아냈다. 특히 화빙에서만 적 정예 10개 중대가 소멸되었다. 일부 전술적인 문제도 해결되었다. 특히 고무적인 것은 삼각주에서 협조된 작전이 적시에 실시되었다는 것이었다. 제320여단은 800명 이상의 적을 소멸시키고 옌모(Yên Mô)현 대부분과 남딩성 소재 낌썬현의 일부를 해방시켰다. 팟지엠과 부이추의 카톨릭 지역은 자치지역으로, 카톨릭 민병대가 방어하고 있었다. 드 라뜨르는 카톨릭 교단이 제공하는 어떤 첩보도 받지 못하고 민병대는 싸우지 않고 도주한 상태에서,

항다 일대에서 매복전투로 격파한 프랑스군 수송트럭. 이 공격은 화빙 일대로 향하는 6번 국도 일대의 지상보급로가 차단되었다. (BẢO TÀNG LỊCH SỬ QUỐC GIA)

수천 명의 베트민이 이 지역에 침투했음을 알고 매우 화를 냈다. 드 라뜨르는 이 두 카톨릭 지역의 자치권을 박탈하고 자신의 병력을 보내 민병대를 대신하기로 결심했다. 그러나 그가 결심하는 동안 팟지엠에 있는 프랑스-베트남 부대들은 제 320여단의 급습을 받고 흩어졌다.

베트민은 드 라뜨르의 도전에 응했다. 작전 1단계는 베트민이 올바른 결정을 내렸음을 증명했다.

10. 두 개의 전선

1

전역사령부는 동르엉에서 화빙시로 더 깊이 들어간 뚜부 서쪽 7km 지점인 솜지언(Xóm Giớn), 떤럽(Tân Lập)으로 이동했다. 1951년 12월 15일, 당 총군사위원회가 확대회의를 개최했다.

회의는 1단계 작전이 성공리에 종결되었다는 결론을 내렸다. 적은 정치적, 군사적으로 패배했다. 화빙 전역 계획을 수립할 때 우리의 의도는 적 기동예비를 고착시켜 적 후방지역의 게릴라전을 회복하는 것이었다. 우리는 1단계 작전의 실질적인 경험을 통해 다가오는 동춘작전의 대승을 위해서는 화빙 주전선과 협력 하에 적 후방이 진정한 전선이 되어야 한다는 사실을 깨달았다. 우리는 주전선에서 격렬한 전투를 벌이는 것을 넘어, 협조된 전선을 통해 적에게 동시에 양면전선 전투를 강요할 것이다. 이것이야말로 적 부대를 소멸시키고 적 후방지역의 게릴라전을 복구하며, 박보(북베트남)전장의 주도권을 확보할 최선의 방법으로 보였다.

베트민은 화빙에서 적이 진지를 강화하고 베트민 주력을 몰아내기 위해서 평정작전을 수행할 것이라고 예견했다. 적이 다강의 보급로를 보호하고 화빙의 증원부대를 다른 전장으로 투입하는 능력을 보장하기 위해 뚜부 탈환을 시도할 수도 있다고 생각했다. 우리는 다강에서, 그리고 6번 국도상에서 적을 공격해야 했다. 따라서 바비 남쪽, 6번 국도 북쪽 및 화빙시 북쪽에서 적을 소멸시키고, 적의 전술기지를 공격할 준비를 하며, 증원부대를 다총 및 체산에서 소멸시킬 수 있을 것이라고 판단했다. 주전선의 과업은 적 기동부대를 통제하고 견제해 내륙지방과 홍강 삼각주의 적 후방지역에서 싸우는 병사들을 지원하는 것이었다.

제308여단은 다강에서 적의 주보급로를 차단하고, 아군의 수송로를 보호하며, 다총 및 체산에서 적의 전술기지에 대한 공격과 증원부대를 격멸하는 임무를 부여받았다.

제312여단은 제304여단 66연대를 증원받아 600고지와 체 진지를 파괴하고 미케(Mỹ Khê)에서 바비로 오는 적 증원부대를 소멸시키는 임무를 부여받았다.

1개 연대를 결한 제304여단은 6번 국도상에서 본연의 임무를 수행하게 되었다.

당 총군사위원회는 전선 협조를 위해 제316, 329여단이 각각 1개 연대를 남겨 해방구역을 방어하고 예비 임무를 수행하도록 했다. 제316여단은 증원된 1개 연대를 박닝성의 적 후방지역으로 파견했다. 제320여단은 남딩성 소재 남쯕현과 하이허우현으로 파견했다. 이렇게 내륙지방과 홍강 우안에는 적 후방지역에서 지방군과 협조해 전투를 벌일 최고사령부의 주력 연대가 각각 위치하게 되었다.

빙찌티엔, 제5구역[01] 및 남보(남베트남) 전장에서는 적을 통제하고 주전장과 효과적으로 협조하기 위해 최선을 다하고 있었다.

우리는 드 라뜨르의 도전에 직면했다. 화빙 전선에서는 아군의 3개 여단이 적의 13~19개 대대가량의 기동예비를 상대했다. 일찍이 인도차이나에서 프랑스가 원정군 최고사령관이 직접 지휘하는 병력과 전투수단을 그렇게 많이 집중시킨 사례는 찾아볼 수 없었다. 프랑스는 최고의 지휘관과 장교들을 그곳으로 보냈다. 그들 가운데 일부는 이후 디엔비엔푸에서도 핵심적인 직위에 있었다. 화빙에서 적용된 일련의 방어 기술과 전술은 이후 프랑스 군사학교에서 수업 표본으로 소개되었다.

적은 대부분 화빙시-6번 국도-다강으로 이어지는 방어선 인근의 고지에 위치

01 베트남 중부 지방에 있는 지명과 당시 전쟁구역. (역자 주)

한 종합전술기지[02]에 머물렀다. 종합전술기지들 간의 거리는 멀었지만 화력보호체계에 의해 밀접하게 연결되어 있었다. 적은 베트민과 대규모 기동전을 벌일 생각이 없었고, 대신 베트민이 고지를 공격하거나 주간에 노출된 지역을 이동할 때, 자신들의 막강한 원거리 화력을 구사할 기회를 노렸다. 평정작전 역시 마찬가지여서, 만일 베트민을 산악이나 밀림에서 만났다면 가능한 후퇴했을 것이다.

적이 채택한 방어수단은 자신들의 태생적 취약점을 반영하고 있었다. 프랑스인들은 항상 부대원의 생명을 구하고 보급로를 방호할 조건을 고려했다. 처음에 공세적인 다중대대들로 구성되었던 강력한 전력도 신속하게 방어적인 중대와 대대로 전환되었다. 즉 스스로를 고지에 가두고 갈고리처럼 공격이 걸리기를 기다리는 신세가 된 셈이다. 드 라뜨르에게는 20개 대대를 돌격에 투입할 의도가 없었겠지만, 이 시점에서 38개 기동단의 전투 투입을 허용하기는 어려웠을 것이다.

반면, 아군의 전선에는 적기의 예기치 못한 공습에서 전투원들을 보호하기 위한 몇 개의 지하 쉘터를 제외하면 별다른 방어시설이 없었다. 국경 전역 이래 삽은 충격부대의 주무장이 되었다. 그들은 전투가 시작되기를 기다리는 동안 포탄을 피하기 위해 적진 주위에 참호를 구축했다. 베트민 전선은 숲, 계곡 및 마을 등으로 구성되는 거대한 위장망에 덮여 있었고, 주민들의 보호를 받았다. 아군 병사들의 전선 이동은 완전히 자유로웠고, 자신이 선택한 시간과 장소에서 전투를 수행할 수 있었다.

아군은 병력이 적보다 많지 않았고 장비도 열악해서 화빙에 주둔한 모든 적을 소멸시킬 수 없었다. 그러나 1951~1952 동춘기간 동안 적 20개 대대를 고착시켜 타 전장에서 아군의 활동을 보장할 수 있었으므로, 우리는 중요한 승리를 이룬 것이나 다름없었다. 화빙이 아군의 공세를 분쇄할 함정으로 기능하지 못한다는 사실을 적들이 깨닫는다면, 그들은 절대로 한 장소에 머물 수 없었다. 우리는 이 사실을 잘 알았다.

화빙의 적 전술기지는 강화되었다고는 해도 여전히 야전축성작업이 진행중이

02 상호 지원이 가능하도록 다수의 전술기지를 묶어 집단을 형성한 방어체계. (역자 주)

프랑스군 전술기지의 포병세력은 베트민의 공세에 큰 위협이 되었다. (ECPAD)

었다. 그리고 단일 방어체계로 상호 연결되었지만 긴 방어선을 따라 흩어져 있었다. 따라서 베트민의 전력으로도 방어선 격파가 가능했다. 가장 큰 장애요인은 전술기지에 주둔한 부대가 아닌 포진지의 원거리 지원 화력이었다. 나는 주야간 적 항공력 및 포병 화력 감소방안에 대해 총참모부 및 예하부대들과 많은 의견을 교환했지만, 아직은 적 포병화력을 감소시킬 뾰족한 수가 없었다. 우리에게는 적 포진지를 파괴할 포병 능력이 없었다. 박격포로 적진지를 통제하기도 용이하지 않았다. 뚜부 전투에서는 1개 연대에게 적 포병을 통제하라는 명령이 내려졌지만, 무려 5,000여 발의 포탄이 베트민 진영에 떨어졌다. 적 포병은 여전히 정규전(진지전)의 가장 큰 장애물이었다.

제36연대는 다강에서 수차례에 걸쳐 적 선박 공격을 시도했지만 성공하지 못했다. 참모부는 연대에게 가능한 한 빨리 적의 수상 수송로를 차단하라는 지침을 하달했다.

12월 22일 정오, 나는 제36연대가 그날 오전에 화빙에서 10km 떨어진 강안 구역에서 적 화물함대를 향해 사격을 가해 침몰시켰다는 보고를 받았다. 이렇게 수상 충격부대와 수상 지원중대가 소멸되었다. 이번에 제36연대는 락쏭-동비엣(Đồng Việt)간 6km가량의 강안 구역에서 벤응옥에서 쭝하로 내려오던 적 화물함대에 매복 공격을 가했다. 그 연대는 포병의 지원을 받았다. 전투는 20분간 지속되었고, 베트민은 전투함 1척과 모터보트 4척을 격침시켰다.

이 전투는 적이 주보급로로 취급하던 수상 수송을 마비시켰다. 쌀랑은 황급히 박닝 방면의 평정작전을 중지하고 제1, 4기동단을 다강 우안의 바비로 이동하도록 명령했다. 작전 초기부터 베트민은 제312여단의 2개 대대로 구성된 1익을 보유하고 있었다. 연대장은 레투이[03], 정치지도원은 막닝(Mạc Ninh)이었다. 해당 부대(제165연대)는 바비산 자락, 바짜이(Ba Trại), 87번도로를 누비고 다니며 적 부대를 격멸하고, 썬떠이에 주둔한 적 부대가 체나 뚜부에 있는 병력을 구조하러 오지 못하도록 방해하며, 이 지역에 끊임없이 압력을 가하라는 명령을 받았다. 적 2개 다중대대가 평정작전을 수행하기 위해 바짜이 지역으로 이동했다. 적기는 베트민이 있다고 추정되는 지역에 맹렬한 폭격을 실시했다. 육로 수송이 심각하게 위협받기 시작하자 프랑스 최고사령부가 화빙지역 보급을 위해 비행선을 준비하고 있다는 헛소문이 돌았다.

12월 29일 밤, 남롱(Nam Long)이 지휘하는 제312여단 141연대는 다강 방어선의 광활한 지역을 통제하기 위해 바비 구릉지대의 3개 고지 중 두 곳인 400, 600고지를 공격했다. 제16대대는 400고지에서 10분 만에 1개 중대를 소멸시키고 20명을 생포해 임무를 완수했다. 600고지 전투는 제11대대가 실시했는데, 적이 완

03 Lê Thùy (1922~1999) 베트남의 군인. 1940년대부터 반 프랑스 운동에 참가했고, 8월 혁명 이후에는 신설 165연대의 지휘관이 되어 1차 인도차이나 전쟁 기간동안 활약했다. 전후 제316사단 사단장, 북서군구사령관, 제1군구사령관 등 지휘직을 역임했다.

강하게 저항하면서 새벽 3시 30분까지 계속되었다. 이 전투에서 120명을 사살하고 135명을 생포했다. 12월 30일, 프랑스는 600고지를 탈환하기 위해 병력을 보냈으나 결국 퇴각했다. 적은 다강 방어선의 확고한 지원을 상실했다.

12월 29일 밤, 제304여단 57연대는 21번 국도상에서 유럽-아프리카 중대에 점령당했던, 처벤 주변지역을 보호하는 외곽 진지인 도이모이(Đồi Mồi) 진지를 격파했다.

12월 31일 밤, 제304여단 9연대 400대대가 함보이(Hàm Voi)고지를 공격해 유럽-아프리카 소대를 격멸했다.

도이모이와 함보이는 화빙시와 6번 국도 방어선의 측면을 방호하는 21번 국도상의 중요한 진지들이었다.

내륙지방과 삼각주에서 베트민은 드 라뜨르의 방어선 전력과 지난 1년간 프랑스 및 괴뢰 행정기관들이 수행해 온 안정화정책의 결과를 점검하는 계기를 마련했다.

드 라뜨르의 방어선에는 원정군의 정예인 25개 유럽-아프리카 대대, 박격포 1,200문, 각종(37mm~105mm) 포 500문, 각종 기관총 및 소총 10,000정이 있었다. 800개에 달하는 벙커는 지표에 가까운 총안구를 갖춘 야트막한 콘크리트 구조물로, 해방구역에서 임시 피점령구역으로 이어지는 도로를 따라 엎드린 괴물들처럼 늘어서 있었다. 이 괴물은 앞을 지나려는 병사, 간부 또는 전시근로자를 태워버리는 '화염의 혀'라 불렸다.

아군은 저항전쟁 기간 동안 이런 벙커를 격파할 강력한 무기를 충분히 보유하지 못했다. 이런 벙커들은 드 라뜨르 인도차이나 무훈 기념우표에도 노변의 갈대 사이로 고개를 내밀고 있다. 하지만 이런 벙커들도 1951년 말 이후로는 해방구역과 임시 피점령지역을 넘나드는 베트민 여단이나 연대를 상대하는 데 있어 유명무실한 존재로 전락했다.

내륙지방에서는 12월 15일에 제174연대와 산악포병 1개 포대가 박닝의 적 후방지역으로 행군을 실시했다. 12월 25일 밤, 제98연대 1개 대대가 꺼우응아(Cầu Ngà)진지를 파괴했고, 174연대 1개 대대는 포머이(Phố Mới)를 중화기로 공격했다.

제316여단 소속 2개 연대의 동시 출현은 그때까지 조용했던 하노이 인근 적 후방지역에 공포를 불러왔다. 적들은 계속 초소 안에 머물렀고, 공격을 당할까 두려움에 떨었다. 유사시 프랑스의 랑썬 공격에 대비해 해방구역에 남아있었던 제316여단 176연대는 공격위험이 높지 않음을 파악한 후 2개 대대를 박지앙과 하이닝의 적 후방지역으로 보냈다. 1개 대대는 박지앙성 소재 옌중(Yên Dũng)현에 있는 게릴라 지역으로 침투했고, 다른 대대는 토피를 소탕하고 4번 국도를 따라 기지를 정착시키기 위해 하이닝 해안으로 향했다.

홍강 우안에서는 제320여단과 지방군이 하남과 닝빙성을 급습했다. 지방군, 민병대, 게릴라들은 진지들을 포위하고 항복을 강요했다. 하남성 리년현에서는 지방군이 하룻밤 만에 적진지 4개소를 파괴하고 800여 명의 베트남계 경비원들을 집으로 돌려보냈다. 지역 주민들은 열성적으로 괴뢰 행정기관을 무너뜨리고 지난해에 상실했던 기지들을 복원했다. 베트민은 1개월만에 45개소의 괴뢰군 진지를 파괴했으며, 하남성의 괴뢰 행정기관 총 380개소 가운데 312개소를, 닝빙성의 121개소 가운데 115개소를 각각 퇴출시켰다.

처음으로 우리 주력 2개 여단이 삼각주와 내륙지방의 적 후방지역으로 침투해 들어갔다. 방어선 내부를 담당하던 적 중대와 대대들은 베트민 정규군의 상대가 되지 못했다. 단기간에 적 후방지역의 상황이 완전히 역전되었다. 적진지는 계속해서 줄어들었고, 포진지는 표적을 상실해 갔다. 삼각주에 잔류하던 12개 기동예비대대들은 타 진지들을 구조하기 위해 파견되었다.

내륙지방과 홍강 삼각주 우안 지역의 괴뢰 행정기관과 군대는 광범위한 지역에 소산되어 있었다. 적 후방지역 도처에서 봉기가 일어났다. 게릴라지역은 복원되고, 그 이상으로 확장되었다. 베트민 게릴라 기지는 홍강 우안과 좌안, 삼각주와 내륙지방 간 상호 연결되었다.

1951년 12월 말, 최고사령부는 제2단계 작전 종료를 결정했다.

아군은 박보 전장에서 제1단계와 제2단계 작전을 통해 8,000명의 적을 몰아냈다.

화빙 방면 쏭모이 일대에 설치된 프랑스군의 도로견부 방어진지. 철조망과 함께 죽창을 꽂아 접근을 차단했다. (ECPAD)

2

락쏭-동비엣 전투 이후, 적의 전함이나 모터보트는 더 이상 다강에 모습을 드러내지 않았다.

수로 보급로를 방어하는 임무를 담당하던 다총, 체, 라푸 진지도 더 이상 의미가 없었다. 제2단계에서 베트민은 다총과 체 진지를 파괴하려 했으나 바비 지역에 대해 평정작전을 수행중인 적에 대응하기 위해 공격을 중단했다. 이제 다강 부근 진지의 파괴는 불필요하다고 판단되었다. 오히려 적이 소산된 상태로 배치를 유지하는 편이 더 좋았다. 20일에 걸친 전투를 통해 화빙 지역의 적은 심각한 타격을 입었고, 다강을 통한 수상 병참선은 완전히 마비되었으며, 6번 국도는 빈번하게 차단되었다. 적은 점점 심각해지는 삼각주의 상황에 대처하기 위해 철수를 고려할 가능성이 있었다.

당 총군사위원회는 1952년 1월 1일에 모임을 가졌다. 제2단계 작전은 예상대로 진척되었다.

당 총군사위원회는 전역 주노력 방향을 화빙-6번 국도 선과 다강-바비 선으로 결정했다. 우리는 6번 국도를 차단해 적을 격멸하고, 나아가 화빙에 있는 적 기동예비를 통제해 우리의 활동이 보다 자유로워지도록, 전선과 적 후방지역의 협조를 가능케 할 계획이었다. 아군 병사들은 적이 철수할 경우 이를 격멸할 준비를 갖췄다. 아군의 막강한 몇몇 연대들은 여전히 건재했다. 우리는 삼각주 증원을 위해 기동예비를 철수하려는 적을 방해하기 위해 화빙과 인접한 6번 국도상에서 대규모의 전투를 벌여 적을 위협할 준비를 하기로 했다. 우리의 작전개념은 '전술기지를 공격하고 증원부대를 소멸한다' 였지만, 상황에 따라 개념을 바꿀 수 있는 융통성이 필요했다. 우리 주력은 다강 좌안으로 이동했다. 각 부대에 하달한 구체적인 임무는 다음과 같았다.

'제308여단은 제304여단 66연대를 배속 받아 6번 국도 북쪽에서 주노력 부대로 페오 및 덤후옹(Đầm Huống)진지와 화빙시의 포병진지를 격파한다.

제304여단(66연대를 결한)은 동비엔 및 아오짜익에서 수언마이까지 6번 국도와 21번 국도에 연해 작전을 전개한다.

제312여단은 체산과 다총지역을 담당한다.

내륙지방과 삼각주지역 지방군은 주전장과 협조 하에 적의 평정작전에 대항해 전투를 실시한다.'

당 총군사위원회는 전방향전투[04]를 발전시키려는 이 지역을 지원하기 위해 제

04 All-sided war, 정규전과 비정규전에 언급된 모든 형태의 전투를 총칭한다. (역자 주)

320여단의 1개 연대를 홍강 좌안으로 보내 달라는 제3연합구역의 건의를 받아들였다. 작전개시 시간은 1952년 2월 7일이었다.

전선에서 협조된 활동이 특히 중요해졌다. 당 총군사위원회는 황반타이에게 후방으로 가서 호 아저씨와 당중앙위원회에 보고할 제3단계 작전계획 보고서를 작성하는 임무를 부여했다. 이후 타이는 후방에 머물며 당 총군사위원회가 게릴라전 고양을 위해 협조된 전선들에 확고한 지침을 부여하는 데 도움을 주었다. 전투부장인 하반러우[05]가 황반타이의 전역사령부 참모장직을 승계했다.

한편, 쌀랑은 자신이 다강 선을 방어할 충분한 병력을 보유하지 못했음을 깨달았다. 프랑스 기동단의 손실이 너무 커서 전투력 보충은 거의 불가능해 보였고, 아군 여단들은 6번 국도 방향으로 이동하고 있었다. 1952년 1월 6일, 쌀랑은 썬떠이성 소재 쭝하 부근의 단테-라푸 구간 전술기지들을 제외한 다강 선 주둔 전병력을 철수하기로 결심했다. 이 철수병력으로는 화빙-6번 국도 방어선을 보강할 예정이었다. 그러나 화빙과 6번 국도에 대한 베트민의 공격이 쌀랑의 계획을 바꿔놓았다.

나는 진지전에서 적 포병에 의한 아군 사상자를 줄일 방안을 골몰했다. 황화탐 전역 이래, 적은 진지방어에 장사정포를 활용하는 방식으로 진지전에서 아군에 대항했다. 총참모부는 특공대를 활용해 적 포진지를 공격하는 방안을 제시했다. 우리가 6번 국도상의 전술기지에 대한 공격을 준비할 때, 나와 브엉트아부는 이 방법을 사용해 보기로 합의했다. 제36연대가 이 임무를 맡았다. 하남딩 작전에서 연대 충격부대는 다이강에서 폭약을 작은 배에 싣고 가서 적 함정을 침몰시킨 실적이 있었다.

며칠에 걸친 검토를 마친 후, 제36연대는 다음과 같이 보고했다.

"화빙시 주변의 포진지는 철통같이 방호되고 있음. 단, 화빙시 내 깊숙이 위치한 포

05 Hà Văn Lâu (1918~2016) 베트남의 군인, 외교관. 인도차이나 프랑스 군사학교 출신으로, 1945년 8월 혁명 이후 군사교육 전문가로 혁명전선에 합류했고, 이후 나트랑 전선에서 지휘관으로 활약했다. 1차 인도차이나 전쟁 기간동안 베트민 전투부장, 작전부장, 전역사령부 참모장 등으로 활약했으며, 전후 1954년 제네바 회의에 군사대표단 참가를 기점으로 외교관이 되어 쿠바 주재 베트남 대사, 외무부 차관, 프랑스 대사 등 요직을 역임했다.

진지에 대한 경계는 느슨함. 연대는 특공대를 시내로 잠입시켜 그 곳에 위치한 포진지를 파괴할 수 있음. 그러나 이 부대에 대한 안전을 보장하기 위해, 침투부대의 철수로상에 위치한 전술기지를 통제하고 파괴하는 소규모 협조된 전투를 조직해야 함. 시 외곽의 적 방어선은 내곽보다 강력함. 그곳에 주둔하고 있는 병력은 주로 괴뢰군임."

나는 연대가 건의한 계획을 승인했다.

포진지 파괴 임무는 연대의 제41중대가 맡았다. 이전까지 지방군 소속이었던 이 중대는 중대원을 여자로 변장시켜 유럽-아프리카 부대가 점령 중인 껌리 초소를 주간에 파괴한 사례가 있었다. 민주 군사모임[06]에서 중대의 당세포들은 전투간 발생할 수 있는 복잡한 상황에 대해 토론하고, 그 극복방안들을 제시했다. 모든 적 초소들을 다른 부대들이 통제하는 상황을 전제로, 중대의 활동이 노출된 이후 우리는 어떻게 피해를 방지하고 부상자들을 후송해야 하는가?

한 당원이 말했다.

"적이 일단 벌에 쏘이면, 발등 위를 기어가는 개미는 신경 쓰지 않는 법입니다."

이 말은 백 번 옳은 말이었고, 모두를 안심시켰다. 당세포는 중대의 구분명과 같은 41명의 장병을 선발했다. 그들은 소총은 남겨두고 수류탄, 폭약, 기관단총 및 정글도로 무장했다. 이는 백병전과 부상자 후송에 필요한 장비들이었다. 전역사령부는 화빙시에서 실시할 제36연대 활동이 협조 방향을 조직하는 것이며, 제66, 102연대 활동은 주노력 방향에서 페오 및 덤후옹의 초소를 공격하는 것이라고 규정했다. 전선 참모부에는 첩보를 수집해 제36연대에 제공하는 임무가 부여되었다.

나는 작전을 수행하기 전에 제41중대에 서신을 발송했다.

---

06 계급장을 떼고 실시하는 소부대의 자유 토론식 모임. (역자 주)

"친애하는 동무들!

여러분은 화력체계를 파괴하고 다른 동무들의 임무 완수를 돕기 위해 적진의 심장부를 공격하는 임무를 부여받았습니다.

이는 크나큰 영광입니다.

여러분은 은밀하게, 용감하게, 단호하게, 신속하게, 그리고 깔끔하게 작전을 수행해야만 합니다.

나는 여러분이 임무를 완수하리라 확신합니다. 전투에 투입하기에 앞서, 나는 여러분의 건투와 성공을 기원합니다."

우리는 3개 연대를 동원해 1952년 1월 7일에 제3단계 작전을 개시하기로 결정했다.

저녁이 되자 84대대 41중대는 적이 주둔하고 있는 솜중(Xóm Dúng)과 도이제(Đồi Dè) 사이의, 화빙시로 들어가는 저지대 들판 앞에 있었다. 달빛이 시내에 위치한 포진지를 병사들이 명확하게 인지할 수 있도록 도와주었다. 그러나 그들은 월광이 적 방어선을 침투하는 데 장애요인이 된다는 것도 알고 있었다. 중대장인 추떤(Chu Tấn)은 부상자를 외곽으로 후송할 책임을 맡을 별도의 부대를 보내기로 결심했다. 그는 잔여 중대원들에게 개활지를 통과하고, 적의 관심이 적은 물이 찬 논을 지나 목표로 곧장 갈 수 있도록 장비를 꼼꼼히 챙기도록 명령했다. 그들은 들판을 지나 비행장에 들어갈 때 어떤 소음도 내지 않았다.

지정된 사격개시 시간 이전에, 그들은 이미 포진지를 방호하는 철조망 지대 가까이 근접해 있었다.

동시에, 제80대대 61, 62중대는 도이차이(Đồi Cháy)와 도이제 진지에 다가갔고, 제84대대 42, 43중대도 적 포진지를 공격할 병사들의 철수로 상에 있는 쿠유(Khuỷu)와 럼(Rậm)진지로 다가갔다.

00:30분, 폭약이 터지면서 철조망이 날아가자 제41중대원들은 지체 없이 포진지로 돌입했다. 그때까지도 파자마 차림이었던 포대장은 자기 가슴에 총을 겨누는 우리 병사에게 말했다.

"나야, 포대장이라고!"

그는 우리 병사와 괴뢰군을 착각하고 있었다. 포진지의 병사들은 대부분 진지를 버리고 달아났고, 우리 병사들은 방열된 105mm 곡사포 4문의 포구에 신속하게 폭약을 집어넣었다.

요란한 폭음과 함께 전 충격부대원들은 일제사격을 가했다. 아군 75mm 포가 끌레망 대령이 지휘소로 선정한, 일대의 유일한 2층 건물에 포격을 가했다.

기습 공격을 받은 적은 공황에 빠졌다. 아군 포병에 의해 통제된 도이통(Đồi Thông), 바바잉(Va Vành) 전술기지는 표적을 찾지 못하고 사방팔방으로 사격했다. 제36연대의 2개 대대는 1시간 만에 도이차이, 도이제, 쿠유, 점 등 4개 진지와 1개 포진지를 파괴했다. 예상을 뛰어넘은 승리였다. 우리 병사들이 통제할 예정이었던 쿠유, 럼 등의 진지는 다른 부대들이 파괴해버렸다. 그러나 6번 국도상의 주노력 방향에서 실시한 페오와 덤후옹 공격은 성공하지 못했다.

주공격목표인 페오진지는 제13외인부대 준여단 2대대로 강력하게 방어되고 있었다. 전술기지는 페오고지, 페오촌 및 미에우(Miễu)고지 등 3개 지역으로 구분되었는데, 이 전술기지들은 보병화력 외에도 105mm 곡사포 4문, 전차 1개 소대, 그리고 주변의 포병의 지원을 받았다. 페오 지역의 지형은 다소 복잡해서 공격 측에 유리하지 않았다. 그러나 진지전 경험이 풍부하고, 작전 초기부터 중요한 임무를 수행하기 위해 예비로 남아있던 제102연대를 활용한다면 페오 격파 자체는 여전히 가능했다.

일전의 진지전에서 다른 부대들이 거둔 진지전 승리는 제102연대가 적을 얕잡아 보게 만들었다. 전술기지에 대한 정찰이 너무 허술하게 진행되었다. 아군의 공격계획은 3개 제대가 각각 상이한 방향에서 공격하는 것이었는데, 적을 경시하는 풍조가 간부에서 병사까지 만연해서 전투부대가 예비탄약도 없이 적진에 뛰어들었다. 그들은 '전투는 눈 깜짝할 사이에 끝날 것이다. 탄약 보충은 불필요하다'고 여겼다. 전투 사후강평에서 여단장인 브엉트아부가 말했다.

"준비 기간 동안 적에 대한 경멸이 가득했고, 전투계획은 피상적으로 수립되었다. 이런 경향이 너무 짙어서 공격 중에 혼란과 통제 불능 사태가 발생했다."

페오 전투의 실패는 그 자체의 실패로 끝나지 않고, 적 증원부대에 대한 작전 실패로 이어졌다. 전역사령부도 실패에 일말의 책임이 있었다. 우리는 준비 기간 동안 단지 포병진지 공격에만 관심을 두었다. 포병진지 공격은 병사들이 시내 깊숙이 침투해야 하고, 일련의 강력한 요새를 극복해야 하며, 적을 격멸한 뒤에는 단일 통로로만 철수할 수 있는 전혀 새로운 임무였지만, 제36연대는 임무에 대해 철저하게 준비했고, 이를 통해 성공할 수 있었다.

제36연대의 시내 공격은 적 지휘관인 끌레망을 공황에 빠뜨렸고, 그는 쌀랑에게 다급히 유럽-아프리카 대대 급파를 요청했다. 다음 날, 쌀랑은 제2공정대대를 화빙시에 공수낙하 시킬 수밖에 없었다. 1952년 1월 8일과 9일, 쌀랑은 이전부터 준비해 오던 '제비꽃' 작전을 긴급히 시행해 다강과 6번 국도상에 있던 모든 병력을 화빙시로 이동시켰다. 이 움직임이 철수의 신호탄이었다.

3

사전 계획에 따르면, 제320여단은 제3연합구역의 좌안으로 1개 연대를 전환해야 했다. 그러나 여단 당위원회는 우안이 일시적이나마 평온해졌음을 인지하고, 제66연대만 그곳에 남겨둔 채 제48, 52 등 2개 연대를 좌안으로 전환시켜 장기간 배치하기로 결정했다. 제320여단 전체가 홍강 삼각주의 적 후방지역으로 침투할 수 있다는 판단에 따른 선택이었다. 좌안에는 이전부터 제42독립연대와 지방군이 있었고 이제 320여단의 2개 연대가 추가되었으니 일대에 여단 규모의 주력이 배치된 셈이다.

제320여단은 2개 성 5개 현에 걸쳐 조밀하게 구축된 초소들을 통과하고 3개의 강을 도하해야만 했다. 여단은 도로를 개척하기 위해 선발대를 운용했다. 제64연대는 푸리에서 강력한 활동으로 적의 주의를 끌었다. 5일간의 험난한 여정을 끝에 1952년 1월 17일, 선두부대가 남딩시 남쪽에서 출발해 타이빙성에 발을 들여놓았다. 2진은 도하 중에 일대에서 평정작전을 수행하던 제4기동단에 발각당했고, 적 정찰기가 상공을 선회하고 모터보트가 강상을 정찰하는 동안 강 우안에서 3일이나 전진하지 못했다. 아군 부대들은 화잉로(Hoành Lộ), 도꽌(Đò Quan), 보띵(Vô Tình)다리에서 적과 싸우고 꼬레(Cổ Lễ)까지 격퇴시켜서 강을 도하할 간격을 확보했다. 지방협조자들은 수백 척의 삼판과 수백 명의 여자 사공들을 동원하고, 주민들을 동원해 병사들이 지나간 흔적을 제거하도록 했다.

좌안 전선 당위원회는 도므어이, 반띠엔중, 응웬카이, 즈엉흐우미엔[07]으로 구성되었다. 당위원회는 적을 소멸하고, 게릴라지역과 기지를 확장하며, 게릴라전을 고양시키고, 괴뢰 행정기관 및 괴뢰군을 격멸하며, 인민기지를 복원하기 위해 가용한 모든 병력을 동원해 맹렬한 공격을 퍼붓기로 결정했다.

1952년 1월 31일, 제320여단은 끼엔스엉(Kiến Xương)-띠엔하이현에 걸쳐 있는 라까오(La Cao)진지를 파괴했다. 동시에 타이빙 지방군 1개 대대가 띠엔하이현에 있는 9개소의 괴뢰군 초소를 포위하고 항복을 받아냈다. 그리고 부띠엔(Vũ Tiên), 끼엔스엉 현으로 전진했다. 아군은 민병대와 게릴라의 도움을 받아 12개소의 진지에서 적의 항복을 받아내고, 끼엔스엉현 전체와 부디엔현 남부를 해방시켰다.

타잉룽(Thanh Lũng) 및 끼엔쭝(Kiên Trung)대대와 제320여단 1개 포병대대는 타이닝(Thải Ninh)[08], 투이아잉(Thụy Anh)현을 해방시키기 위해 짜리강을 건넜다. 2월 8일, 베트민군은 처꽁(Chợ Cổng) 진지를 공격해 132명의 적을 격멸 또는 생포하고 105mm 곡사포 1문을 노획했다. 타이빙 북부에서는 민병대와 게릴라 부대가 합세해 10개소가량의 진지를 공격해 항복을 받아냈는데, 그중에는 적 1개 중대가 방어 중이던 띠엔흔현의 따사(Tạ Xá)진지도 포함되어 있었다.

제320여단의 출현은 제3연합구역 좌안 방면의 저항운동을 강력히 추진하게 했다.

07 Dương Hữu Miên (1912~1954) 베트남의 군인. 식민지군 참모관 출신으로, 1946년 인도차이나 공산당에 입학했고 이듬해 제42연대 지휘관으로 임명되어 활약했다. 5번 국도 전투에서 크게 활약했으나, 1954년 디엔비엔푸 승리 이후 7월 2일 전선시찰도중 전사했다.

08 하이퐁 남서쪽 50km에 위치한 현 (역자 주)

주력군이 적 대규모 진지를 공격하는 동안 민병대, 게릴라와 합세한 주민들은 적 수비대를 위협하고, 항복을 강요하며, 감시탑에 근무하던 괴뢰 마을경비대를 무장해제시켰다. 수천 명의 카톨릭 교인들이 초소로 몰려가서 강제로 '경비원'이 된 아들들에게 귀가를 종용하고, 괴뢰군에 강제 징집된 가정의 가족들이 시내로 몰려가 친척들과 괴뢰 행정요원들에게 그들을 풀어달라고 요구했다. 일부 지역에서는 주민들이 몽둥이나 죽창 같은 원시적인 무기를 들고 철수 중인 적을 공격하기도 했다. 적의 모든 방어체계가 흔들렸다. 좌안의 적 후방지역은 마치 총봉기를 재연하는 것 같았다.

제174연대는 쭝주 전선[09]에서 박닝 남부의 지방군, 민병대 및 게릴라와 합세해 번타이(Van Thái)와 껭방(Kênh Vàng)초소를 파괴하고, 지아르엉(Gia Lương) 해방지역을 확장하며, 하이즈엉성의 남싸익(Nam Sách)현으로 가는 길을 열었다.

1월 23일, 제174연대 2개 대대는 타이빙강을 도하하고 짱옌의 주력부대와 협조 하에 안럿(An Lật), 번따이(Vân Tài)진지를 격파했으며, 초소에서 회의 중이던 괴뢰 행정요원들을 모두 생포했다. 1월 24일, 남싸익에서 평정작전을 수행하는 적과 싸우던 바익당 대대는 적 300명을 소멸시키고 17번 국도상의 감시초소를 파괴했다. 제174연대 251대대는 담짜이(Đam Trai)진지를 공격해 55명의 적을 소멸시키고 모든 무기를 노획했다.

제98연대의 특공대는 두옹강 둑에 있던 마오디엔(Mão Điền)진지를 포위해 적의 항복을 받아내고 총기류 30점을 노획했다. 박닝성 티엔득(Thiên Đức)대대는 띠엔사(Tiên Xá)초소를 격파했다.

1952년 2월 7일, 제316여단 지휘부는 직접 전투를 지휘해 티엔타이(Thien Thái) 진지를 공격하고, 육로와 수로 양쪽으로 진입할 증원부대를 격멸할 계획을 수립했다. 2월 7~8일, 베트민은 수차례에 걸친 적의 파상 공격을 격퇴했다. 티엔타이 포위를 노리던 적의 작전이 무산되었다. 아군은 대다수가 유럽-아프리카군으로 구성된 적 300명을 소멸시켰다.

09 여기에서는 하노이 동부 및 남동부 지역의 전선을 의미한다. (역자 주)

박지앙에서는 제176연대 888대대가 옌중의 적 후방지역으로 침투했고, 지방군의 협조를 받아 박지앙시를 수차례 공격했다. 888대대는 안츠(An Chư)에서 평정작전을 수행하던 적을 격퇴하고 룩남 및 트엉(Thương)강의 선박 운항을 통제했다. 1월 31일, 제888대대는 제61대대와 협조 하에 매복 작전으로 적 증원 병력을 공격해서 100명을 소멸시키고, 전차 5대와 차량 5대를 파괴했으며, 유럽-아프리카군 5명을 생포했다.

내륙지방 및 삼각주에서는 아군 2개 여단이 적 후방지역에서 무인지경으로 활동했다. 두 여단은 지방군 및 게릴라들의 지원 하에 운용되었다. 적 기동군의 2/3가 화빙에 고착되었으므로 내륙지방 및 삼각주 방면의 기동대대들이 급격하게 소진되어 방어체계는 물론 임시 피점령지역의 괴뢰 행정력도 보호할 수 없었다.

다강 방어선에서 철수한 후, 프랑스군은 화빙 전선에서 즉각 방어태세로 전환했다. 그리고 1952년 1월 10일부터 31일까지 제304여단이 차단한 6번 국도의 병참선을 회복하기 위해 모든 노력을 경주했다.

당 총군사위원회는 후방에서 황반타이가 보내온 서한을 접수했다.

"당중앙위원회와 호 아저씨는 제3단계 작전 정책에 동의하면서 다음과 같이 강조하셨습니다."

'주력군의 주요 임무는 병참선을 차단하고, 화빙을 통제 및 포위하는 것이다. 만일 상황이 우리에게 유리하면 우리는 공격한다. 그렇지 않다면 우리는 기다린다. 우리는 높은 수준의 전투력 사용을 금하며, 심각한 손실을 초래할 수 있는 전투와 병사들이 오랫동안 이동해야 하는 장기전을 피해야 한다. 필요하다면 금번 작전단계의 기간을 1952년 1월에 국한하지 않는다. 만일 우리가 적보다 유리하다면 우리는 적과의 교전을 연장할 수 있으며, 그에 따라 적 후방지역의 활동을 발전, 증진시키는 시간을 가질 수 있다. 적이 화빙을 공격했고 우리가 일시적으로 그 지역을 잃었지만, 덕분에 우리는 적 후방지역을 다시 통제할 수 있었다. 이는 대단한 성과다.'

하노이에서 화빙으로 병력을 수송중인 Ju-52 수송기. (ECPAD)

호 아저씨가 권고했다.

"우리는 지금 즉시, 적의 화빙 철수에 대해 정치적 및 군사적으로 어떻게 대응할 것인지 사전에계획을 수립해야 합니다."

우리는 1951년 1월 7일의 대규모 공세 이후, 6번 국도 차단과 화빙시 포위를 계속하고 공중로를 차단하며, 적 전투력을 소진시키기 위한 소규모 작전을 수행하기로 결정했다.

적의 융커[10] 2대가 베트민군 포병 사격에 이륙하지 못할 정도로 파손되었다. 적

10 융커스 Ju-52, 2차 세계대전 당시 독일이 수송기, 여객기로 사용했다. 프랑스는 전후 독일군에서 사용하던 Ju-52를 압수하여 인도차이나 전쟁에 투입해 폭격기로 사용했다.

은 파손된 항공기들을 활주로에서 밀어내야 했다. 1월 9일 밤, 적 포진지 파괴로부터 이틀이 지난 후, 제36연대는 또다른 개가를 울렸다. 제84대대 43중대원 3명은 소대장 지휘 하에 6개의 감시탑을 은밀히 지나서 비행장으로 잠입했고, 항공기 1대를 폭약으로 폭파시킨 후 안전하게 철수했다. 프랑스인들은 이때 표적이 된 융커를 활주로에 방치했으므로 더 이상 비행장에 항공기를 착륙시킬 수 없게 되었다. 결국 화빙 비행장은 무용지물이 되어버렸다.

화빙시는 포위되었다. 벽돌로 지은 딩꽁뚜언(Đinh Công Tuân)현 청사를 제외하고는 시 전체가 파괴된 상태였고, 청사도 1월 7일 밤에 파괴되었다. 시는 활주로 위의 부서진 항공기처럼 철저하게 폐허가 되었다. 끌레망은 지휘소를 지하 대피소로 옮겨갔다. 야포와 전차는 흙으로 쌓은 제방에 의지해야 했다. 프랑스군은 밖으로 나오거나 물을 길러 강으로 갈 때마다 베트민의 저격으로 공포에 떨었다. 적 화물차 1대는 도이가이(Đồi Gai)초소에 보급품을 운반하러 가다 정문에 설치된 지뢰를 밟고 폭발했다. 제62중대 1개 분대는 도이제 초소에 은밀히 기어 올라가 적들이 있는 막사 안에 집어 수류탄을 던졌다. 전술기지에서는 시도 때도 없이 기관총 소리가 들려왔다. 적 기관총 사수들은 베트민의 공격에 당황하며 사방으로 무작정 총을 난사했다.

1952년 1월 중순의 초입에, 제308여단 정보처는 화빙시에서 적이 조기를 내걸었다고 보고했다. 우리는 프랑스 고급 장교가 죽은 것이 아닌지 의심했다. 다음 날, 우리는 사후 원수로 추증된 드 라뜨르가 사망했음을 알게 되었다. 우리 모두는 드 라뜨르의 갑작스러운 사망이 프랑스 원정군의 사기에 악영향을 끼칠 것이라고 생각했다.

베트남으로 돌아온 이후 드 라뜨르의 건강은 심각하게 악화되었으나, 그는 계속해서 화빙의 군사상황에 대한 보고서를 검토해왔었다. 드 라뜨르는 프랑스 대통령을 만나 프랑스 연맹 최고위원회 회의 개최를 제안했다. 그는 쌀랑에게 바오다이를 설득하도록 요청하는 마지막 전문을 보냈다. 드 라뜨르는 인도차이나 전쟁기념일에 바오다이의 등장이 '보다 나은 심리적, 정치적 효과'를 창출할 것이라 믿었다. 화빙에서 그는 자신의 부인에게 행복한 표정으로 말했었다.

드 라뜨르의 요청에 따라 군을 순시한 바오다이. 다만 드 라뜨르의 기대와 달리 바오다이의 행동은 별다른 영향을 끼치지 못했다. (Archives de France)

"결국 나는 그가 전장에 있는 프랑스군을 순시하도록 하는 데 성공했소. 이제 그는 우리 편이 되었소."

임진(壬辰)년 음력 설날이 다가오고 있었다. 인민들이 무리를 지어 전선으로 가는 병사들에게 바인층(bánh chưng)[11], 녹차, 담배, 찹쌀떡 등의 선물을 가져다주었다. 예술단원들도 무리를 지어 참호에 있는 병사나 치료소에 있는 부상병들을 위해 악기를 연주하고 노래를 불러주었다. 간부와 병사들은 호 아저씨의 시 '임진 춘절'이 인쇄된 붉은색의 연하장을 주고받았다.

11 베트남의 뗏(새해) 음식이다. 불린 찹쌀과 간 녹두, 양념 돼지고기 등을 바나나 잎이나 코코넛 잎에 올려 네모나게 싼 후 삶아 만든다. (역자 주)

"인내와 끈기
우리는 반드시 승리하리라."

이 작전에 대해 글을 쓸 때면, 아군 병사들의 삶의 질을 향상시킨 취사병의 '발명'을 빼놓을 수가 없다. 야전 취사 중에 불이나 연기가 피어오르면 아군의 위치가 발각되어 많은 사상자가 발생하는 경우가 빈번했으므로, 아군 병사들은 적 정찰기를 피해 야간에 밥을 지어야 했다. 제308여단 의무대 취사병인 황껌은 연기를 빨아내기 위해서 산 중턱에 있는 아궁이까지 연결된 여러 개의 굴을 파는 방법을 고안해 냈다. 각 땅굴의 입구는 나뭇잎으로 덮고 다시 흙을 얇게 덮어서 습도를 유지했다. 아궁이에서 올라온 연기는 땅굴을 타고 올라와서 엷은 수증기가 되어 공기 중으로 사라졌다. 이 방식이 고안된 후, 취사병들은 적 정찰기가 선회하는 동안에도 취사를 계속할 수 있게 되었다. 황껌 취사 아궁이[12]는 이후의 모든 작전에 폭넓게 사용되었으며, 심지어 대미항쟁 기간 중 우리 병사들이 쯔엉썬(Trương Sơn)지역[13]에 있을 때도 사용되었다. 황껌은 제308여단 병사의 귀감이 되었다.

1952년 1월 27일, 당 총군사위원회는 회의를 개최해 작전 3단계 종결을 위한 결정을 했다.

전선의 상황이 급격하게 변화하고 있었다. 심각한 손실을 입은 적 기동단은 더 이상 베트민을 상대로 대규모 전투를 수행할 능력이 없었다. 프랑스군은 다강 방어선에서 철수한 병력으로 화빙시와 6번 국도상의 방어체계, 특히 포병 화력을 강화했다. 그러나 삼각주에서는 점차 증강되고 있는 베트민군에 대응할 기동예비를 더 이상 충분히 보유할 수 없는 처지였다. 전반적인 상황을 판단한 결과, 쌀랑은 좋건 싫건 화빙에서 철수해야만 했다.

12 훗날 최초 고안자의 이름을 따 이런 명칭이 붙었다.

13 베트남과 라오스 및 캄보디아의 국경을 이루는 거대한 산맥의 이름. 베트남 전쟁 당시에는 일대가 호치민 루트가 되었다. (역자 주)

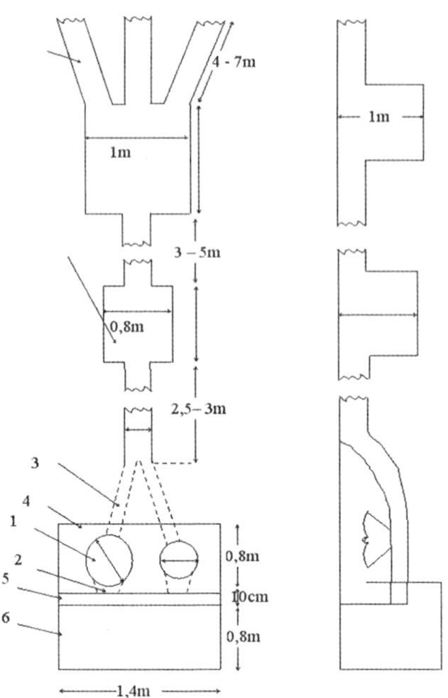

MẶT CẮT BẾP HOÀNG CẦM CẤP 1

황껌 취사 아궁이의 기본 도면. 연기를 격실에서 한 차례 냉각시키고 여러 갈래로 배출해 눈에 띄지 않는다.

당 총군사위원회는 다음과 같이 결정했다.

"적 병력을 최대한 소멸시키고, 그들에 대한 통제를 계속하며, 적 후방지역에서의 게릴라전을 확대하도록 노력한다. 우리는 부대(특히 주력군)를 재편성해 화빙과 6번 국도[14] 전선에서 활기차게 전투할 준비를 갖추기 위해서 휴식을 취한다. 우리는 화빙을 포위하고 6번 국도를 차단하는 데 총병력의 1/3만 사용한다."

구호는 다음과 같았다.

'여러 곳에서 소규모 전투를 수행하고, 파업을 선동하고, 적을 혼란, 소멸시킨다.

14 현재는 이 지역의 6번 국도가 13번 고속화도로(AH 13)로 바뀌었다. (역자 주)

적이 화빙에서 철수하기 전에 아군의 재편성이 완료되면, 아군은 진지를 공격하고 증원군을 소멸할 것이다. 만일 적이 철수하면, 우리는 적 후미 소멸에 역점을 둔다."

당 총군사위원회의 결정에 따라, 참모부는 철수하는 적에 대한 전투 계획을 입안했다.

– 제308여단(-102연대)은 제312여단 209연대를 배속받고, 화빙시-아오짜익 구간의 책임구역을 담당해 도로상에서 철수하는 적을 소멸한다.

– 제312여단(-209연대)은 제308여단 102연대를 배속받고, 페오에서 아오짜익 구간의 책임구역을 담당해 프엉럼(Phương Lâm)-페오 구간에서 적을 소멸할 준비를 한다. 여단은 페오-아오짜익 구간에서 적을 공격하기 위해 제308여단과 협조하고, 동바이 지역에서 제304여단과 협조한다.

– 제304여단은 아오짜익-수언마이의 책임구역을 담당해 적 소규모 부대를 소진, 소멸시킨다. 1개 연대는 처차이, 수언마이, 마이링(Mai Lĩnh)지역에서 작전 준비를 한다.[15]

총참모부는 각 부대를 불러 임무를 부여했다.

4

66연대를 제외한 제304여단은 6번 국도상에서 소규모 진지를 공격하고, 증원군을 소멸시키며, 병참선을 차단하는 임무가 부여되었다. 동 여단은 유럽-아프리카 7개 중대를 소멸시키고, 기갑차량 및 야포를 파괴해 프랑스군의 육상 수송로를 마비시켰다.

1952년 1월 10일, 전역사령부는 적이 초대형 기동단과 공정부대를 수언마이에 집중시키고 있다는 보고를 받았다. 1월 11일, 적은 아오짜익으로 이동했는데,

15 화빙은 하노이 서쪽 약 60km에 위치하므로, 화빙시 외곽에 제308여단을 312, 304 여단을 하노이쪽에 중첩하여 배비한 것으로 이해하면 된다. (역자 주)

이동이 매우 느렸다. 프랑스군은 6번 국도 양옆의 고지군을 점령하고 베트민에게 은신처를 제공할 수 있는 잡목과 갈대를 제거했다. 프랑스군은 이동을 멈출 때마다 전투를 회피하고 은신처를 찾은 후, 베트민 부대에 대한 항공기 폭격과 포병 사격을 요청했다. 3일 후, 공정대대들이 종대 선두에서 행군해 아오짜익에 도착했다. 적은 이 지역에 13개 포대를 설치하여 '새로운 화빙시'로 만들었다. 아오짜익-화빙시 간 적의 이동은 제304여단에 의해 추적되고 있었다. 베트민군과 적은 거의 모든 고지에서 전투를 벌였다. 공정대대들이 심각한 타격을 입었으므로, 적들은 아오짜익으로 철수해 제1기동단과 임무를 교환했다. 적은 보병 간 직접적인 전투를 회피하고 폭탄과 포탄으로 베트민을 6번 국도에서 멀리 몰아내기 위해 노력했다. 1월 31일, 일련의 전투 끝에 적이 화빙시 가까이 도달했다. 그들이 40km를 통과하는 데 21일 밤낮이 걸렸다.

화빙에서 적의 동정을 살피던 정찰대는 어떤 적의 기미도 발견하지 못했다. 우리는 그들이 화빙에서 철수할 경우에 대비해, 이 지역에 남은 유일한 수송로 유지를 목적으로 6번 국도를 청소했다고 생각했다. 전역사령부는 제308여단 정보처에 신문을 위해 포로를 획득하라고 지시했다. 음력 설 이후, 페오 초소에서 근무하던 프랑스 병사 1명이 포로가 되어 후송되었다. 은십자 목걸이를 한 젊은 병사는 화빙에 있는 프랑스 병사들이 겪는 어려움, 즉 그들이 어떻게 지하 참호에서 지내는가에 대해 장황하게 설명했다. 포로의 계급은 일병에 불과해서 프랑스 최고사령부 의도에 대한 질문에는 거의 도움이 되지 않았다. 그는 드 라뜨르의 사망 이후, 특히 최근 들어 프랑스 장교들이 슬퍼 보인다고 진술했다. 그들은 항상 삼각주에서 겪은 실패에 대한 이야기나, 만일 화빙에서 철수하지 않았다면 격멸의 위기에 노출되었을 것이라는 이야기를 하고 있었다.

드 라뜨르는 인도차이나 방면의 승리에 대한 꿈을 안고 세상을 떠났지만, 같은 시간에 NATO(북대서양 조약기구)는 프랑스에게 유럽 방위를 위해 12개 사단 규모의 전력 파견을 요구하고 있었다. 인도차이나 전쟁은 매일 10억 프랑에 달하는 프랑스 예산을 먹어치웠다. 프랑스 정부와 의회에서는 연일 논쟁이 계속되었다. 프랑스 정치인들은 여전히 인도차이나 침공을 개시한 고급 장교들의 영향을 받고 있었다. 일부는 조제프 갈리에니[16]의 말처럼 '똥낑을 통제하는 자가 인도차이나 전체를 통치한다'는 견해에 동조했다. 일부는 루이 우베르 리요테[17]의 신념, 즉 '인도차이나 방면의 유용한 지역'은 남베트남이므로, 남쪽으로 철수해야 한다는 견해에 동조했다. 프랑스 지도자들은 인도차이나 전쟁을 국제화하려는 경향을 보였다.

그러나 프랑스인들은 아직 전쟁을 국제화할 기회가 도래하지 않았으며, 적어도 '베트남군'[18]이 창설될 때까지 기다려야 한다고 생각했다. 그들은 한국전쟁 정전 협상을 통해 중국과 접촉하고, 중국이 '베트남 독립' 보장을 약속하도록 설득하기를 희망했다. 한편, 프랑스 의회에서 143석을 보유한 프랑스 공산당은 호치민 정부와 협상을 통해 인도차이나 전쟁을 종식시킬 것을 요구했다. 프랑스 정부뿐만 아니라 대부분의 의원들도 인도차이나에서 군사적 해결책은 불가능함을 깨달았다. 그럼에도 프랑스인들은 베트민과 협상하지 않으려 했고, 오히려 바람직한 해결책을 찾을 때까지 미국에 의지해 전쟁을 계속해야 한다고 여겼다.

에드가 포레[19]정부는 드 라뜨르의 후임으로 고띠에와 쌀랑을 임명했다.[20] 그러나 포레 정부는 오래가지 못했다.[21]

드 라뜨르의 사망 직후, 쌀랑은 은밀히 화빙 방면의 철수를 준비했다. 1952년 1월 11일부터 13일까지, 베트민을 6번 국도 방면에서 멀리 쫓아버리기 위해 '무지개' 작전이 실시되었는데, 이는 철수의 첫 단계였다. 쌀랑은 길르[22]의 지휘를 받는

16 Joseph Gallieni (1849~1916) 프랑스의 군인. 1차 세계대전 당시 파리 군사총독으로 1차 마른전투에서 활약했다. 1915년에는 육군장관까지 진급했으나 병환으로 이듬해 은퇴 후 사망했다. 1892~1896년간 프랑스령 인도차이나에서 식민지군으로 복무한 경력이 있다.

17 Louis Hubert Lyautey (1854~1934) 프랑스의 군인, 정치가. 인도차이나, 마다가스카르, 모로코 등 식민지에서 복무했고, 1917년에는 3개월간 프랑스 전쟁부 장관으로도 재임했다. 식민지 군무 전문가로 널리 알려졌으며 '식민지에서 군대의 역할' 등의 저서를 저술했다. 인도차이나에서는 인도차이나 총독부 군무부장까지 진급했다.

18 프랑스의 지원을 받는 베트남 정부의 군을 뜻한다. (역자 주)

19 Edgar Fauré (1908~1988) 프랑스의 정치인. 프랑스 최연소 변호사 출신으로, 2차대전 중 레지스탕스 활동에 참가했으며 도중에 알제리로 건너가 자유프랑스의 입법담당자가 되었다. 이후 두 차례 프랑스 총리직을 역임하며 전후 프랑스의 대표적 정치가 중 한 명으로 부상했다.

20 드 라뜨르는 프랑스령 인도차이나 고등판무관 및 극동 프랑스원정군(CEFEO) 총사령관을 겸임했으며, 드 라뜨르 사후 두 직책이 분리되어 군 사령관은 라울 쌀랑, 고등판무관은 본문에 언급된 조르쥬 고띠에(Georges Gautier, 1901~1987)가 대행했다. 이후 군 사령관은 쌀랑, 고등판무관은 장 레뚜르노(1907-1986)가 부임했다.

21 에드가 포레는 총리로 두 차례 재임했으나, 임기는 1952년 1월 20일~1952년 2월 28일, 1955년 2월 23일~1956년 1월 24일로 매우 짧았다.

22 Jean Gilles (1904~1961) 프랑스의 군인. 1938년까지 모로코에서 복무했으며, 2차 세계대전 당시 자유프랑스로 합류

이동로상에서 매복공격을 받은 프랑스군. 베트민이 주요 통로에 매복중이었으므로 철수과정은 극히 까다로웠다. (ECPAD)

홍강 삼각주의 모든 잔여 기동예비를 이 작전에 투입해야만 했다. 이 부대에는 드 까스뜨리[23] 휘하의 제1기동단과 많은 공정대대들이 포함되었다.

쌀랑의 화빙 철수는 1952년 2월 5일, 레뚜르노에게 승인을 받았다.

철수 계획은 매우 신중하게, 그리고 철저히 보안을 유지한 채로 준비되었다.

해 1944년 엘바섬 점령과 프랑스 남동부, 독일 서부 전선에 참가했다. 1945년 식민지 보병연대 지휘관으로 인도차이나에 착임했으며, 1947년 독일 주둔 기갑연대로 파견되었으나 1951년 인도차이나로 복귀해 공수부대 통합지휘관이 되었다. (본문에 언급된 '길르의 지휘를 받는 기동예비'는 대부분 식민지보병이나 공수부대였다) 이후 알제리에 파견되고 1956년 수에즈 위기 당시 공수부대를 지휘하는 등 프랑스군 내에서 공수부대 전문지휘관으로 인정받았다.

23 Christian de Castries (1902~1991) 프랑스의 군인. 2차 세계대전 당시 포로가 되어 독일군의 수용소에 들어갔으나 탈출, 이후 자유프랑스군에 합류해 제3모로코여단장으로 북아프리카, 이탈리아, 프랑스 남부에서 활약했다. 1946년 인도차이나로 파견되었다 부상을 당했고, 귀국 후 이듬해 재파견되어 주로 평정작전을 지휘했다. 군사사에서는 디엔비엔푸 전투 당시 프랑스군의 지휘관으로 유명하다.

화빙시와 6번 국도는 우리 3개 여단의 포위 속에 있었다. 북베트남 사령관인 드리나레 외에 길르 대령과 듀꾸르노 중령[24]도 계획을 수행하도록 명령을 받았다. 듀꾸르노는 화빙 공격 이후 완전히 의기소침해진 끌레망 대령의 후임으로 지명된 인물이었는데, 부임지의 비행장이 무용지물이 되어버리는 바람에 낙하산을 메고 뛰어내려 부임해야 했다.

'무지개'작전이라 명명된 철수 계획은 길르와 듀꾸르노가 입안했다. 무지개 작전은 화빙-수언마이 구간을 무지개의 다섯 색에 대응하는[25] 5구간으로 나누고, 각 구획별로 단계를 구분해 진행되었다. 백색은 화빙 방면 철수의 첫 단계였고, 적색은 벤응옥-솜페오(Xóm Pheo)구간, 청색은 동비엔-아오짜익 구간, 황색은 데오껨(Đèo Kẽm)- 모톤(Mộ Thôn)구간, 마지막 구간인 녹색은 모톤-수언마이 구간을 의미했다.

프랑스 참모부와 계획을 이행해야 하는 사람들은 '무지개' 작전을 위한 모든 준비가 상대의 눈에 공세로 보일 수 있도록, 진지에 병력을 증원하기 위한 활동 등으로 위장했다. 길르는 6번 국도의 방어선과 화빙시 간의 통신을 보장하기 위해, 제1기동단에게 2월 14~20일 간, 솜페오-벤응옥 간 6번 국도 동부산맥에 대해 소탕작전을 수행하고 점령을 시도하도록 명령했다. 2월 17일 밤, 제312여단 141연대가 프랑스인들이 최근 점령한 고지를 공격했으나 성공하지 못했다. 길르에게 있어 가장 큰 문제는 여전히 제36연대에게 포위된 화빙시 내의 5개 대대를 옮길 방법이었다. 이 부대는 다강의 반대편 강둑에서 6번 국도로 이동시켜야 했다. 길르는 최근 점령한 벤응옥 인근의 고지들이 도하를 진행하는 동안 방호를 제공할 수 있다고 판단했다.

1952년 2월 22일 05:00시에, 프랑스군 5개 대대가 다강을 조용히 도하했다. 그러나 기습 공격을 우려한 길르는 전 포병부대에게 베트민의 추정위치로 무차별 사격을 가하라고 명령했다.

---

24 Paul Ducournau (1910~1985) 프랑스의 군인. 2차 세계대전 당시 패전 후 수감되었으나 1942년 스페인으로 탈출 후 자유프랑스군에 합류했다. 카사블랑카를 시작으로 다양한 전투에 참가했으며, 1951년 북부 공수부대 지휘관으로 인도차이나에 합류했다.

25 한국에서는 무지개를 7색으로 표기하지만, 프랑스에서는 5색(백, 적, 청, 황, 녹)으로 표시한다. (역자 주)

나는 자정 즈음 적 포격 소리로 잠에서 깼다. 오직 적이 공격을 받을 때만 들을 수 있는 소리였다. 나는 적이 철수를 시작했다고 판단했다. 아마도 포가 베트민의 수중에 들어가지 않도록 모든 예비 탄약을 다 쏘아버리려는 것이 분명했다. 나는 참모부에 모든 부대가 상황을 예의주시하고 적이 철수를 시작하자마자 타격 준비를 갖출 것을 지시했다.

화빙시 북쪽에 있던 제36연대는 명령을 수령했으나, 시간이 한밤중이었고 적의 사격으로 인해 진출이 곤란해서 새벽이 되어서야 도착했다. 그동안 적의 본대는 이미 강을 도하해버렸다. 단지 제2공정대대 일부와 제13외인부대 준여단 3대대 일부만이 항공기와 포병의 신중한 지원 하에 도하를 진행중이었다. 제36연대가 공격을 감행했다. 벤응옥에 숨겨두었던 베트민 포병은 프랑스군이 철수 중인 강 양안을 표적으로 일제사격을 개시했다. 모터보트 한 척이 포탄을 맞고 침몰했고, 차량 몇 대가 파괴되었다. 그러나 포탄이 소요만큼 충분하지 못했다. 연막탄과 고폭탄이 섞여 연막차장이 형성되었고, 그 연막 덕분에 마지막 프랑스 병사들이 도하에 성공했다.

오후가 되자 제209연대가 제1외인부대 기동단이 철수를 시작한 솜페오 진지를 공격했다. 아군 병사들은 프랑스군 후미와 격렬한 전투를 벌였다. 6번 국도상에서 철수부대를 기다리는 차량을 향해 달려가는 프랑스군을 보호하기 위해 적기들이 베트민 군을 향해 폭탄을 투하하고 기총 소사를 가했다. 아군 대공포 부대가 12.7mm 기관총으로 적기 베어캣 1대를 격추했다.

먼 곳에서 출발하는 바람에 도착하기 전에 이동로 상에서 적기와 포병의 공격에 노출되었던 제304여단의 9, 57연대가 예상보다 일찍 6번 국도에 도착했다. 2월 24일 03:00시에 제9연대는 데오껨에서 적 후미를 따라잡고 즉각 사격을 가했다. 후속하던 적 차량들은 멈추지 않을 수 없었다. 새벽이 되자 적기 12대가 수언마이로 철수하는 마지막 차량들에게 길을 열어주기 위해 베트민 군을 향해 폭탄과 기총을 쏟아냈다.

쌀랑의 화빙 철수를 까르빵띠에의 까오방 철수와 비교한다면 전자는 성공적이라고 말할 수 있을 것이다. 아군 병사들은 단지 적 6개 중대를 소멸시키고, 차량

20대를 파괴하고, 수백 톤의 탄약을 노획하는 데 그쳤다. 우리는 더 큰 성과를 기대했었다. 프랑스는 이번 철수를 위해서 30,000발의 포탄을 사용했다.

이는 1951~1952년 동춘 작전 중 프랑스 원정군이 거둔 유일한 '큰 승리'였다.

5

1951~1952 동춘 전역은 이전의 모든 전역을 통틀어 가장 넓은 지역에서, 가장 긴 기간에 걸쳐 진행되고, 가장 많은 적을 소멸시켰으며, 가장 넓은 지역을 해방시킨 전역이었다. 전역은 3개월 이상 진행되었으며 2개의 전선, 즉 주전선인 화빙과 보조전선인 내륙지방 및 홍강 삼각주의 적 후방지역에서 동시에 실시된 복합적인 작전이었다. 작전 기간 중에 이 두 전선은 유기적으로 연계되었고 상호 승리를 이끌어 냈다. 만약 어느 한 전선에서 승리를 거두지 못했다면 다른 전선 역시 실패할 수밖에 없었다. 적은 사망 14,030명, 포로 7,219명을 포함해 20,000명이 넘는 인명 손실을 입었다. 우리는 주민 200만 명 이상이 거주하는 6,000㎢ 지역을 해방시켰다. 적 항공기 13대, 소형함정 13척, 야포 20문, 기관차 및 화차 20량, 그리고 각종 차량 291대가 파괴되었다. 베트민은 두 전선에서 사망 2,692명을 포함해 11,913명의 손실을 입었다.

베트민은 화빙전선에서 6,000여 명의 적군을 소멸시키고, 788정의 각종 총기, 8대의 무전기, 24문의 대포를 노획하고, 20,000여 명의 주민이 살고 있는 1,000㎢ 지역을 해방시켰다. 보조 전선에서 소멸시킨 적의 규모와 해방시킨 지역의 면적은 주전선보다 크고 넓었다. 역사가인 버나드 폴[26]은 다음과 같이 기술했다.

> "화빙 전역에서 프랑스가 입은 병력과 무기의 손실은 국경 전역이나 이후 발생한 디엔비엔푸 전역의 피해와 비교해도 결코 작지 않았다."

26 Bernard Fall (1926~1967) 오스트리아 태생의 프랑스계 미국인 전쟁특파원, 역사가, 정치학자. 특히 인도차이나의 전문가로 이름이 높았다. 2차 세계대전 당시 16세의 나이로 레지스탕스 활동을 시작했으며, 전후 미국으로 이주했고, 저널리스트이자 전쟁사학자로 1953년부터 베트남을 취재했다. 이후 베트남과 라오스, 캄보디아 취재와 연구로 명성을 떨쳤다. 베트남 전쟁 당시 다시 베트남으로 향해 종군기자로 일했으나, 지뢰를 밟고 사망했다.

적은 새로운 병력과 무기, 그간 점령지역들에서 얻던 것들을 잃었지만, 이제는 절망적으로 변해가는 상황을 바꿀 능력이 더는 남아있지 않았다. 승리에 대한 프랑스의 희망은 화빙 전역으로 인해 시들어갔다. 프랑스 당국은 인도차이나 전쟁의 경과로 점점 더 의기소침해졌다. 드 라뜨르가 그토록 원했던 '전쟁의 베트남화'의 한계는 홍강 삼각주에서 드러났다. 농민들을 기만하는 것도 쉽지 않았고, 억압도 한계가 있었다. 쌀랑은 자신의 회고록에서 스스로 고백했다.

"매일, 매 순간마다 해결할 수 없는 더 많은 문제들이 생겨났다. 홍강 삼각주를 안정화하려는 노력이 허사가 되었다."

1951~1952 동춘 전역은 항불전쟁 기간 중 인민전쟁의 술(術, art)을 과시한 대표적 사례다. 3개 군(정규군, 지방군 및 민병대/게릴라)이 광활한 전장에서 장기간 전투를 치르며 상호 간에 양호한 협조 능력을 보유했음을 보여주었다. 이는 적의 전략을 무력화시키는 다양한 전투방법으로 구현되었다. 화빙 전역은 인민전쟁에 대한 우리의 믿음과 베트민이 주전장에서 승리할 수 있음을 확고히 해주었다. 역사가인 장 라꾸뛰르[27]와 필립 드비에르[28]는 다음과 같이 언급했다.

"드 라뜨르는 힘겹게, 값비싼 대가를 치르며 전투를 계속했다. 그러나 전투 이후로 프랑스는 주도권을 완전히 상실하고 수세로 돌아섰다."

나는 화빙시와 6번 국도에서 벌어졌던 전투 중 아군이 공략하지 못한 동비엔-돈페오(Đồn Pheo)지역을 답사했다. 내 앞에는 산악과 밀림지역에서 운용되는 프랑스군의 새로운 방어체계가 있었다. 이전까지 본 전술기지와는 그 형태가 완전

27 Jean Lacouture (1921~2015) 프랑스의 언론인, 역사가. 작가. 1951년 르몽드에 입사한 이후 카이로 특파원으로 일했으며, 이후 탈식민주의 취재 분야에서 활약했다. 1969년 이후에는 파리 IEP에서 교수로도 재직했다. 전기작가로서 호치민, 나세르, 드골, 피에르 망데 프랑스, 미테랑, 몽테스키외, 스탕달, J.F.케네디 등의 전기를 저술했다.

28 Philippe de Villiers (1920~2016) 프랑스의 언론인. 역사가. 1945년 르몽드의 인도차이나 특파원이 되어 르끌레르 사령관을 취재하며 본격적인 활동에 나섰고, 이후 극동문제와 인도차이나 전쟁 취재 및 연구에서 많은 성과를 달성했다. 베트남에서 신문 '파리-사이공'을 창간해 현지의 소식을 실었다.

히 달랐다. 아군 병사들이 이 새로운 전술기지를 공략할 때마다 프랑스인들은 사방에서 사격을 실시하고, 때로는 동시에 화력을 집중시킬 수도 있었다. 돈페오 전투는 바로 이 새로운 전술기지 구조로 인해 실패했다.

드 라뜨르와 아군 민군 간의 결정적인 대결은 내륙지방에서 시작해 화빙 전역에서 끝이 났다. 드 라뜨르는 오래 전부터 이 투쟁이 어렵고 긴 시간이 소요될 것임을 명확히 이해하고 있었으며, 동시에 전쟁을 끝까지 이끌 의지를 지닌 인도차이나의 프랑스군 고급 장교들 가운데 가장 확고한 신념을 갖춘 인물이기도 했다. 1951년 8월에 한국에서 정전협정이 시작되었을 때[29], 드 라뜨르는 프랑스 대통령 벵상 오리올에게 말했었다.

"만일 지금 평화 교섭 회의를 준비하도록 명령하신다면, 제가 즉각 사임토록 허락해 주실 것을 요청합니다."

드 라뜨르는 인도차이나 총독부에 있는 동안 상황을 뒤집고, 까오방 참패 이후 대규모 전투를 유발하는 베트민의 약점을 노출시켜 원정군의 사기를 진작시키는데 성공했다. 그는 프랑스가 이 전쟁에서 패하지 않았으며, 자신이 승자가 되기를 원하고 있음을 분명히 보여주었다. 그러나 '독립'괴뢰 행정부 설립이나 미국의 지원을 받아 괴뢰군을 건설하려는 드 라뜨르의 정책은 한때 현명한 시도로 여겨졌으나 결국에는 원정군이 영원히 인도차이나를 떠나게 했다. 이것이 드 라뜨르의 비극이었다. 베트민이 해결하지 못한 가장 큰 문제는 홍강 삼각주에 드 라뜨르가 남긴 벙커 방어선이 아니었다. 드 라뜨르는 베트남에 새로운 식민주의로 가는 길을 열어, 베트남에 장기간의 위험을 가져왔다.

프랑스는 드 라뜨르가 그의 실패를 깨닫기 전에 일찍 떠났다고 논평했다. 그는 제2차 세계대전 기간 중에는 매우 뛰어난 장군이었다. 그는 종전 이후에 자신의 실수를 고백해야만 했던 드골과 같은 상황을 겪지 않았다.

29 원문의 표현을 그대로 옮겼다. 정확히는 1951년 7월 8일부터 개성에서 휴전회담이 시작되었다.

당시 우리는 화빙 전역이 장차 시작될 디엔비엔푸 전역의 준비단계임을 인지하지 못했다.

11. 떠이박을 향한 새로운 여정

1

1952년 2월, 에드가 포레 수상은 프랑스가 인도차이나 전쟁의 중책과 유럽 방위에 대한 기여를 동시에 감당할 수 없다고 선언했다. 2월 말, 에드가 포레가 사임하고 안또안 삐나이[01]가 후임 수상이 되었다. 안또안은 그간 전적으로 미국에 의존하여 수행하던 전쟁을 계속하기 위해 예산을 증액하고 동맹국들의 기여를 최대한 이끌어 내서 인도차이나에 대한 전임 수상의 중책을 준수하기로 결심했다고 역설했다.

1952년 4월 1일, 안또안은 연방국장관 레뚜르노에게 인도차이나 고등판무관직을 겸임하도록 지시했다. 그리고 쌀랑을 인도차이나 프랑스 원정군 총사령관으로 공식 지명했다. 그러나 5월에 프랑스 국방위원회는 원정군의 병력을 15,000명 감축하기로 결정했다. 그 결과, 프랑스의 인도차이나 방면 보병 전력은 189,170명에서 174,170명으로 감축되었다. 이제 쌀랑은 본국이 아닌 식민지군을 통해서만 전력을 강화할 수 있었다. 1952년 2월 말 이후 르뚜르노와 바오다이는 150,000명의 괴뢰군을 1953년 말까지 400,000명으로 증원하는 계획을 추진해 왔지만, 프랑스 최고사령부는 괴뢰군의 규모를 신뢰하지 않았다.

01 Antoine Pinay (1891~1994) 프랑스의 정치가. 1차 세계대전에 참전해 오른팔에 장애를 얻었다. 2차 세계대전 중에는 비시 정권의 전국 평의원으로 선출되어 전후 일시 선거권을 박탈당했으나, 복귀 후 보수파들을 결집해 정당을 결성했고, 자신은 공공운수장관으로 입각했다. 1952년 3월 프랑스 수상이 되어 새로운 내각을 구성했고, 우파지향의 정책으로 전후 프랑스 정치권에서 가장 강경한 성향의 인물이라는 평을 받았다.

1951년 3월, 호위항공모함 싯코베이로 사이공에 수송된 그루먼 F8F 베어캣 전투기. 미국은 2차대전 말 생산한 전쟁물자들을 프랑스에 대량으로 공여했다. (ECPAD)

미국은 1952년 1월까지 항공기 178대, 각종 함정 170척, 다수의 전투차량, 탄약 및 통신장비를 포함해 120,000t의 전쟁 물자를 인도차이나에 보급했다. 그들은 인도차이나 전쟁의 전체 전비 가운데 40%를 담당했는데 이는 860억 프랑 상당의 예비 물자를 포함하면 총 1,460억 프랑에 달하는 규모였다. 그러나 미국인들은 인도차이나 방면에서 프랑스를 지원하는 데 그리 열성적이지 않았다. 미국이 한국전쟁에 참전중인 것이 주된 이유 중 하나였다. 미국은 중국 본토를 상실한 상태에서 인도차이나를 아시아에 대한 영향력 행사의 첨단으로 삼으려는 의도가 있었다.

베트민은 국경 전역을 시작으로 다섯 차례 대규모 작전과 직접 교전을 통해 적의 상황과 자신의 능력을 명확히 파악하는 등, 중요한 교훈을 도출해 냈다.

이전까지 베트민들은 프랑스군의 강점이 현대식 무기와 장비이며, 약점은 침략군이자 용병으로서 침체된 사기라고 여겼다. 그러나 이제 베트민들도 직업군인이 얼마나 강한 존재인지 인식하게 되었다. 프랑스 지휘관들 역시 장기간에 걸쳐 경험을 축적했고, 군사학교에서 주특기교육으로 단련된 인재였다. 프랑스군의 부대는 무기 특성에 따라 전문화되었으며, 병사들은 전투에 투입되기 전에 적절한 훈련을 받았다. 현대식 무기에 맞춰 전투대형을 갖추는 방법은 대규모 전투에서 위력을 발휘했다. 적은 상황을 파악하기 위해 모든 요소를 활용하는 방법과 베트민 활동에 관한 지식을 획득하기 위해 노력하는 방법을 잘 알고 있었다. 프랑스군은 특히 방어 체계를 구축하는 데 있어 탁월했다. 적은 동케에서 3개 중대에도 미치지 못하는 병력으로 아군 주력 2개 연대를 맞아 52시간을 버텼다. 페오[02] 초소는 프랑스 군사 전문가들에 의해 화빙 전역 전술기지 방어의 훌륭한 표본으로 인정받았다. 프랑스군은 까오방과 화빙에서 동일한 산악, 밀림 환경 하에 철수를 실시했지만, 결코 같은 철수방식을 재활용하지 않았다. 중국 고문관들은 프랑스군이 포병을 우수하게 훈련했으며, 제병협동작전에 능수능란하다고 빈번히 언급했다. 최근에는 베트민들도 국경 전역에서 사기가 저하된 프랑스군을 자주 목격하게 되었지만, 전술기지에 배치된 프랑스 병사들의 전투의지는 여전히 간과할 수 없었다. 일부 진지의 경우 탄약을 전부 소모하기 전까지는 항복하지 않았다.

적이 고성능 무기와 현대식 군대의 기동성을 최대한으로 발휘할 수 있는 삼각주 방면에서 대규모 전투를 수행할 때, 베트민은 대부분 보병위주로 구성된 혁명군의 약점을 명확하게 직시할 수 있었다. 베트민은 질적인 열세를 양적인 방법으로 극복할 방안을 찾아내지 못했다. 그리고 베트민의 양적 발전도 한계가 있었다. 1952년 당시 베트민의 총 병력은 244,800명이었는데, 1년에 8,970명 이상을

02 화빙 작전 참조 (역자 주)

증원할 수 없었다. 최고사령부의 주력군은 6개 여단이었지만, 이 가운데 제325여단만이 유일하게 신무기로 장비된 1개 연대를 보유했다. 전쟁을 수행하며 경제적으로 독립해야 하는 상황에서는 그 이상으로 많은 병력을 보유할 수 없었다. 동맹국들이 제공하는 무기로 무장한 최고사령부의 주력 여단들을 제외한 다른 부대들은 적에게 탈취하거나 자체제작한 무기를 사용해야 했다. 소련이 유럽에서 냉전을 벌이고 중국이 한국전쟁에 참전한 상황에서는 동맹국들의 지원도 제한적일 수밖에 없었다. 반면, 미제 무기를 장비한 괴뢰군의 증가로 적의 전력은 404,000명에 달했다. 1950년에 피아간 전투력 비율이 1:1 이었다면, 1952년에는 1.65:1로 적이 우세했다.

그러나 우리는 적이 화빙에서 철수한 이후 북베트남의 해방지역을 목표로 새로운 대규모 공세를 취할 능력이 없다고 판단했다. 우리는 북베트남 전장에서 주도권을 확보해야 했다. 삼각주와 내륙지방은 다음 건기[03] 동안 대규모 작전을 전개하기에 적절한 지역이 아니었다. 이 시점에서, 당 총군사위원회는 게릴라전 강화를 지원하고 게릴라지역 및 기지를 강화하며, 적을 소멸시키고, 적의 평정작전에 대응하기 위해 제320, 316여단을 적 후방지역에 조금 더 주둔시키기로 결정했다. 1952~1953 추동(秋冬)기간에 우리는 주력군의 주노력 방향을 산악과 밀림지역으로 설정했다.

당 총군사위원회는 1952년 3월 이래로 떠이박에서 적이 통제중인 산악 및 밀림 지역에 한해 대규모 작전을 전개하기로 결정했다. 떠이박은 라오스 혁명과 저항의 사활이 걸린 전략적 요충지였으므로 적은 이 지역을 떠날 수 없었다. 만일 적이 기동예비를 삼각주에서 떠이박으로 전환한다면 베트민은 직접 선택한 지역에서 적의 일부를 소멸시킬 기회를 포착할 수 있을 듯했다. 당 총군사위원회의 이른 결정은 요원들이 전장에 대해 오랫동안 준비할 수 있는 여건을 마련해 주었다. 우리는 5개월 반 동안 북서 전역을 준비할 수 있었다.

1952년 4월 22일, 당중앙위원회는 제3차 전체회의를 소집했다. 회의에서 우리

03 베트남의 건기는 통상 11월에서 다음 해 4월까지 계속되지만 북부 지방은 예외적인 경우가 종종 있다. (역자 주)

는 사회주의 국가들이 제공하는 광대한 후방을 얻어서 우리 저항이 그 어느때보다 확고한 지위를 확보했다고 평했다. 그러나 작금의 국제적 여건 하에서 우리는 여전히 적보다 약했으므로, 아직 결정적인 승리를 쟁취할 가능성이 없었다. 우리의 저항은 여전히 '장기지향적' 이자 '스스로 하는 저항'이었다. 전투 수행 측면에서도 거국적인 견지로는 여전히 '주전투는 게릴라전, 보조전투는 기동전[04]'이라는 명제를 따라야 했다. 정규군은 적 후방지역에서 융통성 있는 부대 운용, 즉 전역을 열기 위한 집중과 타 활동을 위한 소산을 통해 게릴라전을 지원하는 것이 주임무였다. 우리는 지휘의 통일, 과업 수행방식의 변경, 지방군의 질적 향상, 민병대 및 게릴라의 조직과 보급 문제의 해결 등을 통해 적 후방지역에서 수행하는 투쟁을 강화해야 했다.

1951년 10월 제2차 당중앙위원회에서 명기한 적 평정작전에 대응하기 위한 게릴라전 발전시키려면 괴뢰군에 대한 선전전에도 박차를 가해야 했다. 전국의 모든 전장에서 모든 병사와 인민들은 적을 소멸시키고, '전쟁을 지속하기 위해 전쟁을 하고, 베트남인과 베트남인이 싸우게 하는' 적의 책략을 분쇄하도록 노력해야만 했다.

당 중앙위원회는 총공세로 전환하기 위해 다음과 같은 계획을 시행하기로 했다. 먼저 아군의 계급의식과 국가의식을 고취시키기 위해 당과 군의 개혁운동을 전개하고, 아군의 기술적, 전술적 수준 향상을 목적으로 후속조치를 진행하게 되었다. 베트민은 진정한 인민혁명군으로서 인민을 위해 적 정예부대와 싸우는 존재가 되어야 했다. 군과 당의 개혁이 핵심 과업이 되었다. 이 과정을 완료하면 새로운 난관을 극복하고 총체적 승리를 신속히 이루는 데 도움이 될 것이라고 판단했다.

중국 고문관들은 화빙 전투를 우리의 생각처럼 높이 평가하지 않았지만, 떠이박 작전 전개를 통해 공격 방향을 산악과 밀림지역으로 전환하려는 우리 계획에는 전적으로 동의했다.

---

04 정규전을 뜻한다. (역자 주)

우리는 현재와 가까운 미래에 아군과 적군의 차이를 인식하고, 새로운 방법과 새로운 전략 방향으로 작전을 개시해야 함을 이해했다. 프랑스는 더이상 홀로 전쟁을 수행할 수 없었고, 미국에 의존해야 했다. 미국은 인도차이나에서 프랑스의 위치를 대신하기 위해 무기 지원 과정에서 괴뢰군의 지휘권을 확보하는 방향으로 목표를 전환하고 있었다. 바오다이는 점점 더 심각한 폭군이 되어갔다. 쩐반흐우를 대신해 괴뢰정부의 수반이 된 응웬반떰[05]은 확고한 반공주의자였다. 미국은 침략자들을 상대하는 인도차이나 전쟁의 구도를 '자유세계'를 수호하는 반공전쟁의 영역으로 끌어들이기 위해, 괴뢰 행정부와 군을 동남아시아의 새로운 반공 주체로 만드는 데 최선을 다하고 있었다. 그렇다면 우리가 장기저항의 기조를 유지하면서 미국이 직접 인도차이나 문제에 개입하기 전에 프랑스를 상대로 한 전쟁을 종결할 수 있을까? 이 문제는 미국이 중국 본토에서 축출된 이래 베트남 공산당과 호 아저씨의 주요 관심사였다.

2

프랑스 최고사령부는 화빙 전역의 실패 이후, '전쟁의 베트남화'라는 드 라뜨르의 전략을 이행하기 위해, 임시 피점령지역을 안정화를 목표로 평정작전을 재개했다. 1952년 여름-가을 동안 프랑스군은 북부에서 21회, 중부에서 46회, 그리고 남부에서 28회의 평정작전을 감행했다. 특히 북부에서는 게릴라지역과 기지가 아직 복구되지 않은 지역은 물론 1951년 동계 기간 중 확장된 지역까지, 삼각주 지역에 대한 통제를 회복하기 위해 전력을 다했다.

8~12개 보병대대, 3~7개 포병대대, 기갑 부대 및 수상 충격부대와 항공기를 동원해 대규모 평정작전이 시행되었다. 각각의 평정작전은 일대의 베트민을 소멸시키거나 적어도 드 라뜨르 라인 밖으로 축출하고, 군이 통치체계를 재구축하기 위한 '이동 행정가'의 역할을 수행할 여건을 조성하도록 3~4주간에 걸쳐 진행되

05 Nguyễn Văn Tâm (1893~1990) 베트남의 정치인. 응웬왕조 말기 왕조의 관료로, 이후 괴뢰정권 휘하에서 총리가 되었다. 1955년 프랑스로 망명-정착했고, 파리에서 사망했다.

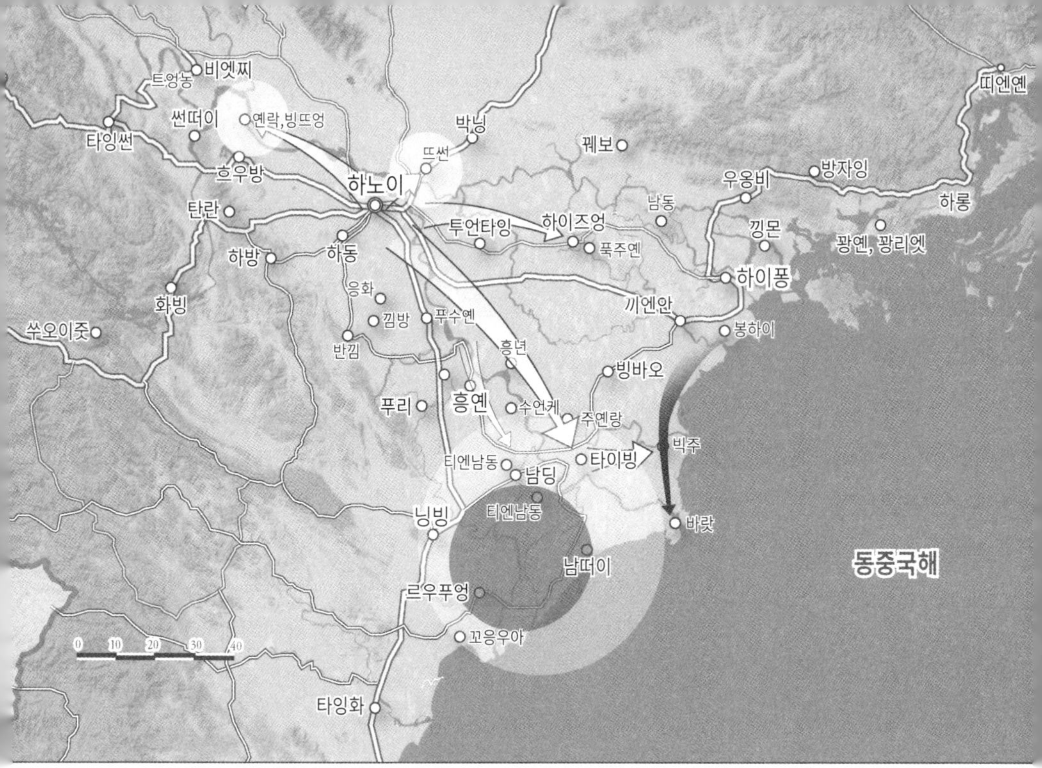

하남, 빙찌티엔 방면의 베트민 공세와 프랑스군의 대응

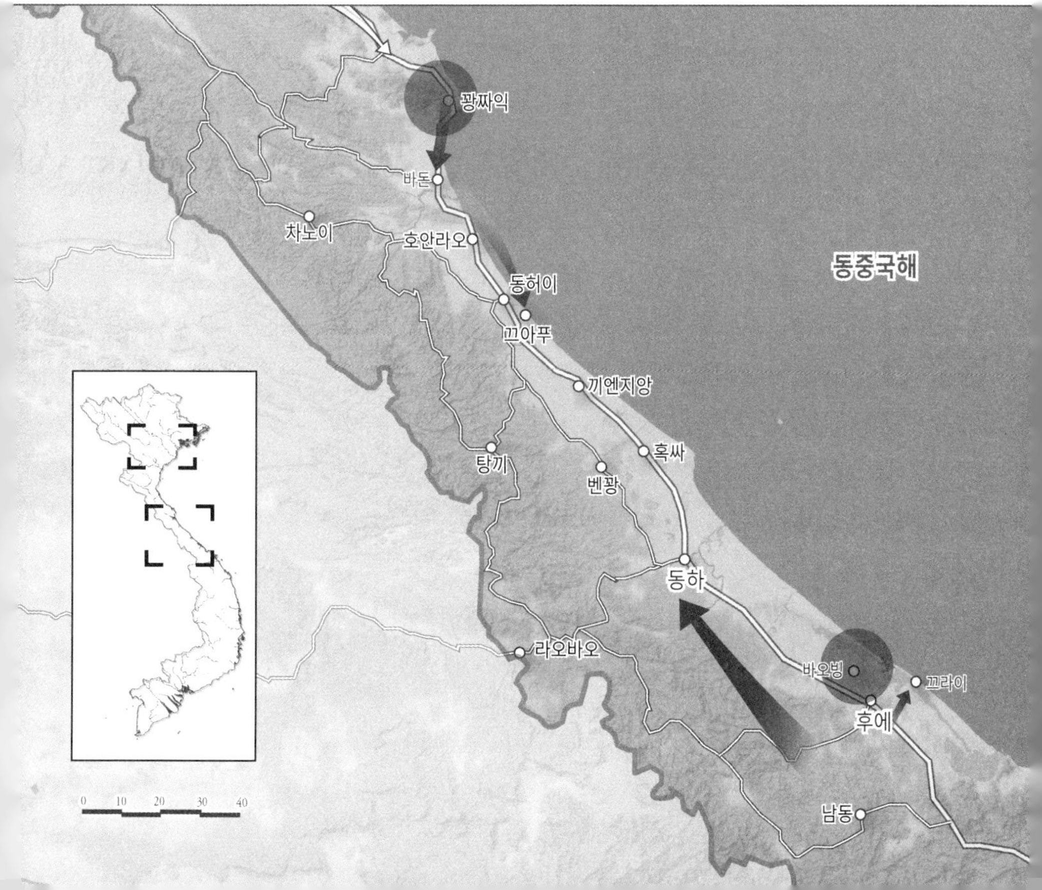

었다. 적 후방지역에 있는 베트민 주력부대들은 몇 년에 걸쳐 프랑스의 안정화 작전 수행을 방해해 왔다. 적 후방지역의 전선은 전장이 되어갔고, 격렬한 전투가 이어졌다.

새로운 장비를 지급받은 제325여단은 1952년 3월부터 6월까지 빙찌티엔의 협소한 지구대에서 적 후방지역을 향한 공격을 시작했다. 제325여단장 쩐꿔하이는 남동(Nam Đồng)과 74번 도로상에서 적 전술기지 및 증원부대를 목표로 최초 공격을 개시했다.

제95연대는 1952년 3월 3일 밤, 반낌(Vạn Kim), 남떠이(Nam Tây), 티엔남동(Thiền Nam Đồng)[06]의 주 초소를 포위공격해 꽝찌 부근 지역과 지오링(Gio Linh) 지역을 위협했다. 3월 13일이 되자 적은 어쩔 수 없이 항공 지원과 동하의 2개 대대를 남동 쪽으로 투입해 포위를 해제해줄 것을 요청했다. 프랑스의 항공기가 폭격을 가하고 보병들이 도로 양쪽을 수색하면서 조심스럽게 전진했다. 적은 정오까지 티엔남동 4km 지점에 도달했다. 프랑스인들은 베트민이 감히 주간에는 교전을 시도하지 않을 것이라는 판단 하에 긴장을 늦췄고, 바로 그때 전투가 개시되었다. 아군 DKZ[07]가 장갑차 두 대와 보병으로 가득한 차량을 불태웠다. 지방군 15대대가 적의 퇴로를 차단했다. 제95연대는 다수의 제대를 편성하고 동시공격으로 적을 강제로 분산시켰다. 적 지휘관이 전사했다. 4시간의 전투 끝에 베트민은 적 770명을 소멸시키고, 수백 정의 총기류와 다량의 탄약을 노획했다. 제95연대는 야간에 남동 초소를 쓸어버렸다. 프랑스 신문들은 이 전투에 관한 기사로 도배되었다.

제101연대는 야간에 트아티엔 북쪽의 썬뚱(Sơn Tùng)진지를 파괴했다. 3월 14일 오전, 트아티엔에서 썬뚱으로 와서 주둔할 예정이었던 적 1개 대대는 제101연대의 매복에 걸려들어 수백 구의 시신을 남겼다.

06 남동, 반낌, 남떠이, 티엔남동 등은 빙찌티엔(베트남 중부지방)의 현, 소도시의 이름이다. (역자 주)

07 Dai-bac Khong Ziat, 무반동총을 의미한다. 베트남 전쟁에서 사용한 소비에트제 B-10 82mm 무반동총을 지칭하는 경우가 많으나, 1차 인도차이나 전쟁 동안은 B-10이 도입되지 않았으므로 당시 베트민의 DKZ는 중국을 경유해 입수한 바주카나 체코제 Pancé ovka 27, 혹은.소비에트 연방에서 유학하며 현대적 무기체계공학을 배운 Lê Văn Chiểu가 베트민군 기술연구부에서 복제한 SKZ 60 로켓 등을 의미했다.

3월 15일, 제18연대는 꽝빙에서 적이 안전하다고 여기던 반록(Vạn Lộc)-호안라오(Hoàn Lão)구간에서 적 1개 대대를 공격해 250여 명을 소멸시켰다.

1952년 3월, 빙찌티엔 전 지역의 지방군, 민병대 및 게릴라는 동시에 공격을 감행했고, 적 점령체계는 분할되었다. 1번 국도를 경유하는 적의 병참선이 심각한 위협을 받았다. 트아티엔 북쪽에서는 제101연대가 후에 주변의 10개 초소로 구성된 전술기지를 붕괴시켜, 후에요새로 가는 관문인 바오빙(Bao Vinh)게릴라 기지를 확장시켰다.

쌀랑은 북부 중앙이 황폐화되기 전에 북부에 주둔중인 3개 기동대를 지원할 필요가 있었는데, 듀꾸르노 대령이 지휘하는 2개 낙하산부대가 그 중심이었다. 그러나 그들이 북쪽으로 복귀하기 전까지, 3개 대대는 상황을 호전시키기 위한 어떤 조치도 할 수 없었다.

1952년 5월, 제325여단은 꽝빙에서 새로운 공세를 펼쳤다. 5월 18일 밤, 제95연대는 꽝짜익(Quảng Trạch)현에 있는 쎈방(Sen Bàng)진지를 격파했다. 5월 30일, 동 연대는 끄아푸(Cửa Phù), 항보(Hang Bò), 바돈(Ba Đồn)진지들을 공격했다. 제18연대는 미화(Mỹ Hòa)진지를 공격했다. 지방군은 끄라이(Cự Lai), 투언아잉(Thuận Anh), 꼬짜이(Cổ Trai), 쟈비엔의 초소들을 포위 공격했다. 북꽝빙에는 포탄과 실탄 일제사격 소리가 메아리쳤다. 적은 구원을 요청하는 전문을 쉴 새 없이 타전했다. 프랑스 지휘관들은 어느 방향으로 먼저 증원군을 보내야 할지를 알 수 없었다. 끄아푸, 항보 및 미화 진지가 사라졌다. 끄라이, 투언아잉, 꼬짜이, 지아비엥의 초소들도 하나씩 격파되었다.

바돈[08] 지역에서 격렬한 전투가 진행되었다. 1번 국도에 인접한 바돈시는 다양한 방어체계를 구비하고 유럽-아프리카군과 괴뢰군이 방어중인, 지아잉(Gianh)강 북쪽 방어선의 가장 중요한 진지였다. 제95연대는 외곽에 있던 초소들을 소탕한 후 시 중심부에 있던 주 초소들을 신속하게 공격했다. 적은 75mm 포와 박격포를 쏘며 단호하게 저항했고, 아군은 심대한 손실을 입었다. 새벽이 되자 제325여

08 후에 북방 200km에 위치한 소도시(역자 주)

단 사령부는 제95연대에 초소를 포위하고 적 증원군과 교전하기 위해 조직을 강화하도록 새로운 임무를 부여했다.

적 증원군은 2개 제대로 구분되었다. 1개 제대는 항공기와 기갑차량의 지원 하에 1번 국도를 따라 동허이(Đồng Hới)에서 바돈으로 오고 있었고, 다른 하나는 5척의 모터보트를 이용해 지아잉강을 따라 시 방향으로 오고 있었다. 두 제대는 제18, 95연대에 의해 돈좌되었다. 2척의 모터보트가 침몰하고 다수의 기갑차량이 불탔다. 수백 명의 적이 소멸되었다. 적 생존병력은 동호이로 되돌아 달아났다. 그날 저녁, 제95연대는 바돈시의 주 초소를 파괴했다.

1952년 여름, 제325여단과 빙찌티엔 지방군은 괄목할 만한 진전을 이룩했고, 전쟁 첫날부터 시작된 빙찌티엔의 암흑기는 사실상 종언을 고했다.

빙찌띠엔과 적 후방지역 전선에서 실시한 활동은 북부의 후방지역에서 베트민 주력부대를 소멸시키려는 프랑스의 공격에 대항하기 위한 필수적 협력이었다.

홍강 삼각주에 베트민 주력부대가 주둔하면서 하노이 일대에 끊임없는 압력을 가했고, 이는 적의 기동예비를 고착시키고 북배트남 전장에서 주도권을 유지하는데 일조했다. 적은 홍강 삼각주 일대를 안정화하지 못하는 한, 결코 수세에서 벗어날 수 없었다. 전쟁의 상황을 반전시키려는 어떤 술책도 통하지 않았다.

베트민은 화빙 전역 직후부터 적의 대규모 평정작전에 대비해 왔다. 총참모부는 적 후방지역에서 장기간 작전을 수행하며 전투력이 소진된 대대들을 안정화된 해방지역으로 보내 휴식을 부여하고, 동시에 다른 부대들을 보내 임무를 대신하게 했다. 제304여단 57연대는 남딩의 적 후방지역으로 들어가 타이빙 지역에 주둔 중인 제320여단을 증원했으며, 제3연합구역의 흐우응안에 주둔 중인 주력부대인 제46연대는 남딩에서 하남으로 이동시켜 일대에 주둔 중이던 제320여단 64연대를 증원했고, 제316여단 98, 176연대는 빙옌과 푹옌의 적 후방지역으로 빈번히 침투했다. 총참모부는 상황을 완전히 장악하고 적의 평정작전에 적시에 대응하기 위해, 제316, 320 여단과 직접 첩보망을 연결하여 적 후방지역에서 부대 간 소통 속도를 증가시켰다.

삼각주에 있던 우리 주력부대들도 적의 평정작전에 대항해 전투를 준비했다.

제320여단 당위원회는 1952년 3월 초부터 적 기동계획을 예견해 프랑스 측이 평정작전을 수행할 지역과 동원할 부대를 파악해 대응계획을 완성했다. 타이빙과 하남이 주목표가 되었다. 적은 각각의 평정작전에서 베트민에 비해 5~10배 많은 병력을 집중하고 항공력, 포병, 차량 및 함정 면에서 우위를 보일 것으로 전망되었다. 당위원회는 대대를 주 전투 제대로 삼아 외곽선 안팎에서 격렬한 전투를 수행하며 이동 중인 적을 공격하고, 보급에 지대한 관심을 기울이고, 전투를 위해 인민에 의지하며, 인민을 방호하는 전투를 수행하면서 많은 지역으로 부대들을 소산시키기로 결정했다. 적 후방지역 주민들은 적의 평정작전에 대항해 본 경험이 있었다. 타이빙 주민들은 도로를 파괴하고, 운하를 망가뜨리는 등 엄청난 작업을 통해 10번 국도와 39번 국도 등 두 개의 간선 도로를 무용지물로 만들었다. 마을과 촌락의 주민들은 지역 방어를 강화하고, 벼를 숨기고, 부상자들을 돌보기 위한 기지를 마련했다. 많은 지역의 주민들이 집의 지붕과 벽을 허물고, 기둥과 서까래를 연못에 던져 넣었으며, 심지어 군이 취사용으로 준비한 마른 풀까지 제거해 적의 방화에 대응했다.

1952년 3월 초, 적은 각각 3개 대대를 동원해 박닝성의 뜨썬(Từ Sơn)과 빙푹성의 옌락(Yên Lạc), 빙뜨엉(Vĩnh Tường) 등 2개소에 대해 소규모 평정작전을 시행했으나 아군 병사들의 저항에 막혀 다수의 사상자를 내고 후퇴해야 했다.

3월 중순 이후, 쌀랑은 제320여단을 목표로 중대한 작전을 개시했다.

3월 10일, '양서류' 작전이 개시되었다. 베르수[09] 장군은 다수의 항공기 지원을 받는 보병, 포병 및 기갑으로 구성된 15개 대대를 지휘했다. 이 부대들의 목적은 제64연대가 작전 중인 하남성의 리년과 빙룩에 있는 게릴라 기지 공격이었다. 총참모부는 적의 의도를 전파하고 적 침투에 대비해 작전 수행 지침을 제64연대에 하달했다. 연대장 레응옥히엔[10]은 지방군과 협동해 부대를 전개하고 적의 공격을 기다렸다. 적 포병은 사방으로 전진중인 프랑스 기동부대에 화력지원을 제공하

---

09 원문에서는 벡수(Beksou)로 표기했으나 Henry de Berchoux의 오기로 보인다.

10 Lê Ngọc Hiền (1928~2006) 베트남의 군인, 정치가. 1944년부터 혁명에 동참했고, 1947년 이후 대대-연대급 지휘관으로 활약했다. 베트남 전쟁에 참전하며 중장까지 진급했고, 캄보디아 지원군 사령관직도 역임했다.

1952년 3월, 양서류 작전(opération Amphibie)에 투입된 프랑스 제1기동단 소속 M29 수륙양용 차량. 하천과 습지, 논이 많은 베트남에서 수륙양용차량은 중요한 기동수단이었다. (Cdo François)

기 위해 게릴라 기지를 일제히 사격했다. 민병대, 게릴라 및 지방군은 작은 촌락에 의지해 적의 전진을 막아 내기 위해 격렬하게 싸웠다. 적 제1, 4, 7기동단은 일대를 포위하려 했으나 서로 연결되지 못했다. 적은 마을을 둘러싸고 있는 대나무 울타리 전방에서 아군의 기습사격, 지뢰, 죽창함정 등에 막혀 멈췄다. 총소리가 사방에서 들려왔다. 적은 우리 주력의 위치를 파악하지 못했고, 논 한가운데에서 오도 가도 못 하는 신세가 되어 저격병의 표적이 되었다. 그들은 하루에 고작 4~5km를 전진하는 데 그쳤다. 제64연대는 막루(Mạc Lũ), 막트엉(Mạc Thượng), 따오냐(Tảo Nha), 트엉농(Thượng Nông), 반토(Vạn Thọ)에서 3월 10~14일에 걸쳐 대규모 전투를 벌였다. 지방군 1개 대대는 꼬응우아(Cổ Ngựa), 뜨타잉(Tứ Thanh), 띠엔코안(Tiên Khoán)에서 싸웠다. 지방군, 민병대, 게릴라 부대가 62번도로 상의 옌케(Yên Khê)에서 적을 고착시키면서 전투를 벌였다. 수천 명의 주민들이 도로와 교량을 파괴해 1, 21, 62, 63번 도로상의 병참선을 무력화시키고, 홍강에 있는 제방을 파괴했다.

10일 후, 리년과 빙룩에 대한 프랑스의 평정작전은 500명의 사상자를 내고 종결되었다. 적은 따오냐 및 수언케(Xuân Khê)진지에서 철수해야 했고, 베트민 게릴라 기지는 온전하게 보존되었다. 오히려 우리는 리년현 소재 년빙(Nhân Bình)의 게릴라지역을 확보해 기지를 확장했다.

3월 27일, 드 리나레는 타이빙에서 '수성'작전을 개시했다. 이번에는 이전 작전에 비해 보다 많은 병력을 동원했는데, 여기에는 제1, 2, 3, 4, 7기동단(총 20개 보병대대 규모), 2개 차량화대대, 야포 60문, 차량 500대, 함정 6척, 모터보트 40척 및 4개 공정대대가 포함되었다. 그들의 목적은 제320여단 2개 연대, 연대 지휘부 및 타이빙 당위원회가 위치한 타이닝, 끼엔스엉, 띠엔하이와 부띠엔현 일부를 포위하는 것이었다. 이 지역은 면적이 700㎢에 달했고, 북으로는 디엠디엔(Diêm Điền)강에, 남으로는 타이빙강에, 동으로는 동해와 맞닿아 있었다. 쌀랑은 모든 부대를 집중하여 우리 주력 여단을 소멸시키고 베트남에서 가장 큰 전과를 올리기를 원했다.

최고사령부는 제320여단에게 사전에 대응할 수 있도록 적의 작전 규모와 공격방향에 대해 정보를 제공해주었다. 제320여단은 적 후방지역에서 작전한 경험이 있었지만, 이번에 실시될 평정작전은 전례없이 큰 규모였으므로 나는 여전히 걱정스러웠다. 참모부는 일일, 시간 단위로 상황을 추적하는 임무를 부여받았다. 당 총군사위원회는 따응안(左岸) 당서기 도므어이[11], 구역사령관 응웬카이, 반띠엔중에게 전문을 보내, 제320여단이 포위망 밖으로 탈출할 경로를 모색하고, 타이빙과 흥옌 북쪽으로 전진하는 것을 지원하도록 했다.

3월 27일, 적 5개 기동단 움직였다. 이 가운데 제1, 4기동단은 타이빙시[12] 서쪽에서, 제3, 7기동단은 북쪽에서, 제2기동단은 남쪽에서 각각 평정작전 지역을 향해 전진했다. 전차와 상륙정을 보유한 이 부대들은 항공기와 포병의 지원을 받았다. 프랑스군은 반달 모양의 대형을 유지하며 세 방향에서 전진해 프랑스 해군이

---

11 Đỗ Mười (1917~2018) 베트남의 정치인. 1936년 인도차이나 민주전선에 합류했고, 8월 혁명 당시 지역 활동가들을 이끌었다. 남딩의 지구위원, 당위원회 차관, 저항위원회 부회장, 따응안 당서기 등 지역의 요직을 역임했다. 전후 산업차관을 시작으로 부총리, 공산당 중앙위원회 비서직 등을 거쳐 1997년 정계에서 은퇴했다.

12 하노이 남동쪽 100여km, 남딩시 동쪽 20여km 지점에 위치한 도시(역자 주)

통제중인 바다를 향해 베트민군을 몰아갔다.

제320여단 8연대 1개 대대는 민병대, 게릴라와 협력해 제1, 7기동단의 전진을 지연시켰다. 본대는 2개 제대로 분할했다. 타이닝(Thái Ninh)의 제52연대는 포위망을 벗어나기 위해 해안 도로를 따라 타이빙 북쪽으로 이동했고, 끼엔스엉의 제48연대 잔여 병력은 여단 사령부와 함께 포위망 외곽의 적을 상대로 전투를 조직하기 위해 띠엔-주엔-흥 기지와 합류하려는 의도로 홍강을 건넜다.

3월 28일, 적은 제320여단 사령부를 파괴하기 위해 항공기와 포병을 동원했다. 헬캣과 B-26[13] 편대들이 끼엔스엉현 르우프엉(Lưu Phương)마을을 고폭탄과 네이팜탄으로 폭격했다. 여단 사령부 주변에는 폭격으로 인해 32개의 큰 크레이터가 생겼고, 흙더미가 여단사령부 지하 땅굴 입구를 거의 막아버렸다. 여단사령부는 마을 외곽에 있는 작은 산으로 옮겨야 했다. 적이 여단 사령부를 어느 정도 탐지했던 것이 분명했다. 나는 '중'(반띠엔중)에게 긴급 타전했다.

"친애하는 흥(Hùng)[14]! 외곽 전투 협조를 위해 타잉지앙(Thanh Giang)[15]과 협의해 남딩으로 가는 포위망을 통과 바람. 반(Văn)[16]"

총참모부는 즉각 남딩에 있는 제57연대에게 좌안에 있는 제320여단과 협조하기 위해 활동을 확장하도록 지침을 부여했다. 나는 '중'과 지휘부가 홍강을 건너 타이빙성의 흥년으로 복귀해 전투를 지휘하기 시작했다는 보고를 받고서야 안심이 되었다. 동시에 적의 전단이 하남과 타이빙에 항공기로 살포되었다. 전단에는 '제320여단 사라지다… 보응웬지압 패전하다.'라고 적혀 있었다.

적의 작전은 극히 강력한 부대들로 실시되었지만, 베트민을 따라잡는 데 한 번 이상 실패했다. 적의 부대나 대형 화물차는 우리 인민들의 이목을 피해 이동할 수

13 Douglas A-26 Invader 미국의 쌍발 공격기/경폭격기. 2차 세계대전과 한국전쟁에서 활약했다. 전후 경폭격기로 재구분되어 B-26으로 개칭되었으므로 대전 중 생산된 Martin B-26 경폭격기와 종종 혼동된다.

14 반띠엔중의 암호명

15 제304여단의 암호명

16 보응웬지압의 암호명

공습에 투입된 B26 폭격기와 호위전투기 편대. 프랑스 공군은 인도차이나 전쟁에 110대에 달하는 A-26 경폭격기를 투입했다. (Armée de l'air)

없었다. 그리고 적 항공기의 선회지역을 보면 감시지역도 파악할 수 있었다. 고맙게도 무거운 대포와 기계화 차량들은 삼각주 지역에서 보급 가능한 경로가 극히 제한되었고, 적 포병, 전차, 항공기는 풀이 무성한 미개간지나 녹색 대나무 울타리를 두른 초가집의 표적을 제대로 발견할 수 없었다. 베트민이 적의 우세한 전투력을 지속적으로 상대할 수는 없었지만, 정규군과 게릴라의 협조된 작전으로 적의 포위 조성을 지연시켜서 상황이 불리해지면 포위망을 이탈할 충분한 시간을 확보했다. 게다가 적이 대규모라 해도 포위망이 매우 넓어서 경무장 소부대들은 야간에 은밀한 탈출이 가능했다. 언젠가는 적이 하남에서 논 한가운데 있는 작은 마을을 포위하고 포위망을 조인 적이 있다. 그러나 마을에서 총소리가 전혀 들리지 않아서 확인해 보니 정규군은 물론 민병대와 게릴라까지 모두 사라진 뒤였다. 우리 병사들은 벼가 무성한 논을 기어서 적이 사격을 가하기 전에 마을을 탈출했던 것이다.

반띠엔중은 제2기동단을 후방에서 공격하기 위해 좌안에서 우안으로 홍강을 도하할 지점으로 바랏(Ba Lạt)입구를 선정했다. 그곳에는 다수의 함정과 모터보트가 항해 중이었고, 적은 베트민이 강폭이 가장 넓은 곳을 도하지점으로 선정하리라고는 생각하지 못했다. 3월 29일 오전 2시 30분, 함정들이 닻을 내리고 모터보트가 운행을 중지한 시간, 아군의 대형 목선 두 척이 조용히 진수되었다. 이 목선들은 바다로 떠내려가지 않도록 박자에 맞춰 노를 저어서 지휘부를 북안에서 남안으로 안전하게 이송했다.

3월 29일, 프랑스 제1, 2, 4기동단의 모든 작전은 라까오와 찡포(Trình Phố)의 교차점으로 향했는데, 이는 포위작전의 실패를 입증하는 것이나 다름없었다. 적의 포위망을 뚫고 나오려는 부대들이 직면한 가장 큰 문제는 군을 따라가려는 수천 명의 주민들이었다. 그 주민들 중에는 적에게 징집되지 않으려는 젊은이들도 포함되어 있었다.

짜리강을 도하한 후, 띠엔하이에서 북쪽으로 이동하던 아군 2개 대대는 베트민군을 분기점 방향으로 몰기 위해 타이닝 방면에서 접근 중이던 제3기동단과 우연히 조우했다. 3월 28일, 아군 병사들과 지방군은 타이닝현의 턴더우(Thần Đầu)와 턴후옹(Thần Huống)에서 적을 멈춰세웠다. 지역에서 철수한 사람들은 해안으로 향했다.

3월 28일 밤, 아군 부대들은 제3기동단의 측면을 타며 지엠호(Diêm Hộ)강을 건너고 해변을 따라 북쪽으로 진군해서 포위망을 벗어난 후, 적의 후방을 공격하려는 기존의 계획을 속행하기로 결정했다. 만여 명의 주민들이 들것에 부상병들을 싣고 뒤따르는 가운데 진행된 작전은 야간에, 극히 느리게 진행되었다. 새벽이 되어서야 선두부대가 겨우 빅주(Bích Du)촌[17]에 도달했는데, 종대가 길어서 후미는 아직도 봉하이(Vọng Hải)촌[18]에 있었다. 연대장은 그곳에 정지한 후 해안 마을에 의지해 주민들을 보호하기 위한 전투준비를 명령했다. 베트민은 매우 위험한 상황에 빠졌다. 그들의 후방에 있는 바다는 적의 군함에게 노출되어 있고, 적은 필요하다면 언제든 모터보트로 상륙을 감행할 수 있었다. 그들 앞에 있는 39

17 하이퐁 남서쪽 30km에 위치한 마을 (역자 주)

18 하이퐁 남서쪽 외곽의 마을 (역자 주)

번 국도도 적 기동부대가 전개하고 공격하기 유리한 지형이었다.

3월 29일 오후, 제3기동단장은 많은 베트민이 해안에 있음을 감지했다. 그는 빅주와 봉하이를 공격하기 위해 즉각 부대를 둘로 나눴다. 다음 날, 적은 최소한 2,000명의 베트민이 있다고 여기던 빅주에 모든 노력을 집중했다. 하지만 빅주의 베트민은 2개 중대, 1개 혼합연대와 제8연대 지휘부뿐이었다. 9대의 B26 폭격기가 수백 발의 폭탄을 투하하고 전투기들도 경쟁적으로 네이팜탄을 투하했으며, 포병은 보병 공격에 길을 터주기 위해 포탄을 쏟아부었다. 한 면이 300m도 채 되지 않는 작은 촌락인 빅주의 모든 가옥과 나무가 파괴되고, 피해를 입지 않은 작물은 하나도 없었다. 그러나 4차에 걸친 적 공격은 격퇴되고, 적은 많은 시체만을 남겼다. 그들은 밤이 되기 전까지 마을에 진입하는 데 실패했다. 프랑스인들은 여전히 모든 베트민 군이 자신들의 포위망 안에 있을 것이라고 믿었다. 그러나 그들이 촌락에 들어갔을 때는 이미 아무도 없었다. 해가 지고 간조시간이 되자 모랫길이 뭍 위로 드러나 지엠호강을 건너려는 수천 명의 주민과 그 뒤에 늘어선 모든 베트민 대대들이 사용하기에 충분한 완벽한 통로가 되었다. 같은 날 밤, 봉하이에 있던 대대도 적이 다소 방심한 틈을 타서 제7기동단 측면을 따라 포위망을 벗어나 동꽌(Đông Quan)방면 북서쪽으로 길을 잡았다.

1952년 4월 1일, 제32여단의 모든 대대들이 띠엔하이 평정지역을 탈출해 적의 후방을 공격하기 시작했다. 4월 14일 오전, 적 순찰 특공중대가 적이 포위한 끼엔스엉에서 탈출한 띠엔옌 대대의 매복공격에 걸려들었다. 간단한 전투로 특공중대가 소멸되었다. 4월 24일 오전에는 타이빙에서 띠엔하이로 8대의 화물차를 이동시키던 적 1개 공병소대를 격멸했다. 루옥강과 짜리강에서 모터보트 3척과 수십 명의 적이 수장되었다. 아군의 옌닝(Yên Ninh)대대는 주옌랑(Duyên Lãng)과 푹주옌(Phúc Duyên)진지를 일거에 격파하고 흥년(Hưng Nhân)현에 있던 100명의 적을 격멸했다. 동시에, 적 후방지역인 남딩에 있던 제57연대는 응옥리에우(Ngọc Liễu)에서 제4기동단 3개 대대를 성공적으로 상대했고, 응옥지아(Ngọc Giá)에서 적 3개 대대의 공격을 막아냈다. 제98연대는 박닝성의 락토(Lạc Thổ)진지를 공격했고, 투언타잉(Thuận Thành)의 중요한 잔존 진지인 랑호(Làng Hồ)진지를 파괴해 적에게

1952년 8월, 공수낙하중인 프랑스군 제3기동단 (Musée des parachutistes)

박닝으로 기동단을 파견하도록 강요했다.

대규모 평정작전 '수성'이 18일 만에 종료되었다. 이 기간 중에 제320여단, 지방군과 타이빙 성의 게릴라 및 민병대는 거의 200회의 크고 작은 전투를 치렀고, 1,750명의 적을 전장에서 이탈시켰다.[19] 타이빙성에 있는 적 후방지역의 게릴라전은 약화되지 않았고, 제320여단은 따응안(좌안)에 대해 여전히 영향력을 행사했다.

5월~6월에는 프랑스가 '단봉낙타'와 '캥거루'로 명명한 두 작전을 매시간 추적했다. '단봉낙타'는 길르의 지휘 하에 4개 다중대대를 동원해 15일간 루옥강 북쪽에 주둔중인 베트민 제46연대를 공격하는 작전이었다. '캥거루'는 푸수옌(Phú Xuyên), 응화(Ứng Hòa), 낌방(Kim Bảng)지역에 있던 제42연대를 겨냥했다. 베트민

19 사망, 부상, 탈영, 실종, 포로 등의 이유로 전장에서 이탈하도록 하는 행위 (역자 주)

제42, 46연대는 과거에도 느리고 둔중한 프랑스군의 작전에 대항해 지방군, 민병대 및 게릴라와 협조 하에 수천 명의 적을 격퇴해 적의 의도를 완전히 분쇄한 경험이 있었다.

1952년 7월부터 적은 새로운 전술. 즉, 소규모 평정작전으로 방침을 전환했다. 2~3일간 2~3개 대대 규모, 혹은 1~2일간 1개 중대~1개 대대 규모의 전력만을 투입했다. 이런 작전은 우리 지방군, 민병대 및 게릴라를 겨냥했다.

적 전술의 변화는 대규모 작전이 많은 비용을 소모하는데 반해 효율이 낮음을, 그리고 기동단이 소진되었음을 증명했다. 화빙 전역 이후 적 병력들은 3주에 불과한 휴식과 정비기간을 거친 후, 여름 내내 지속적으로 장기작전에 참가해야만 했다.

홍강 삼각주 방면에서 실시된, 적 후방지역을 대상으로 한 평정작전은 매우 독특했다. 이곳의 베트민군은 항상 대대 단위로 흩어져 계속 이동했으므로, 적은 명확한 표적을 판별할 수 없다는 약점을 안고 있었다. 따라서 프랑스인들은 대규모 포위망을 형성한 다음, 차츰 포위망을 조이며 사전에 설정된 포위망 내에서 소탕작전을 실시하기 위해 상대적으로 넓은 작전지역을 선정해야 했다.

내륙지방과 홍강 삼각주의 상황은 화빙 전역 이후 완전히 뒤집혔다. 1948년에는 베트민 독립중대 전투원들에게 숙소를 제공하기 위해 주민들을 설득할 실무단과 무장전선 소대를 할당해야 했는데, 1951년에는 적이 내륙지방과 홍강 삼각주 전역의 시골마을에 방호체계를 갖춘 행정사무소를 설치했으므로 적 통제지역의 게릴라지역이나 기지는 극히 미미한 수준까지 축소되었다. 따라서 대규모 부대를 적 후방에 투입하는 것은 큰 모험이었다.

그러나 화빙 전역 이후로는 게릴라지역과 기지가 거대하게 확장되었다. 새로운 게릴라지역은 요새를 구축하고 적 후방지역에 정규군이 전개할 지역을 형성했다. 이전까지 내륙 지방과 삼각주에서 실시된 대규모 전투는 베트민에게 불리했으나, 이제는 대대 간의 신속한 전투라면 베트민이 선택한 전장에서 적에게 반격을 가할 수 있게 되었다. 베트민은 보다 잘 무장되고 훈련된 상태에서 소규모 기동전 전술을 재개했다. 이런 전술은 적이 표적을 쉽게 상실하게 했으며, 이로 인해 적이 보유한 현대적 무기의 기술적 능력도 제한되었다. 베트민 활동 지역에서 '소규모 전투부대'들이 발휘하는 고도의 기동성은 강력하게 조직된 기동단을 둔중하고 느리며, 승리와는 거리가 먼 존재로 전락시켰다.

그러나 가끔 적이 술책을 사용하는 데 운이 따르기도 했다.

적이 삼각주에서의 대규모 작전을 전개한 이후, 우리 총참모부는 내륙 지방에서 작전 중인 제316여단 예하 2개 연대를 매우 걱정했다. 제98, 316 등 2개 연대는 '집단'전투에는 베테랑이었지만 대규모 평정작전에 저항해본 경험은 없었다. 1952년 3월 중순, 당 총군사위원회는 재편성 및 추동 작전을 준비하도록 두 연대를 해방지역으로 철수시키기로 결정했다. 이런 지침은 화빙 전역 강평차 최고사령부 회의에 참석 중이던 제316여단 지휘부에 즉각 전달되었다. 제174연대는 제때 철수했다. 그러나 박닝의 적 후방지역에서 작전을 수행하며 락토 진지 공격을 준비중이던 제98연대와는 연락이 제대로 이뤄지지 않았다.

1952년 4월 14일, 베르수의 후임으로 북부지역 사령관이 된 꼬니 대장은 제98연대가 주둔해 있는 지역 인근인 39번 국도 차단을 강화하기 위해 '뽀르또'작전을 개시해 투언타잉을 점령했다. 제98연대는 두옹강을 남북으로 오가면서 적진지 후방의 유리한 지점을 찾고 있었다. 4월 18일, 꼬니는 '뽈로' 작전을 개시해 3개 기동단으로 꺼우두옹(Cầu Đuống)과 박닝을 잇는 지역에 대한 평정작전을 실시해 제98연대를 포위망 한가운데 가뒀다. 제98연대는 포문을 열기로 결심했다. 4월 18일 오후에 연대 병사들이 묵고 있던 박닝성 꿰보(Quế Võ)의 3개 마을에서 격렬한 전투가 벌어졌다. 다이비트엉(Đại Vi Thương)에서 우리 병사들은 제2기동단의 1개 대대를 소멸시켰다. 꼬니는 제98연대가 그 지역에 있음을 탐지하고 이 절호의 기회를 놓치지 않기로 결심했다. 꼬니는 베트민군을 소멸시키기 위해 즉각 제3단계 작전인 '알제리 저격병'에 제1, 2, 7기동단, 도합 3개 기동단을 지정했다. 4월 19일이 되자 제98연대는 완전히 포위되었고, 적이 마을 진입을 막기 위해 일전을 각오했다. 같은 날, 연대는 해방지역으로 탈출할 경로를 확보했으나, 경험 부족으로 인해 그만 모든 연대가 같은 탈출 경로를 택했다. 따라서 선두 부대는 포위망을 벗어나는 데 성공했으나 후속제대들은 적에게 발목이 잡혔고, 이 제대들은 포위망을 이탈하기 위해 일전을 불사하는 대신 마을로 돌아갔다. 4월 20일, 증원된 적이 항공기, 포병 및 전차의 지원을 받으며 3개 마을로 전진했다. 베트민 병사들은 심대한 손실에도 불구하고 적이 마을로 진입하지 못하도록 막았다. 4월 20일 밤, 연대는 포위망을 돌파 시도를 했지만 적의 포위망은 3km에 걸쳐 조밀하게 뻗어 있었다. 연대 정치지도원 레꽝언(Lê Quang Ấn)과 참모장 부이다이(Bùi Đại)가 전사했다. 일부 병사들이 야음을 틈타 뿔뿔이 흩어진 채로 해방지역으로 철수했다. 제98연대는 8일 밤낮에 걸친 전투 끝에 거의 1,000명의 적을 전투이탈시켰다. 이 전투는 600여 명의 베트민 간부 및 병사를 단일 평정작전에서 상실한 첫 전투이자, 피할 수 있었을 시행착오로 인해 치르게 된 값비싼 대가였다.

비록 베트민이 주노력 방향에 대규모의 작전을 전개하지 않았지만, 하계 전투는 북부의 적 후방지역에서 게릴라전을 유지할 수 있는 가능성을 열었다. 적은 게릴라전을 분쇄하기 위해 모든 기동 예비를 투입했다. 게릴라전은 그 규모가 크지 않았지만 우리 정규군과 함께 자체적인 영역을 확보했고 지속적으로 적에게 위협을 가해 적의 전진을 정지시켰다. 이는 주력 여단들이 주 전선에서 승리할 수 있도록 양호한 여건을 조성하는 최선의 방법이었다.

우리는 적 기동단들이 하계전투로 인해 소진되었기 때문에, 다가오는 건기에는 적이 대규모 공세를 취할 수 없을 것이라고 예상했다.

3

북서 지방은 옌바이, 라오까이, 썬라 및 라이쩌우 등 4개 성으로 구성되어 있으며, 총면적은 44,300㎢이고 주민은 약 440,000명에 달한다. 북서 지방은 산악과 밀림지역이다. 많은 산들이 해발 1,000m 이상이고, 황리엔썬(Hong Liên Sơn) 산맥의 정상, 특히 판시판(Fansipan)산은 높이가 3,142m에 달한다.[20] 북서 지방은 동으로는 비엣박 혁명기지, 남으로는 제3, 4연합구역과 연결된 화빙, 북으로는 중국

20 인도차이나 반도에서 가장 높은 산이다.

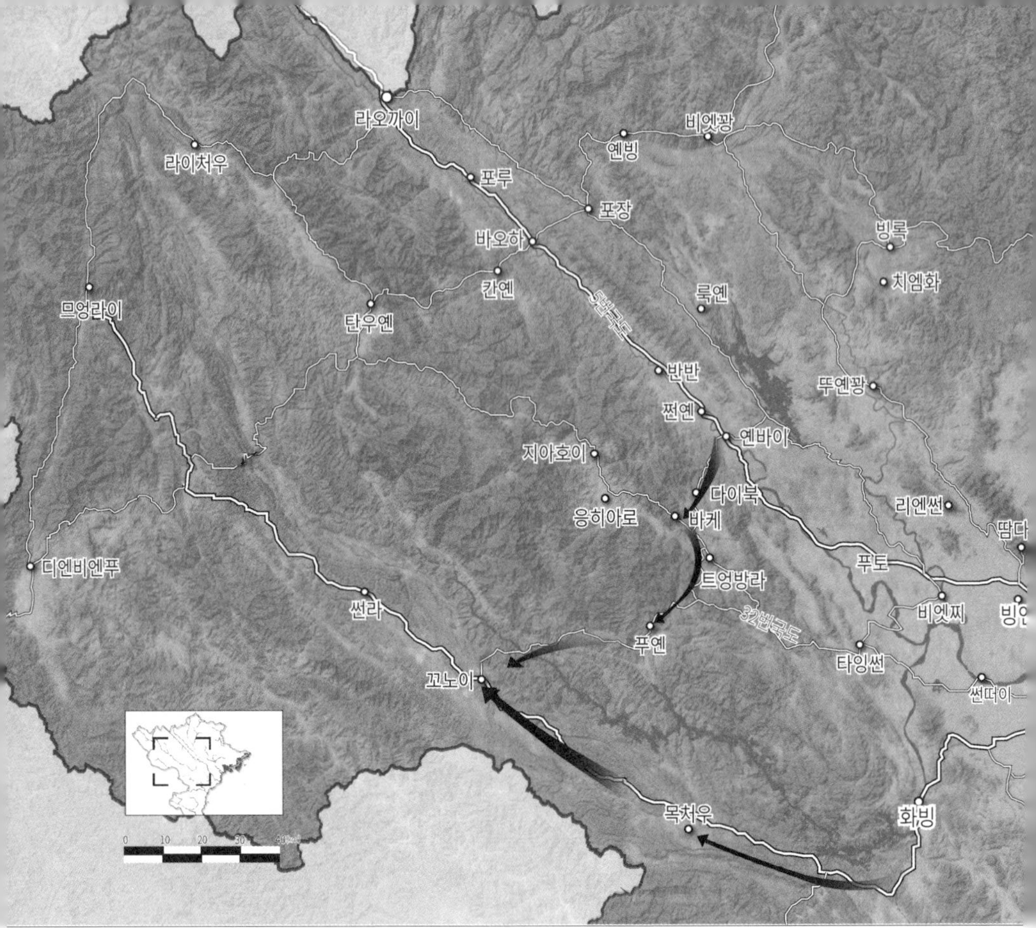

떠이박 방면의 접근 경로

윈남성, 서로는 북부 라오스와 각각 인접해 있으므로, 인도차이나 혁명에 있어 중요한 전략적 지역이었다.

전에 해방지역이었거나 새로이 해방지역이 된 옌바이성과 라오까이성 일부를 제외한 북서 지방 대부분은 여전히 프랑스 식민주의자들과 반동 지방행정기구의 지배하에 있었다. 베트민 정치기지는 매우 허약했다. 북서 지방은 타이족이 주류인 여러 개의 소수 민족이 거주하는 인구 희박지역이었다. 주민들은 극빈층이었고, 대부분의 주민들은 혁명에 대해 알 기회가 거의 없었다.

베트민에게는 전쟁 초기에 '서진'(西進)부대와 1948년 이래 북서 지방에 매우 깊숙이 침투한 선전대가 있었지만, 이 전장은 총참모부에게 익숙한 지역이 아니었다. 우리는 1952년 3월부터 충분한 준비 기간을 가지면서 우리의 취약점의 일부를 극복할 수 있었다. 최고사령부 정찰대들은 다음과 같이 보고했다.

'북서 지방으로 가는 접근로는 2개가 있음. 옌바이에서는 홍강을 건너면 13번 국도를 따라 바케, 푸옌에 도달하며, 다강을 건너면 썬라와 라이처우로 가는 6번 국도를 따라 꼬노이(Cò Nòi) 도달함. 아군이 화빙에서 출발한다면 6번 국도를 따라 목처우(Mộc Châu)에 도달하고, 그곳부터 41번 국도를 따라 계속 전진할 수 있음.'

이 도로들은 심각하게 훼손되어 있었다. 적의 각 초소 사이는 통과가 가능한 단거리 구간들이 남아있지만, 오래전에 파괴된, 우리 해방지역에 인접한 많은 구간은 사람 키를 넘는 나무와 덤불로 뒤덮여 있었다.

북서 지방에 있는 적군은 '북서 자치구' 내에 편성되었다. 휘하 부대는 총 8개 대대로, 5개 타이족 괴뢰대대와 3개 아프리카 기동대대로 구성되었다. 그밖에 점령군 역할을 하는 40개 괴뢰중대와 각종 포 11문을 보유하고 있었다. 북서자치구 지역은 응히아로, 쏭다(Sông Đà), 썬라 및 라이처우 등 4개 분구로 구분되었고, 뚜언자오(Tuần Giáo)[21]라는 소규모 구역도 있었다. 일대에는 총 400개의 전술기지가 있었는데, 대부분 소대 단위로 구축되었고 40개소만 중대규모 전술기지였다. 북서 지방 관문을 보호하는 방패로 인식되는 응히아로와 목처우에는 각각 1개 대대가 강력한 방어체계를 갖추고 주둔했다. 프랑스 식민주의 시절인 1940년 이래 북서 지방에 장교로 복무해 온 띠리옹 소령은 응히아로 분구 지휘관으로서 단언했다.

"베트민이 응히아로를 공격할 능력을 갖추려면 5년은 더 필요하다!"

북서자치구와 같은 방어선을 구비한 적의 입장에서는 베트민이 최근 몇 년 만에 방어선을 상대할 능력을 갖추리라고는 예상조차 하지 못했음이 분명하다. 적

21 디엔비엔푸 북동쪽 60km에 위치한 현(역자 주)

은 아직도 리트엉끼엣 작전 때처럼 삼각주에서 기동예비에 의한 신속한 증원을 기대하고 있었다.

가장 큰 난제는 장기전을 위한 보급 문제였다. 타이응웬이나 타잉화에서 전선까지 이어지는 보급로는 200~300km에 달했다. 전장까지 식량을 실어 나르는 일이 극히 어려운 문제가 될 것임을 예상할 수 있었다.

이 문제를 해결하는 방법은 자동차를 사용할 수 있도록 도로를 보수하는 것이었다. 우리는 전시근로자도 대규모로 동원해야 했다. 그러나 전시근로자의 규모를 증가시킬수록 식량도 더 많이 필요했다. 작전을 위한 물자는 약 9,000t의 식량, 120t의 무기 및 탄약, 5,000명의 부상자를 치료할 의약품 및 의료물자였다.

작전보안 유지 또한 필수적이었다. 적 방어는 전투개시 직전까지 방해받지 않은 상태로 유지되어야 했다. 우리는 준비상황을 숨기고, 프랑스 최고사령부를 어떻게 하면 갈팡질팡하게 만들 것인지 궁리해야 했다. 우리는 우선적으로 적진에서 가장 먼 곳부터 보수해 나갔다. 즉, 13번 국도의 추체(Chủ Chè)-옌바이-바케 구간, 6번 국도의 화빙-쑤오이줏(Suối Rút) 구간, 호이수언(Hồi Xuân)-쑤오이줏 구간을 먼저 보수해 나갔다. 저장고에 직접 가져오거나 홍강을 건너 운반해온 물건이 없었으므로, 군수부는 홍강 좌안에서 보급품을 수집해야 했다. 보급품 운반은 일단 작전이 개시되면 전투부대에 근접 후속하기로 했다.

우리는 다양한 전술을 구사했다. 박닝과 박지앙의 제238연대는 새로운 부대명을 부여받아 제316여단이 되었다. 빙옌과 푹옌의 제246연대는 제308여단으로 재탄생했다. 썬떠이와 푸토의 제91연대는 제312여단이 되었지만, 북서 지방 작전에 참가하는 주력 여단들의 통신기지는 적을 혼란시키기 위해 원래의 위치에서 과거의 암호명으로 연락을 주고받았다. 작전개시일이 되자, 총참모부는 돌연 암호명을 바꾸고 빙푹, 하동, 하남, 닝빙을 향해 공개적으로 이동했던 민병대를 집중시켰으며, 제304여단과 제320여단을 적 후방지역으로 이동하도록 하고, 동시에 작전 참가 부대를 출발시켰다. 1952년 9월 17일, 고등판무관 레뚜르노는 미국 기자와의 인터뷰에서 자신 있게 대답했다.

"베트민은 삼각주를 공격할 것이다!"

드 리나레는 아직도 32개 기동대대중 29개 대대를 홍강 남안과 북안 방어선에 배치하고 있었다.

최고사령부는 1952년 9월 6~9일 간 명령 하달을 위한 회의를 개최했다. 비엣박 연합구역, 제3, 4연합구역, 그리고 북서 지방 전선의 대표자들이 모두 참석했다. 연대급 이상 전 지휘관들이 소집되었다.

제308, 312, 316여단 소속의 7개 주력연대와 지원부대들이 북서 지방 작전의 신호탄으로 응히아로 지역을 격파하라는 임무를 부여받았다. 북서 지방 전선의 제910대대는 주민들을 설득하고, 정치기지들을 확장 및 강화하며, 작전의 차후 활동을 준비하기 위한 지방군을 건설할 목적으로 뀡나이(Quỳnh Nhai)[22]의 적 후방 지역 깊숙이 침투해 들어갔다. 제316여단 176연대는 이 방향으로 공격하는 적을 방해하기 위해 푸토에 배치되었다. 적이 공격해 올 경우, 제308여단의 1개 연대가 복귀한 후 적의 섬멸을 지원할 예정이었다.

제3연합구역은 적군 통제 활동 강화와, 주전선이나 해방지역을 공격하기 위한 프랑스 증원군의접근을 방해하는 임무를 부여받았다. 우리의 관심은 삼각주로 되돌아갔다. 나는 각 부대에 임무를 하달할 때 다음과 같이 강조했다.

"우리는 삼각주는 물론 아니라 북서 지방에서도 적을 소멸시킬 기회가 있습니다. 그러나 북서 지방이 아군의 부대를 집중시키고 적을 소멸시키는 데 용이합니다. 우리는 두 지역에서 주민들을 설득할 책임이 있지만, 북서 지방에서 수행하는 임무는 매우 특별한 의미가 있습니다. 북서 지방에서 우리의 국가적 결속을 와해시키고 민족간 분열을 조장하는 적의 책략은 실로 사악합니다. 적군은 여전히 건재하며 소수 민족의 상당 부분을 통제하고 있습니다. 북서 지방 일부의 해방은 비엣박 혁명기지의 확장

22 썬라 북서쪽 68km에 위치한 지역

및 공고화, 국제 병참선 유지, 그리고 라오스 해방에 유리한 여건의 조성이라는 우리 전략의 위대한 상징적 구호를 실현시키는 것입니다. 3대 과업, 즉 적 부대 소멸, 지역 해방, 주민 설득은 매우 중요하며, 상호 밀접히 연관되어 있습니다. 그러나 이 중에서 적 부대 소멸이 각별히 중요합니다. 이것만 이뤄지면 나머지 두 목표는 쉽게 달성될 수 있기 때문입니다. 우리는 적의 안정화 체제와 지배체계를 붕괴시키고, 동시에 적 전술기지를 공격하며, 기동전으로 전투하고 그들의 증원부대와 싸울 것입니다. 우리는 적을 그들의 방어진지에서 끌어내는 방법을 찾아야만 하고, 그들에게 증원군을 요청하도록 강요해야 하며, 그래서 그들을 소멸해야만 합니다."

최고사령부는 병사들에게 '10대 군기 강령'을 하달했다.

'주민들을 존경하고 도와줄 것, 주민들의 재산을 빼앗지 말 것, 주민들의 믿음, 종교 및 관습을 존중할 것, 허위 보고하지 말 것. 약속은 필히 지킬 것...'

회의가 진행되는 동안, 기상이 악화되어 비가 계속 내렸다. 회의가 끝나갈 무렵, 우리는 호 아저씨가 바지를 걷어 올리고 지팡이를 짚은 채 안에 들어와서 미소 짓고 있는 모습을 보았다. 우리는 그가 온다는 것은 알고 있었지만, 비가 억수같이 내리고 냇물이 불어나는 상황에서 올 것이라고는 생각하지 못했다. 호 아저씨가 말했다.

"비가 엄청나게 내리고 냇물이 불어나고 있습니다. 내가 냇가 둑에 왔을 때, 나는 다른 쪽 제방에서 홍수가 잦아들기를 기다리는 사람들을 보았습니다. 나는 내가 건너야 한다면 건널 것이라고, 그리고 내가 즉각 건너지 않는다면 여러분이 나를 기다리느라 시간을 허비하는 것이 두렵다고 생각했습니다. 그래서 나와 동지들은 겉옷을 벗고, 지팡이를 한 손에, 장대를 다른 손에 잡고 내를 건너왔습니다. 우리가 내를 건너는 것을 본 건너편 사람들은 우리를 흉내 내어 건너는 데 성공했습니다. 이는 여러분에게 좋은 교훈입니다. 과업이 크건 작건 간에 여러분은 하고자 하는 마음만 있다면 그것을 성취할 것입니다. 그리고 여러분의 사례를 따르도록 다른 사람들에게 영향을 미칠 수 있습니다."

호 아저씨가 계속했다.

"중앙위원회와 당 총군사위원회는 다가오는 전투에 대해 안팎으로 신중하게 고려했고, 이번 작전을 승리로 매듭짓기로 결심했습니다. 이 결의는 중앙위원회에서 여러분을 거쳐 병사들에게 하달되어야 합니다. 최고 계급에서 말단 전사에 이르기까지 일치 단결된 모습을 보여야 합니다. 결의가 모두를 고무시켜야 합니다. 만일 여러분이 유리한 여건을 만난다면 여러분은 여건을 보다 발전시키고, 어려운 여건에 직면하면 극복해야 합니다. 만일 여러분이 유리한 여건을 만났는데도 이를 발전시키지 않는다면, 그것은 어려움으로 변할 것입니다. 앞에 놓인 어려움은 확고한 마음만 있으면 쉽게 해결할 것입니다..."

바로 그날, 당중앙위원회는 전역사령부를 창설하기 위한 결의안을 통보했다. 나는 사령관에, 황반타이는 참모장에, 응웬치타잉은 정치부장에, 그리고 쩐당닝은 군수부장에 임명되었다.

하계 재학습 과정 이후 간부들의 책임의식이 고양되었다. 우리는 북서지방의 적이 비교적 취약함을 알고 있었지만, 제308여단장 브엉트아부는 몇 명의 간부들과 함께 커우박(Khâu Vác) 고갯길 방향에서 응히아로를 탐사했다. 1년 내내 구름이 덮여 있는 황리엔썬 산맥의 끝자락에 있는 이 고개는 당시에 건기가 시작되었음에도 매우 습도가 높았고, 지형적으로도 통과하기가 극히 곤란했다. 3개월 전에 육군 정보팀이 전장을 정찰하러 왔을 때도 한 병사가 발을 헛디뎌 계곡으로 떨어져 죽고 말았다. 브엉트아부가 언급했다.

"우리는 수단과 방법을 가리지 말고 응히아로 안으로 들어가야 한다. 우리는 장애물 앞에서 멈춰서는 안 되며, 조사를 위해 전술기지의 제2장애물지대 안으

응히아로 방면 작전을 지도중인 보응웬지압 (BẢO TÀNG LỊCH SỬ QUỐC GIA)

로 침투해야만 한다."

조사 도중에는 취사가 곤란했으므로, 각자 정찰 간 취식할 주먹밥 6덩이씩을 휴대했다. 정찰로 상에는 높은 고개, 밀림, 깊은 내와 거친 폭포 등으로 인해 이동이 곤란했다. 모기와 땅거머리도 많았다. 휴식을 위해 앉았다가 일어날 때는 적이 아군 부대가 지나간 흔적을 탐지하지 못하도록 풀잎을 펴 줘야 했다. 병사들의 군복은 땀으로 흠뻑 젖었다. 그들은 배가 고프면 야생 구아바를 따 먹어야 했다. 아직 젊은 대대장들은 어려움을 충분히 견딜 수 있었지만, 나이 든 사람들은 종종 위험한 상황을 겪곤 했다. 여단장인 부는 만성 위장병으로 고통받았고, 부옌 연대장은 허벅지에 난 종기로 고생했다. 오른팔을 잃은 타이중 연대장은 언덕을 오를 때마다 굴러떨어지곤 했다.

어느 날 정오 즈음, 고개에서 휴식을 취하던 그들은 서로를 바라보며 수척해진 얼굴과 허옇게 불어터진 발을 보게 되었다. 그들 중 일부는 발에 난 상처가 썩어 들어가고 있었다. 여단장은 우렁찬 목소리로 물었다.

"동무들! 결의에 관한 호 아저씨의 가르침을 아직 가슴에 담고 있는가?"

"예, 그렇습니다."

모두들 원기 왕성하게 대답했다.

그리고 그들은 위험과 난관을 극복하면서, 전장 준비를 위한 최고도의 요구를 받아들이며 행군을 재개했다.

1952년 10월 7일 밤, 우리 병사들은 북서 지방으로 진입하기 위해 홍강을 도하하기 시작했다.

올해는 북서 지방의 우기가 길었었다. 강은 아직도 범람한 상태였다. 도하를 위해 푸토성과 옌바이성에서 450여 척의 배와 나룻배를 동원했다. 머우아(Mậu A), 꼬푹(Cổ Phúc), 어우러우(Âu Lâu) 지역에는 배를 댈 곳이 많았다. 30,000명의 병사와 전시근로자들이 무기와 함께 4일 밤 동안 안전하게 강을 건넜다.

4

이번이 두 번째 북서 지방 출장이었다. 나는 5년 전에 처음으로 그곳에 갔었다. 전쟁으로 인해 열차가 사라지기 전에, 하노이에서 철수해 비엣박으로 가는 길에 열차를 타고 푸토에서 라오까이와 싸파(Sa Pa)로 갔다. 그리고 반년 만에 내가 방문했던 대부분의 지역이 임시 피점령지역이 되어버렸다.

우리는 북서 지방의 전략적 위치에 일찍부터 주목해 왔다. 최고사령부는 1947년 1월 개최된 제1차 국가군사위원회에서 우리가 하노이를 포위하던 시기였음에도 서부 전선을 개방하기로 결정하고 서진(西進)부대를 조직했다. 베트민 병사들은 라오스 인민들 옆에서 싸워서 마(Mã)강과 삼토 지역을 완전히 통제하고, 삼네우아(Sam Neua)를 포위해 적을 곤란에 처하게 했다. 결국 적은 삼네우아 포위를 풀기 위해서 부대를 보내지 않을 수 없게 되었고, 지원군을 보내기 위해 썬라 주둔군을 교체하고 화빙성의 처버(Chợ Bờ)와 르엉썬(Lương Sơn)에서 부대를 철수해야 했다. 1947년 추동 기간 중 비엣박 혁명기지에 대한 전략적 공격 이후, 적은 비엣박을 고립시키고 중월 국경을 차단하며, 북부 라오스를 방어하기 위해서 자신들의 북서지역 통제구역을 홍강 우안으로 확대하려고 노력했다.

응히아로를 향해 행군하는 베트민 병사들 (Bảo tàng Lịch sử Quân sự Việt Nam)

나는 오래 전부터 배후에서 시작하는 공격 전술을 사용하는 데 대해 생각했다. 즉, 비엣박에서 시작해 북서 지방, 북부 라오스, 그리고 식량이 풍부한 기름진 고장인 메콩강 유역을 따라 라오스 저항기지인 중부, 남부 라오스를 거쳐 남베트남으로 공격하는 전술이었다. 이 통로는 우리가 수많은 적을 상대해야 하는 중부 베트남을 거치는 것보다 용이한 접근로였고, 기습을 달성할 수 있었다.

1947년 말, 카이손 폼비한과 타오마(Thao Ma)가 지휘하는 라오스-베트남 무장선전대는 시엥코(Sieng Kho, 삼네우아성 소재)에서 작전을 수행하기 위해 북서 지방에서 전진했다. 30명의 라오스군으로 편성된 다른 선전대는 후아무앙(Hua Muang, 삼네우아성 소재)에서 작전을 수행했다. 1948년 초, 최고사령부는 제10연합구역에 북서 지방 혁명기지를 확장하도록 인민전쟁을 강화하기 위해, 의용군과 무장선전대, 독립 중대들을 적 후방지역으로 전환시켜 북서 지방을 점령하려는 적의 계획을 분쇄하라는 지침을 하달했다. 뀌엣탕(Quyết Thắng), 뀌엣띠엔(Quyết Tiến), 쭝중(Trung Dũng), 북서 지방에서 온 의용군들이 길을 잡았다. 1948년 2월, 당 총군사위원회는 제10연합구역 당위원회와 사령부에 상부 라오스에서 작전하게 될 라오박(Lào Bắc) 의용군을 조직하라는 지침을 하달했다.

전략을 수정하기로 결심했을 때 새로운 길이 열리지 않았는가?

우리는 옌바이성 어우러우 선착장에서 구름이 끼고 달이 없는 칠흑 같은 밤에 홍강을 도하했다.

강을 건넌 후, 부대들은 여러 갈래로 나뉘어 각각 상이한 방향으로 전진했다. 주노력 방향에서는 제88연대와 제102연대가 숲속으로 난 소로를 따라 커우박 고개를 넘어 응히아로 공격 출발진지에 도착했다. 제209, 165연대는 투이끄엉(Thụy Cường) 도로를 따라 지아호이를 포위해서 응히아로-썬라 간 적의 철수로를 차단하는 임무를 부여받았다. 제36연대는 13번 국도를 따라 데오붓(Đèo Bụt)을 지나 응히아로의 서쪽 초소들인 까빙과 끄아니를 공격하는 임무를 맡았다.

도로가 워낙 협소한데다 비까지 내리는 바람에 아군은 1열 종대로 이동했다. 급경사 지역에서는 뒤에 가는 사람의 다리가 앞에 가는 사람의 뒤꿈치에 닿을 지경이었다. 각 제대마다 전시근로자들이 탄약과 식량을 운반하느라 긴 행렬을 이뤘다. 전역에서 동원된 전시근로자들의 수는 병사들의 수보다 많았다. 가끔 본대가 하루 종일 겨우 5~6km 밖에 전진하지 못할 때도 있었다. 이는 예상치 못한 상황이었다. 참모부는 공격개시 일자를 2일 연기할 것을 건의했다.

응히아로를 정탐한 베트민 정찰대는 적이 제8따보르 대대의 1개 중대로 일부 구역을 증원했고, 예하부대 본부를 응히아로포(Nghĩa Lộ Phố)에서 뿌창(Púạ Chang) 고지로 이동했으며, 방어태세를 증가시켰다고 보고했다. 그러나 이런 변화는 중요하지 않았다. 안개에 덮인 북서쪽의 산악, 밀림지대는 여전히 조용했다. 나는 그토록 많은 아군 부대가 최근 며칠에 걸쳐 이동했는데도 적이 탐지하지 못했다는 사실을 이해할 수 없었다.

프랑스 측의 자료에 의하면, 그들은 죽은 베트남 장교의 시신에서 얻은 문서를 통해 북부 라오스에 대규모 전역을 준비중임을 파악했다. 그 문서는 썬라와 디엔비엔푸에서 루앙프라방(Luang Prabang)[23]을 목표로 하는 제1방향과 목처우에서 삼누에우를 지나 쩐닝(Trấn Ninh) 고원지대로 지향하는 제2방향에 대한 계획을 담고 있었다. 그러나 프랑스 최고사령부는 이를 '삼각주 방면의 전투를 기만하기 위한 심리전'으로 판단했다. 프랑스 최고사령부는 북서 지방에 대한 베트민의 공격을 무시한 것이 분명했다. 적의 주요 정보 출처는 무선도청반에서 제공했는데, 적군은 아직도 우리 주력 여단들이 홍강 남안과 북안의 이전과 같은 위치에 주둔 중이라고 판단하고 있었다. 베트민이 호출부호를 바꾼 9월 20일 이래 프랑스 정보부는 완전히 존재가치를 상실했다.

응히아로는 폭이 3~8km, 종심이 15km에 달하는 계곡이다. 이곳은 북서 지방 4대 곡창지대 가운데 하나다. 넓은 들판은 벼의 황금빛 이삭으로 넘실대고, 시냇물이 고요히 흐르고, 산울타리에 둘러싸인 마을들이 마치 막사들이 늘어선 것처럼 보였다. 들판 한가운데 위치한 응히아로시는 벽돌집 사이로 군데군데 억새로 지붕을 한 초가집이 보였다. 도시 끝에 위치한 규모가 작고 상대적으로 평평한 응히아로 초소는, 이전까지 지방군 수비대가 주둔했으나 지금은 400여명의 적군이 강화된 방어시설을 지켰다. 비행장은 지나가기 곤란한 봉우리가 솟아 있는 두 개의 산 방향으로 뻗어 있었다. 이곳이 새로운 구역부대 사령부가 위치한 응히아로 고지로, 적군 300명이 방어중이었다.

1952년 10월 14일, 북서 지방 작전이 개시되었다.

제174, 141연대는 응히아로 서쪽의 2개 전초가 있는 까빙과 싸이르엉(Sài Lương)을 공격했다. 우리의 막강한 병력을 발견한 적은 전술기지에서 도주하기 바빴다. 같은 날, 응히아로 남쪽에서는 제98연대가 다강으로 향하는 도로 상에 있던 쟈푸(Gia Phù)초소를 파괴했다.

응히아로 일대의 진지들이 파괴되었지만, 하노이에 있던 프랑스 최고사령부는 우리 공세의 규모조차 파악하지 못했다. 10월 15일, 드 리나레는 썬라를 지키라는 명령과 함께 1개 외인부대 보병대대를 나싼(Nà Sản)[24]에 보냈다. 같은 날, 응

23 북부 라오스에 있는 라오스의 고도이자 제2도시 (역자 주)

24 썬라 남동쪽 30km, 디엔비엔푸 남서쪽 100km, 하노이 서쪽 120여 km, 라이처우와 목처우(Moc Chau) 중간에 위치

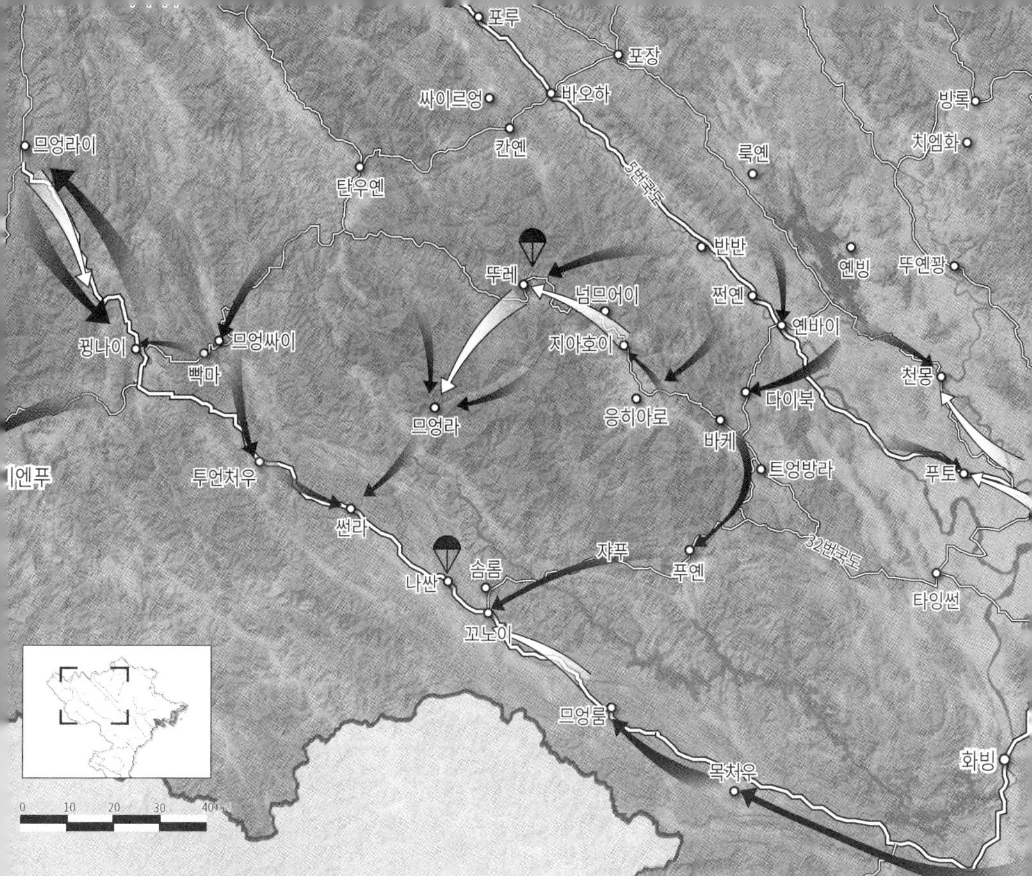

리트엉끼엣 전역의 전개 과정

히아로 구역사령관 띠리옹은 아군 부대에 대해 알아보기 위해 이제 막 증원된 1개 따보르 중대를 커우박 고개 방향으로 파견했다. 제312여단의 한 부대가 넘므어이(Nậm Mười)에서 이 중대를 섬멸했다.

10월 16일, 트엉방라, 바케 진지와 전술기지 부근에 있는 일련의 진지에 주둔하던 적들은 진지가 무너지자마자 모두 도주했다. 응히아로의 상황이 얼마나 심각한지 깨달은 드 리나레는 응히아로 주변에 대한 압력을 감소시키기 위해 비제아르[25]의 지휘 하에 제6식민지공정대대를 응히아로에서 30km 떨어진 뚜레(Tú

한 소도시로, 6번 국도와 37번 국도가 만나는 요충지이자 비행장을 통한 항공수송도 가능한 곳이었다. (역자 주)

25 Marcel Bigeard (1916~2010) 프랑스의 군인. 1936년 병사로 입대했고 2차 세계대전 중 포로가 되었으나 탈옥 후 자유프랑스에 합류했다. 이후 아리에주 레지스탕스로 활동해 영국 수훈장을 받았다. 전후 인도차이나 공수부대 지휘관으로 일했고, 디엔비엔푸 전투 당시 프랑스 지휘관 중 한명으로 베트민의 포로가 되었다. 알제리 전쟁에서 레지옹 도뇌르 훈장을 받는 등 공수부대의 핵심 지휘관으로 활동했으며, 전후 파리 군사총독과 국방장관 등 요직을 역임했다.

Lệ)에 공수낙하시켰다. 이는 쌀랑이 지난해 리트엉끼엣 작전에 사용했던 방법이었다. 제312여단은 이미 이 지역에서 지아호이 공격을 준비 중이었다.

전역사령부는 제308여단에 응히아로에 있는 적을 포위해 썬라로 철수하지 못하도록 방해하며 신속히 격멸하라는 명령을 하달했다.

17일, 띠리옹이 커우박으로 향하던 따보르 중대가 아무런 흔적도 없이 사라진 이유를 이해하지 못하고 있을 때, 제308여단 소속 2개 연대가 응히아로 부근의 전장을 점령하기 위해 1,500m 고지에서 내려왔다. 09:00시, 제102연대 충격대대는 안개를 이용해 포병 및 방공부대와 함께 뿌창 반대편 고지에 나타나 사격 명령을 기다렸다. 제88연대는 응히아로포 방향으로 전진하기 위해 밤이 깊어지기를 기다렸다. 동쪽에서는 제36연대가 옌바에서 오는 도로상에 위치한 응히아로의 마지막 전초인 끄아니를 포위했다.

02:30분, 제102연대 충격대대가 뿌창 전술기지의 장벽 가까운 곳에 대형을 전개하기 유리한 여건을 조성하기 위해 아군의 120mm 박격포로 응히아로포의 프랑스군 105mm 포진지에 사격을 개시했다. 헬캣 3개 편대와 B-26 1개 편대가 공중에 줄지어 나타났다. 항공기들은 폭탄과 네이팜탄을 투하하고, 포진지나 베트민이 숨어있을 만한 곳에 사격을 가해 왔다. 아군 대공포 요원들이 헬캣 2대를 격추했다. 아군 충격부대는 적의 공중공격이 멎기를 기다려서 연막 차장을 뚫고 적의 격렬한 사격에도 불구하고 장벽을 뚫고 지나갔다. 네이팜을 맞은 일부 병사들은 불을 끄기 위해 땅바닥을 굴렀다. 주력인 제267중대가 적 초소에 돌입했다. 3시간에 걸친 전투는 전술기지 중앙에 위치한 그들의 최후 방어선인 적 지하 벙커에서 끝났다. 우리는 띠리옹 소령과 177명의 적을 생포했다.

응히아로포를 공격한 제88연대는 천천히 전장을 점령하면서 10월 18일 오전 3시까지 사격을 개시하지 않았다. 적기는 베트민을 향해 조명탄을 투하하고 사격을 가해 왔다. 우리 병사들은 전술기지 안에 있는 저항 거점을 분쇄하면서 다른 한편으로는 적기에 대항해야 했다. 10월 18일 오전 8시, 베트민은 응히아로포를 완전히 격파하고 적 235명과 증원부대장인 바르베르(Barberre)대위를 생포했다. 노획한 무기 중에는 105mm 야포 2문과 수천 발의 포탄, 소총용 탄약도 있었다.

10월 17일 밤, 제98연대는 푸옌 구역사령부를 파괴했다. 10월 18일, 적은 반옌(Vạn Yên)에서 철수했다. 그날 밤, 제36연대는 끄아니 초소를 파괴하고, 적 214명을 사살 또는 생포했다.

응히아로의 급작스러운 함락은 하노이에 있는 프랑스군 최고사령부에게 커다란 충격이었다. 이로 인해 모든 예하구역이 절망적인 상황에 처하게 되었기 때문이다. 보다 심각한 실패로 이어질 수 있다는 우려로 인해 프랑스는 현 상황을 타개할 수단으로 공정부대를 사용할 수 없었다. 쌀랑은 황급히 사이공에서 하노이로 날아왔다. 그는 제6공정대대에게 즉각 나싼으로 철수하도록 명령했다. 응히아로가 함락된 상황에서 극히 중요한 대대를 손실할지도 모를 모험을 감행할 수 없었다. 지아호이에 있는 적들은 응히아로 북서쪽에 있는 제312여단이 압력을 가해오기 전에 뚜레로 철수해서 그 곳에 있는 부대와 합류하고, 제6공정대대와 함께 다강 방향으로 철수할 계획이었다.

제165연대는 5일동안 밤낮을 가리지 않고 적이 철수한 방법으로 적을 추격해 수백 명의 적을 소멸시켰다. 뚜레에서 철수한 제6공정대대에 대한 어느 서방 기자의 묘사에 의하면, 그들은 '기진맥진한 상태에서, 걸인 같은 몰골로, 두려움과 말라리아로 몸을 떨면서, 땅거머리에 덮인 몸으로 발을 질질 끌며 나싼으로 걸어왔다.' 그들은 전투력 회복을 위해서 하노이로 이동해야 했다.

라이처우 남서쪽에서는, 후방 공격부대인 제148연대 910대대가 증원을 위해 접근중이던 1개 타이 괴뢰대대와 제17따보르 기동대대를 소멸시켰다.

10월 23일, 제312여단은 다강 제방에 모습을 드러냈다.

11일간 밤낮을 가리지 않고 계속된 전투 끝에, 베트민은 타오강 우안 지역, 다강 좌안 지역, 반옌-꿩나이 일대를 해방시켰고, 옌바이와 응히아로를 연결하는 13번 국도를 통제하게 되었다. 우리는 300명의 유럽-아프리카군, 응히아로 지역과 푸옌 지역의 많은 장교들을 포함해 500명의 적을 소멸시키고, 1,000명의 적을 생포했다. 그리고 수천 정의 무기와 장비를 노획했다.

뿌창 전술기지를 향해 돌격중인 베트민군. (BẢO TÀNG LỊCH SỬ QUỐC GIA)

전역사령부는 작전 1단계를 종결하기로 결정하고, 케롱(Khe Lóng)에서 새로이 해방된 따코아(Tạ Khoa)부근의 쟈푸로 옮겼다.

작전 1단계는 마지막 순간까지 보안을 유지했다. 이것이 베트민이 대승을 거두고 손실을 최소화할 수 있었던 주된 요인이었다. 홍강과 다강 사이의 광활한 지역이 이제 베트민 지역이 되었다. 작전의 양익(兩翼)이 목처우와 썬라 전선에 당도했다. 뚜언자오 전방에 깊이 들어온 부대가 라이처우를 위협하고 썬라를 포위하고 있었다. 그러나 적의 손실은 심각하지 않았다. 적은 베트민 출현이 의심되면 무조건 도주했으므로, 완전히 소멸된 응히아로 주둔 파견대를 제외한 다른 적 부대들은 약간의 피해만을 입었다. 피해가 작았던 또다른 이유는 베트민이 완전한 포위를 달성하지 못한데다 주간에는 추격을 하지 않았기 때문이었다.

새로운 문제가 터져 나왔다. 해방지역이 확장됨에 따라 밀림과 산악지대를 통과하며 진출입이 용이하지 않은 보급로가 수백 km가량 늘어났다. 승리를 거둔지 얼마 지나지 않아 우리 병사들의 식량이 부족해졌다. 우리는 머우아에서 커우박 고개를 넘어 응히아로까지 매일 15t의 쌀을 운반해야 했지만, 실제로는 6~7t밖에 운반할 수 없었고 때로는 0.5t밖에 실어 나르지 못할 때도 있었다. 응히아로에 있는 병사들은 물론 후방에 가장 인접한 지역들까지 기아로 고통받았다. 참모부는 병사들이 쌀 운반에 전념할 수 있도록 모든 군사적 활동을 일시 중지할 것을 건의했다.

총군수부장 쩐당닝이 황급히 후방에서 전선을 찾아왔다. 검토를 마친 그는 적기의 위협을 피해 숨기 쉽고 위험도 거의 없지만, 오르막과 내리막이 계속되고 깊은 냇물로 중간중간 길이 가로막힌 커우박 고개를 경유하는 수송로를 포기하기로 결심했다. 대안은 오래 전에 훼손된 13번 국도를 통한 자동차 수송이었다. 공병들은 적기의 공습 하에서 도로를 보수하기 위해 엄청난 노력을 경주했다. 그들은 거의 한 달에 걸친 작업 끝에 푸토에서 차량으로 쌀을 수송할 수 있게 되었다. 우리는 타잉화에서도 쌀을 수송하기 위해 호이수언-솜롬(Xồm Lồm)구간의 14번 국도와 수오이줏-목하(Mộc Hạ)간 6번 국도도 신속히 보수하기로 결정했다. 타잉화의 전시근로자들은 수효가 제한된 자동차 외에 처음으로 목봉 대신 짐자전거를 사용하기 시작했다. 자전거는 목봉에 비해 5~10배의 짐을 나를 수 있었다. 이렇게 짐자전거는 북서 지방 전역에서부터 항미(抗美) 전쟁의 마지막까지 베트민군의 중요한 수송 수단이 되었다.

프랑스 당국은 다강 좌안[26] 방어선의 붕괴에 대해서 우려했다. 쁠레방 총리는 쌀랑에게 새로운 상황에 대응할 대책을 마련하라고 재촉했다. 쌀랑은 급히 북서 지방에 9개 대대를 증원했고, 그 결과 일대의 프랑스군은 총 병력은 16개 대대 및 32개 중대가 되었다. 베트민은 적이 삼각주에서 북서 지방으로 기동예비를 전환해올 것으로 예측해 왔었다.

적은 북서 지방에서 나싼과 라이처우(다강 우안)로 철수해 2개의 전선을 구축했

26 다강은 중국 윈난성에서 발원하여 베트남 북서부에서 화빙까지 남서로 흐르다 화빙에서 북쪽으로 방향을 돌려 비엣찌 부근에서 홍강에 합류한다. 본문의 좌안, 우안 구분은 지도를 북으로 정치해 놓고 볼 때의 방향이다. (역자 주)

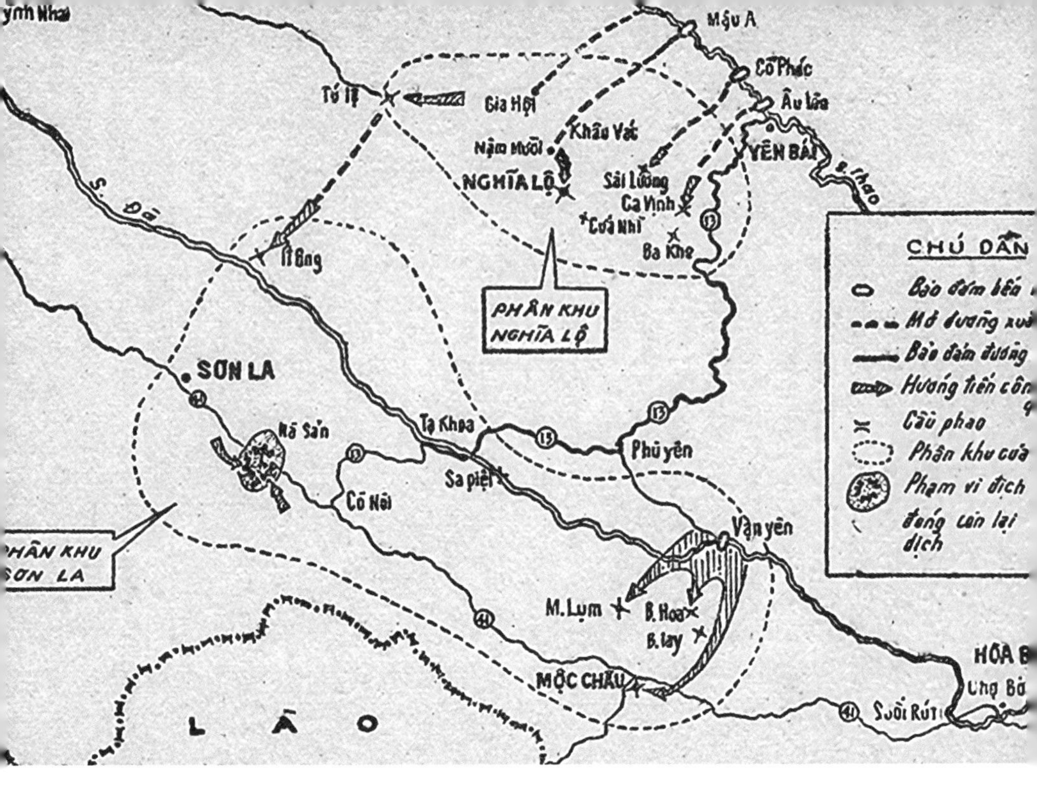

당시 베트남군 공병의 작전단계별 노동력 동원계획도 (Bảo tàng Lịch sử Quân sự Việt Nam)

다. 므엉싸이(Mường Sài)[27]에서 목처우까지 신장된 썬라 전선은 화빙 철수를 주도했던 길르 대령이 지휘하고 있었다. 길르는 쌀랑에게 베트민이 도하를 하지 못하도록 다강을 따라 방어선을 구축하고 나싼에 집단전술기지를 건설하라는 지시를 받았다. 방어선의 병력은 8개 대대였는데, 길르 대령은 이를 3개 제대로 분할해 우리가 도하를 할 만한 장소인 핫띠에우(Hát Tiếu)-므엉룸(Mường Lụm), 따코아, 반화(Bản Hoa)등 3개 지역을 각각 점령하도록 했다. 라이처우 전선에서는 라좌(Lajoix)대령이 지휘하는 4개 대대가 라이처우시, 퐁토(Phong Thổ), 빡마(Pác Má)와 디엔비엔푸를 점령했다. 뚜언자오, 목처우, 뚜언처우, 꿩나이현에도 각각 1개 대대가 주둔했다.

나싼에 집단전술기지를 건설하는 데는 4~5주가 필요했다. 그곳에는 이미 비행장 한 곳과 수비대 기지가 있었지만, 적은 물자와 장비, 무기를 하노이에서 공수

27 디엔비엔푸 남서쪽 약 100km 지점에 위치한 라오스 도시. 교통의 요충지이며, Muang Xai로 표기된다. (역자 주)

해야 했고, 비행장 근처에 광범위한 전술기지 체계를 건설하기 위한 어마어마한 인력도 확보할 필요가 있었다. 쌀랑은 푸토에 있는 전역 군수기지를 목표로 양동 작전을 전개해 필요한 시간을 확보하기로 결심했다.

적이 다강 우안의 방어배치를 변경하기 이전, 전역사령부는 제2단계에서 전투력을 주노력 방향에 집중하기로 결정을 내렸다. 제308, 312, 316, 351여단 휘하의 6개 연대로 따코아-바레이(Ba Lay)-목처우 지역을 공격해 다강의 적 방어선상 주요지역을 격파하고, 썬라와 나싼의 적을 소멸하려는 의도였다. 그와 동시에 우리는 꿩나이 해방 및 주노력 방향과 협조를 위해 뚜언자오, 로언처우, 투언처우로 전진하도록 라이처우 남서쪽의 보조노력 방향에 종심침투 병력을 보강했다. 보조노력 방향의 아군은 제165연대, 제148연대 910대대와 지방군으로 편성되어 있었으며, 보조노력 방향에서 먼저 사격을 개시해 적의 주의를 끌도록 계획을 수립했다.

나는 종심침투부대장인 방지앙에게 뚜언자오 해방 이후 주노력 방향과 협조를 위해 뚜언처우 방향으로 공격을 실시하고, 이후 포병이 딸린 1개 대대를 투입해 라오스 괴뢰대대가 전환되어 있는 디엔비엔푸를 해방시키기 위해 신속히 적 후방을 공격하도록 임무를 부여했다. 우리는 이 계획을 중국 고문단에게 알려주지 않았다. 고문단은 아직 베트남 전장에 익숙하지 않았고, 그들은 이런 계획을 현명하지 못한 술책으로 여길 수 있었기 때문이다.

베트민이 막 다강을 건넜을 때, 우리는 1952년 11월 5일에 북베트남 프랑스 사령관 드 리나레가 지휘하는 대규모 프랑스군이 전선 후방을 위협하기 위해 푸토를 공격했음을 알게 되었다. 프랑스군은 '로렌느(Lorraine)'로 명명된 이 작전을 위해 제1, 2, 3, 4, 5 기동단의 13개 보병대대, 3개 공정대대, 2개 해병충격단, 4개 포병대대, 2개 차량화대대 및 7개 공병중대 등 북부에 있는 대부분의 기동예비를 동원했다.

베트민은 북서 지방 작전이 개시되었을 때 이미 적이 푸토 방향으로 공격해 올 것을 예측했다. 푸토에는 제176연대, 제246연대 1개 대대 및 지방군이 주둔해, 적의 푸토 공격을 방해하고 주민과 보급품 저장창고를 보호하는 임무를 부여받았다. 전역사령부는 '로렌느'작전을 북서 지방에 대한 압력을 감소시키기 위해 우리 군을 끌어들이려는 '수세적 대응 활동'으로 평가했으며, 적이 푸토를 점령할 의도가 없다고 판단했다. 우리는 전선에서 적의 일부를 소멸시키고, 정규군과 지방군이 협조해 우리 후방 깊숙이 적이 전진하지 못하도록 방해하는 임무를 부여한 1개 연대를 철수시키기로 결정했다. 제36연대가 바로 그 부대였다. 이 연대는 항상 최고사령부의 전선사령부 휘하에 있었다. 사격은 전역의 제2단계 작전 실시 이전인 1952년 11월 14일에 푸토에서 실시할 예정이었다. 제2단계 작전의 표적과 계획은 변하지 않았다.

5

겁에 질린 적군이 철수하는 동안, 다른 방향에서 온 아군의 각 제대는 적 부대가 집결하는 지역의 도로로 달려갔다.

1952년 11월 7일, 제165연대가 꿩나이에서 포문을 열렸다. 적은 이 공격을 보고 꿩나이를 주노력 방향으로 판단하여 라이처우를 증원하기 위해 삼각주에서 2개 대대를 파견했다. 적은 동시에 2개 대대로 나싼을 증원했다.

11월 8일, 뚜언자오와 루언처우의 무질서하게 철수했다. 적은 황급히 1개 공정대대와 1개 괴뢰대대를 꿩나이로 파견했다. 이 부대들은 곧 베트민에게 저지당하고 심대한 손실을 입었다. 그들은 라이처우와 투언처우로 퇴각했다.

이제 적은 푸토 전선의 베트민 출발기지에서 150km가량 떨어진 옌빙(Yên Bình)까지 도달했다. 그들은 단지 우리의 소규모 부대들과 교전하고, 밀림에 흩어져 있던 아주 작은 식량 및 무기 저장고를 파괴했을 뿐이었다. 이 지역에 30,000명의 병력을 운용하는 것은 프랑스 최고사령부에게 새로운 부담을 가져왔다. 제320, 304여단으로 인해 조성된 압력으로 삼각주의 적 후방지역에 점점 긴장이 고조되고 있었지만, 대부분의 기동부대는 푸토에 묶여 있었다. 그리고 수송부대의 과반수는 나싼에 조성된 전술기지 집단의 보급에 운용해야 했다. 북서 지방에 있는 아군 주요 부대의 일부가 프랑스군 후방을 위협하기 위해서 이동할 수도 있었다. 결

나싼에 집단전술기지를 건설중인 프랑스군. (ECPAD)

국 쌀랑은 11월 중순에 철수를 명령했다.

제36연대는 푸토를 향해 빛의 속도로 작전을 전개했다. 부대는 밤낮없이 행군했다. 취사병들은 목봉에 솥을 매단 채 음식을 장만하고 물을 끓여서 행군을 멈추지 않고 병사들에게 식사를 배급했다.

11월 13일, 푸토에 도달한 제36연대가 긴급하게 다가오는 전투를 준비했다.

11월 17일, 천몽(Chân Mộng)에 도착한 제4기동단은 베트민의 매복에 걸려들었다. 그날 오후부터 야간까지 치열한 전투가 벌어졌다. 제36연대는 케르가라바트(Kergaravat) 소령[28]의 지휘를 받던 적 400명을 소멸 또는 생포하고 44대의 차량을 파괴했다. 2번 국도는 프랑스군에게 절망의 장소가 되어갔다. 하지만 그 와중에

28 제4기동단 지휘관인 루이 케르가라바트의 당시 계급은 대령이었으나, 원문에서는 소령(Major)로 표기했다.

매우 용감한 지휘관이었던 대대장 썬마가 전사하고 말았다.

적은 전투가 시작되기 전에 제36연대 소속 신병인 레반히엔(Lê Văn Hiến)을 생포했지만, 그가 고문을 받으면서도 끝내 소속 부대를 실토하지 않았으므로 보안이 유지되었다. 프랑스군의 철수로는 아군 병력과 게릴라, 민병대에 의해 수시로 차단되었으므로 적들은 11월 23일이 되어서야 비엣찌에 도달했다. 11월 24일 밤, 추격을 계속한 제36연대가 비엣찌 전초인 누이꿔엣(Núi Quyết)진지에 도착한 후 진지를 파괴하고 적 1개 중대를 소탕하며 제1 므엉족 괴뢰대대 본부를 파괴했다.

북서 지방에서 다강 도하계획이 난관에 직면했다. 다강은 강폭이 넓으면서도 유속이 빨랐으며, 날씨마저 매우 추웠다. 건너편 제방을 적이 통제하고 있었으므로 부교 설치는 불가능했다. 우리에게는 도하 수단이 없었으므로, 각 부대는 스스로 뗏목을 만들어야 했다. 대부분의 병사들은 수영을 잘 하지 못했다. 우리는 강을 무사히 도하하고, 무기와 식량을 물에 젖지 않게 하며, 중화기를 도하시키고, 우리가 공격을 받았을 때 적의 포병이나 항공기, 보병에 대처할 방안을 도출해야 했다. 일단 각 부대에서 수영을 잘하는 병사들로 구성된 특수임무부대를 구성했다. 이 특임대는 나머지 부대의 안전한 도하를 확보하기 위해 사전에 강을 건너 교두보를 구축하는 임무를 부여받았다.

11월 17일, 아군 부대는 강을 건너자마자 전역 주노력 방향에 사격을 개시했다. 같은 날 밤에는 제209연대가 반화 진지를, 다음날 밤에 제141연대가 바레이 진지를 격파했다. 이 두 번의 전투에서 제312여단은 제3모로코 대대와 1개 괴뢰 중대를 격멸하고 대대장 루께트(Rouquetee)를 생포했다.

12월 18일, 제102연대는 핫띠에우 진지를 격파했으며, 제88연대는 므엉룸 진지를 격파하고 베테노(Bethenot) 부대를 소탕했다. 당황한 파브로(Favreau) 부대[29]는 따코아에서 꼬노이로 철수했다. 제308여단은 적을 추격해 다강 방어선을 붕괴시켰다.

11월 19일, 적은 41번도로를 따라 나싼과 썬라로 오는 베트민을 막기 위해 2개

29 제3모로코보병연대 3대대

부대 단위의 도하는 대부분 현지에서 제작한 부교와 문교를 사용했다. (BẢO TÀNG LỊCH SỬ QUỐC GIA)

공정대대와 1개 용병대대를 나싼에서 치엥동(Chiềng Đông), 옌처우(Yên Châu), 꼬노이로 파견했다. 이 지역의 적은 5개 대대에 달했다. 제88연대가 추격을 실시해 제55괴뢰대대와 1개 공정중대를 완전히 소멸시켰다. 우리 병사들이 치엥동과 꼬노이에 도착했을 때, 이곳에 주둔하던 적 4개 대대는 이미 나싼으로 철수한 뒤였다. 철수한 적을 추격하던 제88연대는 뿌홍(Pú Hồng)전초에서 잠시 전진을 멈췄다. 그날 밤, 연대는 이 전초를 공격했으나 성공하지 못했다.

같은 날, 제174연대는 제98연대와 협조 하에 6번 국도의 방패로 여겨지는 목처우를 공격했다. 전투는 신중하게 준비되었다. 전역사령부는 이 전투를 매시간 추적했는데, 참으로 치열한 전투였다. 처음 한 시간 동안은 주노력 방향의 공격 제대가 돌파구를 마련하지 못했다. 그러나 보조노력 방향에서 전초 2개소를 점령하고 주노력 방향을 지원하기 위한 화력 운용에 성공했다. 공격 제대들은 특화점, 포진지, 박격포진지 등을 차례로 점령했다. 적은 2시간 15분 만에 항복했다. 이 전투로 북서 지방에서 20년 이상 근무했던 대대장 벵상(Vincent)이 생포되었다.

목처우가 함락되자, 적은 치엥판(), 쏭꼰(Sông Con), 따싸이(Tạ Say), 싸삐엣(Sa

Piệt), 따코아에서 황급히 철수했다. 6번 국도상에 병참선이 재구축되고 전역 보급수송이 보장되었다. 북서 지방으로 가는 길이 활짝 열린 것이다.

제165연대는 11월 15일부터 20일까지 라이처우 남서쪽 공격방향에서 므엉싸이로 진격해 적 4개 중대와 므엉삐엥(Mường Piềng)에 있던 1개 괴뢰중대를 소멸시켰다. 투언처우(Thuận Châu)[30]에 있던 적들은 철수해 버렸다. 제165연대는 투언처우를 차지하고, 투언처우를 증원하기 위해 디엔비엔푸로 오던 2개 유럽-아프리카 중대를 소멸시켰다.

11월 18일, 적이 썬라에서 철수했다. 제165연대는 썬라를 차지하고 적을 추격해 약 500명의 적과 100명의 괴뢰행정부 요원들을 생포했다. 방지앙에 있던 1개 대대는 나싼 방향으로 적을 추격하고, 다른 대대는 디엔비엔푸 방향으로 추격했다. 나싼 방향으로 진격하던 대대는 집단전술기지 전방에서 멈춰야 했다. 디엔비엔푸 방향으로 진격한 대대는 제58 라오스 괴뢰대대원 전원과 대대장인 씨카르(Sicard)소령을 체포했다.

보조노력부대는 임무를 초과 달성했다. 보조노력부대는 400명 이상의 적을 소멸시키고, 1,000명 이상을 생포했으며, 탄우옌, 꾕나이, 뚜언자오, 므엉라(Mường La), 투언처우, 디엔비엔푸현과 썬라시를 포함해 3,000㎢의 지역과 100,000명 이상의 주민들을 해방시켰다. 비록 규모는 크지 않았지만, 과감하고 용맹한 보조노력 부대의 이동으로 기습을 달성해 대승을 거두었다. 계획대로 하자면 썬라 북서쪽의 해방은 전역 3단계에 속하는 임무였다.

전역 제2단계에서 제3연합구역의 삼각주에서 양익(兩翼) 간의 협조가 활발하게 실행되기 시작했다.

11월 14일, 제320여단 48연대는 팟지엠에 있는 3개소의 적진지를 공격해 적 제26대대 소속 3개 유럽-아프리카 중대를 소멸시켰다. 제304여단 57연대는 팟지엠을 증원하려는 적을 매복 공격해 함정 3척을 격침시키고 다른 한 척은 불태웠으며, 선박으로 이동 중이던 제2기동단 소속 500명의 유럽-아프리카 병력을 소멸

30 디엔비엔푸 동쪽 70~100km 지점에 위치한 도시(역자 주)

브리핑을 위해 소집된 프랑스 지휘관들. 길르 대령, 부드레 소령, 푸르카드 소령, 듀꾸르노 대령 (ECPAD)

시켰다. 이후 제304여단은 벤사잉 진지를 격파했다.

11월 17일, 제320여단 57연대는 적진지를 공격해 1개 중대를 소멸시키고, 차량 19대를 파괴했다. 하남과 남딩 지역의 적 후방으로 막 진입한 제64연대는 3개소의 적진지를 격파하고 평정작전을 벌이던 적 1개 중대를 소멸시켜 여름 논농사 지역을 확장했다.

1952년 11월 25일, 북서 지방 전역의 제2단계가 종료되었다.

전역사령부는 꼬노이로 가는 도로상에 있는 따코아로 이동했다.

전반적으로 볼 때, 제2단계에서는 모든 전장에서 좋은 결과를 냈다. 베트민은 북서 지방 전선에서만 3,000여 명의 적을 소멸시켰는데, 그중에는 제3모로코연대의 모든 대대와 제3따보르대대, 제55, 56베트남 괴뢰대대의 상당 부분, 제2식민공정대대의 일부분이 포함되어 있었다. 우리는 나싼을 제외한 썬라성과 마강 제방 상의 일부 소규모 진지들, 그리고 라이처우성의 중요 부분을 해방시켰다.

북서 지방의 모든 프랑스군은 나싼시와 라이처우시로 집결했다. 나싼의 적은 36~38개 중대로 구성되었는데, 상대적으로 건재한 4개 외인부대 대대, 2개 유럽-아프리카 대대, 그리고 최근 복원된 2개 타이족 대대가 포함되어 있었다. 적은 24개의 중대단위 전술기지와 4개의 소대 단위 전술기지에 주둔중이었다. 전술기지는 높은 고지에 구축되었고, 비행장, 포진지, 사령부는 각종 방어 체계로 둘러싸였다. 집단전술기지는 상대적으로 잘 구축되었지만, 적의 사기는 최근 패배로 인해 저하된 상태였다. 그들은 보급을 항공에 의존해야 했다.

베트민 측은 비록 심각한 손실은 없었지만 계속되는 전투와 추격으로 병사들의 건강 상태가 좋지 않았다. 그러나 최근 승리로 인해 병사들은 물론 주민들의 사기도 양호했다. 나싼에서 머지않은 후방으로 통행가능한 도로가 연결되면서 보급 문제를 해결할 수 있었다. 우리 병력은 36개 중대 규모로, 적과 대등했다.

전역사령부는 일련의 상황 판단에 기초하여, 계획대로 3단계를 발전시키기로 결정했다. 이번 단계의 목표는 전역 승리를 위해서 모든 병력을 집중해 나싼에 있는 적을 공격, 소멸시키는 것이었다. 전투 구호는 다음과 같았다.

> "약점을 먼저, 강점은 나중에 공격한다.
>
> 결정적인 지점에 대한 공세를 목적으로 전 지역을 포위한다.
>
> 외곽을 먼저 쳐서 전선을 열도록 노력하고 중앙으로 깊숙이 공격한다."

전역 3단계 초기, 베트민은 전투력을 집중시켜 외곽 초소들을 통과하는 주 돌파구를 형성하고, 적의 포병 및 비행장을 통제한 후, 중앙부를 공격해 집단전술기지를 격파할 기회를 창출하기로 결정했다.

11월 30일 밤, 제308여단 2개 대대가 뿌홍 진지(753고지)를 공격했다. 1시간 45분에 걸친 전투 끝에 우리 병사들은 제1기동단 소속 4개 소대를 소멸시키고 지휘관인 메따이(Metais)를 생포했다. 그와 동시에 제312여단 1개 대대는 반호이(Bản Hời) 진지를 공격했다. 1시간가량의 전투 끝에 주둔했던 적 1개 소대가 소멸되었다. 그러나 다음 날, 적은 항공기와 포병의 지원 하에 수차례의 파상 공격을 실시해 뿌홍에서 아군 병력을 쫓아내고 이 진지를 탈환했다.

12월 1일 밤, 제209연대는 2개 용병 중대가 방어하던 나싼 남쪽 집단전술기지의 주 전술기지인 반버이(Bản Vây)를 공격했다. 제174연대는 제308여단 1개 대대와 협조 하에, 나씨(Nà Si)진지를 공격했다. 이 두 개소에 대한 공격은 실패했다. 적기들은 새벽부터 전술기지들을 구조하기 위해 베트민 지역에 폭탄을 투하하고 5,000여 발의 포탄을 퍼부었다.

12월 2일, 적은 2개 공정대대를 나싼에 공수낙하했다. 이번 단계에서 베트민의 공격을 받은 전술기지들은 증강된 1~2개 중대에 의해 방어되고 있었다. 이런 기지들은 방어력이나 지형으로 볼 때 응히아로, 뿌창 또는 목처우에 비해 강하지 않았다. 우리는 각 전투에서 경험이 있는 부대를 사용했고, 수적 우세를 달성하도록 병력을 집중 운용했다. 그러나 왜 대부분의 전투에서 성공을 거두지 못했을까? 한 가지 이유는 우리 병사들이 지쳤고, 장기간의 추격으로 부대들의 전투대형이 적절하게 이뤄지지 못했기 때문이었다. 그러나 현 상황과 국경 전역을 비교한다면, 우리의 여건은 그렇게 불리하지 않았다. 전투가 계속될수록 적 소멸에 대한 우리 간부와 병사들의 결의는 더욱 커졌다. 실패의 원인은 정밀한 복합 구조를 갖춘 전술기지에 있었다. 프랑스는 이를 새로운 전환 전략으로 여겼다. 이를 패퇴시키기 위해서는 시간이 필요했다.

전역사령부는 북서 지방 전역의 종료를 결정했다.

1952년 12월 10일, 전역 강평 예비회의가 따코아 부근의 전선사령부에서 열렸다.

1952년의 추동 작전은 부여된 과업 이상으로 성과를 거두었다. 우리는 북서 지방의 주노력 방향에서 1,000여 명의 유럽-아프리카 병력과 장교를 포함해 6,029명의 적을 소멸하거나 생포했다. 그리고 푸토[31]에서 적 1,711명을 소멸시키고, 173명을 생포했다. 우리는 주민들을 우리 편으로 만들었으며, 지역을 해방시켰

31 하노이 북서쪽 60여 km 지점에 위치한 도시 (역자 주)

나싼 일대에 강하해 베트민이 점령중인 진지를 공격하는 제3식민지공정대대. (ECPAD)

다. 북서 지방의 새로운 해방지역은 28,000㎢, 해방지역의 주민은 250,000명에 달했다. 우리는 제3연합구역의 삼각주 방향에서 적 중대가 방어하는 12개소의 진지를 격파하고 4,031명을 소멸시켰으며, 1,846명을 생포했고 홍강 좌안과 우안에 많은 기지를 확장했다. 북베트남에서 2개월에 걸친 전투 끝에, 우리는 많은 무기, 탄약 및 장비를 획득하고 많은 전쟁 물자를 파괴했다.

이번 전역에 대한 당 총군사위원회의 정책은 적의 약점과 중요한 진지를 공격해 적이 보다 많은 증원군을 보내도록 강요하고, 증원군을 소멸시키며, 전략지역을 해방하는 것이었다. 이 전략은 타당한 것으로 판명되었다. 공격 방향으로 북서 지방을 선택한 것과 동시에, 우리는 삼각주 지역과 밀림 및 산악 지역의 두 전선에서 적과 싸웠다. 1952년 건기에 진행된 북서 지방 전역은 화빙 전역 이래 실체를 드러낸 새로운 전략적 방향을 제시했다. 우리는 적을 삼각주에서 밀림-산악 지역으로 이동하도록 강요할 능력이 있었기에 승리를 거둘 수 있었다.

북서 지방 작전에 등장한 대부분의 부대들이 국경 전역에 참가했었다. 그들은 당황한나머지 전술기지를 버리고 완전히 무질서하게 달아나는 적을 다시 한번 보게 되었다. 우리 병사들 모두가 북서 지방 작전을 종료하라는 명령을 받고 좋아한 것은 아니다. 나는 말했다.

"우리는 각종 보고와 당시의 적 상황 및 아군 상황에 근거해 나싼을 공격하라는 명령을 하달했습니다. 우리가 공격에 성공하지 못하자, 적은 나싼에 대한 증원을 강화했습니다. 만일 우리가 전투를 계속했다면, 아주 넓고 체계가 덜 잡힌 새로운 해방지역을 얻을 수 있었을지 확신할 수 없습니다. 이것이 바로 우리가 나싼에 대한 공격을 그만두기로 한 이유입니다. 이는 건전한 결심입니다. 이와 같이 우리는 최근 거둔 승리를 강화하고 발전시킬 수 있는 것입니다. 물론, 우리가 나싼을 공격하지 않았다면 적은 새로이 해방시킨 어떤 지역을 공격했을 것입니다. 그러나 현 시점에서 북서 지방의 상황이 바뀌었습니다. 괴뢰의 영향력은 줄어들고, 이제 정치에 눈을 뜬 북서 지방 주민들은 저항운동에 참가하고 있습니다. 그리고 우리 주력군이 지역을 보호하기 위해 주둔하는 한, 북서 지방을 탈환하려는 적의 책동은 많은 난관에 봉착할 것입니다."

나는 정치국의 정책에 따라 작전 성공을 강화하고 발전시킬 계획을 토론하기 위해 북서 지방 지역의 간부 회의를 조직했다. 회의에서 만장일치로 나온 결론은 우리가 당의 국가정책을 적용해 북서 지방에 살고 있는 소수 민족들의 단합을 실현하고 이 지역을 국가를 위한 강력한 혁명기지로 건설해야 한다는 것이었다.

제174연대와 일부 포병부대는 지방군의 지원을 받으며 나싼에 주둔한 적의 전진을 막기 위해 북서 지방에 잔류했다. 일부 포병을 대동한 제141, 98연대는 제312여단장 레쫑떤의 지휘 하에 라오스를 지나 타잉화로 가기 위해 꼬노이와 므엉혯(Mường Hét)길을 따라갔다. 이 부대는 최근 전투의 성공을 발전시키고 다양한 전술을 구사하라는 두 가지 임무를 부여받았다. 잔여 부대는 41번, 13번 국도를 따라 혁명기지로 복귀했다.

건기는 아직 끝나지 않았다. 총참모부에게는 기지에 복귀하는 대로 작전 강평 회의를 개최하고 새로운 작전을 긴급하게 준비하라는 과업이 부여되었다.

12. 삼네우아[01]의 봄

1

나는 제4차 당중앙위원회 전체회의에 제때 참석하기 위해 1953년 1월 말에 혁명기지로 복귀했다. 이 회의에서 호 아저씨가 중요한 보고를 했다.

그는 나에게 저항운동에 관한 상황평가를 들려주었다. 1952년 초, 적은 화빙 전역에서 심각한 패배를 맛보았다. 같은 해 말, 적은 북서 지방 전역에서 심대한 패배를 당했다. 적은 패배를 거듭할수록 격앙되어 왔다. 중국을 침공할 군사기지를 구축하기 위해 적은 어떤 대가를 지불해서라도 인도차이나를 고수할 것이다. '이제부터 피아 간의 싸움은 더욱 격렬해지고 복잡할 것이다.' 호 아저씨는 장기 저항전을 유지하기 위해, 그리고 저항전을 승리로 매듭짓기 위해 두 가지 사항을 지적했다. 첫째, 저항에 대한 확고한 지침을 보장할 것. 둘째, 토지개혁을 이행하기 위해 대중을 동원할 것.

호 아저씨는 적을 분산-소멸시키고 해방지역을 확장하기 위해, 적의 강점은 피하고 약점을 공격할 것을 제안했다. 북부 전장에서 우리 주력부대의 병사들은 적을 조금씩 소멸시키기 위해 유연한 방법으로 기동전을 수행해야 했다. 동시에 그들은 진지전을 감행해 적을 끌어들여 싸우고, 적을 분산시키고, 적들의 계획을 무산시켜서 기동전을 위한 유리한 여건을 조성해야 했다. 한편으로는 적 후방지

01 라오스 북동지역의 도시. 베트남 디엔비엔푸 남동쪽 100km, 하노이 남서쪽 150km 일대에 있으며, 북서베트남(북서 지방 지역) 방어에 있어 비중이 큰 지역이었다. (역자 주)

1953년 당중앙위원회 회의 개회식에서 연설하는 호치민 (Bảo tàng Hồ Chí Minh)

역에서 저항 기지를 확장, 강화하기 위해 게릴라전을 확대해야 했다. 우리는 아군 병사들을 단련시키고, 간부들을 교육 및 강화하는 데 높은 우선권을 두어야 했다. 이 과업은 가장 중요한 과업으로 고려되었다. 우리는 군을 건설하고, 장비를 개선하고, 포병을 건설하는 공동 계획을 작성해야 했다.

토지 정책의 이행에 관해, 호 아저씨가 조언했다.

"농민계급은 국가의 토대입니다. 그들이 인민의 대다수이기 때문입니다. 만일 우리가 저항전쟁을 승리로 매듭지으려면, 그리고 인민의 민주주의를 실현하려면, 농민들의 경제적 이익이 현실적으로 증진되고 경작지는 농민들에게 할당되어야 합니다."

전체회의는 호 아저씨의 제안을 만장일치로 채택했다.

당중앙위원회는 저항을 평가했다.

"우리 군대는 균등하게 발전하지 않고 있다. 북부에서는 우리 정규군이 신속하게 편제에 충족되고 있다. 그러나 중부와 남부에서는 정규군과 지방군, 게릴라와 민병대가 신속히 보조를 맞추는 데 실패했다. 그러므로 적은 인도차이나 방면 전투력의 2/3를 북부에 있는 우리와 대응하도록 집중할 수 있다. 적은 중부 전장에서는 준비를 하지 않는 경향을 보인다. 홍강 삼각주는 적의 강한 핵이다. 다른 전장은 상대적으로 약하다. 우리의 해방전쟁의 총체적 구호는 '장기적이고 자립적인 저항전쟁'이다. 그러므로 우리는 자만하거나, 적을 얕잡아보거나, 인내심을 잃거나, 위험에 처해서는 안된다. 우리가 공격하거나 전투를 벌일 때 우리는 성공을 확신해야만 한다. 그리고 우리가 성공을 확신한다면 승리할 때까지 싸울 것을 다짐해야 한다. 만일 우리가 성공을 확신할 수 없다면 싸움을 회피해야 한다."

전체회의는 우리의 투쟁 구호를 다음과 같이 정했다.

"적의 강점에 대한 공격은 일시적으로 유보하고 약점을 공격한다. 즉, 적의 경계가 느슨할 때 공격하며, 동시에 적의 후방지역에서 활동을 수행한다."

"정규군은 기동전을 주임무로 하며, 진지전은 부차적인 임무로 한다."

"북부의 적 후방지역, 중부 및 남부 전장에서 게릴라전은 가장 중요한 군사력이다."

당시에 베트남 혁명의 근본적인 과업은 인민의 거국적 민주혁명을 달성하는 것이었다. 1945년 8월 혁명 이후, 정부는 주인이 없는 경작지를 민주적 원칙에 따라 가난한 농민들에게 할당하는 회보를 발행했다. 이 회보는 토지세 25% 인하 소식도 싣고 있었지만, 당시에 격렬한 전투가 시작되는 바람에 회보에 실린 소식의 이행이 불가능해졌다. 전체회의는 혁명적 필요성에 근거해 다음과 같이 결정했다.

"당의 토지정책을 이행하기 위해, 우리는 제국 침략자들의 토지 소유 제도를 폐지해야만 한다."

"우리는 농민의 토지 소유 제도를 이행해야만 한다."

그리고 1953년에 최우선 과제를 다음과 같이 지정했다.

"우리는 토지세 인하를 성취하고, 고리 이율 인하를 실현시키며, 공동 경작지를 배분하고, 프랑스와 폭군의 땅을 농민들에게 할당하기 위해, 그리고 토지개혁을 실질적으로 준비하기 위해 농민들의 투쟁을 이끌어야 한다."

토지개혁은 저항전쟁 기간 중 당이 실행한 현명한 정책이었다. 그리고 토지개혁은 저항을 심대하게 증진시키는데 기여했다. 그러나 불행하게도 토지개혁을 실행하는 과정에서 중국의 경험을 교조적으로 적용하다 보니 상당한 시행착오가 있었다.

1952년, 우리는 북부 전장에서 전투를 개시했다. 아군이 적군보다 약했음을 고려하면 괄목할 만한 성과를 거뒀고, 이런 성과는 대서특필되었다. 베트민이 적 후방지역에 새로운 전선을 구축했기 때문이다.

괴뢰군은 1952년 초 이후 드 라뜨르의 노력을 통해 35개 대대까지 증강되었고, 그중 20개 대대는 베트남인 장교가 지휘했다. 괴뢰군의 군 구조는 프랑스군을 본떴다. 모든 장교는 고등학교 졸업 이후 선발되어 달랏과 투득에 있는 군사학교에서 교육을 받은 후, 전장의 각 초소로 배치되었다. 괴뢰군 대대는 전투 중에 프랑스군의 지휘를 받았다. 프랑스는 남부의 군사지역 방호 및 안정화 작전권을 점진적으로 괴뢰군에 이양했고, 프랑스군은 베트민에 대한 평정작전, 탐지 및 격멸작전을 담당했다. 프랑스는 각 구역에 운용할 기동 괴뢰사단을 편성하기 시작했다. 미국의 군사물자 원조는 1951년 1,490억 프랑에서 1952년 1,960억 프랑으로 증가했다. 미국은 인도차이나로 항공기, 전투차량, 중화기, 탄약, 상륙함, 차량, 무

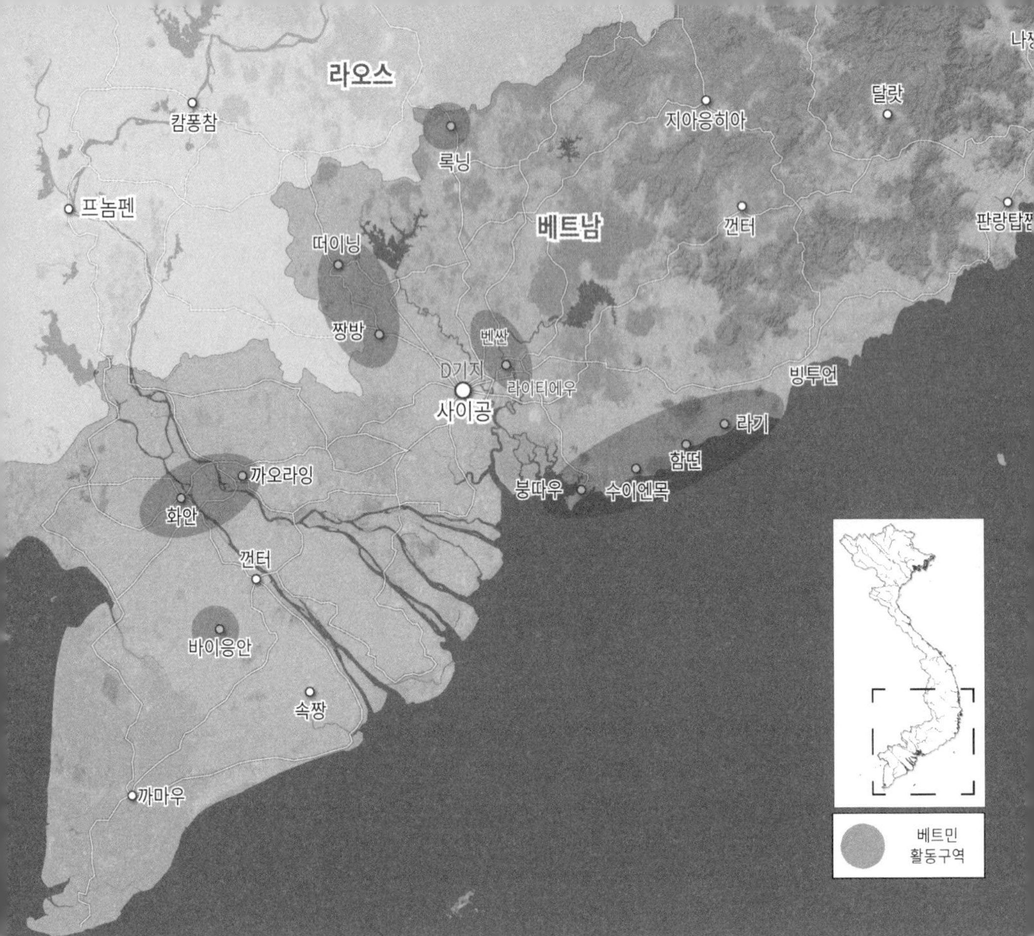

남부 전장

전기, 네이팜탄, 연료를 신속히 보내주었다. 일련의 품목들은 일본과 한국에 있는 예비 치장물자에서 가져왔다.

1952~1953년 동춘 기간은 남부 전장의 가장 어려운 시기였다. 프랑스는 남부에 25개 대대를 배치했는데 그중 절반 이상이 유럽-아프리카군이었다. 샹송의 후임으로 온 봉디[02]는 포위 활동을 늘리고 우리 저항 기지에 깊숙이 잠입했으며, 분쟁 지역과 게릴라지역을 점령하고 도로를 따라 수많은 초소와 감시탑을 구축했다. 그와 동시에 봉디는 '안정화'를 위한 평정작전을 시행했다.

02 Bondis, Paul-Louis (1895~1986) 프랑스의 군인. 2차 세계대전 당시 프랑스 항복 이후 자유프랑스군에 항복해 제2모로코보병사단 산하 제5모로코 보병연대장으로 서부전선에서 활약했다. 전후 튀니지 사령부와 생시르 교관을 거쳐 1951년 베트남 남부사령관으로 부임했다. 1954년부터는 남베트남 고등판무관직을 수행했다.

적의 포위정책은 우리 저항기지의 쌀과 식량, 전쟁물자와 무기의 재료가 되는 화학물자의 심각한 부족 현상을 초래했다. 중앙위원회는 북에서 남으로 전략적 수송로를 만들었다. 수백 톤의 물자가 제5연합구역에 의해 릴레이로 꾸미(Cù My), 라지(La Di), 함떤(Hàm Tân), 수이엔목(Xuyên Mộc)으로 운반되었다.

밀림과 큰 강, 깊은 내를 통과하며, 적들의 감시망 속으로 수이엔목과 빙투언(Bình Thuận)에서 D기지[03]까지 이어지는 300km가량의 통로는 동부 소연합구역의 제320대대가 담당했다. 이 대대는 북과 남을 오가는 중앙위원회의 간부단을 보호하는 책임도 맡았다. 병사들은 10~15kg의 등짐을 지고 적의 감시 속에서 도로를 오가고, 때로는 적과 전투를 벌이며 수많은 밤을 이 도로에서 보내야 했다. 각 병사는 그들이 주민들과 접촉할 때 입는 괜찮은 옷이 단 한 벌밖에 없었다. 물자, 화학제품, 그리고 모든 종류의 총기류와 탄약이 이 길을 통해 운반되었다.

1952년 10월, 유례없이 큰 태풍이 불어 닥쳤다.[04] D기지와 동부 기지에 있던 가옥, 헛간, 농작물, 가축들이 휩쓸려 버렸다. 동나이강의 일부 지역에서는 수위가 7~8m까지 불어났다. 특히나 즈엉밍처우 기지에서 도이(Đôi)천은 수위가 18m까지 상승했다. 태풍과 홍수의 가장 직접적이고 심각한 문제는 바로 기근이었다. 수십만 명의 주민, 병사, 간부들이 기근으로 고통받았다. 병사 1인당 쌀 배급량이 월 25kg에서 2.5kg까지 줄었다. 모두 다 죽을 먹어야 했고, 어떤 때는 죽조차 끓일 쌀이 없어서 한 끼 식사로 1인당 삶은 잭프루트 5~7알로 연명해야 했다. 우리의 불행한 상황 덕에 적은 우리 기지와 분쟁지역을 목표로 대규모의 평정작전을 실시할 수 있었다. 가장 대표적인 사례가 52일간에 걸쳐 진행된 D기지에 대한 평정작전이었다. 우리 병사들은 기근과 필요한 의약품 부족을 겪으면서도 끊임없이 평정작전에 맞서 싸우기 위해 이동해야 했다.

지방군은 도처에서 게릴라나 주민들과 협력해 평정작전에 대항했다. 우리 대대들은 프랑스군이 우리를 상대하도록 강요하기 위해 적의 중요 진지를 공격했

03 당시 사이공 부근에 있던 군사기지(역자 주)

04 10월 21일부터 31일까지, 최고풍속 295km, 915hPa의 카테고리 5급 슈퍼태풍인 Wilma가 필리핀을 휩쓸고 중부 베트남 일대에 상륙해 극심한 피해를 입혔다.

다. 1952년 10월 17일, D기지의 군대가 적의 평정작전에 맞서 교전을 벌이고 있을 때, 제303대대는 라이티에우(Lái Thiêu)중대와 협력 하에 벤싼(Bến Sắn) 초소를 공격해 1개 괴뢰중대를 소멸시켰다. 우리는 각종 화기 70정, 탄약 수 톤, 쌀 1t을 노획했다. 제300, 306, 307대대는 지방군과 협력 하에 짱방(Trảng Bàng)과 바처(Bà Chợ)기지를 공격해 투비엔 일대의 초소들을 파괴했다. 제311대대는 화안(Hòa An)과 까오라잉(Cao Lãnh) 지역을 공격했다. 제303대대는 록닝(Lộc Ninh)지역으로 전진해 투언러이(Thuận Lợi)와 부나(Bù Na)초소를 파괴했다. 동탑므어이의 군인과 주민은 적의 대규모 평정작전을 분쇄하고 후퇴를 강요했다. 제302대대 가운데 일부는 캄보디아의 동지들을 돕기 위해 캄보디아 동부의 혁명기지를 방호하고, 저항기지를 건설하며, 게릴라전을 강화하도록 캄보디아로 파견되었다.

제307대대는 적 초소들이 빽빽이 배치된 서부소구역에서 바이응안(Bảy Ngàn) 초소를 공격해 적 95명, 프랑스군 장교 2명을 생포하고 150정의 총기와 군 장비를 노획했다. 제410대대는 짬쳇(Tràm Chẹt)초소를 파괴하고 모든 무기를 노획했다. 지옹지엥(Giồng Riềng)현 1개 소대는 매복작전으로 적 코만도 1개 소대를 소멸시켜서 베트민 저항기지를 목표로 활동하던 코만도 활동에 종지부를 찍었다.

1953년 중반에 추수를 마친 후, 서부소구역의 기근이 호전되었다.

중부 전장에서는 정규군이 큰 진전을 이룩했다. 빙찌티엔에서는 많은 적 방어체계가 무너졌고, 초소가 사라졌으며, 적에게 남북의 병력을 차출해 빙찌티엔으로 증원군을 보내도록 강요했다. 1952년 추동 초기의 제5연합구역은 안케(An Khê)[05]를 주요 지점으로 선정해 전 전장에 걸쳐 강력한 활동을 전개했다. 우리 병사들은 꼰리아(Kon Lia), 뚜투이(Tú Thủy), 끄아안(Cửa An), 트엉안(Thượng An) 등의 전술기지를 공격했다. 삼각주, 해안, 제5연합구역의 군인과 주민은 도처에서 싸웠는데, 하이번(Hải Vân) 고개에서는 적 열차를 공격했고, 뚜이로안(Túy Loan)-아이응히아(Ái Nghĩa), 뚱썬(Tùng Sơn)-아이응히아, 빙디엔(Vĩnh Điện)-빙롱(Bình Long) 구간에서 적 호송부대를 공격해 수백 명의 적을 소멸시켰다.

05 베트남 중부지방의 남단에 위치한 소도시, 뀌년에서 북서 방향으로 약 70km, 꼰뚬에서 남서 방향으로 약 90km 지점에 있다. 베트남 전쟁 당시 맹호 부대가 격전을 치렀던 안케패스는 안케의 고개라는 뜻이다. (역자 주)

안케 작전은 1953년 1월 말까지 지속되었는데, 적에게 안케를 지원하기 위해 6개 대대를 투입하고, 안케 방면의 압력 감소를 위해 5개 대대를 뀌년(Quy Nhơn)[06]에 상륙하도록 강요했다. 우리는 적 1,600명을 소멸시키고, 18,000명의 주민을 해방했으며, 4개 대대가 무장할 수 있는 무기를 노획했다.

우리는 홍강 삼각주의 적 후방 전선에서 괄목할 만한 진전을 이룩했다. 적의 전략적 기동부대들이 대부분 일대에 주둔중이었고, 드 라뜨르 라인과 수백 개의 초소는 여전히 남아있었지만 점차 증가하는 게릴라전을 막아낼 수는 없었다. 우리 주력 여단들은 임시 피점령구역 내에서도 쉽게 이동하며 일련의 전술기지를 파괴했다. 과거에는 이와 같은 상황이 대규모 작전을 전개할 때만 발생했다. 1952년 말, 제304여단은 과거 제88연대가 2회에 걸친 공격에도 파괴하지 못했던 까오 사원을 포함해 많은 주요 전술기지를 파괴했다. 제48연대가 21번 국도상의 보띵 초소를 파괴했을 때는, 적이 초소의 상황을 파악하지 못한 채 항공기로 보급품과 초소에 증원병력으로 투입할 코만도 1개 소대를 공수낙하시켰고, 이 증원병력은 즉시 소멸되었다. 적은 대규모 병력을 동원한 신규 평정작전 수행을 강요받았지만, 장기간 작전을 수행할 충분한 전투력이 없어서 심한 손실을 입을 때마다 서둘러 후퇴하기에 급급했다. 우리 정규군은 삼각주에서 소규모 기동전을 계속했다. 규모는 작았지만 전투는 이전 전역만큼이나 강력했다. 홍강 삼각주 방면의 모든 작전을 지휘하고 있던 마르샤 장군은 다음과 같은 사실을 인정했다.

"제304, 320여단의 대부분이 푸리-흥옌-타이빙-닝빙의 사각 지역[07]으로 흘러들어왔다. 해당 부대들은 11월 5일부터 많은 초소 등을 공격하거나 점령하고 많은 매복 작전을 수행했으며, 우리는 심대한 손실을 입었고, 상황은 점점 더 심각해지고 있었다."

몇몇 프랑스 장군들은 다음과 같이 평가했다.

06 월남전 당시 퀴논이라 불리던 중부 지방의 항구도시 (역자 주)

07 하노이 남동쪽으로 60~100km 부근의 지역 (역자 주)

"우리는 더 이상 게릴라 작전에 대해서 말할 수 없다. 그러나 제2전선이 삼각주 남부에 조성되고 있다는 것은 이제 말해야만 한다."

하지만 우리는 북부 삼각주와 내륙지방에서 대규모 작전을 전개할 능력이 없었다. 만일 우리 정규군이 적 후방지역에서 대승을 거둔다면, 그것은 인민전쟁 운동을 유지할 수 있고, 소규모 기동전 전술을 효과적으로 적용했기 때문일 것이다. 적의 무기와 기동성은 월등하게 우세했고, 적은 이런 자산을 이용할 기회를 절대 놓치지 않았다. 우리는 아주 작은 태만에도 큰 대가를 지불해야 했다. 게다가 1952년 4월 중순, 하노이에서 멀지 않은 박닝성 꺼우두옹에서 제98연대가 겪은 실패는 제101연대의 실패로 이어졌다. 트아티엔에서 대성공을 거둔 이 연대는 하이랑(Hải Lăng)[08]에서 적에게 포위당해 병사들이 '죽기 아니면 살기'식 철수를 감행해야 했고, 이 과정에서 심대한 손실을 입었다.

베트민에게 유리한 전장은 산악과 밀림이었다. 1951년 9월의 리트엉끼엣 작전을 제외하면 산악과 밀림에서 베트민이 실시한 모든 작전은 성공적이었다.

그러나 이제는 산악과 밀림에서도 큰 장애물이 나타났다.

2

적은 1950년 이래 베트민 육군의 전투력 향상에 대응하기 위해 특화점과 땅굴을 구비하고 주변에 철조망과 지뢰지대를 둘러 견고한 방어체계를 갖춘 중대-대대규모 전술기지를 건설해 왔다. 프랑스인들은 많은 지역에 집단전술기지를 건설해 진지간 상호 지원이 가능하게 했다. 수비대는 원거리 화력지원을 활용해 야간 내내 전투를 지속하며 날이 밝으면 투입될 항공지원과 구원군을 기다렸다. 이런 베트민군 대응법은 삼각주와 내륙지방의 지형에서는 효과적이었지만, 우리가 증원부대를 기다렸다가 소멸시키는 산악과 밀림에서는 잘 통하지 않았었다.

08 중부의 꽝찌성 하이랑현 (역자 주)

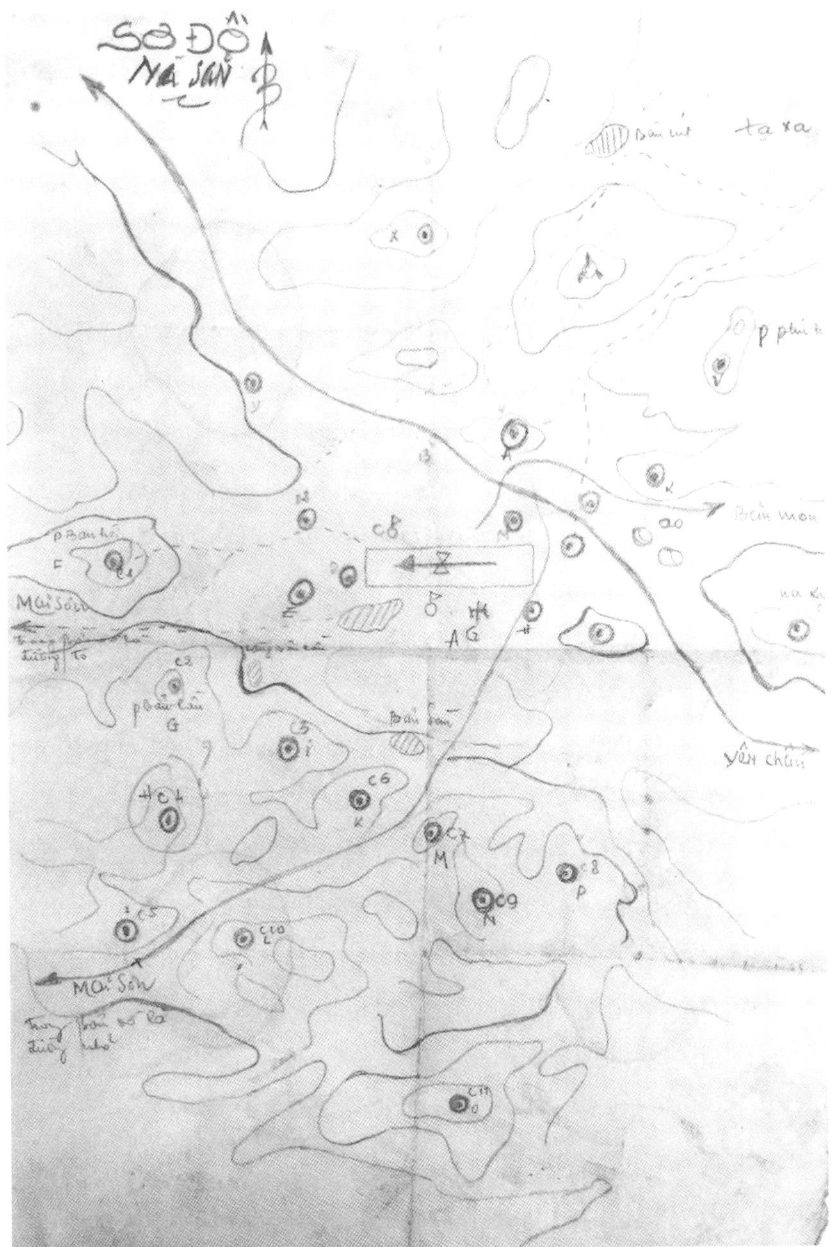

TIME지의 창간인인 미국 언론인 헨리 루스가 스케치한 나싼의 집단전술기지 배치. 상호 지원이 가능하도록 주요 고지 일대에 조밀하게 배치된 강고한 진지에 대한 공격을 강요하는 집단전술기지의 등장은 소산된 프랑스군의 각개격파를 추구하던 베트민들에게 심각한 위협으로 작용했다. (Henry R. Luce의 논문, MS 3014, New-York Historical Society 1952)

적도 이런 사실을 잘 알고 있었다. 적들은 황화탐 전역에서 일련의 진지가 포위되고 유린당하더라도 증원부대를 파견하지 않고 방치했다. 산악이나 밀림지역에서는 적 중대나 대대, 증강된 대대들도 우리의 적수가 되지 못했다. 적은 최근 북서 지방 전역에서 전술기지가 공격을 받았을 때 증원부대도, 빼앗긴 진지를 탈환하기 위한 기동군도 보내지 않았다. 까오방 전역 말기에 일어났던 일도 유사했는데, 프랑스군은 전술기지가 무너지자 근처에 있던 전술기지 수비대는 곧바로 철수해 버렸다. 그런데 이 과정에서 이색적인 상황이 발생했다. 북서 지방 방면의 철수는 아군의 공격에 의한 전력 소멸과 상호 혼잡을 방지하기 위한 프랑스 최고사령부 측 계획의 일환이었다. 적은 '단일 전술기지'에서 '전술기지의 집단화'로 계획을 변경했다. 우리는 이를 파악한 후 적 전술기지를 소대단위로, 그리고 중대단위로 격파할 수 있도록 훈련시키고 준비하는 데 엄청난 시간을 투자했다. 우리는 아군 전투원들이 더 이상 군도를 쓰지 않게 되었을 때 적 대대가 방어하던 전술기지를 파괴하는 데 성공했다. 이제 우리는 연대를 동원하여 적 1개대대가 방어 중인 전술기지를 격파하게 되었다.

나싼 집단전술기지에서 적의 기지는 10배로 확대되었다. 적들은 더 많은 병력을 확보했고, 공항과 포병대, 기갑부대를 갖춰 모든 공격에 대응할 준비가 되어 있었다. 집단전술기지의 형태는 북베트남의 화빙 전역에서 처음으로 등장했다. 적은 밀림과 산악 사이에 있는 소도시를 점령했다. 이런 소도시는 주로 계곡에 아래 있었고, 적 지휘관이 소도시, 사령부, 비행장, 보급소 및 공수낙하지점을 화망의 연계로 보호하려면 인근의 고지를 차지해야 했다. 이런 고지들은 공격을 당했을 때 서로의 측면을 보호했다.

그러나 북서 지방에서는 적 집단전술기지가 다른 목적으로 건설되었다. 쌀랑은 드 리나레에게 산악, 밀림지역에 위치한 비행장 부근에 견고한 기지를 건설하도록 지침을 부여했다. 그는 이렇게 말했다.

"이는 적에게 우리가 보유한 각종 무기를 사용하기에 유리한 지형에서 싸우도록 강요할 것이다. 그리고 비행장이 전투부대에 정규적인 보급을 보장할 것이다."

이런 기지는 프랑스군의 대규모 공세를 위한 발진 기지로 활용되거나, 베트민이 공격을 실시할 경우 프랑스 측에 유리한 공간을 제공할 수 있었다. 나싼 집단전술기지의 병력은 삼각주에서 온 증원 기동부대와 북서 지방 전술기지에서 철수한 병력으로 구성되어 있었다.

집단전술기지는 적의 새로운 방어 전략수단이 되었다. 프랑스는 이를 '고슴도치 전략'이라 명명했다. 이는 베트남에서 침략자들이 수행한 전쟁의 특징적인 형태였다. 프랑스 침략자들은 제한된 전력을 보유했지만, 베트남 정규군의 약점과 강점을 훤히 알고 있었다. 아군의 입장에서 산악, 밀림지역 한가운데 위치한 쌀랑의 전술기지 체계와 많은 비용을 소모하며 엄청난 무기를 갖춘 정예 25개 대대가 24시간 방호해야 하는 드 라뜨르의 견고한 방어선을 비교한다면 전자가 확실히 위험했다. 이제 과거에 아군이 유리했던 전장에서 승리할 확률이 줄어들었다. 우리는 여전히 많은 사상자를 감수하지 않는다면 전술기지를 파괴할 수 없었고, 과거의 전술은 더 이상 새로운 환경에 통용되지 않았다.

적의 집단전술기지는 독립적으로 공세에 대응할 수 있었다. 증원부대는 물론 보급도 다중 방어체계를 갖춘 비행장을 통해 공수할 수 있었다. 적은 종합전술기지를 통해 우리의 약점을 극대화할 수 있었다. 아군은 식량부족과 수송수단의 제한으로 인해 대규모 부대를 산악이나 밀림지역에서 장시간 유지할 수 없었고, 적은 우리가 철수하기까지 기다린 후, 집단전술기지에서 나와 우리가 떠난 초소들을 재점령했다.

집단전술기지는 우리 군의 진군에 있어 새로운 도전이 되었다.

1953년 2월 말, 총참모부는 적 집단전술기지에 대한 공격방법을 모색하기 위한 회의를 열었다. 회의는 9일간 계속되었으며 새로운 임무 수행을 준비 중이던 제308, 312여단의 연대장들이 참여했다.

회의에서 집단전술기지의 강약점이 평가되었다. 집단기지는 철조망과 지뢰지대로 방어공사를 실시한 일련의 분리된 전술기지들로 구성되었다. 하나의 인접

전술기지만 공격을 받아도 화력으로 상호 지원이 가능했으므로, 아군이 야간 공격을 실시한다 해도 집단전술기지에서 기동예비를 보내 구원할 가능성은 희박했다. 1952년 화빙 전역에서 제36연대의 소규모 반들이 포진지와 비행장을 공격하기 위해 전술기지들 사이에 나 있던 유일한 통로를 통과하는 데 성공했다. 우리 대대들은 이를 통해 화빙시 방호선에 위치한 일련의 고지들을 파괴할 수 있었다. 그러나 화빙 집단전술기지는 나싼의 집단전술기지만큼 잘 장비되지 않았었다. 배트민은 집단전술기지를 공격할 때 각 기지에 주둔한 적을 소멸시키는 것은 물론 공세기간 전반에 걸쳐 진지들에 대한 통제를 유지해야 했다. 그래야 보다 종심 깊이 공격할 수 있었다. 따라서 아군 병사들은 한편으로는 적 보병을 공격하고, 다른 한편으로는 적의 대포, 전차 및 항공기에 대응하면서 밤낮없이 싸워야만 했다. 집단전술기지의 화력을 제한시키는 것이 가장 중요한 과제였다. 나싼과 같이 거대한 집단전술기지를 공격하기 위해서는 막강한 중화기, 대공화기가 절실했다. 우리 동맹인 소련은 아군을 위해 1개 포병연대와 1개 37mm 대공포연대를 준비중이었으나, 당시까지 이런 부대들은 준비가 끝나지 않았다.

우리는 아직 군수품을 준비해야 하는 중요한 과업이 남아있었다. 북서 지방 전역에서 수행했던 군수활동은 우리에게 유용한 경험을 안겨주었다. 제3, 4연합구역에서는 작전을 위해서 총 5,000t의 쌀을 동원했는데, 쌀이 쑤오이줏에 도달했을 때는 1,250t만 남아있었고, 더 먼 꼬노이까지 운반되었을 때 병사들이 수령한 양은 단지 410t에 불과했다. 일일 배급량이 극히 적은 전시근로자들이 전선으로 오가는 동안 92%를 소비했던 것이다.

베트민은 9개 성. 즉, 타잉화, 응헤안, 닝빙, 남딩, 하남, 화빙, 푸토, 빙옌, 옌바이에서 자주 식량을 동원했다. 이런 성들의 절반은 임시 피점령지역이었다. 가장 중요한 식량 공급지는 타잉화였다. 하남딩 작전 당시 98%, 화빙 및 북서 지방 작전 당시 70%의 식량이 타잉화에서 동원되었다. 타잉화는 저항 기간 내내 해방지역이었으며, 해방지역 가운데 가장 넓고 가장 인구가 많은 성이었다. 타잉화의 주민들은 강한 애국심과 혁명정신을 가지고 있었다. 그러나 타잉화는 전선에서 멀리 떨어져 있었으므로, 전시노무자들은 전선을 오가며 쌀을 나르기 위해, 자신들이 나르던 쌀을 대부분 소비할 수밖에 없었다.

수송은 가장 어려운 문제였다. 쩐당닝은 현지에서 식량을 동원하는 방안을 최선으로 여겼다. 그러나 북서 지방은 논이 거의 없는 산악 및 밀림지역이었고, 일대의 주민들은 빈번한 유랑생활로 인해 자주 기아의 위협을 받았다. 결국 우리는 자동차로 식량을 수송할 수 있도록 도로를 보수해야 함을 깨달았다. 우리는 군수품과 식량을 전선으로 수송하고, 집단전술기지를 공격하기 위한 다량의 탄약도 수송해야 했다. 부상자 치료에 필요한 의약품, 포로를 위한 식량도 필요했다. 그러나 후방에서 전선까지 수백km에 달하는 도로를 보수하는 데는 오랜 시간을 필요로 했다.

당시 우리는 프랑스 총참모부가 정확한 결론에 도달했음을 알지 못했다.

'베트민 군대는 주둔 기지에서 180km 이상 떨어진, 식량이 부족한 지역에서 장기간 작전을 할 수 없다.'

그러나 아이러니하게도 이 계산이 디엔비엔푸에서 프랑스 원정군의 재앙에 기여하게 되었다.

3

한 작전이 종료될 시점에서 떠오르는 고민은 '다음 작전은 어디에서 수행해야 하는가?'이다.

아군과 적군은 무기와 여타 장비 면에서 엄청난 격차가 있었다. 이를 복싱에 비교해 보자면, 각 라운드에 해당하는 건기 동안, 라이트급 복서가 헤비급 복서와 좁은 링 안에서 싸우는 것이나 다름없었다. 그리고 우리가 사용하는 복싱 기술을 적이 파악하게 되면서 이후의 모든 전투는 점점 더 어려워졌다.

가장 중요한 혁명전쟁 전략은 적에 대한 끊임없는 공격이었다. 우리는 지난 8년간, 전투의 규모에 관계없이 끝없이 공세를 유지했다. 이것이야말로 적이 항상

회담중인 라오스의 수파누봉 왕자(좌)와 호치민(우) (ANN)

새로운 부대와 무기, 장비로 증강되면서도 수렁에 빠진 듯이 항상 수동적 태세를 유지할 수밖에 없는 이유였다. 저항전쟁 첫해부터 인민과 지방군이 수행한 게릴라전과 정규군이 수행한 소규모 기동전이 신속한 승리에 대한 적의 희망을 산산조각냈다. 그러나 우리가 기나긴 전쟁을 끝내려면 결정적인 전투에서 적 정규군을 격파해야 했다. 그리고 우리가 개통했던 도로들은 적의 집단전술기지에 의해서 차단되어가고 있었다.

북서 지방 작전은 예상보다 일찍 종료되었다. 베트민 부대는 소진되었지만 복원이 가능한 상태였다. 부상병들은 적절한 치료를 받고 원대 복귀할 수 있었다. 베트민은 우기 이전에 새로운 작전을 전개할 충분한 능력을 보유했다. 우리는 적이 북서 지방을 탈환하거나, 삼각주에서 대규모 평정작전을 전개하거나, 해방지역을 공격하지 못하도록 '끊임없는 공세' 전술을 유지해야 했다. 북서 지방 작전은 새로운 방향을 제시했다. 북서지방의 80%가 해방되었고, 라오스 북부로 이어지는 도로 소통이 복원되었다. 우리는 오래 전부터 라오스 저항정부가 자리를 잡을 수 있도록 북부 라오스의 게릴라 기지를 해방지역까지 확장시켜 동맹국을 지원하려는 생각을 해왔다. 그리고 당시의 상황은 지원 계획을 시행하기에 유리했다. 라오스 영토에 형성된 새로운 전선은 적에게 새로운 상황에 대응하고, 적들이 인도차이나에서 보다 수동적인 자세를 유지하도록 강요할 수 있을 것 같았다. 나는 이 문제를 북서 지방 작전 종료 후 응웬치타잉과 논의하고, 적 상황과 북부 라오스의 지형을 조사해 당 총군사위원회에 보고서를 제출하도록 총참모부에 지침을 부여했다.

북부 라오스는 면적이 135,000㎢에 달하고, 주민 백만 명을 상회하는 루앙프라방, 삼네우아, 시엥쿠앙(Xieng Khuang), 비엔띠엔(Vientiane), 퐁살리(Phongsaly)[09], 후아이싸이(Huay Sai) 등 6개 성으로 구성되었다. 북부 라오스는 다시 2개 지역으로 구분되는데, 동쪽의 산악 및 밀림지역은 베트남의 북서 지방에 인접했고, 서쪽의 평원지대는 메콩강 유역이었다. 북부 라오스와 북서 지방은 같은 지형을 분할하고 있었다. 마강과 추강은 삼네우아에서 타잉화로 흐른다. 많은 도로들이 북베트남에서 북부 라오스로 이어져 있다. 6번 국도는 화빙에서 목처우, 파항(Pa Hang), 삼네우아로 이어져 있고, 말 등에 짐을 지어 나르는 도로는 썬라에서 솝나오(Sop Nao)를 지나 삼네우까지 연결된다. 타잉화에서는 여러 도로가 솝나오를 거쳐 삼네우까지 연결된다. 7번 국도는 빙(Vinh)에서 시엥쿠앙까지, 디엔비엔푸에서 떠이짱(Tây Trang)을 지나 무앙쿠아와 루앙프라방까지 이어진다. 북부 라오스는 메콩강 상류 지역, 쩐닝 지역과 퐁살리 군사지역으로 나누어져 있었다. 괴뢰 라오스군은 라오스 주둔 프랑스군의 90%를 차지했다. 그들은 잘 훈련되지 않았고 베트남 정규군의 상대가 되지도 못했다. 북부 라오스의 베트남 의용군은 3개 집단으로 조직되었는데, 각각 4~6개 중대로 구성되어 삼네우아, 시엥쿠앙 및 루앙프라방에서 운용되었다. 1,500명의 라오스군은 6개 중대 및 24개 소대로 모든 성에 산개된 상태로 형성되어 있었다. 프랑스 최고사령부는 언제나 북부 라오

09 북부 라오스에 위치한 도시 (역자 주)

스를 안전한 '뒷마당'으로 여겼지만, 북서 지방 작전 이후 완충지대가 사라졌으므로 보다 많은 관심을 기울였다. 적은 삼네우아에 2개 대대를 증원해 총 3개 대대를 보유했다. 그들은 삼네우아시를 소형 집단전술기지로 구성했고, 시엥쿠앙에 있는 자르스(Jars)평원[10] 지역 역시 1개 대대 이상을 증원했다.

1953년 2월 2일, 당 총군사위원회는 북부 라오스에서 춘하(春夏) 작전을 전개하기로 결정했다. 정치국과 호 아저씨는 라오스의 친구들과 협조해 적 2,000~3,000명을 소멸시킬 목적으로 삼네우아에서 전개할 작전을 수락했다. 이 작전을 통해 후방에 전선을 형성하면 적이 기동예비를 분산시키도록 강요하는 형태로 라오스 저항 정부를 지원할 수 있었다. 반면, 적들은 자신들에게 유리한 방향으로 북서 지방의 상황을 복원하거나 홍강 삼각주를 안정화할 수 없을 것으로 예상되었다.

라오스 인민혁명당 및 라오스 저항정부 지도자들은 우리의 정책을 열광적으로 환영하고 작전을 성공적으로 종료할 수 있도록 모든 노력을 다 할 것을 약속했다. 2월 말, 우리 총참모부, 군수총국 및 작전에 참가할 각 부대의 간부단이 지형을 정찰하고, 전장을 준비하며 작전계획을 완성하기 위해 길을 떠났다.

삼네우아시는 화빙처럼 산악 및 밀림 지역 사이에 있는 작은 계곡에 위치하고 있었다. 시가에는주로 라오스 현지인 출신 병사들로 구성된 3개 중대와 함께 지역사령부가 주둔했던 본부 초소가 있었다. 일대의 병력은 계속 증원되어서, 삼네우아는 최종적으로 제1라오스 공정대대, 제5라오스 보병대대, 제8라오스 특공대대와 일정 규모의 프랑스군으로 구성된 도합 3개 대대를 보유하게 되었다. 총 병력은 1,700명으로 말쁠라뜨(Maleplatte) 소령이 지휘하고 있었다. 적은 나싼에서 도출한 교훈에 따라 시 둘레의 진지 10개소에 주둔했다. 각 진지는 철조망을 두른 견고한 방어체계를 갖추고, 각 진지를 교통호로 연결하고 있었다. 일대의 수많은 나무들도 제거했으며, 나통(Na Thong) 비행장과 나비엥(Nà Viêng)의 강하지역을 보수했다. 말쁠라뜨는 인근에 대한 평정작전을 빈번히 지시했고, 특공대를 보내 우리 부대와 우리 공세 방향을 탐지하도록 했다.

10 디엔비엔푸에서 남쪽으로 300여 km, 루앙프라방 남동쪽 60km 지점에 지점에 위치한 라오스의 도시, 1,000여 개의 큰 돌 항아리가 있어 항아리 평원으로 불리기도 한다. (역자 주)

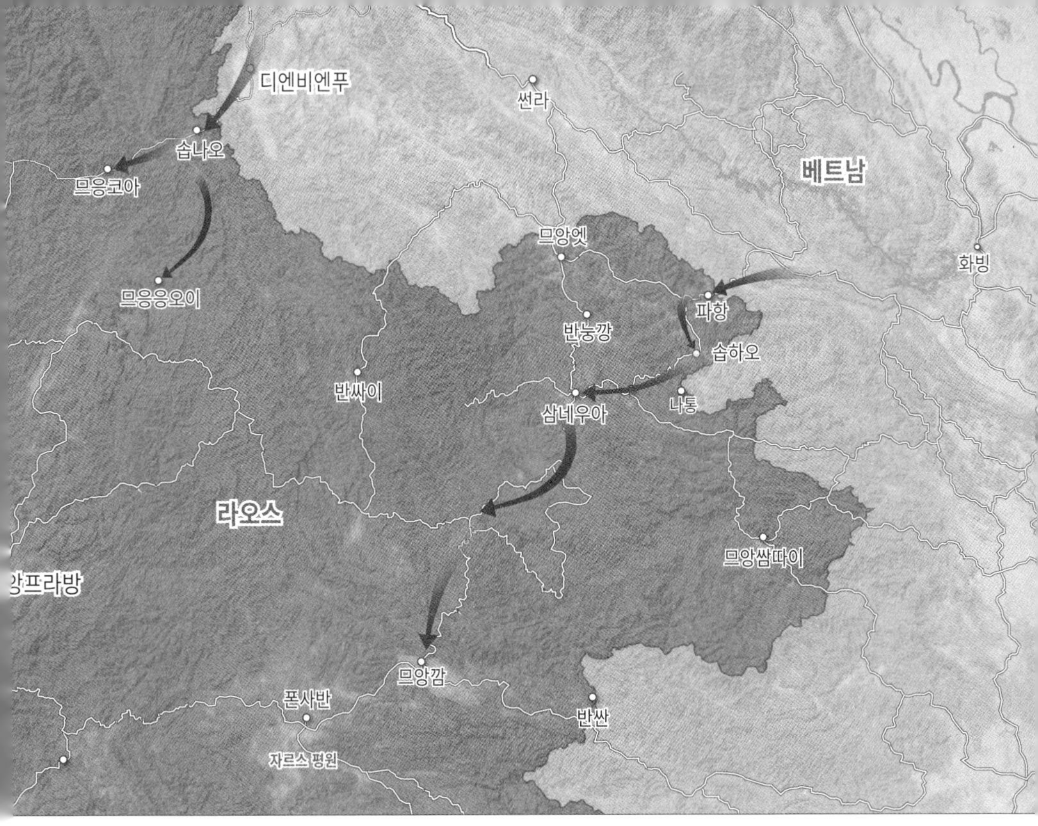

삼네우아 방면의 추격전

삼네우아는 소규모 집단전술기지였다. 만일 우리가 삼네우아를 파괴하는 데 성공한다면, 장차 나싼을 공격할 아군에게 좋은 예행연습의 계기가 될 듯했다.

당면한 장애물은 보급 문제였다. 후방에서 삼네우아까지 이어지는 보급로는 나싼 보급로보다 두 배나 길었다. 라오스의 도로는 베트남 이상으로 열악했다. 이전까지 통행이 가능했던 일련의 넓은 도로들은 심각하게 손상된 상태였다. 산악지대에는 길이라고 할 만한 것이 거의 없고, 수많은 고개와 비탈 뿐이었다. 군수총국은 랑썬에서 쑤오이줏, 목처우, 솝하오(Sop Hao)를 지나 삼네우아까지 장장 600km에 이르는 도로에 임시보급소, 창고, 기착지들을 설치했다. 공병들은 폭약을 사용해 마강 상류의 폭포를 제거했고, 지역민들이 산악지역을 통해 목처우까지 수백 척의 삼판을 타고 국경을 건너 강을 따라 내려가며 삼네우아 부근으로 물품을 운반했다. 이번 작전에는 인력 외에도 차량 80대, 각종 선박 약 900척, 짐자전거 2,000대와 수송용 말 180마리를 동원했다. 우리 라오스 친구들은 현지의 식량과 기타 식료품을 동원할 수 있도록 지역민들을 설득해 주기로 약속했다. 그들은 삼네우아성의 작황이 풍작인데다, 시엥코만 해도 200t의 쌀을 동원할 수 있다고 우리에게 알려주었다. 단, 소금을 가져와 교환해야 하는 조건이었다.

또다른 어려움은 보안 유지였다. 만일 작전의 방향이 조기에 노출된다면 적은 삼네우아 방어를 보강할 것이고, 일부 전술기지에 병력을 추가 배치할 수도 있었다. 우리는 이런 문제를 해결해야 했다. 만일 적이 삼네우아를 대규모 집단전술기지로 구성하거나 역으로 완전히 철수해 버린다면 작전에 심각한 문제가 생길 수밖에 없었다. 그러나 이런 일이 벌어지더라도 북서 지방 방면의 작전 지역에는 유리하게 작용했을 것이다. 총참모부는 다강, 썬라, 옌처우 등 3개 방면에서 나싼을 목표로 전투를 벌일 듯이 기만전술 계획을 다듬어 갔다. 적은 후방에서 꼬노이까지 어떤 작전준비 활동이 탐지되더라도 이를 나싼 공격으로 해석했을 것이다. 그러나 꼬노이-삼네우아 구간에서 진행되는 모든 준비에 대해서는 완벽한 보안을 유지해야 했다. 기만전술은 제316여단을 동원해 작전 직전인 3월 말이나 4월 초에 수행하도록 계획했다.

삼네우아 공격을 위한 주공 방향에는 6개 연대, 즉, 제308여단 3개 연대, 제312여단 2개 연대와 제316여단 98연대를 투입할 계획이었다. 목처우를 방어 중이던 제316여단 174연대는 이 방향의 예비로 운용하기로 했다. 지원부대로는 70mm 야포 4개 포대(12문), 120mm 박격포 3개 중대(12문), 12.7mm 고사총 2개 대대, 1개 공병중대 및 1개 정찰중대로 구성되었다.

이번 작전의 전술 개념은 기습공격으로 선정했다. 멀리서부터 적을 포위하고, 적의 증원을 방해하기 위해 비행장과 강하지역을 통제하기로 했다. 공격부대들은 외곽의 가장 중요한 고지를 점령하고, 중심부 방향으로 깊숙이 공격해 적을 분할 소멸시킬 예정이었다.

협조 방향은 디엔비엔푸였다. 제148연대는 그들이 확실히 이길 수 있는 소규모 전투를 수행하면서 남오우(Nam Ou)강[11] 유역에서 운용될 예정이었다. 만일 상

11 북부 라오스에 위치한 강 이름(역자 주)

황이 호전되면 과감하게 전과를 확대하도록 지시했다.

목처우 및 옌처우 방향에서는 제312여단 165연대가 특공대 형태로 적 포병진지와 나싼에 있는 사령부를 공격하고, 적 수송행렬을 매복 공격하는 임무를 맡았다. 동 연대는 제316여단 174연대와 협력해 목처우를 탈환하려는 적을 어떤 대가를 지불해서라도 막아야 했다.

보조노력 부대의 방향은 시엥쿠앙이었다. 제304여단은 2개 연대를 7번 국도를 통해 라오스로 이동시켜서 눙헷(Noong Het)과 반반의 초소들을 파괴하고, 시엥쿠앙과 쿠앙카이(Khuang Khai)에서 게릴라전을 발전시키는 임무를 부여받았다.

3월 17일, 응웬치타잉은 당 총군사위원회를 대표해 응헤안성의 아잉썬(Anh Sơn)으로 이동하여 라오스 저항정부와 라오스 이싸라 전선을 대표하는 푸미봉비칫[12]과 함께 작전 책임을 맡은 제304여단의 정치-군사 토의에 참가했다. 제304여단장 황밍타오와 정치지도원 레츠엉[13]에게 몇 가지 충고를 한 타잉은 삼네우아 작전이 정시에 이뤄지도록 비엣박으로 복귀했다.

3월 21~22일 밤, 제308, 312여단은 목처우의 재편성 지역에서 합류하기 위해 줄지어 푸토를 출발했다. 보급의 어려움으로 인해 각 부대는 약식으로 편성하고 병사들도 보병화기를 도수운반해야 했다. 다만 작전 주공을 지원하기 위한 70t에 달하는 포탄과 소총탄은 자동차로 수송되었다.

최고사령부 전선팀도 최소한으로 편성했다. 참모진은 북서 지방 작전에 비해 절반으로 줄었다. 경량화된 파견대는 각 부대에 임무를 부여할 회의를 준비하기 위해 먼저 화물차량으로 출발했다.

전역사령부는 참모장 황반타이, 정치부장 응웬치타잉, 군수총국장 쩐당닝, 그리고 사령관인 나를 포함해 구성되었다. 우리 외에는 라오스 왕자 수파누봉, 라

12 Phumi Vongvichit (1909~1994) 라오스의 정치가. 식민정부 관료 출신으로, 라오스가 일본군에 함락되자 탈출 후 저항운동에 참가했다. 1945년부터 베트민과 협력하여 프랑스군을 공격했고, 이후 태국을 중심으로 활동하며 게릴라전을 주도했다. 라오스 내전이 시작되자 좌파 민족주의 단체의 지도층으로 활동했고, 1974년 승전 후 잠정국민연합정부의 부총리 겸 외무장관이 되었다. 1986년에는 국가주석 수파누봉의 노환으로 국가주석대행이 되었다.

13 Lê Chưởng (1914~1973) 베트남의 군인. 17세부터 인도차이나 공산당에 가입했고, 프랑스를 상대로 독립투쟁 중 체포되어 20년형을 받았으나 1945년 복귀했고, 이후 정치장교로 활동했다. 주요부대 정치장교와 사관학교 정치학부를 담당했으나, 1971년부터는 정치가로서 국회의원이나 교육부 차관으로도 일했다. 1973년 사고로 사망했다.

오스 저항정부 수상 카이손 폼비한, 라오스 혁명인민당 총서기 겸 국방장관 싱가포르(Singapor), 국방차관, 그리고 삼네우아성 당서기 타오마가 전선에 나타났다. 베트남 공산당 정치국은 응웬캉을 전선 담당으로 지명했다. 응웬캉은 중앙위원회 위원이자 라오스 담당자였다.

중국 고문단은 북부 라오스에서 작전을 전개하려는 우리 결심을 승인했다. 그러나 전역이 베트남 국경선 밖이었으므로 그들은 참가하지 않았다.

베트민은 홍강 삼각주와 내륙지방, 후방에 일부 부대를 남겨 적의 출현에 대비하도록 했다. 제3연합구역의 좌안에 주둔하고 있던 제42연대는 제50연대와 힘을 합쳤다. 지난 몇 달 동안 적은 이 두 연대를 해방 지역으로 축출하기 위해 수많은 작전을 전개했으나 모두 실패했다. 이 연대들은 프랑스 최고사령부에 의해서 '잡을 수 없는' 존재로 인식되었다. 제3연합구역 우안은 여전히 적이 타잉화 해변지역에 상륙하는 상황에 대응할 준비를 갖춘 제320여단의 책임지역이었다. 제238연대와 제246연대(-1개 대대)는 내륙지방 방향에 배치되어 왔다. 제176연대(-1개 대대)와 제246연대 1개 대대는 푸토 방향에 배치되었다. 제48연대 1개 대대와 지방군이 화빙 방향에 배치되었다. 이런 제방향의 모든 부대들에게 부여된 공통 지침은 적의 평정작전에 대응할 게릴라전을 복원하고, 적 소규모 부대가 해방지역을 공격하면 그들을 하나씩 남김없이 소멸하기 위한 전투를 수행하는 것이었다.

북부지역의 상황은 화빙 작전 이후에 많이 변화했다. 나는 병사들과 함께 라오스로 출발할 때 안도감을 느꼈다.

4

나는 3개월 만에 북서 지방으로 돌아왔다. 내가 1952년 10월 그곳에 갔을 때, 그 지역은 옌바이에서 타오강까지 적에게 임시 점령된 지역이었다. 베트민은 목전에 놓인 적의 길을 차단하기 위해 초소를 격파해야 했다. 2개월 후, 우리는 목처우를 해방시키기 위해 다강을 건넜다. 당시 이동은 밤에 이뤄졌는데도 5일 밤밖에 걸리지 않았다. 이제 북서 지방의 산악 및 밀림지역은 대부분 우리의 영토가 되었다. 제6, 13번 국도는 보수되어 차량들이 밤새껏 달리고, 병사들과 전시근로자들이 활보할 수 있었다.

수파누봉 왕자와 카이손 폼비한은 열정을 느꼈다. 이 두 명의 라오스 지식인들은 프랑스 문화에 영향을 받았지만, 국민의 자유를 위해 스스로 우리와 연합해 응웬아이꿕의 길을 따르기로 결의했다. 그들은 베트남-라오스 인민들의 결속을 위해 열심히 공헌했다. 그러는 동안, 우리는 이제 막 발생하기 시작한 문제를 어떻게 해결할 것인가를 토의하기 바빴다. 우리는 모두 라오스 혁명의 미래를 낙관했다. 카이손은 이번 작전이 끝나면 삼네우아가 '타이응웬'이 되고, 가까운 장래에 북부 라오스가 라오스 저항과 혁명을 위한 '비엣박 기지'가 되길 원했다.

참모부 보고에 따르면, 하노이에서 방송하는 적 라디오는 제308, 312여단이 푸토를 떠났으며, 베트민이 북부 라오스나 나싼을 공격할 준비를 하고 있다고 보도했다. 방송은 북부 라오스에 대한 공격이 두 방향 즉, 목처우-삼네우아 방향과 디엔비엔푸-루앙프라방 방향으로 이뤄질 것이라고 덧붙였다. 군사 정보요원은 삼네우아의 적 상황에 아무런 변화가 없다고 보고했다. 나싼의 베트민 정찰대는 적 항공기가 탄약과 식량을 불이 날 정도로 실어 나르고 있다고 보고했다. 제316여단은 기만전술을 이행하기 시작했다. 우리는 북부 라오스를 공격하러 간다고 크게 선언한다면 적이 오히려 나싼에 대한 공격을 경계할 것이라고 생각했다.

1953년 3월 말, 적은 홍강 삼각주 남쪽 방향에서, 닝빙성 옌모현과 타잉화성 응아썬현의 해방지역을 겨냥해 대규모 작전을 개시했다. '오트잘프'(Hautes alpes)로 명명된 이 작전에는 4개 기동단이 동원되었다. 적은 팟지엠 주변과 닝빙-겡 간 1번 국도상의 18개 초소에 병력을 주둔시키고 타잉화를 위협했다. 쌀랑은 제304여단이 7번 도로를 따라 서쪽으로 전진중임을 확실히 탐지하고, 우리 부대를 되돌리기를 원했다. 우리는 이와 같은 전술에 익숙해져 있었다. 사실 적의 활동이 타잉화에서 탐지되지 않았다. 만일 적들이 그렇게 나온다면 우리도 대응책이 준비되어 있었다. 같은 시각, 적 공정 다중대대가 나싼에서 목처우로 전진하고 있었다. 적은 이 작전을 '구스타브'라 불렀다. 공정대대는 제15연대에 의해 정지당했고, 곧 격렬한 전투가 벌어졌다. 아직 므엉혯에 도달하지 못한 공정 다중대대가 따코아에 있는 제308여단을 탐지했다. 드 리나레는 공정 다중대대와 지역 내 모든 부대들에게 나싼으로 철수하도록 즉각 명령했다. 1953년 4월 8일의 일이었다.

1953년 4월 5일과 6일, 아군 부대에 작전계획을 하달하기 위한 회의가 목처우에서 20km 떨어진 사령부에서 열렸다. 준비에 직접 참가한 이들을 제외한 각 부대 간부들은 이 회의를 통해 삼네우아가 이번 작전의 목표임을 알게 되었다. 그때까지 간부들은 목표가 니싼이라고 생각했다. 누군가는 나싼에 대한 공격이 지난번의 실패를 극복하는 데 도움을 줄 것이라고 생각했고, 다른 누군가는 이번 작전 목표에 비해 작은 병력 규모에 대해 의아해하고 있었으며, 또다른 누군가는 아군 병사들의 전투수준에 적합한, 올바른 결정이라고 여겼다. 그들은 모두 삼네우아에 대한 공격이 장차 작전에서 나싼 공격을 위한 '예행연습'임을 깨닫고 모두들 진정했다.

회의를 진행하던 중, 호 아저씨의 1953년 5월 3일자 서한을 받았다. 아저씨는 이렇게 썼다.

"이는 여러분이 그토록 중요하고 영광스러운 과업, 즉 우리 동맹국의 인민을 돕는 임무를 완수해야만 하는 첫 번째 순간입니다. 친구를 돕는 것은 우리 스스로를 돕는 것입니다."

아저씨는 병사들에게 다음과 같이 당부했다.

"모든 난관을 극복하고, 적 소멸에 애쓰고, 용감하게 싸우십시오. 국제적 정신의 표명으로, 우리 동맹의 주권, 전통 및 관습을 존중하고 그 인민에 대한 존경과 사랑을 키워야 합니다. 군기를 엄정히 하십시오. 베트남 인민군의 명성을 보존하십시오..."

제308여단은 제316여단 98연대와 함께, 삼네우아 부근의 전장을 점령했다. 3개 대대는 적의 공수낙하를 활용한 증원을 방해하기 위해서 무옹삼 지역을 통제

삼네우아에 도달한 팟헷 라오스 대원들 (ANN)

하도록 명령을 받았다. 이 대대들은 적이 시엥쿠앙으로 철수하는 상황을 막기 위해서 6번 도로를 차단하는 임무도 부여받았다. 각 부대에 하달된 명령은 다음과 같았다.

'제102연대는 외곽에 있는 투루(Thou Lou) 전술기지를 공격한다. 제88연대는 카이돈(Khai Don) 1번, 2번진지를 공격한다. 제98연대는 반반 진지를 포위하고 삼네우아 시를 공격하며, 동시에 제36연대는 본청을 공격한다.

제312여단은 1개 대대를 미리 보내 삼네우아 동쪽으로 1km가량 떨어진 나통 비행장을 포위하고 낙하지역을 통제한다. 제209연대는 나통 비행장을 통제하다 나통응오아이 전술기지를 포위, 격파한다. 제141연대는 나통쫑 전술기지를 파괴한다. 제165연대는 삼네우아 서쪽 1km 지점의 나비엥 진지를 파괴한다.

모든 부대는 1953년 4월 17일까지 재편성을 완료한다. 나통, 투루 및 카이동 1번에 있는 부대들은 동시에 사격을 가하면서 작전을 개시한다.'

총참모부는 삼네우아와 밀접한 관계를 형성하고, 사격 개시 이전에 공격 방향에 대한 보안을 유지하도록 시내로 출입하는 사람들을 통제하기 위해 제98연대 888대대를 파견했다. 4월 9일, 제308여단이 마강을 건너서 라오스 영토로 진입하기 위해 재편성 지역을 떠났다.

4월 10일, 제304, 312여단은 두 방향에서 라오스로 진입했다. 전선사령부는 제308여단과 같은 방향이었다. 작전 초기는 조용했다. 적기는 여전히 6번, 41번 도로 상공을 선회하고 있었다. 4월 12일, 아군이 마강 언덕에 도착했을 때, 우리는 삼네우아에서 적에게 포로가 된 제888대대의 소대 간부가 우리 계획을 폭로했음을 감청부대를 통해 알게 되었다. 이 예견치 못한 사건은 우리를 우려하게 했다. 제102연대장 훙씽(Hùng Sinh)이 제308여단을 이끌고 있었다. 그와 모든 부대는 전선사령부의 긴급전문을 수령했다.

"적이 삼네우아에서 철수할 가능성이 있음. 이 기회를 놓치지 않도록 행군 속도를 높일 것."

4월 13일, 삼네우아의 적 상황을 추적하던 최고사령부 정보부는 적이 1953년 4월 12일 야간에 철수를 개시했다고 알려왔다.

당시 선두에 있던 제888대대는 벌써 삼네우아시에 근접했으나, 다른 부대는 이 위치에서 하루 정도의 시간거리(時間距離)에 있었다. 삼네우아-시엥쿠앙 간 이동로는 200km가 넘었고, 험난한 지형에 산악과 밀림을 통과하는 소로로만 연결되어 있었다. 우리는 적군이 1,700명에 달하는 삼네우아 괴뢰 행정요원들과 그 가족들을 대동하고 있으므로 신속히 전진할 수 없음을 알았다. 또한, 그들은 베트민이 무방비한 상태의 도시를 점령할 뿐, 자신들을 추격하지는 않을 것이라는 생각에 서두르지 않을지도 모른다. 우리는 아직 그들을 따라잡을 기회가 있었다. 지휘관은 병사들에게 즉각 적을 추격하라고 명령했다.

나는 각 부대에 전문을 보냈다.

"친애하는 동지들! 적이 철수한 삼네우아는 해방되었음. 그러나 이 지역을 공고히 하기 위해 우리 동맹을 지원하려면, 우리는 어떤 대가를 치르더라도 적군을 소멸시켜야만 함. 적은 가야 할 길은 멀고 사기는 저하되어 있음. 우리는 모든 난관을 극복해야 함. 우리는 기필코 적을 추격해 소멸시켜야만 함. 이것이 우리가 완수해야 할 임무임. 빨리 전진해, 적들을 따라잡고, 신속하고 철저하게 적을 소멸하기 위해서 분할시키고 철수로를 차단해야 함."

총참모부는 일련의 명령을 하달했다.

"적과 가장 근접해 있는 제888대대는 즉각 추격을 단행할 것. 제102연대는 2일분의 쌀과 건부식을 휴대하고, 중화기는 남겨두고, 오늘 밤부터 곧장 적을 추격할 것. 1개 중대가 준비되면 즉각 추격을 실시할 것. 이동하면서 상황을 파악하고, 적과 조우하면 교전을 벌여 적을 소멸시킬 것. 만일 그들이 집결하면 포위해, 고착해 증원부대를 기다렸다가 협조해 소멸시킬 것."

제102연대는 캉코(Khang Kho) 도로를 따라 삼네우아를 통과해 나통까지 이동한 후, 반반과 시엥쿠앙으로 적을 추격해 갔다. 제209연대는 제102연대를 후속하라는 명령을 받았다. 전선사령부는 제308여단 부여단장인 까오반카잉을 이 제대의 지휘관으로 임명했다. 남쪽 방향에서는 7번 국도상의 제304여단이 삼네우아에서 자르스 평원으로 철수하는 적을 막는 데 모든 노력을 경주하라는 명령을 받았다. 전선사령부는 작전사령부 작전부장인 도득끼엔과 총정치국 특사인 응웬아잉바오(Nguyễn Anh Bảo)를 독전관(督戰官)으로 임명했다. 누학(Nuhak)은 전선사령부 군수부장인 응웬반남[14]과 동행해 현지에서 인력과 물자를 동원하는 임무를 부여받았다.

4월 14일 정오, 우리는 제888대대가 4월 13일 밤 무옹함(Muong Ham)에 있던 삼네우아 괴뢰 행정요원 전원과 괴뢰군 40명을 생포했다는 보고를 받았다. 전선사령부는 제308여단과 제209연대에 전문을 하달했다.

"아군은 철수 대열 후미에서 행군 중이던 괴뢰 행정요원들을 따라잡았음. 따라서 적 본대는 그리 멀지 않은 곳에 있음. 귀관들은 적군을 따라잡도록 행군 속도를 높여, 적군을 도로 양편으로 몰아붙이고 소탕할 것. 귀관들은 지친 병사들을 격려해 적을 추격할 것. 한 발자국 나가는 것이 적 1명을 소멸하는 것임. 아군에 대한 우려로 기회를 놓치지 말 것!"

4월 14일 오전, 제98연대는 삼네우아에서 30km 떨어진 나눙(Na Noong)에서 적을 따라잡았다. 프랑스 측 지휘관인 말쁠라뜨는 베트민이 야간에 밀림지역에서 추격을 계속하리라고 예상치 못한 채 부대원들이 나눙 마을에서 밤을 보내도록 했다. 4월 15일 아침, 선두부대가 도로에 도착하자마자 베트민 병사들이 총탄세례를 퍼부었다. 라오스 괴뢰군은 감히 대항할 생각을 하지 못하고 완전히 무질서하게 달아났다. 베트민 병사들은 적군 50명을 소멸시켰는데, 거기에는 제8라오스 괴뢰대대 부대대장인 루쓸로(Rousselot) 대위도 포함되어 있었다. 그들은 15명의 유럽-아프리카 병사, 206명의 라오스 괴뢰군과 5명의 프랑스 대위 즉, 삼네우아 지역 참모장인 드라가르드(De la Garde), 제8라오스 괴뢰 대대장 에우젠(Euzen), 중대장들인 뻬렝(Perrin), 레헤르(Reher) 및 모르방(Morvan) 등을 생포했다. 프랑스 측 자료에 의하면 프랑스는 나눙에서 40%의 병력 손실을 입었고, 나머지는 서쪽 방향으로 달아났다.

14 Nguyễn Văn Nam (1914~2007) 베트남의 군인. 1929년 베트남 공산당에 입당한 후 독립혁명활동에 투신했으나 프랑스 식민당국에 체포, 투옥되었다. 1945년 8월 혁명에 합류해 타이빙 지방군 담당관으로 임명되었고, 이후 지역위원과 군수담당관직을 담당하며 후방지원임무에 주로 종사했다.

막 도착한 제102연대와 제88연대 23대대도 적을 추격했다.

4월 16일 정오, 기진맥진한 적이 후아무앙에 도착했다. 말쁠라뜨는 더 이상 추격이 없을 것이라고 생각하고 여기에서 밤을 쉬어 가기로 했다.

4월 17일 오전, 제102연대 선두부대인 제79대대가 후아무앙에 도착했다. 마을 주민들로부터 적이 한 시간 전에 마을을 떠났다는 정보를 입수한 대대장 응오응옥즈엉(Ngô Ngọc Dương)은 적을 따라잡도록 명령했다. 산악지형에서 추격을 계속하며 피로가 누적되었고, 해가 중천에 떠 있는 상황에서 추격시도는 헛수고처럼 보였다. 그러나 대대는 1시간 만에 79명의 적을 따라잡았다. 응오응옥즈엉은 적진 깊숙이 공격을 전개해 적을 도로 양편으로 흩어지게 하고, 적 선두를 추월해 지속적으로 적의 철수를 방해하는 '스토퍼'를 편성했다. 그리고 적을 포위해 소멸시켰다. 당딩룩(Đặng Đình Lục)은 충격부대 맨 앞에 서서 수 km에 걸쳐 늘어서 있는 적진을 돌파했고, 종대 맨 앞으로 추월한 후 길을 막아서 뒤따르는 다른 병사들이 적을 소멸시키도록 했다.

철수로 상에 베트민 병사들이 두 번이나 갑자기 등장하자, 라오스 괴뢰군은 사기를 상실했다. 그들은 더 이상 프랑스 장교들에게 복종하지 않고, 무기를 집어 던지고, 대형을 완전히 붕괴시켰다. 베트민은 여러 개의 소집단으로 나뉘어 밀림 속으로 적을 추격했다. 우리는 그곳에서 적 1개 중대를 소멸시켰는데 그 중에는 40명의 유럽 병사들이 포함되어 있었다. 대대장 그루데(Grudet) 소령과 델포르(Delford) 대위가 전사했다. 베트민은 공정중대를 지휘하던 프랑스 대위 2명도 생포했다. 전투 막바지에는 삼네우아 괴뢰 행정요원들과 같이 도주하던 3개 대대가 모두 소탕되었다. 말쁠라뜨 소령을 포함한 220명만이 탈출에 성공했다. 탈출한 이들은 밀림 속에서 삼삼오오 짝을 지어 몇 주 후에 지리멸렬한 상태로 자르스 평원에 도착했다.

제88연대 일부는 적을 반반, 시엥쿠앙까지 추격했는데, 그곳에는 이미 제304여단이 응헤안 방면에서 도착해 있었다.

전선사령부는 브엉트아부와 쏭하오에게 삼네우아 지역에서 전투부대를 지휘하도록 명령했다. 패잔병들에 대한 추격과 각개격파 임무는 라오스군에게 주어졌다. 그들은 혁명의 이상을 알리고 지방 행정과 군 건설을 지원하도록 주민들을 설득해야 했다.

5

베트민은 삼네우아에서 자르스 평원까지 270km에 달하는 긴 구간을 1주일에 걸쳐 추격한 끝에 거의 2,000명에 달하는 적을 소멸시키거나 생포했다. 이는 베트민이 실시했던 가장 긴 추격 전투였다. 매우 조용히 시작해 적군이 엄청난 시간과 노력을 들여 건설한 초소와 요새체계를 쓸어버린 이 전투는 라오스 전역에 갑작스럽게 불어 닥친 회오리바람과도 같았다. 베트민 병사들은 자신들에게 부여된 과업을 충실히 이행했다.

"적군을 끝까지 추격하라, 그리고 어떤 대가를 치르더라도 철수 중인 다중대대를 소멸하라! 적이 200km 앞에 있든 300km 앞에 있든 상관없이 추격하라! 식량이 부족하건, 충분하건, 어떤 경우라도 추격하라"

우리가 라오스에 온 것이 이번이 처음이었다. 그리고 우리는 우리의 임무를 수행하기 위해 많은 난관을 극복해야 했다. 접근하기 어려운 산악, 밀림지역의 지형에도 무지했고, 지방 주민들에 관한 첩보조차 획득할 수 없었으며, 그들의 언어로 말하지도 못했다. 우리는 적군의 징 박힌 군화 자국을 쫓아가고 밀림을 통과하기 위해 나무를 쳐내면서, 기후와 물자 결핍에 아랑곳하지 않고 전진했다. 다행히 전시근로자들이 탄약과 부상자를 나르면서 우리를 따라왔고, 자신들의 식량을 아껴가며 우리에게 한주먹의 마른 쌀과 물 한 통을 건네 주었다.

남쪽 방향에서는 제312여단의 2개 대대와 팟헷 라오스 부대의 압력으로 무앙사이(Muang Xai), 반피엥(Ban Phieng), 삼토에 주둔하던 적 병력이 차례로 초소를 이탈해 탈주해 버렸다.

시엥쿠아방에서는 반반에 주둔하던 적이 캉카이(Khang Khai)로 도망가서 나중에 눙헷의 함락 소식을 듣게 되었다. 무옹응아와 무옹응안에 있던 적들도 도주했다. 제304여단 57연대는 적을 시엥쿠앙시까지 추격했다. 시내에 주둔했던 모든 적은 자르스 평원으로 철수했다. 타오투(Thao Tu)가 지휘하는 팟헷 라오스 대대는 베트남-라오스 국경-시엥쿠앙 간 7번 국도를 통제했다.

삼네우아의 전투의 발전과 협조하기 위해, 제148연대 910대대는 남오우강 북쪽에서 팟헷 라오스 병사들과 함께 작전을 전개했다. 4월 9일, 베트민 군이 도착하기 전에, 적은 후오이순(Hui Sun) 및 솝사오(Sop Sao)진지를 떠나 최후 방어선이 구축된 무옹코아(Muong Khoa)로 철수했다. 무옹코아에 대한 공격이 실패한 후, 제910대대는 남오우강 남쪽으로 이동해 4월 21일에 무옹응오이(Muong Ngoi)진지를, 4월 27일에는 남박(Nam Bac)진지를 격파했다.

4월 25일, 전선사령부는 제36연대 소속 1개 대대와 제9연대 소속 1개 대대에 적이 남오우 전선에서 루앙프라방으로 철수하지 못하도록 차단하고, 동시에 그곳에 이미 출현해 라오스 수도를 직접 위협하는 부대와 협조하도록 명령했다. 프랑스 최고사령부는 다가오는 베트민의 공세에 맞서기 위해 제1기동단, 1개 공정대대 및 2개 4.2인치 박격포중대를 보내야만 했다.

4월 26일, 제98연대는 나웅 진지를 격파한 후, 팍상(Pac Sang)을 공격해 그곳에 주둔하고 있던 병력을 소멸시켰다. 동시에 반세(Ban Se)에 있는 적과 교전해 진지를 부수고 많은 병력을 사로잡았다.

무옹숭(Muong Sung)의 적은 북쪽에서 오는 제910대대와 남쪽에서 오는 제98연대의 압력으로 허겁지겁 후퇴해 달아나 버렸다.

5월 17일, 제98연대는 제148연대와 협조해 무옹코아를 두 번째로 공격했다. 무옹코아는 남오우강 우안으로 디엔비엔푸에서 50km가량 떨어져 있었다. 우리는 약 300명의 적을 소멸 또는 생포했다. 무옹코아 지휘관인 뙬리에(Teulier) 대위도 포로 중 한 명이었다.

베트남과 라오스 군은 북부 라오스 작전에서 약 2,800명의 적을 소멸시켰는데, 이는 라오스에 있던 적 병력의 1/5에 해당하는 규모였다. 이와 같이 4,000㎢ 이상의 지역과 수십만 명의 주민들을 해방시켰다. 이 지역은 삼네우아 전역과 시엥쿠

삼네우아와 트엉라오의 승리를 축하하는 베트남-라오스 연합군 (ANN)

앙 및 퐁살리성의 일부를 포함했으며, 북부 라오스 지역의 1/5에 해당했다. 마강 및 추강 유역의 땅도 해방되었다. 라오스 저항군은 처음으로 광활한 혁명기지를 갖게 되었다. 라오스 혁명 후방은 우리의 북쪽 해방구역 및 제4구역과 인접했다. 그래서 중국과 인접한 북베트남 국경지역의 광대한 지역이 해방된 후, 이제 라오스와 인접한 서쪽 변경의 일부가 해방된 것이다.

강평회의를 마친 후, 북부 라오스에서 활동하던 베트남 의용군 간부 모임이 있었다. 나는 국제 정신과 몇 년 동안 조국을 떠나 살고 있는 병사들의 인내심을 칭찬했다. 나는 그들에게 라오스 동무들과 일할 때, 평등을 존중하고 어떤 결정이 내려지기 전에 계획을 토의하고, 베트남-라오스 결속을 유지하고, 라오스 혁명을 돕는다는 성스러운 과업을 수행중임을 잊어서는 안 된다고 충고했다.

이제 막 해방된 삼네우아시의 중앙에 있는 큰 집에서 승전 축하행사가 있었다.

우리 고급 장교들과 의용군 대표들이 모두 참석했다. 수파누봉 왕자가 말했다.

"삼네우아 해방은 침략자들에 대한 라오스 모든 민족들의 수년간에 걸친 투쟁의 결과입니다. 베트남-라오스 결속의 결과이며, 공동의 적에 대항해 싸운 베트남 인민과 군의 무조건적인 지원의 결과입니다."

뒤이어 연회와 축제가 벌어졌다. 수파누봉 왕자비가 특별히 라오스 궁중 방식으로 요리된 찹쌀밥을 손수 장만했다. 끝날 무렵에는 우리 모두 참파(Champa) 노래를 불렀고, 람봉(Lamvong) 춤을 추었다. 내가 참석했던 국제적인 축제 중 가장 성대한 축제였다.

시엥쿠앙의 승전 축하연에서 푸미봉비칫[15]이 말했다.

"트엉라오(Thượng Lao)[16] 작전에서 거둔 승리는 베트남 인민과 군, 그리고 라오스 인민과 군의 결속의 승리입니다."

라오스의 요청에 따라, 우리는 제98연대와 의용군 부대를 삼네우아시와 남오우 지역에 남겨두었다. 시엥쿠앙 방면에서는 제304여단 역시 2개 대대를 잔류시켰다.

삼네우아는 두 저항 전쟁에 있어서 견고한 라오스 혁명 기지가 되었다. 나중에 삼네우아시에는 '반사이(Van Xay)'[17]라는 별칭이 붙었다. 1971년 항미전쟁 기간 중, 제2차 라오스 인민혁명당 전체회의가 개최되었는데, 나와 레반르엉[18]은 이 대회에 우리 당 대표로 참가했다. 라오스 공산당과 저항 정부의 모든 지도자들이 진정

15 Phoumi Vongvichit (1909~1994) 라오스의 정치가. 1945년부터 라오펜라오 통일전선에 합류해 루앙프라방 일대에서 대 프랑스 독립운동을 주도했다. 1950년 인도차이나 공산당에 입당하고 수파누봉과 함께 라오스 독립운동의 지도자 가운데 한 명이 되었다. 독립 후에는 부총리 겸 외무장관직을 포함해 다양한 행정직을 수행했다.

16 상 라오, 곧 북부 라오스(역자 주)

17 승리를 뜻한다.

18 Lê Văn Lương (1912~1995) 베트남의 정치인. 베트남 공산당 회원으로, 8월 혁명 이후 사이공을 중심으로 활동했다. 1952년 베트남 공산당 중앙위원회의 정치국 총재 및 중앙기구 총재로 선출되었으며, 이후 당의 조직위원회를 중심으로 활동한 공로로 다양한 훈장을 받았다.

한 우호의 분위기로 모여들었다. 호 아저씨는 자주 말했다.

"모든 라오스 지도자들 간의 단합은 승리를 보장하는 확실한 기반이다."

나는 삼네우아 작전 기간 중 보았던 많은 친구들을 만나게 되어 대단히 기뻤다.

트엉라오 작전은 초기에 계획했던 모든 목적을 달성했다. 1953년의 봄은 두 국가의 혁명에 관한 새로운 전략적 협조 차원에서 베트남과 라오스 모두에게 밝은 전망을 가져다주었다. 이는 베트남-라오스 결속 역사의 찬란한 한 페이지였다. 이전까지는 우리도 라오스도, 최소한의 희생으로 그렇게 큰 승리를 거둔 전례가 없었다.

1953년 춘하 기간 중에는 전장이 확대되었다. 적의 전쟁물자와 병력이 사방으로 신장되어서 항공기와 포병의 활동 빈도가 낮아졌다. 홍강 삼각주에서는 7,200명을, 연합구역에서는 5,970명을 소멸시켰다. 우리는 트엉라오 작전으로 적의 약점을 확대하고 북부의 주전장을 확장하고 인도차이나 북쪽까지 우리의 주도권을 확대해 갔다. 프랑스 최고사령부는 작전기간 내내 우리에 대응할 효과적인 방법을 발견하지 못했다. 그들은 '코르시카' 작전에 따라 공정 부대들을 처버, 쑤오이줏, 화빙에 공수낙하시켜야 했다. 적은 베트민이 보급로를 사용하지 못하도록 하기 위해 목처우에서 삼네우아에 이르는 오솔길에 항공기를 이용해 폭탄을 퍼붓고 포격을 가했다. 그러나 적은 삼각주, 북서 지방(베트남 북서지역)이나 해방지역에 대규모 작전을 전개할 수가 없었다. 적은 점령지역과 주둔지를 방호하지 못했고, 대다수 지역에서 베트민의 존재를 탐지할 때마다 철수해 전술기지로 기어들어갔다. 이것이 우리가 승리로 가는 길에 놓인 마지막 장애물이었다.

1953년 춘하 기간 중, 쌀랑은 인도차이나 북부 전장에서 37개의 전략대대를 북서 지방에 8개 대대, 자르스 평원과 루앙프라방을 포함한 북부 라오스에 12개 대대, 홍강 삼각주에 17개 대대등 3개 제대로 분산해야 했다. 이 모든 병력들은 베트민 정규군의 공세를 기다리며 수세적 행동으로 일관했다. 주도권을 되찾으려는 모든 계획이 수포로 돌아갔다. 쌀랑의 '고슴도치 놀이'는 프랑스 당국에게 재차 비판을 받았다. 그가 3개 작전에서 연속으로 패했기 때문에, 프랑스 정부도 그를 교체할 생각을 할 수밖에 없었다. 1953년 5월 초, 우리는 쌀랑이 본국으로 소환되고 4성 장군인 앙리 나바르가 그 자리를 차지할 것이라는 첩보를 입수했다.

1950년 겨울부터 1953년 봄까지, 인민들과 베트민 군은 국경 전역에서 호 아저씨의 직접 지도하에 도전과 어려움이 가득했던 시기를 같이 지내왔다. 그러나 그 도전과 어려움은 아주 영광스럽게도 6개월 후인 1953~1954 동춘 기간에 역사적인 디엔비엔푸를 만나는 포장도로가 되었다.

디엔비엔푸

- 고뇌에 찬 결단
- 디엔비엔푸
- 역사적인 디엔비엔푸 전역
- 디엔비엔푸 대첩과 동춘 승리의 공극적 의의
- 디엔비엔푸, 40년 후의 회상
- 디엔비엔푸 전역의 교훈

13. 고뇌에 찬 결단[01]

1

1953년 10월 초순의 어느 날 아침, 나는 호 아저씨를 만나기 위해 최고사령부를 출발했다. 이번 가을은 새로운 희망과 함께 근심도 가져다주었다. 긴장된 분위기가 감돌았다. 이례적으로 연말이 다 되도록 전장 준비를 책임질 간부들이 구성되지 않았다. 건기 동안 진행할 주전장도 아직 선정하지 못했다.

우리는 말을 타고 디엠막을 출발해 몇 시간 후에 룩지아(Lục Giã)에 도착했다. 비가 내리고 있었다. 빽빽한 갈대숲과 계단식 논밭, 그리고 점점이 흩어져 있는 농가를 따라 좁은 진흙길이 홍(Hồng)산 자락으로 이어졌다.

우리는 오전 중간 무렵에 산자락에 있는 룩지아촌 근처의 산골마을인 띤께오(Tỉn Keo)에 도착했다. 거기서부터 지에(Gie)고개를 경유해 떤짜오까지 샛길이 나 있었다. 우리가 언덕을 조금 올라가자, 갈대숲 속의 산 쪽에 있는 호 아저씨의 대나무 움막집이 보였다. 호 아저씨는 자오(Dao) 소수민족이 살고 있는 산 정상에 위치한 작은 마을인 쿠오이땃(Khuổi Tát)에 머물고 있었다. 그는 이 움막집을 자주 정치국[02] 회의장으로 사용했다. 대나무로 만든 창문을 버팀목 하나가 받치고 있었다. 내부에는 커다란 대나무 탁자 하나와 긴 의자들이 놓여있었다. 움막집에서는 산자락에 조성된 계단식 논들이 보였다. 그 들판 한가운데 고목이 한그루 서

---

01 본 원고는 디엔비엔푸 승전 35주년 기념식 즈음 작성되었다.

02 政治局, 15명 내외의 위원으로 구성된 실질적인 당시 베트남 최고의결기관 (역자 주)

있었다. 우리가 회의 참석차 이곳에 와서 그 나무를 볼 때마다 마치 오랜 친구처럼 여기던 나무였다. 다음 해 봄에 내가 띤께오에 다시 왔을 때, 움막집 주변의 무궁화 꽃밭은 그대로였지만 그 고목은 장마에 휩쓸려가서 더 이상 볼 수 없었다.

곧 호 아저씨와 쯔엉칭,[03] 그리고 팜반동[04]이 도착했다. 응웬치타잉[05]은 신병으로 인해 참석하지 못했다. 황반타이[06]가 회의에 호출되어 왔다.

나는 적 상황을 보고하기 시작했다.

"5월에 앙리 나바르가 라울 쌀랑의 후임으로 프랑스 원정군 총사령관에 취임했습니다. 이 4성 장군은 오자마자 용기와 패기를 과시했습니다. 그는 우리 후방 깊숙이 위치해 있는 랑썬에 병력을 공수낙하하고, 빙찌티엔과 갈대평원[07]에서 대대적인 소탕작전을 감행하는 등 홍강 삼각주에 대해 수차례 작전을 감행했습니다. 그런데 8월에 나바르가 갑자기 요충지인 나싼에서 병력을 철수했습니다. 여름 내내, 우리 군은 나싼 기지에 대한 공격준비에 노력을 집중해 왔습니다. 이 기지는 건기 중 타격하려던 우리의 목표 중 하나였는데, 이곳의 산악지역이 삼각주 평야지대보다 우리에게 비교적 유리했기 때문입니다. 북서지방은 이미 우리의 공격 방면으로 선정되었습니다. 적의 나싼에서 철수한 것은 우리의 이런 동계-춘계 전략을 염두에 두고 판단한 결과였습니다. 프랑스군은 북부 고원지대인 라이처우와 하이닝, 이 두 곳에 소수의 병력만을 배치했습니다. 중월 국경지대의 완전한 해방을 위해서 이 두 기지에 대한 격멸계획이 채택되었습니다. 이 두 기지는 적의 기지들 중 가장 취약한 기지들이었습니다. 그러나 적에게 새로운 방면에서 전투를 강요하기 위해서는 적의 전투력 가운데 주요한 부분을 격멸할 수 있도록 목표를 재설정해야 하므로, 동춘전략에 따라 목표가 수정되었습니다.

03 당시 당 총서기였다

04 Phạm Văn Đồng (1906~2000) 베트남의 정치가. 18세부터 학생운동에 참가했고, 1926년 중국으로 건너가 호치민 휘하에서 수학했다. 8월 혁명 이후 재정부 부장으로 임명되어 1차 인도차이나 전쟁동안 해당 업무를 담당했다. 이후 1954년 제네바 협정에서 베트남 대표단 대표로 평화협정에 서명했으며, 종전 후에는 부총리겸 외교부장이 되었다. 본문에 언급된 시기에는 정치위원이었다.

05 당시 정치위원 겸 총정치국장

06 당 중앙위원 겸 총참모장

07 사이공 부근, 메콩강 유역에 있는 장소다.

오래 전부터, 우리 장병들은 그들의 고향인 삼각주를 해방시켜서 고향으로 돌아갈 날을 꿈꿔왔습니다. 그러나 삼각주는 깨기 어려운 견과(堅果)와도 같았습니다. 장 드 라뜨르 드 따씨니가 건축한 요새진지가 여전히 남아 있습니다. 나바르는 전쟁 초기부터 프랑스 최정예 부대를 소집해 우리를 상대로 한 전쟁에 대비하고 있습니다."

호 아저씨는 두 손가락 사이에 담배를 끼운 채로 의자에 앉아있었다. 그는 갑자기 묘안이 떠오른 듯 두 눈에서 섬광을 뿜어댔다. 그는 탁자에 얹고 있던 손을 들어 올려서 주먹을 굳게 쥐었다 "프랑스군은 병력을 증강시키기 위해서 기동 부대들을 집결시키고 있습니다. 걱정할 것 없습니다! 우리는 그들의 군대를 산산조각 낼 것이며, 지구상에서 그 존재를 지워버릴 것입니다!" 라고 말하고는, 주먹을 활짝 폈다.

나는 보고를 계속했다.

"최근 동지들이 보고한 첩보를 분석해 본 결과, 우리는 나바르 계획에서 구체화된 프랑스-미국의 교활한 전략을 알 수 있었습니다. 나바르는 이번 건기 동안 남부지방에서는 평정작전을 실시하고, 북부 삼각주 전장에서는 우리 주력 부대와 전투를 회피하려는 것으로 보입니다. 프랑스군은 모든 수단을 강구해 해방구역을 공격하고, 우리 후방으로 돌파를 실시해 아군 주력부대를 지치게 해 주전장에서 우리의 공세전략을 분쇄하려 할 것입니다. 그와 동시에, 나바르는 다음 건기에 우리 주력 사단들을 궤멸시키려는 그의 목표를 실현시키기 위해 어마어마한 전투력을 지속적으로 증강시키고 있습니다. 그는 이 모든 준비를 완료하는 데 18개월이 걸릴 것으로 판단하고 있습니다.

군당위원회는 주도권을 획득, 확대하기 위해 지방군과 협력 하에 적이 취약한 전략적 요충지로 우리 주력군의 일부를 투입할 것을 제안했습니다. 이렇게 되면 적 정예부대를 격멸하고 해방구를 확장할 수 있으며, 적 예비대는 이런 상황에 대응하기 위해 분산을 강요받을 것입니다. 동시에 새로운 전투진지와 반격기회를 창출하기 위한 추가적인 노력을 통해, 분산과 집중을 반복하는 적의 틈새를 확장할 수 있을 것입니다. 우리는 그들을 면밀히 관찰하다 기회가 오면, 우리는 주력

1953~1954 띤께오에서 진행된 동춘전략회의 (Bảo tàng Hồ Chí Minh)

을 집중시켜 적 정예부대의 핵심적 부분을 격멸하고 전쟁의 상황을 호전시킬 수 있을 것입니다. 북부 전장에서는 라이처우에 있는 적의 수비대를 소탕하고 북부 라오스의 적을 고착시키기 위해 추가적인 작전을 실시할 것입니다. 즉, 제2전선을 중부 및 남부 라오스 방향으로 밀어붙일 것입니다. 우리는 적을 격멸하고 해방구를 확대하기 위해, 라오스 해방군에게 베트남 인민군과 협조 하에 양방향에서 공세를 취하도록 요청할 것입니다. 제4전선은 떠이응웬 북부가 될 것입니다. 제5연합구역의 광활한 해방구가 이번 건기 동안 적의 목표가 될 수 있습니다. 우리는 과감하게 제5연합구역의 주력부대 대부분을 투입해 떠이응웬 북쪽의 산악지역으로 적을 몰아붙일 것입니다. 이는 적 핵심부대를 소탕하고 동시에 해방된 제5연합구역을 효과적으로 방어하도록 고안된 방책입니다. 남부지방 및 중부 베트남의 남단과 북부 삼각주에 있는 적 후방에서 게릴라전에 박차를 가해 적의 전투력을 저하시키고 예비전력을 타 전선으로 전환하도록 강요할 것입니다. 우리는 북부 주전장에서 해방구를 방어하면서, 강력한 부대를 기동이 용이한 지점에 은거시켰다가 아군의 방어선에 돌파를 시도하는 적에 대해 신속대응부대로 운용할 계획을 수립했습니다. 우리가 전투력을 집중하려는 적의 노력을 분쇄한다면, 나바르 계획은 수포로 돌아갈 것입니다."

호 아저씨가 물었다.

"만일 우리가 군대를 북서지방으로 움직이면, 적은 어떻게 대응할 것으로 보고 있습니까?"

"그들은 북서지방을 방어하기 위해서 수비대를 보강하거나, 아니면 우리를 축출하기 위해서 해방구를 침략할 것입니다. 그들은 라이처우에서 철수할 수도 있는데, 이 경우 북서지방은 완전히 해방될 것입니다."

"적 기동예비를 다른 방면으로 유인할 수 있을까요?"

"북서지방 및 북부 라오스와는 별개로, 떠이응웬과 중부 및 남부 라오스는 적이 쉽게 포기할 수 없는 중요한 지역입니다."

회의 결과, 군당위원회에서 수립한 계획을 승인하고 보다 중요한 지침을 다음과 같이 강조했다.

패기!

주도권!

기동성!

융통성!

회의 말미에 호 아저씨가 강조했다.

"북서지방은 우리의 주작전지역이 되어야 하고, 타 전선들도 행동을 같이해야 합니다. 주노력 방향은 현시점에서는 불변입니다. 그러나 작전기간 중에 이는 변경될 수도 있습니다. 우리의 전법에는 융통성이 있어야 합니다."

나바르 계획이나 동춘 전역을 위한 우리의 전략에는 어디에도 '디엔비엔푸'라는 지명이 언급된 적이 없었다. 그러나 나바르의 운명은 띤께오 회의 이후 결정되고 말았다.

2

1953년 10월 중순, 나바르는 암호명 '갈매기'라는 대규모 작전을 전개했다. 적 34개 대대가 닝빙에 형성된 우리 방어선을 돌파하기 위해 대대적인 공세를 취했다. 우리에게는 적을 그곳에 고착, 견제할 전력이 제320여단뿐이었지만, 삼각주의 아군 전사들은 수천 명의 적을 소멸시켰다. 적은 20일간의 돌파 시도 끝에 수많은 사상자만 내고 아무것도 얻지 못한 채 원래 위치로 철수했다.

우리는 치열하게 싸워서 주도권을 유지했고, 나바르가 더 이상 전쟁을 확대하지 못하도록 했다. 전국(남베트남 지역 제외)에 있는 모든 야전지휘관들을 회의에 소집했다.

10월 15일, 우리의 선두 여단이 북서지방으로 전진했다. 11월 20일과 21일, 정치국에서 구상한 동춘 전역에 관한 회의를 열고 있을 때, 나는 프랑스군 6개 대대가 디엔비엔푸에 공수낙하 했다는 보고를 접했다.

우리는 제308여단을 북서지방으로 파견하고, 제316여단(선두 여단)과 합류해 라이처우로 신속히 이동하도록 지시했다. 12월 10일, 라이처우에 있던 적군이 디엔비엔푸로 철수했다. 제316여단은 철수하는 적을 차단, 추격, 공격해 14개 중대를 궤멸시켰다. 두 여단에는 방향을 신속히 전환해 디엔비엔푸에 있는 적을 포위하라는 명령이 하달되었다. 적이 북부 라오스로 철수하지 못하도록 하기 위해 폼롯(Pom Lot)에서 진지를 구축 중이던 1개 연대가 놀라운 속도로 남쪽을 향해 행군했다.

12월 20~31일, 베트남군과 라오스군이 중부, 남부 라오스에서 공격을 개시해 타카엑 성과 아타페우(Attapeu)시 전체를 해방시켰다. 나바르는 허겁지겁 사반나

디엔비엔푸에 공수낙하하는 프랑스군 (ECPAD)

켓(Savannakhet)에 있는 세노(Seno)[08] 진지에 기동 예비를 파견했고, 팍세시를 방어하기 위해 증원군을 보냈다. 나바르의 거대한 기동예비는 콩가루처럼 완전히 흩어져 버렸다.

나바르는 그런 상황에서도 디엔비엔푸에 지속적으로 증원군을 보냈다. 1953년 12월 기준, 적 10개 대대가 디엔비엔푸에 주둔했고, 북서지방의 밀림으로 뒤덮인 산악지대에는 요새화된 기지가 구축되고 있었다.

12월 말, 나는 호 아저씨와 정치국원들을 만나 최신 상황을 보고했다. 정치국은 북서지방에 있는 중요한 적 기지를 파괴하기로 결정했다.

1954년 1월 1일, 정치국은 전선사령부를 출범시켰다. 나는 사령관 겸 전선위원회 서기가 되었다.

더 많은 병력들이 북서지방에 전개되었다.

08 남부 라오스의 태국과 인접한 지역에 있는 교통의 요충지, 영문표기는 Xeno. (역자 주)

옌바이 밀림에 은거해있던 제312여단에게는 세 번째로 북서지방으로 이동하도록 명령이 하달되었다. 제351여단은 신규편성된 곡사포 부대 및 37mm 대공포 부대와 함께 최초로 홍강을 도하해 작전에 합류했다. 나중에 제304여단(1개 연대가 결한) 또한 디엔비엔푸로 이동했다.

모든 것이 준비되기 전에, 나는 쿠오이땃으로 가서 호 아저씨에게 작별을 고했다. 그가 질문했다.

"자네는 야전사령부로 가는구만. 문제없나?"

"부참모장과 총정치국 차장이 이미 그곳에 가 있습니다. 우리는 최고사령부 전선지휘소를 개소할 것입니다. 응웬치타잉과 반띠엔중이 여기에 남아 대소사를 챙길 것입니다. 우리의 유일한 문제점은 너무 멀리 떨어져 있어 호 주석님과 정치국원들을 주기적으로 만날 수 없다는 것입니다."

"최고사령관은 전선으로 간다. 야전사령관으로서 자네는 전권을 가지고 있네. 이번 싸움은 실로 중차대하므로 어떤 일이 있더라도 기필코 승리해야 하네. 자네는 승리를 확신할 때만 싸워야 하네."

나는 무거운 책임감을 온몸으로 느꼈다.

3

1954년 1월 5일, 최고사령부 전선지휘소 개소와 함께 나는 본격적인 전투준비에 들어갔다.

전선지휘소는 2개 부서로 구성되었는데, 하나는 베트남과 동맹국인 라오스 및 캄보디아 전체의 작전 과업을 담당하는 주지휘소와, 야전사령관이 직접 지휘하는 디엔비엔푸 담당 부지휘소였다. 야전지휘부는 나를 포함해 참모장 황반타이, 정치국장 레리엠, 군수국장 당낌지앙[09]으로 구성되었다. 그들은 모두 전선당위원

09 Đặng Kim Giang (1910~1983) 베트남의 관료. 군인. 정치가. 1928년부터 베트남 혁명 청소년연합 소속으로 독립운동을 하다 프랑스 식민정부에 체포당했다. 8월 혁명 당시 하동지역에서 활동했고, 1차 인도차이나 전쟁 기간에는 제2연합구역 당위원회 부국장, 저항 전쟁위원 등을 담당했다. 1951년부터는 총무차관으로 활동했으며, 1954년 당시 베트남 인민군 물류부 부의장 및 중앙군사위원회 의원이었다. 전후 물류총괄을 거쳐 농무부 장관이 되었으나, 1967

회에 가입되어 있었다. 타이와 리엠은 작전준비를 위한 선발대로 도득끼엔을 제1처 부처장에, 까오파를 제2처 부처장에 임명했다. 나를 직접 보좌할 참모로는 작전참모 쩐반꽝[10], 군사정보참모 레쫑응히아[11], 그리고 일반정보참모 황다오투이[12]가 있었다.

나는 국경 작전, 화빙 작전, 그리고 북서지방 작전을 포함해 많은 군사작전에 참가해 왔다. 그러나 그 봄에 보았던 장관은 일찍이 보지 못했던 것이었다.

우리 군과 인민들은 주전투를 준비하면서 수천km에 달하는 도로를 건설하고 확장했다. 전선에서 전리품으로 획득한 지프차들이 전조등을 밝게 비추며 홍강을 건너 새로 확장된 도로를 따라 우리의 병력과 물자들을 실어 날랐다. 산을 깎고 깊은 계곡을 메워서 조성한 도로를 보면서 우리는 지난 수개월에 걸쳐 어마어마한 노력을 기울였음을 새삼 느낄 수 있었다. 대다수의 소하천에는 여전히 다리가 없었다. 군수총국장 쩐당닝은 여름부터 공병과 자원봉사자들을 동원해 차량 통행이 가능한 수중보 건설 작업을 계속해왔다.

북서지방의 구름 덮인 산악지대와 밀림은 밤에도 활기가 넘쳤다. 포를 끌고 가는 트럭과 수송차량들이 긴 행렬을 이뤘다. 사람들의 행렬도 끝없이 이어졌다. 우리 장병들은 무기, 탄약, 그리고 보급품 등의 무거운 짐을 지고 일렬종대로 도보 이동했다. 그들을 보면 우리는 올해 우리 장병들의 사기가 충천하고 전투준비가 잘 되어 있음을 느낄 수 있었다. 전시근로자들의 행렬은 다채로웠다. 자전거 행렬은 어린 코끼리 떼의 이동을 보는 것 같았다. 평야지대에서 온 사람들은 대부분 적진 후방에서 왔는데, 그들은 짐막대기에 보급품을 앞뒤로 매달아 어깨에 메고 날랐다. 선율이 아름다운 북부사람들의 행군가가 밤공기를 타고 울려 퍼졌다.

년 반 공산당 혐의로 7년간 수감된 후 은퇴했다.

10 Trần Văn Quang (1917~2013) 베트남의 군인. 1936년 인도차이나 공산당에 합류한 후 무장투쟁에 참가했으며, 프랑스 식민정부에 두 차례 체포당해 종신형을 선고받았으나 1945년 석방 후 곧 군의 정치위원회에 소속되었다. 디엔비엔푸 전투 당시 작전참모였고, 전후 인민군 운영부장과 남부중앙감독관, 국방차관 등 군사행정직을 맡았다.

11 Lê Trọng Nghĩa (1922~2015) 베트남의 군인. 1945년 8월 혁명 당시 젊은 나이에 하노이 봉기를 주도했고, 1차 인도차이나 전쟁 발발 후 중앙군사국 위원이 되었다. 정보참모로 전투에 참가했으며, 1960년 이후 베트남 인민군 정보부 총장과 보응웬지압의 참모직을 역임했다. 전후 반 공산당활동 혐의를 받아 1968년부터 1976년까지 구금당했다.

12 Hoàng Đạo Thúy (1900~1994) 베트남의 군인, 행정가. 1927년 베트남 스카우트의 창시한 인물로, 1차 인도차이나 전쟁이 시작되자 소통정보부를 설립해 군을 지원했다. 전후에는 소수민족 중앙위원회를 설립해 은퇴하기까지 소수민족학교 교장으로 활동했다.

자전거로 보급품을 수송중인 타잉화 주민들 (Phim tài liệu quân đội việt nam)

제4연합구역[13]에서 온 사람들의 노랫소리는 낮고 부드러웠다. 고산지대에서 온 사람들은 화려한 색채의 전통의상을 입고 바구니를 등에 지고 물건을 나르거나 동물로 보급품을 실어 날랐다. 어떤 보급병은 돼지 떼를 몰고 가기고 했다. 모두 다 한 방향으로 이동하고 있었다.

적기는 고개나 나루터 같은 도로의 중요한 구간을 집요하게 폭격했다. 룽로(Lũng Lô) 고개, 따코아 나루터, 그리고 (화빙 및 옌바이에서 오는 2개 도로가 교차하는) 꼬노이 교차로는 거대한 폭탄 구덩이가 수도 없이 생겨났다. 조명탄이 밤새도록 주요지점에 투하되었다.

내 생각은 식량과 탄약 걱정으로 되돌아왔다. 후방과 전선 간의 거리가 매우 멀었다. 전선에 있는 병사나 근로자는 물론 운반하는 사람들도 운반 중에 쌀을 먹

13 중부베트남에 있는 타잉화, 응헤안 및 하띵(Hà Tinh)성

어야 했다. 작전 기간이 길어지면 크건 작건 보급이 문제가 될 것이라는 생각이 들었다.

나는 이동 중 디엔비엔푸의 적 상황과 여러 전장의 아군 상황을 추적했다. 그리고 중부 및 남부 라오스의 라오스-베트남군 상황과 남부지방의 게릴라전 상황, 그리고 북부 떠이응웬 작전의 준비에 각별한 관심을 기울였다.

우리가 썬라에 도착했을 때, 나는 정보차장에게 디엔비엔푸에 있는 적 기지에서 연기구름이 피어오르고 있다는 전문을 받았다. 나는 그에게 긴밀히 감시하고 만일 새로운 상황이 전개되면 즉시 보고하도록 지시했다. 적이 철수할 경우에 대비해 그들이 가져갈 수 없는 물자 등을 소각하는 듯했다. 대부분의 우리 사단[14]들은 북서지방으로 이동 중이었다. 몇 달 후에는 우기가 닥칠 테니, 만일 적이 디엔비엔푸에서 철수한다면 우리에게 적 주력을 소멸할 다른 방안이 있다 해도 동계-춘계 작전의 연기는 불가능할 것이다. 그러나 디엔비엔푸에 있는 적 기지에서 연기구름은 다시 솟아오르지 않았고, 대신 적은 진지를 계속 강화해 나갔다.

다가오는 전투에서 우리 군과 인민들에게 주어진 과업은 대단히 어려울 것이 분명했다. 나는 프랑스 원정군사령관인 브리에르 드 리즐[15]이 지난 세기말에 호언장담했던 말이 생각났다.

> "제2여단 장병들이여! 유사 이래 어떤 아시아 군대도 유럽 군대가 지키는 진지를 점령한 적이 없다는 사실을 명심하라!"

그가 이런 말을 한지도 8년이 지났고, 이제는 헛소리가 되었다.[16] 그런데 문득 이 구절이 갑자기 생각났다. 우리 앞에는 프랑스 원정군의 막강한 유럽-아프리카

14 당시 베트남군은 여단과 사단을 혼용하여 표기했다. 병력 규모(3개 보병연대)로 보면 사단급이지만, 통상 여단로 표기하는 경우가 많았다. 다만 원문에서는 사단으로 표기했으므로 그대로 번역했다. (역자 주)

15 Louis Brière de l'Isle (1827~1896) 프랑스의 군인. 해병대 출신으로 프랑스령 인도차이나 방면에서 복무했으며, 1870년 프로이센-프랑스 전쟁에 참전한 후 부상으로 잠시 요양하다 세네갈로 건너가 총독으로 프랑스의 세네갈 장악에 일조했다. 이후 똥낑 원정군단의 지휘관으로 베트남에 파견되어 중국-프랑스 전쟁 당시 군을 지휘했다.

16 원문을 그대로 옮겼으나, 브리에르 드 리즐은 1896년 사망한 인물이어서 8년 전에 말을 남길 수 없다. 베트남군이 8년 전(1946년) 최초로 프랑스군의 진지를 격파한 전적이 있으므로, 원문은 '그의 말이 헛소리가 된 지도 8년이 지났지만-'의 오기로 보인다.

부대가 구축한 진지가 있지 않은가?

최초로 요새화된 전술기지가 북부 전장에 나타난 시기는 1951년 말 화빙 전역이었다. 당시 우리는 화빙 성도(省都)에 있는 적을 포위, 고착시키고, 6번 국도와 다강에서 적을 공격해 홍강 삼각주에 제2전선을 형성했다. 그 결과 우리는 중요한 승리를 쟁취할 수 있었다.

적이 화빙에서 철수한 후, 나는 적 방어진지를 조사했다. 각각의 거점들이 그물망 모양으로 연결되어 있고, 포병, 전차 및 증원 병력으로 상호 엄호가 가능했다. 이런 형태의 진지는 막강한 전투력을 발휘할 수 있다.

그로부터 1년 후, 우리가 북서지방 작전을 감행할 때 또다른 중요한 진지가 나싼에 등장했다. 당시 우리는 적이 증파한 병력이 진지를 강화하기 전에 진지를 공격해야 하는, 시간과의 싸움을 벌였다. 아군은 외곽에 있던 2개의 벙커를 파괴했지만 너무나 많은 대가를 지불해야 했고, 우리는 이후 그런 공격을 포기할 수밖에 없었다.

요새화된 전술기지는 전략적인 요충임과 동시에 적 방어체계의 핵심이었다. 우리가 저항전쟁을 승리로 이끌기 위해서는 그와 같은 요새화된 기지를 반드시 파괴해야 했다.

우리 군은 화빙과 나싼에서 정찰하고 체험한 결과를 바탕으로 아군에게 적의 '고슴도치'형 방어체계를 쉽게 분쇄할 능력이 없음을 깨달았다. 이 문제를 해결하기 위해 두 가지 방법이 고려되었다. 하나는 전 병력을 동원해 일거에 돌격하고, 그 가운데 어느 한 부대가 적 지휘소를 향해 과감 무쌍한 돌격을 감행해 적의 심장에 칼을 꽂아 적을 공황에 빠뜨리는 것이다. 그동안 나머지 부대들은 적의 취약지점을 목표로 안팎에서 동시에 적을 공격한다. 우리는 이를 '속공속승'(swift attack, swift victory)이라 칭했다.

다른 방법은 적의 저항 거점을 하나하나 파괴하면서, 지속적으로 공격을 실시해 모든 진지를 이 잡듯이 한발짝씩 전진하며 공격하는 것이다. 우리는 이를 '연공연진'(staedy attack, steady advance)이라 칭했다.

1953년 12월 6일 정치국에 제출된 군당중앙위원회 보고와 디엔비엔푸 작전 계획에 따르면 전투는 '약 45일'이 걸릴 것으로 판단되었다. 여기에는 우리 병력을 집결시켜 공격준비를 하는 시간이 포함되지 않았다. 우리는 본 작전을 1954년 2월 중순에 개시하기로 계획을 수립했다. 이 작전은 3개 보병사단, 모든 포병, 공병 및 방공포병을 전개해야 하는, '전례 없는 최대 규모의 전투'가 될 것으로 예상되었다. 작전사령부, 지원부대, 보급로 경계부대 및 보충 병력을 포함해 전체 작전병력은 42,000명에 달했다. 이는 '연공연진' 전략을 채택한 경우를 상정한 규모로, 나는 언제나 우리의 전투기술과 무기체계의 수준을 고려하면 한걸음씩 전진하는 전투를 통해서만 강력한 기지를 파괴할 수 있다고 생각했다.

디엔비엔푸 방면의 보고에 의하면, 적은 그들의 요새화된 기지를 지속적으로 강화하고 있었다. 프랑스 보병은 전통적으로 방어에 강했다. 디엔비엔푸에 공정작전을 실시한 후, 적은 2개월 반에 걸쳐 전장을 다져왔다. 디엔비엔푸에 구축된 진지는 전에 나싼에서 파괴된 진지와는 전적으로 상이했다.

날이 갈수록, 나는 가능한 신속히 전선으로 가고 싶어 안달이 났다.

그해 건기에 온 나라가 전쟁터로 변했다. 적들도 전선지역에 있는 도로들에 전례 없이 맹렬한 폭격을 퍼부었다.

30km 거리의 파딘(Pha Đin) 고개를 넘어가는 데 꼬박 하룻밤이 걸렸다. 그리고 디엔비엔푸에 도달하기 위해 우리는 시한신관이 장착된 지뢰와 폭탄으로 가득 찬 들판을 통과해야 했다.

1954년 1월 12일 오전, 우리는 뚜언자오에 도착했다. 야전사령부로 가기 위해 낮에 휴식을 취하고 밤에 이동하여 마침내 라이처우에 진입했다. 라이처우 성도는 약 1개월 전에 해방되었다. 타이 소수민족의 가옥은 가파른 지붕을 얹은 대나무집이었다. 물 항아리 하나와 부추가 심긴 몇 개의 나무화분이 집 한 귀퉁이에 놓여 있었다. 친절한 주인이 우리에게 차를 대접했다.

우리는 잠시 낮잠을 잔 후, 사령부에서 와서 우리를 기다리고 있던 황반타이를 만났다.

디엔비엔푸 계곡은 상당히 넓었지만 사방이 산으로 둘러싸여 있었다. 우리 병력들은 이미 계곡 부근에 집결한 상태였다. 적은 상당한 손실을 입지 않는 한 철수할 수 없고, 그들의 통신과 보급이 문제가 있다면 완전한 고립 상태가 될 것이다. 디엔비엔푸에는 적 10개 대대가 진을 치고 있었다. 그들은 요새를 만들기 위해 열심히 노력했지만, 아직은 그저 야전축성 수준이었다. 그들은 사방이 허점투성이였다. 그와 대조적으로, 우리 부대들은 활기가 넘쳤고 고도의 감투정신을 과시했다. 전역사령부에서 전장 준비를 해 온 동지들 간에는 적을 소멸시키기 위해 전격전을 선호하는 분위기가 지배적이었다. 적은 우리 야포와 대공포가 행동을 개시하면 완전히 기습을 당하게 될 것이다. 이 전술대로라면 우리 군대는 사기가 충천하고 피해를 최소화할 수 있으며, 장기전으로 인해 수만 명의 전사들과 전시 근로자들이 탄약과 식량을 운반할 걱정을 하지 않게 될 것이다.

적의 배치가 도식된 지도가 탁자 위에 펼쳐졌다. 나는 적이 건설한 복잡한 진지 체계를 최초로 볼 수 있었다. 사방에서, 특히 서쪽에서 우리가 적에게 접근하기 위해서는 광활한 논을 횡단해야 했다. 반대로 동쪽은 산맥과 밀림지역으로, 고지마다 적의 진지들이 빗장처럼 구축되어 있었다.

"다른 추가적인 문제점은 없습니까?"

내가 질문했다.

"뚜언자오-디엔비엔푸 간 도로 보수공사는 속도를 내고 있습니다. 이 도로는 거의 100km에 달하고, 이전에는 우마차 도로 수준이었으며 오랫동안 사용하지 않았던 길입니다. 도로 보수가 완료되면 우리는 도로를 따라 대포를 진지까지 견인할 것이며, 그러면 포격을 개시할 수 있습니다."

"사단장들의 의견은 어떻습니까?"

"그들은 적이 강력한 진지를 편성하기 전에 즉각 공격하기를 원하고 있습니다. 우리 병력들은 사기충천해 있습니다. 우리가 이번 전투에서 대포와 대공포를 사용할 수 있기 때문입니다."

나는 이들이 언급하는 방책대로 전투가 진행될 것 같지 않다는 생각을 했고, 상황에 대해서 좀 더 많은 것을 듣고 싶었다. 나바르는 디엔비엔푸에서 일전을 벌인다는 데 대해 추호도 의심하지 않았다. 우리 군은 도로 공사를 위해 보다 많은 시간이 필요했다. 적은 여전히 증원부대를 투입할 수 있었다. 전격전과 신속한 승리에 대한 확신에 점점 더 많은 문제가 발생하고 있었다. 그 난관들은 시간이 가면 갈수록 더 커질 것 같았다.

그날 오후, 우리는 디엔비엔푸-뚜언자오 도로 15km 지점에 설치된 지휘소로 이동했다. 그곳은 활력이 흘러 넘쳤다. 참모들은 작전계획의 수립, 지도 및 모형도 준비 등으로 바쁘게 움직이고 있었다. 장교들이 나를 찾아와 우리가 전광석화같이 공격을 개시해 신속한 승리를 달성하기 위해서 시간과의 싸움을 벌이고 있다고 힘주어 말했다.

전선당위원회 회의에서 황반타이가 말한 바와 같이, (작전 계획을 준비할 책임이 있는) 선발대 요원들은 적이 추가적인 증원 병력을 투입하거나 방어체계를 강화하기 전에 선제공격을 해야 한다고 입을 모았다. 그들은 '승리로 가는 길을 열겠다'는 정신이 우리 장병들 가운데 널리 퍼져 있으며, 포병은 5일 내로 진지에 배치될 수 있다고 장담했다. 모든 사람들은 적 기지가 더 요새화된다면 이번 동계-춘계 기간에 적을 굴복시킬 기회가 사라진다고 걱정하고 있었다. 그들은 전쟁을 오래 끌면 후방에서 전선까지 적기의 빈번한 공습을 받을 것이고, 이 경우 500km에 달하는 길고 험하고 불량한 도로를 사용해야 하는 보급의 문제가 우리의 발목을 잡을 것이라고 예상했다.

나는 동맹국 군사전문가들의 고문단장과 만날 필요성을 느꼈다. 일반적으로 1950년 국경전투 이래 우리와 동맹국의 관계는 아주 좋았다. 동맹국들은 중국 혁명전쟁과 한반도의 항미전쟁에서 얻은 더할 나위 없는 경험을 우리에게 전수해 주었다. 단장은 혁명정신이 투철하고, 경험이 풍부하며, 현명하고, 신중한 베테랑이었다. 우리의 대화는 진지하고도 진솔했다. 그는 고국으로 돌아가기 전날 저녁, 베트남에서 지낸 수년간의 생활이 자신의 혁명 사업 기간 중 황금기였다고 말했다. 그는 나에게 송학도(松鶴圖) 한 점을 선물했는데, 표구는 다음과 같았다.

"동풍이 승리를 가져온다."[17]

17 1957년, 마오쩌둥은 모스크바 공산당 노동자 대표단 회의에서 이렇게 연설했다. "중국에는 '동풍이 서풍을 넘어뜨리지 않으면 서풍이 동풍을 넘어뜨리기 마련'이라는 관용구가 있다. 현재의 상황은 서풍을 압도하는 동풍, 즉 사회주의

내가 보기에는 전격전 전개가 불가능했다. 장단점을 고려한 단장은 전투 준비를 하는 장교들과 같이 일했던 전문가를 만난 적이 있다고 말했다. 그 전문가들은 '속공속승' 전략을 수행하기 위해서 조기에 작전을 전개해야 한다는 데 베트남 장교들과 동의했다. 그들은 만일 적이 전투력을 증강하거나 요새를 강화한다면 승리를 거둘 수 없을 것이라고 생각했다.

나는 여전히 속공이 좋은 결과를 가져올 수 없다는 입장을 견지했다. 하지만 나는 선발대가 선택한 계획을 거부할 근거를 충분히 가지고 있지 못했다. 나는 호아저씨와 정치국에 내 의견을 개진할 수 있는 입장이 아니었고, 그럴 만한 시간도 없었다. 이런 환경 하에서, 나는 작전전략에 대한 정보제공 차원의 회의를 개최하자는 데에 동의했다.

나는 최고사령관 비서실장인 응웬반히유[18]에게 내 생각을 이야기하고, 그에게 이 문제에 대해 사려 깊게 관조하고, 연구하고 생각해서 나와 사적으로 이야기해 줄 것을 요구했다. 나는 정보차장에게 종대공격에 취약해 보이는 서쪽 평원지대의 적진을 자세히 살펴보도록 지시했다. 그리고 보고는 매일, 변화된 상황 위주로 해 줄 것을 요구했다.

4

1954년 1월 14일, 텀뿌아(Thầm Púa)[19]동굴에서 완성된 작전명령을 거대한 사판을 통해 설명했다. 작전에 참가할 여단급 이상 모든 고위급 장교들이 참석했는데, 지휘관으로는 브엉트아부, 레쫑떤, 레꽝바, 다오반쯔엉과 남롱이, 정치지도원으로는 쩐도, 추후이먼과 탐음옥머우가 참석했다. 많은 연대장과 대대장들은 지난 수년간의 투쟁에 대해 나에게 존경심을 가지고 있었다.

의 힘이 제국주의의 힘을 압도하는 상황이라 생각한다." 이 연설을 한 시기는 디엔비엔푸 전투 이후지만, 고전 소설인 홍루몽에서 따온 동풍과 서풍에 대한 관용구를 아시아 공산권에 빗대는 표현은 중국에서 수 년 전부터 사용되었다. 본문의 '동풍이 승리를 가져온다' 역시 아시아권 공산주의 국가의 연대를 강조하는 은유로 보인다.

18 Nguyễn Văn Hiếu, 당시 국방장관 비서실장. 이후 베트남전 당시 활약한 1929년생 응웬반히유와는 동명이인이다.

19 라이쩌우 성 뚜언자오(Tuan Giao)현 인근의 마을. 하노이 북서쪽 220km, 디엔비엔푸 북동쪽 50km 지점에 있다.

최초 돌격부대로는 최고사령부의 제1주력부대인 제308여단이 선정되었다. 그 부대는 서쪽 평원을 가로질러 기지를 공격해 곧장 사령부로 돌격해 들어갈 것이다. 제312, 316여단은 적이 언덕 위에 중요하지만 취약한 요새를 구축한 동쪽 방향의 급속공격을 담당할 것이다. 이 공격은 2박3일간 지속되도록 계획했다. 그러나 나는 무엇보다도 아군의 전 병력이 야포를 끌고 와서 제 위치에 배치될 수 있도록 도로 건설의 마지막 단계를 완성하는 데 집중해야 한다는 입장을 견지했다. 우리의 이데올로기의 일부로서 어떻게 싸울 것인가에 대한 논의가 지속되고 있는 가운데 내가 말했다.

"적 상황에 큰 변화가 식별되지 않고 있습니다. 우리는 어떤 상황변화에도 신속히 대응할 수 있도록 전장을 매우 세밀히 관찰해야 합니다."

전투에 앞서, 나는 장교들에게 어떤 문제라도 토의할 수 있도록 분위기를 조성해 그 문제점들을 해결할 수 있도록 습성화했다. 그러나 이번 경우에는 모든 부대들이 기꺼이 그들에게 부여된 과업을 수용했다. 일부가 보다 상세한 설명을 요구하기는 했으나, 누구도 이의를 제기하지는 않았다. 훗날 일련의 지휘관들이 자신들의 부대가 행해야 하는 과업이 반복적인 돌격이라고 여기고 있었음을 알게 되었다. 그들은 만일 장기전이 될 경우 환자 후송과 탄약 보급에 많은 문제가 발생할 것을 우려하고 있었다. 그러나 분위기에 압도되어 누구도 진솔한 의견을 표현하지 않았다.

동맹국에서 온 기자와 작가들이 우리 부대를 따라 전선까지 왔다. 어느 날 저녁, 레리엠[20]이 황반타이와 나에게 그들이 본국으로 돌아가기 전에 한 번 만나 볼 것을 제안했다.

달 밝은 밤 개울가에 라이처우에서 노획한 낙하산 천으로 만든 천막에서 회동이 이뤄졌다.

폴란드 기자가 말했다.

"이곳은 자연이 정말 아름답네요. 경치는 너무나 평화롭고요."

---

20 당시 총정치국 차장

텀뿌아 동굴 앞에서 진행된 회의 (Trieu Dai)

당시에는 모든 총성이 멎었다. 달밤에 뾰쪽하게 솟은 절벽들이 거의 투명하게 보였다.

나는 말했다.

“예, 이곳의 경치야 아름답기 그지없지요. 나는 좀처럼 시를 짓지 않습니다만, 여기 경치는 그 자체로 시입니다. 우리가 싸우는 이유는 전 국토를 오늘밤 우리가 여기에서 느낀 것처럼 아름답게 만들기 위함입니다.”

체코 기자가 말했다.

“당신네 군대는 정말 희한합니다. 장군하고 병사하고 구별이 안돼요.”

그는 사령부로 가기 위해 내를 건너야 했는데, 부참모장이 자기 말을 발을 다친 병사에게 주고, 자신은 다른 사람들과 같이 신발을 벗어 손에 들고 건너는 모습을 본 것을 회상했다.

"우리 군대가 바로 그래요, 우리의 관계는 말 그대로 동지이자 전우입니다."

만남이 끝나갈 무렵, 폴란드 기자는 떠나기를 원치 않는 것처럼 보였다.

"우리는 집으로 돌아가는데 당신들은 이제 막 전투를 하겠네요. 나중에 우리에게 소식 좀 전해주세요."

내가 대답했다.

"당신은 아마도 디엔비엔푸가 아닌 다른 전장에서 성공한 뉴스를 들을 수도 있고, 디엔비엔푸에서 거둔 위대한 승리에 대해 들으실 수도 있을 겁니다."

5

지휘소를 나떠우(Nà Tấu) 마을 방면 15km 지점에서 62km 지점으로 이동했다.

사령부와 전선당위원회는 전투준비에 대한 감독과 독려를 실시했다.

내가 방문했던 대부분의 포진지들은 지상에 노출되어 있어서, 일단 사격을 하면 위치가 적에게 탐지되고 대응 사격의 표적이 되기 십상이었다.

우리는 거의 수직에 가까운 언덕과 깊은 계곡으로 이뤄진 암석지대 사이로 난 길고 긴 도로와 협로를 따라 포를 끌고 와야 했다. 우리에게 허용된 2일 안에 포를 지정된 진지에 배치하는 것은 극히 어려운 일이 될 것이다. 전투 기간 동안 탄약을 보급하는 것도 어려운 과제였다.

야전사령부는 제312여단과 제57연대에게 대포를 이동시키는 임무를 부여했다. 그러나 1주일이 지났는데도 모든 포가 지정된 위치에 도달하지 않았다. 우리 장교들과 병사들은 울창한 밀림과 깎아지른 듯한 언덕을 통과해 거대한 곡사포와 대공포를 이동시키는 것이 얼마나 어려운지 과소평가했던 것이다.

까오파 동지는 적이 계속 전투력을 증강시키고 있다고 보고했다. 일련의 프랑스군 특화점, 방어진지들은 훌륭하게 요새화되고 교통호가 구축되었다. 각각의 특화점 주위로는 빙 둘러서 지뢰가 매설되고 그 외곽은 유자철조망을 둘렀는데, 일부는 그 종심이 수백m에 달했다. 서쪽 거점들은 제308여단이 돌파하기로 되어있으며, 비록 약한 부분이기는 했으나 개활지에 구축되어 있었으므로 우리 병력들이 은, 엄폐할 곳이 마땅치 않아서 적의 전차, 포병, 그리고 역습의 위협에 노출되어 있었다. 응웬반히유 동지가 사적으로 나에게 말했다.

"사상 사업이 전투 중의 어려움을 극복하는 방법보다는 필승의 신념을 고취시키는 일에 치중되어 있습니다."

쩐반꽝 동지는 1월 20일에 나바르가 푸옌 남쪽에서 15개 대대를 상실했다고 보고했다. 제5연합구역에 있는 우리 군대는 우리들의 전략을 그대로 이행했다. 그들은 소규모 병력만 남겨두고 이들을 지방군과 합세해 적의 역습에 대비하도록 하면서, 대부분의 병력은 북부 떠이응웬 방향으로 이동시켰다. 우리는 제4방향에서 공세를 개시하려 하고 있었다.

수많은 밤낮에 걸쳐 죽도록 노력했지만, 포를 진지에 배치하는 작업은 극히 더디게 진척되었다. 우리는 1월 25일 17:00시에 포문을 열도록 계획되어 있었다. 그런데 제312여단의 한 병사가 적에게 포로가 되면서 D-Day가 노출되어버렸다. 적들이 우리의 공세시기에 대한 첩보를 파악하고 전파하느라 분주하다는 보고가 이어졌다. 그와 같은 상황은 이미 예견되었다. 모든 부대가 전개되었고 최후 명령을 대기하고 있었다. 나는 공격을 24시간 연기하기로 결심하고 참모들에게 여러 부대의 전투준비태세를 재평가하도록 과업을 할당했다.

나는 텀뿌아 동굴에서 회동을 한 지 아주 오랜 시간이 흐른 것 같다는 느낌이 들었으나, 실상은 11일밖에 지나지 않았다. 나는 하루하루 시간이 갈수록 속공이 불가능하다는 것을 확신하게 되었다. 나는 내가 떠나기 전에 호 아저씨가 준 지침과 1953년 초에 당중앙위원회에서 채택한 문안을 떠올렸다.

"우리의 전장은 협소하며, 우리 인민들은 많지 않다. 그래서 우리는 패배해서는 안 되며 오직 승리를 쟁취해야만 한다. 패배는 우리 자산의 소멸을 의미한다."

지난 8년간의 저항에서 우리 군대는 많이 성숙되었으나, 우리의 자산은 여전히 제한적이었다. 우리에게는 오직 6개 주력여단밖에 없었고, 그들 중 대부분이 이번 작전에 참가하고 있었다.

나는 1월 25일 깬 채로 밤을 꼬박 샜다. 머리가 아팠다. 의사가 내 이마에 전통 약재를 붙여주었다.

황반타이가 뚜언자오에서 처음으로 '속공속승'의 가능성에 대해서 말을 했을 때, 나는 이미 그 선택이 위험하다고 생각했었다. 그로부터 2주일이 지났고 적 상황이 근본적으로 변화했다. 기지 내의 병력은 10개 대대에서 13개 대대로 증강되었다. 방어 체계도 지속적으로 강화되면서 더 이상 단순한 야전 진지는 존재하지 않게 되었다. 우리 군은 항공, 포병 및 기갑부대의 지원뿐만 아니라, 북부 인도차이나 방면에서 최우선 순위로 공군의 지원을 받는 강력한 적의 진지를 파괴해야만 했다.

이제 세 가지 명백한 난관이 드러났다.

첫째, 우리 주력부대들은 응히아로에서 전술기지에 있던 증강된 1개 대대를 격멸하는 데 성공한 경험이 있다. 그러나 나싼기지에 대한 돌격에서는 진지 구축이 거의 되지 않은 상태에서 불리한 위치에 분산되어 있던 적 대대들을 공격해보았을 뿐이다.

둘째, 이번 전투에서 우리에게는 전차도, 항공기도 없으며, 우리 군이 한 번도 제대로 훈련해보지 못했던 보포협동작전(보병과 포병이 협조된 작전)을 최초로 시도할 예정이었다. 어느 연대장은 협동작전을 실시할 수 없으므로 일련의 무기를 반납할 것을 허락해달라고 요청하기도 했다.

마지막으로, 우리 군은 수많은 대피호를 제공하는 지형에서 수행하는 야간 전투에 익숙해져 있었다. 우리는 전차와 포병이 월등히 많고, 제공권을 보유한 적에 맞서 평탄한 지형에서 주간에 전투를 해 본 경험이 없었다. 전투는 남북으로 13km, 동서로 6km[21]인 평야지대에서 치러질텐데, 그와 같은 어려움을 극복하

21 30년 전쟁(베트남 테저이 출판사)에서는 12km x 10km라고 되어 있다. (역자 주)

는 데 필요한 어떤 우발계획도 없었다.

나는 밤새 잠을 이루지 못했지만, 막중한 책임감으로 인해 의식은 더욱 또렷해졌으며, 얼른 날이 밝아서 전선당위원회를 소집할 수 있기를 바랬다.

7

1954년 1월 26일 아침, 당위원회 동지들이 상황평가 차 예하부대를 방문한 관계로 회의에 모두 참석하지는 못했다. 회의 개회를 기다리는 동안, 나는 동맹국에서 온 군사고문단장을 만났다.

그는 내 이마에 난 쑥 부황 자국을 보더니 깜짝 놀랐다. 그는 조심스럽게 내 건강에 대해 묻더니 말했다.

"전투가 막 시작되려 하고 있습니다. 보 장군! 현 상황에 대해 같이 이야기해 봅시다."

"그것이 바로 내가 당신들과 토의하려던 것입니다."

나는 말을 계속했다.

"상황을 연구해 본 결과, 나는 적이 임시방어 상태가 아니라 기지를 아주 잘 요새화 했다고 봅니다. 따라서 우리가 이전에 수립했던 계획에 따른 공격은 불가합니다."

나는 우리 군이 직면한 3대 난제를 설명했고, 다음과 같이 결론지었다.

"만일 우리가 공격한다면, 패배를 피할 길이 없습니다."

"그럼 당신의 방책은 무엇입니까?"

"내 의도는 우리가 최초 위치로 후퇴해 '연공연진' 전략에 따라 새로운 준비를 해야 한다는 것입니다."

잠시 뜸을 들이더니 그가 말했다.

"보 장군! 나는 당신의 의견에 동의합니다. 나는 그 문제를 다른 고문관들 앞에서 제기하겠습니다."

"시간이 촉박합니다. 나는 본 의제를 가지고 당위원회 회의를 개최하기를 바랍니다. 제308여단을 루앙프라방 방향으로 이동시키면서 어느 정도 전투력을 노출시켜서 적 항공기를 그 방향으로 유인하고, 우리가 병력과 중포(重砲)들을 후방으로 이동시킬 때 방해하지 못하도록 지침을 부여했습니다."

내가 지휘소로 복귀했을 때 당위원회의 모든 위원들이 참석해 있었다. 나는 기지 공격에 대해서 내가 오랫동안 가슴속에 품어왔던 생각과 지난 텀뿌아 회의 이후 발생한 적 상황의 중요한 변화를 털어놓았다. 우리 모두는 디엔비엔푸에 있는 적을 격멸해야 한다는 확고한 신념에는 변함이 없었으나, 새로운 공격 방법을 궁리해야 했다.

잠시 휴식이 있었다.

그런데 총정치국장이 말했다.

"우리는 군대를 총동원했으며, 전 장병들은 전투에 대한 자신감과 결의로 충만해 있습니다. 만일 계획이 수정된다면 우리가 이를 어떻게 부하들에게 설명할 수 있겠습니까?"

군수총국장이 덧붙였다.

"제 생각에는 현재의 방책을 유지하는 것이 불가피하다고 봅니다. 군수지원 준비가 어렵다는 것이 이미 증명되었습니다. 만일 우리가 지금 싸우지 않고 나중에 싸운다면 군수 지원은 불가능합니다."

내가 말했다.

"우리 장병들의 정신은 매우 중요합니다. 그러나 필승의 신념은 확실한 근거에 기초해야 합니다. 군수 문제는 필수 조건입니다만, 가장 중요한 결심은 올바른 공격 방법을 채택하는 것이어야 합니다."

총참모장이 말했다.

"반(Văn)[22] 동지의 장단점 분석은 훌륭합니다. 그러나 현재 아군은 병력과 화력에서 적보다 우세하며, 동맹국들의 경험에서 얻은 이점까지 가지고 있어서 나는 우리가 이길 수 있다고 생각합니다."

22 보응웬지압의 별명

우리는 잠시 동안 결정을 내리지 못했고, 짧은 휴식을 가졌다가 회의를 속개했다. 내가 말했다.

"우리는 아주 긴박한 상황에 있어서 바로 결정을 내려야 합니다. 상황이 어떻든 간에 우리는 근본적인 원칙을 유지해야 하는데, 그것은 승리가 확실할 경우에만 공격해야 한다는 것입니다. 내가 떠나올 때 호 아저씨는 나에게 다음과 같은 조언을 했습니다. '이번 전투는 매우 중요하다. 우리는 이기기 위해서만 공격해야 한다. 승리가 확실할 경우에만 공격해라. 그렇지 않으면 공격하지 마라' 호 아저씨와 정치국에 대한 책임감을 통감하면서 나는 여러분에게 묻겠습니다. '만일 우리가 공격한다면, 우리는 100% 승리를 확신할 수 있습니까?"

총정치국장이 말했다.

"당신의 질문에 답하기는 지극히 어렵습니다. 누가 그런 보장을 할 수 있겠습니까?"

군수총국장이 덧붙였다.

"우리가 어떻게 그런 보장을 할 수 있겠습니까?"

내가 말했다.

"나는 이 전투에서 우리 모두가 100% 승리를 확신하지 않으면 안 됩니다."

지금까지 말이 없던 총참모장이 말했다.

"100%를 확신해야 한다면, 우리는 큰 문제가 있습니다."

잠시 후, 당위원회는 작전 수행에 있어서 확고한 극복 방안이 없는 수많은 난제에 봉착할 수 있음을 만장일치로 선언했다.

내가 결론을 지어 말했다.

"'승리가 확실한 경우에만 공격한다'는 근본적인 원칙을 감안하면, 우리가 적을 소멸시키기 위해서는 지도 철학을 '속공속승'을 '연공연진'으로 바꿔야만 합니다. 공격은 연기하기로 결정합니다. 전 전선에 있는 우리 군은 재집결지로 후퇴하고 대포 또한 끌고 갈 것을 명령합니다. 정치 사업에서는 철수 명령의 이행을 공격 명령의 이행처럼 실시할 수 있도록 보장해야 합니다. 군수지원 사업은 새로운 지침에 의거해 준비가 이뤄질 수 있도록 전환해야 합니다."

지도철학을 전면 수정하는 보응웬지압의 결단 (Soha.vn)

나는 황반타이에게 보병부대들에게 명령을 하달하도록 지시했다. 나는 포병부대들에게 명령을 하달했고 제308여단에 새로운 과업을 부여했다.

나는 유선으로 포병부대들에게 다음 사항을 통지했다.

"적 상황이 변경되었다. 쩐딩[23]을 격파하려는 우리의 최종목표는 불변이다. 그러나 우리의 공격계획은 변경되었다. 하여 나는 귀관들이 17:00시 부로 포를 진지에서 끌어내서 재편성 지역으로 이동해 새로 전투준비를 할 것을 명령한다. 본 명령은 즉각 시행한다. 이상!"

저쪽에서 포병 정치지도원인 탐응옥머우의 목소리가 들렸다.

"철저히 시행하겠습니다."

14:30분이 되기 전에 나는 제308여단장인 브엉트아부와 전화 통화가 가능했다.

23 Trần Đình(塵庭) 작전간 디엔비엔푸의 암호명, 塵庭은 진흙마당이라는 의미로, 디엔비엔푸의 므엉타잉 평야가 진흙으로 덮인 것을 빗댄 별칭으로 보인다. (역자 주)

"다음 명령을 시행할 준비를 하라. 상황이 변경되었다. 귀 여단은 루앙프라방 방향으로 전진한다. 도중에 적과 접촉하면, 가능한 범위 내에서 그들을 격멸하라. 여단은 전투력을 보존해야만 하며, 명령 수령 즉시 복귀할 준비를 한다. 무선 대기 철저. 호출시만 응답할 것."

"예!"

부(Vũ)가 대답했다.

"본 명령은 즉각 시행한다."

"군사력 사용에 관한 명령은 무엇입니까?"

"귀관은 이에 대한 결심에 있어서 대대에서 여단까지 전권을 위임받았다. 귀 부대에 대한 군수지원문제는 해결될 것이다. 16:00시 정각에 이동하라."

"명령대로 이행하겠습니다!"

동시에, 나는 소규모 부대에게 무전기를 주고 목처우 방향으로 이동시키면서, 하루 3회씩 '제308여단 도착완료!'라는 무전보고를 하라는 지침을 하달했다. 비밀 전문은 일부 암호화하지 않은 단어를 포함시켰다. 이런 전문들은 처음에 적들을 제308여단이 삼각주로 철수 행군을 하는 것처럼 착각하게 했다.

그날, 나는 총사령관으로서 역할을 수행하는 동안 가장 어려운 결심을 했다.

무전기로 소통할 수 없었으므로, 나는 정치국에 내 결심을 담은 긴급 서한을 발송했다. 며칠 후에 나는 쯔엉칭에게 편지를 받았는데, 그 편지에는 호 아저씨와 다른 동지들이 만장일치로 작전지침을 변경한 나의 결심이 전적으로 옳았음을 인정한다는 내용이 포함되어 있었다. 당중앙위원회와 정부는 우리가 디엔비엔푸에서 완전한 승리를 거둘 때까지 모든 노력을 다해 우리 군을 지원하기 위해 전 인민을 동원하기로 했다.

비록 각자는 생각하는 것과 우려하는 것은 달랐지만, 전 장병들은 디엔비엔푸 전선에서 철수하라는 명령에 대해 신뢰를 표명하고 절대적인 군기를 유지한 가운데 수행했다.

7일 이상 밤낮으로 고생한 끝에, 제312여단과 포병부대 전 장병은 나중에 무차별 포격지대가 된 울퉁불퉁한 도로를 통해 안전하게 대포를 끌고 나왔다.

제308여단은 팟헷 라오스군과 라오스 인민들의 지원 하에 적을 200km 이상 추격해 남오우 방어선을 붕괴시키고 적 14개 중대를 소멸시켰다. 나바르는 므엉싸이에 또다른 기지를 건설하고 루앙프라방 방어 전력을 증강시키기 위해서는 기동예비를 분할해 보내야만 했다.

음력 설날이 다가오면서 하얀 반(Ban)꽃[24]이 우리 지휘소 부근의 모든 산의 언덕과 개천을 따라 흐드러지게 피었다. 남부와 제5연합구역에서 디엔비엔푸에서 조속한 승리를 기원하는 전문을 보내주었다. 수만 통의 편지가 모스크바, 북경, 평양에서 전선으로 날아들었다. 섣달 그믐날, 나는 마지막 대포가 재편성지역에 도착했음을 확인했다. 브엉투아부는 제308여단 선두가 팟헷 라오스군과 함께 루앙프라방 전방 7km 지점인 메콩강까지 진출했다고 무전으로 보고했다.

북부 라오스 방면의 공격 작전은, 타카액성과 볼라벤(Bolaven)고원을 해방한 후, 꼰뚬(Kon Tum)[25] 해방과 디엔비엔푸에 건설된 나바르 군의 요새에 대한 공격을 동시에 실시했다. 이는 적 기동예비를 분산시키는 효과를 가져왔다.

제320여단은 여러 성의 지방군과 협조 하에 홍강 삼각주를 통제했고, 다이강의 적 방어선을 붕괴시켰으며, 여러 비행장을 강습했다. 그들은 인도차이나 프랑스 공군력의 1/6을 파괴했다. 나바르의 44개 기동예비대대 중 20개 대대가 중요한 병참선, 특히 5번 국도[26]를 방호하기 위해 뿔뿔이 흩어져 파견되었다.

푸옌[27]에 대한 적의 군사행동은 막다른 골목에 빠져들고 있었다. 게릴라들이 남쪽 중부지방에 있는 냐짱시와 카잉화(Khánh Hòa)시를 습격했다. 꽝남, 푸옌, 카잉화 및 빙투언 지역의 지방군들이 적의 많은 방어초소를 파괴했다.

건기에 남부지방을 평정하려던 나바르의 꿈은 물거품이 되고 말았다. 남부지방의 여러 군사구역과 성에서 온 주력 대대들은 점령지역으로 이동해 인민전쟁 강화, 적 초소 공격, 적 증원부대 차단, 정규전 수행 및 도로상 매복 작전 등을 실

24 베트남, 라오스 및 태국 등 3개국 북부에 자생하며 봄에 백색 혹은 자색 꽃이 피고 디엔비엔푸에서는 3월에 축제가 열린다. (역자 주)

25 중부 고원지대의 떠이응웬에 있는 지방

26 하노이-하이퐁 간의 국도. (역자 주)

27 푸옌~빙투언 모두 중부베트남에 있는 지방이다.

시했다. 종합해 보면, 1,000여 개의 초소와 감시탑이 파괴되었고, 차량 호송행렬, 군용 열차, 그리고 강에서 운용되는 소형 함정들이 피해를 입었다. 적들은 이전까지 '평정지역'으로 여겼던 지역을 방어하기에 급급했다. 제4연합구역의 해방구가 확보되고 보다 더 확장되었다. 크고 작은 게릴라 기지와 지역이 재점령되었고, 또 확장되었다. 여러 지역이 처음으로 해방되었다.

프랑스군은 모든 전선에서 지리멸렬했다. 그러나 디엔비엔푸 전선에서 우리가 1954년 1월 26일에 그러한 결심을 했다는 것은, 우리가 아직도 어려운 도전에 직면해 있었음을 의미했다. 디엔비엔푸의 적은 19대대로 증강되었고 전투기간 동안 더 늘어날 수도 있었다.

1954년 2월 초, 우리는 지휘소를 디엔비엔푸에서 10km 이상 떨어진 므엉팡(Mường Phăng)으로 옮겼다. 지휘소 뒤에 있는 산 정상에서 우리는 광활한 므엉타잉(Mường Thanh) 평야[28]와 모든 적 병영을 볼 수 있었다. 나는 평평한 들판과 동쪽 고지군에 있는 적을 관측하는 데 많은 시간을 보냈다. 적기들은 계곡에 착륙하고, 낙하산을 투하하거나 우리가 숨어있다고 추정되는 장소에 폭격을 했다. 적 전차들이 므엉타잉에서 홍꿈으로 질주했다. 나는 우리 병력들이 승리를 쟁취하기 위해서 극복해야 할 도전에 대해 깊이 생각했다.

새로운 지침에 의해 재차 준비를 하는 동안 전투는 이미 한 달 보름가량 연기되었다.

우리는 기지 주변에 수백 km에 달하는 교통호를 설치하여 요새화하는 작업을 완료하여, 주야를 가리지 않고 적의 폭격을 견딜 체계를 구비했다. 그리고 주변의 산에는 포를 보호할 수 있는 엄체호(掩體壕)를 도처에 구축했으며, 각 포상에 트럭으로 탄약을 운반할 수 있도록 길을 닦았다.

우리 군과 인민들은 '모든 것은 전선을 위해서' '모든 것은 승리를 위해서'라는 구호 아래, 전투부대에 대한 탄약과 식량 보급을 보장하도록 모든 노력과 역량을 아끼지 않았다.

28 디엔비엔푸의 평야로, 전투의 주전장이었다. 므엉타잉 계곡이라 불리기도 했다. (역자 주)

2월 초 프랑스군 초소에서 입수한 디엔비엔푸지역 배치도. 베트민은 이 지도를 전역 기간 중 포병 화력운용에 유용하게 활용했다. (Bảo tàng Lịch sử Quân sự Việt Nam)

우리가 준비한 최대의 기습은, 견고한 요새의 보호를 받는 프랑스 원정군 전력을 상대로 전광석화와 같은 단기전을 거부했다는 것이었다. 대신 시간과 장소를 고려하면서 적의 저항 거점을 하나씩 차근차근 파괴하기로 결정했다. 우리는 각각의 전투에서 압도적인 전투력 우세 하에 공격하고, 우리의 거점을 견고히 하며, 적의 기지가 숨이 넘어갈 때까지 병참선을 차단할 것이다.

1954년 3월 13일, 우리는 디엔비엔푸에서 포격을 개시했다. 포병 담당 부사령관이었던 삐로 대령[29] [30]은 베트남 중포를 잠재울 길이 없어서 그만 자살하고 말았

29 Charles Piroth (1906~1954) 프랑스의 군인. 엘리트 포병장교 출신으로, 2차대전 중 자유프랑스군에 합류한 이래 제41식민지포병연대 소속으로 이탈리아 전역에서 활약했다. 종전 후 1945년부터 인도차이나에 파병되었고, 1946년에는 베트민의 매복으로 중상을 입어 팔을 절단했지만 치료 후 복무를 계속했다.

30 삐로 대령은 디엔비엔푸 전투 당시 포병화력 부족에 대해 우려한 드 까스뜨리 등 참모진의 견해에 반대하며, 휘하의

다. 드 까스뜨리와 프랑스 원정군 최고사령부는 맨발로 공격하는 베트남 충격부대의 돌격에 의해 그토록 강력했던 거점들이 자신들의 면전에서 무너지는 광경을 그저 바라보고 있을 수밖에 없었다. 높은 산에서 평야지대까지 구축된 우리 교통호 체계는 하루하루 적 기지의 운명을 결정지었다.

1954년 5월 7일, '결전(決戰) 필승(必勝)'이라고 적힌 깃발이 드 까스뜨리 벙커 지붕에 휘날렸다. 므엉타잉에 있던 10,000명 이상의 적군이 백기를 들고 항복했다.

그해 5월, 우리 군과 인민들은 호 아저씨 생일을 기념해 중대한 군사적 승리를 거두었다. 그의 축하 서한이 그다음 날 도착했다. 그 내용은 다음과 같다.

> "우리 군이 디엔비엔푸를 해방시켰습니다. 정부와 저는 우리 모든 장병, 전시근로자, 청년의용대, 지역 주민들이 부과된 각자의 과업을 획기적으로 완수한 데 대해 경의를 표합니다. 그러나 승리는 위대하지만 이는 시작에 불과합니다…(이하 생략)"

나는 순국 장병들에 대한 조화(弔花)로, 그리고 전투기간 동안 거국적 단결의 기적과도 같은 힘과 35년 전 역사적인 춘계 기간 동안에 위대한 무훈의 기반을 다진 특별한 베트남-라오스-캄보디아 동맹군에 관한 증거자료로 이 회고록을 썼다.

포병만으로도 베트민 포병을 제압할 수 있으며 베트민들이 고지에 포를 올릴 수 없다고 호언장담했다. 이후 고지에 포진지를 설치한 베트민의 포격이 본격화되자 여러 동료 장교들에게 사과한 후, 벙커에서 수류탄으로 자살했다.

14. 디엔비엔푸[01]

1. 1953년 여름의 군사상황

1953년 여름, 구국을 위한 우리의 인민저항전쟁이 8년째로 접어들고 있었다. 그 8년의 세월은 무기, 장비가 월등한 프랑스 식민주의자들과 미국 개입주의자들의 지원에 대항해 싸워온 우리 군과 인민들에게는 지극히 힘들고, 동시에 영웅적인 투쟁의 기간이었다.

우리 군과 인민들은 8년에 걸친 장기 저항을 계속했음에도, 적들의 희망처럼 소멸하지 않았다. 오히려 싸울수록 강해졌고, 점점 더 많은 승리를 기록했다. 반면, 프랑스는 전쟁이 계속될수록 새로운 난관에 봉착했고, 패배에 패배를 거듭했다.

8년에 걸쳐 장기간 저항한 결과, 힘의 균형은 우리에게 유리하게 기울어졌다. 모든 당, 인민, 군대는 보다 위대한 승리, 나아가 최후의 대승을 거두기 위해 저항전쟁을 강화하기로 결심했다. 반면, 적은 전쟁에서 결정적인 승리를 거두기에 앞서 몇 번의 중요한 승리를 거두기를 희망하며, 불리한 상황에서 벗어나 상황을 역전시키기 위해 노력하고 있었다.

피아 간 상황을 연구하기 위해서는 8년간의 상황요약이 불가피하다. 나바르의 군사계획과 위대한 디엔비엔푸 전역을 위한 준비를 포함해, 동춘 작전을 언급하

01 본고는 디엔비엔푸 승전 10주년을 기념하여 작성되었다.

기 전에 그 기간에 대한 검토도 필요했다.

우리는 외세의 침략에 대항하고 국가독립을 위한 불굴의 상무정신의 유구한 전통을 가진 자유와 평화를 깊이 사랑하는 인민들이다. 1945년 8월 혁명 성공 직후인 1945년 9월 2일, 호치민 주석은 만 천하에 독립선언서를 낭독했다.

> "베트남은 자유로운 독립 국가를 가질 권리가 있습니다. 전 베트남 인민들은 자신들의 독립과 자유를 수호하기 위해 전심전력을 다하고 그들의 생명과 재산을 희생할 준비가 되어 있습니다."[02]

동남아 최초의 인민민주주의 국가로서 베트남민주공화국이 탄생한 지 거의 한 달이 지났을 무렵, 국제 제국주의자들이 그들의 동맹국에게 지원을 받으며 우리의 신생 혁명정부를 전복시키기 위해 몰려왔다는 것은 모두가 아는 사실이다. 1945년 9월 23일, 프랑스 식민주의자들이 영국 제국주의자들의 후원을 받으며 베트남을 다시 정복하기 위한 시도의 일환으로 사이공에서 도발적 행위를 감행했다. 그들은 그 와중에 라오스와 캄보디아를 점령하기 위한 흉계도 드러냈다. 프랑스는 1개 기갑 사단과 해군을 파병했고, 우리나라의 북부를 공격할 발판으로 삼기 위해 남부를 10주 내로 평정한다는 목표 하에 전격전 전략을 구사했다.

그러나 프랑스인들의 판단은 오산이었다. 남부 인민들은 영웅적인 불굴의 의지를 과시하면서 원시적인 무기로 적의 항공기, 전차, 전함, 대포에 맞서 분연히 일어서 싸웠다. 곧 우리 인민들의 저항전쟁이 개시되었다. 남부의 군과 인민들은 적의 전격전 전략을 분쇄하고야 말겠다는 굳센 결심으로 맞서 싸웠다. 곧 메콩 삼각주 일대에서 게릴라전이 발전되었다. 우리 군은 강해졌고, 장기전을 수행할 수 있을 정도로 발전했다.

우리 당은 남부 인민들의 투쟁을 이끌었고, 그들을 지원해줄 것을 전국에 요청했으며, 1946년 3월 6일 프랑스와 잠정합의서에 서명하면서 적 진영 내의 갈등을

02 호치민, 독립을 위해, 자유를 위해, 사회주의를 위해, Su That(사실)출판사, 하노이 1970. 53-55쪽

증폭시켰다. 이는 20만명에 달하는 장개석군을 철수시키는 결과로 이어졌다. 우리는 '전진하기 위한 타협' 정책을 통해, 그리고 인민들의 힘을 기르고 혁명군을 강화하면서 적의 새로운 침략 음모에 대비해 나갔다.

프랑스 식민주의자들은 우리나라를 자유 주권 국가로 인정하면서도 그들의 지배를 재현하려는 의도를 포기하지 않았다. 우리가 양보하면 할수록 그들은 우리 발등을 더 세게 밟으려 들었다. 그들은 잠정합의서를 휴지조각으로 만들었고, 남부에서 전쟁을 계속했으며, 점진적으로 강화되는 침략 계획을 이행해 갔고, 북부와 중부에서 일련의 지역을 점령했다. 평화를 지속할 기회가 점점 더 멀어져갔다. 프랑스 식민주의자들은 혼가이와 하이퐁을 점령했고, 1946년 12월 이후 도발적 행위에 박차를 가했다. 그들은 우리 민병대가 무기를 내려놓고 항복하기를 원했으며, 수도 하노이의 심장에서 침략적 행동을 자행했다.

악랄한 프랑스 식민주의자들은 우리나라를 침략하는 수단으로 전쟁을 이용했다. 화해의 가능성은 더 이상 존재하지 않았다. 1946년 12월 17~18일에 당중앙위원회 회의 개회식에서 거국적 저항전쟁을 벌이기로 결의했고, 전쟁 수행 방법의 기본원칙을 결정했다. 1946년 12월 19일 밤, 거국적 저항전쟁이 일어났다. '우리는 나라를 잃고 다시 노예가 되느니 차라리 모든 것을 희생하는 편이 낫습니다.'라는 호치민 주석의 호소에 부응해, 전 베트남인들이 적의 침략적 책동을 중지시키고 조국을 구하기 위해 분연히 일어선 것이다.

우리 당은 저항 초기부터 '저항만이 나라를 지키고 혁명의 결실을 가져오는 유일한 길' 임을 천명했다. 동시에 '우리 인민의 저항전쟁은 국가 전체에 의해 수행되는 총력전이다. 저항은 어려움으로 가득 찬 장기전이 될 것이나, 우리는 확실히 승리할 것이다.'라고 지적했다.

비록 미숙하고 열악한 장비밖에 보유하지 못했으며 전투 경험도 없었지만, 노동자 계급의 혁명적 속성을 보유한 우리 인민군은 국가 전통을 수호하고 당과 호치민 주석의 지도력을 의문의 여지 없이 신뢰했다. 위대한 애국심과 높은 용기를 지닌 도시와 시골 등 전국에 걸친 우리 군대와 인민들은 우리나라의 일부 전략적 지역에 뿌리를 내리고 있는 막강한 제국주의 군대와 불공평한 전투를 시작했다.

우리 군대와 인민들은 모든 전선에서 적을 약화시키고 격파하기 위해 가장 영웅적이면서도 용감하게 싸웠다. 그와 동시에, 우리는 '초토화 정책'의 전략을 적용해 도로와 교량을 파괴하고 인민들을 안전한 지역으로 이주시켰다. 특히 하노이에서는 도시의 심장부에서 두 달에 걸쳐 싸우며 위치를 고수했다. 이런 전투들은 전 인민들에게 용기를 주고 적을 고착, 견제하는 데 기여해 전국이 장기 저항전쟁으로 진입할 수 있는 여건을 조성했다.

우리는 거국적 저항전쟁의 바로 그 첫해부터 다양한 방법으로 인민전쟁 향상 정책을 수행했다. 여기에는 도시지역 공격, 적 병참선과 경제시설 파괴, 적에 대한 경제적 봉쇄, 군사 활동의 결합, 그리고 피점령 지역에서 수행하는 무장선전, 정치투쟁 등이 포함되었다. 그와 동시에, 우리는 끊임없이 군을 발전시키고 혁명 기지들을 구축해 나갔다. 우리 군대와 인민들은 여전히 우리 주력군을 온전한 상태로 보존하면서 나라 전체를 각성시키고, 시골 지역과 평원지대, 산악지역에 우리의 기지들을 강화하면서 그 기지들을 장기 저항을 위한 발판과 지원 거점으로 삼아 도처에서 적을 공격했다.

교활하고 완강한 프랑스 식민주의자들은 전쟁을 확대하면서 괴뢰정부 수립이라는 사악한 흉계를 추구해 갔다. 1947년 추계-동계 기간, 적은 중앙 지도부와 정규군의 말살을 목적으로 저항전쟁의 주 기지인 비엣박에 10,000명의 병력을 투입하여 대규모 공세를 전개했다. 그들은 결정적인 승리를 얻고 전국에 걸쳐 괴뢰정부 수립에 박차를 가하기를 원했다.

적의 흉계를 분쇄하기 위해 우리 인민과 군대는 동계 전역을 준비하고 아군의 후방 지역에 대한 적 공정부대의 공격에 대비했다. 우리의 임무는 적에게 심대한 타격을 가해 동계 전역 이후에도 회복하지 못하도록 하는 것이었다. 비엣박의 인민과 군대는 당의 지침에 따라 전국의 다른 전선들과 긴밀한 협조 하에 용감하게 복수하고 대승을 거뒀다. 적은 심각한 타격을 받았고, 그들의 전격전 전략은 다시 한번 수포로 돌아갔다.

비엣박의 승리가 교착상태를 형성하면서 전쟁은 새로운 국면에 접어들었다.

전격전의 실패 이후, 프랑스 식민주의자들은 침략 전쟁을 오래 끌 수밖에 없었다. 그들은 점령지역을 안정화하고, 우리의 인적, 물적 자원을 강탈하며, 전쟁을 내전화하고 베트남인 괴뢰군이 베트민을 상대하도록 하는 그들의 사악한 계략을 이행하기 위해 모든 역량을 집중시켰다.

1949년, 중국인민해방군이 남중국 방면으로 진군하여 대승을 거두고 우리의 인민전쟁이 광범위하게 발전하자, 프랑스 식민주의자들은 상황을 역전시키기 위한 새로운 계획을 수립하도록 레베르 장군을 인도차이나에 급파했다. 레베르의 전략은, 랑썬-띠엔썬(Tiên Sơn)[03]-하이퐁-하노이로 이뤄지는 사각지대의 방어력을 강화하고 중국-베트남 국경선에 접근하기 위해 북부 전선에 일련의 군대를 증강시키면서 삼각주와 내륙지방의 점령지역을 확장하는 것이었다. 레베르 계획의 다른 측면은 점령군으로 활용할 괴뢰군의 육성과 동시에 유럽-아프리카군을 재편성해서 아군의 게릴라전을 억압하기 위한 기동부대로 만드는 것이었다. 이 계획을 이행하기 위해 적은 맹렬한 공격을 빈번히 실시하고, 북부의 삼각주와 내륙지방에서 야만적인 평정작전을 감행했다.

비엣박의 승리 이후, 우리는 대도시를 포함한 모든 피점령지역에서 대규모의 게릴라전을 전개했다. '독립중대와 집중대대의 활용'[04] 전술이 실전에 적용되었고, 많은 성공을 거뒀다.

우리 정규군 일부가 독립중대 단위로 분할되어 적 후방지역 깊숙이 들어갔다. 그들은 그곳에서 주민들 속에 녹아 들어 무장투쟁과 정치투쟁을 조화시키고 무장투쟁과 정치사업을 결합했다. 그들은 적진을 파괴하면서 주민들 사이에 자신들의 기지를 구축하고 강화해 나갔다. 이 중대들은 주민들과 협조 하에 적과 싸우기 위해 지방군과 준군사집단을 지도했다. 특히 괴뢰군을 대상으로 한 적 공조사업[05]이 전략적 과업으로 인식되었고, 지대한 관심을 불러일으켰다. 대 소탕작전도 성공적으로 수행했다. 민병대, 게릴라 부대는 물론 지방군도 질적,양적인 면에서 강화되고 발전되었다. 게릴라전이 도처에서 활발하게 전개되었고, 우리 교

03 하노이 북쪽 약 50km 지점에 위치한 소도시(역자 주)

04 당시 베트남군은 대대 단위로 운용되는 부대는 집중 대대, 중대별로 운용되는 부대는 독립 중대로 호칭을 구분해 시용했다. (역자 주)

05 적군 내에서 실시하는 선전선동사업 (역자 주)

전지역이 될 적 후방지역에는 게릴라 기지가 점차적으로 구축되었다.

독립중대와 소대들이 게릴라전 발전을 지원하면서 전국에 걸쳐 활동한 데 반해, 편성된 집중대대들은 보다 더 큰 습격과 매복을 위해 훈련을 받았다. 이런 대대들은 다가오는 기동전[06]을 위해 기지를 구축했다. 1948년부터 1950년 초까지, 우리 군대는 게릴라전 성격이 남아있는 일련의 소규모 작전을 전개하기 시작했다. 우리는 전반적으로 적 부대를 약화시키고 우리 영토를 확장하기 위해 적의 약점에 우리의 일격을 지향하는 방식으로 3개 대대~수 개 연대를 전투배치했다. 일반적인 군사상황은 격렬한 일진일퇴의 전투였다. 우리 군은 신생 군대로서 보다 많은 공을 세우기 위해 전투를 치르면서 다른 한편으로는 전투력을 강화해 나갔다. 우리 군은 점점 더 성장했다. 인민군의 첫 여단이 1949년에 창설되었다.

적의 포위 속에서 수행하는 투쟁의 해에, 우리는 일련의 난관을 우리 자신의 능력으로 극복하는 데 중점을 두었다. 저항기지를 보호하고 확장하기 위한 소규모 기동전 공격을 발전시켰고, 병력과 무기 면에서 우리보다 강력한 적을 앞두고 굳건히 버티면서 게릴라전을 대규모로, 강력하게 발전시켜 나갔다. 보다 큰 승리를 거두면서 해방전쟁의 새로운 단계로 진입하기 위한 근본적인 조건들이 충족되어 갔고, 우리는 적의 전략을 하나씩 하나씩 분쇄해 나갔다.

1950년 겨울은 전쟁에서 대변화를 예고했다. 우리 군은 국경 전역에서 적을 패퇴시킬 정도로 괄목할만한 성장을 이룩했다. 우리는 대규모 전장에서 전략적 주도권을 확보할 수 있었다. 우리 군대, 특히 정규군이 모습을 갖춰갔다. 우리 군은 대규모 조직과 향상된 무기, 장비로 북부 국경 전역에서 최초로 대규모 작전을 개시했다. 우리는 적 정규 기동군의 대대들을 다수 소멸시켰으며, 그들의 방어선을 무너뜨리고 광대한 지역을 해방했다. 인민전쟁이 새로운 국면을 맞이했다. 북부에 대규모 정규전이 출현하면서 향후 수년 내에 있을 대첩을 암시했다. 국경작전의 승리는 제국주의자들의 베트남 봉쇄를 종식시켰으므로, 이제 중국을 경유해 소련이나 다른 사회주의 국가들과 연결될 통로가 개방되었다.

06 베트남군이 말하는 기동전은 게릴라전에 대비되는 개념으로, 통상적인 공격,방어 전투를 지칭한다. (역자 주)

미 제국주의자들은 베트남 혁명운동의 승리와 프랑스 원정군의 대규모 손실이 날로 확대되는 모습을 지켜보면서, 무기와 자금을 프랑스에 제공하는 방법을 통해 인도차이나에 대한 개입을 확대했다. 미국인들은 프랑스군의 어려움을 활용해 자신들이 직접 프랑스가 인도차이나에서 수행하던 역할을 대신하려 했다. 이런 상황에서는 프랑스 침략자들은 물론 미국 개입주의자들과도 투쟁해야 했다. 프랑스 제국주의자들과 미국 개입주의자들은 모두 괴뢰군을 발전시키기 위한 징집, 증원군 확대, 더 많은 예비군 조직 등을 통해 침략전쟁을 부추겼다. 프랑스인들은 군사력을 북부의 주전장에 집중시키고, 공세 전략을 수세 전략으로 전환했다. 그리고 조밀한 벙커망으로 풍요로운 북부 삼각주[07]를 둘러싸기 위해 많은 무인지대[08]를 구축하고 방어선을 강화했다. 그와 동시에 심혈을 기울여 반격을 준비했다.

국경 전역에서 개가를 올린 후, 저항전쟁은 새로운 단계에 접어들었다. 우리 정규군은 1951년의 내륙지방 작전, 18번 국도 작전, 하남딩 작전, 1952년 겨울의 화빙 작전, 1952년 봄의 북서 작전 등 북부 삼각주 전역에 걸쳐 다수의 대규모 공세와 반격 작전을 개시했다. 각각의 전략적 방향에 대한 우리의 공격 성향은 점차 빛을 발했다.

우리는 그와 같은 승리를 통해 북부에서 적의 전 기동부대를 소멸시켰고, 10,000명 이상의 적을 무력화하며, 방대한 지역을 해방했다. 중월 국경지역인 까오방, 랑썬, 그리고 라오까이(Lào Cai)와 같이 전략적 요충지에 해당하는 국경지역 성들, 비엣박과 제4연합구역 도로의 교차점인 화빙, 그리고 타오강에서 라오스-베트남 국경선까지 뻗어 있는 북서지방의 대부분이 차례차례 해방되었다. 저항전쟁의 주 기지인 비엣박이 크게 확장되고 견고해졌다. 적은 북부 산악지역에서 오직 하이닝, 북동지방, 라이처우시 구역, 그리고 북서지방의 나싼 집단전술기지 지역만을 고수했다.

---

07 베트남에는 2개의 삼각주 즉, 하노이를 중심으로 하는 홍강 유역의 북부 삼각주와 사이공(현 호찌민)을 중심으로 하는 메콩강 유역의 남부 삼각주가 있다. (역자 주)

08 거주와 이동을 금지하는 불모지대. 방어지대의 한 종류다. (역자 주)

우리 정규군이 주 전선에서 연전연승하는 가운데, 게릴라전은 북부의 적 방어선 후방지역 여기저기서 강력하게 발전했다. 특히, 화빙 작전 기간 중 우리 정규군은 지방군이나 준군사부대와 협조된 작전으로 홍강 삼각주의 적 후방지역 깊숙이 돌파해 들어갔다. 그들은 일련의 적 거점을 파괴하고, 게릴라 기지와 지역을 확장했으며, 수백만 명의 인민들을 해방시켰다. 피탈된 영토가 1/3로 현격하게 감소되어 간선 국도와 도시들이 연결되었다.

빙찌티엔 전선에서는 불리한 지형에도 불구하고 게릴라전이 호전되었다. 중부의 남쪽지방에서는 우리 군대가 제5연합구역 내의 해방구를 방호하고 적 후방지역 깊숙이 침투해 들어가서 주민들 사이에 우리의 영향력을 확대했다. 그리고 인민전쟁을 고양시키고 떠이응웬에 새로운 게릴라 기지를 구축했다. 남부에서는 도시지역에서 적과 아군 간의 전투가 격렬하게 벌어졌다. 우리는 제9연합구역에 있는 해방 지역을 굳건히 유지했고, 게릴라전을 다른 곳과 같이 광범위하게 전개했다.

1953년 여름, 팟헷 라오스 해방군과 베트남 의용군이 연합으로 삼네우아 구역에 대해 기습공격을 감행했다. 삼네우아성 전체와 북부 라오스의 광활한 지역이 해방되었다. 이웃 인민들의 저항전쟁을 위한 새로운 여건이 조성되었다. 이는 적에게 새로운 압력으로 작용했다.

북부 방면의 노출된 군사상황을 개관해보면, 1950년 동계 이후 우리 군대는 지속적으로 주도권을 확보한데 반해, 적은 점점 더 수세로 몰렸다. 프랑스는 미국 제국주의자들을 찾아가 자신들을 구원해 달라고 필사적으로 매달렸고, 미국은 그들의 개입을 강화했다. 그러는 가운데 많은 프랑스 원정군의 고급장교들이 소환되고 교체되었다. 프랑스군 최고 장군 중의 한 명인 드 라뜨르 드 따씨니 장군이 국경 전역 이후 인도차이나에 파견되었다. 그는 괴뢰군을 보강하고 군사력을 집중시켰으며, 방어선을 구축했고, 주도권을 다시 찾기 위해 화빙에 대한 공세를 전개했으나 결국은 패배하고 말았다. 드 라뜨르의 후임인 쌀랑 장군 역시 프랑스 원정군의 북서지방 베트남과 북부 라오스 방면의 쓰디쓴 패배를 힘없이 지켜보는 수밖에 없었다.

프랑스는 북부 삼각주 방어에 모든 노력을 경주하면서 다른 전선의 진지들은 미비한 경계 상태로 남겨놓을 수밖에 없었다. 바로 이런 상황이 우리 군의 활동을 촉진하고 보다 더 큰 승리를 거둘 수 있는 기회를 제공했다.

2. 1953년 여름

양측의 상황은 다음과 요약될 수 있었다.

아군의 상황 : 저항전쟁의 핵심인 우리 인민군은 8년간의 전투와 훈련을 거쳐 유아에서 어른으로 성장해 왔다. 베트남 인민군은 막대한 규모의 지방 연대, 그리고 대대의 상급부대인 다수의 정규 여단과 연대로 구성되었다. 민병대와 게릴라 부대들도 도처에서 신속히 발전해 나갔다.

이런 군의 창설과 신속한 성장은 우리 당의 동원과 전인민의 무장, 그리고 인민전쟁 수행에 대한 명확한 정책에 기인한 것이자, 동시에 장기 혁명전쟁의 올바른 전술을 사용한 결과이기도 했다. 여기에는 게릴라전을 수행하고, 정규전으로 발전시키고, 보다 높은 수준에서, 그리고 보다 큰 규모로 진행되는 양자의 밀접한 결합도 포함되었다.

앞서 언급한 바와 같이 1950~1953년 기간 동안 게릴라전은 여전히 중요한 역할을 담당했지만, 북부 전장에서는 전략적 방향의 공세와 함께 기동전이 주역이 되었다. 반면, 다른 전선에서는 여전히 게릴라전이 주를 이뤘다. 그때까지는 우리 민병대와 게릴라 부대들이 성숙했다. 그들은 시골지역을 방어하는 투쟁을 통해 감투정신을 고양시켜 왔다. 그들은 경험을 축적했고, 적에게 노획한 무기와 장비로 스스로를 무장했으며, 우리 정규군의 중요한 예비대 임무를 떠안게 되었다.

지방군은 1948년에 민병대와 게릴라 부대의 일부였던 독립 중대들을 통합해 창설되었으며, 이제는 자신들의 지방에서 임무를 담당할 수 있게 되었다.

가장 현저한 성과는 우리 정규군의 괄목할 만한 성장과 고도의 기동성이었다.

푸토 지방의 게릴라를 훈련중인 베트남 인민군 병사 (BẢO TÀNG LỊCH SỬ QUỐC GIA)

우리의 모든 여단과 연대 조직이 강화되었고, 장병들은 신무기로 무장했다. 이 가운데 일부는 적에게 노획했고, 일부는 많은 어려움과 물질적 부족에도 불구하고 자체 제작했다. 우리 장병들의 기술적, 전술적 수준과 전투수행능력은 계속된 훈련과 주요 작전을 통해 눈에 띄게 향상되었다. 그들은 이제 기동전과 포위전은 물론, 상당한 규모의 병력을 동원해 다양한 영역에서 행동하는 산악지역 작전에도 숙달되었다. 그들은 유린작전을 수행할 수 있게 되었고, 종심 깊은 돌파 능력을 보유했으며, 신속한 철수를 능수능란하게 구사하고, 주도권과 기동성, 유연성을 갖춘 전투를 수행할 수 있게 되었다.

우리 인민군, 특히 정규군의 신속한 발전은 우리 당이 군의 지도력을 강화하는 데 관심을 기울인 결과였다. 동시에 당은 우리 병사들의 정치 교육과 사상지도를 확실히 고양시키고, 지속적으로 혁명과 노동자계급의 특성을 강화했다. 정치사상 개조 과정을 거친 결과, 우리 군인들은 국가독립, 농민들의 논, 그리고 사회주의를 향한 진군을 위해서라는 전쟁 목적에 대해 명확한 관점을 견지하게 되었다. 적에 대한 그들의 증오는 커져갔고, 애국심은 깊어만 갔다. 1953년 군 사상재

무장 운동은 우리 당이 소작지 감소와 토지개혁 정책을 이행할 때 실시되었다. 이렇게 우리 병사들의 계급의식과 혁명역량은 더욱 발전하게 되었다. 내부적 통합, 군민 통합, 국제적 통합, 군기, 전투에서 발휘하는 결의와 용기, 임무에서 발휘하는 열정과 근면이 우리 군의 좋은 관습과 전통이 되어갔다.

우리 인민들은 당, 정부, 호치민 주석을 중심으로 일치단결했다. 그들은 끝까지 저항하기로 결심했고, 최후의 승리를 믿어 의심치 않았다.

인민의 거국적 민주혁명 노선, 장기 저항전쟁 전술, 그리고 체계적인 소작지 감소와 토지개혁을 이행하기 위한 대중계몽운동 등에 관한 제2차 전당대회의 역사적인 결정은 인민들의 단결을 강화하고 반식민주의, 반봉건주의 정신으로 충만한 가운데 임무를 수행하는 데 성공했다. 그들은 저항전쟁의 발전에 결정적인 영향을 미쳤고, 최후의 승리를 향한 전진에 박차를 가했다.

국제적으로는 프랑스 식민주의자, 미국 개입주의자들에 맞서는 우리 인민의 정의롭고 영웅적인 저항에 대해 사회주의 국가들, 프랑스 식민국가들과 평화를 사랑하는 전 세계 인민들로부터 동정과 지원이 날로 늘어났다.

1949년 중국혁명의 위대한 개가는 국제정세에 어마어마한 영향을 끼쳤다. 그 사건은 국제사회에서 군사력의 균형을 사회주의 진영, 민주주의 국가독립, 그리고 평화에 유리하도록 기울여 놓았다. 이 변화는 우리 인민전쟁에 보다 깊은 의미가 있었다. 우리는 더 이상 적의 포위망 속에서 싸워야 하는 극단적인 어려움 속에 홀로 남지 않았다. 우리는 소련과 다른 사회주의 형제국가들의 지원을 받을 수 있게 되었다.

1950년, 대부분의 사회주의 국가들이 베트남 민주공화국을 인정했다. 이는 우리의 국제적 위상을 보다 향상시켜주었으며, 최후의 승리를 위한 인민들의 결의를 강화했다.

적 상황 : 1953년 여름, 우리 인민의 저항전쟁은 밝은 면으로 가득 찬 반면, 침략자들은 커다란 어려움에 직면하게 되었다.

적은 인도차이나 전역에 걸쳐 약 450,000명의 병력을 보유하고 있었는데, 그중

120,000명이 프랑스인, 아프리카인과 기타 외인부대 요원들이고, 나머지는 괴뢰군이었다. 비록 그 규모는 전쟁 초기부터 비약적으로 증가했지만, 양 세력 간의 군사적 균형은 이미 우리에게 유리하도록 눈에 띄게 기울어져 있었다.

적의 병력 부족은 베트남에서 전쟁이 시작된 이래 지금까지 끊이지 않고 계속된 심각한 문제였다. 제2차 세계대전 이후 프랑스 식민주의자들은 계속 약화되었고, 인적, 물적 자원이 제한되었다. 이로 인해 프랑스 내에서도 전쟁을 반대하는 목소리가 나오는 상황에서 우리와 싸우기 위해 대규모 군대를 동원하기는 불가능했다.

그러나 가장 큰 이유는 침략이라는 부정한 전쟁의 바로 그 속성이었다. 프랑스 식민주의자들의 궁극적인 목적은 우리 강토를 차지하고 우리 인민을 노예로 삼는 것이었다. 그러나 후자는 베트남인들이 프랑스에 맞서 싸우도록 결의를 다지게 해주었다. 프랑스인들은 우리와 상대하기 위해, 그리고 그들이 확보한 것들을 지키기 위해 부대를 분산시키고 수천 개의 초소를 구축해야 했다.

결국 프랑스 원정군에 의해서 수행된 침략전쟁은 지속적인 군사력 분산의 과정이나 다름없었다. 그리고 병력 분산을 피할 수도 없었다. 그들이 분산되면 분산될수록, 우리가 적을 각개격파하기 위한 여건은 호전되었다.

앞서 언급했듯이 적의 전격전은 실패로 끝났다. 장기전 수행을 강요당한 프랑스 측은 그들이 인력부족을 극복하는 데 중요하다고 여기던, '전쟁을 지속하기 위해 전쟁을 하고, 베트남인이 베트남인과 싸우게 하는' 정책을 추구하면서 괴뢰군과 괴뢰행정요원들을 최대한 활용했다. 그러나 괴뢰군을 확대하려는 그들이 노력은 기대한 만큼의 결과를 가져오지 못했다. 우리 군대의 지속적인 성장이 주된 이유였다. 그리고 괴뢰군의 비율이 높아질수록 그들의 사기는 저하되었다.

1950년, 적은 전쟁 이후 가장 넓은 지역을 점령했다. 그러나 동시에 적군이 가장 위험하게 분산되었던 시기이기도 했다. 그들은 점점 수세로 몰릴 수밖에 없었고, 우리 공격에 대항하기 위해 충분한 전략기동군을 집결시킬 수도 없었다.

적의 약점은 우리가 국지적 공세를 시작하자마자 극명하게 드러났다. 적 주력은 각개격파당했고, 그들은 점령했던 지역에서 철수해야 했다. 전쟁 초기에 공격의 주도권을 확보했던 적은 북부에서 점차 수세로 몰렸다. 적은 불리한 상황에서 벗어나기 위해 모든 노력을 아끼지 않았고, 기동군을 최대한 집중시키기 위해 괴뢰군들에게 의지했다. 그들에게는 불행하게도, 침략전쟁의 본질적인 모순이 주 전장은 물론 모든 전선에서 그들을 점점 더 깊은 패배의 늪으로 끌고 갔다.

침략전쟁의 부정한 속성은 정치적으로도 프랑스 국민들을 넘어 세계의 진보적 인민들의 격한 반대를 불러일으켰다. 프랑스와 미국의 용병들은 점점 전쟁에 염증을 느껴갔다. 국경 전역을 필두로 한 연속적인 패배로 프랑스군의 사기는 땅에 떨어졌다. 식민주의자들 간의 틈이 점점 더 벌어져갔다.

프랑스 식민주의자들은 악화일로에 놓인 상황을 극복하기 위해 점점 더 미국의 지원에 의존하게 되었고, 그들 간의 결속도 강해졌다. 미국의 지원은 1951년 프랑스의 인도차이나 전쟁 예산의 12%를 차지했지만, 1953년에는 71%까지 늘어났다. 미국의 프랑스 식민주의자들에 대한 지원 규모와 그들의 대신하려는 의도가 커질수록, 더러운 전쟁을 부추기려는 합의에도 불구하고 미국과 프랑스 간의 모순이 점점 민감해졌다.

미국 제국주의자들은 프랑스 식민주의자들이 수렁에 빠지고 한반도에서 정전협정이 조인된 바로 그 순간에 괴뢰행정부와 직접 접촉해서 프랑스를 좌절시키려는 계획 하에, 현 상황을 인도차이나 개입에 속도를 붙일 기회로 인식했다. 나바르 계획은 베트남 침략전쟁을 확대하려는 목표 하에 프랑스와 미국이 공동으로 수립한 새로운 흉계였다.

3. 적의 새로운 흉계, 나바르 군사계획

1953년 초, 인도차이나 전구에 있는 프랑스군의 위기상황은 제국주의자들에게 가장 시급한 문제였다. 그들은 상황을 진정시키고 심각한 패배를 피하기 위해 새로운 방책을 구사할 필요성을 느꼈다.

당시 프랑스 본토에서는 인도차이나의 반복되는 패배로 인해 전쟁을 중단하라는 민중운동이 보다 강하고 광범위하게 번지고 있었다. 프랑스 국회에서도 베트남 문제에 대한 평화 정착을 요구하는 집단이 보다 많은 표를 얻었다. 라니엘[09]-비도[10]정부[11]조차 더이상은 이 침략전쟁을 오래 끌 기회가 없다는 사실을, 그리고 지금이 출구전략을 모색할 바로 그 순간임을 인정해야만 했다. 그러나 어떻게 철수해야 하는가? 이는 극히 어려운 난제였다. 프랑스 정부는 승리를 통한 '영광스러운 철수' 목표로 모든 노력이 집중되어야 한다는 입장을 견지했다. 그리고 이 목적을 달성하기 위해서는 즉시 전쟁을 강화하는 데 최선을 다하고, 위대한 군사적 승리를 거둬야 했다.

프랑스 정치계가 한국전쟁 휴전 이후 인도차이나에 비슷한 해결책을 적용할 수 있다고 여기게 되었다면, 미국은 인도차이나 전쟁을 지속하고 확장하기 위해 개입을 강화하려 했다. 그간 미국 대통령 드와이트 아이젠하워는 국제공산주의가 동남아에, 특히 제국주의자들이 가장 중요시하는 전략적 요충지인 인도차이나에 확산되는 상황을 더 이상 허용할 수 없다고 빈번히 주장해 왔다.

미국은 프랑스를 대신해서 인도차이나를 차지할 준비를 하면서, 프랑스 식민주의자들에게 새로운 전쟁을 일으키도록 압력을 가했다. 그리고 전방위로 지원을 강화하면서 프랑스에게 괴뢰정부의 '독립'을 보장해주도록 강요했다. 미국은 이런 식으로 괴뢰정부를 자신들이 직접 통제하기 위한 정치적 여건을 조성했다. 1953년에 미국의 군사지원 물자는 월평균 20,000t에 달했고, 가장 많을 때는 월 40,000t을 기록하기도 했다. 그들은 프랑스 식민주의자들과 괴뢰행정부를 통제하기 위해 인도차이나에 수백 명의 군사 요원과 군사단체를 파견했다. 그리고 점점 더 인도차이나 전쟁지휘에 직접적으로 참여했다.

1953년 중반, 미국의 동의 하에 프랑스 정부가 쌀랑 장군을 대신해 나바르 장군을 인도차이나 주둔 프랑스원정군 사령관으로 임명했다. 나바르에게는 드 라

09 Joseph Laniel (1889~1975) 프랑스의 정치인. PRL과 CNIP등 보수계 주요 정당의 창립자 중 한 명으로, 1953년 6월부터 이듬해 1월까지 총리직을 수행했다. 디엔비엔푸 전투로 정치적 타격을 입은 후에도 전쟁을 지속하려 했으나 피에르 망데-프랑스의 정치공세에 밀려 내각의 총사퇴를 결정했다.

10 Georges Bidault (1899~1983) v프랑스의 정치인. 2차 세계대전 당시에는 프랑스군 소속으로 포로가 되었으며 석방 후 레지스탕스 활동에 참가했다. 드골에게 임시정부 외무장관으로 임명된 이후 정치활동에 나섰고, 1946년 임시정부 총리직을 시작으로 1949년부터 1950년까지 총리로 재임했고, 이후에도 5공화국까지 정치인과 행정관료로 활동했다. 드골의 알제리 독립정책에 반대해 OAS에 가담한 전적이 있다.

11 라니엘 내각 당시 비도는 외무부장관이었다. 본문의 라니엘-비도 정부는 당시의 라니엘 내각을 의미한다.

좌로부터 프랑스 극동원정군 사령관 앙리 나바르, 디엔비엔푸 사령관 드 까스뜨리, 똥낑방면 사령관 르네 꼬니 (ECPAD)

뜨르와 같은 명성이 없었지만, 프랑스군의 젊은 장군 가운데 한 명으로서 전략적 감각을 갖춘 인물이었다. 나바르는 극히 짧은 시간동안 여러 전선을 시찰하고 조사를 마친 후, 당시의 상황을 역전시키고, 결정적인 전략적 성공을 거두며, 전쟁의 흐름을 바꾸길 희망하며 뛰어난 전략계획을 수립했다.

나바르는 전쟁 수행에 있어 프랑스 정부의 근본적인 결점이 목적 수립의 결여에 있다고 보고, 이를 원정군과 괴뢰군의 사기 침체의 주된 원인으로 여겼다. 나바르의 견해에 의하면 프랑스 정부는 인도차이나에서 프랑스의 지위를 지키기 위해 전쟁을 계속하면서, 한편으로는 대담하게 프랑스 연방 내 동맹국(즉 괴뢰정부)의 독립성을 인정할 필요가 있었다. 그리고 괴뢰정부들은 베트남 인민군을 물리치는 경우에만 진정한 주권과 독립을 쟁취할 수 있음을 인식시켜야 했다. 따라서 각 괴뢰정부들은 주권과 독립을 위해 모든 군대를 동원하고, '국군'[12]을 강화하며, 확장하기 위한 노력이 필요했다.

미국의 입장에서 보면, 프랑스는 전쟁을 계속하기 위해 미국의 지원을 절실히 필요로 하고 있었으며, 미국과 프랑스 양국은 국제적으로 공산주의의 팽창을 막는다는 공동의 목표가 있었다. 다만 프랑스는 공동의 목적을 위해 싸울 힘이 없었고, 나중에 미국이 인도차이나에서 그 역할을 대신하게 되었다. 프랑스 식민주의의 신봉자였던 나바르는 앞서 언급했듯이 전쟁의 목표가 명확해진다면 프랑스 원정군이 인도차이나에서 자신들이 희생을 감수해야 할 이유를 인식하고, 베트남의 '국군'도 소속국의 '독립'과 '주권'을 찾기 위해 동참하게 될 것이라고 여겼다.

나바르는 지휘부의 구성과 전쟁의 방향에 대해서도, 프랑스의 연속된 정치위기와 인도차이나 방면 지휘관들의 잦은 교체가 인도차이나에 대한 프랑스의 명확한 방향성 결여를 의미한다고 평가했다. 그리고 프랑스에게는 구체적 작전계획이 결여된 반면, 베트남군과 인민들은 국가의 독립을 위해 싸우고, 외부 침략자들에 저항하며, 호치민 주석이 이끄는 베트남민주공화국 정부의 지도부를 추종한다는 명확한 목적을 견지하고 있음을 깨달았다. 나바르는 명확한 목적과 전략을 조속히 확정하는 것만이 프랑스가 인도차이나에서 승리하도록 할 수 있다고 생각했다.

군사 분야에서는 나바르 역시 다른 프랑스군이나 미군의 장군들처럼 전황이 프랑스 극동원정군에게는 최악의 방향으로 형성되었다고 보았다. 이는 베트남 인민군의 급속한 성장과 높은 사기, 정규군의 전투경험, 전선지역에 대한 전선지역의 지식, 그리고 대규모 작전을 전개할 수 있는 강력한 기동군 등에서 기인한 것이었다. 그리고 전국에 걸쳐 강화된 게릴라전이 인민군이 발전하는 동안에 프랑스의 전력 대부분을 고착 견제했다. 원정군은 점점 더 분산되었고, 분산된 부대의 상당수는 인도차이나 전역에 점처럼 찍혀 있는 수천 개의 초소에서 수행하는 수세적인 임무에 발이 묶였다. 따라서 프랑스의 지방 예비대는 취약했고, 중

12 여기에서는 친 프랑스 행정부의 군대라는 의미가 강하다. (역자 주)

앙 예비대는 그 이상으로 취약해서 베트민 정규군의 공격에 대응하거나 주도권을 회복하기 위해 반격에 사용할 강력한 기동군이 부족하게 되었다. 나바르는 이런 상황을 반전시켜야 한다고 결심했다. 이 문제를 해결하기 위해서는 강력한 괴뢰군을 구성할 필요가 있었고, 방어적이고 수세적인 상황을 탈피해 주도권을 되찾기 위해서는 전략기동군이 필요했다.

위협에 직면할 수 있는 전략적 방향을 분석한 나바르는 다음과 같은 관측을 내놓았다.

1. 베트남군에 의해 위협받을 수 있는 첫 번째 지역은 북부 삼각주일 것이다. 여기에는 베트남군의 게릴라 기지와 게릴라 구역이 광범위하게 발전해 있고, 지방군도 상당히 강력하다. 그러므로 베트남군은 주력군을 운용해 프랑스군의 일부를 격멸하고 이 구역 방어선을 흔들 수 있을 것이다.

나바르는 이 위협을 제거해야 하지만, 가장 큰 위협은 아니라고 보았다. 나바르는 휘하 부대들의 기동성과 능력을 통해 아군의 후방지역을 격렬히 괴롭히고, 대규모 부대를 지속적으로 준비하는 방식으로 아군의 공격을 저지할 수 있다고 확신했다. 그렇다면 베트남군이 승리를 목표로 하는 과정에서 거둔 몇몇 성공들도 단지 전술적인 성과에 국한될 것이다. 그러나 수많은 수송, 보급시설이 있고 인구밀도가 높으며 부유한 지역인 삼각주가 대규모 공세에 노출될 가능성이 높으므로, 삼각주 일대에 대한 방어체계를 세심하게 조직해야 한다.

2. 베트남군의 위협에 노출될 수 있는 두 번째 지역은 북서 베트남과 북부 라오스일 것이다. 이 산악지대의 프랑스군 방어체계는 타 지역에 비해 보다 많은 취약점을 안고 있었다. 프랑스군이 동남아의 요충지로 여기던 삼각주에만 관심을 집중시킨 결과, 산악지역의 프랑스 조직은 많은 취약점을 떠안게 되었다. 프랑스군의 부대들은 분산되었고, 보급에도 문제가 많았으며, 지형은 프랑스군에 불리하고 아군에게는 유리했다. 이와 같은 취약점과 불리한 조건은 특히 전선 지역과 북서지방 전역에서 프

랑스의 심각한 패배로 이어졌다. 따라서 나바르는 이 지역에서 베트남군 공세의 위협을 방지해야 했다. 해당 지역에 대한 공격이 성공할 경우 정치적, 군사적 반향은 라오스는 물론 태국까지도 그 여파를 기대할 수 있을 듯했다. 그러나 나바르는 북서지방 일대에서 대규모 공격을 개시하는 데 필요한 베트민의 능력을 가늠한 후 긴장을 풀었다. 이 전장에 익숙한 지휘관들은 나바르에게 베트민이 이 구역 일대에 장기간 보급 능력을 유지하거나 증원군을 투입할 수 없으므로, 제한된 단기 공세에 그칠 것이라고 조언했기 때문이다.

3) 베트남 인민군의 위협에 노출된 세 번째 지역은 남부 인도차이나였다. 베트민들은 남부 라오스와 국경을 맞댄 떠이응웬 전략구역과 중요한 인적, 물적 자원이 있는 남부 전투구역을 장악하고 있는데 반해, 프랑스군은 점령지를 방어하기 위해 여러 지방에 병력을 분산하고 있었다.

나바르는 베트민 정규군이 이 지역에서 공세를 개시할 경우, 오히려 큰 혼란을 조성해 이길 수 있다고 판단했다. 아직 공세의 조짐은 없지만, 베트남 북서부와 삼네우아, 북부 라오스의 여타 지방에서 손실이 발생하지 않도록 대비해야 했다. 따라서 나바르는 베트민 정규군이 북부 전장을 넘어서 타카액에서 동허이까지 확장하려는 움직임을 단호하게 방해하기로 결심했다.

나바르는 남부 전장에서 배트민 군대가 인구가 밀집되고 부유한 제5연합구역과 남부에서 상당히 넓은 면적을 점유하는 제4연합구역을 통제하도록 방치한 것이 중대한 실수라고 생각했다. 베트민이 군을 강화하고 모든 지역에 걸쳐 새로운 위협을 조성하는 과정에서 이 지역에 의존할 수 있었기 때문이다.

나바르는 일련의 고려사항을 바탕으로, 프랑스와 미국의 친구들과 함께 주도권을 회복하고, 신속하게 결정적 성공을 달성하기 위해 대규모 작전계획을 구체화시켰다.

작전계획은 단계별로 나뉘어져 있었다.

1. 1953~1954 동춘 기간 : 북부에서는 전략적 방어를 유지하고, 남부에서는 공세를 전개하며, 동시에 괴뢰군을 발전시키고 병력들을 모아서 대규모 기동군을 건설한다.

적은 북부 삼각주에서 1953년 추동기간 중에 아군 게릴라 기지, 지역을 파괴하기 위해 강력한 기동군을 집결시켜서 강력한 평정작전을 개시하기로 결정했다. 나바르는 그와 동시에 베트민 정규군을 고착시켜 베트민이 공격 기회를 갖기 전에 수세로 몰아넣기 위해 해방구를 공격하기로 계획했다. 동시에 괴뢰군을 발전시키고, 가능한 신속하게 휘하의 부대를 집중할 있도록 시간을 다투어 일을 추진했다.

동계 이후에는 북부에서 대규모 작전을 수행한 후, 1954년 초 베트민군의 휴식기를 이용해 나바르 휘하의 기동군 주력을 남쪽으로 전환시키려 했다. 이 시점에서 남부의 기후 조건은 적에게 유리했다. 프랑스 측의 의도는 우리의 잔여 해방구, 특히 제5, 9 연합구역을 점령하기 위해 대규모 작전을 전개하는 것이었다. 적은 새로운 괴뢰군을 육성하고 기동군을 재편성해 북부에서 대규모 공세를 준비하면서 승리의 이점을 취하려고 할 것으로 추정되었다.

2. 만일 모든 것이 계획대로 진행된다면, 적은 1954년 추동 기간에 기동군을 북베트남으로 전환할 것이다. 적군은 자신감에 차 있고, 수적으로도 보충될 것이다. 나바르는 이제 북부에서 전략적 공세를 구사해 거창한 군사적 승리를 맛보고, 자신들에게 유리한 조건에서 협상하도록 우리에게 강요할 것이다. 만일 우리가 협상을 거부하면, 그들은 우리 정규군을 소멸할 것이다.

이 계획을 이행하는 데 필요한 군대를 보유하기 위해, 나바르는 대규모 괴뢰군 육성과 점령군 재편성 및 프랑스 본국의 증원군 요청 등을 옹호했다.

나바르에게는 레베르 장군이나 드 라뜨르 드 따시니 장군이 적용하던, 도덕성과는 아무런 관련이 없는 정책에 의지하는 길밖에 없었다. 소위 '전쟁을 지속하기 위해 전쟁을 하고, 베트남인이 베트남인과 싸우게 하는' 것이다. 괴뢰군은 점령부대로 활용하고, 유럽-아프리카군은 재편성 장소로 전환했다. 다른 점이 하나 있었다면, 나바르는 과거에 비해 군의 규모를 보다 확장했다.

나바르와 그의 동료들은 미국의 무기와 자금을 활용해 1953년에 괴뢰군 54개 대대를 신규 창설하고, 1954년에는 이를 두 배까지 확장하기로 계획했다. 일련의 과정을 통해 원정군 소속 괴뢰군 병사들을 제외한 순수 괴뢰군의 규모는 20만~29만 명에 달했다.

동시에, 나바르는 우리의 모든 공격을 패퇴시키고 우리 군의 대부분을 격멸할 수 있는 능력을 갖춘 강력한 전략기동군을 신속히 창설할 생각을 가지고 있었다. 이를 위해 1953년과 1954년에 걸쳐 총 27개 기동여단으로 구성된 7개 사단(6개 보병사단, 1개공정사단)의 기동집단을 건설하려 했다.

상기 내역이 나바르 계획의 기본 내용이다. 이 계획은 1953년 7월 24일 프랑스 총참모부 회의에서 높은 평가를 받았고, 대통령이 주재하는 프랑스 국방위원회에 의해 승인되었다. 미국 정부 또한 이 계획을 지지했다.

프랑스 정부는 이 계획의 일환으로 인도차이나 전선을 증원하기 위해 추가 병력을 급파하기로 결정했다. 미국 정부는 괴뢰군 조직에 미화 40억 달러를 지출했고, 프랑스에는 그보다 두 배는 많은 원조를 했다.[13] 그리고 항공기 123대와 전함 212척을 포함해, 몇 개 보병 연대와 포병 대대 분의 무기와 장비를 제공했다. 트랍넬[14]과 오다니엘[15]이 이끄는 미국 대표단은 여러 차례 인도차이나로 날아와 계획의 이행 상태를 감독했다.

나바르는 유럽-아프리카 부대의 재편성을 명령했다. 해당 부대들은 일련의 초소에서 철수할 예정이었다. 같은 시기에 나바르는 프랑스 정부에 2개 사단 증파를 요청했지만, 프랑스와 아프리카, 한반도 등에 주둔하던 12개 대대만을 인수할 수 있었다. 이와 같은 문제에도 불구하고 나바르는 1953년 추동기까지 인도차이나 방면에 84개 대대 규모의 기동군을 재편성하는 데 성공했다.

13 1953년 미화 5천만 달러, 1954년 12억 달러, 이 가운데 73%는 인도차이나 전쟁을 위한 지출에 사용했다.

14 Thomas Trapnell (1902~2002) 미국의 군인. 필리핀에 배속되어 더글라스 맥아더 휘하에서 일했고, 2차 세계대전 중에는 바탄 반도 철수 과정에서 후미를 방어했다. 이 전투에서 포로가 되었고 1945년 해방된 후 1951년부터 한국전쟁에 참전, 거제도 포로수용소 폭동 당시 진압을 지원했다. 1952년부터는 프랑스령 인도차이나 미국 군무자문단 대표로 일했고, 1961년에는 케네디 대통령에게 베트남 개입에 대해 조언했다.

15 John W. O'Daniel (1894~1975) 미국의 군인. 델라웨어 주방위군에서 군생활을 시작했고, 1918년 퍼싱 장군 휘하에서 미국원정군으로 1차대전에 참전했다. 2차대전 발발 후 북아프리카, 시칠리아, 안치오 상륙작전에서 활약했다. 전후 모스크바에 파견되거나 1군단의 지휘관으로 한국전쟁에 참전했고, 남베트남의 군 육성에도 자문으로 활동했다.

이제 프랑스는 나바르 계획의 1단계를 실행에 옮기기 위해, 강력한 기동군 44개 대대를 홍강 삼각주에 집중시켰다. 이 병력의 규모는 인도차이나에 있는 나바르 휘하 기동군의 반수 이상이었다.

그들은 임시 피점령지역에서 우리 인민들을 곤궁하게 하는 모든 야만적이고도 잔악한 행위를 서슴지 않았다. 그들은 젊은이들을 체포하고, 속이고, 유혹하거나 매수했다. 1953년 5월부터 1954년 3월까지, 적은 총 95,000명으로 구성된 107개 괴뢰 대대를 창설하는 데 성공했다. 그러나 프랑스와 미국장군들은 이런 부대들은 양적 증가일 뿐 질적 향상이 아니므로 극히 비효율적임을 이해할 필요가 있었다. 이런 부대들은 독립 표식, 반공 교육과 작전 기간 중 무제한 강간, 약탈 허용과 같은 심리전 책략에도 불구하고 사기가 낮았다.

사령관으로 임명된 후, 나바르는 빈번히 자신의 모토를 힘주어 외치곤 했다.

"항상 주도권을 유지하라! 항상 공세적이어야만 한다!"

1953년 하계-추계 기간 동안, 적은 북부, 빙찌티엔, 남부에 있는 피점령 지역에서 격렬한 평정작전을 연속적으로 실시했다.[16]

적은 이런 강습작전에 강력한 군사력을 동원했다. 어떤 경우 포병과 항공기의 지원을 받는 20여 개 대대를 동원하기도 했다. 그와 같은 대규모 작전은 빙찌티엔, 남딩[17]성 하이허우, 타이빙성의 루옥강 유역 등지에서 실시되었다. 적은 이 지역을 수차례 공격했다. 주민들이 학살당하고, 체포당하고, 수용소에 감금되었다. 적은 아군의 게릴라 기지들을 파괴했고, 경제활동을 방해했으며, 우리 예비군을 격멸하고, 그들의 괴뢰군을 육성발전 시키기 위해 모든 방법을 동원했다.

1953년 7월, 적은 랑썬을 공격하기 위해 우리 후방지역에 공정부대를 공수낙하시키고는 우리가 심각한 피해를 입었다고 자랑했다. 실제로는 그저 사소한 일

16 1953년 3월, 북부 타잉화에서 실시한 오트잘프 작전, 1953년 7월, 빙찌티엔에서 실시한 까마르즈 작전, 1953년 9월, 흥옌에서 실시한 플랑드르, 브로즈 작전 등이 여기 해당한다.

17 하노이 남부 지역의 성 (역자 주)

일 뿐이었다.

적은 게릴라 활동을 강화하기 위한 특공대(commando)를 보유하고 있었는데, 이를 통해 라오까이, 라이처우 부근과 썬라[18]에 활동 영역을 확장하려 했다.

1953년 8월, 적은 모든 부대를 나싼에서 삼각주로 철수시키고, 이 철수가 매우 성공적이었다고 자평했다. 그간 나바르는 나싼이 공산주의의 남진을 저지하는 '제2의 베르됭(Verdun)'[19]이라고 주장해 왔지만, 주둔병력의 격멸을 피하기 위해 철수가 불가피해지자 이제는 나싼이 모든 군사적 중요성을 상실한 곳이라고 선언했다.

1953년 10월, 적은 닝빙과 타잉화성 접경지역에서 '갈매기' 작전을 전개하기 위해 6개 기동단을 동원했다. 적은 주도권을 회복했으며, 우리 정규군을 궤멸시켰고, 타잉화를 점령하거나 푸토[20]를 공격할 준비를 마쳤다고 공언했다. 아군의 어느 게릴라 부대는 적이 우리 해방구를 향해 접근한다는 이점을 활용해 적을 각개격파할 지점을 찾아보라는 명령을 받았다. 적은 병력을 집중했고, 포병과 차량, 항공기를 전장에 투입했지만, 아군은 상당수의 적을 소멸시켰다. 동시에 아군 부대들은 적 후방지역에서 적 기동대대들을 목표로 공격에 박차를 가했다. 우리 군대는 닝빙 전선 외에 임시 피점령지역에서도 적에게 심대한 손실(사살 4,000명 이상)을 입혔다. 적은 우리 해방구에서 철수를 강요당했다. 이것이 추동 계절이 시작된 이후, 북부전선에서 거둔 최초의 대첩이었다.

1953년 11월 중순에 나바르가 인도차이나에 도착했을 때부터 모든 것이 그의 의도대로 되어가는 것처럼 보였다. 그가 점령지역에 대한 안정화 작전에 집중하면서 우리 해방구를 위협했고, 청년들을 괴뢰군으로 활발하게 징집했으며, 어느 구역에서 병력을 차출해 다른 구역에 대한 공세를 전개하는 과정에서 주도권을 유지했고, 전략기동군을 대담하게 재편성했다. 당시 적은 우리 정규군의 일부가 전투력을 상실했으므로 베트민의 추동계획이 실패했다고 생각했다. 적은 우리

18 하노이 서북방에 위치한 지역 (역자 주)

19 베르됭은 제1차 세계대전 당시 북서프랑스에 있는 뮈제(Meuse)강 양안에 건설된 요새지였다. 프랑스군은 1916년 당시 이곳에서 10개월에 걸친 독일군의 공격을 패퇴시키고, 실지를 회복하기 위한 반격작전을 전개했다. (역자 주)

20 닝빙, 타잉화, 푸토 모두 하노이 남방에 위치한 성들이다. (역자 주)

의 다른 주력 부대들이 해방 지역을 방위할 필요가 있다고 가정했다. 나바르가 자기 부하들에게 하달하는 모든 일일명령과 주간 보고서뿐만 아니라 국제여론도 극단적인 낙관주의를 보여주었다.

그 와중에 적 최고사령부는 갑작스레 우리 정규군의 한 부대가 북서지방으로 전환했다는 새로운 정보를 입수했다. 적은 우리가 이번 추동 기간에 북서지방을 공격할 것인가 아닌가를 두고 혼란에 빠졌다. 만일 우리가 북서지방을 공격한다면, 적은 어떻게 라이처우에 주둔중인 군대에 대한 방호를 보장할 수 있을 것인가? 베트민이 보다 강한 압력을 가한다면 프랑스는 어떻게 북부 라오스를 방호할 것인가?

장단점을 분석한 후, 나바르는 기존의 전략 계획에 언급되지 않은 새로운 작전을 개시하기로 결심했다.

1953년 11월 20일, 6개 보병대대가 므엉타잉 평야에 공수 낙하해 디엔비엔푸를 점령했다. 적의 최초 의도는 그곳에 있는 기지를 보강하고 라이처우와 연결해 뚜언자오, 썬라, 나싼을 점령하는 것이었다. 이런 식으로 북부 라오스 방어를 보장하기 위해 나바르의 북서부 활동 영역이 확장되었다.

그러나 적들은 11월 중순 이후 베트민의 가장 잘 숙련된 부대를 포함한 많은 정규군 부대들이 북서지방으로 행군중이라는 새로운 첩보를 찾아냈다. 그 뉴스는 처음에는 막연했으나, 점차 구체화되었다. 베트민 제308, 312, 351여단이 내륙지방[21]에서 사라졌다. 적은 지난해보다 훨씬 일찍, 1953년 겨울에 우리 군대가 전환되었음을 최초로 탐지했다. 과거에는 국경 전역이나 북서 전역에서 그랬듯이, 적은 우리가 사격을 개시한 뒤에나 우리의 주노력 방향을 파악했었다. 이제 극히 중요한 문제가 프랑스 최고사령부에 제기되었다. 베트남군의 의도는 대규모 공세 전개인가? 그렇다면 디엔비엔푸에서 철수해야만 하는가? 아니면 수비대를 증원해 싸워야 하는가?

1953년 12월 3일, 나바르는 두 번째 안을 택했고, 어떤 대가를 치르더라도 디

21 베트남 북부에서 북서지방 남쪽, 홍강 삼각주 북쪽, 비엣박 서쪽, 라오스 국경에 위치한 지방(역자 주)

기지를 건설하기 전, 디엔비엔푸 평지 일대의 항공사진 (Archives de France)

엔비엔푸를 방어하고, 베트남군이 공격하는 동안 베트남군의 주력을 격멸할 모든 여건을 조성하라고 명령했다. 필요하다면 라이처우에 있는 병력까지 디엔비엔푸로 철수하도록 했다. 자신감이 넘치는 나바르는 자신의 경험에 따르면 강력한 군대와 최신 방어체계를 갖춘 디엔비엔푸는 절대로 패배할 수 없다고 판단했다. 우리 군대가 북서지방으로 행군하자 적은 우리 정규군을 유인할 계략을 발견했다. 만일 우리가 계략에 빠지면, 우리 군은 심대한 손실을 당하게 되어 있었다. 다만 유인책이 성사되려면 북서지방의 적 거점이 유지되면서 북부 라오스와 북부 삼각주를 방호해야 했다. 겨울이 새로운 성공을 가져올 것처럼 보였다. 한때 우리 정규군은 소진되었고, 쇠약해졌으며, 적 기동군은 재편성을 통해 강화되었다. 나바르는 그의 계획이 진행되었다면 남부 전장에 전략적 공세를 개시하여 춘계공세로 전환했을 것이다.

나바르의 결심은 전략적으로 대단히 중요했다. 결심 이후 디엔비엔푸 투입에 대한 선전을 강화한 것은 원정군의 새로운 전력과 높은 전략적 기동성에 대한 반박할 수 없는 증거가 되었다. 불안한 시간은 지나갔고, 이제 프랑스와 미국의 공식 여론은 매우 낙관적인 기조로 돌아섰다.

그동안 우리 정규군은 추동 공세를 준비하면서 디엔비엔푸에 대한 포위망을 서서히 조여갔다.

인도차이나 전쟁사의 새로운 페이지가 시작되었다.

4. 1953-1954 동춘 전역의 전략 방향, 디엔비엔푸 전역 이전의 주요 공격

전황 개요 : 이미 언급한 바와 같이, 1953년에는 베트남의 군사 상황에 중대한 변화가 있었다. 아군의 경우, 국경 전역 이후 성숙한 우리 군대는 많은 작전에서 계속 승리를 거뒀고, 북부전선에서는 주도권을 유지하고 있었다. 적은 연속된 패배로 의기소침했고, 여러 부대들은 전투력을 상실했으며, 통제 구역이 축소되어 괴뢰군 육성이나 전황을 호전시키기 위한 기동군 증원과 같은 수단을 강구할 수 없게 되었다. 북부 전장의 우리 군은 다른 지역에 비해 매우 전투력이 강했고, 북부 삼각주의 정치적, 전략적 중요도가 높았으므로, 프랑스인들은 동남아의 요충지인 북부 삼각주를 방어하기 위해 병력을 집중시킬 필요가 있었다.

1953년 1월, 당중앙위원회 제4차 전체회의가 개최되어, 심도 깊게, 그리고 과학적으로 베트남과 전 인도차이나의 군사상황을 총체적으로 분석했다.

당중앙위원회는 우리 군대가 북부, 중부, 남부의 여러 전선에서 불균등하게 발전하여, 적 주력군이 점차 북부로 집중하고 있다고 평가했다. 이로 인해 적은 다른 전선에서 약점을 노출하게 되었다. 북부의 적군은 삼각주에 집결되어 있었으므로, 산악지역의 전선들은 상대적으로 취약했고, 해당 방면은 지형적으로도 우리에게 유리했다.

많은 전역에서 경험을 쌓은 우리 정규군은 능력이 지속적으로 향상되었고, 기동전과 포위전에 대한 새로운 능력을 발전시켰다. 그러나 내륙지방과 18번 국도,

1951년 하남딩 전역에서 증명된 바와 같이, 우리가 삼각주에서 절대적인 우위를 점할 수 있는 시간은 극히 짧았다. 적이 보다 많은 기동군을 투입하자 우리는 공세를 지속하는 데 어려움을 겪게 되었다. 산악지역이 적을 패퇴시키는 데 있어 보다 유리한 조건임은 분명했다. 산악지역에서는 적이 상대적으로 분산되어 있었고, 포병이나 항공기 운용에도 불리했다. 적은 보급과 증원부대의 수송을 항공기에 의존해야 했으므로 지원이 제한될 수밖에 없었다. 반면 작전기간 동안 전투력의 우위가 보장된 아군은 큰 성공을 거둘 수 있었다.

당중앙위원회는 올바른 분석 결과와 우리의 주 임무에 해당하는 적 부대 격멸을 고려해 가장 정확한 전략 방향을 제시했다. 바로 적을 소멸시키고, 영토를 해방하며, 우리 공격에 맞서는 적에게 분산을 강요하도록, 적이 상대적으로 취약하며 전략적으로 중요한 방향에 공세를 전개하도록 우리 군을 집중시키는 것이었다. 이렇게 적의 분산은 우리에게 보다 많은 적 부대를 격멸할 수 있도록 유리한 여건을 조성해 주었다. 보다 구체적으로 말하자면, 우리는 북부 전선에서 게릴라전을 지속하는 중요하고도 긴급한 과업을 수항하면서 게릴라 부대의 일부를 소규모 전투에 운용할 수도 있었다. 주공격 방향을 다른 쪽으로 옮길 수도 있었다. 이 경우, 우리는 삼각주를 해방시키기 위한 여건을 점진적으로 조성할 수 있었다.

당중앙위원회는 저항전쟁의 전략 방향과 우리 군의 작전 방향에 대해 다음과 같이 재확인했다.

> "우리 해방전쟁의 일반적인 지도 원칙은 우리의 고유한 수단을 통해 저항을 장기적으로 수행하는 것이다. 그러므로 우리는 자만하거나 적을 얕잡아보면 안 된다. 확실하게 타격하고 신중하게 전진하며, 이기기 위해 타격한다. 승리가 확실할 때만 타격한다. 만일 여의치 않으면 타격하지 않는다."

우리 정규군은 주 전술임무인 기동전에 운용되었다. 우리는 적을 각개격파하기 위해 신속한 기동전을 수행했다. 그리고 각 전투에서 적을 완전히 소멸시키기 위해서 전투력의 우위를 이용했다. 따라서 우리 군대에게는 포위전과 기동전의 조합이 필요했다. 이것이 위대한 승리로 공세 작전을 종결하는 데 필수 불가결한 요소였다.

1953년, 당중앙위원회는 군사노선과 궤를 같이하여 저항에 강력한 추동력을 부여하기 위해 인민의 힘을 재보충하는 의미에서 토지개혁 이행하고, 이를 위해 군중을, 그 가운데 농민들을 최우선적으로 선동하기로 결정했다.

토지 개혁을 이행하기 위한 군중 봉기 작전은 1953년 4월에 시작되었고, 북베트남 자유 농촌지역의 혁명까지 연결되었다. 이는 동시에 임시 피점령지역 내 농촌 지역에 강한 충격을 안겨주었다. 노동자-농민 동맹이 지속적으로 공고해졌다. 국가연합전선이 범위를 넓혀갔고, 날이 갈수록 강력해졌다. 인민의 민주적 행정 능력이 향상되고 강화되었다. 시골 지역의 기지 강화는 새로운 성공을 일구어냈고, 저항은 강력한 진전을 이룩했다. '모든 것은 전선을 위해, 모든 것은 승리를 위해' 라는 운동이 전례 없이 강해졌다.

한국전쟁의 휴전 이후, 우리는 프랑스와 미국 제국주의자들의 전술이 인도차이나에 배치되는 그들의 병력을 증가시키고 전쟁을 확대하는 것임을 단언해 왔다. 실제로 1953년 여름의 군사적 상황은 나바르의 도착 이후 현격히 긴장이 심화되었다.

우리 인민과 군은 적의 음모와 책략에 맞서 굳건히 버텼다. 우리의 과업은 나바르 계획을 분쇄하기 위해 결연히 싸우는 것이었다. 그러나 우리의 전략 방향과 작전 계획을 어떻게 수립해야 할 것인가? 우리는 적의 새로운 음모에 맞서, 어떻게 상황을 분석하고 승리를 보장하기 위해 정확한 방법으로 행동 원칙을 규정해야 하는가?

당면한 문제는 적이 북부 삼각주에 대군을 집결시키고 있다는 점이었다. 적이 전례 없는 대규모 기동군을 집중시키고 우리 해방구에 대한 공세를 개시하려는 이때, 우리는 적과 맞서기 위해 우리 군을 집중시켜야 할 것인가, 아니면 다른 곳에서 공세를 펴야 할 것인가?

만일 적이 북부 삼각주에 병력을 집중시킨다면, 우리의 첫 번째 해결책은 일시적으로 해방구를 방어하기 위해 적의 일부를 격멸하고 게릴라전을 강화하도록 우리 정규군을 모두(혹은 대부분) 평원지역에 집중하는 것이었다. 적이 확실한 피해를 입고 우리 해방구가 공고해진 뒤에는 상황에 따라 정규군을 삼각주에서 철수시키거나 다른 방향으로 전환할 수 있었다.

다른 해결책은 삼각주에서 제한적인 성공과 한정된 피해를 목표로 아군 전력을 운용하면서, 정규군을 적이 상대적으로 많이 노출된 지역으로 전환하는 것이었다. 다른 지역의 적을 공격한다면 적을 보다 많이 격멸할 수 있고, 전력의 분산을 강요할 수도 있었다. 그동안 우리는 전국에 걸쳐 적 후방지역에 대한 게릴라전을 확대할 수 있을 것이다. 만일 적이 우리 해방구를 공격한다면 적은 보다 많이 분산되고, 적이 노출된 지역에서 우리가 승리를 거둔다면 자동적으로 적에게 우리 해방구에서 철수하도록 강요하게 된다.

당시 우리는 나바르 계획의 주된 윤곽을 파악할 수 있었지만, 그 계획의 목표는 완전히 납득하지 못했다. 우리 당중앙위원회는 상황을 연구 분석했고, 그 결과 동춘 전역의 작전 방향을 채택하기 위한 정신과 근본적인 전략적 방향을 확실히 이해했다. 이 전략은 적이 노출된 지역에서 공세를 개시하기 위해 우리 정규군의 일부를 활용하는 것이다. 적이 우리 해방구를 공격하려는 곳에서는 기동전으로 적을 격멸할 기회를 노렸다. 반대로 적 후방지역에서는 게릴라전에 박차를 가하고, 해방구에서 인민, 지방군, 민병대, 게릴라 간의 준비를 활발히 이해하면서, 우리 정규군은 과업 완수에 보다 자유로워졌다.

우리의 작전 계획은 대략 다음과 같았다.

1. 북서지방에서 공세를 개시하기 위해 우리 정규군의 일부를 투입, 라이처우를 점령중인 적을 격멸해 전 북서지방을 해방시킨다.

2. 팟헷 라오스 해방군에게 베트남 의용군과 함께 중부 라오스에서 공세를 개시, 적을 소탕하고 해방구를 확장할 것을 제안한다.

3. 적의 행동이 아직 명확히 드러나지 않았으므로, 우리는 임기응변을 위해 정규군 핵심 세력을 특정 지역에 숨겨놓고 별도의 명령을 기다리는 전술을 채택했다. 적은 북서지방에서 우리 부대의 공세에 직면하면 증원군을 파견할 것이다. 이 경우 우리는 해당 부대들을 소멸시키기 위해 보다 많은 정규군을 보낼 것이다. 적은 우리의 통신선과 병참선을 차단하기 위해 비엣박 기지를 공격해서 우리의 해방구를 탈취하고 정규군에게 북서지방 철수를 강요할 수 있다. 이 경우 우리는 적을 후방지역 깊은 곳까지 유인하는 방법을 찾아내고, 정규군의 일부를 사용해 적을 패퇴시켜야 할 것이다.

4. 삼각주에서는 적 후방지역에 대한 게릴라전을 강화해서 게릴라 기지와 지역을 공고화하고, 발전시키며, 앞서 언급한 공세와 협조한다. 만일 적이 해방구를 공격할 경우, 우리는 적을 고착시키고 격멸하도록 노력한다.

이것이 우리 군의 북부 주전구 작전계획이었다.

당중앙위원회는 남부 전장을 위한 동춘 전역을 규정짓기 위해 다시 한번 피아 상황을 다음과 같이 살펴보았다.

1. 우리는 남부에 광활한 해방구이자 우리 군이 비교적 강한 제5연합구역을 보유하고 있다. 우리는 적이 우리 해방구를 점령하기 위해 공격을 준비 중이라는 믿을 만한 첩보를 입수했다. 적의 계획에 맞서기 위해 대부분의 정규군을 사용해 우리 해방구를 방어할 것인가? 아니면 적 부대를 격멸하기에 보다 유리한 여건을 조성하기 위해 정규군을 다른 방향으로 전환할 것인가?

우리는 대담하고도 명확한 해결책에 도달했다. 그 해결책에 따라, 떠이응웬을 향해 공세를 개시하여 적 부대를 격멸하고 영토 일부를 해방시킬 수 있도록 제5연합구역에 우리 정규군의 대부분을 집중할 것이다. 인민, 지방군, 민병대와 게릴라는 소규모 정규군과 함께 우리 해방구를 잠식해 들어오는 적의 전술에 대항할 준비를 하는 과업을 받게 되었다. 우리는 적이 해방구를 일시적으로 점령할 수는 있겠지만, 떠이응웬 전선에서 우리가 시행할 공격이 유리하게 발전한다면 적도 철수하지 않을 수 없게 될 것이라고 평가했다.

2. 남부와 중부 최남단 전선을 고려해보면, 우리 임무는 게릴라전에 박차를 가해 적 주력의 탈출로 발생한 새로운 공백의 이점을 확보하고, 승리가 확실한 곳에 소규모 공격을 가하는 것이었다. 이렇게 하면 적을 각개격파할 수 있을 것이다. 동시에 괴뢰 병사들 내부에 대한 정치사업을 강화하고, 게릴라 기지와 지역을 확장할 것이다. 자유지역인 제5연합구역의 인민과 군은 혹시 모를 적의 공세에 대비했다.

이 계획은 작전 전략과 방향에 대한 후속 기본원칙으로부터 기인했다.

1. 우리 인민들에 의해 수행되는 해방전쟁의 가장 기본적인 작전 원칙은 '적 부대는 격멸하고 우리의 전투력은 증가시키는 것'이었다. 이와 같은 과정을 거쳐야 우리나라를 해방시키는 과정에서 피아간의 균형을 반전시킬 수 있을 것이다. 우리가 영토의 방위나 해방을 중시하여 적 부대 격멸을 우선하는 원칙을 고수하지 않는다면, 우리 부대는 조만간 소진되고, 해방은커녕 영토조차 방어하지 못하게 될 것이다. 그러므로 이런 주요 원칙의 확고한 준수가 필수 불가결했다.

2. 우리는 성공이 확실한 경우에만 타격해야 했다. 전쟁 초기의 우리 군사력은 적의 군사력에 비해 매우 약했다. 만약 이 원칙을 준수하지 않으면 우리 군은 전력을 강화하거나 규모를 확충할 수 없었다. 우리는 모든 전투와 작전을 마친 후 아군은 보다 강해지고 적은 보다 약해지는 방식으로 타격해야 했다.

3. 우리가 군사적으로 약한 상황에서 상기 목적들을 한꺼번에 달성해야 했으므로, 적이 노출되어 취약한 곳에서 적을 완벽하게 격멸하기 위해, 병력과 화력 모두 절대

적 우위를 달성할 수 있도록 집중이 가능한 곳에 한해 공격을 실시해야 했다. 우리는 초기 저항전쟁의 성공과 실패를 통해 얻은 교훈을 바탕으로 중요한 원칙들을 보다 명확히 인식했다. 앞서 언급했듯이 당 중앙위원회는 관련 지침을 하달했고, 이 지침은 1953~1954 추동 전역의 기획단계에서 기본 원칙이 되었다.

마지막으로, 적의 막강한 기동군이 북부 삼각주에 집중되고 있던 당시의 실질적인 군사상황을 고려하여, 대규모 공세를 펼치는 대신 적의 분산을 강요하는 방법을 찾아야 했다. 이 경우 적의 모든 진지가 취약해지므로, 적에게 불리한 지형이 있는 지역으로 적들을 유인하는 것이 최상의 방법이 될 수 있었다. 만일 나바르 계획의 핵심이 아군의 공세를 분쇄하고 우리 정규군을 격멸하기 위해 대규모 기동군을 건설하는 것이라면, 우리 동춘 전역계획의 목표는 적을 여러 방향으로 분산하도록 강요하고, 그 뒤에 집결된 기동집단을 격멸하는 데 초점을 맞춰야 했다. 우리는 적 전술에 대한 대응방안을 수립했으므로, 목표가 성취되리라고 굳게 믿었다. 즉, 적은 하나의 거대한 집단으로 집중시키려는 시도와 영토를 동시에 점령하려는 시도 간의 모순, 대규모 기동군 건설과 여러 지역에 걸친 병력 분산배치 간의 모순, 전략적 공세와 전략적 방어 사이의 모순을 안고 있었다.

우리의 동춘 전역계획은 역동성, 주도권, 기동성, 그리고 새로운 상황에서 수행할 신속 반응의 원칙들이 구체화되고, 강조되었다.

역동성과 주도권은 싸우기 전에 기회를 포착하고 충돌을 통제하는 것을 의미했다. 여기에는 우리에게 유리한 전장을 선택하고, 적의 움직임에 대응해야 하는 상황이 되지 않도록 회피하며, 적을 격멸할 기회를 창출하는 것 등이 포함되었다.

새로운 변화에 직면한 우리에게 왜 기동성과 신속한 결정이 필요했을까? 적은 전력이 집중되어 있고 효과적인 수송수단을 갖췄으므로 전술을 신속하게 변경할 수 있었다. 반면, 아군의 이동능력은 제한되었다. 적의 부대들은 모든 전선에서 한 구역에 주둔하다 다른 구역으로 이동하는 방식으로 증원이 가능했으며, 우리의 해방구를 공격할 수도 있었다. 따라서 아군은 적을 격멸하기 위한 기회를 잃지 않도록 신속하게 대응해야 했다.

새로운 상황에서 기동성과 신속한 대응이란 무엇인가? 이는 어떤 조건 하에서도 적과 싸울 수 있는 태세를 갖추는 것을 의미했다. 우리는 삼각주, 혹은 산악지대에서 싸울 태세를 갖췄다. 만일 상황이 우리에게 불리해지면 우리는 부대를 다른 지역으로 즉각 전환하려 했다. 육군에게 기동성과 신속한 결정이란 어떤 전선에서 언제 어떤 형태의 적을 상대하더라도 끊임없이 싸울 준비를 갖추는 것을 의미했다. 간단히 말하자면 이는 역동성과 주도권에서 파생된 개념으로, 적 부대를 격멸하기 위해 결심단계부터 원칙을 준수하는 것이었다. 모든 개념과 행동은 바로 이 기본 목적에 도달하도록 초점을 맞췄다.

개략적으로 말하자면, 우리의 동춘 전역계획은 우리의 주도권을 유지하면서 나바르 계획을 분쇄한다는 목적을 수립했다. 우리의 계획에는 전국에 걸쳐 주 전선에서 수행하는 게릴라전과 적 후방지역에서 수행하는 게릴라전 간의, 그리고 적 부대 격멸이라는 주 임무와 영토 해방이라는 주 임무 간의 협조된 작전을 반영했다.

앞서 언급한 전술의 현실화는 우리가 적을 격멸하기 위해 적의 약점에서 파생되는 이점을 확보할 수 있음을 의미했다. 그것은 우리가 적 부대들을 소멸시키고, 적 기동군을 분산시키며, 우리나라의 일부를 해방하고, 새로운 기지들을 세우고, 새로운 전선을 만들어 장차 침략자들을 무찌를 수 있는 여건을 조성함을 의미했다. 우리는 끊임없이 주도권을 확보하고, 적을 점점 더 수세로 몰아갔다. 이런 전술을 통해 우리는 새로운 적의 전략을 무력화시키고, 드 라뜨르의 계획처럼 나바르의 계획도 분쇄할 수 있었다.

상기 사항들이 1953~1954년 동춘 기간 중 우리의 전략적 작전계획이었다.

우리는 이 계획들을 이행할 수 있음을 확신시켜 주기 위해 신속히 행동해야 했다. 위협을 받고 있는 지역에서는 보급시설을 분산시키고, 사무실과 학교를 아군의 영역 깊숙이 이전시켰으며, 모든 적의 공세에 맞설 준비를 했다. 적 후방 지역의 인민들은 무장 세력들과 함께 적의 공격을 막아내기 위해 열성적으로 준비를 하고 있었다.

1953년 10월에는 수십만 명의 전꽁들이 여러 전선에 동원되어 병참선을 확장, 보수하고, 더 많은 양의 무기와 탄약을 전선에 공급했다.

11월 중순, 우리 정규군의 일부가 라이처우 부근의 전선으로 행군했다. 베트남 의용군은 팟헷 라오스 혁명군과 함께 중부 라오스에서 작전을 준비했다. 우리 동춘 전역이 막 시작되려는 찰나, 군사적 상황이 바뀌었다.

적은 북서지방에 있던 우리 정규군이 빠져나왔음을 탐지했다. 1953년 11월 20일, 적 기동군 일단이 디엔비엔푸에 공수낙하했다.

우리는 새로운 상황을 다음과 같이 평가했다.

우리는 북서지방이 위협을 받게 되면, 적이 증원군을 파견할 것임을 알고 있었다. 적이 우리의 공격위협에 직면하면 자신들의 주도권을 상실하게 되므로, 북서지방을 방호하고 북부 라오스를 엄호하며 아군의 공세 계획을 분쇄하기 위해 디엔비엔푸에 기동군의 일부를 파견할 것이라고 판단했다.

그렇다면 적은 어떻게 나올 것인가? 아마도 디엔비엔푸 방호를 주 임무로 두고, 디엔비엔푸와 라이처우를 동시에 방어하려고 할 것이다.

만일 아군의 위협을 받게 된다면 적은 단일체계로 강화된 진지에 부대를 재편성할 가능성이 있었다. 우리는 적이 선정할 진지가 어느 곳인지 아직 정확하게 파악하지 못했지만, 디엔비엔푸일 가능성이 높다고 짐작했다.

만일 보다 심한 위협을 받는다면 적은 그 진지를 강화하고 집단전술기지로 변환할 수도 있었다. 혹은 적이 디엔비엔푸를 다른 진지의 구축을 위한 허위진지로 삼거나 철수할 가능성도 배제할 수 없었다.

당시 우리는 믿을 만한 첩보의 부재로 인해 적이 머물지, 철수할지 확신하지 못했다. 여기에는 적이 직면한 많은 난관도 함께 고려해야 했다. 철수는 해당 영토의 상실로 직결될 수 있고, 증원군의 파견은 기동군의 분산으로 이어질 수도 있다. 비록 적절하게 수립된 계획이 있다 하더라도, 적들이 막상 아군 병사들과 교전을 시작한 이후에 계획을 수정할 가능성도 상존했다.

그러나 적의 상황이 바뀐다 해도, 공정부대가 디엔비엔푸에 발을 들여놓는 편이 우리에게 유리했다.

이런 판단을 고려해, 북서지방으로 행군 중이던 아군 부대들에게 라이처우의 적을 격멸하라는 명령이 하달되었다. 그와 동시에 우리 부대의 일부가 라이처우에서 디엔비엔푸에 이르는 적의 철수로를 차단하기 위해 디엔비엔푸 북방으로 신속히 전진했다. 이는 동시에 라이처우 방면에서 접근하는 부대를 맞이하기 위해 디엔비엔푸에서 나오는 적들을 방해하기 위한 포석이기도 했다. 한편으로는 디엔비엔푸에 있는 부대들을 모아 적을 포위하고 전투를 치를 준비를 했다.

5. 라이처우[22] 해방, 디엔비엔푸 포위

1953년 12월 10일, 우리는 먼저 라이처우 전선에 포문을 열었다. 우리는 므엉라, 처우투언(Châu Thuận)지역에서 수천 명의 비적(匪賊)[23]들을 소탕한 적이 있었다.

라이처우에 있던 적 일부가 3일 전에 디엔비엔푸로 철수해버렸다. 잔여 괴뢰군 2개 대대와 23개 중대는 디엔비엔푸에서 합류하기 위해 산악로를 따라 철수할 준비를 했다.

적군이 라이처우에서 철수할 것이라는 첩보를 입수한 우리 장병들은 6번 국도를 따라 즉각 그들을 추격했다. 12월 10일, 우리는 라이처우에서 약 30km 떨어진 곳에 있던 빠함(Pa Ham)초소를 격파했다. 12월 12일에는 라이처우시를 해방시켰다.

12월 13일, 우리 군대가 므엉뽄(Mường Pồn)지역과 뿌싼(Pu San)고개를 통해 철수 중이던 적군을 소멸시켰다. 2일 전에는 디엔비엔푸에서 오고 있던 적 일부를 계곡에서 북쪽으로 10km 떨어진 떠우(Tâu)촌에서 격멸했다.

산악지역에서 적군을 추격하고 포위하는 10여 일에 걸친 전투 끝에, 우리 군대는 라이처우성에 있던 피점령지역의 잔여지역을 해방시켰다.[24]

---

22 국경지역의 4번 국도 요충지에 위치한 중소도시. 디엔비엔푸에서 북북동 방향 150km 지점에 있다. (역자 주)

23 1945년 일본의 패망과 함께 많은 외세들이 베트남에 몰려들었다. 이러한 혼란을 틈타 많은 비적들이 근거지를 구축하고 세력을 확장했다. 특히 북부의 국경지방과 남부의 메콩강 유역에서 극성을 부렸다. (역자 주)

24 제316여단은 라이처우에서 철수 중인 적을 추격하고 격파하는 과업을 할당받았다. 적의 철수계획을 정확히 분석한

그러는 가운데, 우리부대들은 막 디엔비엔푸에 공수낙하한 적들이 라오스로 철수하지 못하도록 그들을 추적했다.

라이처우 전투의 승리는 1953~1954 동춘 전역의 위대한 성공을 예고했다. 이 승리로 우리 군과 인민들은 더욱 자신감이 차올랐다.

이 전투의 또다른 성과는 적이 격멸을 피하기 위해 신속히 디엔비엔푸에 병력을 증원해야 했다는 점이다. 부대를 재편성하려던 나바르 계획이 어긋나기 시작했다. 북부 삼각주뿐만이 아니라, 디엔비엔푸 역시 적이 전투력을 집중하는 제2의 장소가 되어갔다. 우리 군은 신속히 디엔비엔푸 집단전술기지를 포위했다.

6. 타카액과 중부 라오스 여러 지역 해방

라이처우에 대한 공격준비가 진행되는 동안, 베트남 의용군, 팟헷 라오스 해방군은 중부 라오스에서 공세를 개시하라는 명령을 받았다. 이곳의 적은 다른 곳에 비해 상대적으로 노출되어 있었다. 12월 초순, 우리의 행동을 탐지한 적은 이 지역에 부랴부랴 증원군을 보냈다.

12월 21일과 22일, 베트남-팟헷 라오스 부대는 베트남-라오스 국경 부근의 캄헤(Kham He)와 바나파오(Banaphao)에 대한 공격을 개시해 적 2개 기동대대를 소멸시켰다. 일련의 승리에 이어 베트남-팟헷 라오스 부대들이 9번 국도를 따라 타카액 방향으로 적을 추격했다. 적은 혼란스러워하며 사반나켓 부근의 군사 기지인 타카액에서 세노로 철수했다. 12월 25일, 팟헷 라오스 해방군은 타카액에 진입했다.[25] 9번 국도상에 위치한 일련의 적 초소들이 파괴되었다.

여단은 신속하게 주력군을 양익의 제98연대와 제174연대로 분할했다. 주익은 라이처우-디엔비엔푸 도로를 뿌싼과 므엉뽄에서 차단했고, 조익은 주 도로를 따라 라이처우시로 접근했다. 12월 10일 야간에 조익에 배치된 제98연대 439대대가 야음을 이용해 빠함 초소에 대해 기습공격을 단행했다. 아군은 30분 만에 이 초소를 파괴하고, 2개 중대를 소멸시켰으며, 2명을 생포했다. 1953년 12월 12일, 우리 군대는 라이처우시를 해방하기 위해 전진했다. 2일 동안 추운 날씨에 밀림을 뚫고 들어가 주익의 선두제대가 철수 중인 적을 잡을 수 있었다. 12월 13일, 아군이 므엉폰과 뿌싼 고개에서 적을 공격했다. 12월 11일에는 라이처우에서 반떠우(Ban Tau)로 철수중인 동료들을 지원하기 위해 디엔비엔푸에서 오고 있던 적 일부를 계곡 북쪽 1km에서 격멸했다.

25 1953년 12월 어느 날 밤, 제325여단 소속의 제274, 328대대는 캄헤의 적에게 기습공격을 실시하여 1개 유럽-아프리카 대대와 1개 포대를 소멸시켰다. 캄헤 전투는 중부 라오스의 적들에게 정신적으로 심각한 타격을 가했다. 22일에, 적은 파나파오로부터 철수했고, 라오스-베트남 부대에 의해 추격을 받았다. 제304여단 66연대의 1개 대

이 또한 동춘 전역에서 우리 군대가 거둔 위대한 승리였다. 적은 우리 행동에 대응하기 위해 세노에 병력을 증원하도록 북부 삼각주에 있던 기동군을 황급히 전환하고, 남부 라오스로 향하는 팟헷 라오스-베트남군을 저지하기 위해 세노를 집단전술기지로 변모시켰다. 나바르는 여러 지점에 병력을 분산배치하도록 강요받았다. 이제 세노는 북부 삼각주와 디엔비엔푸에 이어 적이 병력을 집중한 제3지점이 되었다.

7. 볼라벤 고원과 아타페우 시 해방

중부 라오스 공격과 동시에 팟헷 라오스 부대와 베트남군 부대들이 여러 산을 넘어서 남부 라오스 깊숙이 전진해 그곳에 있던 지방군과 연결했다.

팟헷 라오스, 베트남 의용군 부대들은 적의 취약점을 활용해 12월 30~31일에 아타페우 지역에 있던 적 1개 대대를 무찌르고 지역을 해방시켰다. 아군은 승리의 여세를 몰아 사라바네(Saravane) 방향으로 진격해 남부 라오스의 볼라벤 고원 전체를 해방시켰다.[26] 적은 팍세(Pakse)시로 증원 부대를 파견해야 했다.

8. 꼰뚬과 떠이응웬 북부지역 해방

여러 지역에서 패배했지만 적은 여전히 상황을 과소평가하고 있었다. 그들은

대는 적의 도주로를 계산하고 신속히 세방파이 강을 도하하여 그들이 빠꾸오이(Pa Cuoi)에서 재집결 중일 때 앞질렀다. 66연대 휘하의 대대는 적 1개 대대를 소멸시키고 500명을 생포했으며, 많은 차량과 무기를 노획했다. 2일에 걸친 전투 끝에 라오스-베트남 부대들은 3개 유럽-아프리카 기동대대와 1개 포병대대, 총 2,200명을 완전히 소탕했다. 적은 공황에 빠져 방어선에서 달아났다. 중부 라오스에 있던 적의 가장 강력한 방어체계가 무너졌다. 라오스-베트남 군은 신속히 타카액시 방향으로 전진하여 9번 국도를 따라 적을 추격했다.

26 아군의 제101연대 436대대는 하부 라오스 깊숙히 진입했다. 300km를 돌파한 부대는 아타페우시를 기습 공격하여 적 1개 대대를 소탕하고 시를 해방시켰다. 대대는 승리의 여세를 몰아 사라바네성의 볼라벤 고원 전체를 해방시키기 위해 전진했다. 해방된 남부 라오스는 베트남의 북 꼰뚬과 연결되었다. 당중앙위원회와 정규군의 사전대비와 대담한 지휘 덕에 우리 대대는 적 부대를 소탕하고 지역을 해방하기 위해 강력하고 효과적인 공격을 할 수 있었다. 1954년 2월 초순, 라오스-베트남 부대들은 인도차이나 3개국 국경이 맞닿는 지역으로 접근했다. 베트남 의용군 부대가 캄보디아 잇사락(Itsarak)해방군과 협조 하에 부온사이(Vuon Sai), 시엠팡(Siem Pang)으로 전진하여 스뚱쩽(Stung Treng)시를 위협했다. 한편, 일부 베트남 의용군 부대는 동 캄보디아에서 잇사락 해방군과 협조하여 꽁뽕참(Kong Pong Cham)성의 여러 지역을 해방시켰다. 하부 라오스에서의 라오스-베트남군의 투쟁은 다른 전선과의 협조 하에 많은 승리를 거두며, 1954년 7월까지 계속되었다.

디엔비엔푸를 쉽게 점령한 나머지, 우리가 그곳을 공격할 만큼 강하지 않다고 여겼다. 집단전술기지가 매우 강력하게 구축된데다, 디엔비엔푸와 아군의 후방지역이 너무 멀리 떨어져 있어서 우리가 병참선을 유지할 수 없다고 여겼기 때문이다. 적은 우리가 여러 전선에 걸쳐 공격을 진행중이므로, 디엔비엔푸에 대한 공격을 주저할 것이고, 보급의 어려움을 안고 있으므로 조만간 북서지방으로 달아날 것이라고 생각했다. 그리고 우리가 일련의 문제를 감수하고 그들을 공격하더라도, 우리 정규군의 일부를 격멸하고 뚜언자오와 썬라를 점령하여 최종적으로 나싼에 복귀하는 기존의 계획을 이행할 수 있다고 판단했다.

적이 15개 대대를 동원해 1월 20일부터 제5연합구역 내에 위치한 푸옌 남부에 공세를 전개한 것도 동일한 맥락이었다. 아뜰랑뜨 작전으로 명명된 이 공세는 나바르 계획의 전략적 공세로, 중부의 남쪽지역에 있는 모든 해방구의 점령이 목적이었다.

적이 우리 해방구를 공격했음에도 불구하고, 제5연합구역의 우리 군대는 가장 결연하게 그들의 계획을 이행했다. 즉, 적에 대항하고 우리 후방지역을 엄호하기 위해 후방에 극소수의 부대만 남겨놓고, 주력은 적이 상대적으로 노출된 전략적 요충지역인 떠이응웬을 점령했다.

공세는 1954년 1월 26일에 시작되었다. 다음날, 우리는 이 지역에서 가장 강력한 지방인 망덴(Măng Đen)구역을 확보했다. 뒤이어 닥또(Đacto) 초소를 무너뜨리고, 꼰뚬성의 모든 북부지역을 해방시켰다. 2월 5일, 우리는 꼰뚬시를 해방시키고 적을 떠이응웬 북부에서 밀어내어 9번 국도까지 전진했으며, 한편으로는 쁠레이꾸(Pleiku)[27]시를 공격했다. 적은 진상을 제대로 파악하지 못한 채 제5연합구역에 대한 공세를 멈춰야 했다. 그리고 떠이응웬의 남부에 위치한 일련의 요새와 쁠레이꾸시에 병력을 증원하여 우리의 공격을 방어하기 위해 많은 프랑스 부대들이 중부 라오스와 빙찌티엔에서 철수했다.

꼰뚬의 승리는 동춘 전역에서 거둔 우리 인민과 군의 또 다른 위대한 성공이었

27 꼰뚬 남방 30km에 위치한 도시 (역자 주)

다. 우리는 제5연합구역에서 적의 꽝남성, 꽝응아이성에 대한 위협을 불식시켰으며, 떠이응웬 북부에 16㎢에 달하는 중요한 전략적 요충지를 해방시켰다. 우리 해방구는 꽝남과 꽝응아이 해변에서 베트남-라오스 국경선까지 확장되어, 해방된 라오스의 볼라벤 고원지대와 연결되었다.

이번 승리는 당중앙위원회 지도 원칙의 가치를 전적으로 입증시켜주었다. 적은 점점 더 수세로 몰려갔다. 적은 중부 라오스 증원을 위해 북부 삼각주의 병력을 전환시키고, 이후에도 라오스 방면과 빙찌티엔에서 떠이응웬으로 전환시켜야 했다.

적은 제5연합구역을 공격, 점령할 목적으로 전투력을 집중시켰으나, 이제 우리 공세에 맞서기 위해 계획을 중지하는 수밖에 없었다. 적은 병력을 집중시키기를 원했으나, 계속 분산을 강요받았다. 쁠레이꾸와 떠이응웬 남부에 있는 일련의 요새들은 프랑스 부대들이 몰려드는 4번째 지역이 되었다.

떠이응웬에 대한 아군의 공격은 승세를 타고 1954년 6월까지 계속되었다. 우리의 대성공 중에는 한국에서 막 돌아온 제100기동연대를 각개격파한 안케의 승리도 포함되었다. 우리는 안케를 해방시키고 많은 차량, 무기와 탄약을 노획했다.

9. 퐁살리, 남오우강 유역 해방, 루앙프라방 방면 진격

라이처우의 패배 이후 디엔비엔푸의 고립은 매우 심화되었다. 적은 남오우강을 따라 므엉코아(Mường Khoa)까지 점령군을 증강해 그 계곡[28]을 북부 라오스에 연결시키려고 노력했다.

적의 흔적까지 제거하기 위해, 그리고 보다 많은 적 부대를 격멸하고 적 병력이 엷게 분산되도록 강요하기 위해, 팟헷 라오스 해방군과 협조하여 남오우강 유역에 대한 공세를 개시하라는 명령이 베트남 의용군에게 하달되었다. 1954년 1월

28 디엔비엔푸를 의미한다 (역자 주)

26일, 팟헷 라오스군과 베트남 의용군은 므엉코아를 공격해 1개 유럽-아프리카 대대를 격멸했다. 의용군은 이 성공을 확대해 남오우강 유역에 있던 적을 소탕하고 루앙프라방을 타격할 수 있는 지점까지 전진했다.[29]

적이 전략적 병참선으로 여기던 남오우 전선이 붕괴되었다. 1개 유럽 대대가 포함된 17개 중대가 격멸되었다. 가장 중요한 점은 이제 우리가 루앙프라방을 위협하게 되었다는 점이다.

다른 한편으로는 팟헷 라오스군과 베트남군이 북쪽으로 진군해 퐁살리를 해방시켰다. 라오스 인민의 저항기지가 확장되어 삼네우아 해방구, 북서 베트남과 연결되었다.

강력한 공세에 직면한 적은 북부 삼각주의 기동군을 루앙프라방으로 증원하지 않을 수 없었다. 많은 적 기동대대들이 북부 삼각주에서 무앙사이와 루앙프라방으로 공수되었다. 나바르는 또다시 휘하 부대의 분산을 강요받게 되었다. 루앙프라방은 적 부대가 집중되는 다섯 번째 지점이 되었다.

10. 적 후방지역에서 우리가 거둔 성공

적이 우리의 공격에 대응하기 급급한 동안, 수많은 전쟁구역의 정규군, 지방군, 민병대, 게릴라들이 모든 전선에서 그들의 협조된 활동에 박차를 가하기 위해 상황을 효과적으로 활용했다.

북부 삼각주에서는 게릴라전이 매우 강력하게 발전했다. 우리 정규군과 지방군은 많은 적진을 격파했다. 그 진지 중에는 하남성의 황단, 타이빙성의 라띠엔(La Tiến), 그리고 박닝 성의 뜨썬과 같은 중요한 진지도 포함되어 있었다. 일련의 성과는 적이 박지앙성의 보교, 타이빙성의 디엠디엔, 까오마이(Cao Mại), 하이즈

29 제308여단은 남오우강의 적 전선을 신속히 공격하라는 명령을 수령했다. 여단은 전격전 개념에 입각해 보급을 자체 해결하며 행군하고, 추적하고, 적과 싸웠다. 1954년 1월 26일, 적이 공황에 빠져 달아났고 제308여단은 라오스 인민과 팟헷 라오스군의 도움을 받으며 추격했다. 1954년 1월 31일, 제102연대가 적을 므엉코아에서 따라잡고 1개 외인 부대를 포함해 약 2개 대대 규모의 적을 포위섬멸했다. 2월 3일, 제36연대와 88연대로 구성된 여단의 조익이 많은 적을 소멸하고 루앙프라방에서 15km 떨어진 메콩강까지 진격했다. 5일 밤낮에 걸쳐 200km를 주파하며 적을 추격하고 싸운 제308여단은 그들의 임무를 완수한 '선봉 부대' 정신으로 칭송을 받았다.

엉성의 낑몬, 하동성의 푸르우떼(Phù Lưu Tế), 썬떠이성의 아오코앙(Ao Khoang), 쑤오이메(Suối Me) 등 다른 진지에서 철수하도록 강요했다. 다양한 형태의 공격, 매복, 병참선 타격전이 강력하게 발전하여 수 개 중대 전체를, 때로는 수 개 대대 전체를 격멸했다. 우리가 치명적인 전략 병참선인 5번 국도를 몇 주에 걸쳐 지속적으로 차단하면서 적은 심각한 위협을 받았다.

우리 병사들은 여러 대의 적기를 파괴했는데, 특히 깟비(Cát Bi)[30]와 지아람 비행장에서 실시한 대규모 공격이 주목할 만한 성과를 거뒀다. 북부 삼각주의 게릴라전은 보다 광범위하게 발전했다. 괴뢰군을 대상으로 집중된 선전사업도 대단한 업적을 기록했다. 게릴라 기지들과 지역들이 크게 확장되어서, 적이 통제하던 지역의 3/4을 차지했다.[31]

우리 부대들이 빙찌티엔과 중부 최남단에서 실시한 활동 역시 적의 병참선에 손상을 입힐 만큼 강력했다. 우리는 많은 열차를 전복시켰고, 많은 공격을 분쇄했으며, 게릴라 기지와 지역을 확장하고, 적 대열 내에서 선전사업을 증가시켜 많은 성공을 거뒀다.[32]

남부의 우리 부대는 동춘 전역 기간 전체에 걸쳐 활동에 박차를 가했다. 적이 기동군을 다른 전선으로 전환한 덕분에 우리의 게릴라전은 정확한 행동 원칙과

---

30 하이퐁 항에 있는 비행장. 현재는 군용으로만 사용하고 있다. (역자 주)

31 제320여단은 적 후방지역에서 주전선과의 긴밀한 협조 하에 1954년 1월에 다이(Đảy,)강에 설치되었던 프랑스 방어선을 공격하여 격파했다. 이후 제320여단은 제42, 46, 50, 238, 246연대와 지방 대대들, 민병대, 게릴라 부대와 함께 북부 삼각주 깊숙이 전진하고, 적을 공격하여 혁명 기지와 게릴라 지역을 확장했다. 적의 육로, 수로, 철로는 대부분 파괴되었다. 한편, 게릴라들은 5번 국도상에 많은 지뢰를 매설했다. 적은 국도를 방호하기 위해 다수의 기동연대와 수십 개 대대를 파견해야 했으나, 그들마저 여러 번 매복에 걸려들었다. 병참선은 심하면 몇 주에 걸쳐 차단되곤 했다. 지방군의 소규모 무장대들이 도썬(Đồ Sơn)시 구역과 남딩(Nam Đình)시 전투를 통해 적의 후방을 효과적으로 공격했다. 많은 지방민, 인민, 게릴라들이 적 초소와 벙커를 파괴하기 위해 봉기했다. 그 이후로 적은 그들의 진지 가운데 일부에 보급을 추진하기 위해 항공기나 기동군을 사용해야 했다.

32 우리 군대는 1954년 1월 20일부터 2월 20일까지 9번 국도상의 교량 17개소와 암거(暗渠) 18개소를 파괴하여 많은 사상자를 유발하고 적이 6개소의 초소에서 철수하도록 강요했으며, 흥화현을 해방시켰다. 빙링(Vĩnh Linh)현에서는 30,000여 명의 주민들이 게릴라와 함께 교량들과 도로들을 파괴했다. 찌에우꽝(Triệu Quang)에서는 게릴라와 지방군이 그들의 기지를 유지하고, 확대했다. 트아티엔성에서는 지방군이 안호아(An Hoa)를 공격했다. 우리는 랑꼬(Lăng Cô), 후에, 꽝찌, 다낭에서도 도로에 지뢰를 매설하고, 10량의 열차를 전복시켰다. 랑꼬(트아티엔성 소재) 전투에서도 열차 2량을 전복시키고 적군 400명을 사살했다. 포짜익(Phô Trạch, 꽝찌성 소재)에서는 200명을 사살하고 대포 2문을 노획했다. 남중부 게릴라들은 떠이응웬 방면의 아군 공세와 협조하여 냐짱시, 닝화(Ninh Hòa)읍 구역(카잉호아성 소재)과 쑤오이저우(Suối Dầu)를 공격했으며, 연료 100만 리터를 불태웠다. 그리고 꽝남, 푸옌, 카잉호아(Khóảnh Hòa), 닝투언(Ninh Thuận)에 있는 지방군이 적 수개 대대와 교전을 벌였다. 우리는 많은 감시탑과 초소를 파괴하기 위해 라룽(La Lung, 푸옌성 소재)을 기습공격하고 적 후방 깊숙이 전진했다. 디엔반(Điện Bàn), 혼코이(Hỏn Khói), 북서 카잉호아 같은 광활한 지역이 해방되었다. 제812연대는 중부의 최남단지역에서 따잉링(Tánh Linh)과 르엉썬(빙투언성 소재)에서 대규모 봉기를 이끌었다.

난관 극복을 통해 위대한 성공을 거뒀다. 1,000개소가 넘는 초소와 감시탑에 있던 적 부대는 많은 사상자를 내거나 철수를 강요받았다. 자유 제9연합구역은 굳건히 유지되고, 확장되었다. 상당수의 게릴라 기지와 지역이 복구되었다. 많은 지방이 해방되었으며, 우리에 가담한 괴뢰군은 천 명에서 출발해 만 명으로 불어났다.

1954년 3월 초, 여러 전선에 대한 총체적인 군사상황을 검토한 결과, 우리는 두 가지의 주목할 만한 특징을 발견했다.

1. 일련의 공세 작전을 개시할 주도권을 확보한 우리 군대는 도처에서 승리를 거뒀으며, 적 부대를 격멸했고, 전략적 요충지를 포함한 많은 지방을 해방시켰다.

2. 적 전략 기동군은 더 이상 북부 삼각주에 집중하지 못한 채 완전히 분산되어 버렸다. 적은 북부 라오스의 루앙프라방과 므엉싸이, 중부 라오스의 세노, 그리고 제5연합구역의 플레이꾸와 남부 떠이응웬에 부대를 유지하고 있었다. 적 정규군의 일부는 디엔비엔푸에 고착되었다. 북부 삼각주에 집중되었던 나바르의 유명한 기동군은 44개 대대에서 20개 대대로 감소했다. 이 병력의 상당수는 중요한 병참선, 특히 5번 국도를 방호하기 위해서 소산을 강요받았다.

나바르 계획은 무산되었다.

나바르 계획은 우리 정규군을 소진시키고 격멸하여 우리 동춘 전역을 좌절시키는 것이었다. 그러나 우리 정규군은 연속해서 승리를 거뒀고, 이로 인해 적은 심각한 손실을 입게 되었다. 나바르는 점령지역의 안정화를 원했으나, 오히려 게릴라전이 전례 없이 강력하게 발전했다.

그의 목적은 우리 해방구를 위협하고, 우리 정규군을 소진시키고 무찌르기 위한 공세 작전 개시였다. 그러나 실제로는 우리의 해방구가 확대되고, 우리의 정규군은 고도로 기동화되었다. 역으로 적의 후방 지역은 전에 없이 맹렬한 공격을 받았다.

그러나 프랑스와 미국의 장군들은 이런 재앙과도 같은 현실을 받아들이려 하지 않았다. 그들은 오히려 우리의 1953년 동계~1954년 춘계 기간 활동이 정점에 달했고, 철수가 시작되고 있으며, 우리가 공세를 계속할 전투력이 부족하다고 간주했다.

그들은 큰 손실에도 불구하고, 자신들이 우리의 추동 공세를 저지할 수 있었으며, 이제 주도권을 되찾을 시기라고 믿었다.

나바르는 이런 평가 하에 남부 전장에서 공세를 계속하라는 명령을 내렸다. 즉, 대군을 제5연합구역에 집중하고, 중단되었던 아뜰랑뜨 작전을 재개하도록 한 것이다. 3월 12일, 그는 주도권을 되찾기 위한 시도의 일환으로 꿔년을 공격했다. 그는 단 한 순간도 향후 우리가 디엔비엔푸의 집단전술기지에 대규모 공세를 개시하리라고는 생각하지 않았다.

이렇게 역사적인 디엔비엔푸 전역이 시작되었다.

15. 역사적인 디엔비엔푸 전역

1

디엔비엔푸는 북서 산악지역의 서쪽에 위치한 큰 계곡으로, 8 x 18km[01]의 평원이 자리하고 있다. 일대는 베트남-라오스 국경 근처의 4개의 대평원 가운데 가장 크고 인구가 많은 곳으로, 중요한 도로들의 교차점에 위치하고 있었다. 북서쪽으로는 라이처우가, 동쪽과 남서쪽으로는 뚜언자오, 썬라, 나싼이, 서쪽으로는 루앙프라방이, 그리고 남쪽으로는 삼네우아가 연결되었다.[02] 프랑스인과 미국인들은 디엔비엔푸를 북베트남, 북부 라오스, 남서 중국 사이에 있는 가장 중요한 전략적 요충지로 여겼다. 디엔비엔푸 일대는 동남아에서 그들의 침략 계획을 지속할 기반으로 활용하기 적합한, 효과적인 육군, 공군기지로 전환할 수 있었다.

디엔비엔푸에 있던 적은 원래 약 6개 대대였으나, 우리의 공세에 대응하기 위해 점차 증강되었다. 우리가 공격을 개시했을 때는 수비병력이 12개 대대와 6개 보병 중대로 증강되어 있었다. 주둔병력은 주로 유럽-아프리카 부대로 구성된 정예부대였다. 게다가 그곳에는 3개 포병대대, 1개 공병대대, 1개 전차 중대, 200대의 화물차량을 가진 1개 수송부대, 그리고 14대의 항공기를 보유한 1개 비행대대

01 다른 전쟁사인 30년 전쟁에는 10km×12km로 표기되어 있다(역자 주)

02 디엔비엔푸는 평지이므로 건기에는 전치와 차량을 양호하게 운용할 수 있는 지역이다. 므엉타잉 평야에 일본군이 건설한 오래된 활주로 역시 중요한 비행장으로 격상될 수 있었다. 루앙프라방으로 향하는 41번 국도가 유일한 주 도로였다. 동서 양쪽으로는 산맥이 평행하게 북쪽으로 향해 뻗어 있다. 동쪽에 있는 푸홍(Pu Hong)산맥은 나무가 드문드문 솟은 수많은 산봉우리로 이뤄졌으며, 계곡을 향한 비탈이 있다. 서쪽의 빠따꼬(Pá Tà Cọ) 산맥은 매우 높고, 관목지대가 있으며, 계곡을 향해 경사져 있다. 북서쪽의 계곡에는 계곡을 두르는 형태로 해발 30m의 고지군이 있다.

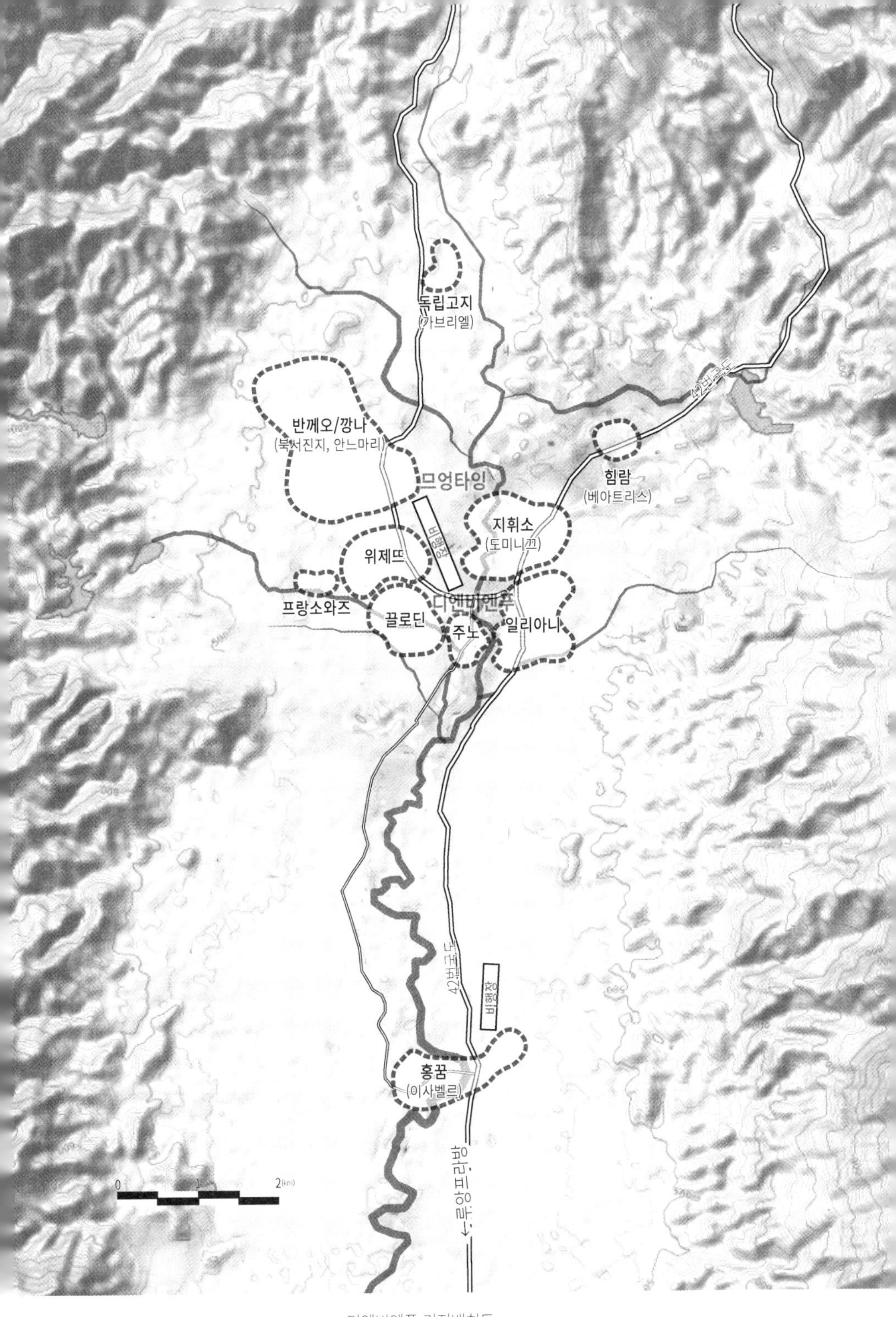

독립고지
(가브리엘)
반께오/깡나
(북서진지, 안느마리)
므엉타잉
비행장
힘람
(베아트리스)
지휘소
(도미니끄)
위제뜨
프랑소와즈
디엔비엔푸
끌로딘
주노
일리아니
42번국도
비행장
홍꿈
(이사벨르)
0
1
2(km)

디엔비엔푸 기지배치도

가 주둔중이었다.[03] 전체 주둔병력은 총 16,200명이었다.

이 병력들은 3개 구역으로 구분되어 상호 지원이 가능한 49개소의 방어거점으로 구성된 집단전술기지를 점령하고 있었다. 각 거점은 기동예비와 포병의 지원을 받고, 교통호와 유자철조망으로 둘러싸인 '종합방어기지'의 모습을 갖췄다. 각 기지는 자체방어가 가능했고, 각 구역은 여러 개의 강력한 예하기지들로 구성되었다. 각 기지는 전체적인 집단전술기지뿐만 아니라 각종 지하시설과 보조교통호(유자철조망, 지뢰지대 등) 체계와 매우 강력한 포병 체계에 의해서 방어되고 있었다.

가장 중요한 진지는 므엉타잉에 있었는데, 이곳이 지역의 중심인 중앙방어구역이었다. 적군의 약 2/3(8개 대대, 3개 대대는 기동예비)가 이곳에 집중되었다. 많은 방어기지들이 지휘소, 포병 진지, 군수 기지와 비행장을 방호했다. 동쪽에는 매우 강력한 요새가 구축되어 있었다. 특히 A1, C1, D1, E1고지는 이 구역의 가장 중요한 방어체계였다. 적은 디엔비엔푸를 난공불락의 요새로 여겼다. 그들은 포병과 기갑부대가 평지를 통과해 오는 우리의 어떤 접근도 차단할 수 있다고 생각했다. 어떤 돌격도 확실히 격퇴할 수 있을 듯한 유자철조망과 교통호를 둘렀고, 기동예비가 항상 반격과 파쇄공격[04]을 대비하고 있었다. 적들은 우리의 포병진지가 적 포병의 사거리 안쪽, 계곡을 향한 전사면에 배치되어 쉽게 탐지할 수 있으므로, 차량화 포병과 공군을 통해 포병진지를 쉽게 소멸시킬 수 있다고 판단했다. (디엔비엔푸를 감제하는 고지-비행장 간의 거리는 12km였다.)

북부 구역은 독립[05]고지와 반께오에 저항 지탱점을 형성하고 있었다. 독립고지는 북쪽을 방어했고, 라이처우 방향에서 오는 모든 공격을 저지할 채비를 갖췄다.

힘람은 비록 중앙방어구역에 속해 있었지만, 사실상 또 하나의 전진 진지였다.

---

03 디엔비엔푸는 일반적인 무장은 물론 화염방사기, 다열 중기관총, 네이팜 지뢰, 대연막장비, 조명기구 등 특수 장비로 무장했다. 디엔비엔푸에 설치된 3,000톤의 유자철조망은 프랑스 육군이 인도차이나 전역에서 사용했던 양보다 3배나 많았다.

04 적이 공격을 준비중일 때 이를 방해하기 위한 공격(역자 주)

05 원문은 독럽으로 독립(獨立)이라는 의미다. 이하 독립고지로 표기한다. (역자 주)

그 진지는 북동쪽, 뚜언자오 방면의 모든 공격을 방어했다. 홍꿈으로 알려진 남부 구역은 북부 라오스로 향하는 길을 방호하면서 남쪽으로부터 오는 모든 공격에 대한 방어를 담당했다.

적 포병은 므엉타잉과 홍꿈, 두 지역에 진지를 구축했다. 이 포진지들은 상호 지원이 가능했고, 주변의 방어거점에 대한 방호가 가능했다. 집단전술기지의 포병뿐만 아니라 각 방어기지 역시 다양한 구경의 박격포와 화염방사기로 구성된 자체 화력을 보유하여 자체적인 방어에 더해 주변 지역까지 방어를 보장하는 근접화력지원체계를 갖췄다.

디엔비엔푸에는 2개의 비행장이 있었는데, 주 활주로는 므엉타잉에, 보조 활주로는 홍꿈에 있었다. 이 활주로들은 하노이와 하이퐁을 연결하는 역할을 했고, 매일 200~300t의 보급품을 보장받을 수 있었다. 이는 처음에 예상했던 양보다 훨씬 많았다.[06]

정찰기와 전투기들이 끊임없이 계곡 상공을 선회했다. 지아람과 깟비[07] 비행장에 있던 항공기들이 이 집단전술기지를 방호하기 위해서 폭격을 하고 기총을 소사했다. 나중에는 하롱베이에 정박한 미 항모의 함재기들이 이런 임무를 수행하게 되었다.

나바르는 이처럼 강력한 군대와 강한 방어체계를 갖춘 디엔비엔푸가 인도차이나 역사상 가장 견고한 집단전술기지이자 '난공불락의 요새'라고 호언장담했다.[08] 적들은 이런 관점에서 아군의 공격을 반드시 패퇴시킬 수 있으므로 우리가

06 적은 나싼 집단전술기지 건설에서 도출된 경험을 바탕으로, 디엔비엔푸에서 전투를 계속하기 위해서는 통상 1일 70톤이, 전투시 1일 90톤의 물자가 소요될 것으로 예상했었다.

07 지아람은 하노이에, 깟비는 하이퐁에 있다. (역자 주)

08 우리가 공세를 시작할 때, 디엔비엔푸 요새는 요새화되었고 군사력이 전례를 찾아볼 수 없이 고도로 집중된 방어체계를 구성했다. 정예병력으로 구성된 12개 대대와 7개 중대가 배치되었는데, 그 부대들은 다음과 같다.
- 제7알제리연대 5대대, 제3알제리연대 3대대, 제1알제리연대 2대대, 제4모로코연대 1대대, 제13 외인 준여단 1대대, 3대대, 제2외인연대 1대대, 제3외인연대 3대대, 제1식민공정대대, 제8식민공정대대, 제2대대, 제3대대
적은 인도차이나에 있던 10개 공정대대중 7개 대대를 이곳에 집결시켰다. 여기에는 모든 유럽, 외인 공정 대대들이 포함되었다. 일부 부대들-예를 들어 제13외인 준여단의 경우 100년의 역사를 가진 부대였다. 적 장교들 역시 대부분 능력이 탁월했다. 적 포병은 제4식민포병연대 2대대(105mm), 제10식민포병연대 3대대(105mm), 제4식민포병연대 4대대 1개포대(155mm), 120mm 직사포 20문으로 구성된 2개 포대였다. 그리고 전투기 7대, 정찰기 6대, 헬리콥터 1대를 운용했다. 적 방어체계는 8개의 집단으로 구성된 49개의 방어거점으로 구성되었으며, 8개 집단은 각각 프랑스식 여성형 명칭이 부여되었다. 가브리엘(Gabrielle, 독립고지), 베아트리스(Beatrice, 힘람), 안느마리(Anne Marie, 북서 진지, 반께오와 깡나 등), 위제뜨(Huguette, 남럼강 둑에 있는

공격하지 못할 것이라고 생각했다. 디엔비엔푸가 '양호하게 배치된 전장'으로서 우리 정규군에게 심각한 손실을 입힐 수 있다고 생각한 적은 지금까지 건방지게도 공격을 유도하기 위해 우리를 자극하고 있었다.

아군은 적이 디엔비엔푸에 공수낙하한 직후, 적이 아군의 위협을 받는다면 철수하거나 계곡을 집단전술기지로 전환해 일대의 방어력을 강화할 것이라고 예상했다. 이는 우리가 적을 무찌를 절호의 기회를 제공할 수 있었다. 우리는 이와 같은 고려사항을 바탕으로 라이처우를 공격하는 동안 이 기지를 포위하고, 전투를 준비하기 위해 긴급히 부대 일부를 서쪽으로 파견했다.

집단전술기지는 적이 인도차이나에서 새로이 고안한 방어형태였다. 집단전술기지는 지난 1951년에 화빙, 1952~1953년에 자르스 평원(라오스)과 나싼에서 훨씬 단순하고 규모가 작은 형태로 등장했다. 이제 가장 발전하고 가장 강력한 집단전술기지에 직면하게 되자 하나의 의문이 떠올랐다. 우리는 저 집단전술기지를 공격해야 하는가, 아니면 공격하지 말아야 하는가?

전쟁이 시작되었을 때는 우리 군이 아직 미약했고, 적은 소규모 진지를 구축해 아군의 소규모 부대를 상대로 싸웠다. 그리고 우리 군대가 소규모 진지를 격파할 능력을 갖추자, 적은 진지체계를 발전시키고 보강하여 강력한 주둔부대와 화력을 갖춘 요새화된 거점과 대규모 반격부대를 보유하게 되었다. 훗날 우리 군이 확대되고 요새화된 거점이 유린될 위기에 처하자, 적은 철수를 택하거나 보다 많은 군사력을 투입해 진지를 보강하고 집단전술기지로 방어체계를 발전시켰다.

집단전술기지는 프랑스 식민주의자들이 고안한 침략 무기가 아니었다. 제2차 세계대전 당시 독일의 나치주의자들은 소련군의 베를린 진격을 막기 위해서 '고슴도치'라는 이름으로 유사한 방어체계를 사용한 사례가 있다.

피아간의 전투력 균형이 상기와 같은 상황에서, 우리는 가능한 큰 성공을 거두기 위해 어떤 전술을 채택해야 하는가? 우리는 작전적, 혹은 전술적 해결책을 찾

므엉타잉 비행장 서쪽의 집단전술기지, 남럼강 우안의 므엉타잉 남쪽 진지), 끌로딘(Claudine, 강 좌안에 위치한 므엉타잉 비행장의 남쪽 집단전술기지), 드 까스트리의 지휘소 내에 있는 도미니끄(Dominique, 좌안의 비행장 동쪽에 있는 집단전술기지), 그리고 이자벨르(Isabelle, 홍꿈) 등이다.

을 때마다 항상 적 부대 격멸과 성공이 확실할 때만 타격하라는 전략적 방향의 근본적인 원칙에서 출발했다.

집단전술기지가 처음 등장했을 때는 오랜 기간 작전을 수행해 온 우리 군도 격파할 수 없었다. 따라서 우리는 적의 방어 중심을 직접 공격하지 않고, 적 정규군을 기지에 고착견제하는 동안 아군 정규군을 적이 노출된 지역에서 운용하기로 했다. 우리는 화빙 전역에서 이 전술을 사용했다. 적이 화빙에 병력을 집중시키고 집단전술기지를 구축하는 동안, 우리는 주공을 기지로 지향하지 않고 다른 곳으로 지향해 적 증원군을 격멸하고 다강, 북부 삼각주의 적 후방지역에 구축된 진지들을 파괴했다. 이후 적이 나싼 집단전술기지에 집중했을 때는 얼마간의 교전 끝에 적 일부를 격멸했지만, 우리의 손실도 컸다. 따라서 우리는 집단전술기지에 대한 공격을 연기하기로 결정했었다. 베트남 의용군은 팟헷 라오스 해방군과 협조 하에 나싼 남서쪽의 북부 라오스에 공세를 가해 대단한 승리를 거두었다.

그러나 이런 전술은 유일한 방책이 아니었다. 우리는 집단전술기지의 소멸 문제를 어떤 대가를 치러서라도 풀어야만 했고, 그것을 전쟁의 진화에 있어 자연적 결과로 여겼다. 집단전술기지의 격파는 적의 가장 뛰어난 최신식 방어체계를 무너뜨리는 것이자, 동시에 적의 가장 거창한 방어체계를 조직하려는 노력을 좌절시키고, 적 부대에 새로운 위기를 조장하며, 새로운 군사상황을 창출하여 우리의 무장 투쟁을 위한 길을 닦는 것과 같았다.

집단전술기지가 출현한 이래로 우리는 새로운 방어형태를 연구하고 강약점을 분석하며, 적합한 전술과 필요한 장비를 결정하기 위해 끊임없이 노력해 왔다. 군을 훈련하고 집단전술기지를 소멸시킬 능력을 갖추는 데 있어 극복해야 할 난관을 파악하는 것이 가장 큰 과제였다. 우리 군은 1953년 추동 초기부터 이런 과업을 위한 준비를 시작했다. 그렇게 적이 디엔비엔푸에 있는 자신들의 군을 증강하고 집단전술기지를 구축하고 있을 때, 우리 당중앙위원회는 이 방어거점을 파괴하기로 신속하고도 확고한 결정을 내렸다. 우리는 디엔비엔푸 집단전술기지를 소멸시키기로 결정한 후, 군의 새로운 능력, 전장의 성격, 그리고 적의 상황과 이번 전투의 대규모 전장에 의지했다.

1953년 겨울이 깊어갈수록 계곡은 점점 나바르 계획의 중심이 되어갔다. 이 기지를 소멸시켜야만 전쟁을 길게, 그리고 크게 확대하려는 프랑스-미국의 음모를 분쇄할 수 있었다. 그러나 디엔비엔푸를 일소해야 할 필요성을 공세를 정당화하는 근본적인 요소로 다룰 수는 없었다. 이제 집단전술기지를 직접 공격할 유효한 방법, 즉 승리에 대한 확신을 찾아내야 했다.

디엔비엔푸는 나싼에 비해 병력이 훨씬 많고 화력도 강했으며, 방어체계 역시 월등히 현대화되었다. 나싼이 간단한 방어체계를 갖춘 소규모 집단전술기지였다면, 디엔비엔푸는 '완전히' 무장된 방어체계로서 전반적인 조직을 갖추고 있었다. 나바르와 그의 프랑스, 미국 친구들은 디엔비엔푸를 크게 칭찬했다. 그들은 화빙과 나싼조차 공격할 수 없었던 우리가 디엔비엔푸 요새를 공격할 수는 없다고 결론지었다.

나바르는 북서 산악지방의 중앙에 건설된 디엔비엔푸 집단전술기지와 베트민 기지 간의 거리가 매우 멀기 때문에 디엔비엔푸 방면에서 프랑스군의 우세가 유지된다고 여겼다. 디엔비엔푸를 공격하기 위해서는 대규모 병력과 이를 지원할 매우 긴 병참선을 장기간에 걸쳐 유지해야 했다. 나바르는 그간의 경험을 통해 우리가 대규모 증원부대나 장기 작전에 필요한 보급 능력을 보유하지 못했으며, 프랑스 공군이 우리의 보급로에 심각한 타격을 가할 수 있음을 알고 있었다. 게다가 뚜언자오에서 계곡으로 향하는 도로는 중화기를 수송하기에 적합하지 않은 단순한 임도에 불과했다. 이런 특징이 디엔비엔푸가 난공불락이라는 나바르의 평가에 가산점을 주었다.

나바르는 디엔비엔푸를 보강하고 우리 정규군을 상대로 전투를 수행한다는 전략적 결심을 확고하게 견지했다. 그리고 이 일대를 우리가 계곡을 공격하더라도 심각한 손실을 입힐 수 있는 이상적인 전장으로 여겼다.

나바르가 이 진지에 집중한 이유는 알 수 없다. 다만 그가 저지른 실수는 디엔비엔푸의 장점에만 주목했을 뿐, 약점을 보지 못했다는 데 있다. 더 큰 실수는 부르주아 전략가의 개념에 골몰하여 국가의 독립, 자유, 그리고 사회주의를 구하기 위해 싸우고 있던 인민군과 전 인민들의 어마어마한 가능성을 제대로 파악하지

착륙중인 브리스톨 수송기. 디엔비엔푸는 막대한 규모의 항공수송을 통해 유지되었다. (Archives de France)

못했다는 점이다. 우리 인민과 군의 진화와 괄목할 만한 성장, 그리고 필승의 신념을 가진 인민군의 불굴의 투쟁정신을 깨닫는 것은 나바르에게 여전히 매우 어려운 과제였다.

반면, 우리가 디엔비엔푸 집단전술기지를 파괴하기로 결정했을 때, 우리는 적의 모든 강점을 파악하고 우리가 이용할 수 있는 약점도 예측했다. 여기에 더해 우리는 승리를 위해 모든 난관을 극복하려는 군과 인민의 무한한 가능성을 알고 있었다.

디엔비엔푸는 여타 집단전술기지에서 확인된 모든 종류의 거점을 구비하고 있었다. 그러나 그 진지의 특별한 힘은 광활하고 언덕이 많은 지역 한 가운데 있는 고립된 진지라는 데 있었다. 이 특징은 진지에 대한 보급과 증원이 오직 항공수송으로만 이뤄진다는 것을 의미했다.

만일 이 보급선이 차단되거나 막혀버린다면 이 강력한 기지의 모든 취약점이 노출되고, 그곳에 주둔중인 군대는 점차 전투력과 주도권을 상실하며, 수세로 전환한 후 보다 많은 난관에 직면하게 된다. 안전한 철수가 사실상 불가능하다는 점도 저하된 적의 사기를 더욱 떨어뜨릴 것이다.

우리는 적을 격멸하겠다는 결의를 지닌, 사기가 높으면서 양호하게 장비된 부대를 선발하여 부대의 수효와 화력의 우위를 활용하도록 했다. 아군은 이미 포위전에 대한 경험이 있으며 집단전술기지를 공격하는 방법을 병사들에게 훈련시켜 왔으므로, 이제 난관을 극복할 능력을 갖추고 집단전술기지를 소멸시키는 데 필요한 준비를 할 수 있게 되었다.

우리 기지에서 매우 먼 곳으로 대규모 군대에 필요한 식량과 탄약을 장기간에 걸쳐 보급하는 것은 매우 어려운 과제였다. 그러나 우리는 전선의 요구에 부응하고 우리 군의 식량과 탄약을 확보하기 위해 국가를 조직한 전 인민과 당의 무한한 지원이 있었다. 군은 이를 통해 자신의 과업을 완수할 수 있었다.

한편으로 나바르의 방대한 기동군이 계곡의 전력을 보강할 가능성도 고려되었는데, 우리는 동계공세로 인해 적의 적의 기동 예비가 크게 분산되었고, 시간이 지날수록 더 흩어질 것으로 예상했다. 이처럼 우리는 협조된 전투의 효과를 높이 평가했고, 이 효과는 우리 정규군을 위해 디엔비엔푸를 소멸시키고 집단전술기지에 대한 적의 증원을 억제하는 여건을 조성했다.

당중앙위원회는 디엔비엔푸에 있는 모든 적을 소탕할 것을 확고하게 결심했다. 나바르가 우리 정규군을 상대로 결정적인 전투를 위해 이 기지를 선정했다면, 우리도 적에 대해 전략적 전역을 전개하기 위해 이 기지를 선정했다. 우리는 인도차이나에서 가장 강력한 집단전술기지에 배치된 가장 잘 훈련된 적군을 격멸하기 위해 압도적인 다수의 부대를 집중하기로 결정했다.

이 중요한 결정은 당중앙위원회가 우리의 전략적 1953~1954 동춘 전역을 위해 설정한 역동성, 주도권, 기동성, 새로운 상황에 대한 신속대응의 원칙에 기반해 내려졌다.

우리는 전역 1단계에서 적 주력을 디엔비엔푸에 고착 견제하기 위해 적의 취약한 진지들을 목표로 대규모 공격을 실시할 예정이었다. 그와 동시에 기지를 공격하는 데 필요한 준비를 진행했다.

2단계로 디엔비엔푸 전선에 대한 우리 준비가 거의 종결되고 여러 작전전구에서 계속되는 승리로 유리한 상황이 조성되면 우리는 집단전술기지를 공격할 것이다.

우리는 이전까지 적의 강한 진지를 회피하려 노력해 왔으며, 단지 기동전[09]과 소규모 포위전만을 수행했다. 그러나 디엔비엔푸는 공격을 위해 사상 최대 규모의 정규군을 동원해야 했던, 침략자들의 가장 강력한 집단전술기지였다. 이 전역은 전쟁 초기의 작전들과는 완전히 대비되는 대규모 전투를 필요로 했다. 전략적 중요도가 극히 높은 디엔비엔푸 집단전술기지에 대한 공세는 우리 군의 역사에 새로운 장을 열 것이 분명했다. 이 전역의 승리는 분명 우리 인민의 저항전쟁을 위해 새로운 상황을 창출할 것이다.

디엔비엔푸에서 공세를 개시한 이래 우리 정규군의 임무는 포위나 고착견제가 아니라 기지를 소탕하기 위한 공세를 실시하는 것이었다. 한편, 다른 전선의 우리 군대는 디엔비엔푸의 우리 부대와 긴밀히 협조해 적 부대를 격멸, 소산, 고착견제하는 한편, 집단전술기지를 증원하려는 적의 능력을 최소화하는 등의 과업을 부여받았다.

디엔비엔푸를 점령하기로 결정한 이후 가장 중요한 문제는 디엔비엔푸를 소멸시킬 방법이었다. 이 방법이야말로 작전 전체를 주도하게 되어 있었다.

우리가 막 공수낙하된 적을 포위했던 초기 단계에서는 적이 아직 소규모였고 방어 조직도 엉성했다. 우리는 속공속승[10]을 위해 시각을 다투어 일하고, 막 진지를 점령한 적의 약점에서 이익을 얻기 위해 노력했다. 만일 우리가 이 원칙을 따른다면, 우리는 병력과 화력에서 절대적인 우위를 보장하고 적을 다방면에서 공격해야 했다. 우리는 적 방어선 깊숙이 침투하고, 집단전술기지를 여러 구역으로 갈라놓는 다른 돌격들과 함께 하나의 주공격을 전개할 것이다. 적의 가장 취약하거나 중요한 지점을 타격하고 적의 약점을 이용해 적 주력을 격멸하기 위해서는 우리 병력과 화력의 집중이 필요했다. 적의 잔여 세력을 소탕과 집단전술기지 소멸은 다음 단계였다.

09 베트남군이 말하는 기동전이란 진지전에 대비가 되는 개념으로, 매복, 강습 등을 의미한다. (역자 주)
10 원서는 Swift attack with swift victory로 표기했다. (역자 주)

속공속승은 우리에게 많은 이점을 제공했다. 우리 군대는 패기가 넘쳤고 피로를 신경 쓸 필요가 없었으며, 식량과 탄약 보급은 단기 전역에서는 문제가 될 것 같지 않았다.

그러나 속공속승은 큰 문제를 내포하고 있었다. 사상적, 전술적 준비에도 불구하고 우리 군대는 집단전술기지 공격에 대한 실질적인 경험이 부족했다. 따라서 우리는 준비를 진행하면서 지속적으로 적 상황을 연구하고 반복적으로 계획을 검토했다. 우리는 적이 병력을 증원하고 방어체계를 보다 강하게 조직했음을 발견했다.

우선, 단순한 전초였던 독립고지의 경우 이제 유럽-아프리카 대대로 보강된 방어거점으로 탈바꿈해 있었다. 위치 상 뚜언자오-디엔비엔푸를 잇는 유일한 대로를 차단할 수 있는 힘람 고지는 계곡에서 가장 강력한 방어중심으로 변모했다. 홍꿈은 예비 활주로와 포진지를 갖춘 집단전술기지로 발전되었다. 이 진지는 중앙 구역에서 인근의 다른 구역으로 포병 화력을 지원할 수 있었다. 적은 므엉타잉 비행장 서쪽에 추가적인 거점들을 건설했다. 동쪽 고지군은 아직 적 방어 체계 가운데 적에게 가장 취약한 진지로 남아있었다. 우리는 이 집단전술기지가 강화되고 있으며, 속공속승이 성공을 장담할 수 없다고 결론을 내렸다. 결국 우리는 전역의 지도 원칙을 연공연진[11]으로 못박았다.

일련의 원칙에 따라, 우리는 디엔비엔푸 전역을 신속한 종결을 목표로 하는 대규모 포위전투가 아닌, 장기간 전투를 지속하는 일련의 포위 전투로 재정의했다. 우리는 병력면에서 우위를 유지했으며, 이를 기지가 함락될 때까지 구역 단위로 적을 격멸하기 위한 필수 조건으로 인식했다. 연공연진에 입각한 전역은 새로운 난관과 장애 요소에 직면했다. 우리가 전역을 오래 끌수록 적은 방어를 강화하고 더 많은 증원부대를 파견할 것이 분명했다. 우리의 입장에서는 병력을 소진하고, 보급유지상의 심각한 난관에 직면할 수도 있었다.

그러나 연공연진의 접근법은 승리를 보장했다. 연구 결과, 적아간 군사력 균형

11 원서는 Steady attack, steady advance 로 표기했다. (역자 주)

을 감안하면 아군이 병력과 화력의 우위를 집중한다면 승리할 수 있다는 결론이 나왔다. 이와 같은 전술은 포위전이나 수 개 중대, 혹은 1개 대대 미만의 적이 방어중인 거점을 파괴한 경험뿐인 아군의 전술 능력에도 적합했다. 이제 몇 겹의 중첩된 방어체계를 갖춘 거점을 동시에 격파하기 위한 도약이 필요했다. 우리는 적 전체를 소멸시키는 절차를 밟기 전에 일련의 소규모 포위전투를 통해 우리 능력을 향상시킬 수 있었다. 이는 우리의 대표적인 전투방식이었다. 적의 소규모 초소나 대대를 격파할 수 있는 우리 군이라면 요새화된 집단전술기지 전체도 차례차례 소탕할 수 있을 것이다.

우리는 꾸준한 전진을 통해 언제든, 그리고 우리가 선택하는 어떤 전선에서든 주도권을 유지할 수 있었다. 스스로 충분히 준비되고 승리를 확신할 때 공격하고, 그렇지 않다면 공격을 연기하며, 오직 필요한 진지에서만 방어하고, 그렇지 않은 상황에서는 전략적 목적에 따라 철수할 것이다. 전투 이후에는 가능한 신속히 다른 전투를 개시하고, 그렇지 않은 경우에는 다음 돌격을 위해 우리 군대를 재편성하고 보다 나은 준비를 위해 휴식을 취한다.

중요한 점은 우리가 적의 가장 큰 취약점인 보급과 수송의 문제를 악화시킬 수 있다는 것이다. 전역이 장기화될수록 적의 병력과 무기, 탄약의 손실이 늘어나고, 병력을 증원할 필요성도 커질 수밖에 없다. 따라서 우리가 적의 유일한 병참선인 비행장을 통제하고 포위망을 압축할 수 있다면 적은 고립무원의 처지에 놓이게 될 것이다.

전국에 걸친 전선에 대해 연구한 결과, 디엔비엔푸 전역이 장기화되면 우리는 다른 전선에서 더 많은 적 부대를 격멸할 수 있는 환경이 조성되리라는 결론에 도달했다. 이는 우리가 보다 많은 영토를 해방시키고, 행동에 있어 주 전선과 보다 개선된 협조를 할 수 있음을 의미했다.

모든 이유들로 인해 우리는 이 전역에 대한 올바른 원칙이 '연공연진'임을 절대적으로 확신하게 되었다. 이 결정은 승리가 확실할 때만 공격하는 원칙을 철저히 고수하고, 승리를 위해 수천 가지 고난과 난관을 극복하는 데 전력을 다해야 한다는 크나큰 결단을 요구했다.

적이 증원될 가능성이 여전히 남아있었고 병력이 증원된다면 보다 많은 전투를 치러야 했다. 결국 확고한 전투만이 적을 격멸할 수 있으므로, 우리는 승리를 자신할 수 있는 수많은 어려운 전투와, 승리를 확신할 수 없는 보다 적고 쉬운 전투 사이에서 전자를 택했다.

적은 보다 많은 증원군을 보충받을 수 있지만, 그들이 원하는 규모에는 미치지 못할 가능성이 높았다. 특히 우리가 적의 병참선을 제한하고 전국에 걸쳐 활발한 작전을 전개한다면 더욱 그럴 것이다. 적은 병력이 증강된다면 더욱 강하게 우리와 맞서겠지만, 그들 역시 커다란 난관에 봉착하지 않을 수 없었다.

우리 군대도 손실과 피로에 대한 우려도 있었지만, 우리가 이 문제를 수습할 수단이 없다는 의미는 아니었다. 우리는 병사들의 건강에 보다 많은 주의를 기울여야 했다. 이를 위해서는 병사들을 보다 잘 먹이고, 잘 쉬게 하고, 전선의 위생수준을 향상시킬 필요가 있었다. 그리고 이 목표를 달성할 수 있도록 교통호를 파고, 튼튼한 대피호를 설치하고, 장병들이 전투를 마치고 다음 전투를 준비하는 동안 회복할 여건을 준비하는데 공을 들여야 했다. 통상적으로 장기전은 손실과 피로를 수반하기 마련이지만, 우리는 적보다 양호한 입장이었다. 우리는 적을 포위중이었고 진퇴를 스스로 결정할 수 있었다. 반면, 적들은 포위된 상태로 계속 참호 속에서 지내야 했다. 그들은 정신력이 부족했고, 언제라도 공격을 받을 수 있다는 사실을 두려워했다. 그러므로 우리는 손실과 피로를 두려워하지 않고, 난관을 극복하여 완전한 승리를 확보하기 위해 할 수 있는 모든 것을 다하기로 결심했다.

전역이 장기간 지속되면 보급이 우리의 가장 큰 문제가 될 것이다. 비록 소규모 작전이었고 보급소가 부근에 있었다고는 하지만, 이번 작전 도중에도 우리 병사들이 며칠을 희멀건 쌀죽으로 연명하거나, 군수의 어려움으로 인해 작전 포기를 고려한 적도 있었다. 디엔비엔푸 전선은 아군의 후방기지에서 400km나 떨어진데다, 보급로의 많은 구간이 위험에 노출되었다. 적의 공습이나 악천후를 만나면, 전선으로 향하는 보급과 증원은 심각한 난관에 직면했을 것이다. 그러나 우리는 이런 난관 앞에서 주저하지 않고 승리를 보장하기 위해 또다른 전술을 채택하기로 결심했다. 한편, 승리를 얻기 위해 우리는 모든 장병들의 인내력을 길러야 했다. 이를 위해서는 수송, 보급부대와 전시근로자들이 전선 지원 개념을 완전히 이해해야만 했다. 우리는 당중앙위원회와 정부의 결정과 후방지역 인민들의 희생과 노력을 통해 디엔비엔푸 전선에 대한 보급과 증원이 적절하게 이뤄질 것으로 확신했다.

우리의 또다른 우려는 전역이 장기화될 경우 닥쳐올 우기였다. 폭우는 우리 전초에 심대한 피해를 주고, 도로를 파괴하며, 병사와 전시근로자들을 질병에 노출시킬 수 있었다. 그러나 적들도 계곡에 위치한 거점이 무너질 수 있으며, 아군의 화력범위를 벗어나기 위해 보다 높은 곳으로 이동할 수도 없게 된다. 우기와 같은 기후조건은 우리에게 큰 시련이지만 적에게는 더 큰 문제였다.

디엔비엔푸 전역은 '연공연진'이라는 우리의 원칙이 옳았음을 입증했다. 이 지도 원칙이 전역을 완전한 승리로 이끈 것이다.

우리는 이 원칙에 따라 전술을 계획했다. 전역은 다음 두 구절로 개념화되었다.

가) 포위전투를 수행할 때, 우리는 적 저항의 외곽을 무너뜨리고, 포위망을 압축해 들어가며, 적 점령 지역을 축소시키고, 적의 보급로를 제한, 차단한다.

나) 상황이 우리에게 유리해지면, 총공격으로 전환해 모든 적군을 소멸한다.

전반적인 군사 상황은 우리가 원하는 대로 발전되었다. 하지만 여전히 복잡하고 머리 아픈 문제들이 한두 가지가 아니었다.

2

프랑스 공정부대가 우리 기지에 대한 소탕작전을 시작하기 위해 디엔비엔푸에 도착한지 4개월이 흘렀다.

적은 전투력을 향상시키기 위해 최선을 다했다. 보다 많은 개인호와 교통호를 파고, 보다 많은 거점을 구축해 방어 체계를 강화했다. 1953년 12월 초, 나바르가 디엔비엔푸를 강력한 집단전술기지로 탈바꿈하기로 결정한 후, 적은 4단계로 된 방어 계획을 수립했다.

1단계 : 옌바이와 타잉화에서 북서지방으로 향하는 주보급로에 대한 공군 폭격과 기총소사로 우리의 전진 속도를 감소시킨다.

2단계 : 폭격을 통해 라이처우에 있는 우리 군대를 축출한다.

3단계 : 우리에게 심대한 손실을 입혀 디엔비엔푸에 대한 공격을 차단한다.

4단계 : 일련의 승리들을 과대 포장하고, 점령지역을 확장한다.

1953년 11월 말, 적은 우리의 보급 저장소를 파괴하고 정규군을 유인하기 위해 타이응웬-처추(Chợ Chu)[12]에 대한 공격을 시도했었다. 그러나 우리는 상대 공격의 장단점을 분석한 후, 적이 이 작전을 끝까지 수행할 수 없음을 깨달았다. 적은 충분한 부대를 보유하지 못한데다, 지난해 푸토-도안훙(Đoan Hùng)[13]을 목표로 수행했던 작전처럼 난관에 빠지는 상황을 두려워했기 때문이다. 결국 적은 병참선을 타격하고 우리의 공세 계획을 무산시키기 위해 아군 병참선에 대한 폭격과 기총소사를 증가시켰다.

3

적이 우리를 상대로 아군의 공격에 대처할 모든 방법을 동원했던 바로 그 시기에 우리도 준비를 끝냈다. 우리는 디엔비엔푸 집단전술기지에 대규모 공세를 개시하는 과정에서 우리 당중앙위원회의 목표를 실현시킬 준비가 되어 있었다.

당중앙위원회 지침을 이행함에 있어, 정부와 호치민 주석, 우리 군과 인민들은 병력을 모으고 동춘 전역에서 승리하기 위해 최선을 다했다.

12 타이응웬에서 북쪽으로 40km가량 떨어진 소도시 (역자 주)

13 푸토 북쪽 30km 지점에 위치한 소도시 (역자 주)

디엔비엔푸 방면 수송을 위한 도로공사에 투입된 베트남 인민군 공병

디엔비엔푸에서 대규모 전역을 수행하기 위한 우리의 군수 준비는 기념비적인 수준이었다. 적이 디엔비엔푸를 점령하기 시작했을 때, 이 멀리 떨어진 집단전술기지는 밀림 사이로 나 있는, 거의 100km에 달하는 디엔비엔푸-뚜언자오[14]간 소로를 통해 41번 국도로 연결되었다. 이 도로는 거의 사용되지 않았고, 일련의 경사가 심한 산과 계곡, 그리고 수백 곳의 하천이 도로를 가로질렀다.

우리 정규군, 특히 포병이 계곡을 건너 이동하기 위해 가장 먼저 긴급하게 수행해야 할 과제는 뚜언자오-디엔비엔푸 간 소로를 포병의 이동에 적합한 수준으로 확장하는 것이었다. 우리 군은 수많은 어려움 속에서도 이 도로를 넓히고 10개의 교량을 신속히 건설했다. 우리 공병 부대는 적의 점증하는 방해 활동과 폭우에도

14 디엔비엔푸 동쪽으로 80km가량 떨어진 소도시(역자 주)

불구하고 전역이 종료될 때까지 이 도로를 보수하여 양호하게 유지했다.

도로가 건설된 후, 우리 군대는 박격포를 진지로 끌어오는 데 성공했다. 적이 취약점을 노출해 우리가 유리해졌을 때를 대비해 야포도 트럭으로 견인해 계곡 주변 지역으로 이동시켰다. 병사들은 7일 밤낮에 걸쳐 포를 끌고 전선으로 향했다.

적 항공기와 포병의 격렬한 공격을 받으며 105mm 야포와 37mm 대공포를 끌고 산악과 밀림지역 15km를 통과하는 것은 대단한 도전이었다. 우리가 중화기를 그런 식으로 이동시킨 것은 그때가 처음이었으므로 이동은 더욱 어려웠다. 그러나 굳은 결의와 양호하게 준비된 계획을 통해 수천 명의 포병과 보병 전사들이 모든 어려움을 극복하고 야포를 은밀하게 전장으로 이동시켰다.

그리고 우리 장병들은 전역을 보다 확실히 승리로 이끌기 위해 포진지에서 모든 중포를 끌어내라는 명령도 수행했다. 우리 간부와 병사들은 그들의 용기와 군기를 과시하며 20일 이상 밤낮을 가리지 않고 이 어려운 임무를 완수했다.

우리는 포병을 보다 기동화하기 위해, 즉 트럭으로 대포를 이동시키기 위해 5개의 통로를 정리했다. 어떤 흔적도 남기지 않도록 산비탈을 따라가는 이 통로들은 여러 지역을 경유하며 디엔비엔푸 주변의 고개들을 가로지르는 형태로 개통되었다. 통로는 적 포병의 사정거리 안에 있었지만 탁월한 위장 덕분에 작전기간 내내 적에게 발각되지 않고 양호한 상태를 유지했다.

모든 준비 작업이 끝났을 때, 우리 야포들은 새로 건설된 도로들을 따라 이동했고, 트럭이 운행할 수 없는 구간이나 운행하기에 위험한 구간에서는 인력으로 진지까지 끌고 갔다. 이렇게 도로를 건설하고 대포를 견인하는 과업은 고된 일이었고, 우리 포병과 보병들의 영웅적 투쟁이었으며, 혁명군의 감투정신과 노력을 반영한 결과였다. 우리 장교들과 병사들은 이 성과를 통해 위대한 용기와 결의를 보여주었다. 그들은 적 포병이나 항공기에 기세가 꺾이지 않았고, 맡은 일을 주저하지도 않았다. 또 노동 효율을 향상시키고 가능한 조기에 임무를 완수하기 위해 신속하게 작업을 완료했다. 어렵고도 위험한 여건 하에서 계곡으로 굴러 떨어지는 대포를 구하기 위해 생명을 희생한 병사들도 있었다.

인력으로 포를 고지까지 끌어올리는 인민군 병사들 (BẢO TÀNG LỊCH SỬ QUỐC GIA)

절대로 포를 적 집단전술기지 근처까지 옮길 수 없다는 프랑스인들의 예상과 달리, 우리는 수백 톤에 달하는 대포와 탄약을 가파른 경사와 깊은 계곡을 극복하며 전장으로 옮겼다.

우리는 매우 견고한 포병진지를 구축했다. 대포의 안전과 장기간 화력 유지를 위해, 적의 105mm, 155mm 야포 공격에도 견딜 수 있는 유개(有蓋) 포상[15]을 구축했다. 이런 진지들은 산 중턱을 깊이 파고들어 구축되었고, 기술적으로 위장되어 정찰기로는 거의 탐지가 불가능했으며, 폭격이나 포격에도 끄떡없었다. 그리고 적의 관심을 유도해 화력을 분산시키고 탄약의 낭비를 유도하기 위해 진짜 진지들 외에 허위 진지도 구축했다.

적은 우리 포병을 과소평가했다. 그들은 우리 포병 세력이 미약하며, 자신들의 방어 진지 인근에 배치될 수 없을 것이라 믿었다. 그리고 우리가 집단전술기지를

15 지붕이 있는 포진지(역자 주)

엄폐호에 배치된 베트남 인민군의 105mm 곡사포 (BTLSQG)

위협할 수 있는 곳까지 대포를 끌고 오더라도 종국에는 완전히 탐지될 것이며, 그 즉시 항공기와 포병으로 격파할 수 있다고 확신했다. 하지만 전역 기간 내내, 우리 포병은 소규모 포대 하나도 격파되지 않고 매우 효과적으로 임무를 수행했다. 이는 적이 파멸로 내몰린 주 원인이었다.

우리는 보병들의 공격출발진지와 함께 지휘소를 견고하게 구축했다. 이후 우리는 상대적으로 우월한 장비를 갖춘 적을 대상으로 평탄한 지형에서 접근해 싸우는 우리 병사들을 돕기 위해 광범위한 공세와 포위망을 고안해 냈다.

강력한 적을 상대로 한 장기 작전이었으므로, 우리는 각 지휘소의 안전 보장이 매우 중요하다고 판단했다. 병사들은 사단 사령부를 위해서 매우 견고한 초소들을 구축했다. 초소들은 산 경사면에 깊숙이 파고 들어가서 적의 폭격이나 포격에도 견딜 수 있도록 구축되었다.

작전 제1단계에서 우리 군의 임무는 일련의 외곽초소 소멸이었다. 이 외곽초소들은 보조진지와 축성시설의 조밀한 연결망, 산비탈에 대한 직사, 교차사격망, 우리 군이 공격해 들어가는 모든 교차지점의 돌출사격망에 의해 엄호되는 강력한 방어거점들을 포함하고 있었다. 이런 진지들은 중앙과 남부 구역의 화망에 의해 방호되었다. 적기들은 말할 것도 없었다. 우리 장병들은 1단계의 성공을 보장하기 위해 교통호와 공격출발진지[16] 구축에 정성을 들였다. 그들은 적 방어선에 다가가기 위해 거의 100km에 달하는 교통호 체계[17]를 구축했다. 우리의 정성어린 준비는 적 화력 효과를 반감시키고 승리를 확보하는 데 도움을 주었다.

식량, 탄약, 의약품 소요는 실로 어마어마했다. 정부와 호치민 주석, 그리고 모든 인민들은 당중앙위원회가 제창한 '전선제일, 승리제일' 호소에 대응하기 위해 할 수 있는 모든 일을 다 했다. 해방구와 적 후방에 있는 신해방구 주민들은 열성적으로 전선을 위해 봉사했다.

우리는 북서지방으로 이어지는 수백 km에 달하는 긴 보급로를 구축했는데, 공병대의 청년돌격대 요원들은 매일 폭격을 받는 위험한 구간에서도 용감하게 도로를 보수하고 건설하며, 시한폭탄을 제거했다. 적이 도로를 파괴하더라도 우리는 즉각 보수했다. 우리 병사들은 도로를 성공적으로 개통해 그들의 결의를 과시했다. 수송은 극도로 위험한 구간에서도 약간의 방해를 받았을 뿐, 대체로 유지되었다. 수십만 명의 전시근로자들은 위험에도 움츠러들지 않고 전선을 위해 기꺼이 봉사했다.

전선 보급을 위한 정부위원회와 병참본부는 식량과 탄약을 전선으로 운반하기 위해 가능한 모든 수단을 동원했다. 트럭 호송대는 그들이 할 수 있는 최대한의 보급품을 실어 날랐다. 운전수들은 여러 밤을 새워가며 과업을 수행했고, 주간에도 안개가 낀 날에도 이동을 멈추지 않았다. 수만 명의 인민들이 보급품을 전선으로 수송하기 위해 짐자전거와 외발수레를 밀고, 당나귀와 말을 몰기 위해 동원

16 사회주의 세계의 교리에서는 공격개시선이 아닌 공격출발진지를 구축하여 초기 적의 관측이나 포병에 의한 피해를 감소시킨다. (역자 주)

17 통상 교통호는 적의 공격방향에 대해 직각 방향으로 구축해야 하지만, 당시 베트남군은 공격출발진지에서 목표방향으로 지그재그식 공격형 교통호를 구축했다. (역자 주)

되었다.[18]

멀리 떨어진 후방지역의 인민들도 매우 긴 기간에 걸쳐 전선에 있는 군대를 위해 보급품을 공급하며 대단한 공적을 쌓았다. 이런 준비 작업을 하는 동안 우리는 전국에 걸쳐 적의 동향을 감시했다. 디엔비엔푸의 적은 방어 진지를 대폭적으로 보강했다. 우리는 적의 강약점에 대해, 특히 우리의 제1단계 목표지역인 힘람과 북부 구역에 대해 깊이 연구할 필요가 있었다.

우리 군대는 적 항공기와 포병의 폭격과 포격, 그리고 감시 속에서 실로 어마어마한 작업을 해냈다. 대규모 건물부지가 디엔비엔푸 주변에 조성되었다. 우리 군대는 불필요한 피해를 피하기 위해 개활지에서 야간에 작업하고, 안개가 낀 날은 주간에도 작업했다. 그리고 수십 km에 걸쳐 위장을 실시했다. 1954년 2월, 우리 준비 작업이 절정에 달했을 때, 적은 폭격기를 다른 전선으로 파견했다. 적기는 팟헷 라오스 해방군과 베트남 의용군이 성공적인 공격을 전개중인 남오우강 유역과 루앙프라방으로 이동했다. 당시 적은 우리가 디엔비엔푸에 대한 공격 계획을 포기했다고 판단하고 있었다.

디엔비엔푸의 적 기동부대들은 포병과 전차의 지원을 받으며 빈번히 계곡 주변을 정찰했는데, 이런 시도들은 대부분 준비 작업을 보호하고 보안을 유지할 능력을 갖춘 아군 부대들에 의해 축출되었다. 보다 강력한 적을 상대하는 전투도 있었지만, 장병들은 영웅적으로 소임을 다했다.[19] 적 방어선 기준 3km 이내로 이동한 우리 산악 포병은 므엉타잉 비행장을 위협하여 적의 병참선에 장해를 일으켰다.

우리 군은 디엔비엔푸 동쪽의 따렝(Tà Lèng)에서도 영웅적인 행동을 보여주었다. 1월 31일, 어느 부대가 적 2개 중대를 격퇴했는데, 1개 소대는 소멸시키고, 잔여 병력에게 철수를 강요했다.

---

18 약 33,500명의 인민들이 전역 군수부에서 봉사했다. 인민들은 전선에 27,400톤의 쌀을 기부했다. 새롭게 해방된 지역의 주민들도 7,300톤의 쌀을 제공했다.

19 1954년 1월 31일, 75고지(디엔비엔푸 북쪽 고지)에서 제312여단 542연대 소속의 1개 소대는 전차의 지원을 받는 적 2개 대대의 7회에 달하는 돌격을 물리쳐서, 진지를 완강하게 방호했다. 1954년 2월 15일, 제542대대의 다른 소대는 12회의 공격을 격퇴했다.

베트남의 전통 강상선인 삼판은 보급의 중추적 역할을 맡았다. (BẢO TÀNG LỊCH SỬ QUỐC GIA)

2월 12일, 계곡 북동쪽에 있는 674고지에서 제312여단 141연대의 정찰대원 5명은 4회에 걸친 적의 공격을 막아냈다. 3일 후, 이 진지에서 제141연대 1개 소대가 적 3개 대대를 격퇴시켰다.

계곡 동쪽에 있는 781, 754고지에서, 제316여단 439대대의 1개 소대가 2월 5일부터 3월 5일까지 전투를 벌여 전차와 박격포의 지원을 받는 적 3개 대대를 격퇴했다. 단지 24명에 불과한 용감한 병사들이 거의 적 2개 대대를 사살하고 전차 3대에게 피해를 입혔다.

일련의 준비 작업을 하는 동안 우리 병사들은 양호한 건강상태를 유지해야 했다. 간부들은 휘하의 부대원에 대한 복지를 증진하고, 좋은 음식을 확보하며, 적절히 휴식할 수 있도록 최선을 다했다. 군 의료진은 항상 큰 동굴에서 예방의료에 힘썼다. 그리고 시간을 아껴 장병들에게 전술훈련, 특히 진지 구축, 보병과 포병

의 협동 작전, 그리고 적 집단전술기지 공격 요령 등을 교육시키는 데 활용했다.[20]

당중앙위원회가 디엔비엔푸의 모든 적을 소탕하기로 결정한 이래, 군대 내부의 정치사업이 강화되었다. 이 사업은 당 세포들을 핵으로 삼아 장교들과 병사들에게 철저한 정치교육과 사상이해를 실시하여 그들에게 디엔비엔푸의 위대한 의미를 굳건히 하는 데 도움을 주었다. 이제 디엔비엔푸 전역의 성공은 영웅적인 투쟁, 희생, 고난극복을 통해서만 성취될 수 있음을 모두가 깨달았다. 이 사업은 일련의 교육을 통해 장병들에게 싸워 이길 수 있도록 대단한 결의를 주입시켰다.

모든 장교와 관련자들이 처음부터 '연공연진'에 동의한 것은 아니었다. 정치 간부들은 장병들에게 이 원칙을 이해시키고, 피로와 손실에 대한 두려움을 극복하며, 승리를 거둘 때까지 끊임없이 투쟁하는 결의를 느끼도록 최선을 다했다. 이후 장병들은 성공적인 전역을 수행하는 데 있어 준비의 중요성을 생각하게 되었고, 이는 어려운 준비과정을 거치는 데 도움이 되었다. 정치 간부들은 장교들과 병사들의 분발을 끌어낼 구체적 조건과 이념 교육을 협조시키는 방법을 잘 알고 있었고, 그들에게 앞장서서 보여주었다.

교육의 일환으로 많은 표어들이 채택되었다. 표어 중 대표적인 것들은 다음과 같았다.

"포병 위한 도로 건설, 승리를 위한 도로 건설!"

"견고 튼튼 진지 건설, 승리를 위한 필수 사업!"

"진지 두께 1cm는 승리 두께 10m!"

1954년 3월 중순, 준비 작업이 완료되었다. 우리 군대는 디엔비엔푸에 대한 대공세를 1954년 3월 13일에 개시하라는 명령을 수령했다.

이미 언급했듯이, 전역은 외곽초소 소멸, 포위망 압축, 그리고 적 병참선 차단

20 비록 준비 작업량이 과중했고 시간은 제한되었지만 상이한 부대들 간의, 특히 보병과 포병의 작전 협조에 대한 지휘 능력을 향상시키기 위해 노력했다. 이 행동을 통해 우리는 작전을 승리로 이끌 수 있도록 모든 부대와 무기의 통합 전투력을 창출하여 우리 군의 전투 능력을 크게 향상시켰다.

의 단계로 계획되어 있었다. 이후에는 제2단계로 전 기지를 함락하기 위한 총공격이 감행될 예정이었다. 다만 실행단계의 전역은 3단계로 진행되었다.

제1단계에서는 아군이 북쪽, 북동쪽에 있던 외곽 초소, 즉 힘람과 전 북쪽 구역을 통제했다.

가장 길고 가장 참혹했던 제2단계에서는 중앙구역의 핵심 방어체계를 소멸시키기 위해 노력했는데, 동쪽 고지군과 비행장을 점령하고, 포위망을 서서히 압축하며, 적 방어구역과 공역(空域)을 줄여나가고, 보급로를 차단했다.

마지막 단계는 우리가 모든 가능한 유리한 여건을 조성했으므로 신속히 종결되었다. 아군은 동쪽에 있던 마지막 진지를 점령하고 전 기지를 소멸시키기 위한 총공격을 감행했다.

4

1단계의 목표인 힘람 거점은 적의 가장 강력한 방어 거점이었다. 힘람 거점은 중앙구역에 속했으며, 므엉타잉 비행장에서 2.5km 떨어져 있었다. 거점의 임무는 중앙구역을 방호해 뚜언자오-디엔비엔푸 간 도로를 통제하며, 계곡 자락에서 우리의 공격을 격퇴하는 것이었다. 힘람은 가장 잘 훈련된 부대 가운데 하나로 알려진 제13외인준여단 소속 증강된 1개 외인대대가 방어하고 있었다. 이 거점은 상호 지원이 가능한 3개의 요새로 구성되어 있었는데, 강력한 방어진지가 구축되고 효과적인 화망과 종심 200m가량의 지뢰, 철조망지대가 설치되었다.

함람 거점은 북동쪽 방향의 최외곽 초소로, 집단전술기지의 북부구역과 가까웠다. 이 구역에는 독립고지와 반께오도 포함되어 있었다. 이 세 거점은 계곡의 북동쪽에서 북서쪽으로 뻗어 있는 외곽 구역에 구축되었다. 독립고지는 증강된 북부아프리카 대대가 지키고 있었고, 강력한 방어진지와 감제사격 체계 등, 견고한 부가 방어 체계를 갖췄다. 이 진지는 우리의 북쪽 공격을 차단하는 임무를 담당했다. 반께오 저항거점은 주 비행장 북서쪽 고지에 위치해 있었고, 타이(Thai)

괴뢰군[21] 1개 대대가 방어를 담당했다. 이 세 거점은 꼼꼼하고도 은밀한 방어계획에 따라 므엉타잉과 홍꿈에 방열된 105mm, 155mm 야포의 엄호를 받았다.[22]

아군은 제1단계에서 이 3개 저항거점을 소멸시키고, 포위망을 압축해서 중앙 구역을 공격할 준비를 하도록 계획되어 있었다. 이번이 저항거점에 대한 최초의 포위 전투였다. 우리는 승리가 확실할 때만 타격한다는 기본 원칙을 준수하려면 전역 초기부터 보다 신중하게 살펴봐야 했다. 이것이야말로 아군이 오랫동안 정성들여 전역을 준비해 온 이유였다. 포위전에 앞서 모든 준비작업이 완료되어야 했다. 이 전역에서 강력한 집단전술기지를 상대하려면 우리는 보다 철저히 준비할 필요가 있었다. 열심히 노력하지 하지 않으면, 우리는 승리를 거둘 수 없었다.

우리는 병력의 수효와 부대의 화력 측면에서 적에 비해 의심할 나위 없이 우세했다. 우리 보병은 적보다 3배 이상 많았고, 우리 박격포와 경포 역시 몇 배 더 많았다. 우리 중포의 임무는 보병을 직접적으로 방호하고, 적 중화기에 피해를 입히거나 파괴하는 것이었다.[23]

공격준비를 진행하는 동안, 우리는 호 아저씨의 서한을 접수했다.

"여러분은 공격을 준비하고 있습니다. 이번에 우리 임무는 매우 어렵지만 매우 영광스러운 임무입니다.

21 타이족은 당시 프랑스군에 가장 많이 징집된 소수민족이었다. (역자 주)

22 므엉타잉의 중앙에서 힘람, 독립고지까지는 평탄해서 차량 운용에 유리한 지형이었다. 적은 외곽 방어 체계를 유지하면서 전차, 박격포, 항공기로 예비대를 지원하는 계획을 고안했다. 적은 이 계획 하에 아군을 원거리에서 방어하여, 북쪽과 북동쪽에서 정지시킬 수 있을 것이라고 생각했다. 결과적으로 우리 포병은 기지의 주 방어선을 위협하지 못했고, 역으로 적은 방어선을 굳게 유지한 상태에서 포병과 항공기로 우리 공격부대를 분쇄했다.

23 제1단계의 작전계획은 다음과 같았다.

- 제141연대는 주공으로, 제209연대는 예비로(두 연대 모두 제312여단) 전역을 개시하기 위해 힘람 저항진지를 공격하여 점령한다.
- 제165연대(제312여단)는 제88연대(제308여단)의 지원을 받으며 독립 저항 거점을 공격한다.
- 제36연대(제308여단)는 반께오 거점을 소멸한다.
- 제57연대(제304여단)는 홍꿈의 적 포병을 제거한다.
- 제316여단은 적을 동쪽 고지군으로 유인하기 위해 양공작전을 실시한다.
- 제351포병여단은 적 포병을 공격하여 보병을 간접 지원하며, 적 비행장, 사령부, 군수기지를 포격한다.

여러분은 사상교육 과정과 군사교육 과정을 이수했고, 사상, 전술, 기술 분야에서 많은 성과를 이룩했습니다. 많은 부대들이 전장에서 승리를 거두었습니다. 나는 여러분이 최근의 승리를 확대할 것이며, 여러분의 영광스러운 과업을 완수하기 위해 모든 난관과 어려움을 극복할 결의에 차 있음을 확신합니다.

나는 여러분의 성공 보고를 받고, 최고의 부대와 개인을 표상하기를 기대하고 있습니다.

여러분의 건투를 기원합니다.

경구"[24]

1954년 3월 13일 17:00시, 우리는 힘람 저항거점에 포격을 개시했다.

우리 포병은 16:00에 행동을 개시하기로 계획되어 있었다. 그러나 정오경, 적이 우리 공격출발진지를 발견하고 일부 부대를 보내 공격하려 한다는 사실을 파악했다. 우리 중포병 가운데 1개 부대는 힘람을 포격해 적을 격퇴시키고 우리 진지를 방호하라는 명령을 받았다. 이런 행동은 므엉타잉 비행장을 공격하면서 정확성을 시험하기 위해 실시되었다. 포격은 힘람 지휘소를 포함한 일부 방어진지와 몇 대의 항공기를 파괴했다. 힘람 지휘소의 소령 1명과 중앙 방어구역의 대령 1명이 최초 사격이 이후 수 분 만에 사망했다.

우리 보병과 포병은 긴밀하게 협동했다. 최초 진지는 1시간 후, 두 번째 진지는 두 시간 후 완전히 궤멸되었다. 북서쪽 방향에서 실시된 3번째 진지에 대한 공격은 힘겨웠다. 적 포병은 처음에는 잠시 무력화되었지만, 시간이 지날수록 점점 더 격렬하게 포격을 가했다. 그러나 22:30분, 우리는 힘람 저항거점을 완전히 궤멸시켜 적군 300여 명을 사살하고 200여 명을 생포했다. 힘람의 승리는 디엔비엔푸의 서전을 승리로 장식했고, 작전 전반에 지대한 영향을 미치게 되었다.

힘람이 함락되자 적 집단전술기지의 중앙구역이 위협을 받게 되었다. 프랑스군 원정군 북부 사령관인 꼬니 장군은 디엔비엔푸를 증원하기 위해 서둘러 제5공

24 국방부 문서보관소, 106 자료, 3장, 군당위원회 절

정대대를 파견했다. 그리고 까스뜨리에게 전화를 걸어 힘람을 탈환하기 위한 역습을 실시하도록 명령했다. 그러나 1954년 3월 15일 실시될 예정이었던 역습계획은 실현되지 못했다. 1954년 3월 15일 이른 오전에 독립 방어거점에 대한 공격이 시작되었기 때문이다.[25]

3월 14일 17:00시, 아군 포병은 므엉타잉에 있는 적 지휘소, 포병 진지, 비행장에 포격을 가했고, 독립고지의 진지를 파괴했다. 이 포격은 치명적이었다. 적에게 탈취한 문서에 따르면, 적은 힘람과 독립고지를 엄호하고 아군 포병을 파괴하기 위해 3일간(3월 13일부터 15일까지) 무려 30,000발의 포탄을 쏟아부었다. 1954년 3월 14일, 하노이에서 날아온 적기들이 하루 종일 우리 진지를 향해폭격과 기총소사를 쏟아냈다.

폭우로 인해 우리 대포들을 진지로 끌고가는 작업이 지연되었으므로, 독립고지에 대한 우리의 공격은 1954년 3월 15일 03:30분에 개시되었다. 06:30분, 우리는 적 거점을 소멸하고 유럽-아프리카 대대를 패퇴시켰다. 우리는 지휘관을 포함해 거의 300명을 생포하고 그들의 무기를 노획했다.

북서쪽의 제3거점인 반께오는 고립되고, 우리 군대에 의해 심각한 위협을 받게 되었다. 우리가 이 진지를 소멸시킬 준비를 하는 동안, 적은 점점 더 혼란에 빠졌다. 3월 17일 15:00시, 아군 포병은 반께오에 20발의 포탄을 발사했다. 타이족 괴뢰군들은 프랑스 지휘관들이 사전에 제지했음에도 프랑스군이 아직 참호에 숨어있을 때 이미 무기를 든 채 투항했다. 그들을 추격하던 적 전차도 아군 포병에게 저지당했으므로 적은 결국 후퇴를 택했다.

이와 같이 작전의 최초단계에 시행된 두 전투는 승리로 끝났다. 힘람 진지와 전 북부구역이 완전히 우리의 통제 하에 들어왔다. 이제 북동쪽, 북쪽, 북서쪽의 적 방어선이 붕괴되어 측면이 완전히 노출된 중앙구역은 심각한 상황에 노출되었다.

25 독립고지는 길이 700m, 폭 150m 가량으로, 므엉타잉 계곡과 4km 떨어져 있었다. 고지는 제7알제리연대 5대대와 괴뢰군 1개 중대가 방어중이었고, 120mm 박격포를 보유했다. 고지는 북쪽에서 실시될 베트남군의 돌격을 막기 위해 므엉타잉, 홍꿈의 포병지원을 받았다. 힘람 함락 이후 고지의 부대들은 긴장상태를 유지하며 방어력을 강화했다.

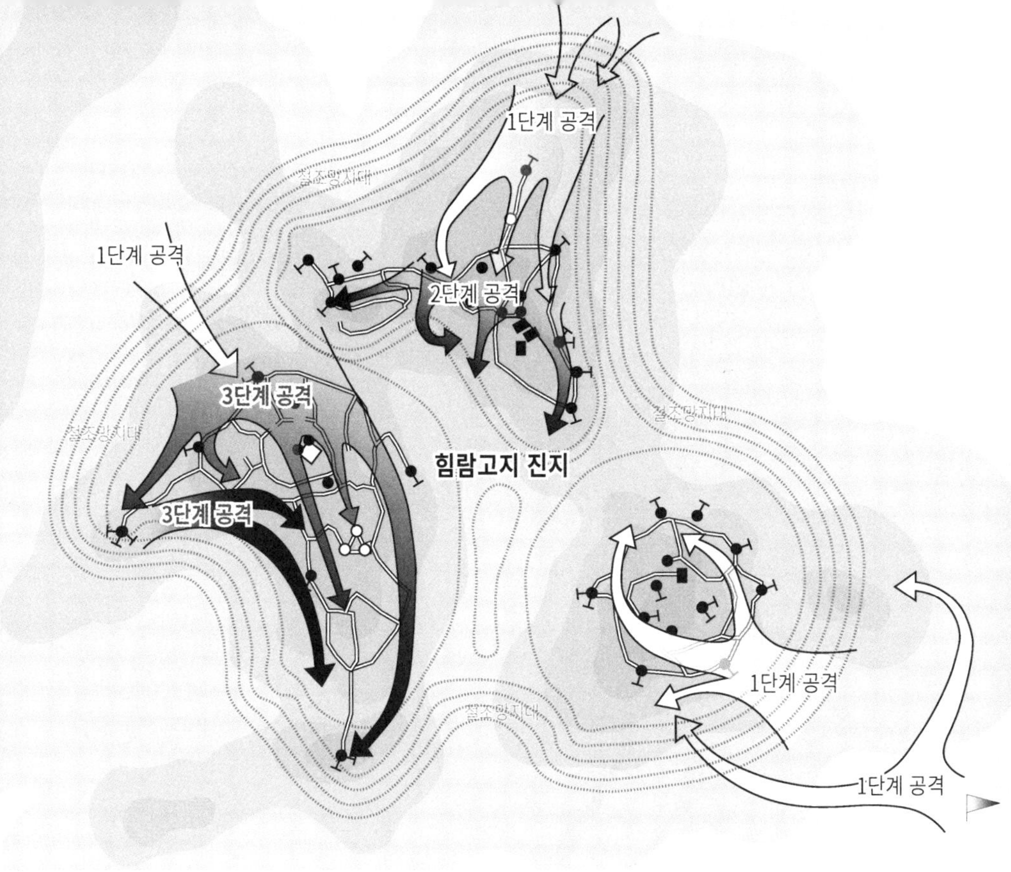

힘람고지 공격

우리는 첫 진지전이었던 이 포위 전투에서 매우 강력하게 요새화된 전술기지를 격파했다. 아군은 중포와 대공포의 협동 전투를 통해 진일보하게 되었다. 이와 같은 매우 의미심장한 일련의 승리는 작전 전반의 승리를 포함해 보다 큰 승리의 토대가 되었다.

공격진지는 두 전투에서 높은 효과를 입증했다. 우리 대공포, 대포병 부대의 방어는 매우 잘 조직되어서 적 항공기와 포병 상당수가 무력화되었다. 또한 우리 포병은 매우 정확했다. 아군 보병과 협동하여 적에게 심대한 손실을 입힌 포병은 적의 많은 포진지를 파괴했고, 중앙 비행장을 위협했으며, 활주로에 주기된 많은 항공기를 격파했다. 우리 방공부대들도 활약을 개시해, 많은 적기를 격추시켰다.

적은 심대한 손실을 입었다. 2개 정예대대가 전투력을 상실했고, 1개 대대가

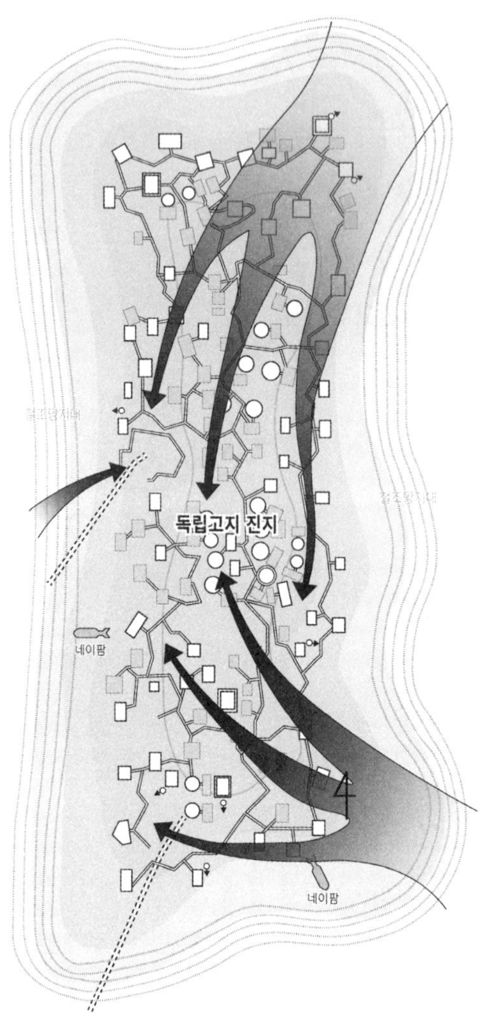

독립고지 공격

해체되었으며, 전 북부구역과 북동쪽의 외곽초소들을 상실했다.[26] 적의 가장 큰 우려는 상대적으로 강한 그들의 포병이 제 역할을 하지 못했다는 점이었다. 게다가 그들은 우리 포병을 무력화시키기 위해 대포를 사용할 수 없었고, 보급품과 증원군의 수송에 결정적인 역할을 담당하는 중앙비행장마저 우리 포병 사거리 안에 들어왔다.

적의 가장 큰 실수는 우리의 능력이 1개 대대가 방어하는 고립된 초소들이나 소멸시킬 수준에 불과하다고 과소평가한 데 있었다. 적은 우리가 중첩방어된 거점을 파괴할 능력이 없다고 여겼고, 아군의 포병을 별 것 아닌 존재로 치부했다. 비록 적이 재빨리 현실을 깨닫기는 했지만, 그들은 첫 전투부터 아군의 중포와 방공포에 의해 심각한 타격을 입었다. 작전의 1단계가 종료된지 며칠만에 적 포병사령관이 므엉타잉에서 자결했다.[27]

26 우리는 2,000명의 적을 사살하거나 생포했고, 12대의 적기를 격추했다.

27 찰스 삐로 대령의 자살에 대한 내용은 13장 '고뇌에 찬 결단'의 주석 참조

대공포 부대는 프랑스 공군을 상대로 크게 활약했다. (BẢO TÀNG LỊCH SỬ QUỐC GIA)

적은 인도차이나 전구의 전략에 있어 매우 심각한 실수를 저질렀다. 나바르는 우리가 감히 디엔비엔푸를 공격하지 못할 것이며, 공격 계획 역시 포기할 수밖에 없다는 가정 하에 1954년 3월 12일부터 중요한 기동군을 동원해 남부전장의 뀌년을 점령하는 전략적 공세를 개시했다. 물론, 이 결정은 나바르의 부대들을 더 심하게 분산되도록 만들었을 뿐이다. 이 시기적으로 부적절한 작전은 더 큰 난관을 만들었고, 나바르를 더욱 불리한 처지로 몰아갔다.

우리의 승리와 적의 큰 손실에도 불구하고, 적은 여전히 매우 강력했으며 상황에 대처하기 위해 최선을 다하고 있었다. 3월 14일과 16일, 적은 하노이에서 3개 공정대대를 디엔비엔푸로 증원했다. 적은 중포와 탄약을 공수했고, 아군 포병의 공격에 견딜 수 있는 방어선을 준비했다. 적은 비행장 방호를 재조정하거나 강화하고, 외곽 초소의 괴뢰군을 유럽-아프리카군으로 대체했다. 적은 여전히 중앙구역의 전투력, 포병, 항공기를 믿었고, 우리가 그들을 파괴하지 못할 것이라고 여겼다. 그들은 이전보다 열심히 우리 진지와 보급로를 항공기로 폭격하며, 아군이 심대한 손실을 입고 작전을 계속하기 어려워진 끝에 후퇴하기를 기도했다.

베트남군은 디엔비엔푸 전장과 협력하여 홍강삼각주의 지아람, 깟비 비행장에서 50대 이상의 적기를 파괴했다. (BẢO TÀNG LỊCH SỬ QUỐC GIA)

5

제2단계는 작전 기간 중 가장 중요했고, 긴 기간에 걸쳐 진행되었으며, 가장 피비린내 나는 단계였다. 해당 단계의 목표인 중앙구역은 므엉타잉 계곡 중앙에 위치한 가장 강력한 구역이었고, 동시에 동쪽 고지군에 구축된 매우 강력한 거점 체계에 의해 방어되고 있었으므로 가장 중요할 수밖에 없었다.

제1단계의 성공 이후, 우리는 적이 여전히 강력하다는 평가를 내렸다. 이와 같이 우리는 '연공연진'의 원칙을 굳게 고수했다.

이 단계의 과업은 중앙구역 동쪽을 방어 중인 거점을 점령하고, 포위를 계속하며, 주비행장을 무력화 후 점거하여 적 보급을 차단하고, 적 방어구역과 공역을 축소시키고, 모든 적을 소탕하기 위한 총공격을 실시할 준비를 하는 것이었다.

중앙구역에서는 7개 유럽-아프리카 대대와 괴뢰군 1개 대대가 30여 개의 진지로 구성된 5개의 방어지탱점들을 담당했다. 이 방어부대에는 몇몇 기동 공정대대도 포함되었다. 해당 구역에는 전 기지의 지휘소, 주 화력진지, 기갑부대, 병참부, 중앙 비행장이 속해 있었으며, 총 10,000명 이상의 병력이 배치되었다. 지형은 전반적으로 평평했다. 가장 중요한 전술적 문제는 포위망을 압축하기 위해 동쪽 고지군을 공격하는 과정에서 드러났다. 평탄한 지형에 위치한 집단 전술기지로 접근하려면, 그리고 적 포병과 차량화부대, 항공기의 활발한 활동 하에서 지속적으로 전투를 수행하려면 어떻게 해야 하는가?

포위전이 시작된 이래, 우리를 가장 괴롭힌 문제점은 적에게 접근할 방법이었다. 그간 수행해 온 작전에서는 이 문제를 산악지형과 야간이라는 시간대의 이점으로 극복했다. 우리가 보다 중요한 거점을 공격할 만큼 충분히 강해졌을 때는 아군을 적 화력으로부터 보호할 방어시설을 구축하기도 했으나, 이는 매우 초보적인 형태였다. 일부 예외를 제외하면 아군의 모든 포위전투가 야간에 진행된 이유도 여기 있었다. 그리고 포위전에서 적을 소멸시키는데 필요한 우리의 능력은 시간의 제약을 받고 있었다. 우리는 이 문제를 공격과 포위 진지를 구축하는 정책으로 풀어내려 했으며, 이 진지 구축이 제2단계 준비의 주 임무로 고려되었다.

공격, 포위진지 구축 과업은 다음과 같았다. (최고사령부 명령에서 발췌)

"제308여단은 독립고지 남쪽에서부터 반께오, 뻬노이(Pe Nội), 반꼬미(Bản Cò My)를 경유, 넘롬(Nậm Lốm)샘까지, 뻬노이에서 므엉타잉 서쪽의 재집결지까지 교통호를 구축한다. 동시에 적 방어거점 106번을 공격하기 위한 공격진지를 구축한다.

제312여단은 독립고지 남쪽부터 제308여단이 구축한 참호까지 연결하는 교통호를 구축한다. 또한 적 방어거점 D, E, 105번을 공격하기 위한 공격진지를 구축한다.

제315여단은 롱부아(Long Bua)부터 제308, 312여단이 구축한 교통호까지 연결하는 교통호를 구축한다. 이는 A, C진지를 공격하는 발판으로 사용될 것이다."

므엉타잉 구역 주변의 교통호를 포함한 공격, 포위진지 체계는 중부 구역을 남부구역과 분리시키도록 계획했다. 주변을 둘러싸고 있는 산 중턱에서 적 방어선 부근까지 종적(縱的)으로 구축된 교통호는 아군 간 상호 연락을 보다 용이하게 해주었다. 교통호의 특정 지점에는 화기진지, 탄약고, 취침용 대피호, 의무실도 구

므엉타잉 방면의 논에 구축된 교통호 (BẢO TÀNG LỊCH SỬ QUỐC GIA)

축해야 했다.

아군은 약 10일만에 100km에 걸친 교통호와 전투참호를 구축할 수 있었다. 적은 아군의 교통호를 무력화하기 위해 갖은 노력을 다 했다. 그러나 적의 포격, 폭격, 기총소사에도 불구하고 아군은 점점 더 전진해 갔다. 이런 진지 구축을 위해 애쓰는 병사들의 위대한 노력은 그들이 전투에서는 용감하고, 공사에서는 근면 성실하며, 난관과 고난을 극복할 인내력이 있음을 입증했다. 이런 덕목들은 혁명군의 속성이다. 평지를 극복하고 적에게 다가갈 수 있도록 해준 이 공사의 성공은 식량 수송 문제를 해결해 주었고, 밤낮을 가리지 않고 연속으로 전투가 가능하도록 했으며, 적 포병과 항공기를 무력화시켰다. 적에게 보급을 실시하는 항공기는 야간에만, 아군의 막강한 화력을 감수하며 착륙해야 했고, 3월 27일 이후로는 더 이상 항공기가 비행장에 착륙할 수 없었다. 1954년 3월 말, 공격진지 건설이 완료되었고 우리는 동쪽 고지군에 대한 공격을 준비했다.

3월 30일 17:00시, 디엔비엔푸 제2단계 작전이 개시되었다. 우리는 중부 구역 동쪽의 5개 방어진지를 공격했다. 일련의 거점들은 적의 핵심 방어선으로, 거점들을 상실한다면 디엔비엔푸 방어는 불가능해질 것이 분명했다. 이는 전투가 얼마나 격렬해질 것인가를 암시하고 있었다.

아군은 동쪽 고지군 공격에서 일거에 수 개 대대를 소멸시키려는 의도를 가지고 있었으므로, 해당 방면 공격은 대규모 전투로 이어졌다. 이 전투는 일련의 포위전을 포함한 복잡한 전투였다. 시작은 모든 것이 우리에게 유리했다. 45분 만에 A1진지 부근의 C1진지에 있는 적을 격멸하고 동 고지를 점령했으며, 1시간 30분 후에는 공정 대대의 일부를 소멸시키고 북쪽 거점인 E고지를 점령했다. D고지 역시 방어하던 1개 대대 격멸하고 공격 2시간 만에 점령할 수 있었다. 이 고지는 북쪽에 있던 적의 가장 중요한 거점이었다. 그리고 우리는 D2 고지를 탈취했다.[28] 적은 당일 오전과 다음 날에 역습을 감행했으나 모두 격퇴당했다.[29]

중앙구역에서 가장 중요한 거점이자 최후의 거점이었던 A1고지에 대해서는 특별히 언급할 필요가 있다. A1 고지 일대의 치열했던 전투는 1954년 4월 4일까지 계속되었다. 우리는 첫날 야간부터 진지의 2/3를 점령했으나, 적은 다음 날 오전부터 그다음 날까지 포병과 전차의 지원을 받으며 이 진지를 탈환했다. 3월 31일 밤, 우리는 두 번째 공격을 단행해 4월 1일 아침까지 전투한 끝에 진지의 2/3를 재점령했다. 적 역시 수차례의 역습으로 일부 실지를 회복했다. 그날 밤, 우리는 제3차 공격을 개시했는데, 이번에는 일진일퇴의 줄다리기식 공방이 반복되었다. 4월 4일, 적이 여전히 지하교통호의 우위를 누리는 가운데 한 치의 땅을 두고 치열한 전투를 벌였다. A1 전투가 진행되는 동안 적은 공정부대로 증원을 감행했

28 C1 고지에 대한 공격은 제98연대(제316여단 소속)이 이끌었다. 공격 20분 만에 아군은 진지의 2/3를 점령했다. 주력 부대가 가장 높은 진지에 있던 게양대 탑을 탈취했다. 적은 3차에 걸쳐 역습을 시도했으나 모두 실패했다. 우리는 승리의 기쁨을 안고 적을 계속 격멸해 갔다. 그와 동시에, 우리는 진지 지휘소를 향해 곧장 전진했다. 45분 후, 제98연대가 적을 소멸시키고 진지를 점령했으며, 이 거점을 지키던 제4모로코 연대 1대대 소속의 적 140명을 사살 혹은 생포했다. 제312여단도 돌격을 이끌었다. 3월 30일 17:30분, 제141연대가 E고지를 공격했다. 연대는 한 시간 반 만에 제3알제리연대 3대대가 방어 중이던 고지를 점령했다. 두 시간 후, 제209연대는 알제리 연대 3대대 지휘소를 격파하고 D1 고지를 탈취했다. 그리고 아군은 D2고지에 대한 공격을 계속했다.

29 베트남군이 부여한 약호 별 진지(고지)의 위치를 이해할 필요가 있다. 모두 중앙구역 동부에 위치한 고지로, 북쪽부터 D→E→C→A로 명명했다. (역자 주)

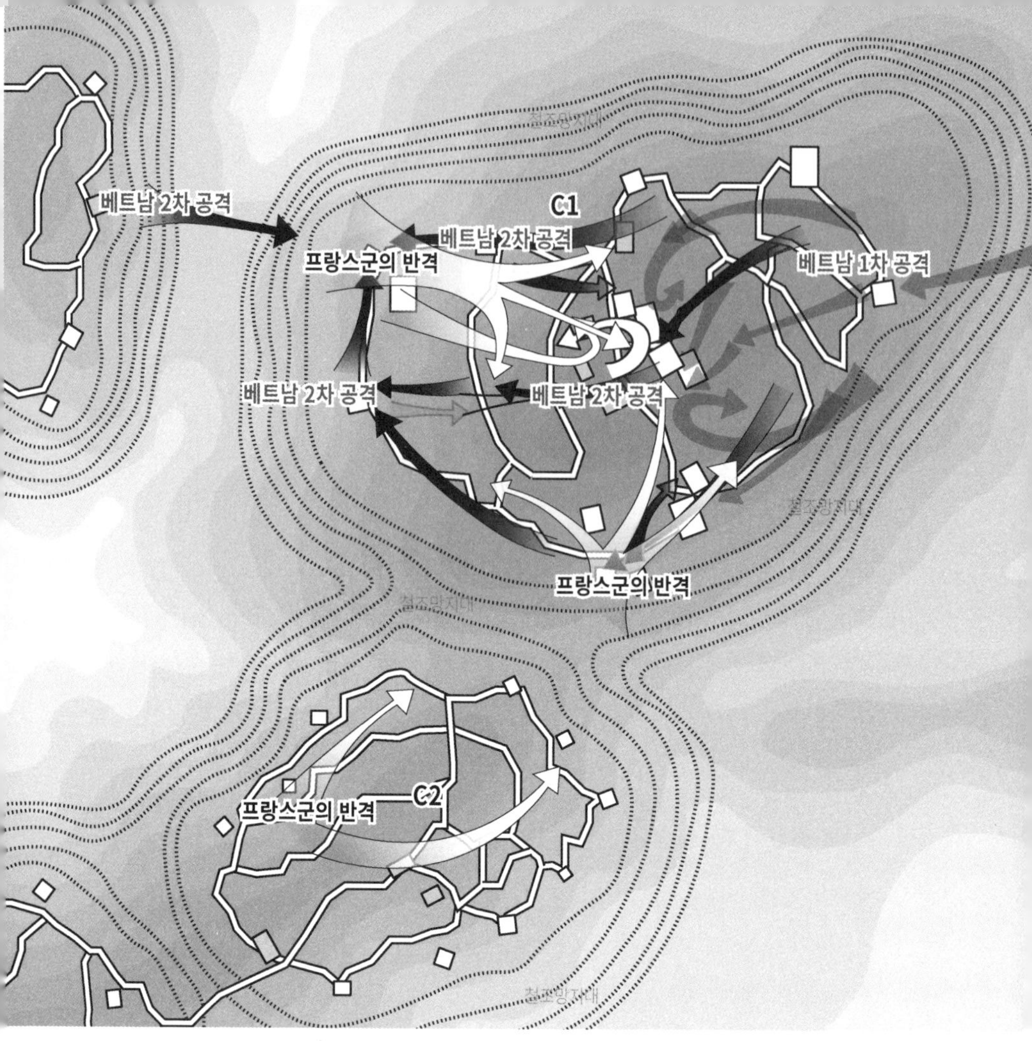

C1고지 전투

다. 적은 4월 9일 C1고지를 탈환하기 위해서 공격을 개시했다. 4일 밤낮에 걸친 전투 끝에 양측은 진지를 절반씩 차지하게 되었다.

우리의 특공부대는 공격 초기 외곽진지에 대한 돌격을 용이하게 하기 위해 적의 동쪽 거점에 혼란을 유발하도록 내부 진지에 급속 공격을 단행했다. 이런 전투에서는 일부 승리를 거둘 수 있었다.

4월 1일 밤, 동쪽 전선과 활발한 협조를 위해 서쪽에 있던 아군이 교통호를 통해 적진에 접근했다. 그들은 106번 거점을 탈취하고 제2외인연대 1대대를 소멸시켰다. 다음 날 밤, 우리 특공대들은 므엉타잉 비행장을 급습해 다수의 적군을 사살하고 10명의 포로를 획득했다. 우리는 311 거점을 함께 위협했는데, 일부 적들이 항복하거나 도주했다. 아군은 그 진지를 므엉타잉 방어중심을 공격하는 발판으로 삼았다. 4월 1일 밤, 우리는 므엉타잉 비행장을 방호하던 105번 거점을 공격했으나 이 돌격은 성공하지 못했다.

제2단계에서 아군의 공격은 영광스러운 성공으로 종결되었으나, 우리도 모든 목표를 달성하지는 못했다. 아군은 작전 개시 이래 지금까지 적 정예 병력 5,000명을 전장에서 사라지게 했지만, 적의 잔여 병력은 여전히 10,000명 이상 남아있었고, 여전히 강력했으며, 추가적으로 증원될 가능성이 높았다. 그러나 적의 사기는 무너지고 있었다. 우리는 지형의 이점을 이용해 북쪽 고지군과 중앙구역 동쪽의 중요 고지군 대부분을 무력화시켰다. 우리의 공격, 포위진지는 비행장 외곽까지 도달해 있었다. 우리는 포위망을 조여들어가며 적 보급로, 그리고 중앙과 남부구역 간의 소통을 차단했다. 적의 점령 지역과 공역이 급속히 축소되었다. 우리는 공격진지와 포위진지를 강화하고, 이를 적 방어선 인근까지 구축하기로 결정했다. 우리는 적의 모든 병참선을 차단하기 위해 포위망 외에 비행장을 압박하기 위한 추가적인 진지를 구축하기로 결정했다. 이 진지의 주목적은 적의 내부 진지를 심각하게 위협하고, 적의 핵심 일부를 소탕하는 것이었다.

우리는 이 계획을 실현하기 위해 적에게 더 접근했다. 어느 지역에서는 피아간의 거리가 10m가량에 불과했다. 이를 통해 동쪽의 고지군, 특히 D1 고지에 있던 진지들을 강력한 방어거점으로 전환했다. 그 진지들은 야포와 박격포는 물론 견고한 방어공사도 갖추고 있었다. 우리 대포들은 전투가 밤낮없이 진행되도록 끊임없이 지원사격을 해주었다.

우리는 106번 진지 공격의 경험을 바탕으로 단계적인 점령 전술을 적용했다. 4월 18일 밤에는 비행장 북쪽에 있던 105번진지를 소멸시켰고, 4일 후에 기습공격을 단행해 206번진지를 점령했다. 중앙 비행장의 서쪽을 방어하던 이 거점은 이제 완전히 노출되고 말았다. 우리는 동쪽, 서쪽, 북쪽에서 비행장을 향해 전진하여, 비행장을 통제하게 되었다. 우리가 포위망을 압축해 들어갈수록 전투는 더욱 격렬해졌다. 적은 우리 공격을 격퇴하기 위해 차량과 항공기의 지원을 받으며 수

차례 강력한 역습을 전개했다. 가장 격렬한 역습이 4월 24일에 있었다. 그러나 우리가 진지를 굳건히 지키고 비행장을 통제하고 있었으므로, 역습은 적이 부분적으로 전투력을 상실한 채 끝났다.

적 점령구역은 이제 4㎢로 좁혀졌다. 중앙구역은 이제 우리 대포의 사정거리 안에 들어갔다. 아군 대공포도 안쪽으로 이동했다. 당시 사망한 적 병사 한 명과 우리가 차지한 한 치의 땅은 매우 대단한 의미가 있었다. 우리는 적진을 하나하나 소멸시켜 나갔고, 적의 역습을 격퇴했으며, 우리 병사들은 경쟁적으로 적을 사살했다. 소총병, 기관총 사수, 포병부대는 최선을 다해 적에게 보다 큰 손실을 강요했다. 적의 사기는 땅에 떨어져갔고, 적은 끊임없이 공포와 긴장 속에 살아야 했으며, 요새진지 밖으로 나오면 즉각 총탄에 맞을 것이라는 공포 때문에 감히 나올 생각을 하지 못했다. 우리 충격부대[30]들은 적 방어선 깊숙이 침투해 보급 창고를 파괴하고 적을 닥치는 대로 사살했다.

이제 적은 보급과 증원이 매우 어려워졌다. 비행장을 사용할 수 없게 된 이래, 적은 증원병력, 식량, 탄약을 낙하산을 이용해 공중투하하는 것 외에 다른 방법이 없었다. 그러나 적의 점령지역이 좁아지고 적기가 아군 대공포에 대한 공포로 더 이상 저공비행을 할 수 없게 되자, 투하되는 보급품마저 일부만이 적에게 전달될 수 있었다. 이제 점점 더 많은 보급품이 아군의 수중에 들어왔다. 우리는 지상의 적이 낙하한 보급품을 수거하지 못하도록 방해하면서 입수한 식량과 탄약을 우리 보급품으로 사용했다. 같은 방식으로 적이 공수보급을 시도한 많은 포탄들도 입수해 사용했다는 점 역시 말해두고 싶다. 동쪽 고지군에 대한 공격 이후, 적은 2개 대대를 증원군으로 공수낙하시키고, 지원병이라는 명목으로 약 800명의 병력을 추가로 투하했다. 그러나 상당수의 병력이 우리 지역에 낙하했고, 즉각 우리의 포로가 되었다.

제2단계 내내 상황은 매우 긴박하게 흘러갔다. 미국 개입주의자들은 프랑스를 지원하기 위해 폭격기와 수송기를 파견했다. 미군의 C119대대 외에도 인도차이

30 Shock troop, 공격선도 부대 혹은 특공부대(역자 주)

활주로에서 격파된 수송기들. 활주로를 사용하지 못하게 되면서 디엔비엔푸의 프랑스군은 급격히 전투력을 상실했다. (Archives de France)

나에 있는 전투기와 수송기의 2/3를 디엔비엔푸 지원에 사용했다. 적은 지속적인 대규모 폭격을 통해 집단전술기지를 구원할 수 있다고 여겼다. 폭격기들이 우리의 추정위치를 향해 적극적으로 폭격을 실시했다. 계곡 주변의 고지군은 네이팜으로 불태웠고, 포병이 있다고 추정되는 지점들도 격파했다. 적 폭격기와 전투기는 4월 2일 하루에만 250회의 출격을 기록했다. 그러나 결사적인 대규모 노력도 그들이 원하는 결과를 가져오지 못했다.

적들은 필사적인 노력에도 그들이 원하는 결과를 가져오지 못했다. 그러는 동안 우리는 포위망을 더욱 압축해 들어갔고, 우리의 신생 대공포 부대들이 매우 성공적으로 운용되어 적에게 많은 피해를 입혔다.

1954년 4월 초순, 프랑스와 미국 장군들은 디엔비엔푸가 함락될 위기에 처했다고 보았다. 그와 동시에 프랑스 정부는 기지에 병력을 증원하기 위해 미국에 전투기 대대와 중폭격기 대대 파견을 공식 요청했다. 그러나 미국 관료 사회뿐만 아니라 제국주의 국가들도 이에 동의하지 않았다. 그들은 항공기 투입으로도 프랑스 원정군을 구할 수는 없으며, 국내외 여론의 심각한 비난에 직면할 뿐이라고 판단했다. 결국 이 계획은 무산되었다.

적은 우리 후방 지역 깊숙이 침투해, 4월 말부터 뚜옌꽝, 옌바이, 그리고 도안훙[31]을 공격할 의도를 가지고 있었다. 이 계획 역시 투입할 부대와 항공기의 부족, 그리고 더 쓰라린 패배를 당할 수도 있다는 두려움으로 인해 폐지되었다.

4월 말이 되자 적은 디엔비엔푸를 지킬 희망을 점차 잃어갔다. 적은 아무리 적극적으로 행동한다 해도 공군력으로 우리 병력을 짓뭉개거나, 포위망을 제거하거나, 병참선을 차단할 수 없음을 점차 깨닫기 시작했다. 계곡에 남아있는 병력은 5개 중대로 구성되어 있었고, 점령지역은 1.3㎢로 오그라들었다. 적의 상황은 이제 절망적이었다.

제2단계 내내 끊임없이 계속된 전투는 우리 병참선에 어려움을 안겨주었다. 당시 병참선은 총연장 500km에 달했고, 수십만 명의 인력이 동원되어 6개월에 걸쳐 전선으로 물자를 수송했다. 디엔비엔푸 작전의 물동량은 국경 전역의 10배에 달했다. 수송수단 중 일부는 기계화되었지만, 주로 인력에 의존하고 있었다.

우리가 전역을 준비하는 동안, 적은 우리 병참선을 파괴하기 위해 최선을 다했다. 그러나 적기의 활동이 가장 활발했던 1954년 4월은 적의 기지도 가장 위협을 받을 때였고, 기지에 대한 보급 역시 큰 곤란을 겪고 있었다. 이와 같이 적은 우리 병참선의 파괴를 자신들을 구원할 주요 수단 가운데 하나로 인식하고 있었다. 우리 도로망은 좁고, 열악했으며, 어떤 지역에서는 위험하기까지 했다. 적은 항공기를 사용해 주야를 막론하고 모든 종류의 폭탄을 투하하며, 사활적 지점인 케(Khe), 훗쬬(Hút Gio), 룽로, 파딘(Pha Đin)고개를 공격했다. 일부 지역은 하루에 수백 톤의 폭탄 공격을 받아 고립되기도 했다. 비와 홍수로 인한 고난 외에도 수많은 장애 요소들이 있었고, 이로 인해 당시 전선의 물자비축량은 극히 적었다.

당중앙위원회와 정부는 이런 난관을 극복하고 전선에 대한 보급을 보장하기 위해 다음과 같이 선언했다.

31 이 3개 도시를 직선으로 연결하면 삼각형이 된다. 뚜옌꽝은 하노이 북쪽 120km 지점에, 옌바이는 뚜옌꽝 서쪽 30km 지점에, 도안훙은 뚜옌꽝 남서쪽과 옌바이 남동쪽 각각 20km 지점에 위치한 도시들이다. (역자 주)

"전 당, 정부, 인민들은 디엔비엔푸 전역에 모든 자원과 보급품을 동원하기 위해 노력하고, 최후의 승리를 거두기 위해서 필요한 모든 사업을 수행할 결의를 다져야만 한다."[32]

당시 수백 명의 간부들이 병참선에서 복무하기 시작했다. 전선지역의 정치 간부 중 대다수가 합류했다. 우리는 북서부 지방을 포함한 인민들의 지대한 노력과 전시근로자들의 위대한 영웅적 행위와 인내력으로 우리의 보급지원을 무력화시키려던 적의 흉계를 극복할 수 있었다. 이 영웅적 작전의 증원과 보급에 관한 임무가 대규모로 수행되었다. 일련의 준비를 통해 우리는 필요하다면 5월 내내, 혹은 그 이후까지도 전투를 계속할 수 있었다.

제2단계 공격을 진행하는 동안, 우리는 자기만족에 빠져서는 안된다고 강조했다. 만일 적을 과소평가하도록 방치한다면 태만으로 이어질 가능성이 높았다. 우리가 태만해진다면 진지는 제대로 구축되지 않고, 우리의 군대는 물론 작전 계획도 무성의해질 것이다. 그러나 우리 장병들이 오랜 전투기간동안 보여준 불요불굴의 정신은, 장병들의 영웅적 행동을 요하는 격렬한 전투와 함께 제2단계의 가장 중요한 특징 중 하나였다. 전투 여건 상 불편한 참호와 교통호에서 장기간 생활해야 했던 장병들에게는 인내가 필요했다. 폭우로 인한 진지붕괴나 침수를 제외하고도 많은 난관이 있었다. 보급품은 불규칙하게 전달되었고, 전투가 지속되면서 불가피한 손실 하에서 전투를 계속하기 위한 병력 보충과 부대 재편성이 끊임없이 반복되었다.

정치사업은 그와 같은 여건 하에서 가장 중요한 역할을 수행했다. 우리는 장병들에게 이 전역의 위대한 의미와 디엔비엔푸에 있는 적을 완전히 소멸시키라는 당의 명령을 수행할 것을 끊임없이 지도했다. 그리고 우리의 성취가 우리 장교들과 병사들을 고무시켰다. 우리의 영웅과 전사들의 감투정신과 희생정신은 우리

32 1954년 4월 19일, 디엔비엔푸 전선에 대한 정치국 결의안, 국방부 문서관리소, 자료173, 49-51쪽, 중앙부서

군대에 혁명정신을 고양시켰고, 싸워서 이기고야 말겠다는 결의를 유지해 주었다. 정치 간부들은 전선생활의 군기와 단결심 유지, 더운 음식과 음료수의 보급, 충분한 수면시간의 보장과 같은 사안에 대한 감시감독 업무를 수행했다. 간부들은 건기동안 발각되지 않고 병사들을 전진시킬 수 있도록 아군의 진지를 구축해야 했다. 이 진지들은 마른 상태를 유지하고 예방위생수칙을 보장할 필요가 있었다. 정치지도원들은 전투 병력의 규모를 유지하도록 병력을 보충하고, 신입 간부들을 승진시키는 임무도 수행했다. 한편으로는 신입 당원 모집과 당세포 재조직에 각별한 관심을 기울였다. 엄격한 군기 준수와 적절한 상벌은 우리 군의 사기를 높이는 데 필수 불가결한 요소였다.

제2단계 작전을 진행하면서 우리는 보다 중요한 성공을 거두었고, 병력과 화력의 우위를 달성했다. 우리는 전투를 통해 작전 계획이 올바르게 수립되었음을 입증했다. 전술적 문제는 쉽게 해결되었다. 반대로 적은 씁쓸한 패배를 맛보았고, 증원, 보급, 사기 면에서 큰 난관에 직면했다.

그러나 바로 정확하게 그 시기에 아군 장교와 병사들 사이에서 우경화 성향이나 부정적인 경향이 번져갔다. 이런 현상은 살상, 실패, 피로, 난관과 곤란에 대한 공포, 자만, 과신 등의 다양한 형태로 표출되었다. 전선에서 우리 장병들이 처한 상황을 예의 주시해온 당중앙위원회 정치국은 최근 우리가 얻은 일련의 승리가 디엔비엔푸의 적을 완전히 소멸시킬 수 있는 여건을 조성했으나, 우리 장교들이 실수를 저질렀다고 평가했다. 주된 이유는 그들의 '우경화 경향이 우리 승리에 어떤 장애 요소가 되었다'는 것이었다.[33] 정치국은 다음과 같이 지침을 하달했다.

"모든 제대의 당, 당원, 간부들은 우경화 경향을 극복하고, 결의를 확고히 하고 고양시키며, 인민, 군, 당 앞에서 책임감을 높이는데 최선을 다해, 지난 과거를 불식시키고 타격 원칙들과 '연공연진'의 원칙을 보다 강하게 견지해야 한다. 그와 동시에 시간과 싸우면서 명령에 절대 복종하고, 모든 어려움과 난관을 극복하며, 전역에서 완

33 디엔비엔푸 전선에 관한 1954년 4월 19일자 정치국 결의, 국방부 문서관리소, 자료173, 49-51쪽, 중앙부서

전한 승리를 확보해야 하는 그들의 임무를 완수해야만 한다."[34]

사단[35]과 기타 다양한 조직의 당 위원회 대표자 회의에서는 심각하고도 철저한 사상 투쟁이 전개되었다. 회의는 우리의 승리와 반대로 적의 승리나 적을 모두 격멸하기 위한 아군의 조건을 검토하는 등, 양측의 상황을 객관적으로 평가했다. 참가자들은 아군이 기본 원칙을 준수하며 우기 이전에 완전한 승리를 달성하도록 노력해야 했다.

우리는 보수주의적 일탈 현상을 단호하게 비판하고, 다음 사항을 지적했다.

"우리 당과 군의 정신은 일체의 협상이나 타협 없이 적과 투쟁하는 프롤레타리아 혁명의 근원이다. 그것은 인민들이 이미 얻은 성공에 만족하지 않고, 어려움에 방설이지 않으며, 최후의 승리를 달성할 때까지 어떤 환경에 하에서도 투쟁을 지속하는 혁명적 결정체이자 정신이다. 이런 당의 정신은 군에서 영웅적으로 전투를 수행하고, 적을 기필코 격멸하겠다고 굳게 결심하며, 명령에 절대 복종하고, 모든 난관과 고난을 극복하겠다는 결의다. 인민들을 위험, 피로, 손실과 희생의 공포에서 벗어나게 해주는 것이 바로 이 정신이다. 이 정신이야말로 오랜 투쟁에서 성공했다고 해서 자만이나 과신에 빠지지 않고, 실패했다고 해서 움츠러들지 않으며, 자기 자신을 근면하게 통제하고, 투쟁에서 지구력을 유지하게 해준다."

이 회의 후, 각 당위원회와 당세포에서 모든 전투 부대에서 장교, 병사들에 이르기까지 사상 교육 운동이 실시되었다. 이 운동은 디엔비엔푸 전선의 위대한 정치적 성공 가운데 하나였고, 우리 군의 역사상 유례를 찾아볼 수 없는 가장 위대한 성취였다. 가장 큰 성과는 그간 문제가 되던 성향과 현상을 바로잡은 것이었다. 모든 당원, 장교, 병사들은 최후의 승리에 대한 확신과 적을 완전히 격멸하겠다는 부동의 의지를 새롭게 했다. 크나큰 용기로 싸워서 이기고야 말겠다는 중대

34 전게서

35 당시 베트남군은 동일 부대의 명칭으로 사단과 여단을 혼용했다. (역자 주)

한 결심으로 고무된 우리 부대원들은 공격의 다음 단계에 열성적으로 돌입하고, 총돌격을 준비하기 위해 최선을 다하게 되었다.

6

3단계에서 우리의 목표는 동쪽에 위치한 마지막 진지를 점령하고, 적의 새로운 전초들을 격파하며, 적의 점령지역과 공역을 축소시키고, 내부 기지를 위협하는 등, 총공격과 적에 대한 전반적인 소멸 계획을 수립하는 것이었다.

4월 말, 적의 상황은 절망적이었다. 그러나 적은 여전히 A1고지의 2/3와 C1고지의 절반을 통제하고 있었다. 적의 영역은 현격하게 감소했지만, 수송기가 공수투하하는 소량의 보급품 수령은 여전히 가능했다.

우리 군에 하달된 명령은 마지막 동쪽 진지들을 점령하고, 서쪽에 있는 잔여 거점들을 소탕하며, 적의 새로운 부대를 소멸하고, 우리 공격선을 밀고 나가 포위망을 압축시키며, 적의 내부 진지에 아군 화력을 집중하고, 남아있는 공역을 통제하고 총공격을 준비하라는 것이었다.

작전 3단계는 우리 군의 사기가 하늘을 찌르고, 보급 문제가 막 극복되었을 때 개시되었다. 일련의 요소들은 3단계의 전투가 신속히 성공을 거둘 것임을 의미했다. 거의 모든 아군 부대들은 명령을 이행하기 위해 지정된 시간에 정확하게 사격을 개시했고, 가장 용감하게 싸워서 그들에게 부여된 모든 임무를 완수했다.

제3단계의 공격은 5월 1일 밤에 개시되었다. 우리는 신속하게 C1고지에 있는 적을 소탕해 이 진지를 확보했다. 우리는 넘롬강 좌안에 위치한 동쪽 고지군 자락에 있던 505, 505-A 거점을 신속하게 소멸시켰다. 서쪽에서는 311-A진지가 즉각 점령되었다. 남부구역에서는 홍꿈 북쪽에 있던 적 일부를 격멸했다. 5월 3일 밤, 우리는 서쪽에서 311-B 진지를 탈취했다. 우리 공격선과 포위망은 점점 더 추진되어, 어떤 지역에서는 적 지휘소 전방 300m까지 근접했다.

나바르와 프랑스군, 미군 장군들이 디엔비엔푸가 명백한 소멸의 위기에 직면했다는 평가를 내린 후, 적은 포위망을 뚫기 위해서 갖은 노력을 다하고 있었다.

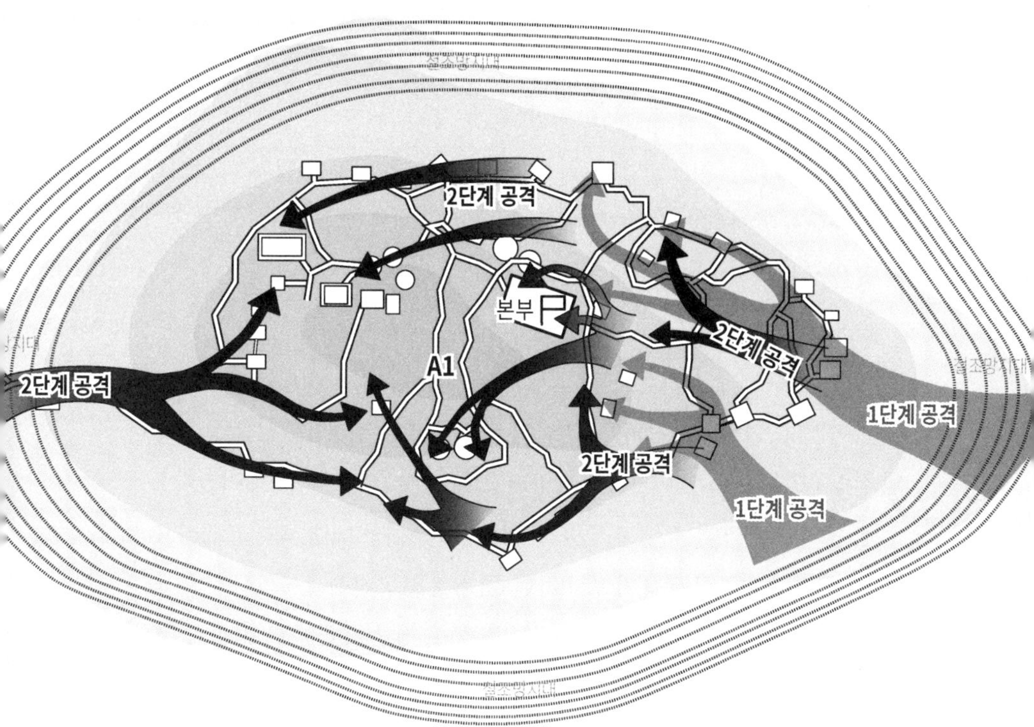

A1 고지 전투

적은 부대를 3개 제대로 분할해 아군 포위망을 돌파한 후, 야음을 틈타 라오스로 도주할 계획을 수립했다. 제1제대인 공정부대는 남동쪽으로, 제2제대인 외인부대와 북부 아프리카부대는 남쪽으로, 제3제대는 홍꿈 방어 부대 등은 서쪽으로 각각 철수할 생각이었다. 나바르는 철수 계획을 용이하게 하기 위해 황급히 1개 식민공정 대대를 디엔비엔푸에 공수낙하시켰다. 적 부대 가운데 하나도 이 세 갈래로 나뉠 제대에 합류하기 위해서 북부 라오스로 출발할 예정이었다. 드 까스트리와 일부 부대는 부상자들과 함께 계곡에 남기로 했다. 우리는 적의 동정을 세심하게 관찰하고 각 부대에 디엔비엔푸에서 라오스로 통하는 모든 도로와 소로를 빈틈없이 통제하도록 명령했다. 기지 함락 이후, 우리는 적 지휘소에서 5월 7일 야간에 철수하라고 발령한 명령 사본을 입수했다.

5월 6일 20:30분, 모든 포병부대와 방사포 포대가 집단전술기지의 내부 진지에 대해 포격을 개시했다. 20:45분, 아군은 A1고지를 공격했다. 준비 단계에서 우리 공병들은 고지 중앙으로 땅굴을 파고 들어가 그곳에 폭약 1t을 장전했다. 폭약이 터진 후, 아군은 사방에서 공격해 들어가 그곳을 지키던 외인 공정부대를 소탕하고 마지막 거점을 손에 넣었다. 적 보병과 전차는 수차례에 걸쳐 이 중요한 고지를 탈환하기 위해 역습을 감행했다. 그러나 싸워 이기겠다는 결의에 가득 찬 아군은 적을 무찔러 므엉타잉으로 철수하도록 강요했다.[36]

같은 날 밤, 아군은 C1고지와 넘롱강 사이의 제2진지인 C2고지를 급속공격해 점령했다. 506번 진지, 므엉타잉 교량 북쪽 지역, 그리고 310번 진지가 우리 수중에 들어왔다. 적은 모든 동쪽 고지군에 더해 중요한 부대들마저 잃고 말았다. 적의 점령구역은 이제 1㎢ 만 남게 되었다. 그들의 사기는 바닥에 떨어졌다.

제316여단 98연대는 A1고지 공격과 병행해 괴뢰군 대대, 북아프리카 6대대의 2개 중대와 1개 증원 중대가 방어하던 C1거점을 공격했다. 아군 충격부대는 적 포병진지를 유린하고 방어선을 향해 전진했다. 적은 참호에 의지해 저항을 계속하고 역습을 시도했다. 그들은 아군 공격 대형을 무너뜨리고 충격부대를 본대와 분리시켰다. 충격부대는 적의 포위 속에서 5월 6일 밤 내내 용감하게 싸웠다. 5월 7일 이른 아침, 적 지휘관은 기동예비를 투입해 역습을 시도하고 우리를 C2에서 축출하려 했다. 당시 A1고지에 있던 제174연대가 적시에 제98연대를 지원하기 위해 적 측방에 사격을 가해 적의 역습을 격퇴시켰다. C2를 소탕할 시점이 도래했다. 약 200발의 포탄이 충격부대를 지원하기 위해서 발사되었다. 곧 600명 이상의 적이 항복했고, C2 거점은 아군의 수중에 들어왔다. 동쪽 방어선에 있던 모든 적이 소멸되었다.

서쪽에서는 제308여단 수도연대가 310번 거점을 급습했다. 서쪽에 있는 아군은 드 까스트리의 사령부에서 불과 300m밖에 떨어져 있지 않았다.

반면, 제312여단의 165, 209연대는 동쪽 고지군의 자락에 있는 506번, 507번 진지에서 격렬한 전투를 벌였다. 아군은 506번 진지에서 거점 안으로 진입한 후,

36 제316여단 174연대는 A1 고지에 대한 공격을 단행했다. 거대한 폭발 이후, 우리 충격부대는 거점을 점령하기 위해 동쪽과 남서쪽에서 쇄도해 들어갔다. 우리는 중요한 벙커들을 점령하여 므엉타잉에서 A1고지에 이르는 보급로를 통제하게 되었다. 남서쪽에서 쇄도한 어느 부대가 터널 입구에 있는 출입문을 방호하던 2개의 위험한 특화점을 탈취했다. 이렇게 A1 고지는 완전히 포위되었다. 적은 완강하게 싸움을 계속하면서 증원을 기다렸다. 그러나 아군은 끊임없이 공격하고 특화점과 교통호를 점령하여 적 지하 지휘소 부근에 대한 포위망을 압축했다. 이 긴박한 상황에서 아군 예비대가 적시에 전투에 가담했다. 우리의 마지막 돌격은 승리로 귀결되었다. A1고지를 방어하던 모든 외인 공정대대를 소탕하고 지휘관과 200여 명을 생포했다. 36일간의 밤낮에 걸친 4번의 공격 끝에 아군은 A1고지를 점령했다.

고지를 향해 돌격중인 베트남 인민군 병사들 (BẢO TÀNG LỊCH SỬ QUỐC GIA)

적의 역습을 10차례나 격퇴했다. 5월 7일 09:00시, 병력과 화력을 추가로 증원 받은 제165연대는 일대의 적을 소탕하기 위해 공격을 단행해 거점을 확실하게 점령했다.

제209연대는 므엉타잉으로 향하는 관문인, 41번 국도변에 위치한 507번 거점에 대해 밤새도록 여러 번 돌격을 감행했으나 실패했다. 이곳의 적은 철조망과 참호에 의지해 격렬하게 저항했다. 제209연대는 일시 후퇴했다. 아군은 3차 공격에서 507번 거점을 제외한 모든 중요 거점들을 점령했다.

총공격을 위한 준비가 끝났다. 5월 7일 오전, 작전 성공을 보장하기 위한 준비가 한창 진행 중일 때, 적이 이상한 행동을 보였다. 극소수의 항공기가 식량만을 공수투하할 뿐, 탄약을 운반해 온 항공기들은 하노이로 돌아갔다. 적 지역 여기저기서 무기를 파괴하는 것 같은 폭발음이 들려왔다. 일련의 병사들이 무기와 탄약을 넘롱강에 던져 넣고 있었다.

우리는 적이 혼란에 빠졌다고 판단했다. 아군은 준비 명령을 수령했다.

디엔비엔푸의 지휘벙커 위에서 휘날린 결전필승기 (BẢO TÀNG LỊCH SỬ QUỐC GIA)

14:00시, 어느 아군 부대가 507번 거점을 공격했다. 적은 미미한 저항 끝에 항복했다. 이 승리에 이어 우리는 넘롱강 좌안의 508번, 509번 진지를 소멸시켰다. 적이 큰 혼란에 빠져 전투 의지를 상실했음이 명백해졌다. 백기가 여기저기에 내걸렸다.

15:00시, 우리는 밤이 올 때까지 기다릴 필요 없이, 집단전술기지에 대한 총공격을 곧바로 실시하라고 명령했다.

아군 여단들은 동쪽과 서쪽에서 상호 협조 하에 적 지휘소를 직접 타격했다. 비록 적은 아직 10,000명이나 남아있었지만 완전히 사기가 저하된 상태였다. 아군이 가는 곳마다 적은 백기를 들고 항복했다.

17:30분, 우리는 지휘소를 탈취했다. 드 까스트리와 참모들은 모두 생포되었다. 계곡에 있던 모든 적들이 나와서 항복했다. 그들은 포로로서 잘 취급되었다.

'결전(決戰) 필승(必勝)!'이라는 구호가 적힌 깃발들이 디엔비엔푸 상공에 휘날렸다.

우리는 바로 그날 야간에 남부구역을 공격했다. 그곳에 있던 2,000여 명의 강력한 적들은 북부 라오스로 철수를 시도하고 있었다. 아군은 추격을 단행해 20:00시까지 따라잡았다. 우리는 자정까지 그들 모두를 생포했다.

55일간 지속된 전투 끝에, 디엔비엔푸에 있던 적 집단전술기지는 완전히 궤멸되었다.

우리의 역사적인 디엔비엔푸 작전은 완전한 승리였다. 1953~1954 동춘 기간의 전략적 공세가 위대한 승리로 끝을 맺은 것이다.

16. 디엔비엔푸 대첩과 동춘 승리의 궁극적 의의

1

역사적인 디엔비엔푸 전역과 동춘 전역은 한마디로 말해 우리 군과 인민이 이룩한 가장 위대한 승리들이었다. 이런 위대한 승리는 큰 족적. 즉, 프랑스 제국주의자들과 미국 개입주의자들에 대항해 우리 인민들이 수행한 구국을 위한 저항전쟁의 진화 과정에 중요한 변화로 기록되었다. 이는 저항전쟁의 마지막 승리에 있어 결정적인 요인이 되었다.

이 저항전쟁의 새로운 측면을 분석한 끝에 다음과 같은 사항이 도출되었다.

첫째, 우리는 1953~1954 동춘 기간 전략적 공세에서 전국에 걸쳐 다양한 전장에서 많은 공격을 단행했다. 1950년 국경작전부터 국부적인 반격 형태가 나타나기 시작했는데, 우리 정규군은 특히 북부에서 계절 별로, 혹은 정해진 기간 동안 주전장에서 성공적인 공격 작전을 수행할 수 있었다. 지난 몇 년 동안 우리는 끊임없이 이 주전장에서 주도권을 유지했다. 적은 주도권 회복을 위해 갖은 노력을 다했지만 우리가 이를 무산시켰다.

1953년 추동에서 1954년 춘계까지, 우리 정규군은 북부의 여러 전선뿐만 아니라 제5연합구역을 공격할 수 있었다. 반면, 베트남 의용군은 팟헷 라오스 해방군과 협력하여 북부, 중부, 남부 라오스에서 공세를 펼쳤다. 1953년 우리의 추동 공세 범위는 주전장을 넘어 남부 베트남과 전 인도차이나로 뻗어갔다.

둘째, 추동공세의 제2단계를 진행하던 중, 우리는 주 전선인 디엔비엔푸에서 적의 중요 부대가 방어 중인 가장 강력한 요새전술기지에 대규모 공세를 단행하기 위해 아군 정예부대를 대부분 집중시켰다.

추동작전의 초기 단계만 해도 아군의 작전 경향은 적의 일부를 공격해 소멸시키기 위해 적이 상당히 노출된 전략적 진지를 찾아내는 것이었다. 반면 디엔비엔푸 작전에서는 적의 병력을 소멸시키고, 적이 난공불락으로 여기던 집단전술기지를 파괴하기 위해 아군 주력부대를 집중시켰다. 이 작전은 전략적인 관점에서 보면 전쟁의 결정적 전투였다.

셋째, 1953~1954 동춘 전역에는 작전 형태의 변화가 있었다. 포위전과 북부 전장의 전투를 포함해 기동전이 폭넓게 발전했고, 제5연합구역과 라오스에서 주역을 담당했다.

우리의 작전 형태에도 보다 큰 변화가 있었다. 과거에도, 동춘 전역 초기에도, 우리는 통상적인 기동전을 취했다. 그러나 전국적인 전장의 중심점이었던 디엔비엔푸 전투에서 우리 군은 새로운 작전형태인 대규모 진지전을 수행했다. 게릴라전은 당시 적 후방지역에서 가장 중요한 역할을 수행했고, 빙찌티엔과 남부에서는 주역을 담당했다.

디엔비엔푸 작전에서 아군은 이전까지 꿈조차 꿀 수 없었던 위대한 성공을 이룩했다. 이런 성공으로 인해 우리의 저항전쟁은 국부적 반격에서 대규모 전략적 공세로, 북부 전선의 전략적 주도권 확보에서 전국에 걸친 모든 전선의 주도권 획득으로 전환되었다. 이런 요소에서 위대한 디엔비엔푸 승리와 다른 동춘 승리들의 위대한 전략적 의미가 드러나는 것이다.

2

디엔비엔푸는 우리 군이 싸웠던 가장 큰 전투였고, 거의 1세기에 걸친 항불전쟁에서 우리가 거둔 가장 위대한 승리였다. 그리고 동 전투는 역사상 약소국이 제국주의자, 식민주의자들의 침략군을 상대로 거둔 가장 위대한 승리 가운데 하나

포로가 된 프랑스군 병사들 (BẢO TÀNG LỊCH SỬ QUỐC GIA)

로 간주되고 있다. 우리는 디엔비엔푸에서 16,000명 이상의 적을 사살하거나 생포했고, 집단전술기지의 최고사령부를 전부 포로로 잡았다. 거기에는 장군 1명, 대령과 중령 16명, 장교와 부사관 1,749명이 포함되어 있었다. 적 병력으로는 17개 정예 보병대대(7개 공정 대대 포함)뿐만 아니라 3개 포병대대와 약 1개 공병대대가 있었다.

동춘 전역에서 전국에 걸친 전체적인 조사를 한 결과, 우리는 적군 112,000명을 전장에서 퇴출시켰음이 확인되었다. 이는 인도차이나에 있던 모든 적군의 1/4

에 해당하는 규모로, 25개 대대를 완전히 소멸시켰음을 의미한다. 그리고 디엔비엔푸에서 62대의 미군 폭격기, 전투기, 수송기를 격추시켰고, 다른 전선에서 177대를 격추해 인도차이나에서 적 공군의 상당 부분을 제거했다.

침략전쟁 전반에 걸쳐 프랑스가 그렇게 빨리, 그와 같이 심대한 손실을 입은 경우는 없었다. 적의 입장에서 더욱 통탄할 일은, 패배한 적군의 거의 대부분이 나바르 전략 기동군의 중추로 여겨지던 공정 대대들과 유럽-아프리카 대대 등 최고의 정예부대였다는 점이다. 이런 심각한 손실은 프랑스 원정군 최고사령부의 불안을 야기했고, 장군들과 장병들의 사기를 보다 빠르게 저하시켰다.

3

북부에서 라이처우와 디엔비엔푸를 해방한 이후, 우리는 처음으로 적을 북서지방에서 내쫓고, 저항기지를 확대했으며, 북부의 모든 산악지역을 차지하고 북부 라오스의 광활한 해방구와 연결했다. 이후 적의 영향력은 홍강 삼각주 일대로 국한되었다.

적이 그토록 원하던 우리 해방구 가운데 하나인 제5연합구역은 크게 확대되었다. 전략적 요충지인 떠이응웬 북쪽의 넓은 지역이 해방되었다. 적으로 인한 꽝남성, 꽝응아이성, 빙딩성 일대의 위협도 사라져버렸다. 우리 해방구는 해안에서 시작해 라오스 국경에 이르고, 남부 라오스와 연결되어 남부 인도차이나에 있던 적에게 새로운 위협을 안겨주었다.

북부 삼각주, 빙찌티엔, 그리고 남부의 적 후방지역에 속한 여러 전선에서 게릴라 기지와 게릴라 구역이 대폭 확장되었다. 반면 적의 점령지역은 대폭 축소되어 우리가 가지고 있던 지도에는 한 개의 점으로 표시되었다. 북부 삼각주에서 적의 통제 지역이 오그라들면서 적 후방지역의 3/4이 해방되었다.

라오스에서는 팟헷 라오스 해방군과 베트남 의용군이 퐁살리성과 남오우강 유역을 해방시켜 북부 라오스의 기지와 중부, 남부 라오스의 해방구를 확장했다. 전국적으로 볼 때, 영토와 인민의 50% 이상이 해방되었다.

디엔비엔푸에서 거둔 대첩으로 우리의 위대한 승리에 방점을 찍자, 나바르 군사계획은 산산조각이 나고 말았다. 적은 대규모 병력을 상실했고, 새로 보충된 괴뢰군 부대들도 해체되었다. 그러나 적의 입장에서 디엔비엔푸 집단전술기지 함락이 야기한 가장 심각한 문제는, 가장 강력한 최고의 방어체계가 격파된 이상 이제 어떤 방어체계도 손쉽게 파괴당할 것이라는 인식이었다.

이와 같은 위험 속에서는 나바르 계획에 포함된 전략적 공세 감행을 꿈도 꿀 수 없었다. 프랑스와 미국의 전쟁상인들이 계산했던 결정적 승리는 점점 더 멀어져 갔다. 당시 프랑스 정부의 가장 큰 관심사는 잔여전력마저 완전히 소멸당하기 전에 프랑스 원정군을 구원할 방안이었다. 1954년 5월 중순, 엘리 장군[01]이 나바르에게 북부 삼각주에서 필요 최소한의 지역만을 점거하고 잔여병력은 북위 18도 이남으로 철수하라는 정부지침을 전달하기 위해 사이공으로 이동했다. 적은 비엣찌, 처벤 일대와 남딩, 타이빙, 닝빙, 팟지엠, 부이추를 포함한 삼각주[02] 남부 전 지역에서 도주했다.

우리는 자연스럽게 적을 추격하게 되었고, 많은 적을 처치했다. 수만 명의 괴뢰군이 탈영해 인민의 편에 가담했다.

4

디엔비엔푸의 승리는 1954년 인도차이나에 평화를 재정착시키기 위한 제네바 회담이 준비 중인 바로 그 시기에 달성되었다.

이 승리는 인도차이나에서 전쟁을 장기간 지속하고 확전시킬 방안을 모색하며 제네바 회담을 유야무야하려던 프랑스 식민주의자들과 미국 개입주의자들의 계획을 무산시켰다. '최후까지 투쟁'이나 '인도차이나 전쟁의 국제화' 정책의 주역이었던 라니엘-비도 정부는 투표에서 패했고, 보다 파시스트적 경향이 짙은 망데

01 Paul Henri Romuald Ély (1897~1975) 프랑스의 군인. 2차 세계대전 당시 1940년에 오른팔에 큰 부상을 입은 후, 군내 저항조직인 ORA의 일원으로 활동했다. 1953년 8월부터 참모총장으로 임명되어 인도차이나 전역에 관련된 실무를 수행했다. 1954년 6월부터 나바르를 대신해 인도차이나 사령관으로 임명되었다.

02 북부 삼각주, 즉 홍강 일대(역자 주)

VERNICIRE

Le Parisien libéré

DIEN-BIEN-PHU EST TOMBÉ

Les Viets s'étaient rués à l'assaut du camp retranché durant 20 h. sans interruption

Depuis 56 jours les héroïques défenseurs résistaient à l'ennemi

DRAMATIQUE HOLOCAUSTE

par * * *

"Ils sont à quelques mètres... Ils se sont infiltrés partout"

Tel fut le dernier message DU GÉNÉRAL DE CASTRIES

8 mai LA FRANCE SE SOUVIENT...

et célèbre avec ferveur la mémoire des héros dont le sacrifice a permis, il y a 9 ans la capitulation allemande

DEMAIN, LE GÉNÉRAL DE GAULLE ira se recueillir à l'Arc de Triomphe

LE BILLET DU PARISIEN

디엔비엔푸의 패전소식을 1면에 실은 르 파리지앵

프랑스가 주도하는 정권으로 대체되었다.

회담 무산을 위한 미국 제국주의자들과 프랑스 전쟁상인들의 모든 시도에도 불구하고, 회담 대표들은 70일에 걸친 협상 끝에 합의에 도달했다.

베트남 민주공화국 대표단은 우리 인민과 정부의 견해를 피력했다. 그들은 우리가 평화, 독립, 통일, 민주주의를 원하며, 그러한 가치들을 기본권으로 인식하고, 이를 얻기 위해서는 필요한 희생을 마다하지 않고 얼마나 오랜 시간이 걸리더라도 투쟁할 것임을 설명했다.

우리는 투쟁에 있어 우리 인민의 단결, 사회주의 국가들의 후한 지원뿐만 아니라, 프랑스 인민[03]과 평화를 사랑하는 전 세계 인민 덕분에 위대한 외교적 성과를 거뒀다.

03 프랑스 식민주의자가 아닌 프랑스인(역자 주)

1954년 7월 제네바 협정을 통해 베트남을 포함한 인도차이나 국가의 독립이 인정되었다. (Wikipedia)

1954년 7월 21일에 서명된 제네바 협정을 통해 주권, 독립, 통일, 그리고 베트남과 베트남의 인접국인 라오스, 캄보디아의 영토적 일체성 존중에 기반을 둔 평화가 인도차이나에 복원되었다. 거의 1세기에 걸친 국가 해방을 위한 투쟁, 그리고 8년간 지속된 전 인민의 용감한 저항으로, 우리나라의 북부가 완전히 해방된 것이다. 협정은 자유 총선거를 통한 베트남 평화 통일의 지침을 부여했다.

제네바 회담의 성공적 귀결은 우리 인민과 평화, 국가독립, 민주주의, 사회주의를 위해 투쟁하고 있는 전 세계 인민들을 위한 또 하나의 위대한 승리였다. 동시에 미국 제국주의자들과 프랑스 전쟁광이자 식민주의자들에게는 뼈저린 패배였다.

5

제국주의자들이 당황하고 낙담한 반면, 우리의 승리에 대한 소식은 전 세계의 진보적인 인민들을 크게 고무시켰다.

모든 사회주의 국가들은 디엔비엔푸에서 거둔 승리의 기쁨을 함께 나눴다. 이는 억압받던 인민들의 자랑거리였고, 제2차 세계대전 이후 일고 있던 국가 해방을 위한 세계적인 운동에 지대한 공헌을 했다.

동시에 디엔비엔푸 전투는 평화를 위한 위대한 승리였다. 이 승리가 없었더라면 제네바 회담의 결과가 인도차이나에서 효력을 발휘하지 않았을 것이다. 디엔비엔푸의 승리를 포함해, 우리가 해방을 위해 투쟁하는 과정에서 거둔 승리들은 제국주의를 약화시키고 세계 평화를 수호하는 데 가장 중요한 역할을 했다.

앞 장에서 기술했듯이, 우리가 거둔 승리의 기본 요소는 호치민 주석이 이끄는 우리 당의 명확한 정치적 군사적 지침, 그리고 1953~1954년 간의 건전한 전략적 지도력에 있었음이 분명했다.

이는 전국적으로 모든 인민이 수행하는 인민전쟁을 이행하기 위해 혁명에 적용했던 마르크스-레닌주의였다. 우리는 혁명전쟁에 마르크스-레닌 기본 원칙을 준수했고, 우리나라의 외부 침략자들과 맞선 투쟁의 오랜 전통과 교훈으로 군대를 양성했으며, 사회주의 동맹국들의 유용한 군사적 경험과 무장투쟁을 통해 축적한 우리의 지식을 창조적으로 조합해 활용했다.

1953년 여름, 프랑스 식민주의자들은 미국 제국주의자들의 지원 하에 인도차이나에서의 장기전을 획책했다. 적들은 단기간 내에 자신들의 후방지역에서 수차례 공격을 감행했고, 우리 해방구를 위협하는 데 대규모 전략 기동군을 동원하기 위해 병력을 증강시켰다.

우리 당위원회는 그와 같이 경험이 풍부하고 공격적인 적을 상대로 혁명과 무장투쟁을 지도하면서 축적된 경험을 통해 선도적인 당의 혁명 정책을 적용하고, 동시에 승리를 위해 목표와 전장 상황을 과학적 분석을 통해 도출했으며, 적의 강약점을 정확히 평가하고, 각 작전마다 우리의 유리한 점과 불리한 점을 평가했다.

우리 당이 결심한 가장 중요한 전술은 전투 지역과 방식을 결정하고, 각 작전을 위해 병력과 화력의 절대적 우위를 창출하며, 상이한 부대 간 협동 작전을 구사하고, 공세적 포위를 단행하며, 작전 단계를 변경하기 위해 유리한 기회를 포착하고, 전술기지를 공격하기 위한 수단을 발전시켰다.

이렇게 명확히 가시화되고 영웅적인 전략적 결심이 역사적인 전역에서 명확한 작전 지침과 함께 우리 군과 인민에게 위대한 승리를 가져다준 것이었다.

6

우리가 견지한 필승의 신념은 당의 명확한 정치 노선에 고취되어 그들의 기본적이면서 가장 고귀한 열망, 즉, 사회주의로 가는 길을 닦기 위한 조국 독립을 목표로 무장봉기한 우리 인민들의 무한한 힘이었다.

이런 신념은 우리나라의 불요불굴의 상무정신, 즉 침략적인 제국주의의 강력한 군대에 맞선다는 대의명분을 갖춘 신생 혁명군의 영웅적 투쟁의 연장선상에 있었다. 또한, 이런 정신은 당에서 교육한 프롤레타리아의 혁명 사상으로 제국주의를 타도하겠다는 신념, 모든 고난과 난관을 극복하겠다는 정신, 인민과 혁명을 최상의 위치에 놓는 가치관, 그리고 혁명을 위해 모든 것을 희생할 준비가 되어있음을 뜻했다.

이런 정신은 장기간의 투쟁 기간 중 단련되고, 또 고양되었다. 특히 1953년 겨울과 1954년 봄에, 제도적인 소작 감소와 토지 개혁을 실현시키기 위한 대중 계몽 정책은 애국심, 계급의식, 혁명에 대한 열정을 군과 인민 속에서 크게 발전시켰다.

군대 내에서는 혁명과 군사 과업에 대한 다양한 정치학습과정을 이수한 후, 적을 소멸시키고야 말겠다는 우리 장교들과 병사들의 열망이 고양되었다. 많은 군대가 농민들로 구성되어 있었고, 그들의 계급적 신분이 이런 과정들을 통해 고양되었음을 언급할 필요가 있다. 모두가 가장 어려운 임무를 떠안고 적을 격멸하라는 명령을 준수하기 위해서 혁명적 열의를 가지고 전선으로 갈 준비가 되어 있었다.

우리 군은 그와 같은 열의를 안고, 어떤 난관도 극복하고, 어떤 적도 격멸하며, 어떤 임무도 완수할 수 있었다. 적은 항공기, 전차, 대포를 보유하고 있었으며, 우리 군이 길을 닦고 대포를 진지로 이동시킬 수 없다고 믿었다. 적은 대규모의 병력, 막강한 화력, 견고한 진지와 지형적 이점을 가지고 있었기 때문에, 그들은 우리 군이 온전한 상태로 디엔비엔푸에 접근해 올 수 없다고 생각했다. 그들은 얼마나 어리석었던가!

우리 인민군은 계곡[04]뿐만이 아니라 당시 전국의 다른 전장에서 치른 대규모 전투에서, 잘 단련된 군대만이 보유할 수 있는 불멸의 상징인, 감탄을 자아내는 영웅적 행위들을 수없이 보여주었다. 수많은 장병들이 각 전투에서 승리하고 저항전쟁에서 최후의 개가를 울리기 위해 목숨을 초개와 같이 버렸다. 우리의 정찰대는 많은 적을 생포했고, 운전병들은 부상을 입은 채로 운전대를 잡았으며, 우리 위생병과 보급병들은 탄약과 부상자들을 운반하기 위해 포화 속으로 뛰어들었고, 통신병들은 통신을 보장하기 위해 모든 것을 다 바쳤다. 정규군, 지방군, 민병대, 게릴라들은 디엔비엔푸 계곡 외에도 여러 협조된 전장에서 수많은 난관을 극복하고 영광스러운 직분을 수행해 작전 성공에 기여했다.

디엔비엔푸 전역과 동춘 전역에서, 우리 인민들은 '전선 제일, 승리 제일'[05]이라는 구호 하에 전선에 보급품을 운반하고 군인들 바로 옆에서 함께 투쟁했다.

전국의 우리 인민들은 그들의 능력과 물질적 자원을 다양한 전선에 기부했다. 우리 인민과 군은 수백 km에 걸친 대규모, 장기간의 작전에 보급 지원을 보장하면서, 투쟁에 있어 위대한 영웅적 행위와 단결을 과시했다. 그들은 모든 사람들의 예상을 뛰어넘는 위대한 업적을 이룩했다.

적의 항공기도, 긴 여정으로 인한 난관도, 전시근로자들과 수송 일꾼들의 전진

04 므엉타잉 계곡, 곧 디엔비엔푸를 의미한다. (역자 주)

05 everything for the frontline, everything for the victory

을 가로막지는 못했다. 그들은 도로, 소로, 강과 하천을 극복하고 식량과 탄약을 전선으로 운반했다. 새로이 해방된 북서지방의 주민들은 가난했지만, 그들이 내어줄 수 있는 최대한의 식량을 기꺼이 군에 제공했다.

많은 짐자전거꾼들은 그들의 놀라운 능력을 보여주었다. 삼판과 뗏목 사공들은 빠르고 위험한 급류를 수도 없이 건넜다. 병원과 들것 운반에 종사한 사람들은 부상자들을 자기 피붙이처럼 돌봐 주었다. 인민들은 수많은 도로에서, 적기의 기총소사를 받고 시한폭탄의 위협을 받으며 밤낮으로 도로 개통을 위해서 헌신했다.

우리 인민들은 군대에 보급품을 배송하고 함께 투쟁했을 뿐만 아니라, 실과 바늘처럼 가장 사소한 것들부터 위문품과 위문편지까지 제공해 주었고, 토지 개혁에 동참한 수백만 농민들의 열정도 함께 전달했다.

투쟁에서 발휘된 단결심과 우리 군과 인민의 당, 정부, 호치민 주석의 지도 하에 승리하겠다는 결의는 디엔비엔푸뿐만 아니라 동춘 전역에서 거둔 승리의 결정적 요소였다. 이는 견고한 후방 지역이 혁명전쟁의 승리에 결정적인 요소임을 입증했다.

7

오랜 단결의 전통에 의거, 베트남과 라오스의 군과 인민들은 프랑스 제국주의자들의 침략에 맞서 어깨를 나란히 하고 변함없이 싸워 왔다. 저항전쟁에서 어느 국가의 승리도 두 국가의 인민과 군이 연합된 노력의 결과였다.

라오스 애국전선의 지도 아래, 팟헷 라오스 해방군은 시작부터 병력과 장비에서 월등한 적과 맞서야 했다. 그러나 위대한 애국심과 고도의 전투정신이 충만했으며, 라오스 인민들의 사랑과 지원을 받은 해방군들은 차츰 전투력을 갖춰갔다. 그들은 전투를 하면 할수록 점점 더 강력해졌고, 더 많은 승리를 거두게 되었다.

승전을 자축하는 베트남-라오스 연합군 (ANN)

저항 기간 내내, 팟헷 라오스 해방군과 우리 의용군[06]은 어깨를 맞대고 생활하고 싸우며, 두 국가에 승리를 가져다주었다. 라오스 인민들은 의용군 부대에 모든 지원을 아끼지 않았으며, 그들을 친자식처럼 사랑했다.

소련과 다른 사회주의 국가의 인민들은 우리의 투쟁을 제국주의에 대한 사회주의 진영의 전선으로 간주했다. 그들은 날마다 디엔비엔푸 전투의 진전 상황을 추적했으며, 전쟁을 장기화하고 확대하려는 프랑스와 미국 제국주의자들의 흉계를 맹렬히 비난했고, 성심성의껏 우리 인민의 투쟁을 지원하고 격려했다.

적에 대한 우리의 투쟁이 결정적인 단계에 이르렀을 때, 고도의 프롤레타리아 국제주의 정신을 지닌 프랑스 인민과 공산당은 우리 인민의 정의로운 전쟁을 모두 지원하여 인도차이나 방면의 전쟁 종결을 위한 애국적인 투쟁에 박차를 가할

06 베트남을 떠나 라오스에서 프랑스와 싸우기를 자원한 군인(역자 주)

수 있도록 해주었다.

우리는 우리 인민의 정의의 투쟁에 평화, 국가독립, 민주주의, 사회주의 군대의 동조와 지원에 매우 고맙게 생각하며, 우리 승리에 있어서 가장 중요한 요소로 여겼다.

디엔비엔푸 대첩과 다른 승리를 이끈 요소들이 있다.

디엔비엔푸 함락과 나바르 군사계획의 완전한 실패 이후, 유명한 군사전문가, 관료, 기자들은 전투에 관해 거대한 분량의 보고서를 썼고, 실패의 원인에 대해 각자 상이한 견해를 피력했다. 일부는 프랑스 정부 책임이라고 못 박았고, 다른 이들은 나바르의 책임이라고 했다. 이런 열띤 논쟁은 아직까지도 계속되고 있다.

나바르가 라이처우를 구하고 북부 라오스를 방어하기 위해 디엔비엔푸를 공격하기로 결정했을 때, 미국인을 포함한 전 세계 전략가와 정치가들은 그를 칭찬했다. 꼬니조차도 디엔비엔푸 공격을 올바른 결정이라고 여겼으며, 만일 그 결정이 실행되면 그는 나싼의 전술기지를 계곡으로 옮길 것이라고 덧붙이기까지 했다. 쌀랑은 '디엔비엔푸 공격이 필요하다'고 말했다. 이 문제에 대해 거의 말을 하지 않았던 라니엘도 이 계획을 전적으로 승인함은 물론, '나바르의 창조적인 결정은 프랑스나 전 세계에 있는 어느 군사 전문가들도 생각하지 못했던 것이다.'라고 평했다.

나바르가 1953년 12월 3일 '어떤 대가를 치르더라도 디엔비엔푸를 방어'하겠다는 전략적 결심을 했을 때, 프랑스와 미국의 장군들은 하나같이 '디엔비엔푸 집단전술기지는 난공불락의 요새'라는 입장을 견지했다. 나바르와 그의 부하, 즉 꼬니와 드 까스트리 같은 장군들도 디엔비엔푸 기지가 인도차이나에서 가장 강력한 집단전술기지라는 데 동의했다. 프랑스 국방장관 쁠레방[07], 사회부 장관 마끄 자께[08], 프랑스군 총참모장 엘리[09]도 직접 디엔비엔푸에 와서 집단전술기지의

07 전임 총리인 레네 쁠레방. 1954년 6월 19일까지 국방부장관으로 재직했다.

08 Marc Jacquet (1913~1983) 프랑스의 정치가, 행정가. 2차대전 중 알프레드 외르토와 함께 지하정보조직 엑토르 네트워크를 구성해 나치를 상대로 저항했고, 전후에는 정치에 투신, 농민의 국민중심당을 시작으로 신공화국연합에 합류하는 등, 정당정치에서 활약했다. 1951~1955년간에는 프랑스 국민연합의 부총재였다.

09 Paul Ély (1897~1975) 프랑스의 군인. 2차 세계대전 당시에는 패전 후 부상을 입고 비시 프랑스에 남았으나, 1942년부터 ORA에 가입해 레지스탕스 활동을 전개했다. 국방부 총참모장으로 1953년 8월부터 1954년 6월까지 활동했는

견고한 방어체계를 칭찬하고, 베트남군 주력을 격멸할 수 있는 이상적인 전장이라고 확신했다. 미 태평양 사령관 오다니엘도 같은 생각이었다.

프랑스 최고사령부는 우리 정규군 주력이 디엔비엔푸로 향하고 있음을 인지했지만, 지난 12월까지는 별다른 걱정을 하지 않았다. 프랑스와 미국 장군들은 만약에 전투가 발발한다면 '승리를 100% 보장할 수는 없다'고 생각하면서도 집단 전술기지에 닥친 위험을 인식하지 못했다. 당시 전술기지에서 철수 건의가 올라왔지만, 나바르와 꼬니는 '디엔비엔푸는 어떤 대가를 치르더라도 방어되어야만 한다'는 입장과 철수는 '성공적인 방어를 하고 있다는 긍지에 충만한 방어 중인 군의 사기를 저해'할 수 있다는 입장을 고수했다.

처음에 '적을 계곡으로 유인할 자신'이 있던 드 까스트리는 나중에 자신감을 상실했다. 그는 '전투가 치열할 수 있다. 그러나 내가 2~3개 대대를 증원받는다면 전선을 굳건히 지킬 수 있다'고 생각했다. 하지만 시간이 흐른 뒤에도 우리는 전술기지에 대한 공격을 단행하지 않았고, 대신 적들은 북부 라오스에서 우리가 벌인 대규모 작전을 탐지했다. 나바르는 '적의 파상공세'가 끝났다고 판단했다. 그 결과, 나바르는 정규군을 남베트남에 파견해 아뜰랑뜨 작전을 전개했다. 우리가 디엔비엔푸에 공격을 계속하는 동안 프랑스 원정군 사령부는 많은 계획을 입안했지만, 결과를 도출할 수 없었으므로 이런 계획은 하나도 실행되지 못했다.

적은 우리의 통신망과 병참선을 차단하기 위해서 타이응웬, 뚜엔광, 엔바이를 공격하려 했다. 우리는 이제 그런 작전이 전개되었다면 적이 우리 보급로를 차단하지 못하는 것은 물론, 그곳에 숨어있던 우리 주력군이 그들에게 심대한 타격을 가할 수 있었을 것이라고 말할 수 있다.

적은 디엔비엔푸에서 공중으로 철수할 계획도 가지고 있었다. 만일 이 계획이 조기에 시행되었다면 적은 주력의 일부만이 격멸되었을 것이다. 그러나 12월 중순 이후에는 우리가 계곡 주위에 아군 주력을 집중시키고 적의 모든 철수계획에 대해서 대비하고 있었으므로, 항공철수계획은 적에게 큰 피해를 입힐 수 있었다.

데, 특히 인도차이나 전역에 대한 미국-프랑스간 군사실무협상을 맡았다. 1956년에도 총참모장으로 재차 임명되었으며, 1958년에는 5월의 반란을 이끈 군내 극단주의자들의 숙청 과정을 주도했다.

디엔비엔푸에 있던 적들은 막다른 상황에 빠지게 되자, 우리 포위망을 뚫고 북부 라오스로 이동할 계획을 수립했다. 그러나 우리가 라오스로 통하는 모든 도로와 샛길을 통제하고 있었으므로 만일 적이 이 철수계획을 실행에 옮겼다면, 적은 치열한 전투 속에서 모두 격멸되었을 것이다. 혹여 극소수의 부대가 국경까지 갔다 해도, 북부 라오스의 산악지형에서 소탕되었을 것이 분명하다.

미 국무장관 덜레스[10]와 미 육군참모총장 래드포드(Radford)[11] 같은 전쟁광들은 라니엘-비도 정부의 요청에 못 이겨, 디엔비엔푸를 구하기 위해 중폭격기를 파견하려고 했다. 만일 미국이 개입에 박차를 가했다면 우리는 더 심한 난관에 직면했겠지만, 이 개입도 최종적으로 프랑스 원정군을 구할 수는 없었을 것이라고 단언할 수 있다. 미국 정계와 군계에서는 이를 우려했다. 그들은 미국 내 여론을 포함한 전 세계 진보적 인민의 반대를 두려워했고, 인도차이나에 제2의 한국전을 치르게 되는 상황을 원치 않았다. 이것이 바로 아이젠하워가, 개입이 미국에게 비극적 종말을 가져올 것이며, 동시에 '인도차이나와 동남아를 전쟁으로 몰고 가는 것'이라고 주장하며 개입 강화에 거부한 이유였다. 전 영국 수상 윈스턴 처칠은 다음과 같이 말했다.

> "개입은 추천할 만한 것이 못된…(중략)…개입은 전략적 실수가 될 수 있고…(중략)…오직 제네바 회의만이 최상의 기회를 제공할 것이다."

전쟁이 끝난 후, 군사문제에 매우 정확한 의견을 내놓는 부르주아 군사 전문가들은 나바르 전략에 대한 평가에서 공정부대로 디엔비엔푸를 공격한 것은 이해할 수 있으나, 죽기 아니면 살기 식으로 전쟁을 수행했던 것이 실수라고 평했다. 실수는 나바르가 자신의 군대를 과신하고 우리를 경시한 데서 비롯되었다. 전문가들은 디엔비엔푸 계곡으로 정예부대를 집중시키면서 다른 한편으로는 주력군

10 John Foster Dulles (1888~1959) 미국의 외교관, 정치가. 1950년부터 딘 애치슨 국무장관의 고문으로 취임해 대일강화조약과 미일안보조약을 채결했고, 1953년부터 아이젠하워 정부의 국무장관으로 임명되어 대외적으로 반공주의 외교활동으로 이름을 알렸다.

11 원문을 그대로 옮겼다. 다만 1953~1955년간 미국 육군참모총장은 매튜 리지웨이로, 원문의 설명과 차이가 있다.

의 상당수를 아뜰랑뜨 작전 수행을 위해 남쪽으로 돌린 나바르의 해결책이 전략적 실수였음을 지적했다. 나바르는 자신의 부대를 분산시켰고, 이는 그가 누차 주장하던, '반드시 회피해야 하는 전쟁의 원칙'이었다. 이런 분석 자체는 타당하지만, 승리한 뒤에는 누구든 진실을 파악할 수 있다. 문제는 당시의 나바르가 군사전략가들처럼 고전적인 전쟁의 개념 하에 상황을 분석하기를 꺼렸는지, 혹은 혁명전쟁에서 인민군이나 스스로를 해방시키기 위해 봉기한 모든 인민들이 지닌 거대한 가능성을 가늠할 수 없었는지는 알 수 없다는 점이다.

인도차이나에서 프랑스 제국주의자들로 인한 침략전쟁은 8년간 계속되었다. 그들은 거의 50만 명의 병력을 보유했고 2조2천억 프랑의 전비를 사용했지만, 패배를 거듭할수록 상황은 더욱 악화되었다. 이는 그들의 전쟁이 정의롭지 못했기 때문이었다. 적은 모든 인민지 지닌 불요불굴의 정신과 대적했으므로, 아무리 지략이 뛰어난 장군이 지휘하더라도 (즉 르끌레르[12], 드 라뜨르, 나바르, 혹은 그밖의 어떤 인물도) 혹은 어떤 강력한 무기 (즉 박격포, 전차, 중폭격기, 혹은 원자폭탄이라 해도) 프랑스 원정군을 패배에서 구할 수 없었다. 설령 적이 1953년에 디엔비엔푸 계곡으로 가지 않았더라도 머지않은 미래에, 시간과 장소는 달랐다 하더라도 디엔비엔푸의 승리는 존재했을 것이다. 프랑스와 미국의 제국주의자들은 종국에 닥칠 쓰디쓴 패배를 피할 수 없었다.

디엔비엔푸에서 우리 인민이 이룩한 위대한 성공과 제네바 회담은 장기간의 저항전쟁에서 우리 당의 노선이 옳았음을 웅변적으로 증명했다.

8

우리 나라는 평화를 갈망했고, 당과 정부는 평화 정책을 열성적으로 추구했다. 그러나 프랑스 식민주의자들은 우리나라를 침공해 침략전쟁을 수행하기로 결정

12 Philippe Leclerc (1902~1947) 프랑스의 군인. 2차 세계대전 당시 자유프랑스군에 가입해 차드 군사령관, 자유프랑스군 제2사단, 프랑스군 제2기갑사단 등을 지휘하며 서부전선에서 크게 활약했으며, 전쟁 중 파리 해방의 주역으로 널리 알려졌다. 전후 프랑스군 태평양 방면사령관으로 일본의 항복 당시 프랑스 대표가 되었으며, 1946년 하노이 침공부대를 지휘했다. 1946년 북아프리카 총감으로 부임되어 임지로 이동 중 비행기 추락으로 사망했다.

했다. 이에 맞선 우리 인민에게는 오직 한 가지 방법밖에 없었다. 불에는 불로 맞서고, 적의 반혁명적 도발에는 혁명적 도발로 맞서는 것이었다.

우리 당의 투쟁적 저항전쟁은 1945년 8월 결의안의 과실을 지키고, 조국의 독립을 달성하는 유일한 방법이었다. 우리 저항군이 적을 상대하기에 충분히 강해졌을 때만이, 적에게 우리 인민과 국가의 합법적인 이익을 인식하도록 강요하고, 제네바 회담을 성공적으로 이끌 수 있었다. 부인할 수 없는 사실은 제국주의자들이 혁명 투쟁의 끈기를 통해 전쟁 계획과 침략 계획을 무산시키고 격퇴하지 않는 한 절대로 자발적으로 철수하지는 않았으리라는 것이다.

9

우리 저항전쟁은 정확하게 무장투쟁의 형태를 갖춘 혁명 국가적 민주 원칙의 연장선이었다.

프랑스가 우리나라를 침략해 왔을 때, 국가적 요소들이 가장 중요한 요소들이었다. 우리 당은 국가 해방을 위한 전면적인 혁명은 인민들이 국가적 민주주의 사상을 가져야 한다고 평가했다. 특히 제국주의가 봉건주의와 손에 손을 맞잡고 우리 인민들의 의사에 반하는 행위를 자행했으므로, 반제국주의와 반봉건과업은 밀접하게 협조되어야 했다. 우리는 국가의 요소들이 낙후한 농업국이었고, 농민이 수적으로 우리의 가장 큰 군대였다. 농민은 노동자 계급 혁명의 주력이었고, 동시에 농촌은 우리가 혁명 행정기관과 기지를 건립하고, 인민전쟁을 개시하며, 장기 게릴라전을 수행하고, 인민군을 건설하기 위한 기반이었으므로, 우리 당은 농민 문제에 대한 중요성을 강조했다.

'조국에 독립을, 경작자에게 토지를'이라는 구호 하에, 우리 당은 혁명을 위해 전 인민을 동원했다. 당은 우선 노동자와 농민, 혁명세력과 애국세력을 단결시켰다. 그리고 국내에 있는 상이한 소수민족들을 단결시키고 노동자-농민 동맹에 기초한 국가연합전선을 확대했다.

이런 온당한 정치 노선은 전 인민에게 해방전쟁에 기여하도록 용기를 북돋아

주었다. 우리 당이 '전선 제일, 승리 제일'의 구호 하에 전쟁의 후위를 공고화하는 동시에 확장하고, 인민군을 건설하고 강화하며, 애국 인민의 인력과 부를 동원하는 과업을 성공적으로 수행했다는 것은 올바른 정치노선을 따랐음을 명확하게 증명하고 있다. 전 인민들은 전선을 위한 사업에 헌신했다. 우리 병사들과 인민들이 전국의 다양한 전선에서 다졌던 필승의 신념은 우리 당의 정치노선이 보다 명확하고, 정당하며, 가시적이었음을 보여준다.

10

우리 당은 식민주의적, 준봉건적 국가라는 강력한 적을 상대하는 혁명전쟁에서, 마르크스-레닌 이론을 창조적으로 적용하여 정확한 군사전술을 채택했다. 당은 저항전쟁을 통해 우수성을 입증했고, 우리 인민군은 전투를 치르며 꾸준히 성장했으며, 승리는 연이어 승리를 낳았다.

동춘 전역에서 거둔 일련의 승리는 전쟁 리더십과 마르크스-레닌 군사 노선을 따른 전략과 군사 작전 방향의 표본을 제공했다. 우리는 궁극적 승리를 달성하기 위해, 즉 구국과 독립, 자유를 위해 투쟁하기 위해 전 인민의 단결과 노동자-농민 연맹에 기반을 둘 수밖에 없었다.

11

우리 당은 항상 베트남 혁명을 세계 혁명의 일부로 여겨 왔다. 국제 상황은 항상 우리나라의 혁명에 영향을 끼쳐왔다.

제2차 세계 대전 이후, 혁명세력과 반혁명세력 간의 세계적인 군사력 균형은 항상 좌익 쪽으로 기울어져 있었다. 소련 붉은 군대가 독일과 일본의 군국주의자들을 상대로 거둔 큰 승리들과 중국 혁명의 대성공은 혁명 세력을 반혁명세력에 비해 결정적으로 우세하게 했다.

세계적인 혁명운동이 나타났고, 그 안에 사회주의 체제가 인간 사회 발전 추세에 있어 주연을 맡았다. 국가 혁명운동은 전능한 혁명적 흐름이 되어, 식민주의 체제의 대부분을 해체하게 했다.

세계의 군사력 균형이 혁명군에 유리하게 바뀌었을 때, 미국이 주도하는 침략적인 제국주의자들에 맞설 공세 전략을 수행할 혁명군을 위한 시간이 도래했음은 부정의 여지가 없는 사실이다. 이런 공세 전략은 제국주의를 차례차례 무너뜨리고, 평화, 국가독립, 민주주의와 사회주의의 성공을 확보하기 위해, 제국주의자들의 가장 취약한 전선인 아시아, 아프리카, 라틴 아메리카 같은 지역들을 겨냥하고 있었다.

우리 당과 인민들은 무장 투쟁의 형태로 제국주의에 대한 공세 전략을 이행하기 위해서 우리나라의 역사에 기반을 두고 있었다.

인민이 그 개개인이 얼마나 약한가에 상관하지 않고 연대, 봉기하여 올바른 정치 노선을 추구하고, 독립과 평화를 위해 결연히 투쟁한다면, 그들은 제국주의자와 식민주의자들의 간악한 침략군을 격퇴할 능력을 이미 보유한 것과 같다. 제국주의자들과 식민주의자들에 의해서 촉발된 전쟁은 확실히 패배할 것이며, 해방을 위한 혁명은 확실히 성공을 거둘 것이다.

12

위대한 디엔비엔푸 승리를 거두고 평화가 복원된 지 10년이 흘러갔다. 그로부터 중요한 변화들이 우리의 사랑스러운 조국에서 일어났다.

우리 당의 영도 하에 북부를 완전히 해방시킨 우리 인민들은 사회주의 혁명과 재건에 종사했다. 우리는 1930년 이래 우리 당에 의해서 확정된 노선을 똑바로 따라갔으며, 자본주의 발전 시기를 거치지 않고 인민의 국가 민주 혁명에서 사회주의 혁명으로 진보했다. 이 엄청난 변화는 제국주의, 식민주의, 봉건주의에 대항하는 장기간에 걸친 격렬한 무장 투쟁의 결과였다. 끊이지 않는 혁명을 통해 인민 민주 권력은 프롤레타리아 독재의 과업에 본격적으로 착수했다.

프롤레타리아 독재 국가를 수립한 후, 우리가 신속하게 경제회복을 달성하고 토지개혁과 사회주의 전환을 이룩한 것은 명확한 사실이다. 시골의 진짜 주인인 일하는 농부들은 자신들의 자유 의지로 집단, 협동 작업을 실시했다. 모든 자본주의 산업과 경제가 평화적으로 전환되었다. 사회주의 국가들의 경제가 나날이 발전했다. 사람에 의한, 사람에 대한 착취 정권은 기본적으로 폐지되었다. 사회주의 생산 관계가 수립되었다. 우리 인민들은 사회주의 산업으로의 제1보를 디디면서, 열성적으로 제1차 5개년 계획을 수행해갔다. 우리 경제는 독립을 향해 꾸준히 향상되어갔다. 대중들의 문화생활이 나날이 향상되었다. 인민 정권이 공고화되고 국방력이 강화되었다.

지난 10년 동안, 북베트남은 과거보다 큰 진보를 이룩했다. 이와 같은 대단한 성취는 사회주의 체제의 우수성을 증명했다. 혁명 정신을 통해 시험을 받은 노동에 대한 큰 애정과 고도의 근면성을 갖춘 우리 인민들은 북부를 건설하고 방위하며, 이를 국가 통일을 향한 투쟁의 중심이 될 더욱 견고한 혁명기지로 전환하기 위해 모든 노력을 아끼지 않았다. 우리 인민들은 그들의 남쪽 애국동포들에게 감사의 뜻을 전하고, 적에 대한 그들의 영웅적 투쟁에 동참시키기 위해 열성적으로 노력하고 있다.

우리 인민들은 제네바 협정을 엄격히 적용하여, 평화적이고 독립적이며, 통일된 민주화 체제의 부유하고 강력한 베트남에서 자유롭고 행복한 삶을 누려야만 했다. 그러나 미국 제국주의자들은 잉크가 채 마르기도 전에 뻔뻔스럽게도 협정을 파기하고 남베트남을 그들의 새로운 식민지와 군사 기지로 만들기 위해 우리나라를 영원히 양분하는 음모를 꾸몄다.

정전협정 조인 이래, 남쪽에서는 침략자에 의해 야기된 전쟁이 결코 그치지 않았다고 단언할 수 있다. 미국의 허수아비, 응오딘지엠[13]정부는 파시스트적 독재 법률로 테러와 집단학살 정책을 추구해 왔다. 그 지도자들은 수백 번의 소탕작전을 감행하고, 말할 수 없는 범죄를 저질렀으며, 적에 대항하고, 독립, 민주주의,

13 Ngô Đình Diệm (1901~1963) 응웬왕조, 남베트남의 정치인. 왕조의 이부상서 출신으로, 공산주의 독립운동이나 바오다이 괴뢰정부와 대립하는 민족주의 독립운동을 펼치다 미국으로 망명했고, 인도차이나 전쟁 종전 후 귀국한 후, 1955년 남베트남의 총통이 되어 친미 반공주의 정책을 펼쳤다. 독재정과 차별, 탄압정책 등으로 인해 국가적 원성을 샀고, 결국 1963년 남배트남 군사쿠데타를 통해 체포-처형당했다.

국가 통일과 생존권을 주장하는 정치적 투쟁에 가담한 비무장 동포들을 체포하고 죽였다. 지난 몇 년간, 미국 제국주의자들은 군 인사와 전투부대를 유입시키면서 남베트남에 공공연한 간섭을 자행했다. 그들은 수만 톤의 무기를 들여왔고, 수십억 달러를 지출했다. 그들은 여러 나라의 해방 운동을 억압하기 위해, 남베트남을 그들이 '특별한 전쟁'이라 부르는 이론을 시험하기 위한 전장으로 사용하면서 선언되지 않은 전쟁에 불을 지폈다.

우리 남부 동포들도 역시 평화를 사랑했다. 그러나 그들이 다시 한번 혁명 투쟁에 나서면서, 대혁명과 전쟁에 직면했고, 동포들의 합리적인 대응 방안은 전 인민에 의한 정치와 무장 투쟁으로 적에게 원기왕성하게 맞서는 것이었다. 우리 남부 동포들은 봉기했고, 해방을 위한 애국적 투쟁을 전개했다.

남베트남 해방전선(LNF)[14]의 기치 아래, 1천4백만 명의 인민들은 그들의 고향과 나라를 구하기 위해 하나로 뭉쳤다. 남베트남 해방전선의 행동 강령과 계획은, 거국적 민주혁명을 끌어내고 미국 제국주의자들의 신 식민주의를 배격하며, 독립, 민주주의, 평화, 중립성을 획득하고, 조국의 평화 통일을 향해 전진하는 내용으로 구성된 투쟁노선을 명확히 보여주고 있다. 이런 목적들은 우리 남부 동포들의 가장 기본적인 열망을 반영했다. 그들은 인종, 종교, 정당과 무관하게 모든 혁명 계급과 애국 인민들의 지원을 획득했다. 전선의 명망은 지속적으로 확대되었다. 남부인들에 의한 영웅적 투쟁은 광범위한 찬성과 세계적인 지지를 받았다.

남베트남 해방전선에 의해 지향된 올바른 노선을 따라, 우리 동포들은 혁명 투쟁의 창조적 형태를 운용하면서, 용감하고 열렬하게 인민전쟁을 수행했다. 도시와 농촌에서, 고원지대에서 저지대까지, 정치 투쟁은 무장투쟁과 밀접하게 협조되었다. 용감한 정치 군대의 조직 하에, 우리 동포들은 생존, 자유, 독립, 민주주의의 권리를 외치면서 적과 직접 투쟁했다. 게릴라전이 도처에서 조직되고, 급속도로 확장되었다. 용감한 남베트남군[15]은 창설한 지 얼마 지나지 않았고 매우 어

14 원어는 Vietnamese National Liberation Front. 초기에는 남베트남 민족해방전선이라 불렸으나, 남베트남 측에서는 Vietnamese Communist(베트남어로는 Việt Nam Cộng Sản), 혹은 경멸하는 의미를 달아 베트콩(Việt Cộng)이라는 약칭을 사용했다. (역자 주)

15 남베트남 해방전선의 군대(역자 주)

려운 여건 하에서 싸워야만 했지만, 적에게 계속적인 패배를 안기며 빛나는 무공을 세웠다.

우리 동포들에 의해 촉발된 저항은 새로운 전환점을 만들었다. 예를 들어, 전투력 균형이 우리 쪽에 유리하게 전환되었고, 18개월 내에 혁명 세력을 분쇄한다는 목표 하에 수립된 스탤리-테일러(Staley - Taylor) 계획도 무산되었다. 적들이 그리스, 말레이시아, 필리핀에서 수많은 반혁명 전쟁을 통해 입증된 가장 효과적인 무기라고 자랑하던 전략촌 망상형 조직(network)은 떠오르는 정치, 군사 투쟁 운동에 의해서 산산이 부서졌다. 미국 제국주의자들은 남베트남의 고문관과 전투 병력을 수만 명으로 늘리고, 그들이 자랑하는 최신 전술을 사용하면서도 속수무책으로 실패에 실패를 거듭했다. 미국 침략자들은 가장 최근에 등장한 최신 무기들도 투입했는데, 개중에는 독성 화학제라 불리는 가장 간악한 파괴 수단도 포함되었다. 그들은 '끝이 보이지 않는 터널' 속에서 길을 잃은 것이 분명했다. 제국주의자들은 단기간에, 강 가운데서 두 번씩이나 말을 바꿔 타야 하는 상황을 강요받았고, 결국 두 번이나 쿠데타를 일으켰다. 그러나 쿠데타 이후, 그들의 군대는 힘을 잃고, 사기가 떨어졌다.

현재, 완강하고 잔인한 미국 제국주의자들은 남베트남에 군사 개입을 증가시키기 위해서 죽을 지경이 되었다. 그러나 그들의 정치, 군사 전문가들조차 아무도 이 전쟁이 조속히 종결되리라고는 믿지 않았다. 점점 더 많은 사람들이 이 전쟁은 침략자들에게 쓰디쓴 패배를 선사할 것이라고 믿게 되었다.

이미 20년간 투쟁해온 용감한 남부 인민들은 그들의 저항전쟁을 벌이고 있다. 확고한 전투 정신과 비견할 데 없는 영웅심을 견지한 그들은 우리 시대의 위대한 진실을 보여주고 있다. 즉-

"아무리 약하다 해도, 어느 민족이 단합해 일어나서, 올바른 정치 노선을 추구하고, 독립, 자유, 평화를 위해 결연히 투쟁한다면, 그들은 제국주의와 식민주의의 가장 잔인한 침략군을 격퇴시킬 능력이 있는 것이다. 제국주의자들과 식민주의자들이 획책한 어떤 전쟁도 반드시 패배하고, 해방을 위한 혁명은 반드시 승리할 것이다."

세계는 우리 남부 동포들의 정의의 투쟁을 최선을 다해 격려하고 있으며, 이를 가장 잔인한 적인 미국 제국주의에 대항하는 진보 인류의 전선으로 여기고 있다. 남부 동포들은 이 유용한 지원이 가치가 있음을 스스로 증명할 것이다.

남부에 있는 우리 동포들의 장기적이고 중대한 전투는 반드시 승리할 것이다. 우리의 조국, 베트남은 반드시 통일될 것이다. 미국 제국주의자들은 패배할 것이다.

13

몇 세기에 걸쳐, 그들의 독립을 지켜내기 위해서 외부 침략에 대항해 줄기찬 투쟁을 벌여온 영웅적인 베트남 인민들은 그들의 역사에 영광스럽게 기록되었다.

바익당
치랑(Chi Lăng)[16]
동다(Đống Đa)[17]
디엔비엔푸(Điện Biên Phú)
우리는 이제 위대한 시대에 살고 있다네.
미래는 우리의 것일세.

호치민 주석이 영도하는 우리 당의 영광스러운 기치 아래, 베트남 인민들은 보다 더 밝은 미래로 나아갈 것이다. 베트남에서 사회주의는 반드시 위대한 성공을 이룰 것이다. 국가 통일은 반드시 실현될 것이다.

전 세계에서, 마르크스-레닌의 불패의 기치 아래, 진보 인류는 항상 전진할 것

16 베트남 북서 지방에 위치(현재의 랑썬), 1427년 중국(명) 침입을 격퇴한 장소(역자 주)

17 하노이 북쪽에 있는 고개(지명). 1789년 중국(청) 침입을 막아낸 장소(역자 주)

이다. 잔인무도한 제국주의자들과 식민주의자들은 지구상에서 사라질 것이다. 투쟁 중인 모든 억압받는 인민들은 완전히 해방될 것이며 그들 자신의 운명과 국가의 주인이 될 것이다. 사회주의와 공산주의는 꼭 성공할 것이다. 인류는 평화와 행복을 향해 전진할 것이다.

우리는 그들의 족쇄를 부수기 위해 일어서고, 억압과 착취에 맞서 싸우는 인민과 국가의 혁명 투쟁의 역사에서, 디엔비엔푸는 항상 영광스러운 군사적 위업과 제국주의와 식민주의의 세계적인 몰락을 선도하는 위대한 사건으로 남게 되리라는 것을 자랑스럽게 생각한다.

위대한 디엔비엔푸 승리는 우리 인민뿐만이 아니라 전 세계에서 억압받는 국가들에게 보다 더 큰 승리를 향해 나갈 것을 항상 고취시킬 것이다.

디엔비엔푸는 미래 세대들의 가슴 속에 항상 살아있을 것이다.

1964년
하노이

17. 디엔비엔푸, 40년 후의 회상[01]

우리가 온전한 독립과 통일 하에서 번영하는 조국 건설을 계속하고 있는 올해, 디엔비엔푸 승리 40주년을 기념하게 되었다. (1994년 5월 7일)

바익당, 치랑(Chi Lăng), 동다(Đống Đa), 1945년 8월 혁명과 호치민 전역, 그리고 디엔비엔푸는 외국 침략에 맞서 투쟁한 베트남 역사의 '황금 이정표'[02]였다. 그것은 해방과 수호를 위한 30년 전쟁의 결정적인 의미를 부여한 승리 중 하나였다.

그로부터 거의 반세기가 흘렀고, 세상은 많이 변했다. 그럼에도 불구하고, 호치민 시대에 베트남 인민군의 영광스러운 위업은 점점 더 깊은 의미를 부여해오고 있다.

인간의 지적 능력은 비약적으로 발전하고 있다. 과학의 역사는 대단히 발전했으며, 새로운 사고방식을 통해 역사에 빛을 투사하고 있다. 이로 인해 40년이 지난 현재에 이르러 디엔비엔푸 전역에서 방점을 찍은 1953~1954 동춘 전역의 승리는 더욱 빛나고 있는 것이다.

이런 역사적 전공(戰功)을 평가함에 있어서, 우리는 당시의 전투 그 이상, 즉 역사에 대한 영향을 살펴볼 필요가 있다. 과학적이고 분석적인 사고는 성공의 원인을 인지하게 만들고 그것의 의미를 명확하게 해준다.

디엔비엔푸에서 거둔 승리는 외국의 침략자들을 몰아낸 푸동 마을 출신 소년[03]

---

01 본고는 디엔비엔푸 제40주년 기념일에 즈음하여 작성되었다.

02 호치민, Complete Works, 쓰텃 출판사, 하노이 1989, 제9권 713쪽

03 베트남의 전설적인 영웅인 탄지옹(Thánh Gióng)을 뜻한다. 베트남의 반랑 왕국 시절, 푸동 마을에서 태어난 탄지옹은 세 살이 되어도 걷지도, 말을 하지도 못했지만, 중국의 한나라가 반랑을 침공하자 급격히 자라 성인이 되었고, 철마를 타고 한나라군을 물리친 후 그대로 승천했다고 한다. 외세의 침략에 항거하는 베트남을 상징하는 대표적 영웅 가운데 한 명으로, 민족 시인들이 탄지옹 설화를 종종 인용했다.

의 전설적인 기상에서 비롯된, 우리 나라의 두려움을 모르는 전통에 그 기원을 두고 있다.

> "세 살 나이로 적을 몰아냈으나 너무 늦었다 하고, 구층구름을 뚫고 날아올랐으나 하늘이 너무 낮다 성을 내더라."[04]

이 기원은 리트엉끼엣의 '남쪽 나라의 산과 들은 남부 왕의 영토다.'[05]라는 운문시를 낳았고, 용사들에게 고함[06], 우(Wu)에 대한 승리 선언[07], 거국적 저항을 향한 호치민 주석의 호소로 이어졌으며, 연이어 강대한 적을 몰아낸 소국의 전략적 재능과 투쟁 능력을 잉태했다.

현재에 이르러, 베트남은 최근에 식민주의에서 해방된 농업국가[08]의 지원을 받으며, 제국주의를 따르는현대화된 적과 싸워야 했다. 건전한 정치, 군사 노선을 견지한 우리 당은 우리 조상들의 영광스러운 군사적 전통을 계승하고, 창조적으로 발전시켰다. 당은 군대를 동원하고 조직했으며, 모든 시련을 극복하고 영광스러운 승리를 거뒀다.

디엔비엔푸는 피식민지 국가가 서양 제국주의 국가의 현대적 군대를 상대로 거둔 최초의 승리로 널리 알려졌다. 디엔비엔푸는 외부의 침략자에 대항하는 억압받는 국가의 투쟁의 역사로 정의된 전투이기도 했다. 그리고 이 전투는 식민주의의 몰락을 선도했다. 이와 같은 특징들이 디엔비엔푸에 위대한 의미를 부여한다. 디엔비엔푸는 두려움을 모르고 영리하며 창조적인 베트남인들의 찬란한 상징으로서 항상 남아있을 것이다.

디엔비엔푸는 프랑스를 상대로 한 우리의 9년에 걸친 항쟁의 정점과도 같았

04 유명한 시인 까오바꽛(Cao Bá Quát)(1809-1854)의 2행시. "Phá tan tặc đản hiền tam tuế văn,Đằng vân do hận cửu thiên đê"

05 작자를 알 수 없는 베트남의 시가인 Nam quốc sơn hà(南國山河)의 첫 구절인 南國山河南帝居를 의미한다. 저자와 해석에 대해 많은 가설이 있으나, 보응웬지압은 리트엉끼엣 저술 설과 응웬트리타이의 해석을 인용했다.

06 쩐흥다오가 외쳤던 유명한 말이다.

07 응웬짜이(Nguyễn Trãi)(1380-1442)가 외쳤던 말로 유명하다.

08 중국을 의미한다. (역자 주)

다. 그간의 전훈은 그 가치를 잃지 않았으며, '독립을 잃고 노예가 되느니, 차라리 희생을 택하겠다'는 각오와 함께, 통일된 국가를 위한 생존권을 건 투쟁에서 헤아릴 수 없는 큰 힘이 되었다. 구국을 위한 저항은 호치민 주석과 최고사령부의 지도 하에 새로운 영역으로 도약했다. 이 저항은 독립, 자유, 그리고 통일을 성취하기 위해 남녀노소, 종교, 종족을 뛰어넘어, 전 인민들에 의해 수행된 전쟁이었다. 우리의 모든 인민들은 단결했고, 함께 적군과 싸웠다. 그들은 전쟁이 진행될수록 강해졌고, 점진적으로 전략적 군사 주도권을 획득했으며, 적을 수세에 몰아넣어 마침내 영광스러운 승리를 거뒀다. 이와 똑같은 역량으로, 우리 군과 인민들은 미국 침략자들과 그들의 괴뢰군에 대한 투쟁에서 1975년 봄에 승리를 거두어 역사에 영웅적인 한 페이지를 기록했다.

새로운 상황과 새로운 혁명 과업에 직면한 현 시점에서, 디엔비엔푸는 위대한 통일 조국의 역량을 이용할 필요성을 일깨워주고 있다. 우리가 세계와 발맞춰 우리나라를 발전시키기 위해서는 당의 개혁 노선에 따라 창조적이고 결연하게 공부하고 일해야만 한다.

디엔비엔푸는 항상 사실적이고, 발전 방향을 찾아내며, 이를 따르는 혁명적이며 과학적인 노선의 결실이었다.

1953년, 프랑스는 영광스러운 종전을 희망하며 기동 주력군을 건설하고, 전략적 주도권을 획득하기 위해 필사적으로 노력했다. 이에 대해 최고사령부는 경험과 변증법에 입각해 상황을 분석하며, 적의 약점을 찾아내고, 결정적인 승리를 위해 작전 방향과 위치를 선정하고 군사력을 창조했다.

디엔비엔푸의 마지막 전략적 전투에서 승리하기 위해, 우리는 작전 실행 직전의 마지막 순간에 작전의 방향을 속전속결에서 연공연진으로 수정했다. 그리고 국내의 모든 전장은 물론, 인도차이나 반도의 이웃 국가들과 밀접하면서 효과적인 협조를 통해, 55일간의 전투 끝에 디엔비엔푸 전역을 완전한 승리로 끝냈다.

우리가 21년 후에 실질적인 전훈을 따랐던 것은 우연이 아니었다. 1975년 봄 총공세에서, 전투 상황은 1954년의 상황처럼 매우 급격하게 전개되었고, 최고사령부는 작전 계획을 급거 변경했다. 우리 군과 인민들은 공격과 봉기를 배합하며

'기습을 달성하고 성공을 보장할 수 있도록, 신속하고 대담하게 행동할 것' 이라는 구호에 따라 용감무쌍하게 전진했다. 그들은 최초 계획된 2⊠3년이 아닌 2개월 만에 승리를 쟁취했다.

우리가 간직한 교훈은 현실과 결합되어 혁신정신 속에서 발전방향을 고안하는 형태로 지금도 국가건설에 창조적으로 적용되고 있다. 우리는 전시에 양호하게 운용되었던 배급제에 기초한 경제에서, 사회주의 기본 원칙 하에 시장경제를 도입하는 개방경제로 전환했다. 수많은 어려움에도 불구하고, 최근 몇 년간에 이룩한 성과는 당의 개혁 노선이 옳았음을 보여주고 있다. 우리 경제는 지대한 노력 덕분에 지금도 꾸준히 발전하고 있다. 생활수준은 점진적으로 개선되고 있으며, 국가는 경제 발전의 기회를 맞이했다.

디엔비엔푸는 베트남이 한편으로 국제적 지원과 보조를 얻기 위해 힘쓰면서도 얼마나 자신감에 차 있고 독립적인가를 보여주는 찬란한 증거다.

온 나라가 희생과 고난을 두려워하지 않고 일어났으며, 전선과 승리를 위해 모든 것을 제공하기로 결의했다. 우리의 군과 인민의 노력은 중국과 소련의 경험은 물론 무기와 장비 면에서도 동맹국들의 유용한 지원을 활용했지만, 결정적인 부분은 언제나 그렇듯 우리 스스로 행했다. 용기와 이해, 그리고 전투 경험을 갖춘 베트남 사람들이야말로 전쟁을 승리로 이끈 결정적인 주역이었다.

1986년 제6차 당 전당대회 이래, 우리 당과 국가는 투자, 과학 기술적인 측면에서 국제적인 협력을 추구하는 정책을 채택했다. 이는 우리 경제를 선진국 수준에 도달하도록 만들 것이다. 우리가 세계를 향해 문호를 개방하면 할수록, 우리는 자신감과 독립성을 더욱 과시할 것이다. 우리의 교육 수준을 향상시키고, 재능 있는 학생과 전문가들을 단련하고, 국가의 문화적 정체성을 보존하도록 애쓸 것이다. 그렇게 하여 모든 우리의 잠재력과 자원을 국가 발전에 있어 새로운 영역에 도달하도록 이용할 것이다.

디엔비엔푸의 교훈은 40년이 지난 후에도 유용하게 남아있다. 이 승리는 '불변의 사실'을 유지하라는 교훈을 제시한다. 그것은 바로 호치민 주석의 혁명의 길이다. 우리의 독립, 주권, 국가 정체성을 보존하는 것, 우리가 자신감을 가지고 사실과 객관적 법칙에 따라 지속적인 개혁을 달성하는 것도 교훈이다. 이를 통해 '평화적 발전' 음모나 모든 가능한 위험에 대처하면서, 우리는 우리 나라를 계속 전진시킬 수 있는 것이다.

디엔비엔푸는 역사적 필연성이다. 가혹한 식민전쟁은 전투를 야기했다. 이 필연적 결말은 베트남에서 발생하지 않았다면, 제국주의 식민체계가 취약한 다른 곳에서라도 반드시 일어났을 것이다. 베트남인들이 피식민 국가들이 봉기하는 시대에서 지표가 된 베트남인의 역할은 역사적으로도 인정받고 있다. 우리 인민들은 이런 역사적 사명의 실체다.

영광과 책임은 분명 인적, 물적 자원의 거대한 희생과, 국가 건설과 발전을 지연시킨 대가와 같다. 그러나 '독립만큼 귀중한 것은 없다.' 독립과 통일을 위해 지불되는 대가는 절실하고도 가치 있는 희생이다. 레닌은 다음과 같이 말했다.

> "전쟁에서 우리를 승리로 이끈 것이 혁명에서도 우리를 승리로 이끈다. 비록 평화를 건설하는 방법이 전쟁의 방법과는 상이하지만, 그 가운데 일반적이고도 보편적 사실이 존재한다. 전쟁의 격정에서 완화된 정신적 가치는 영원히 가치 있는 자산이며, 발전에 있어서 일시적인 지연을 극복하게 만든다."

가난, 퇴보와 투쟁하는 문제, 새로운 사회를 건설하고 우리의 열망을 인식하는 문제는 디엔비엔푸 정신으로 무장된 베트남 인민들의 재능과 혁명 의지를 통해 확실하게 해결될 것이다.

1954년 5월 7일 이후, 시대의 상징으로서 다음과 같은 구절이 생겨났다.

"베트남 - 호치민 - 디엔비엔푸"

베트남은 영웅적인 국가이며, 베트남인은 책략이 있는 사람들이다. 여기에서 호치민은 올바른 지도 노선을, 디엔비엔푸는 영광스러운 승리를 의미한다.

이 구절의 의미는 40년이 지난 후에 더욱 깊어졌다. 그것은 1975년 봄, 승리의 월계관과 조국에 나날이 발전을 가져오고 있는 혁신의 성취로 더욱 훌륭해졌다.

완전한 독립, 자유, 평화와 통합을 이룬 조국에, 마르크스-레닌주의와 호치민 사상의 빛으로, 우리 인민들은 번영하는 국가 건설과 인민들에게 행복한 삶을 가져오는 새로운 시대로 전진하고 있다. 위대한 기회를 환영함에 있어서, 우리는 그와 같은 기회가 있게 한 30년에 걸친 전투에서 전국에 걸친 값을 매길 수 없는 희생을 잊지 않는다.

우리는, 승리의 날에, 포연이 아직 가시지 않은 전장에서, 디엔비엔푸 용사들이 호 아저씨의 축하 메시지를 받고, 결코 시대에 뒤쳐지지 않을 조언을 함께했음을 가슴 깊이 새긴다.

"승리는 위대합니다. 그러나 이는 단지 시작에 불과합니다. 여러분은 승리에 너무 자만해서는 안 됩니다. 여러분은 적을 과소평가해서는 안 됩니다."[09]

호 아저씨는 다음과 같은 조언을 덧붙였다. 승리의 궁전을 건설하기 위해서는, 인민들의 기초를 공고히 해야 한다. '흰개미'에 대항해 싸우지 말아야 한다는 사실을 잊어서는 안 된다.

오늘날 우리 나라의 인민들은 호 아저씨의 조언에 따라 행동하기로 결심했다. 사회주의 조국을 건설하고 방어하는 새로운 투쟁에서 승리를 거둘 것을 다짐하며, 베트남 사람들은 복지, 정의, 문명과 발전의 삶 속에서 높이 비상할 수 있도록 반대 세력들에 맞서 싸워야 함을 자랑스럽게 여긴다.

09 호치민, 완수된 사업, 사실출판사, 하노이 1986년, 제6권 551쪽

18. 디엔비엔푸 전역의 교훈[01]

디엔비엔푸는 프랑스에 대항한 장기 저항전쟁에서 베트남 인민군이 거둔 가장 위대한 승리다. 디엔비엔푸는 인도차이나에 군사, 정치 상황에 괄목한 만한 변화를 가져왔고, 제네바 협정의 위대한 승리에서 결정적인 역할을 했으며, 베트남, 라오스, 캄보디아의 주권, 독립, 단결, 영토 통합을 위한 존중을 기초로 인도차이나 평화를 재정립하게 했다.

이 기사는 전쟁지도에 있어서 베트남 공산당의 경험을 알리기 위해 게재되었다. 동 기사는 또한, 승리를 거둘 때까지 투쟁했던 우리 군대의 정신과 전선을 위해 봉사했던 우리 인민들의 열성을 강조하기 위한 것이다. 당의 영도 하에서 우리 군과 인민의 단결은 (승리의) 결정적인 요소였다. 우리는 다음과 같은 가장 가치 있는 교훈을 기억할 필요가 있다.

> "타당한 정치, 군사 노선 하에 통일을 이루고, 독립과 자유, 사회주의를 위해 싸우기로 결심한다면, 소국이라 하더라도 그 나라와 인민군대는 모든 침략자들을 격퇴할 수 있다."

1953년 겨울~ 1954년 봄의 군사상황

1953년 가을과 겨울, 전쟁은 8년간 지속되고 있었다. 우리 군은 국경지방 전역

01 이 기사는 디엔비엔푸 승리 4주년 기념식이 있었던 1958년 5월 7일 인민일보에 게재되었다.

을 필두로 연전연승을 거두면서 북부 전장에서 주도권을 획득했다. 화빙성 해방 이후, 북부 삼각주의 게릴라 기지가 확장되었다. 우리는 북서지방의 여러 지역들을 해방시킬 수 있었고, 적은 점점 더 불리한 상황으로 빠져들었다. 프랑스 제국주의자들과 미국 개입주의자들은 상황을 호전시키기 위해 병력을 증강하고 장군과 장교들을 교체하며 그간의 계획을 변경할 필요성을 느꼈다. 한국전쟁이 종료됨에 따라, 미국은 인도차이나 방면의 장기화되고 확장된 전쟁에서 보다 더 큰 역할을 수행할 수 있게 되었다. 그들은 바로 이런 목적으로 프랑스의 주도 하에 나바르 계획을 수립했다.

간단히 말해서, 나바르 계획은 18개월 내에 우리 게릴라 세력의 대부분을 소탕하여 결정적인 전략적 승리를 거두고, 우리에게 프랑스가 요구하는 상황에 맞춰 협상에 임하도록 강요하기 위한 대전략이었다. 그들은 사실상 배트남을 식민지이자 군사기지로 영원히 존속하기를 원했다. 이 계획에 따르면, 적들은 강력한 기동군을 북부 삼각주에 집중시켜 평원지대를 평정하고, 우리 정규군을 격멸하기 위해 해방구로 진군할 예정이었다. 동시에, 그들은 괴뢰군을 최대한 강화시켰으며, 전략기동 예비를 구성했다.

그리고 적은 우기의 이점을 활용해, 우리 정규군이 작전을 전개하기에 너무 지쳐 있을 때 군대를 남쪽으로 움직여 제5연합구역[02]과 남부지방에 있는 모든 해방구와 게릴라 기지를 공격, 점령하려 했다.

적들은 1953년 겨울에서 1954년 봄까지 남부를 평정하고, 전략적 공세를 수행하기 위해 매우 강력해진 전략기동군을 북부 전장으로 이동시킬 계획이었다. 우리 정규군의 핵심 세력을 소탕하고 그럴듯한 승리를 거둔 후에, 프랑스, 미국 제국주의자들에게 유리한 상황을 조성하려고 했던 것이다.

1953년 가을, 나바르는 계획을 이행하기 시작했다. '항상 주도권을 유지하라, 항상 공세를 펴라!'라는 구호 하에, 프랑스 총참모부는 닝빙과 뇨꽌을 공격하고 타잉화를 위협하면서 그들이 점령한 지역에 강력한 강습을 개시하기 위해 44개

02 다낭에서 냐짱 간에 위치한 4개 성을 하나의 군사구역으로 묶은 명칭(역자 주)

대대를 북부 삼각주에 집중적으로 투입했다.

11월, 적이 우리의 추동계획을 분쇄할 수 있다고 생각했을 때, 그들은 우리 정규군이 북서지방으로 이동하는 것을 발견했다.

나바르는 11월 20일에 라이처우와 북부 라오스를 방호하기 위해 디엔비엔푸를 점령하도록 공정부대를 투입하라고 명령했다. 그리고 우리 정규군과 전투를 벌이기 위해 디엔비엔푸에 있는 기지를 강력한 전술기지로 전환하기로, 즉 계곡을 요새화하기로 결심했다.

당시 우리 군은 닝빙에서 적 일부를 격멸한 후, 나바르 계획을 무산시키기 위해 동춘 전역을 열심히 추진하고 있었다.

1953년 12월, 우리 군은 북서지방에 강습을 감행해, 적 수비군 일부를 소멸시키고, 라이처우를 해방한 후 디엔비엔푸를 포위했다. 같은 달, 팟헷 라오스 해방군과 베트남 의용군은 타카엑을 해방하고 메콩강으로 진군하기 위해 중부 라오스 전선에서 공격을 개시했다.

1954년 1월, 우리 군은 제5연합구역에서 새로 해방된 남부 라오스의 볼라벤 고원으로 향하는 관문을 개척하기 위해 꼰뚬시를 해방한다는 목표 하에 떠이응웬을 공격했다. 같은 달, 팟헷 라오스 해방군과 베트남 의용군은, 남오우강 유역을 해방시키고 루앙프라방을 위협하기 위해 북부 라오스 전선에서 공격을 감행했다.

이 기간 동안, 북부, 빙찌티엔, 중부의 남단과 남부의 적 후방에서 게릴라전이 활발하게 전개되었다.

3월 중순, 적은 우리의 공세가 종료되었다고 생각했다. 따라서 그들은 3월 12일에 뀌년을 점령하기 위해 병력을 모아 남중부 방면에서 아뜰랑뜨 작전을 전개했다. 다음 날, 우리 군은 디엔비엔푸 집단전술기지에 대한 대규모 공세를 개시했다.

우리 군은 디엔비엔푸 전선에서 55일간 밤낮에 걸쳐 싸웠다. 1954년 5월 7일, 집단전술기지는 완전히 소멸되었다.

우리의 동춘 공세가 승리로 막을 내린 것이다.

전략 지침

디엔비엔푸 전역의 전략 지침은 우리 혁명전쟁에 특별히 적용된 마르크스-레닌주의 군사 이론의 성공적인 사례가 되었다.

나바르 계획을 통한 적의 전략은 전쟁의 큰 고난을 극복하고 상황을 반전시키기 위한 결정적 승리를 거두는 것이었다.

반면 동춘 전역에 대한 우리의 전략은, 공세적 입장을 보다 강화하기 위해서 전장의 주도권을 유지하며 혁명군과 함께, 인민전쟁을 수행하는 것이었다. 이 전략은 적과 우리의 차이점을 보여주고 있다. 이는 우리 군의 용감한 감투정신에 기반한 결과였다. 우리 군은 열악한 보급에도 불구하고 위대한 전투 정신을 발전시켰으며, 적의 전투력을 저하시키기 위해 취약하지만 중요한 진지들을 공격해서 적에게 점령당했던 지역을 해방시키고 적들을 축출했다. 우리는 이와 같은 목표를 달성한다면, 결정적인 승리를 거둘 절호의 기회를 얻을 것이라고 판단했다.

제국주의자들의 전쟁은 궁극적으로 우리 강토를 점령하고 통치하려는 목적을 내포한, 부당하고도 호전적인 전쟁이었다. 호전적인 속성과 목적으로 인해 적은 그들이 점령한 지역에서 인민들을 장악하고 통치하려면 그들의 군대를 분산시켜야 했다. 1개 사단은 인도차이나에서 수천 개의 진지들을 점령하기 위해 연대, 대대, 중대, 소대로 분산되었다. 적의 딜레마는 자신들의 군을 분산시키기 않고는 영토를 점령할 수 없고, 병력을 분산시키면서 많은 약점이 노출되었다는 데 있다. 우리 군은 넓게 분산된 적을 쉽게 소멸시킬 수 있었다. 적의 기동군은 더 취약했고, 병력 부족은 점점 더 심각해졌다. 적은 다른 문제에도 직면하게 되었다. 만일 적이 우리를 상대하기 위해 한 발 앞서 그들의 부대를 운용하려고 하면 할수록, 그들의 점령군은 더 약해지고 장악했던 지역의 방호는 점차 불가능에 가까워졌다. 달리 말하자면, 적의 궁극적인 목적을 달성할 수 없게 된 셈이다.

우리는 전쟁 기간 내내, 적이 소산을 하면 할수록 게릴라전을 강화했다. 그리고 적이 취약하고 노출된 지역마다 병력을 집중해 분쇄했다. 그와 동시에, 우리는 정규군 육성에 박차를 가하고 기동전 전술 사용을 확대했다. 우리는 독립 중대들을 집중 대대[03]로, 연대로, 그리고 여단으로 발전해 나갔다. 우리 여단들은 국경 전역에서 최초로 전투에 투입되었고, 이후 많은 대승을 거두며 적을 수세로 몰아넣었다.

작전을 마친 후, 드 라뜨르가 상황을 진전시키기 위해 인도차이나에 파견되었다. 그는 프랑스군이 분산되어 있고, 우리의 게릴라전으로 인해 심대한 손실을 입고 있음을 깨달았다. 그는 북부 후방지역을 안정시키도록 대규모 강습과 공세를 재개하기 위해 병력을 집중하기로 결심했다. 그러나 집중된 병력으로는 보다 많은 지역을 점령할 수 없었으므로, 종국에는 화빙을 점령하기 위해서 병력을 분산시키지 않을 수 없었다. 반면, 평원지대의 우리 게릴라 기지들은 복원되었고 신속히 팽창되었다.

1953년에 나바르 계획이 수립되었을 때, 프랑스 침략자들은 어려운 상황에 직면해 있었다. 그들이 주도권을 획득하여 우리를 공격하고 격멸하기에는 집중된 병력이 부족했다. 그들은 북부 삼각주의 기동군을 집결시키기로 결정했다. 이 전력으로 우리 정규군을 격멸하고, 평원지대와 산악지대에서 우리 힘을 약화시키려는 의도였다. 이는 대규모의 결정적인 공세를 준비하는 데 도움이 되었을 것이다.

당 중앙위원회는 이와 같은 상황에 직면하자 적의 계획과 전투력을 철저히 분석했다. 우리는 병력 집중으로 인해 야기된 적의 약점을 움켜쥐었다. 당 중앙위원회는 이와 같은 분석과 적군을 소멸시키기 위한 지침에 근거하여, 적이 그들의 전투력을 상실할 수 있는 취약점인 전략적 요충지를 최대한 공격하도록 병력을 집중한다는 정책을 내놓았다. 이 정책은 나바르가 상실해서는 안될 많은 진지들을 방어하기 위해 전력을 분산하도록 강요할 것이다. 우리의 전략적 구호는 '장기적으로, 기동성을 유지한 가운데 유연한 전투'를 수행하는 것이었다.

당의 정책은 매우 타당했다. 적이 우리 해방구를 위협하기 위해 평원지대에 병

03 당시 베트남군은 보급, 훈련, 생존성들을 고려할 때 용이하지 않았으므로, 독립 중대 단위로 운용하다가 후에 중대들을 모아 대대라 칭했다. 이 과정에서 집중 대대라는 표현을 사용했던 것으로 보인다.(역자 주)

력을 집중할 때, 우리는 이 지역을 수세적으로 방호하기 위해 군사력을 집중하지 않았다. 우리는 북서지방에 과감한 공세를 전개하기 위해서 병력을 동원했다. 우리 군대는 드높은 기세로 북서지방으로 진군해, 썬라와 투언처우에서 수천 명의 비적들을 사살하고 라이처우 시를 해방시켰으며, 그곳으로부터 적을 유인해 대부분을 소멸시켰다. 그와 동시에, 우리는 디엔비엔푸를 포위하고 적에게 보다 많은 병력을 전술기지에 전개하도록 강요했다. 계곡[04]은 곧 북부 삼각주에 이어 적이 두 번째로 많이 집중된 곳이 되었다.

라오스-베트남 동맹군은 북서지방 방면의 아군 공세와 병행해 적이 취약한 중부 라오스의 다른 전선에 대한 공격을 개시했다. 그들은 드높은 열정으로 전장을 향해 이동했다. 동맹군은 많은 적 기동예비를 소멸하고 타카액시를 해방시켰다. 그와 동시에 다른 동맹군 부대는 적의 주요 공군기지가 있는 사반나켓의 세노로 진군했다. 적은 이 진지를 보강하기 위해 황급히 북부 삼각주와 다른 전선에서 병력을 파견했으므로, 세노는 적이 세 번째로 큰 규모의 군사력을 집중시킨 곳이 되었다.

1954년 초, 적이 제5연합구역에 있는 우리의 해방구역에 대규모 공세를 준비하고 있을 때, 우리는 정규군 일부와 그곳에 있는 지방군으로 이를 방어하기로 결심했다. 반대로 적의 전력이 취약한 떠이응웬 공격에는 대규모 기동예비를 동원했다. 이 돌격은 꼰뚬성[05] 전역을 해방하고 그곳의 적 대부분을 격멸하며 우리에게 영광스러운 승리를 안겨주었다. 이후 우리 군은 쁠레이꾸를 공격했다. 나바르는 그의 수비대를 이곳에 증원하지 않을 수 없었고, 그 결과, 쁠레이꾸는 적이 네 번째로 많은 군사력을 집중시킨 곳이 되었다.

당시 라오스-베트남 동맹군은 적을 유인하고 디엔비엔푸에 대한 우리의 준비를 용이하게 하기 위해 북부 라오스를 공격했다. 많은 적 부대가 소멸당했고, 우리는 광대한 남오우강 유역을 해방시켰다. 적이 취할 수 있었던 유일한 방책은 루앙프라방에 더 많은 병력을 파견하는 것이었으며, 이와 같이 그들의 병력은 점점

04 므엉타잉 계곡, 즉 디엔비엔푸를 의미한다. (역자 주)

05 베트남 중부 산악지역에 위치한 지방(역자 주)

더 분산되어버렸다.

동춘 전역 초기의 3개월 동안, 적은 거의 대부분의 전선에서 심대한 손실을 입었다. 우리는 전략적으로 중요한 방대한 영역을 해방시켰고, 병력을 집중시키려던 나바르의 계획은 무산되었다. 적들은 북부 삼각주에 강력한 기동예비를 집중시키려던 계획에서, 여러 진지에 소규모로 전력을 중하는 계획으로 전환했고, 그의 유명한 평원지대의 '기동군'은 44개 연대에서 20개 연대로 감소했다. 나바르 계획은 산산조각 나기 시작했다.

우리가 적 부대를 소탕하고 적에게 병력의 분산을 강요하여 전장의 주도권을 확보하면 할수록 적은 수세로 내몰리게 되었다. 이는 우리 정규군이 적을 디엔비엔푸에 고착시켜서 다른 지역의 작전을 용이하게 해준 덕분이기도 했다. 전국에 걸친 우리의 모든 전역은 상호 협조되어 있었다. 디엔비엔푸는 적이 가장 큰 규모의 전투력을 집중시킨 인도차이나의 주전선이 되었다. 우리가 적을 그곳에 장기간 고착시킴에 따라, 우리는 게릴라전을 발전시키고, 전국적으로 많은 승리들을 거둘 수 있었다. 적은 더 이상 대규모의 공세를 전개할 수 없었다. 우리의 해방구는 어떤 위협도 받지 않게 되었고, 해당 지역에 있는 우리 인민들은 적의 폭격으로부터 자유롭게 살면서 일할 수 있었다.

동춘 전역의 이번 단계는 디엔비엔푸에 대한 공격을 준비하는 기간이기도 했다. 그곳의 전술기지는 크게 변모해 있었다. 적은 이곳에 병력을 증강시키고 방어선을 요새화시켰다. 그러나 라이처우, 퐁살리, 남오우강 유역 해방 이후 계곡은 사방 수백 km에 걸쳐 완전히 고립되었다. 하노이나 자르스 평원 같은 보급 기지와 완전히 단절된 것이다.

동춘 전역의 제2단계는 1954년 3월 13일에 개시되었다. 우리는 디엔비엔푸 집단전술기지를 공격했다. 이는 그간의 전쟁과는 다른 새로운 행보였다. '장기적이고, 기동성을 갖춘 유연한 전투'라는 구호와 전장의 유리함을 확고히 신뢰한 우리는 대규모 공격으로 전환하고, 적의 가장 큰 진지를 목표로 대규모 공세를 개시하기 위해 우리 정규군 대부분을 집중시켰다. 우리는 결전 장소로 디엔비엔푸를 선정했다. 우리 정규군의 임무는 그저 포위를 하는 것이 아니라, 끊임없이 싸워서 집단전술기지를 함락시키는 것이었다. 전국에 있는 우리 군대는 디엔비엔푸 전선과 협조를 유지하고, 보다 많은 적을 소멸시키고, 적을 분산시켰다. 이는 적에게 계곡[06]으로 전력을 증원하지 못하도록 방해했다. 디엔비엔푸에서 우리 군과 인민들은 끈기 있고 용감하고 싸웠다. 다른 전장의 우리 군대도 모든 난관을 극복하고, 전투력을 증강시키고, 고도의 협조 정신으로 싸우기 위해 모든 노력을 다했다.

지금까지 이야기한 것이 디엔비엔푸-동춘 전역에 대한 전략 지침의 주요 내용이다. 당의 전략은 적 전투력을 소진시키고, 우리 혁명군에게 드높은 사기를 앙양하기 위해, '장기적이고, 기동성을 갖춘 유연한 전투'를 엄격하게 견지했다. 그와 같은 건전하고 단호한 전략 지침은 우리의 계획대로 적을 분산시키면서, 우리가 선정하고 준비한 지역에서 수행할 결정적인 전투에 유리한 상황을 조성했다. 그와 같은 전략 지침은 디엔비엔푸에서 우리의 대승에 결정적인 역할을 했다.

전역 지도(指導)

우리의 정신과 구호에 기반해 전역을 지도함에 있어서, 디엔비엔푸 전장에 관해 두 가지의 의문점이 있었다.

1. 우리는 디엔비엔푸를 공격해야 하는가, 하지 않아야 하는가?
2. 공격한다면 어떻게 할 것인가?

적이 계곡에 공수낙하했다 하더라도 그곳을 반드시 공격해야 할 필요성이 있었던 것은 아니다. 진지는 매우 강력했고, 방어 상태는 훌륭했다. 신중한 결론 없이 그곳에 대한 공격을 결정할 수는 없었다. 집단전술기지는 우리 전투력에 대응해 적이 구축한 새로운 형태의 방어체계였다. 적들은 화빙과 나싼에서도 그

06 디엔비엔푸에 있는 므엉타잉 계곡을 의미한다. (역자 주)

와 같은 기지를 구축한 적이 있었고, 동춘 전역 중에는 디엔비엔푸 외에도 라오스의 세노, 므엉싸이, 루앙프라방과 떠이응웬의 쁠레이꾸성에 새로운 기지를 구축했다.

우리는 집단전술기지에 대한 공격 여부를 매우 심각하게 고려했다. 우리 군이 적보다 훨씬 약했을 때는, 적을 기지에 고착시키고 보다 유리한 지역에서 공격을 감행하는 방식을 취했다. 1952년 봄에 적이 화빙에 집단전술기지를 구축했을 때, 우리는 다강과 그들의 후방 지역에서 전투를 강화하고, 끝내 적을 축출했다. 다음 해 봄에는 적이 나싼에 집단전술기지를 구축했고, 우리는 공격을 하는 대신 평원지대에서 활동을 강화하고 서쪽지역을 강습했다. 1953년 말과 1954년 초에 적이 많은 집단전술기지를 구축하자, 우리 군대는 적이 상대적으로 취약한 지역에서 승리를 거뒀다. 그와 동시에 우리는 적 후방지역에서 게릴라전을 강화했었다.

적 집단전술기지를 직접 공격하지 않는 정책은 부분적인 승리를 안겨주었다. 그러나 그것만이 유일한 전략적 선택지였던 것은 아니다. 우리는 적의 가장 강력한 방어 형태에서 적을 약화시키기 위해 직접 적 기지를 공격할 수도 있었다. 적 집단전술기지를 파괴하는 것만이 새로운 군사상황을 창출하고, 우리 군의 발전을 촉진하며, 보다 더 큰 승리를 가져올 수 있었다.

집단전술기지가 등장하자 우리는 집단전술기지들을 철저하게 연구하기 시작했다. 그리고 적 집단전술기지를 파괴를 목표로 편성과 장비, 전술전기부터 감투정신까지 모든 분야에서 준비에 착수 했다. 따라서 적이 공정부대를 디엔비엔푸에 파견해 디엔비엔푸 일대를 막강한 집단전술기지로 변모시켰을 때, 당중앙위원회는 계곡에 전개중인 적을 소멸시키기 위해 병력을 집결시킬 것을 즉각 결정할 수 있었다.

우리는 디엔비엔푸를 나바르 계획의 중심으로 보았다. 그러므로 우리는 오직 이 기지의 파괴만이 전쟁을 멈출 수 있다고 보았다. 그러나 계곡 그 자체가 우리 전역의 결정적인 요소는 아니었다. 결정적인 요소는 적의 전투력과 방어 능력 대 우리 전투력의 우열에 있었다. 이것이 우리에게 승리할 것인가 아닌가를 말해주고 있었다.

디엔비엔푸는 적의 가장 강력한 집단전술기지였다. 그러나 우리에게 유리한 요소는 그곳이 적의 다른 기지로부터 완전히 고립된 산악지역이라는 점이었다. 적의 모든 보급과 통신은 공중에 의존했다. 이는 적을 보다 수세적인 위치에 놓이게 했다. 우리 측에서 볼 때, 아군은 병력을 동원하고 적과 대응하기 위한 모든 난관을 극복할 수 있었다. 비록 어려움은 있었지만 전장으로 모든 보급을 보장해 줄 수 있는 광대한 후방지역을 보유하고 있었다. 이와 같이 우리는 전장의 주도권을 쉽게 확보할 수 있었다.

상기 내용과 피아 강약점 분석에 근거해, 우리는 디엔비엔푸에서 모든 적군을 소멸시키기로 최종 결정했다. 물론, 우리는 준비 기간 동안 다른 전선의 공격을 병행하면서 디엔비엔푸 전선에 초점을 맞추는 작업을 진행했다. 이 위대한 결정은 당중앙위원회의 전쟁 지도에 있어서 능동성, 기동성, 유연성을 증명한 사례다. 우리는 적의 약한 진지들을 먼저 함락시킨 후, 대규모 전투를 감행할 수 있도록 우리 군의 대부분을 집중해, 대규모로 집중된 프랑스군을 소멸시키기로 뜻을 모았다. 디엔비엔푸에 대한 공격 결정은 동춘 전역뿐만 아니라 우리 군 역사상, 그리고 우리 저항전쟁에 있어서 새로운 행보였다.

우리는 디엔비엔푸에 있는 모든 적을 전격전[07] 또는 지구전 가운데 어떤 방식으로 소멸시킬 것인가를 결정할 필요가 있었다.

우리가 디엔비엔푸를 포위하기 시작했을 때, 적 수비대는 별다른 전력을 보유하지 못했고, 방어공사는 약간의 요새화만 진행되어 있었다. 결과적으로 우리는 전격전을 수행할 수 있을 것이라고 예상했다. 우리는 병력을 모아 적을 사방에서 공격해, 집단전술기지를 수 개의 소규모 진지로 분할하고 모든 적 수비대를 신속하게 격멸하기를 원했다. 그와 같이 신속한 전투는 많은 이점이 있다. 우리는 아직 우리가 강할 때 대규모 공격을 감행할 수 있고, 전투를 오래 끌지 않을 것이며, 따라서 심대한 손실과 고갈을 피할 수 있을 것이다. 이는 또한 전역을 위한 보급을 보장하기에도 용이했다.

---

07 영문판에서는 blitzkrieg로 영역했으나, 원문의 뜻은 통상적인 전격전이 아닌 속전속결을 뜻한다. (역자 주)

그러나 우리는 신중한 계산 끝에, 전격전 전술을 적용하기에는 기본적으로 불리한 점이 있음을 깨달았다. 우리 군대는 그와 같은 기지를 공격해 본 경험이 없었고, 승리를 장담할 수도 없었다. 그러므로 적의 동정을 살피고 우리 능력을 재평가하기로 결정했다. 우리는 이내 전격전이 필수적으로 승리로 이끄는 요소가 아님을 확신했다. 우리는 전역을 위한 지침을 확립하기로 결정했다. 그 결과가 '연공연진'이었다. 이 건전한 결심은, 성공이 반드시 보장되어야 하는 혁명전쟁을 지도의 기본 원칙으로 삼았기 때문에 가능했다.

새로운 지침은 우리에게 강력한 결심을 요구했다. 연공연진의 지침은 준비 기간을 포함한 작전기간 전체의 장기화를 의미했다. 그동안 우리 군대가 지치고 병들 수도 있고, 적이 진지의 방어공사를 강화할 시간을 벌 수도 있었다. 게다가 우기[08]가 닥친다면 보다 많은 문제가 발생할지도 몰랐다. 따라서 처음에는 어느 누구도 '연공연진'이라는 지침에 찬성하지 않았다. 우리는 군과 인민들에게 최후의 승리를 위해 눈 앞에 놓여있는 모든 난관을 극복하도록 지속적으로 상황을 주지시켜야 했다.

우리는 새로운 지침 하에서 다단계 전투 계획을 수립했다. 전역은 단기전이 아니라 모든 적을 완전히 소멸하기 위해 견고한 집단전술기지를 연속적으로 공격하는 대규모 지구전이었다. 군사력은 적에 비해 우리가 열세였다. 그러나 각각의 특정 전투에서는 전체적인 전역을 위해 승리를 보장할 수 있는 절대적 우위를 획득할 기회가 있었다. 그와 같은 계획은 우리 군의 전술전기에 적합했고, 많은 가치 있는 경험을 도출하려는 우리 군대에게 기회를 창출해주었다. 그와 같이 우리는 디엔비엔푸에서 적을 굴복시키려는 우리의 목적을 실현시킬 수 있을 것이다.

지침은 전역 기간 내내 엄격하게 적용되었다. 우리는 적을 포위하고 3개월을 준비했다. 일단 공격이 개시되자, 우리 군대는 55일 밤낮 동안 쉬지 않고 싸웠다. 디엔비엔푸 전역에 승리를 가져온 것은 바로 그 철저한 준비였다.

08 베트남 북부지방의 우기는 통상 5월에서 10월까지 이어진다. (역자 주)

전술적 사안

디엔비엔푸는 17개 보병대대, 3개 포병대대, 다수의 공병부대, 수송차량부대, 그리고 인도차이나에서 가장 숙달된 항공부대가 방어하고 있었다. 집단전술기지는 49개 거점과 상호 지원되는 3개 분구의 강력한 저항중심으로 구성되어 있었다. 중앙분구는 기동예비와 포병진지를 보유했고, 동쪽 고지군에 있는 저항중심에 의해서 사령부가 방어되었다. 주 활주로 또한 중앙분구에 자리했다. 대규모 방어 병력은 모두 잘 구축된 참호에 의해서 보호받고 있었다.

많은 미국, 프랑스 장군들은 디엔비엔푸 집단전술기지가 난공불락이라고 믿었다. 그들은 디엔비엔푸를 공격한다면 패배를 피할 수 없다고 생각했으며, 따라서 프랑스 지휘부는 우리가 디엔비엔푸를 공격할 가능성은 거의 없다고 믿었다. 우리의 돌격은 마지막 순간까지 적에게 비밀로 부쳐졌다.

나바르는 디엔비엔푸 방어체계를 대단히 칭찬했다. 그는 나싼이나 화빙 같은 단순한 전술기지가 아니라 훨씬 더 견고한 방어기지이기 때문에, 우리가 저항중심을 파괴할 수 없을 것이라고 생각했다. 그는 또한 자신의 포병과 공군력이 우리 공격을 격퇴할 만큼 충분히 강력하다고 여겼으므로, 우리가 집단전술기지를 공격하거나 탈취할 가능성을 전혀 염두에 두지 않았다. 그는 우리 포병이 효과적이지 못하다고 여겼고, 만약 효과적이라 해도 많은 계곡을 극복하며 전선까지 포를 운반하지 못할 것이라는 생각에 아무런 걱정도 하지 않았다. 나바르는 기지로 이어지는 (항공)보급에 대해서도 걱정하지 않았는데, 이는 막강한 방어체계에 보호되는 계곡의 두 활주로에 대한 신뢰였다. 요약하자면, 그는 자신의 요새화된 전술기지가 함락될 어떤 가능성도 고려하지 않았다.

적의 평가는 자기만족을 위한 것이지, 사실에 기초한 것이 아니었다. 집단전술기지가 우리가 극복해야 할 많은 전술적 능력을 갖췄음은 분명한 사실이다.

집단전술기지는 포병, 기동예비, 공군의 지원을 받으면서 상호 긴밀하게 연계된 방어체계를 구성했다. 이는 적의 유리한 점이었다. 우리는 기지를 조금씩 점령해 나가는 전술을 사용하고 적의 포병과 기동예비를 없애기 위해 우리 군대를 운용하면서 이런 문제점을 극복해 나갔다. 이런 방법은 기지 외곽 초소를 소멸하는 데 효과적인 것으로 나타났다.

집단전술기지는 강력한 포병, 차량화 부대, 그리고 공군력을 보유하고 있었다. 이는 포병이 제한적이고 차량화 부대와 공군력이 전무했던 우리에게는 매우 큰 문제였다. 우리가 적의 폭격 하에 개활지 작전을 용이하게 수행하려면 조밀한 연결망을 갖춘 수백km에 달하는 교통호를 구축[09]해야 했다. 우리는 적의 화력 효과를 감소시킬 수 없었으므로, 우리의 화력을 발전시켜야 할 필요가 있었다. 아군 병사들은 중포와 중박격포를 계곡으로 이동시키기 위해 산악지역에 신작로를 만들었다. 도로를 건설할 수 없는 곳에서는 대포를 사람이 끌고 갔다. 우리의 박격포와 대포는 탐지가 불가능한 견고한 진지에 숨겨두었다. 이는 결국 작전에서 우리 포병이 매우 중요한 역할을 하도록 보장해 주었다.

우리는 적의 전투력을 약화시켰을 뿐만 아니라 적의 약점을 확대해 갔다. 적의 가장 큰 문제는 모든 보급품을 공중 수송에 의존하고 있다는 점이었다. 우리는 포병으로 적의 활주로를 파괴했고, 대공포로 적의 항공기를 격퇴했다. 우리는 적의 보급품이 계곡으로 오지 못하도록 모든 수단을 동원했다.

우리는 적의 강약점을 분석했고, 우리 군의 기술적 발전을 영웅심, 근면성, 그리고 정신과 배합해 전장의 모든 문제를 성공적으로 해결했다.

우리의 작전계획은 반복적으로 적진을 향해 돌격하는 우리 군대를 지원하기 위한 포위망과 공세적 전장을 구축하는 것이었다. 전장은 우리의 전진과 보조를 같이하여 상호 연결된 빽빽한 참호와 진지를 통해 확대되었다. 우리는 적의 초소를 점령해 우리 것으로 만들었고, 그들의 본부를 포위했다. 적의 요새 기지가 줄어드는 만큼 우리의 거점은 늘어갔다.

우리는 전역 1단계에서 힘람, 독립고지, 그리고 전 북부분구의 저항중심을 파괴했다. 적은 우리 화력을 잠재우기 위해 갖은 노력을 다했다. 적의 항공기는 계

09 베트남군은 개활지 극복 방법으로 공격용 교통호를 구축하면서 한 발 한 발 전진했다. (역자 주)

곡 부근의 고지군에 네이팜탄을 투하했고, 포병은 우리 기지에 포격을 가했다. 그러나 우리는 전진을 계속했다.

우리 교통호는 제2단계에서 들판으로 뻗어 나가며 중부분구와 남부분구를 분할했다. 동부 고지군에 대한 공격이 성공한 후, 우리의 포위망은 더욱 견고해졌다. 우리는 우리 병사들이 탈취한 진지에서 적을 용이하게 압도할 수 있었다. 그들의 비행장은 완전히 우리 통제 하에 들어왔다. 적은 반격을 위해서 보급과 증원을 강화했고, 자신들을 보호하기 위해 마구 폭격을 해댔다. 피아간에 접전이 벌어졌다. 우리는 고지를 점령했다가, 잃었다가, 다시 탈취했고, 어떤 고지는 양측에서 분할 점령하기도 했다. 우리는 적진에 조금씩 침투하는 전술을 적용해 비행장을 고립시키고 공역을 축소시켜 나갔다.

마지막 단계는 총공세로 이뤄졌다. 적에 의해서 점령된 지역은 폭 1km 종심 1.5km로 축소되었다. 적의 전투력은 현격히 저하되었다. 우리가 A1고지를 점령하자 적은 사기가 급격히 저하되었다. 5월 7일, 우리는 전면적인 총공세를 개시해 적 사령부를 점령하고, 사령부 요원 전체를 생포했다. 같은 날 야간, 우리는 남부분구를 점령했다.

디엔비엔푸 전역은 완전한 승리로 끝났다.

우리 군의 필승의 신념

당중앙위원회, 정부와 호 주석이 전 군과 인민에 부여한 가장 중요한 과업은, 병력을 모아 영웅적 감투정신을 고양하여, 모든 난관을 극복하고 승리를 쟁취하는 것이었다. 호치민 주석과 베트남노동당 정치국[10]은 디엔비엔푸 전역이 베트남의 군사, 정치 상황, 우리 군의 성숙, 그리고 동남아 평화를 위한 투쟁에 역사적으로 중요함을 확신했다.

우리의 모든 군대는 이 중요한 과업을 완수하기 위해 최선을 다했다. 승리를 거

10 주석, 공산당 서기장 등 15명 내외로 구성되는 국가최고 정책의결기관(역자 주)

둘 때까지 싸우겠다는 결의는 전쟁의 중대한 결과를 가져온 결정적인 요소였다.

우리나라의 투쟁사에서, 1953년 동계~1954년 춘계에 우리 군과 같이 어려운 임무를 부여받은 경우는 찾아볼 수 없다. 우리의 적은 막강했고, 우리는 6개월 동안 거대한 전장에서 싸우기 위해 대규모의 군대를 동원해야 했다. 우리 군대는 디엔비엔푸는 물론 다른 전장에서도 모든 과업을 완수하면서 영웅적인 감투정신과 고난을 극복하는 인내력을 과시했다. 그와 같은 정신은 수년에 걸친 저항전쟁을 거쳐 형성되었다. 우리 군의 혁명 활동은, 토지개혁을 이행하기 위해 인민을 동원했던 일련의 정책 이후 1953년 동계~1954년 춘계에 걸쳐 괄목상대했다. 이런 개혁이 우리 승리에 영향을 끼쳤음을 강조할 필요가 있다.

디엔비엔푸 전역의 준비 기간 동안, 우리 군은 군수품과 박격포를 운반하기 위한 도로 외에도 포진지와 교통호를 건설했다. 이 시설들이 우리가 적을 격퇴하는 데 유리한 여건을 조성했다. 탈진상태와 적의 폭격과 같은 어려움에 직면했음에도 불구하고 우리 군대는 결코 위축되지 않았다.

1954년 3월 13일, 디엔비엔푸 전역에서 포성이 울려 퍼졌다. 우리 군대는 영웅적으로 싸웠고 작전 기간 내내 그 자세를 유지했다. 적의 폭격과 포격 하에서, 우리 병사들은 용감하게 공격해 힘람, 독립, 그리고 동쪽 고지군을 점령하여, 우리의 점령구역을 확장하고 적의 비행장을 차단했으며, 모든 적의 역습을 격퇴하고 포위망을 옥죄어 갔다. 이 기간 동안, 적의 폭격으로 지형이 바뀌고 네이팜탄이 고지에 있던 모든 생명체들을 불탔다. 그러나 우리의 확고한 전쟁의지와 임무 완수 의지는 변하지 않았다. 이는 우리 군의 집단적 영웅주의와 개인적 희생을 반영한 결과였다. 영광스러운 일례로, 포가 미끄러지는 것을 막기 위해서 자신의 몸을 던진 또빙지엔(Tô Vĩnh Diện), 적 벙커의 총안구를 몸으로 막은 판딩지옷(Phan Đình Giót) 등을 들 수 있겠다. '필승' 깃발을 힘람 고지에 꽂은 선봉대도 있다.

물론, 우리 군과 인민들은 제2전선에서도 영광스러운 전공을 많이 세웠다. 떠이응웬(중서 고원지방) 전선에서는 꼰뚬과 안케에서 위대한 승리들을 기록했다. 북부 삼각주에서는 깟비와 지아람 비행장을 기습 공격하여 적의 많은 거점들을 파괴하고 5번 국도를 차단했다. 남부 전선에서는 1,000곳 이상의 초소를 무력화시켰고, 다수의 전함과 탄약고를 파괴했다. 캄보디아와 라오스에서는 베트남 의용군이 지방 주민, 군과 협력하여 침략자들을 소탕하는 데 일조했다.

우리 군대는 1953년 동계 이전까지 장기전을 치러 본 경험이 없었다. 일부 부대들은 적을 3,000km 이상 추적하기도 했다. 다른 부대들은 특정 전장에 도달하기 위해서 쯔엉썬 산맥[11]을 따라 1,000km 이상을 은밀하게 이동하기도 했다. 디엔비엔푸에서 싸우기로 예정된 부대들은 3개월에 걸친 은밀한 준비를 위해 평원지대에서 산악지대로 이동해야 했다. 그리고는 도착하는 즉시 2개월에 걸친 장기전투에 투입되었다. 일부 부대들은 계곡으로부터 200～300km 떨어진 지역에 수차례나 기습 공격을 단행한 후, 복귀하자마자 주 공세를 계속했다. 이 전투를 통해 각기 다른 전선에 있는 아군 부대들 간의 단합과 협조가 증진되었다.

우리 군이 승리를 거둘 때까지 투쟁하겠다는 결의는 혁명적 본질, 당의 훈련, 그리고 군사적, 정치적 개혁의 결과였다. 격전지에서는 군대라고 해서 부정적 감정을 마냥 피할 수는 없었다. 필승의 신념을 유지하고 발전시키는 것은 정치사업을 전장에 직접 이행하려는 부단한 노력과 함께 지휘통솔력과 장기간에 걸친 교육의 과정이었다. 이는 동시에 당 조직, 세포, 간부들의 중요한 과업이었다. 많은 승리를 거둔 뒤로 일부 장병들은 적을 경시하는 성향을 보였으나, 이는 신속히 비판을 받고 일소되었다. 특히 디엔비엔푸의 제2단계 작전처럼 준비 기간이 장기화되거나 전투가 매우 격렬해지면, 우익적 사상과 무기력한 경향이 우리 군 내에서 발생해 모든 과업을 완수하는 데 부정적인 영향을 끼쳤다. 우리는 정치국 지침에 따라 이런 경향에 대응해 많은 노력을 했다. 우리는 우리 군의 혁명적 활동을 증대하고 명령 복종의 필요성을 이해시키기 위해서 노력했다. 이런 사상적 활동은 매우 성공적이었으며, 디엔비엔푸 전역의 대승에 기여했다. 우리 군대가 승리를 거둘 때까지 싸우겠다는 결의를 통해 모든 간부와 병사들은 당의 혁명 투쟁과 거국적 저항전쟁에 대한 무한한 충성심을 보여주었다. 이런 정신은 우리 조국이 수천 년에 걸친 외세 침략자들에 대항해 온 투쟁의 결과물로서 형성되었다. 여기

11 베트남과 라오스/캄보디아 국경을 이루는, 베트남 서쪽 국경지대의 북에서 남으로 길게 뻗은 산맥 (역자 주)

에는 우리 노동 계급과 군의 절대적인 혁명적 본질을, 그리고 베트남 인민군의 영웅적 투쟁과 과업 완수를 위한 고난 극복의 전통을 발전시킨 결과물이 반영되었다. 전쟁에서, 우리 인민과 군의 의지는 항상 승리했다. 우리 군의 전통 깃발은 항상 승리를 나타내고 있는 것이다.

전선에 대한 인민들의 봉사 정신

당 중앙위원회와 정부는 '모든 당과 인민들은 전선에 대한 공급을 책임지고 디엔비엔푸 전역의 승리를 보장하기 위해서 모든 자원을 모은다!'라고 결정했다. 선언 이후 모든 베트남인들은 '모든 것은 전선을 위해, 모든 것은 승리를 위해'라는 구호를 활화산 같은 열정으로 추종하며, 정성을 다해 이를 좇았다.

저항전쟁을 위해 장기간에 걸쳐, 또한 전국적으로 전선에 그토록 대단하게 기여한 사례는 일찍이 찾아볼 수 없었다. 우리는 디엔비엔푸의 주전장에서, 장기간에 걸쳐 500km 이상 떨어진 후방지역에서 전장의 대규모 전투부대까지 식량과 탄약을 공급해야 했다. 이 보급품 운송은 적이 아군이 개척한 임도를 미친듯이 폭격하는 와중에 진행되었고, 그밖에도 폭우와 같은 기상적 난관도 적지 않았다.

계곡에 대한 식량과 탄약 보급의 보장은 전술적, 작전적으로 중차대한 사안이었다. 군수는 항상 전황만큼이나 긴요한 사안이었다. 우리 군대에 대한 보급은 상상하기 어려울 정도로 힘들었기 때문에, 적은 우리가 이런 도전을 극복하리라고는 판단하지 못했다. 제국주의자들과 반동분자들은 거국적으로 결집된 능력을 평가할 수 없었다. 이렇게 결집된 힘은 무한했으며, 모든 난관을 극복하고 종래에는 모든 적을 격퇴할 수 있었다.

우리 인민들은 전선공급위원회의 직접 지도하에 영웅적이고 부단하게 전장을 위해 봉사했다. 많은 차량들이 하천과 밀림을 통과했다. 많은 운전수들은 10일가량 잠도 제대로 자지 못하면서 전선으로 식량과 탄약을 날랐다. 수십만 대의 자전거, 쪽배, 뗏목, 말이 전국 방방곡곡에서 전선으로 보급품을 날랐다. 수십만 명의 전시근로자와 청년돌격대원들이 극렬한 폭격을 무릅쓰고 식량과 탄약을 전선으로 운반했다.

사선(射線) 부근의 보급 업무는 더욱 힘들었다. 보급, 위생, 수송의 모든 활동은 적의 사격 하에, 교통호를 경유해 이뤄졌다.

이것이 디엔비엔푸의 상황이었다. 제2전선에서, 특히 떠이응웬(중서부 고원지방)과 먼 전장에서, 많은 대규모 부대들이 작전에 박차를 가했다. 우리 인민들은 이런 여러 전선에도 보급을 위해 최선을 다했다.

많은 베트남 인민들이 전선으로 향했다. 수많은 이들이 온 나라를 돌아다녀야 했다. 평원에서 산악까지, 도로와 샛길을 따라, 강과 하천을 건너, 어느 곳에서든 적을 격멸하고 조국을 해방시키기 위해 사람과 보급품이 전선으로 향했다.

후방 지역의 인민들도 병사들을 도와 적을 사살하고, 감투정신과 혁명적 열정을 고양하도록 지원했다. 모든 지역에서 수십만 통의 서신과 메시지가 디엔비엔푸로 보내졌다. 우리 인민들은 1953~1954년 동안 전례 없는 관심을 우리 군에게 보여주었다.

든든한 후위(後衛)는 혁명전쟁에서 결정적인 요소였다. 동춘 전역 내내, 우리 인민들은 최후의 승리를 위해 지대한 공헌을 했다.

프랑스를 포함한 전 세계의 진보적 인민들의 진심어린 지원도 빼놓을 수 없다. 매일, 전 세계의소식이 전선으로 전해졌는데, 이는 우리의 정당한 투쟁에 대한 국경을 초월한 지지를 반영한 것이었다. 이는 디엔비엔푸 전선과 다른 지역의 모든 병사들에게 엄청난 용기를 북돋아 주었다.

우리 인민의 영웅적 저항전쟁은 장기적인 디엔비엔푸 전투였다.

디엔비엔푸 전역에서 거둔 승리는 우리 군과 인민의 프랑스 침략자들과 미국 개입주의자들을 상대로 한 장기 저항전쟁 가운데 가장 위대한 대첩(大捷)이었다.

우리는 계곡에 있는 인도차이나에서 가장 강력한 집단전술기지를 격파했고, 16,000명을 소멸시켰다. 1953년 동계~1954년 춘계까지 우리는 약 110,000명의 적군을 사살했다.

나바르 계획은 완전히 실패로 돌아갔다. 인도차이나에서 전쟁을 장기화, 확대하려던 제국주의자들의 음모가 무산되었다. 디엔비엔푸는 많은 영향을 끼쳤다. 승리 후 우리는 수도 하노이를 포함해 전 북부 베트남을 해방시켰다. 그리고 제네바 회담에서 외교적 승리를 기록했다. 평화가 인도차이나에 다시 찾아왔다.

나바르 계획에 따르면, 프랑스-미국 제국주의자들은 결정적인 전투의 승리를 원했다. 디엔비엔푸는 전쟁의 결정적인 전투였으나, 위대한 승리는 우리 군과 인민의 것이었고 침략자들에게는 쓰디쓴 패배만이 안겨졌다.

이 전투는 독립과 자유를 위한 투쟁 과정에서 조국에 불요불굴의 정신이 살아있음을 항상 보여줄 것이다. 이는 신생 인민군의 능력이었다. 이 영웅적 행위는 오랜 저항전쟁 기간 내내 우리 인민과 군에게 표본이 되었다. 우리 군과 인민들은 모든 전투에서 디엔비엔푸 정신을 발전시켜왔다고, 우리의 영웅적인 저항전쟁은 바로 장기적이고 위대한 디엔비엔푸 전투 때문에 가능했다고 말할 수 있다.

우리의 승리는, 작지만 영웅적인 국가의 해방전쟁에 있어 마르크스-레닌주의의 개가이자, 동시에 우리 당의 건전하고 혁신적인 지도력을 의미했다. 우리는 호치민 주석의 영도 하에, 우리가 역사적인 자유주의와 사회주의가 제국주의 국가의 막강한 군대를 격퇴할 수 있다는 것을 증명한 것을 자랑할 만 했다.

이와 같이, 디엔비엔푸는 우리 인민을 위한 승리였을 뿐만이 아니라 전 세계의 억압받는 모든 인민들을 위한 것이었다. 매년, 전승기념일에, 우리는 거국적인 축제를 벌이고 사회주의, 신생 독립국, 그리고 구국을 위해 투쟁을 벌였던 인민들을 위한 행복한 날로 방점을 찍고 있다.

전투는 우리 국가의 해방 역사와 전 세계 다른 국가들의 해방 역사 속에서 기억될 것이다. 이는 자신들의 국가와 주권의 주인이 되려고 봉기하고 있는 아시아, 아프리카, 라틴 아메리카 인민들의 대규모 해방운동에 가장 중요한 역사적 사건으로 기록될 것이다.

디엔비엔푸의 승리는 북부의 사회주의 건설과 국가 통일을 위한 투쟁에 있어 위대한 승리였을 뿐만이 아니라, 우리 인민들을 이끈 당의 영도력 하에서 이뤄진 단결의 증거였다.

부록

1. 닝빙 남서쪽 전장에서 승리를 거둔 제ㅁㅁ부대를 치하하는 서한

1953년 11월 7일

친애하는 장병 여러분!

추동 초입에, 적은 우리 후방지역을 유린하고 전투에서의 주도권을 획득하기 위해 닝빙 남서쪽 해방구역을 공격하기 위해서 기동군을 집결했습니다.

비록 적은 일련의 정규군 부대들뿐만이 아니라 포병, 차량, 공군을 동원했지만, 여러분 모두는 매우 용감하게 싸웠고, 모든 난관을 돌파해 적 진영의 대부분을 소멸하고 남아 있는 부대의 철수를 강요할 수 있는 기회를 창출했습니다.

이로써 추동 작전 초입에, 우리 군은 북부 전장에서 서전을 승리로 장식했습니다. 이는 여러분이 정치 개혁 후에 진전되었음을 증명한 것입니다.

국방부는 귀 부대에 제3급 무공훈장을 수여키로 결정했습니다.

나는 모든 동지들에게 축하의 메시지를 전달하며 여러분의 행복과 건강을 기원합니다. 그러나 승리를 거두었다고 해서 여러분은 자만하거나 적을 경시해서는 안 됩니다. 여러분은 항상 적을 소멸하고 새로운 전공을 세울 수 있는 준비를 해야만 합니다.

경구

베트남 인민군 총사령관

대장 보응웬지압

2. 디엔비엔푸 전선에 있는 장병들에게 보내는 격려 서신

1953년 12월 6일

친애하는 동지 여러분,

이번 겨울에, 당중앙위원회, 정부, 그리고 호치민 주석의 명령에 따라, 여러분은 북서지방으로 행군해 다음과 같은 과업을 수행하게 되었습니다.

-적 전투력 약화

-인민들의 지원 획득

-북서지방 해방

적은, 우리 농민들을 이간 또는 억압할 뿐 아니라 우리 후방지역을 교란시키기 위해서, 우리의 귀중한 북서지방을 점령하려고 하고 있습니다.

우리는 배고픔, 악천후, 열악한 수송수단 등 많은 고난과 역경을 극복해 도로를 보수해야만 하며, 그리하여 적들을 바로 그들의 기지에서 용감하게 소멸시키고 우리 농민들을 구해야 합니다.

이번 겨울, 우리는 정치 개혁 후에 제국주의자, 봉건주의자들에 대한 복수심에 불타는 증오심과 우리 군사훈련과정 이후의 향상된 기술과 전술을 통해, 1952년 겨울의 북서지방 전역의 승리를 강화하고 계승할 것입니다.

친애하는 동지 여러분, 용감하게 전진합시다!

대장 보응웬지압

3. 거국적 저항전쟁 개시 7주년과 군 창설 9주년에 즈음한 명령

1953년 12월 19일

친애하는 전국의 정규군, 지방군, 민병대, 게릴라 장병 여러분!

12월 19일은 인민의 저항전쟁의 8주년이 시작됨을 의미합니다.

그리고 22일은 베트남 해방선전군의 후신인 우리의 영용한 인민군 창설 9주년이 되는 날입니다.

이런 기념일들에 즈음해, 나는 전국의 모든 전장에서 용전분투 중인 모든 장병 여러분들의 노고를 치하하는 바입니다. 나는 또한 모든 상이용사들에게 격려의 말씀을 전합니다. 우리 군을 대표해, 나는 조국을 위해 희생하신 영령들에게 심심한 존경의 인사를 드리는 바입니다.

나는 우리 군대에 식량과 탄약 보급을 보장해 전선에 봉사하고 있는 전시근로자 여러분의 노고를 치하합니다. 나는 또한 모든 장병들의 가족, 특히 전사자와 희생자의 가족 여러분께 최고의 경의를 표하는 바입니다.

지난 8년간의 저항전쟁 동안, 우리 인민군은 침략자들에 맞서 용감하게 투쟁해 왔습니다. 전투에 있어서, 우리 군은 소규모 게릴라 부대에서 시작해 수천의 정규군과 지방군, 그리고 수백만 명의 민병대와 게릴라로 구성된 막강한 인민군으로 급속하게 발전해 왔습니다.

우리 군은 수많은 영광스러운 승리를 거두었으며, 320,000명의 적을 소멸시키고, 78,000㎢를 해방시켰으며, 북베트남 혁명기지를 베트남-중국 국경선으로부터 베트남-라오스 국경선까지 확장시켰고, 게릴라전을 유지, 고양시켰으며, 바로 적 후방지역에 광대한 게릴라 기지망을 구축했습니다. 특히, 국경 전역 이후에, 우리 군대는 7번 연속 대규모 전역에서 승리를 거둠으로써 북부 전선에서 굳건한 주도권을 확보하게 되었습니다.

현재, 북서지방과 북부 라오스에서 대패한 후, 특히 미 제국주의자들이 한국 전쟁에서 패한 이후에, 미 개입주의자들과 프랑스 제국주의자들은 나바르 계획 이행을 통해 베트남, 캄보디아, 라오스에서 전쟁을 확대하려고 혈안이 되어있습니다. 하여 더 많은 괴뢰군을 모집하고, 주도권을 탈환하기 위해서 후방구역을 강습하고, 우리 해방구를 공격하기 위해서 병력을 모으고 있습니다. 이는 새로운 교활한 술책인 것입니다.

그러나 당, 정부, 호치민 주석의 영도력과 건전한 정치적 및 군사적 노선에 따라, 우리는 조국연합전선[01]으로부터 지원을 받고 있습니다. 우리는 적의 새로운 계획을 분쇄할 수 있는 많은 장점을 가지고 있습니다.

첫째, 우리의 정치, 군사 개혁 이후, 특히 최근 재학습 이후, 우리 인민군은 사상적, 전술적, 기술적 진보를 이루었습니다. 우리 장병들의 감투정신은 지속적으로 향상되어 왔습니다.

둘째, 우리 당과 정부는 농민들의 소작료와 세금을 인하하는 데 성공을 거두고 있습니다. 12월 초, 국회는 경작지를 모든 농부들에게 주는 토지개혁법을 승인했습니다. 이는 중요한 정치적 승리로써, 우리 군대에 용기를 북돋워 주고, 감투정신을 재충전토록 해주었습니다.[02]

셋째, 소련과 프랑스, 프랑스 식민지 인민들이 주도하는 세계 평화와 민주전선의 우리 저항전쟁에 대한 지지와 지원이 증가하고 있습니다. 베트남, 캄보디아, 라오스 인민들 간의 동맹이 점점 더 강화되어 왔습니다. 세계무역연맹(World Trade Union Conference)에 의해 주창된 베트남 인민과의 결속을 위한 국제 기념일은 우리 인민들을 보다 더 자신 있게 만들고, 우리 군을 보다 더 전투에 활발하도록 만들 것입니다.

거국적 저항전쟁 기념일과 인민군 창설을 경축하며,

적과 싸우고 토지개혁을 이행한다는 두 가지의 중대한 과업을 완수하라는 호치민 주

01 Vietnamese National Liberation Front, 약칭 조국전선. 무장저항세력의 성향이 강하며, 현재까지도 국가권력의 한 축을 이루고 있다. (역자 주)

02 당시 베트남군의 주력이 농민이었으므로 해당 내용을 부언한 듯하다. (역자 주)

석의 요청에 부응하기 위하여, 베트남군 총사령관의 이름으로, 나는 정규군, 지방군, 민병대, 게릴라 부대의 전 장병에게 명령합니다.

첫째, 베트남 인민군의 전투정신과 시련극복의 전통을 발전시켜, 적군을 무찌르기 위해 만전을 기하고, 침략군을 약화시키며, 게릴라전을 고양시키고 나바르 계획을 분쇄한다.

둘째, 토지개혁법뿐만 아니라 당과 정부의 토지와 논에 대한 정책을 엄격하게 이행해 그들의 생존을 위해 싸우는 농민들을 지원한다.

친애하는 장병 여러분!

당, 정부, 호치민 주석의 영도 하에, 우리 군은 적을 격퇴하고, 나바르 계획을 무산시키며, 확전을 시도하려는 프랑스 식민주의자들과 미국 개입주의자들을 격퇴하겠다는 다짐을 하고 있습니다.

우리 군과 인민들은 조국 독립을 위한 우리의 영웅적이고 영광스러운 투쟁에 있어서 완전한 승리를 쟁취할 수 있으며, 논을 농민들에게 되돌려주고, 동남아, 전 세계의 평화와 민주주의를 수호할 것입니다.

경구

국방장관

대장 보응웬지압

4. 교육 과정 중인 전시근로자 간부들에게 보내는 서한

1953년 12월 6일

거국적 저항전쟁의 개시와 인민군 창설 기념일을 맞이해, 나는 전시근로자들이 임무를 완수하게끔, 그들을 적극적으로 지도할 수 있도록 열심히 공부하겠다는 다짐을 표명한 여러분의 편지를 받았습니다.

전장은 날로 확대되고 있습니다. 전선으로부터의 요구는 증가되어 오고 있습니다. 전시근로자의 지휘통솔은 중요한 역할을 수행하는 간부들에 있어서 막중한 사안입니다. 따라서 전시근로자 간부들은

-고난을 견디고 시련을 극복하며 임무를 완수하겠다는 결의를 고양시켜야 합니다.

-전시근로자들의 생활 여건에 각별한 관심을 기울이고, 도전을 극복할 수 있도록 그들을 가르치고 고무시키며, 우리 병사들이 적절한 보급을 받을 수 있도록 보장해야 합니다. 여러분은 지시에 있어 지휘 중심의 관료주의를 철저히 배격해야 합니다. 그리고

-민족 정책과 집단 원칙을 엄격히 따라야 합니다.

여러분의 과업은 매우 무거우나 영광스러운 일입니다. 부디 여러분의 책무를 실현하는 데 지대한 노력을 기울이기 바랍니다.

경구

베트남 인민군 총사령관

대장 보응웬지압

5. 적 후방에서 디엔비엔푸 전선과 협조중인 ㅁㅁ부대에 보내는 전문

1954년 1월

총사령부는 여러분들이 임무를 완수하는 데 있어서 결핍과 탈진을 극복했다는 것을 잘 알고 있습니다.

나는 여러분 모두에게 최고의 찬사를 보내는 바입니다.

여러분의 임무는 과중합니다. 그것을 완수한다는 것은, 공동 승리에 지대한 공헌을 함으로써, 장차 새로운 승리를 성취하도록 우리 모두에게 유리한 여건을 조성했다는 것을 의미합니다.

여러분은 모든 고난과 역경을 극복해, 임무를 완수하겠다는 결의를 가일층 공고히 해야 합니다.

여러분은 보안과 군기, 나아가 방공, 안전 활동을 준수해야 합니다.

여러분은 무기와 탄약을 철저히 간수해야 합니다.

여러분은 혁명군이 불패라는 것을 증명해야 합니다.

모든 임무를 완수할 수 있도록 여러분의 건강과 행복을 기원합니다.

베트남 인민군 총사령관

대장 보응웬지압

6. 1954년 신년 메시지

전 정규군, 지방군, 민병대, 게릴라 부대 장병들께

오늘은 음력으로 갑오년 새해입니다. 우리는 당중앙위원회, 정부, 조국전선, 호치민 주석으로부터 신년 메시지를 받아 매우 행복합니다. 나는 전국에서 투쟁 중인 정규군, 지방군, 민병대, 게릴라 부대의 모든 장병들의 건승을 기원하는 바입니다.

부상 장병들도 신속히 회복해 조속히 원대 복귀하기를 기원합니다.

군수 공장과 기관에 있는 종사자들은 우리 장병들을 지원하기 위해서 생산력 증가에서 많은 업적을 기록하기를 기원합니다.

모든 전선의 전시근로자들은 전선에 식량과 탄약 보급을 보장하도록 모든 고난과 역경을 극복하는 데 있어서 모쪼록 건강하고 높은 열정을 보여주길 기원합니다.

전몰장병과 그 가족들에게 최고의 경의를 표하고 또한 건승을 기원합니다.

우리는 설날을 맞이해 우리 군대가 전국에 걸쳐 많은 전선에서 적을 성공적으로 격퇴할 수 있도록 합시다. 북서지방과 라이처우는 해방되었고, 격퇴당한 적은 소멸되었습니다. 디엔비엔푸에 있는 적 정규군은 고립되었고, 수세에 몰려있습니다.

북부 삼각주에서, 우리 군대는 계속해 적진을 공격해, 적 증원군을 소멸시키고, 도로와 철도를 파괴하고, 게릴라 지역과 기지를 확장했으며, 적 후방지역에 있는 적에게 죽음의 일격을 가했고, 괴뢰군을 처치했습니다.

빙치티엔 전선에서, 우리 군은 적극적으로 작전을 전개했습니다.

제5연합구역에서, 적이 우리 남부의 해방구를 잠식하려고 했을 때, 우리 군대는 북 꼰뚬에서 공격을 개시해 많은 중요한 진지를 함락시키고 광대한 지역을 해방시켰습니다.

게릴라전은 남부에서 불타올랐습니다. 많은 적의 초소가 파괴되었습니다. 많은 게릴라 지역과 기지가 확장되었습니다.

라오스와 캄보디아 인민들의 저항전쟁 역시 많은 성과를 거두었습니다. 라오스 해방군은 12번 국도상의 적을 소멸해 타카액 성의 대부분을 해방시켰고, 9번 국도를 차단해 사반나켓성 북부를 해방시켰습니다.

캄보디아에서, 게릴라전이 발전되어 왔는데 특히 남서 지역이 두드러지게 발전되어 왔습니다.

적은 그들의 새로운 계획의 심각한 실패로 고통받아왔습니다. 적은 그들의 후방지역을 '평정'하고, 우리 해방구를 잠식하며 전투 주도권을 탈환하기 위해서 대규모 군사력을 집결시킬 의도를 가지고 있었습니다. 그러나 그들의 정규군은 각기 상이한 전장으로의 분산을 강요받아 왔는데, 이는 디엔비엔푸, 쎄노, 남중부에서의 그들의 비이성적인 공세로 말미암아 비롯된 것입니다.

군사력의 수동적 분산은 적의 최대 실수가 되었으며, 이는 장차 패배의 원인이 될 것입니다.

작년에, 90,000명 이상의 적이 사살되었습니다. 그리고 앞으로, 적은 더 많은 손실로 고통받을 것입니다. 이런 손실에 직면하면, 프랑스, 미국 제국주의자들은 상황을 역전시키기 위해서 노력할 것으로 보입니다. 우리는 자만하거나 적을 얕잡아보아서는 안 됩니다. 그리고 우리는 올해에 더 많은 승리를 거둘 것으로 자신하고 있습니다.

설 명절은 후방 지역에 있는 우리 인민들이 전선에서의 승리를 기뻐할 때, 대중들이 토지 개혁에 열성적으로 참여할 때, 전 인민과 군이 중국-베트남-소련 우정의 달을 전폭적으로 지지할 때, 프랑스 인민들이 침략전쟁에 대항해 투쟁할 때, 그리고 전 세계 인민들이 베트남을 지원하는 평화적이고 민주적인 운동을 고양시킬 때, 바로 찾아왔습니다.

승리의 분위기에 싸인 설 명절의 기쁨을 경험하니, 우리는 당중앙위원회, 정부, 호치민 주석의 건전한 지도력에 더욱 신뢰를 갖게 됩니다. 그리고 우리는 전국이 모든 사람들뿐만 아니라 뜨거운 가슴으로 우리 혁명 대의를 지지, 지원해 준 소련을 위시한 전 세계의 평화를 사랑하는 인민들에게 감사의 마음을 느낍니다.

설 명절은 우리 군 대다수와 인민들이 전선에서 적과 투쟁하고 있을 때 찾아왔습니다. 승리의 기운을 받은 명절을 반기면서, 모든 장병, 모든 부대, 군사 조직과 전선들은

-적을 적극적으로 소탕하기 위해서 서로 긴밀하게 협력합시다.

-전공을 세우기 위해 노력합시다.

-호치민 주석의 '승리를 거둘 때까지 싸우기로 결의' 한다는 구호를 실현하기 위해서 노력합시다.

-올봄을 영광스러운 승리의 그것으로 만듭시다.

설날을 맞이해

베트남 인민군 총사령관

대장 보응웬지압

7. 제5연합구역의 장병, 전시근로자들을 치하하며

1954년 2월 2일

총사령부를 대표해, 나는 다음과 같은 사항을 말하고 싶습니다.

-성 전체를 해방시키기 위해 난관을 극복했고, 용감하게 싸웠으며 많은 적군을 사살한 꼰뚬 전장의 모든 장병들에게 축하의 말씀을 전합니다.

-적 후방에서 적극적으로 투쟁했으며, 많은 적을 사살하고, 후방 지역을 방호해 적의 모든 계획을 수포로 만든 뚜이화(Tuy Hòa), 제5연합구역의 모든 장병들을 치하합니다.

-그들(적들)의 연구에 지대한 노력을 기울였고, 후방 지역을 방호하기 위해 용의주도하게 준비했으며, 적의 모든 계획을 무산시킨 해방구의 장병들에게 갈채를 보냅니다.

군을 대표해, 적과 싸우는 군인들을 전심전력을 다해 지원해 준 모든 소수민족들에게 감사의 말씀을 드립니다.

꼰뚬 승리는 남부 전장에서의 최초의 승리입니다. 그것은 올봄 우리가 거둔 가장 중요한 승리 중 하나입니다. 그것은, 특히 적이 뚜이화에서 수렁에 빠져들기 시작했을 때, 남부에서 적 활동에 회심의 일격을 가한 영웅적인 행동이었습니다.

그러나 여러분은 항상 경계해야 하며, 해방구를 공고히 만드는 데 최선을 다해야 하고, 연승을 거두고, 더 많은 적군을 사살하고 호치민 주석으로부터 표창을 수상하기 위해 다른 전장의 군인들과 경쟁해야 합니다.

여러분의 대승을 기원하며

베트남 인민군 총사령관

대장 보응웬지압

8. 포병 및 방공 장병들에게 한 연설

1954년 2월 7일

나는 새해를 맞이해 여러분의 건강과 위대한 승리를 기원하기 위해서 이 자리에 섰습니다.

나의 소망과 새해 인사를 여러 동료들에게 전해주시기 바랍니다.

지난날, 여러분의 상관들의 명령에 복종해, 여러분은 여러분의 과업을 완수했고 대포를 전장과 진지로 이동시켰습니다.

이런 과업은 군사 임무로 간주되어야합니다. 왜냐하면 그러한 과업들은 극한의 난관 속에서 수행되었기 때문입니다. 그러한 것들을 완수한 것이 승리를 만든 것입니다. 나는 이를 수행한 여러분 모두를 높이 치하하는 바입니다.

이런 과업들을 이행하면서, 우리는 주요한 교훈을 얻었습니다.

첫째, 우리는 용감하게 싸우고 모든 고난을 극복하겠다는 결의를 견지해야 합니다.

최근의 과업들은 매우 어려웠습니다. 전장에서 오랫동안 떨어져 있었고 경험도 부족했지만, 여러분은 혁명군으로서 고도의 결의를 견지하면서 모든 고난을 극복하고 과업을 완수했습니다. 우리와 같은 혁명군만이 그러한 일을 해낼 수 있는 것입니다. 이는 우리 군의 높은 전투력과 무한한 가능성을 보여준 것입니다. 여러분은 자신감을 강화하기 위해서 이를 알아야 하는 것입니다.

둘째, 보병과 포병뿐만 아니라 공병도 상호 간에 긴밀히 협조해야만 합니다.

협조 경험이 부족함에도 불구하고, 이런 병과들 간에 상호 긴밀히 업무를 추진해 과업을 완수해야 합니다. 이런 긴밀한 협조뿐만이 아니라, 나중에 이뤄질 팀워크는 우리 군에 장차 승리를 보장할 것입니다.

셋째, 상관의 명령에는 문자 그대로 복종해야만 합니다. 지금까지, 여러분은 명령을 수행하는 데 많은 어려움을 만났습니다. 그러나 여러분이 상관을 신뢰했기 때문에 명령에 철저히 복종했고, 결국 승리를 거둘 수 있었던 것입니다.

다가오는 영광스러운 과업을 위해 우수한 전기(戰技)를 획득하고 훈련시키기 위해 노력하는 모든 병력을 도와주기 위해서, 나는 다음과 같은 사항을 상기시키고자 합니다.

-첫째, 지대한 용기를 가지고 싸우고 가능한 많은 적을 무찔러야 합니다. 적기와 포병을 두려워하지 마십시오. 어렵다고 포기하지 마십시오. 용감하게 싸우고 적을 죽이는 것은 우리 혁명 정신과 불사조적 태도를 보여주는 것이며, 그것이 우리 국가와 계층[03]을 구하는 길입니다. 다가오는 미래에, 여러분은 전투 정신을 최고로 고양시켜서, 가능한 한 많은 적을 죽이고, 우리 대포와 방공포로 그들을 두려움에 떨게 할 것입니다.

-둘째, 상관의 명령에 절대 복종해야만 합니다.

여러분은 상관의 명령에 대해서, 시종일관 말과 행동으로 실천하고 적군을 죽이는 기회를 상실하지 않기 위해서, 절대적으로, 신속히, 그리고 주저함이 없이 복종해야만 합니다. 용감하게 싸우고 명령에 절대 복종하는 것이 우리 장병들에게 요구되는 가장 중요한 사항입니다. 지난 과거에, 여러분이 상관의 명령에 절대 복종했기 때문에 승리할 수 있었습니다. 그것은 대단히 바람직한 일입니다. 그러나 상관의 명령에 절대적으로 그리고 신속히 복종하는 것에 대해 일부 문제가 있어왔고, 또 실제로 남아있기도합니다. 그들은 자신들의 과오를 시정하고 보다 분발해야만 합니다.

-셋째, 지상군 부대와 긴밀히 협조해야만 합니다. 여러분의 과업은 그들과 손을 마주잡고 적군을 죽이는 것입니다. 그러므로, 어떤 환경에서든, 여러분은 난관을 극복하고

03 혁명 주도 계층 (역자 주)

지상군 부대와 긴밀히 협조하기 위해 최선을 다해야만 합니다.

-넷째, 표적 사격을 포함해, 전투 기술을 습득하기 위해 제반 노력을 기울여야합니다. 여러분은, 표적을 타격하고 많은 적기, 포병, 창고, 증원 기지 등을 파괴하기 위해서, 기술을 향상시키고 동료들과 경쟁해야 합니다. 과거뿐만이 아니라 현재의 작전에서, 적군은 쓸모없이 하루에 수천 발의 포탄을 쏘아댔습니다. 그들은 탄약을 낭비하고 진지를 노출시켰습니다. 그러나 우리는 완전히 다릅니다. 우리가 사격을 할 때는 반드시 표적을 맞추어야합니다. 이것이 적으로 하여금 우리 포병과 방공포를 두렵게 하는 길입니다.

-다섯째, 무기를 잘 간수하고 탄약을 아껴 쓰십시오. 여러분의 무기는 적을 죽이는 데 사용해야 합니다. 여러분은 무기를 자신의 생명과도 같이 보호해야 합니다. 최근, 여러분은 '우리 대포가 부서지게 하느니 우리 생명을 바치겠다!'라는 구호를 목소리 높여 외쳤고, 여러분은 이를 실천해왔습니다. 여러분은 이를 계속해야 합니다.

-여섯째, 장교들은 항상 병사들과 가까이하면서, 그들과 어려움을 함께 나누고 모범을 보여야만 합니다. 최근에 과업을 수행하면서, 많은 장교들이 병사들과 가까이하며 대포를 이동시키는 것을 도와주었습니다. 그것은 대단히 좋은 것입니다. 그러나 일부 장교들은 자신들의 병사들을 아주 많이 사랑하지는 않았고, 어려움이 닥쳤을 때 고도로 책임감 있는 모습을 보여주지 못했습니다. 만일 그들이 부하들과 동행했다면, 그들은 항상 부하들과 이야기를 나누었을 것입니다. 그들은 장교로서의 임무를 완수하기 위해서 인격을 도야해야 합니다. 그들은 과오를 시정하고 더욱 분발해야만 합니다.

작전이 진행됨에 따라, 여러분은 다음과 같은 사항을 실행에 옮겨야합니다.

-첫째, 강화된 포병 전장을 구축해야 합니다.

여러분은 적의 폭격과 사격에 충분히 견딜 수 있도록 강력하게 방어 공사를 해야 합니다. 전투가 없을 때는 이를 강화해야 합니다. 여러분의 진지를 1cm 더 두껍게 할수록 적을 격퇴하기가 그만큼 용이해질 것입니다. 여러분은 적을 속여 그들의 사격을 분산시키고 무기와 탄약의 낭비를 초래하도록 다른 곳에 허위 전장을 운영해야 합니다.

-둘째, 최근 포병 이동에 대해 평가해야 합니다.

최근의 포병 이동은 여러분에게 큰 도전이었습니다. 도전을 통해, 여러분은 그만큼 발전했습니다. 그러나 그와 동시에, 여러분의 약점을 인식했습니다. 여러분은 경험을 도출하고 개선하기 위해서 여러분 스스로를 엄격하게 평가해야 합니다.

-셋째, 병사들을 재조직하고 그들의 전투력을 유지해야 합니다.

장교들은 병사들의 식사와 잠자리에 지대한 관심을 가져야합니다. 영양 상태는 개선되어야만 합니다. 병사들에게는 충분한 따뜻한 식사와 끓인 물이 제공되어야합니다.

일과표는 적절하게 조정되어, 병사들이 충분한 수면을 취할 수 있도록 해야 합니다.

움막집은 잘 짓고, 습기와 찬바람을 막아주도록 해서, 병사들이 항상 온화함을 느끼게 해주어야합니다. 위생과 질병 예방에 각별한 관심을 가져야합니다.

보안은 준수되어야만 합니다. 대공방어와 안전 유지는 고양되어야합니다. 이런 사항은 병사들의 건강을 증진시키고 비전투 손실을 예방하는 일입니다.

이것이 내가 오늘 방문에서 여러분에게 하고 싶은 말의 전부입니다.

여러분의 행복과 건승을 기원합니다.

9. 지아람, 깟비 비행장에 있던 적기를 파괴한 부대에 보내는 축전

1954년 3월 8일

최고사령부는 3월 4일부터 6일까지 지아람, 깟비 비행장에 대한 기습공격을 성공적으로 수행해 많은 적기와 무기를 파괴한 장병들을 치하하는 바입니다.

이는 위대한 승리이며, 우리 군의 가장 용감한 전투의 하나가 되었습니다. 이는 또한 우리 군의 적에 대한 가장 파괴적인 공격입니다. 돌격은 하노이와 하이퐁 주변에 있는 적의 군사적 중심부를 직접 겨냥했고, 대부분의 미제 폭격기와 전투기인 상당한 규모의 적기를 파괴했습니다. 이 공격은 적 공군 작전과 보급에 악영향을 미치고, 한편으로는 장차 우리 군의 거국적인 승리를 용이하게 할 것입니다. 그들은 적군을 크게 당혹하게 만들었고, 우리 인민과 군의 사기를 높였습니다.

여러분의 지대한 용기는 우리 전 장병들의 귀감이 되기에 충분합니다.

부디 더욱더 노력하시고, 적을 얕잡아 보는 것을 피하며, 경험을 도출하기 위해 자체 강평을 하고, 끊임없이 투쟁해 더 큰 승리를 거둡시다.

여러분의 대승을 기원하며

베트남 인민군 총사령관

대장 보응웬지압

10. 디엔비엔푸에 결정적 공격을 시행하기 위한 각 부대, 장병 동원령

1954년 3월

친애하는 장병 여러분!

디엔비엔푸 작전이 곧 개시될 것입니다.

이는 우리 군 역사상 최대의 공격으로 기록될 것입니다.

적이 디엔비엔푸에 공수한 이래 지난 3개월 동안, 우리 군은 그곳에 있는 적 주력을 포위해오고 있습니다. 또한, 우리는 전국의 전장에서 계속적으로 적을 격퇴해왔습니다.

이제 라이처우는 해방되었고, 남오우강의 적 방어선은 붕괴되었으며, 퐁살리에서의 적은 더 이상 존재하지 않습니다. 디엔비엔푸는 우리의 광대한 후방지역에서 완전히 고립된 요새가 되었습니다.

이제 디엔비엔푸에 대한 공격을 감행할 때가 되었습니다.

우리가 이번 전투에서 승리한다면, 우리는 적의 중요한 부대들을 소멸시키고, 북서지방 전체를 해방시킬 것이며, 후방지역을 확대, 공고화하고, 성공적인 토지 개혁을 보장할 수 있을 것입니다.

디엔비엔푸에서의 승리는 우리 군의 발전에 한 획을 긋고, 우리 저항은 의미심장한 승리로 도약할 것입니다.

디엔비엔푸에서의 우리의 승리는, 이미 손실의 고통을 받고 있는 나바르 계획을 무산시킬 것입니다. 그것은 전쟁을 확대하려는 프랑스, 미국 제국주의자들의 음모에 결정타가 될 것입니다. 그것은 국내외에 강력한 영향력을 행사해, 베트남, 캄보디아, 라오스에서 종전을 요구하는 전 세계의 평화운동에 기여할 것이며, 특히 프랑스 정부로 하여금 연이은 군사적 손실 후에 인도차이나에서 전쟁을 수습하기 위해 대화를 통한 협상에 임하도록 할 것입니다.

당중앙위원회, 정부 및 호치민 주석의 명령에 의해, 또한 우리와 협조하기 위해 전국의 전장에서 적군을 무찌르기 위해 최선을 다하고 있는 이때, 나는 디엔비엔푸 전장에 있는 모든 장병들은 이런 역사적인 작전에 참가하고 있다는 것이 영광임을 충분히 인식하고, 적에 대한 필살의 신념을 높이 가지고, '꾸준히 싸우고, 꾸준히 전진한다.'라는 구호를 가슴에 새기며, 상호간에 긴밀히 협조하고, 끊임없이 싸워서 디엔비엔푸에 있는 모든 적을 격멸하고 위대한 승리를 쟁취합시다.

공격 시간이 다가오고 있습니다.

용감하게 전진하고, 승리를 얻기 위해 노력하고, 호치민 주석의 '결전 필승' 명예기를 수여받읍시다.

베트남 인민군 총사령관

대장 보응웬지압

11. 디엔비엔푸 전역을 위한 군기 5대 사항

1954년 3월

호치민 주석, 당중앙위원회 및 정부의 결심을 실현시키기 위해서,

최고사령부 전투명령에 대한 완전한 주목을 위해서,

보병, 포병 및 공병 부대들의 용감성과 전투기술을 100% 발휘할 수 있도록 하기 위해, 작전에서 완승을 거두기 위해, 최고사령부는 군기 체계를 다음과 같이 발표하기로 결정했다.

첫째, 포상은 다음과 같은 경위에 실시한다.

모든 상황, 특히 긴급하고 어려운 시기에 결의를 유지하는 자, 상관의 명령에 절대 복종하는 자, 용감하게 싸우는 자, 많은 적을 사살 또는 생포하는 자, 적의 무기를 노획하는 자, 적기를 격추시키는 자, 그리고 전투임무를 완수하는 자.

처벌은 다음과 같은 경우에 실시한다.

주저함을 보이는 자, 명령을 완벽히 이행하지 않은 자, 항복한 자, 임무를 회피하기 위해 변명을 만드는 자.

둘째, 포상은 다음과 같은 자에게 주어진다.

작전 전략과 행동 계획에 대한 보안 유지를 잘하는 자, 대공방어를 잘 수행하는 자, 방첩 활동을 잘하는 자(특히 적기지 부근에서 작전 혹은 주둔 중일 경우)

처벌은 다음과 같은 경우에 실시한다.

경계, 보안, 대공방어 및 안전 유지에 실패한 자, 공격 및 행동 계획이나 진지에 대한 첩보를 적의 손에 들어가도록 하여 우리 군에게 손실을 초래하게 하고 작전 성공에 악영향을 끼친 자.

셋째, 정해진 기간 내에 동맹들과 긴밀한 협조를 통해 작전 임무를 완수한 자는 포상한다.

이를 실패해, 우리 동맹들에게 손실을 초래하게 하고 어려움에 빠지게 한 자는 처벌한다.

넷째, 긴박한 전투와 심대한 손실에도 불구하고 전투를 계속하고 적을 사살하기 위한 기회를 포착하기 위해 자신의 부대를 재조직하는 자는 포상한다.

자신의 부대의 재조직에 태만하고, 그리하여 전투를 계속하고 과업 수행 완수 기회를 상실한 자는 처벌한다.

다섯째, 전사자, 전상자, 노획 및 전쟁포로에 관한 우리의 정책을 적절히 이행한 자는 포상한다.

전사자 및 전상자에 대한 정책 이행에 실패한 자, 노획물을 파괴하거나 오용한 자, 포로를 죽이거나 고문한 자들은 처벌한다.

베트남 인민군 총사령관

대장 보응웬지압

12. 디엔비엔푸 전역과 긴밀한 협조를 위한, 전국 전장의 전 장병에 대한 동원령

1954년 3월 13일

친애하는 장병여러분!

지난 3개월 동안 우리 군은, 우리가 화빙에서 그랬던 것처럼, 디엔비엔푸에서 적 주력을 포위해 왔습니다. 그와 동시에 우리는 전국적으로 게릴라전을 고양시키고 계속적인 승리를 통해 적보다 유리한 위치에 있습니다.

3월 13일, 우리 군은 디엔비엔푸 외곽을 공격했습니다. 우리는 적에 대한 포위를 계속할 것입니다. 바로 이때, 적은 계곡에 공군력을 집중시키고, 더 많은 병력을 보낼 준비를 하고 있습니다.

모든 전장의 전 부대는, 프랑스-미국의 군사 계획을 분쇄하기 위해서, 활동을 증진시키고, 적군을 사살하며, 적의 수상 및 육상 병참선을 공격하고, 중요하면서도 방어가 부실한 기제에 대한 매복을 전개할 준비가 되어있습니다.

우리의 구호는 다음과 같습니다.

-주도권을 획득하라!

-승리가 확실한 소규모 공격들을 실시하라!

-끈질기게 싸워라!

-거국적으로 협조하라!

베트남 인민군 총사령관

대장 보응웬지압

13. 힘람 및 독립고지 전투에서 승리한 부대에 보내는 축하 서신

1954년 3월 15일

3월 13일 야간과 14일에 적의 가장 강력한 2개의 외곽 진지였던 힘람과 독립고지를 소멸시킨, 용감성과 긴밀한 협조를 구현했던 장병 여러분을 치하하게 된 것을 영광으로 생각합니다. 우리는 적의 디엔비엔푸 북부 구역의 2/3를 파괴해, 정예 유럽-아프리카 2개 대대를 소멸시키고 많은 적기에 손상을 입혔습니다.

이런 전투는 우리 군의 역사상 가장 큰 공격이었습니다. 그들은 적의 집단전술기지를 처음으로 겨냥했고, 중포와 고사총과의 협조가 이뤄졌습니다. 두 번의 승리는 우리 군의 가시적인 성과를 기록했습니다. 여러분은 최근 전투에서 교훈을 도출해야 하며, 적을 과소평가해서는 안 됩니다. 적군은 디엔비엔푸에 보급을 증가시키기 위해서 최선을 다하고 있습니다. 그러므로 여러분은 이런 승리를 확고히 유지하고 이를 선전하며, 계곡에 있는 적에 대한 포위를 계속하고, 전국에 걸쳐 다른 전장에 있는 우리 군을 위해서 유리한 여건을 조성하며, 프랑스-미국 제국주의자들의 음모를 분쇄해야만 합니다.

여러분의 위대한 승리를 치하하며

베트남 인민군 총사령관

대장 보응웬지압

14. 디엔비엔푸에 있는 적에 대한 포위 및 공격을 요청하는 서한

1954년 3월 20일

친애하는 디엔비엔푸 전역 장병여러분!

여러분도 아시다시피, 우리 군은 이 역사적인 전역의 1차 공세에서 위대한 승리를 쟁취했으며, 적에게 심대한 피해를 입혔습니다.

당중앙위원회는 여러분에게, '이는 역사적인 작전이며 여러분은 인내를 가지고 싸우고 적을 경시하지 말 것을 상기시킨다.'라는 내용의, 축전을 보내왔습니다.

군당위원회 정치지도원 또한 여러분을 치하했습니다.

최초에는, 적은 자신들의 패배를 숨기려 했습니다. 그러나 이제는 그렇게 하는 것이 불가능해졌습니다. 적은 말했습니다.

"만일 베트남민주공화국의 국기가 디엔비엔푸 거점에 높이 게양된다면, 인도차이나 상황은 급변할 것이며, 그것은 동남아 정세에도 상당한 영향을 미칠 것이다."

적은 그들이 패할 경우 제네바 회담에서 불리한 위치에 놓이게 될 것을 우려하고 있습니다.

그저께, 프랑스 정부는 디엔비엔푸에 있는 병사들에게 사기를 북돋워 주고자 5분간 침묵하는 행사를 했습니다. 참 불쌍한 일입니다.

모든 프랑스 주요 일간지들은 디엔비엔푸 전투에 관한 기사를 1면에 앞 다투어 기재했습니다. 뤼마니떼(L'Humanite)라는 프랑스 공산당의 목소리는 우리 승리를 열렬히 치켜세웠습니다.

나는 여러분에게 뉴스를 전해드려서 여러분이 이 역사적인 작전에 참여한 영광을 적절하게 감사하며, 적을 경시하지 않도록 할 것입니다. 나는 여러분이 좀 더 자신감을 가지고, 좀 더 노력하며, 꾸준한 전투와 꾸준한 전진 전술을 견지하고, 끊임없이 공격해

줄 것을 희망합니다.

지금, 우리는 대승을 계속하고 있고 적은 심대한 손실에 괴로워하고 있습니다. 그러나 그들은 여전히 강력합니다. 우리가 보병과 포병에서 점점 우위를 점하고 있으나 절대적인 것은 아닙니다. 그러므로 우리는 꾸준히 싸우고 꾸준히 전진해야만 하는 것입니다.

적의 다른 전투력은 무엇이겠습니까?

적군은 약 10,000명 정도입니다. 비록 그들의 사기가 계속 저하되어왔고, 수적인 면에서 열세이기는 해도, 우리는 그들을 과소평가해서는 안 됩니다. 만일 우리가 그렇게 하면 우리는 패배할 것입니다.

적의 여타 3개 전투력은 다음과 같습니다.

첫째, 적은 여전히 공정부대를 보유하고 있습니다. 비록 우리가 비행장을 통제하고 있지만, 우리는 증원부대를 중지시킬 정도는 아닙니다.

셋째,[04] 적 포병은 여전히 강력합니다. 적의 공군은 더욱 밀도 높게 운용될 것입니다. 반면에 우리 포병과 방공포는 일정부분 제한을 받고 있습니다.

하여, 여러분은 이런 전투력과 상대하기를 원하십니까? 나는 여러분이 적 대포와 항공기를 매우 증오해왔으며, 적이 병력과 보급품을 공수낙하 시키는 것에 진절머리를 내고 있다고 들었습니다. 그래서 여러분은 적의 전투력을 무력화시키고 싶어 하는 것입니다.

우리는 어떻게 이를 이룰 수 있을까요?

공격 전장 구축[05]을 완성하고, 적을 포위하고, 그리고 적 전투력을 무력화시키려는 목표를 달성한 후에 우리는 무엇을 더 할 수 있을까요? 지금은 전장 구축에 주력할 때입니다. 그 후에 무엇을 할 것인가는 다음에 말씀드리겠습니다.

나는 여러분이 여러 나날 동안 계속해 전장을 구축해 왔다고 들었습니다. 다음에는 싸워야하며, 그리고 다시 건설에 복귀해야 합니다. 결과적으로, 여러분 중 일부는 피곤

04 둘째가 없는 것으로 보아 편집 실수로 추정된다. (역자 주)

05 베트남군은 전장 구축이라는 표현을 즐겨 쓰는데, 이는 전장에서 그들이 싸우기 좋은 여건을 마련하는 일련의 공사라고 볼 수 있다. 여기에서는 공격출발진지, 포진, 공격용 무기, 탄약 및 장비 준비 등을 강조하고 있다. (역자 주)

할 것입니다.

그러나 디엔비엔푸에 있는 적들은 우리보다 더 의기소침하며 탈진 상태라는 것을 명심하기 바랍니다. 적 부상병들은 휴식을 취할 대피소도 없고 상처를 치유할 의약품도 부족합니다. 그들의 요새 중 일부는 파괴되었습니다. 다른 것들도 위태위태합니다. 보급품도 부족합니다. 심지어, 적들은 그들에게 더 많은 부상자를 유발하는 우리 대포 사격에 고통을 받고 있습니다.

그래서, 우리는 휴식을 취하면서 적이 조직을 정비하고, 좀 더 많은 보급품을 보낼 수 있게 하며, 더 많은 병력을 공수낙하하게 하고, 그들의 포병과 공군력을 증강하도록 해야 합니까? 아니면, 인민의 군대로서 그리고 베트남 노동당원으로서, 우리의 피로와 고난을 극복함으로써 적에게 더 큰 피로와 고난을 주어야 하겠습니까? 우리는 무엇을 선택해야 할까요? 나는 여러분이 후자를 선택하고, 전장을 구축하고 적과 싸우는 일을 계속할 것으로 믿습니다.

이는 우리가 우리 병사들의 건강에 신경을 쓰지 않겠다는 것이 아닙니다. 오히려, 장교들은 가능한 한 많이 병사들의 건강에 신경을 써야 하며, 병사들은 스스로와 전우들을 보살펴야만 합니다. 취사병들은 병사들이 식사하고 취침할 수 있는 장소를 준비하는 것뿐만 아니라 그들에게 따뜻한 식사와 끓인 물을 제공할 수 있도록 각별한 노력을 기울여야 합니다. 의료진들은 질병 예방에 적극 노력해야만 합니다. 장교들은, 병사들이 전투를 지속할 수 있는 능력을 갖추는 데 매우 중요한, 이런 과업을 감독해야만 합니다.

지휘관들과 정치지도원들은 전투를 신중히 준비해야만 하며, 시간을 낭비하거나 병사들이 더 피곤해하지 않도록 적절하게 전투력을 배분해야 합니다. 여러분은 병사들을 만나면 그들을 격려해주고, 전장을 점검해야 합니다. 최근, 여러분들이 전장을 부주의하게 점검하는 바람에 병사들이 더 많이 다치는 일이 발생했습니다.

다시 한번, 장교들은 직접 자신이 현장에 가서 전장을 점검할 것을 강조합니다. 그것은 바로 장교들의 책무입니다. 누구라도 이를 소홀히 한 자는 처벌될 것입니다.

간략히 말해서, 이 시점에서의 중심 과업은 전장을 구축하고 적을 신속하고 적절하게 포위하는 것입니다. 그와 동시에, 우리는 적을 격멸하기 위해 전투를 계속해야만 하고, 전장 구축 과업을 완성해야 합니다.

우리는 '꾸준한 전투, 꾸준한 전진'의 구호를 따라야만 합니다. 우리가 싸울 때마다, 우리는 승리해야만 합니다. 이 구호는 우리가 시간을 이용하지 않겠다는 말이 아닙니다. 반면에, 우리는 우리 시간을 최대한 이용해야만 합니다. 왜냐하면 전장이 일찍 완성될수록, 적에게 더 큰 고난을 안길 수 있고, 우리가 좀 더 일찍 승리를 거둘 수 있기 때문입니다. 현시점에서 땅을 1m 더 파는 것이 작전의 최종 승리를 위해 준비를 잘하는 것입니다.

당분간 중심 과업은 전장 구축이기 때문에, 총정치국은 호 아저씨의 '필승'기를 차지하기 위한 첫 번째 조건으로 전장 구축 태도라고 결정했습니다. 이 과업은 적에 대한 어떤 공격보다도 영예로운 것입니다.

오직 여러분이 여러분의 임무를 확실히 숙지할 때만이, 여러분의 전투력을 최상으로 끌어올릴 수 있는 것입니다. 일단 여러분이 이런 일을 수행하게 되면, 여러분은 임무를 완수할 것입니다.

우리 군대는 이제 무거운 대포를 수백km 산허리를 따라 이동시킬 만큼 강합니다. 그들은 산맥을 따라 도로를 건설해왔고, 뿐만 아니라 100km의 전장을 구축했으며, 적의 가장 강력한 근거지를 파괴해왔습니다. 우리 군은 공격 전장을 구축하고, 적을 포위하는 과업을 기필코 완수해, 그리고 작전의 최후 승리를 위한 유리한 여건을 조성할 것입니다. 여러분 모두는 이런 중대 과업에 대한 책임이 있습니다.

나는 여러분 모두를 치하하며, 여러분이 최대의 가능한 노력을 아끼지 않을 것으로 믿습니다.

여러분의 건승을 기원합니다.

베트남 인민군 총사령관

대장 보응웬지압

15. 5번 국도[06]에서 승리한 정규군, 지방군, 민병대, 게릴라에 대한 축하전문

1954년 3월 23일

총사령부는 3월에 5번 국도상의 적 방어 체계를 공격한 여러분을 높게 치하하는 바입니다. 그 돌격은, 지난 1월과 2월에 많은 적 열차를 전복시킨 후에, 다수의 적 초소와 감시탑을 파괴했고, 많은 증원군을 사살했으며, 여러 곳의 교량과 철도를 파괴해, 수차에 걸쳐 북부에서의 가장 중요한 전략 도로들을 차단했습니다.

이 공격은 적의 중요한 수송체계에 일격을 가하고, 적 부대의 상당 부분을 소멸시켰으며, 미제 폭탄과 포탄이 하이퐁에서 하노이나 다른 전장으로 수송하는 것을 저지했습니다. 그 작전은 디엔비엔푸 및 여타 전장과의 긴밀한 협조하에 이뤄졌습니다.

지아람 및 깟비 공항에 대한 기습공격의 승리와 함께, 5번 국도에서의 승리는 후방지역에서의 우리 병사들과 인민들의 불요불굴의 정신을 강화시키는 데 기여했으며, 북부 삼각주 지역을 안정화시키려던 그들의 계획이 실패로 돌아갔음을 증명했습니다. 비록, 규모가 상이하고 전술적 및 전략적 수준이 다를지라도, 여러분의 감투정신은 디엔비엔푸 전장의 우리 장병들의 그것보다 결코 약하지 않았습니다.

여러분은 이 승리를 공고히 하고 강화시켜야하며, 게릴라전을 고양시키고, 적과 싸우는 보통 사람들을 도와주며, 적을 경시하지 말아야 하고, 또한 디엔비엔푸에서 적군을 포위하고 있는 우리와 긴밀한 협조를 계속해야 합니다.

여러분의 건승을 기원합니다.

베트남 인민군 총사령관

대장 보응웬지압

06 하노이에서 하이퐁간의 도로. 한국의 구 경인국도와 성격이 유사하다. (역자 주)

16. 디엔비엔푸 집단전술기지 북부구역 공격에 앞서 장병에게 보내는 서한

1954년 3월 29일

친애하는 동지들

1. 며칠 전에, 나는 공격 전장 구축과 포위에 관해 말했고, 작전에서 새로운 승리를 얻기 위해서 다음에 무엇을 해야 하는지 말해 주겠다고 약속한 내용이 적힌 서신을 여러분에게 보낸 바 있습니다. 오늘, 우리의 공격과 포위를 위한 전장이 거의 완성되었습니다. 이 얼마나 대단한 일입니까! 전장은 우리의 포위망을 강화하고 적에게 증원병력과 탄약을 보충할 수 있는 통로를 제한하는 데 이바지하고 있습니다. 나아가, 전장은 적의 중심부가 우리 야포 사거리 안에 들어오도록 했고, 우리 병력이 그들에게 가까이 다가갈 수 있도록 여건을 조성했습니다. 전장은 적의 폭탄을 거의 무용지물로 만들었습니다. 전장은 우리에게 새로운 승리를 확실히 가져다줄 것입니다.

2. 오늘, 나는 여러분에게 대단히 중요한 일을 말하고자 합니다. 총사령부는 디엔비엔푸에 있는 적에게 대규모 공격을 감행하기로 결정했습니다. 여러분의 3대 목표는 다음과 같습니다.

첫째, 가능한 한 많은 적군을 사살해야 합니다. 종국에는, 우리는 여러 개의 초소를 동시에 타격할 뿐만 아니라, 적을 혼란시키고 적 지휘소 일부를 소멸시키기 위해서 적 지역에서 종심 깊은 타격을 감행할 대단히 용감한 부대를 운용할 것입니다.

둘째, 적의 화기진지를 타격 및 점령해, 그들을 무용지물로 만들고, 점령한 진지를 오히려 적에게 사격을 가할 우리의 진지로 사용해야 합니다.

셋째, 지형이 우리에게 유리한 곳을 타격해, 그곳을 점령하고 우리의 진지로 삼아 잔적들을 압도해야 합니다.

다가오는 전투는 대단히 중요합니다. 나는 이 말이 여러분을 분발시킬 것을 확신합니다. 총공격입니까? 내 대답은 '아닙니다', 왜냐하면 적은 여전히 강력하기 때문입니다. 그러나 이 전투가 장차 총공격이 어떻게 치러질지를 결정할 것입니다.

3. 왜 총사령부는 그렇게 중요한 전투를 결정했을까요?

왜냐하면 그들은 우리 병력들이 다음과 같은 승리로 가는 건설적인 4대 여건을 향유하고 있다고 보았기 때문입니다.

첫째, 우리는 현재 보병 및 포병 면에서 적보다 절대 우위에 있습니다. 우리 대포는 적의 가장 깊숙한 곳까지 직접 사격할 수 있습니다.

둘째, 우리는 공격과 포위를 위한 강력한 전장을 구축해왔습니다. 이번 전투에서, 우리 군대는 '꾸준한 전투와 꾸준한 전진'의 원칙을 여전히 고수해야 합니다.

셋째, 우리 군대는 최근 승리를 경험했으며, 공격을 위한 전장 구축을 완료했습니다. 우리는 요새진지 공격에 대한 더 많은 경험을 쌓아왔습니다. 우리는 우리의 승리를 믿으며, 필승의 신념에 차 있습니다.

넷째, 포위된 적의 사기는 저하일로에 있습니다. 그들의 부상병들은 나날이 그 수가 증가되고 있습니다. 그들의 보급도 난관에 봉착했습니다. 그들은 단순하게 그들의 항공기가 우리 화기 진지에 폭탄을 투하하고, 우리를 모두 사살하기를 바라고 있습니다. 그것이 바로 그들이 더욱 조바심 내는 이유입니다.

4. 그러나 우리는 이 큰 전투에서 어려움을 피할 수 없습니다.

첫 번째 난관은 우리 병사들 일부는 피아간의 상황을 잘 모르고 있다는 것입니다. 그 결과, 그들은 적을 얕잡아보게 되고, 실패로 귀결될 수도 있는 전투 편성에서의 오류를 범하고 있습니다. 다른 병사들은 다가오는 전투의 의미를 잘 알지 못해, 임무 수행에 최선을 다 하지 않고 게을리하고 있습니다. 여러분은 이런 약점을 극복해야만 합니다. 여러분이 그렇게 하면, 우리는 확실히 전투에서 승리할 수 있습니다.

두 번째 난관은 전투 조직에 있습니다. 초소 공격에 있어서, 여러분은 가능한 신속히 이를 접수해 지난 과오를 되풀이하지 말아야합니다. 적 진영 내에서의 전투 공격 시에는, 여러분은 잘 조직해야 하며, 충분한 폭약과 다른 적절한 경무기를 충분히 가지고 들어가야만 합니다. 또한, 과도한 집중을 피하고 첩보와 병참선을 조직해 주간에 전진해야 하는 어려움이 있습니다. 만일 우리 모든 장교들과 병사들이 제반 난관 극복에 관심을 가져준다면 우리는 반드시 이길 것입니다.

5. 간단히 말해서, 다가오는 전투는 이전의 그것보다 훨씬 대규모입니다. 승리를 보장하기 위해서 우리가 해야 할 일은 무엇입니까?

내 대답은 이렇습니다. 한 가지 요구에 응하면 됩니다. 그것은 모든 병사와 장교들은 상관의 명령에 복종해야만 하며, 용감, 신속 및 강력하게 싸워야만 하고, 적군을 소멸할 기회를 상실하지 않는 것입니다. 장교들과 당원들은 전군의 귀감이 되어야만 합니다. 모든 병사들은 높은 결의를 견지하고 난관이나 부상의 두려움에서 벗어나야 합니다. 이것이 바로 적이 우리를 볼 때마다 경기(驚氣) 들도록 만드는 길입니다. 전 장병들은 호치민 주석의 '결전필승 영예 기'를 획득하겠다는 결심을 해야만 합니다.

동지 여러분, 이번 전투에서 승리한다면 우리는 적에게 치명타를 입힐 수 있고, 디엔비엔푸에 있는 적군 소멸에 기여할 수 있습니다. 이번 전투에서 승리한다면, 한 번 공격으로 단지 1개 대대를 모두 사살하는 대신, 한 번 전투에서 수개의 대대를 소멸시킬 수 있게 됨으로써, 우리 군대는 진일보할 수 있을 것입니다. 이는 모든 장교들과 병사들 모두에게 크나큰 도전입니다. 우리의 모든 전선에 있는 모든 군대와 전국의 인민들이 승리를 기원하고 있습니다.

당중앙위원회와 호치민 주석도 똑같습니다. 모든 장병, 부대 및 군 조직은 이 영광스러운 임무를 완수하겠다고 크게 다짐해야 합니다.

여러분들의 많은 성취를 기원합니다.

여러분들이 전장으로 가기 전에 악수를 합시다.

여러분의 건승을 기원합니다.

베트남 인민군 총사령관

대장 보응웬지압

17. 디엔비엔푸 병사들에게 저격활동을 강화할 것을 요청하는 서한

1954년 4월 22일

친애하는 소총병,

친애하는 기관총 사수,

친애하는 박격포수,

친애하는 포수 여러분.

우리의 디엔비엔푸에서의 초전 대승 후에, 우리는 적의 중심에 더 가까이 다가가고 있습니다.

적의 중심부는 이제 우리 사거리 내에 있습니다.

적에게 더 많은 피로와 부상을 강요하고, 적의 사기를 더욱 저하시키기 위해,

적이 전투 신경증과 스트레스를 계속 받도록 하기 위해, 그들의 식사와 취침을 방해하기 위해, 그리고 그들을 극단적으로 취약한 상태로 내몰기 위해,

우리 군대가 더 큰 승리를 거두고, 디엔비엔푸에 있는 적의 모든 부대를 소멸하는 데 도움을 주기 위해,

나는 요청합니다.

모든 소총수,

기관총 사수,

박격포 사수 및

포수 여러분.

적군을 사살하고 디엔비엔푸에 있는 그들을 저격하겠다는 여러분의 결의를 최대한 높여야합니다.

총 한 발로 적군 한 명을 죽여야 합니다.

참을성 있고, 적극적이며, 정확해야 합니다. 여러분이 사격할 때마다 표적을 쓰러뜨려야합니다.

누가 디엔비엔푸 전장에서 최고의 소총수가 되겠습니까?

누가 디엔비엔푸에서 최고의 기관총 사수, 박격포 사수, 그리고 포수가 되겠습니까?

총사령부는 여러분의 성공을 기다리고 있으며, 여러분과 여러분 부대들은 합당하게 포상될 것입니다.

여러분의 건승을 기원합니다.

베트남 인민군 총사령관

대장 보응웬지압

18. 모든 도로 건설자들에게 보내는 서한

1954년 4월

우리의 역사적 전역은 위대한 승리를 획득했습니다. 적은 심각한 어려움에 봉착했으나, 여전히 전투를 계속하고 있습니다.

적의 의도는 우리 보급을 방해하기 위해서, 특히 다가오는 우기에, 수송로를 파괴하는 것입니다.

그러므로, 여러분의 과업은 중대하고도 중요한 것입니다. 그것은 여러분의 희생을 요구하고 있으며, 적을 사살하기 위한 체력과 정신력을 필요로 하고 있습니다.

나는 여러분이 도로를 통행 가능토록 하여, 우리 장병들이 적과 싸우는 데 필요한 식량과 탄약을 충분히 확보할 수 있도록, 모든 노력을 경주해주기를 기대합니다. 이를 통해 여러분은 이번 전역의 승리에 기여하는 것입니다.

여러분의 건투를 기원합니다.

베트남 인민군 총사령관

대장 보응웬지압

19. 디엔비엔푸 전투 후 부상병들에게 보낸 서한

1954년 5월 11일

나는 5월 7일, 우리의 영웅적인 군대가 디엔비엔푸에 있던, 16,200명으로 구성된 21개 대대의 적군을 완전히 소멸시켜 북서지방을 모두 해방시켰다는 사실을 알리게 되어 기쁩니다.

디엔비엔푸 전역은 완전한 승리로 끝났습니다. 우리는 당중앙위원회, 정부, 그리고 호치민 주석의 결심을 실현시켜왔습니다. 이번 승리는 우리 군과 인민이 보다 더 큰 승리를 거둘 수 있는 여건을 조성했습니다. 디엔비엔푸에서 적을 소멸시키면서, 우리는 농지를 얻기 위해 투쟁하는 농민들을 성공적으로 지원하게 되었고, 제네바 회담에 참가하고 있는 정부에 외교적 지원을 해 주었습니다.

이런 영광스러운 승리들은 모두 당중앙위원회, 정부, 그리고 호치민 주석의 영명한 지도력에서 기인한 것입니다. 이런 일련의 승리들은 또한 전선을 지원하기 위해 헌신한 인민과 용감하고 고난을 이겨낸 장병들 덕택이기도 합니다. 작전 기간 동안 여러분은 혁명군의 표상이 되었습니다. 여러분은 국가를 수호한 사람들이며, 평화를 조성한 사람들이고 세계 민주주의를 옹호하는 사람들이라는 칭호를 받기에 충분합니다. 호 아저씨께서는 여러분에게 심심한 감사와 치하를 전해주라고 말씀하셨습니다.

친애하는 동지 여러분,

프랑스 및 미국 제국주의자들이 심대한 손실을 입었기 때문에, 그들은 제네바 회담에서 평화적인 방법으로 인도차이나 문제를 해결하려고 생각할 수밖에 없습니다. 그러나 그들은 여전히 완강합니다. 그들은 회담을 훼방 놓고, 베트남에서 그들의 침략 전쟁을 확대하기 위한 음모를 진행하고 있습니다. 우리는 한시도 마음을 놓아서는 안 되며, 호 아저씨의 가르침을 마음속에 새겨야만 합니다.

"승리는 비록 창대했으나 시작일 뿐입니다. 모든 투쟁은, 그것이 군사적인 것이든 외교적인 것이든, 궁극적인 승리에 도달하기 전까지는 오랫동안 전력을 투구해, 수행되어져야만 합니다."

우리는 그들의 새로운 음모를 분쇄하고 그들에게 더 많은 손실을 안겨주기 위해 준비되어져야합니다.

친애하는 동지 여러분,

우리 군이 승리를 자축하고, 이 소식을 알리기 위해 준비하고 있는 와중에도, 여러분 중의 일부는 부상으로 인해 병원에 있습니다. 그럼에도 불구하고, 여러분은 전혀 걱정하실 필요가 없습니다. 곧 회복해서 부대로 복귀해 새로운 임무를 수행한다는 희망을 가지십시오. 여러분은 진정 치하받을 자격이 있습니다. 나는 여러분이 조속히 회복해 전투를 계속하기 위해 복귀해 새로운 전공을 수립하시길 빕니다.

여러분의 건승을 기원합니다.

베트남 인민군 총사령관

대장 보응웬지압

20. 북서지방민들에게 보내는 서한

1954년 5월 15일

디엔비엔푸 전투는 대승으로 끝이 났습니다. 우리의 영웅적인 군대는 16,200명의 적군을 소멸시키고 북서지방을 완전히 해방시켰습니다.

베트남 인민군의 모든 장교와 병사들을 대신해, 저는 북서지방 인민들에게 축하의 말씀을 드리며, 여러분들의 도로작업, 식량제공, 우리 장병들에게 보낸 위문편지와 선물, 그리고 부상병 간호에 감사의 말씀을 전하는 바입니다

저는 여러분들이 모두, 모든 민족들은 사회질서를 유지하기 위해 형제자매처럼 서로 도와주고, 평화롭고 복된 생활을 위해 생산성을 향상시키며, 반도들과 스파이를 척살하고 부락을 보호하며, 적의 새로운 음모에 맞서 싸우기 위해 군과 게릴라에 가담하라는 호치민 주석의 가르침을 실천할 수 있도록 건강하시길 기원합니다.

여러분의 새로운 성취를 기원합니다.

국방부장관

베트남 인민군 총사령관

대장 보응웬지압

21. 베트남 인민군 총사령부 성명 (총사령부 발표문에서 발췌)

"우리군대가 디엔비엔푸 전장에서 완벽한 승리를 거뒀다. 이는 베트남 인민군의 무장투쟁 역사에서 가장 위대한 승리다."

디엔비엔푸 전역은 공식적으로, 우리 군대가 적의 요새화된 집단전술기지 외곽에 대해 공격을 감행한, 1954년 3월 13일 개시되었다. 적은 공정 및 보병 12개 대대, 중포병 및 곡사포 3개 포병대대로 구성되어 있었다. 우리의 일련의 성공적인 공격과 승리로 적이 패배하자, 적은 추가적으로 5개의 정예 공정대대와 다수의 추가적인 부대들을 동원해 총 21개 대대 및 10개 중대에 이르게 되었다. 이 병력으로 불과 12km x 6km 지역에 나싼보다 강력했고, 총 49개 거점이 상호 지원 형태를 갖추고 있었으며, 대형 항공기의 이착륙이 가능한 2개의 비행장을 갖춘 대규모의 집단전술기지를 구축했다.

우리의 디엔비엔푸에 대한 공격은 3월 13일부터 우리 군이 총공세를 감행한 5월 6일까지 55일의 주야 동안 끊임없이, 그리고 강력하게 이뤄졌다. 5월 7일 21:00시에, 우리 군은 디엔비엔푸에 있는 모든 적을 소멸시켰다. 역사적인 디엔비엔푸 전역은 완전한 승리였다.

잠정 파악한 바에 따르면, 우리 군대는 보병 및 공정 17개 대대, 중포병 및 곡사포 3개 대대, 기계화 부대, 공군, 공병 및 수송부대 등 모두 보병 및 공정 21개 대대와 추가적으로 10개 괴뢰군 중대를 포함, 16,200명의 적군을 소멸시켰다.

우리 군대에 의해서 소멸된 적 부대는 다음과 같다.

(1) 7개 대대로 구성된 제2 다중대대[07] : 제1, 2, 6, 8 식민 공정대대, 제1, 2 외인 공

07 통상 5~7개 대대로 구성된 부대단위, 연대 또는 여단과 동급 부대지만 전투지원, 전투근무지원부대가 거의 없이 몇 개 대대와 지휘부로만 구성된 것이 특징이다 (역자 주)

정대대, 제5 괴뢰 공정대대

(2) 6개 대대로 구성된 제9 기동 다중대대 : 제13 준여단,1, 13대대, 제2 외인 연대 1대대, 제3 알제리-북아프리카 연대 1대대, 제4 모로코-북아프리카 연대 1대대, 제2 타이족[08] 괴뢰대대

(3) 4개 보병 대대로 구성된 제6 기동 다중대대 : 제3 외인연대 3대대, 제1 알제리-북아프리카 연대 2대대, 제7알제리-북아프리카 연대 5대대, 제3 타이족 괴뢰대대

(4) 155mm 및 105mm 2개 대대, 1개 포대, 120mm 곡사포 대대 등 제4식민포병 연대 소속의 48문의 대포

(5) 12.7mm 고사포 2개 소대

(6) 1개 공병 대대, 18t 전차로 구성된 기계화 중대와 120대의 차량으로 구성된 수송 중대

(7) 정찰기 5대, 전투기 7대, 수송기 4대, 헬기 1대 등 17대의 항공기로 구성된 상비 전력과 공군 참모진을 포함한 디엔비엔푸 공군기지

(8) 지휘부와 군사정보, 첩보, 군수, 군의, 헌병군 및 정비대와 같은 직할대

(9) 추가적인 타이족 괴뢰군 10개 중대

이 전력뿐만이 아니라, 사상자들을 보충하기 위해 동원되고 공수낙하한 북부 삼각주 주둔 기동부대 소속 보병들도 있었다. 그들은 '디엔비엔푸를 지원하기 위해서 자원한 공수요원'이라고 불렸다.

사망 혹은 포로가 된 적군은 다음과 같다.

(1) 디엔비엔푸 총사령부 전체

(2) 북부, 남부 및 중앙 분구의 전 지휘부

(3) 3개 기동 다중대대 지휘부, 보병 대대의 모든 지휘부 및 상기 전 부대의 전투력

고급 장교들은 다음과 같았다.

- 북서 군구(軍區) 및 디엔비엔푸 총사령관인 드 까스뜨리 소장은 생포되었다.

08 베트남 소수민족. 주로 북부지방에 거주했으며, 징집병이 프랑스군의 일원으로 전투를 치렀다.(역자 주)

– 다음과 같은 16명의 대령 및 중령급 장교들이 생포 혹은 사살되었다. 북서 군구 책임 제1부사령관 뜨랑까르(Trancart), 제2부사령관 겸 북부구역사령관이자 제9기동다중대대장 고세(Gaucher), 제3부사령관 겸 제2 기동 공수 다중대대장 랑글래(Langlais), 제4부사령관 겸 포병사령관 삐로, 남부구역사령관 겸 제6기동 다중대대장 알리외(Allieu), 디엔비엔푸 참모장 귀뜨(Guth), 후임 참모장 뒤끄뤼(Ducruix), 디엔비엔푸 공군사령관 게렝(Guerin), 알리외[09] 후임 포병사령관 배랑(Vaillant), 중앙구역 부사령관 레뮈니에(Lemeunier), 뒤끄뤼 후임 참모장 스겡 빠르지(Seguin parzies)

소위-소령급 장교 중 사살 혹은 생포된 자가 353명이었고, 부사관이 1,396명이었다.

57대의 항공기가 전장에서 격추 혹은 파괴되었고, 5대가 병참선 상에서 파괴되었다. B-24 및 B-16 폭격기, C-119 수송기[10]와 헨다이브(Hendive)[11] 전투기 등 총 62개의 미국 항공기가 프랑스를 지원했다.

우리 군대는 디엔비엔푸 집단전술기지에서 모든 적군의 무기, 탄약, 장비 및 군수품을 노획했다. 그러나 공식적인 집계는 이뤄지지 않고 있다.

디엔비엔푸 전역의 대승은 호치민 주석과 당중앙위원회의 명확한 지도력, 디엔비엔푸 전장에 있던 우리 장병들의 적극적이고, 인내심 깊고, 영웅적인 감투정신과 원숙함, 지역주민과 민병대의 적극적인 공헌, 그리고 전국적인 전장에서 군과 인민에 의한 효과적인 협력 등에서 기인한 것이었다. 디엔비엔푸 승리는 베트남 인민군 투쟁 역사상 가장 위대한 승리다.

1954년 5월 8일

09 당시 포병사령관은 삐로였으므로, 오기로 보인다(역자 주)

10 미국제 페어차일드 C119 플라잉 박스카. 프랑스 공군은 미국이 버마전선에 투입했던 9대의 C-119를 불하받아 운용했다.

11 원문은 Hendive Fighter라고 표기되었다. 프랑스 해군항공대가 1951년부터 운용한 미국제 커티스 SB2C 헬다이버 급강하폭격기의 오기로 보인다.

22. 디엔비엔푸 승리에 즈음한 일일 명령[12]

친애하는 디엔비엔푸 전장에서 승리를 거둔 보병, 포병, 방공 및 공병 부대 장병 여러분, 친애하는 전국의 정규군, 지방군, 민병대 및 게릴라 장병 여러분, 오늘, 해방된 디엔비엔푸에서, 저는 디엔비엔푸 전장과 전국의 모든 전장에 있는 장병 여러분을 치하하게 된 것을 영광으로 생각하는 바입니다.

정부 및 호치민 주석의 명령에 의거해, 저는 디엔비엔푸에 있던 적을 무찌른 전 베트남 인민군에 있는 보병, 포병, 방공 및 공병 부대의 장병 여러분을 치하하게 된 것을 영광스럽게 생각하는 바입니다.

저는 이 역사적인 승리를 위해 자신들의 생명을 고귀하게 희생하신 순국열사들에게 머리 숙여 깊은 존경의 뜻을 표하고자합니다.

디엔비엔푸 승리는 우리 군 역사상 가장 위대한 승리입니다. 우리는 적의 가장 강력한 요새에서 16,000명의 정예 정규군을 소멸시켰습니다. 우리는 전 북서지방을 해방하고, 토지개혁을 보장하는 데 기여할 수 있도록 우리 후방지역을 확장, 강화시켰습니다.

전국의 정규군, 지방군, 민병대 및 게릴라뿐만 아니라 팟헷 라오스 해방군은 함께 나바르 계획에 앞서 선수를 쳐서 확전을 꾀하려는 프랑스 식민주의자들과 미국 간섭주의자에게 치명타를 가했습니다.

디엔비엔푸 전역을 통해, 우리 군대는 과거 적 1개 대대를 격멸하는 전술기지에 대한 소규모 공격에서 이제 21개 대대를 맞이해 싸우는 대규모 공격을 수행할 수 있는 능력을 갖추게 되었습니다. 이런 발전은 더 많은 적을 사살하기 위해 매진하는 우리 군에 확고한 기반을 구축해주었고, 우리 저항전쟁을 보다 더 큰 승리로 이끌었습니다.

디엔비엔푸에서의 우리 군의 대승은 당중앙위원회, 정부 및 호치민 주석의 탁월한

12 해방된 디엔비엔푸 계곡에서 1954년 5월 13일 거행된 열병식 동안 보응웬지압 대장에 의해서 발표되었다.

지도력에서 기인한 것입니다.

디엔비엔푸의 용감하고, 확고하며, 인내력이 강하고, 희생적인 모든 장병들에게 감사드립니다. 이런 감투정신은 보다 더 확고하고 향상시킬 필요가 있습니다.

북서지방과 후방지역의 주민으로 구성된 전시근로자들의 지대한 공헌 없이 디엔비엔푸의 승리는 불가능했을 것입니다. 전 장병들을 대신해, 전시근로자, 남녀, 그리고 전 국민여러분께 감사드립니다.

디엔비엔푸에서의 위대한 승리는 전국의 모든 전장에서 정규군, 지방군, 민병대 및 게릴라 간의 기밀하고도 효과적인 협력에서 기인했습니다. 북부 삼각주에서, 게릴라전이 전에 없이 강하게 발전되었습니다. 우리 병사들은 5번 국도를 수시로 차단했으며, 지아람과 깟비에서 성공적인 강습 작전을 수행했습니다. 빙찌티엔에 있는 우리 군대는 강했습니다. 제5연합구역에서, 우리는 꼰뚬을 해방시켰고, 적을 후방에서 공격해, 우리 해방구를 공격해 점령하려는 그들의 의도를 분쇄했습니다. 남부에서는, 게릴라전이 확대되고 다수의 승리를 거두었습니다. 저는 전국의 모든 장병 여러분에게 진심을 담아 감사드립니다.

디엔비엔푸에서의 우리의 대승은 팟헷 라오스 해방군과의 긴밀한 협조가 크게 기여했습니다. 베트남 인민군을 대신해, 저는 팟헷 라오스 해방군의 단결심에 경의를 표합니다.

오늘, 이런 승리에 즈음해, 인민군 총사령관으로서, 나는 디엔비엔푸 전장과 전국의 모든 전장에 있는 장병들에게 명령합니다.

첫째, 디엔비엔푸 승리의 위대한 의미와 프랑스 침략자 및 미국 간섭주의자들의 잔인한 음모를 직시해야 합니다. 여러분은 적을 경시하지 말아야 하며, 과신하지 말고, 적의 새로운 음모에 맞서 싸울 각오를 해야만 합니다.

둘째, 역사적인 디엔비엔푸 전역에서의 유용한 경험에서 교훈을 얻도록 노력하고, 디엔비엔푸 병사들의 용감성, 용기 및 체력을 증진시켜서 우리 군의 감투정신을 향상시키고 우리 군을 불패의 군으로 만들어야합니다.

셋째, 디엔비엔푸 전역의 승리를 공고화 및 확대하고, 동춘 전역의 성과를 강화 및 확대하며, 새로운 보다 혁혁한 승리를 얻기 위해 열심히 싸워야합니다.

저는 호치민 주석께서 하사하신 '결전필승'기(旗)를 디엔비엔푸 전장의 장병 여러분에게 수여하게 된 것을 영광으로 생각합니다.

호치민 주석의 '결전필승'기 아래에서
조국의 독립을 위해
농민을 위한 농지를 위해
동양과 전 세계의 평화를 위해
전 장병 여러분, 용감하게 전진합시다.
여러분의 건승을 기원합니다.

디엔비엔푸 전장
베트남 인민군 총사령관
대장 보응웬지압

우리의 디엔비엔푸 승리는 나바르 계획의 운명을 결정지었다. 그것은 철저한 실패로 끝났다. 프랑스 침략자들과 미국 간섭주의자들의 인도차이나 전쟁을 확대하려는 음모는 굴욕적인 일격을 당했다.

가. 위대한 승리

디엔비엔푸 전역은 베트남 인민군의 무장투쟁 역사상 가장 큰 승리였고, 프랑스 제국주의자들에게는 그들의 식민지 전쟁 중 가장 큰 패배였다.

우리 군대는 나바르가 지난가을부터 1953년 봄까지 북부에 증강시켜왔던 전 기동군의 2/5에 달하는 적 주력군 21개 대대, 병력 수로는 16,000명을 소멸시켰다. 적 정규군은, 그들의 방어 체계가 미국에서 제공된 최첨단 무기와 장비로 증강되었음에도 불구하고, 바로 그들의 가장 강력한 요새에서 소멸되었다.

우리에게 있어서, 베트남 인민군은 요새에 있던 21개 대대를 격멸할 수 있었던 그곳에서부터, 대포와 방공포를 운용하면서 전술기지에 대한 소규모 공격에서 대규모 공격까지 구사할 수 있었던 그 당시부터 장족의 발전을 이루었다. 우리 병사들은 용감하고 용기 있는 감투 정신과 고난과 난관에 맞서겠다는 결의를 끊임없이 견지했다.

지난(至難)하고 잔혹했던 지난 8년간의 전쟁에서, 우리 군은 400,000명 이상의 적을 소멸시켰다. 이제, 우리는 디엔비엔푸에서 대승을 거두었다. 디엔비엔푸 대첩의 가장 심오한 상징성은 다음과 같다.

'베트남 인민군은 모든 적군을 격멸하기로 작정했다. 왜냐하면 우리는 정의, 독립 및 평화를 위해 싸우는 인민의 군대이기 때문이다. 인민군은 당, 정부 및 호치민 주석에 의해서 영도되고 있으며, 특히 수백만 명의 농민들이 전쟁에 동원되고 토지개혁이 시작된 때부터 견고한 기반을 갖게 되었다. 프랑스 침략적 식민주의자들과 미국 제국주의자 및 간섭주의자들은 반드시 패배할 것이다. 왜냐하면 그들의 침략적이고 불의한 전쟁은 베트남, 크메르, 라오스, 미국 및 프랑스 인민[13]들과 전 세계의 진보적 인민들로부터 강력한 저항을 받고 있기 때문이다.

나. 인도차이나 전역에 걸친 동춘 승리에 있어 디엔비엔푸 승리

디엔비엔푸는 1953년 겨울부터 1954년 봄까지 전 인도차이나 전장의 핵이었다. 우리와 적에 대한 디엔비엔푸 전역의 명확한 영향력을 알기 위해서는, 우리는 그것을 베트남 및 인도차이나 전체에 있는 다른 전장과 분리해서는 안 된다.

주지하는 바와 같이 1953년 중반에 한국전에서 패배해 어쩔 수 없이 정전을 수락한 직후[14], 미국 제국주의자들은 인도차이나에 대한 간섭을 강화하고 확전을 꾀했으며, 인도차이나를 다른 동남아 국가들을 공격하기 위한 군사 기지로 삼고자 했다. 그들은 프랑스 식민주의자들과 공모하고, 괴뢰군과 추종자들은 그들의 음모를 구현하기 시작했다. 그들은 나바르 계획을 입안해 우리 정규군을 격멸하고 우리 영토를 점령하고자 했다. 그것이 미 국무장관 덜레스와 비동 비도(Bidon Bidault)가 수차례 언급했던 18개월 전쟁 계획이었다.

이 계획을 구현하기 위해, 1953년 가을과 겨울에, 적은 40개 기동대대를 북베트남에 집중했으며, 프랑스로부터 추가적인 병력을 동원했고, 괴뢰군을 모집했다. 이렇게 하여 적은 평원지대에서의 모든 우리의 공격에 대응하고, 제5연합구역 전체를 점령하며, 남베트남을 평정하고, 후에, 북베트남에 대한 결정적인 공격을 감행할 예정이었다.

이 계획 하에서 디엔비엔푸는 중요한 역할을 했다. 적은 북서지방에서 점령지역을 확대할 목적으로 디엔비엔푸를 점령했다. 적은 초기에는, 그들이 나중에 디엔비엔푸를 비엣박으로 진입하는 강력한 근거지로 사활용하기 위해서, 우리 주력부대로 하여금 북서지방과 평원지대 전선에서 싸우도록 강요하는 한편, 적 주력은 평원지대부터 전투를 개시하려고 했다. 참으로 교활한 술책이었다.

13 베트남은 주적인 프랑스와 미국을 칭할 때, 철저하게 프랑스인이나 미국인 전체를 적으로 규정하지 않았다. 오히려 제국주의자들과 개입주의자들을 제외한 나머지는 자신들의 편이라고 생각하는 것처럼 표현했다. 이는 적 내부에 갈등을 조장하려는 시도로 보인다.(역자 주)

14 이는 사실과 다르나, 베트남측에서는 당시에 사회주의 국가들의 의견을 따랐다. (역자 주)

그러나 프랑스-미국 제국주의자들은 우리 인민군과 인민들의 불요불굴의 정신을 계산에 넣지 않았다. 그들은 그들이 북부 삼각주에 주력을 집중시킬 때, 우리가 그들의 취약한 초소들을 공격하리라고는 예상하지 못했다.

사실상, 우리 군이 라이처우 진입을 통해 적으로 하여금 그들의 주력을 디엔비엔푸로 파견하도록 강요했다.

팟헷 라오스 해방군과 베트남 의용군이 타카액과 남부 라오스로 진입해 타카액과 볼라벤 고원을 해방시킴으로써 세노에 있던 적 주력을 분산시키도록 강요했다.

우리 군대가 떠이응웬 북부를 공격하고 꼰뚬을 해방시킴으로써 적으로 하여금 쁠레이꾸와 부온메투옷(Buôn Mê Thuột)에 전투력을 보강하도록 강요했다.

팟헷 라오스 해방군과 베트남 의용군이 북부 라오스에 대규모 공격을 감행해, 남오우강 유역을 해방시킴으로써 적으로 하여금 루앙프라방에 주력을 파견토록 강요했다.

1954년 3월 초, 나바르는 우리 군대와 라오스 해방군의 전투력이 그렇게 강하지는 못했고, 수 주 내에 상황은 변하지 않을 것이며, 프랑스가 반격할 것이고, 베트남이 감히 디엔비엔푸를 공격하지 못할 것이라고 생각했다.

나바르는 그의 주력을 많은 전투지역에 분산 파견했는데, 3월 12일에는 꾸년에 다른 주력군을 상륙시켰고, 3월 13일에 우리 군대는 디엔비엔푸에 대규모의 돌격을 개시했다. 그와 동시에, 우리는 평원지대에 있는 적의 취약한 초소들을 타격했으며, 하이퐁-하노이 도로를 여러 차례 차단했다.

나바르는 디엔비엔푸를 증원하기 위해서 황급하게 다른 전장에서 병력들을 철수시켰다. 프랑스 전쟁광들과 미국 간섭주의자들은 디엔비엔푸를 확보하기 위해서 다급하게 병력들을 동원했고, 프랑스로부터 추가적인 병력을 파견했으며, 수송 수단과 폭격기 숫자를 늘렸고, 미 공군 당국자들을 인도차이나에 파견했으며, 필리핀과 일본으로부터 탄약과 무기를 수송했다. 그러나 전쟁은 계속되었고, 프랑스는 디엔비엔푸에서 막다른 골목에 처하게 되었다. 그들은 만일 그들이 더 많은 병력을 모집한다면 더 많은 손실이 불가피할 것이고, 만일 그들이 후방을 공격하다가는, 지난해 푸토에서 그러했던 것처럼 패배할 것이며, 만일 그들이 라오스에서 더 많은 병력을 차출해오면 남오우강에서 두 번째로 격멸될 것을 두려워했다.

결과적으로, 나바르에 의해서 채택된 것은, 프랑스 침략자들은 단 하나의 출구밖에 없었는데, 그것은 미 공군에 의지하는 것이었다. 그러나 미 공군이 수만 발의 폭탄과 수만 리터의 네이팜탄을 디엔비엔푸의 산악지대와 밀림에 투하했으나 우리 군과 인민의 용감무쌍한 감투정신 앞에서는 효과가 별무였다.

나바르 계획이 이행된 지 1년 후, 인도차이나의 전황은 베트남에 유리한 방향으로 많은 변화가 있었다. 적은 전투력을 향상시키고 괴뢰군의 병력을 늘이려고 노력했으나, 적 병력은 1953년 11월 이래 80,000명 이상이 감소되었다. 나바르는 우세를 획득하기 위해 계획을 세웠지만, 그는 단지 '특별한' 주도권을 획득하는 데 그쳤다. 그 '특별한' 주도권이란 그가 디엔비엔푸에 병력을 보내 우리에게 소멸당한 것을 말한다. 적은 우리 영토를 거의 다 점령하기를 바랐지만, 푸토와 타잉화는 난공불락으로 남아있었다.

적 후방에, 북부에서는, 우리 게릴라 기지 및 지역이 전 면적의 2/3를 차지하고 있었고, 남부에서는, 해방구와 게릴라 지역이 확장되었다. 제5연합구역에서, 적은 꿔년을 점령했고 우리는 꼰뚬을 해방시켰다. 라오스에서는, 팟헷 라오스 해방군의 해방구가 전 국토의 절반을 차지했고, 시엥쿠앙-루앙프라방-비엔띠엔 삼각지대와 메콩강을 연한 적의 통제 지역이 감소하게 되었다.

그리고 프랑스-미국 제국주의자들에 의해서 언급되는 결정적인 전투가 디엔비엔푸일까? 그러나 디엔비엔푸 전투는 결코 그들의 승리를 결정짓지 못했고, 그것은 나바르 계획의 운명을 결정지었다. 그것은, 전쟁을 확대하려는 프랑스 전쟁광들과 미국 간섭주의자의 음모에 굴욕적인 한 방을 먹여준, 완패였다.

다. 제네바 회담과 디엔비엔푸 승리

제네바 회담에서 베트남 민주공화국 대표들의 자세는, 호치민 주석이 여러 차례 언급했듯이 독립과 평화를 위해 투쟁하는 것이었다. 우리 장병들은 디엔비엔푸 전투에서도 전국의 다른 전투에서 그랬듯이 진정한 독립과 평화를 위해 싸웠다. 우리는 오직 프랑스 제국주의자들과 미국 간섭주의자들의 호전적인 계획이 전장에서 무산되었을 때만이진정한 독립과 평화를 얻을 수 있었다. 공격적인 프랑스 제국주의자들과 미국 간섭주의자들은 실패에 직면하면 할수록, 더 많은 노력을 경주한다는 것을 우리는 알아야만 했다.

미국 제국주의자들은 괴뢰 정부를 직접 통제하고 수만 명의 젊은이들을 그들을 위해 개죽음에 이르도록 감언이설로 설득하기 위해 노력했다. 그들은 다른 민족들의 피로 전쟁을 격화시키기 위해 노력하고 있었다. 그들은 '아시아인으로 하여금 아시아인과 싸우도록' 하는 아이젠하워 정책을 수행하기를 원했다. 우리는 그들의 간악한 음모를 분쇄해야만했다. 하여 이를 경계하기 위해 디엔비엔푸 및 동춘 승리를 보다 강화하고 공고화해야만 했다. 우리는 호치민 주석이 우리에게 하도록 말한 것을 실행해야만 했다.

"승리는 비록 위대했으나 시작에 불과합니다. 우리는 독립, 통일, 민주 및 평화를 얻기 위해서 저항전쟁을 수행해야 한다는 것을 마음 깊이 새겨야 합니다. 군사적이든 외교적이든, 어떤 투쟁도 궁극적인 승리에 도달할 때까지 장기간에 걸쳐 열심히 수행해야만 합니다."

24. 디엔비엔푸 승리 기념일에 주간 아프리카 혁명 인터뷰 (1963년 5월)

문 : 디엔비엔푸 승리의 결정적인 요소에 대해서 말씀해주시겠습니까?

답 : 디엔비엔푸는 프랑스 식민주의자들과 미국 간섭주의자들에 대항해 싸운 혁명 전쟁에서 우리 군과 인민이 거둔 최대의 승리입니다.

승리의 여러 요인 가운데, 군사 전술과 전략을 들 수 있겠습니다.

나는 디엔비엔푸 승리의 가장 중요하고 결정적인 요소로, 디엔비엔푸 요새에 있던 모든 적 정예부대를 격멸하기 위해 모든 군사력을 집중하라는 당과 호치민 주석의 요구를 따른, 베트남의 군과 인민의 강철 같은 의지와 탁월한 감투정신을 강조하고 싶습니다. 좀 더 자세히 설명하자면, 나는 디엔비엔푸 승리의 결정적 요인은 최후의 승리까지 길고 힘겨운 해방 전쟁을 수행하게 한 바로 그 요소였다고 말할 수 있습니다.

우리 승리의 결정적 요인은 베트남노동당의 건전한 정치 및 군사 노선이었습니다. 당은 전 인민들을 통합되고 광대한 국가전선으로 나가게 했고, 인민군을 건설 및 훈련시켰으며, 기본 구호 하에 침략적인 제국주의에 대항하는 인민전쟁을 능수능란하게 이끌었습니다. 그 기본 구호는 '국가독립을 위해 투쟁한다, 농민들에게 토지를 되돌려준다, 사회주의로 나아간다'입니다. 승리의 다른 중요한 요소는 전 세계의 평화를 사랑하는 인민들의, 특히 사회주의 국가, 프랑스 및 프랑스 식민지 인민들의 끊임없는 지지입니다. 그들의 지지는 우리를 크게 고무시켰습니다.

문 : 디엔비엔푸 전역을 준비하고 실행하면서 후방 지역 인민들의 역할에 대해서 말씀해 주실 수 있습니까?

답 : 프랑스 식민주의자와 미국 간섭주의자들에 대항한 베트남 인민의 저항전쟁은, 디엔비엔푸 전역에서 그 정점을 이루었으며, 전 인민이 참여한, 전면적이고도, 정의로운 전쟁이었습니다.

9년간의 투쟁을 통틀어, 베트남 인민들은 디엔비엔푸 전역을 준비하고 실행했던 기간인, 1953년 동계에서 1954년 춘계까지만큼 전선에 지대한 지원을 한 적이 없었습니다.

'모든 것은 전선을 위해, 모든 것은 승리를 위해'라는 구호 하에, 대부분 농민인 수십만 명의 인민이 전시근로자로 징집되어 수천 km를 걸어 식량과 탄약을 날랐고, 도로를 보수했으며, 부상자들을 돌봐주었습니다. 인민들은 자발적으로 수십만 톤의 쌀과 다른 식량을 병사들에게 보급해 주었으며, 전선에 봉사하기 위해 차량을 동원했습니다.

적 후방에 있던 지역의 인민들과 임시 점령된 도시의 인민들 역시 전선에 필요한 군수품과 생필품을 열성적으로 지원해 주었습니다.

풀 수 없을 것 같았던 문제점, 즉 전선에서의 작전적 협조뿐만이 아니라, 프랑스-미국의 악랄하고도 끊임없는 폭격 하에서, 그 긴 수송로를 따라, 그렇게 대규모로, 탄약과 식량을 디엔비엔푸 전선에 공급하는 일들을 해결하는 데 우리를 도와준 것은 전선을 지원하는 인민들의 희생정신과 용기이었습니다. 후방지역에 있는 인민들의 디엔비엔푸 승리에 대한 공헌은 실로 지대했습니다.

문 : 디엔비엔푸 전역 기간 동안 미국은 프랑스 원정군에 중요한 지원을 했습니까?

답 : 구국전쟁의 초기에, 미 제국주의자들은 프랑스 식민주의자들에게 베트남 인민들을 대량학살할 수 있는 무기, 탄약, 항공기, 전함들을 긴밀히 제공했습니다.

중국 본토에서 축출되고, 한국에서 참담한 실패를 겪은 후에, 미 제국주의자들은 베트남에 보다 깊이 개입했고, 프랑스가 곤란에 빠진 상황을 이용해 인도차이나를 인수받으려고 했습니다. 나바르 계획이 입증 한 바와 같이, 권력의 추는 1953년부터 미국의 수중에 들어갔습니다.

1954년 이래, 그들이 인도차이나로 들여오는 무기의 양이 획기적으로 증가했습니다. 그들은 1951년에 미화 1억 1,900만 불을, 1954년에는 약 8억 불을 제공했습니다.

1951년에는 한 달에 평균 6,000t의 무기를 가져왔고, 1953년에는 그 수치가 20,000t에 달했으며, 1954년, 특히 디엔비엔푸 전역 당시에는 100,000t으로 정점을 찍었습니다.

프랑스군이 디엔비엔푸에 공수 낙하해 요새 건설을 시작하자마자(1953년 11월), 미국은 프랑스군에게 무기와 탄약을 공급하기 위해 일련의 항공로를 구축했으며, 7함대 소속의 항공모함을 똥낑만으로 파견했고, 미국 조종사들은 베트남 인민들을 죽이기 위해 미국 전투기에 프랑스 국기를 그려서 달고 비행했습니다.

사실, 베트남에 대한 프랑스의 침략전쟁은 프랑스 병사들의 피와 다른 병사들의 운명, 그리고 미 제국주의자들의 달러, 폭탄 및 포탄으로 치러진 더러운 전쟁이었습니다.

문 : 디엔비엔푸 전투의 결과로부터 어떤 주요한 결론을 도출할 수 있을까요?

답 : 저는 개인적으로, 전반적인 구국전쟁의 경험에서, 특히 디엔비엔푸 대첩에서, 다음과 같은 결론을 도출할 수 있다고 생각합니다.

1) 디엔비엔푸는 베트남 인민만이 아닌, 전 세계 진보적 인민들의 승리이며, 모든 형태의 식민주의에 대항하고 독립과 자유를 위해 싸우고 있는 약소국 인민들의 승리이고, 전 세계 사회주의, 민주주의 및 평화 애호 세력의 승리인 것입니다.

디엔비엔푸 승리는, 세계적 견지에서 어느 국가도 국력에 관계없이 바른 노선을 따른다면, 그리고 모든 형태의 제국주의, 식민주의에 맞서 독립과 민주주의를 위해 싸우겠다고 결심하면, 그리고 세계의 지지를 얻으면, 확실히 이길 수 있음을 보여줍니다.

2) 스스로의 자유를 쟁취하기 위한 투쟁에서, 제국주의자들과 식민주의자들에 의해 자행된 폭정과 전쟁에 맞서 억압 받는 국가에게는 오직 한 길, 즉 인민들의 정치적 및 군사적 전쟁을 수행하는 것, 그리고 인민의 정치적 및 군사적 폭력을 사용해 봉기하는 길 뿐입니다. 인민에 기반한 정치적 및 군사적 투쟁과 인민전쟁, 군사적 투쟁, 그리고 전 인민이 단합된 전선은 승리로 가는 절대적으로 필요한 길입니다.

3) 우리 모두는 디엔비엔푸 전역이, 인도차이나의 평화를 복원하고, 베트남, 라오스 및 캄보디아의 주권, 독립, 통일 및 국가통합을 인정하게 한, 1954년 제네바 협정의 성공으로 가는 길을 열었다는 것을 잘 알고 있습니다.

그래서, 우리는 제국주의자들과의 모든 협상은 저들의 간악한 흉계에 대해 모든 수단을 통원한 결연한 투쟁에 의지하고 결부시켜 생각해야 한다고 결론지을 수 있습니다. 오직 인민의 힘이 투쟁을 통해 향상되었을 때만이 적은 기득권을 포기하고 인민의 법적 이익을 인정할 수밖에 없게 되는 것입니다.

4) 베트남 인민들을 위해, 우리는 중요하고도 어려운 결론을 스스로 도출했습니다.

만일 과거에 베트남 인민들이 프랑스와 미국에 패배했다면, 특히 디엔비엔푸 전역에서 그랬다면, 그리고 남쪽에서 우리 인민들이 미 제국주의자와 그 추종자들의 선전포고조차 없는 잔인한 전쟁에 맞서 투쟁중인 오늘날, 많은 고난과 역경 속에서도 완전한 자유를 위해, 남베트남인들은 최후의 승리를 거둘 것을 확신합니다. 남베트남을 해방시키고 조국을 통일하려는 베트남 인민의 대의는 확실히 승리할 것입니다.

5) 개입과 침략의 대담한 시도를 통해, 미 제국주의자들은 그들을 잔인한 침략자인 국제경찰이며, 전 세계 및 거국적 혁명 운동의 가장 잔인하고도 위험한 적임을 보여주고 있습니다.

우리는 아시아, 아프리카 및 라틴 아메리카 등 전 세계에서, 미국이 주도하는 제국주의자들은, 다른 인민들을 노예로 만들려고 사악하고 교활한 책동을 시도하고 있지만 종국에는 패배할 것입니다. 아시아, 아프리카 및 라틴 아메리카에 있는 인민들의 자유를 위한 명분 있는 투쟁은 혁혁한 승리로 끝이 날 것입니다.

문 : '아프리카 혁명' 지의 독자들에게, 자유를 위한 아프리카 인민들의 투쟁에 진정 도움이 될 만한 말씀을 부탁드립니다.

답 : 저는 본보의 독자들과 아프리카 인민들의 독립과 자유를 위해 모든 형태의 식민주의에 맞서서 투쟁 중인 아프리카 인민들뿐만 아니라, 진정한 세계 평화, 독립, 자유, 그리고 행복을 위해 위대한 투쟁을 벌이고 있는 아시아 및 라틴 아메리카 인민들에게 형제적 연대와 결의에 찬 저의 충심어린 인사를 드립니다.

아프리카 인민들은 우리의 승리를, 특히 디엔비엔푸 전역에서의 승리를 자신들의 것인 것처럼 항상 생각하고 있습니다. 저는 과거 우리의 저항전쟁, 북쪽에서의 명분 있는 사회주의 건설, 그리고 남쪽에서의 인민들의 해방을 위한 투쟁에 전폭적인 지지를 보내 준 것에 대해서 최대의 경의와 가슴깊이 우러나오는 감사의 말씀을 드립니다.

저는 과거와 현재의 모든 형태의 식민주의의 그림자가 없는 자유 아프리카를 위한 투쟁에서 위대한 승리를 거두길 바랍니다.

25. 1953년~1954년 동춘 기간에 우리 군과 인민이 이룩한 업적

디엔비엔푸 전투

소멸 : 전투원 16,200명(17개 공정- 보병 대대, 3개 포병-박격포 대대, 10개 타이족 중대, 자동차, 수송, 방공, 공군 부대, 각 지휘소, 소장 1명, 대/중령 16명, 소위~소령 353명, 부사관 1,396명 포함)

격추 : 항공기 62대

노획 : 디엔비엔푸 전술기지의 모든 무기, 즉 105mm 및 155mm 28문, 화염방사기 10대, 차량 64대(18t 탱크 3대 포함), 무전기 542대, 장비 51점(굴착기 5대 포함), 소총 5,915정, 유류 및 휘발유 20,000리터, 낙하산 21,000점, 의약품 및 의료기구 20t, 또한 잡다한 물건들(탄약, 군용장비, 군수품)

해방 : 전 북서지방

1953년 12월 1일 ~ 1954년 5월 10일의 타 전선 지역(북부 삼각주, 라이처우, 빙찌티엔, 남부)

사살 : 112,000명(소위~중령급 장교 포함)

노획 : 총기류 19,000정, 차량 34대, 폭탄 및 포탄 260t, 유류 30,000t

파괴 : 대포 81문, 항공기 100대, 대소 함정 93척, 기관차 40량, 객차 250량, 차량 1,462대(탱크 102대 포함), 폭탄 및 포탄 88t, 유류 1,200만 리터

해방 : 꼰뚬 성 전체(제5연합구역) 및 라이처우 성(북서지방), 북부 삼각주, 빙찌티엔, 제5연합구역 남부, 남부에 있는 적 후방지역의 저항기지지역과 게릴라 구역 확장. 주요한 디엔비엔푸 전선과 긴밀한 협조를 통해 전역의 궁극적인 승리에 기여. 1954년 7월 초, 적은 막다른 골목에 막히게 되고, 북부 삼각주 남쪽의 4개 성(남딩 Nam Định, 닝빙, 하남 및 타이빙)에서 강요에 의해 철수함.

라오스(팟혯 라오스군과 베트남 의용군은 베트남에서 전장이 협조된 전역 수행)

사살 : 약 10,000명

해방 : 퐁살리, 루앙프라방(북부 라오스), 카무온(중부 라오스), 볼라벤 고원(남부 라오스)

26. 1953년 1월~1954년 5월 춘계 전투 상황과 디엔비엔푸 전역의 주요 사건

1953년 1월

◎ 23일 ~ 27일

베트남 노동당 중앙위원회는 1953년 기본 과업, 특히 소작농을 줄이고 토지개혁을 이행하는 등 민중 격려에 관한 토의 실시. 군사적인 측면에서 위원회 지침은 다음과 같음.

'...우리 전략선(strategic line, 전략이 지향하는 일반적인 방향)은 적 부대의 약점을 공격해 지리멸렬케 하는 것이다. 우리는 우리 공격이 성공적이며 우리의 전진이 안전하다는 것을 보장해야만 한다. 일단 우리가 승리하면, 우리는 앞으로 전진한다. 만일 우리가 확신할 수 없으면 우리는 싸우지 않는다...우리의 전장은 협소하고, 우리 병력은 많지 않다. 따라서 우리는 반드시 승리해야만 하며 실패해서는 안 된다.'

1953년 5월

◎ 8일

나바르, 프랑스 극동원정군 총사령관 임명.

◎ 9일

나바르 인도차이나 도착

1953년 6월

◎ 20일

미국 장성 오다니엘이 조사차 사이공에 도착

◎ 22일

나바르 최초의 일일명령 발령, 프랑스 원정군이 주도권을 확보토록 주문.

1953년 7월

◎ 3일

프랑스 정부 '제휴 국가들'에 명목상의 독립 부여

◎ 15일

바오다이, 총동원령에 서명

◎ 17일

적, 전력 과시를 위해 랑썬에 공수낙하를 실시, 실패함

◎ 24일

프랑스 국방위원회 나바르 계획 승인. 계획에 의거, 나바르는 베트남 주력군과의 대결을 회피하는 북부 방위전략 시행. 그의 목적은 우선 남부 안정화 작전에 전투력을 집중하고, 2단계로 1954년 가을에 북부로 전환해 베트남 주력을 격멸시켜 18개월 이내(1955년 중반)에 베트남 석권하는 것이었음.

1953년 8월

◎ 8일~12일

적 나싼에서 철수

1953년 9월

◎ 5일

미국, 보아 벨로(Bois Belleau) 항공모함 프랑스 대여

◎ 10일

프랑스는 나바르 계획 시행을 위한 미화 3억 8500만 달러 상당의 특별 차관 요청

◎ 9월 말

정치국은 능동적이며, 주도적이고, 기동성과 유연성을 갖춘 행동계획을 결정하기 위해 회동.

1953년 동계~1954년 춘계 간 작전(동춘 전역)의 목표는 북서지방으로 결정.

1953년 10월

◎ 15일

적 Seagull(갈매기) 작전 개시, 22개 대대를 지아-뇨꽌(닝빙성 남부)에 전개. 11월 6일 동 작전 종료.

작전기간 중, 제320여단은 23회의 전투를, 지방군은 64회의 전투를 치름. 주요 전투로 94고지(지아 북서쪽) 강습에

서 북아프리카군 1개 중대, 괴뢰군 2개 중대 사살(18일). 짜이응옥(Trại Ngọc) 매복에서 전차 3대 격파(18일). 족지앙(Dốc Giang)전투에서 타이족 1개 대대 격퇴. 옌모(닝빙성)에서 제1외인대대의 2개 중대에 대한 매복 공격(11월 3일). 적 후방에서 경보병 703 및 707대대 격퇴. 적 사살 총계 : 4,000명

1953년 11월

◎ 초순

제316여단 전투 준비 선발대 북서지방으로 출발

◎ 2일

나바르가 북부 프랑스 원정군사령관인 꼬니 장군에게 디엔비엔푸를 점령토록 명령하달.

◎ 4일

남딩시의 중앙인 세인트 토마스 공격, 22명 사살.

꼬니 장군은 전에 자신이 주장했음에도 불구하고 나바르 계획에 반대토록 하노이 총참모부를 자극함. 그는 나바르가 그의 부대를 남부지방에서 동원할까봐 두려워함. 북베트남 보병부대 참모장인 바스띠아니(Bastiani)대령이 반대의견을 담은 서한 작성.

◎ 6일

갈매기 작전 대실패로 종결(4,000명 전사)

◎ 12일

아군 파라이 공격, 1개 중대 무력화 및 카누 3척 격침. 꼬니 장군이 나바르에게 디엔비엔푸 점령에 반대하는 서한 발송. 서한내용은 "사령관님이 수립한 전략은 사령관님이 저에게 위임한 지역과 관련 무엇도 할 수 없는 바..."

제316여단 북서지방으로 이동하라는 명령 수령

◎ 15일

제316여단 북서지방으로 이동 개시.

◎ 19일~23일

총참모부는 동춘 전역(1953년 동계~1954년 춘계)에 대한 세부사항을 하달할 목적으로 연대급 이상이 참석하는 공식 회의 개최

◎ 20일

제304여단 및 제325여단의 지원병들이 우리와 팟헷 라오스 총참모부와의 밀접히 협조된 작전을 위해 중부 및 남부 라오스로 출발. 제304여단 적을 기만하기 위해 북서지방으로 이동, 나중에 은밀히 되돌아와서 적에 대한 매복 작전 실시. 적 디엔비엔푸에 공수낙하. 제910대대(썬라 연대) 종일 저항해 300명 사살.

◎ 21일~22일

적 디엔비엔푸에 공수낙하 계속

◎ 25일

6개 대대가 남오우강 방어선을 확보하여 디엔비엔푸와 북부 라오스를 연결하기 위해 아르데쉬(Ardeche) 작전 개시.

◎ 26일

호치민 주석 스웨덴 기자에게 다음과 같이 말함.

"베트남 전쟁은 프랑스 정부에 의해서 촉발되었습니다. 베트남 사람들은 봉기해야만 했고 8년 동안 침략자들과 맞서 싸웠습니다. 만일 프랑스가 전쟁의 폐해를 깨닫고 협상과 평화적 방법으로 정전을 원한다면 베트남 인민들과 베트남 민주공화국 정부는 기꺼이 받아들일 것입니다."

◎ 28일

나바르 장군 하노이 도착. 꼬니 장군은 1개 포병 사단을 포함한 베트남군 3개 사단이 북서지방에 도착했다고 보고. 꼬니는 우리 여단들을 막기 위해 타이응웬을 공격할 것을 제안. 나바르는 꼬니가 제공한 정보가 잘못 되었고, 베트남군은 그와 반대로 전술을 운용 중이라고 생각함. 그는 디엔비엔푸처럼 원거리에 이격된 곳에서 운용되는 4개 사단[01]에 대해서 보급을 제공하는 것은 불가능하다고 생각. 나바르는 부대가 분산될 것을 두려워해 꼬니의 계획을 기각.

◎ 29일

제308여단 북서지방으로 이동 개시. 나바르와 꼬니가 디엔비엔푸로 날아감. 현장에서 디엔비엔푸 사령관에 겡(Gin)을 드 까스트리로 교체하는 방안을 토의.

◎ 30일

드 까스트리 디엔비엔푸 수비대 사령관으로 임명.

1953년 12월

◎ 3일

나바르는 디엔비엔푸에서 일전을 불사하기로 결심하고 '어떤 대가를 치르더라도 방호'할 것을 명령함.

---

01 베트남군 여단은 예하에 3개 보병연대를 보유하고 있어서, 프랑스군은 사단으로 평가했다. (역자 주)

◎ 5일

아군이 프엉디엠(Phương Điếm, 하이즈엉성)을 공격해 전초에 있던 2개 중대와 증원 2개 중대를 격퇴. 적은 라이쩌우에서 디엔비엔푸로 철수.

◎ 6일

보응웬지압 장군, 적을 격멸하고 북서 지방을 해방시키기 위한 과업을 결연히 완수할 것을 요구하는 서한을 장병들에게 발송.

◎ 7일

제316여단은 라이쩌우에 주둔 중인 적을 소탕하고, 제308여단은 디엔비엔푸를 포위해 그들이 라오스로 도망가지 못하도록 하라는 명령 하달. 나바르는 참모들에게 제5연합구역을 점령하려는 아뜰랑뜨 작전을 전개할 것을 지시함.

◎ 10일

제312여단은 적이 우리 후방지역을 타격할 때 공격할 수 있도록 푸토에 은거하라는 명령 수령.

◎ 12일

아군, 라이쩌우를 해방하고 적을 추격해 24개 대대를 격퇴시킴.

◎ 16일

아군, 지쓰(Dị Sử, 흥옌성[02])를 공격해 90명을 사살하고 186명을 생포함.

◎ 18일

아군, 뀌녓(Quỹ Nhất, 남딩성)을 공격해 적 275명 소멸. 적, 가조립 전차들을 디엔비엔푸로 수송.

◎ 20일

아군, 10번 국도(타이빙성)에서 매복작전으로 적 192명을 사살하고 5대의 트럭을 파괴.

◎ 24일

제312여단 북서지방으로 진군. 나바르, 디엔비엔푸에서 부하들과 성탄절 축하. 그는 부하들에게 베트남군은 보급에 있어서 큰 난관에 부딪혔으며, 프랑스 원정군이 대승을 거둘 것이라고 호언장담.

◎ 25일

라오스-베트남 동맹군 타카엑 해방을 통해 13번 국도를 차단하고 9번 국도를 위협하게 됨. 나바르는 새 전술기지 구축을 위해 신속히 병력을 파견.

◎ 31일

나바르는 꼬니와 드 끄르베르(De Crevere)에게 디엔비엔푸 철수 계획을 연구할 것을 지시함.(우발계획)

1954년 1월

◎ 5일

최고사령부는 예비대에게 북서방향으로의 이동을 명령. 아군은 남딩성에서 다오(Đào)강을 연해 매복 작전을 실시, 1개 대대를 격퇴하고, 상륙정 3척, 카누 7척을 격침시킴.

◎ 7일

게릴라 부대가 다낭(Đà Nẵng)에 침투해 전투함정 1척과 카누 1척 격침.

◎ 9일

아군이 9번 국도에서 매복 작전을 실시해 50명을 사살하고 4명 생포.

◎ 11일

게릴라 부대가 냐짱에 침투, 가솔린 370만 리터 소각.

○ 14일

디엔비엔푸 전선 사령부는 계곡에 구축된 집단전술기지를 '속전속결'의 구호 하에 공격할 것을 토론.

◎ 15일

아군, 중포를 디엔비엔푸를 둘러싸고 있는 산꼭대기 위로 이동시킴. 북부 삼각주에서는 타이빙성에 주둔중인 제4외인대대의 일부를 격퇴함.

◎ 17일

아군, 하이옌(Hải Yến, 흥옌성)에서 제73괴뢰대대 대부분을 소탕했음.

◎ 20일

적, 아뜰랑뜨 작전으로 22개 대대 뚜이화에 전개.

◎ 21일

아군, 황단 진지 공격, 봉수이엔(Bồng Xuyên, 하남성)에서 매복 작전을 실시, 제6괴뢰대대의 대부분, 제31대대의 2개 중대를 격멸하고 항공기 2대를 격추.

◎ 27일

아군, 떠이응웬에 대한 대규모 공격을 감행, 망덴과 망붓(Măng Bút) 지역에 있던 적을 소멸.

---

02 하노이 남쪽 13km에 위치한 지방. 현재 삼성 핸드폰 공장이 있다. (역자 주)

◎ 31일

라오스-베트남 동맹군, 남부 라오스에서 아타페우 성 해방을 통해 남부 라오스-북부 떠이응웬 해방구 연결. 나바르, 재차 볼라벤 고원에 전술기지를 구축. 아군, 북부 삼각주에서 라띠엔 진지를 소탕, 루옥강 방어선을 위협하고, 팜사(Phạm Xá)역(하이즈엉성)에 지뢰를 매설하고, 도썬(Đồ Sơn)을 공격, 항공기 5대와 유류고를 불태움. 아군은 집중적으로 도로 공격을 감행하여 13, 14번 국도(사이공-판티엣, 사이공-록닝)와 12번 고속국도를 위협함. 장갑차 3대, 전차 1대, 트럭 12대, 짚 2대, 기관차 1량, 화차 15량을 파괴했음. 적은 중령 1명, 소령 1명을 포함해 1,900명의 손실을 입음. 아군은 박격포 4문, 중기관총 1정, 경기관총 18정, 기관단총 61정, 소총 656정을 노획함.

1954년 2월

◎ 2일

미국 장군 오다니엘이 디엔비엔푸를 방문해 진지의 방어편성에 관해 만족을 표함.

◎ 3일

음력 설날. 북부 라오스에서 동맹군이 루앙프라방 60km 지점까지 진출. 남부 라오스, 동맹군이 팍세와 사라바네 포위. 적은 디엔비엔푸에 우리에게 싸움을 유도하는 전단 살포. 아군 75mm 산악포가 므엉타잉 비행장에 사격 개시.

◎ 9일

아군은 트아루우(Thừa Lưu, 트아티엔)에서 열차를 전복시켜 기관차 1량과 화차 6량을 파괴. 아군은 홍강을 연해 매복 작전을 실시해 남딩을 출발해 끔선을 증원하려 했던 함대와 카누를 공격해 1개 대대를 소멸시킴. 그밖에 전투함 1척과 카누 1척을 격침시켰고 상륙함 2척과 카누 2척을 불태움.

◎ 10일

아군, 하타잉(Hà Thanh, 닝빙성)에 있는 진지를 공격 189명의 적을 소멸.

◎ 14일

아군, 북부 삼각주에서 홍강 일대 매복 작전으로 카누 3척과 소형함정 1척을 격침.

◎ 15일

프랑스 국방장관인 쁠레방이 고위 장성들을 대동하고 하노이 방문.

◎ 16일

나바르는 아뜰랑뜨 작전을 계속, 제10, 41, 42 정규대대를 투입해 반호아(Vạn Hoa), 푸러이(Phú Lợi) 및 라짜이(La Trai)를 연결하는 도로를 점령

◎ 17일

아군의 꼰뚬성 해방 이후, 나바르는 독립운동을 억누르고 쁠레이꾸에 전술기지를 구축하기 위해 병력 파견. 디엔비엔푸 전선사령부는 "연공연진이라는 구호 하에 실시하는 공격 계획을 토의하기 위해 실시.

◎ 18일

나바르와 꼬니 디엔비엔푸 방문. 아군, 떠이응웬 전선에서 쁠레이꾸 북동쪽에 위치한 닥도아(Đăc Đoa)진지에 있던 적을 소탕. 150명의 100대대 소속 유럽-아프리카 병력 무력화. 쁠레이꾸시 공격. 떠이응웬에서 20일간의 주야간 전투 끝에 초소 31개소 파괴, 적군 2,600명 격멸, 1개 연대 분량의 무기 및 장비 대량 노획. 14,000㎢ 넓이에 20,000명의 인구를 가진 꼰뚬성을 완전히 해방시킴. 나바르는 일시적으로 아뜰랑뜨 작전 연기가 불가피해, 황급히 정규군 제41, 42대대를 철수시켜, 짜케(Trà Khê)고원에 파견함. 동시에 정규군 제11, 21, 100대대를 쁠레이꾸, 안케 및 닥도아에 증원 병력으로 파견. 동맹군, 북부 라오스에서 루앙프라방에 근접. 나바르는 신속히 므엉싸이에 '고슴도치 진지'를 구축하고 루앙프라방 증원차 9개 대대를 파견.미, 영, 불, 소 외무장관 회담이 베를린에서 개최. '인도차이나 평화 재정착'을 위한 회담이 다가오는 4월에 제네바에서 개최될 것이라고 발표.

◎ 19일

쁠레방이 디엔비엔푸 방문. 전쟁 부장관 드 쉬빈 과 엘리, 파니, 보데, 블랑 장군 등이 수행. 나바르는 '베트민의 공격은 정점을 찍고 하강 중'이라고 평가하고 전 인도차이나 전장에서의 반격을 명령.

◎ 22일

전선사령부, 디엔비엔푸 전선에서는 제1단계 공격 준비상태를 점검하기 위해 간부 회의 소집.

◎ 24일

라오스-베트남 동맹군은 퐁살리, 분타이, 분누아를 해방시키고 남오우강 계곡으로 해방지역을 확장.

◎ 26일

아군, 북부 삼각주에서 5번 국도변의 락다오(Lạc Đạo) 진지 소탕. 꼬니는 나바르에게 현재 아뜰랑뜨 작전에 운용 중인 정규보병 1개 대대와 공정 5개 대대를 보내 줄 것을 요청.

◎ 27일

프랑스 정부는 1945년부터 1953년 춘계까지 인도차이나에서 입은 손실을 계산한 결과 2조 프랑 소모. 1952년부터 미국은 1조 프랑의 재정지원 계속. 북부 삼각주에서 반바오(Vạn Bảo, 남딩성)에 주둔하고 있던 1개 대대를 격퇴하고 차량 8대를 파괴.

◎ 28일

총사령관 보응웬지압 대장, 디엔비엔푸 전선에서 작전에 참가한 포병부대 참모들을 격려하는 회의에 참석. 적, 디엔

비엔푸 남서 지역에서 위력수색[03] 실시.

1954년 3월

◎ 1일

쁠레방은 파리로 되돌아가서 정직하지 못하게 발표했다. “인도차이나에는 군사적인 문제는 없다. 오직 정치적인 문제만이 있다.”

◎ 4일

나바르와 꼬니가 상황을 점검하기 위해 디엔비엔푸 방문. 나바르가 3개 대대를 더 보내주겠다고 제안하자 드 까스트리는 병력 증원은 불필요하다고 답변.

아군. 북부 삼각주에서, 지아람 비행장에 은밀히 침투, 항공기 18대, 발전기 2대, 유류고 1개소를 소각.

◎ 6일

끼엔안 지방군이 깟비 비행장(하이퐁)을 강습해 50대 이상의 항공기를 파괴.

◎ 8일

디엔비엔푸에서, 105mm 곡사포와 대공포가 전장에 도착하기 시작. 꼬니가 관할하는 프랑스 정보국은 베트남군이 3월 15일에 디엔비엔푸를 공격할 것이라고 보고. 나바르는 가능성이 있다고 인정하면서도, 베트남군이 계곡으로 포를 수송하는 어려움을 극복할 수 없을 것이라고 믿음.

◎ 9일

아군이 3월 15일 5번 국도에 연해 있는 진지, 비행장과 디엔비엔푸를 포함해 공격할 것이라는 첩보를 보고받은 꼬니는 북부 삼각주에서 반격을 수행토록 계획하가 와해된 공정부대 및 전차부대를 지원하기 위해 경보병 3개 대대를 요청.

◎ 10일

호치민 주석이 적과 일전을 앞둔 모든 간부, 병사 및 전시근로자들에게 격려 서신 전달. 보응웬지압 대장이 디엔비엔푸에 있는 모든 적을 소멸시키기 위해 지정된 모든 간부, 병사 및 부대를 동원하는 일일명령 발령. 아군의 75mm 산악포가 므엉타잉 비행장에 게류 중인 수송기 2대 격파. 나바르는 꼬니에게 북부 삼각주에 더 이상 증원될 병력이 없다고 전달하며 가용한 모든 수단을 동원해 공군 비행장에 대한 방어 활동을 모색할 것을 지시함. 2개 공정 대대가 세노에서 하노이로의 이동 준비 완료. 단, 삼각주에서의 상황이 허락할 경우에 한함.

◎ 11일

디엔비엔푸에서 베트남의 마지막 중포가 전장에 도착. 아군은 힘람 공격을 위해 교통호 구축 개시. 북부 삼각주에서, 아군은 5번 국도를 차단하고 13개소의 경비 초소와 망루를 하룻밤 만에 제거.

◎ 12일 디엔비엔푸

10시 30분, 아군이 산악포와 박격포로 비행장에 집중사격을 가해 정찰기 3대 격파. 적 1개 대대가 전차 5대를 대동하고 힘람의 아군 공격진지를 격파하기 위해 기동했으나 곧 박격포의 격렬한 사격으로 후퇴. 아군 교통호 일부 유린됨. 야간에 아군에 의해 복구됨. 꼬니 디엔비엔푸 방문. 힘람의 전투현장으로 가서 베트민 공격시 필요한 지침을 제공. 나바르는 제2 아뜰랑뜨 작전을 이행하기 위해 뀌년에 병력을 파견.

아군은 5번 국도의 번옌넌(Bần Yên Nhân)과 느뀌잉(Như Quỳnh) 사이에서 매복 작전을 실시해 기갑차량 4대를 포함해 트럭 13대를 파괴하고 제3정규대대 소속 병력 60명을 격멸함. 제4연합구역 트아티엔 성 병사들이 반사(Văn Xá)에서 군용 열차를 탈선시킴.

◎ 13일 : 1단계 공격개시

09:00, 아군 산악포가 므엉타잉 비행장에 계류 중인 Dakota 항공기 1대 격파.

12:00, 산악포가 다시 헬캣 1대와 다코다 1대 격파.

13:00, 적 1개 중대와 전차 2대가 아 공격에 대한 반격의 일환으로 힘람에 있는 아 진지를 공격. 제806곡사포 포대는 최초 20발을 힘람과 므엉타잉에 사격을 가하도록 명령을 수령. 18발이 목표에 떨어졌고 7개의 포상이 파괴됨. 적은 즉각 퇴각함.

14:30, 아군 산악포가 홍꿈 비행장에 있던 다코다 항공기 1대를 격파.

15:00, 312여단 2개 연대가 공격 개시를 위해 전장으로 이동.

17:00, 아군 포병은 중앙지역, 므엉타잉 비행장, 힘람의 방어진지 중앙에 있는 3개의 특화점에 대해서 끊임없이 기습사격 실시. 적 항공기 5대 격파. 유류고 1개소 및 다수의 병참창고 소각. 12문의 야포와 박격포 무력화. 적 150명의 장사병 부상. 제1차 공격 개시

18:30, 아군 충격부대 폭약을 지참하고 공격 개시.

22:30, 아군, 적 제13외인연대 3대대가 수비하던 특화점 3개소를 포함한 힘람의 적 집단전술기지 소멸.

---

03 적 상황이 명확하지 않을 때 이를 파악하고자 실시하는 공격작전(역자 주)

베트남 인민군 최고 사령부는 전국에 있는 모든 부대는 주전장과 협조된 공격을 적에게 적극적으로 감행하라는 지침 하달.야간에 북부 삼각주의 아군이 5번 국도상의 새로운 형태의 특화점인 응히아로 진지를 궤멸시킴. 2개 중대가 완전히 격멸되었고, 트럭 및 짚 7대가 파괴되었음. 남딩성에서 139명의 괴뢰군이 무기를 들고 항복함. 푸리에서, 아군이 프엉케(Phương Khê) 고지를 포위해 적에게 포위망을 풀기 위해 정규 2개 대대를 보내도록 강요함. 적이 후퇴를 하자 아군이 추격해 쫓아버리고 150명을 생포함.

◎ 14일

07:00, 디엔비엔푸, 아군 대공포가 적기를 최초로 격추시킴.

09:00, 적 1개 대대가 전차 5대와 함께 힘람을 탈환하기 위해 아군을 공격, 아군의 집중포화로 퇴각.

12:00, 힘람지역 부상자 수송을 위해 적 앰뷸런스 진입. 적은 제5괴뢰공정 대대를 증원, 3월 13일 파괴된 화포 대체용으로 105mm 4문을 투입. 헬리콥터 2대가 착륙 직후 아군 포격에 의해 파괴됨.

17:00, 아군 포병이 독립고지에 있는 적을 격멸할 수 있도록 화력 지원 실시. 제4연합구역의 아군이 보사(Võ Xá)의 적 진지 격멸. 제5연합구역에서 프랑스 정규군 100대대가 13번 국도(퀴년-쁠레이꾸)에서 아군 매복에 100명을 손실.

◎ 15일

02:00, 독립 고지의 적 특화점 진입을 위해 105mm 야포 화력 지원. 03:30에 75mm 직사포와 보병으로 공격 개시. 06:30경 진지 파괴.

06:00, 드 까스트리, 2개 대대와 전차 6대로 디엔비엔-라이쩌우 도로를 따라 역습을 실시했으나 패퇴.

12:45, 프랑스 포병사령관 삐로. 수류탄으로 자살. 적 105mm 6문 파괴. 3일(13일~15일)동안 적은 포탄 30,000발을 사격함. 북북 삼각주에서 적 선박 2척과 카누 1척 격침시키고 옌렝(Yên Lệnh)[04]에 주둔하던 적 해병대 1개 중대 격멸.

◎ 16일

디엔비엔푸 전선사령부는 1단계 작전을 성공으로 평가하고 2단계 작전 과업을 부여하기 위해 간부 회의를 소집. 아군은 2단계에서 포위망을 계속 구축하고 주변의 특화점을 공격하며 적 포병을 통제하고 전장을 지배한다는 목표 수립. 제6식민공정대대가 디엔비엔푸에 증원 병력으로 낙하. 나바르는 인도차이나 프랑스 원정군 참모장인 감비(Gambie) 장군에게, 디엔비엔푸 전선에 이르는 수송로 상에 인공 강우를 실시해 아군 병참선에 곤란을 유발하라고 지시. 북부 삼각주에서 적 군용열차 1대가 반럼(Văn Lâm, 흥옌성)[05]에서 아군 게릴라에 의해 전복됨.

◎ 17일

15:00경 아군 포병이 반께오(Bản Kéo)[06]의 적 초소에 대해 20발 사격. 타이족 괴뢰군 2개 중대가 무기를 들고 투항. 제1단계 공격 종료. 아군은 적의 가장 강력한 저항 중심을 소멸시킴. 아 포병은 므엉타잉 비행장에 착륙해있던 모든 적기를 격파함. 대공포는 12대의 적기 격추. 적 손실은 약 2,000명. 제5연합구역에서 꽌꺼우(Quan Cầu)를 공격해 적 150여 명 살상.

◎ 18일

아군 포병의 비행장 및 공역 통제가 적을 궁지에 빠뜨림. 인도차이나 프랑스 공군사령관인 로진(Lauzin)은 나바르에게 매달 공수해야 할 보급품이 4,000t에서 10,000t으로 증가했다고 보고하며 낙하산 재고 부족을 지적. 나바르는 미국에 지원을 요청하고 낙하산을 제조하기 위해서 비단과 부속을 일본과 싱가포르에 주문함. 로진은 다코다 조종사들에게 아군 대공포를 피하기 위해 고도 2,000m~3,000m에서 낙하산을 투하하도록 명령했고, 전문가에게 낙하산이 늦게 펴지도록 하는 기술 개발을 요구함.

◎ 19일

적은 보급, 특히 105mm 포탄에 심각한 문제에 직면. 드 까스트리가 꼬니에게 전화 통화 "디엔비엔푸와 이자벨라[07]의 함락은 피할 수 없음. 라오스로 철수 방도를 강구해야 함."

◎ 20일

디엔비엔푸, 보응웬지압 장군은 공격을 감행하고 포위망을 좁힐 것에 대해 장병들에게 격려서신 발송. 제4연합구역의 아군이 후에-뚜아란(Tuaran) 철로 구간에서 매복을 실시. 기관차 1량과 화차 5량을 파괴하고 적 1개 중대 격멸.

---

04 하노이 남방 50km에 위치한 소도시(역자 주)

05 하노이 동남방 30km에 위치한 소도시(역자 주)

06 디엔비엔푸 남동쪽 80km에 위치한 소도시(역자 주)

07 디엔비엔푸 남방 10여km에 위치한 고지 이름. 베트남 사람들은 홍꿈(Hong Cum)이라 부른다. (역자 주)

◎ **22일**

미국 백악관, 아이젠하워 대통령이 엘리 대장(지난 3월 20일 워싱턴에 도착)을 영접. 래드포드 제독 배석. '고슴도치'(디엔비엔푸)를 구할 방도에 대해서 논의함. 아군은 북부 삼각주에서 5번 국도를 장악해 일대와 철로 70km를 마비시킴. 흥옌성에서 88대의 적 차량을 지쓰 부근에서 파괴. 제5연합구역의 쁠아이링(Play Rinh)에서 적 정규군 100대대를 공격해 500명을 사살하고 장갑차 1대와 트럭 22대를 파괴. 이후 최근 적이 점령했던 라하이(La Hay, 푸옌성)를 기습공격해 670명 사살. 꽝남성 호이안(Hội An)에 대한 기습공격을 감행해 적진지를 파괴하고 무기를 노획.

◎ **23일**

보응웬지압 장군은 5번 국도상의 병력과 인민들에게 보급로에서 거둔 위대한 승리를 치하함. 타이빙성에서 득허우(Đức Hậu) 진지에 있던 양개 중대에 대해 기습공격을 단행해 모두 소멸시킴.

◎ **24일**

꼬니는 드 까스트리게 최선을 다해서 우기까지 버텨줄 것을 지시함. 그는 아군이 심한 손실을 입었고, 즉각 증원 부대를 마련하기가 어려울 것이라고 언급. 비가 오면 베트민의 보급로는 사용불가 상태가 되고 디엔비엔푸의 참호에 물이 넘치고 진창이 되므로 전투를 계속할 수 없음. 반면 프랑스군은 차후 증원되고 무기와 식량 보급이 보장되며 낙하산 문제도 1,500m 투하로 극복 가능하다고 주장함. 제5연합구역에서, 적이 공격을 감행해 빈딩성을 점령했으나 우리 군민이덫을 놓아 적 800명을 사살하거나 생포. 미 해군 제독 래드포드는 엘리에게 디엔비엔푸를 구할 계획을 전달. 제7함대 소속 150대의 전투기의 엄호를 받는 70~80대의 B29 중폭격기가 디엔비엔푸를 포위하고 있는 주변을 폭격하는 방안이었음.

◎ **25일~27일**

디엔비엔푸, 간부회의에서 전선사령부는 동부지역 적진들을 소멸시키고 므엉타잉 중심부를 직접적으로 위협하는 제2단계 작전을 위한 도식작업 완료. 꼬니가 나바르에게 다음과 같이 보고. "날마다 우리는 2,000t의 보급품을 하이퐁에서 하노이로 열차편으로 수송해야 하나 이 열차들이 끊임없이 베트민에 의해서 탈선되고 있음." 꼬니는 증원 병력과 공병을 요청. 이는 보급품 운반이 원활하지 않을 경우 하노이 주둔 수비대는 철수가 불가피했기 때문임. 3월 13일 이래, 적은 750대의 전폭기로 1,100t의 폭탄을 우리 전선에 투하함. 우리 전투 참호는 여전히 중앙지역과 동부 고원지대에 뻗어있었음. 아군은 북부 삼각주에서소탕작전을 벌이는 적과 싸워 하방과 썬떠이에서 정규군 4대대 511명을 살상. 제5번 국도상에서 적 정규군 3대대와 공병 소대에 매복 공격을 감행, 사살 85명, 생포 5명, 전차 2대, 장갑차 3대 및 트럭 13대 파괴. 하노이에서 체포되었던 108명의 여성을 해방.

◎ **27일**

아군은 응옥치엔(Ngọc Chiến, 썬라성)에서 적 307명을 생포하고, 531정의 총을 노획함. 제3단계 작전을 위한 준비에서, 소규모 활동을 증진시키고 므엉타잉에서 출발한 적 공격을 격퇴시킴. 적 손실 현황 : 사상자 450명, 차량 6대, 항공기 7대 파괴. 3월 27일부터 비행장 사용불가 상태. 적은 낙하산에 보급 의존.

◎ **29일**

디엔비엔푸, 10일에 걸친 활발한 제2단계 작전 준비 기간 중, 아군은 므엉타잉 포위 축을 이루는 교통호와 공격 간 사용할 연대간 연결 교통호를 포함해 100km가 넘는 교통호를 구축 완료. 보응웬지압 장군은 장병들에게 제2단계 작전에서 분투하도록 격려 서신 발송. 디엔비엔푸와 홍꿈은 완전 두절.

파리, 프랑스 국방부는 미국 Hawk 계획 이행에 관한 연구를 실시하고, 브로온(Brohon)을 인도차이나에 파견해 계획 실현 가능성을 검토하기 위해 나바르와 회동. 나바르가 꼬니에게 지시. "관련 사안(베트남군을 통제할 방법이 없다는 꼬니의 불만)에 대해서 나는 오직, 내가 수차례 반복해서 말했듯이, 우리가 전면전에 돌입했다는 것을 기억하라는 것임. 병력 배분에 있어서, 귀관은 다른 지방에 있는 지휘관들보다 많은 배려가 있다는 것을 잘 알고 있을 것임. 귀관은 항상 증원을 요청했지만 나는 더 이상 증원해 줄 수 없으며, 설사 그것이 가능하다 해도 이는 귀관 동료 부대를 곤란하게 하는 것임을 알아야 함."

제5연합구역의 아군은 제19번 국도 매복 공격과 트엉안 고갯길 공격 감행, 제11기동단[08] 17대대를 완전히 격멸하고 105mm 직사포 4문, 트럭 18대 파괴.

◎ **30일 : 2단계 작전 개시**

17:00, 포병, 중앙지역과 동부고지 일대에 집중 사격

18:00, 보병 부대 공격 개시

---

08 기동단은 연대급 부대다. (역자 주)

18:30, 아군, A1고지에서 진지의 북동지역에 대해 양방향에서 공격
18:45, 아군, C1 진지 완전 파괴.
19:30, E고지 점령
20:00, D1고지 완전 통제, 이 일대 고지군 통제를 발판으로 C2, D2 공격 개시. 일개 부대가 D고지, E고지 후사면에 위치한 210고지에 있는 제5괴뢰대대와 적 포병 진지 공격. 아군은 제5연합구역 안케 동쪽의 망(Mang) 고갯길에서 매복 작전으로 적 1개 중대 격퇴.

◎ **31일**
03:00, 제11대대가 210고지의 적 포병진지 유린
04:00, A1고지 2/3 점령. 견고한 지하 엄체호에 의지한 적이 강력한 역습 실시. 새벽에 적 제6괴뢰대대 역습 실시. 전투는 점차 격렬해짐.
오후, 적이 고지의 2/3 점령, 아군은 북동쪽에 있는 고지 1/3 유지. 전선사령부는 A1고지 공격을 위한 부대교체를 결심하고, 적을 분산시킬 목적으로 전 부대에 동쪽과 서쪽에서 동시에 공격토록 지시. 제4연합구역, 아군이 화차 5량을 포함해 적 열차를 전복하고 1개 중대 격퇴.

◎ **1954년 4월 1일**
A1고지 쟁탈전 격렬, 많은 공격과 역습 반복. 서쪽, 106고지에서 적 축출. 나바르가 꼬니에게 만일 방어부대가 우기까지만 베트민 공격을 견뎌주면, 베트민은 포위를 풀 것이라고 말함.

◎ **2일**
디엔비엔푸 계곡 서쪽에 있는 311고지에 있는 적을 위협해 제3타이대대 소속의 120명이 투항함. 2개 소대가 비행장까지 진출해 포로 10명 획득.
11:00, 적이 A1고지 탈환 목적으로 므엉타잉에서 역습했으나 실패. 자정에 공격을 시도했으나 성과는 전무. 아군은 북부 삼각주 동따(Đông Tạ) 진지에 있던 제709경보병대대의 2개 중대 축출.

◎ **3일**
적 디엔비엔푸에 1개 식민공정대대 증원

◎ **4일**
04:00, 제102연대에게 공격을 중단하고 타 부대 지원 임무 부여. A1고지 공격 일시 중단. 적이 여전히 2/3 점령. 북부 삼각주, 5번 국도변에서 아군이 병력과 무기를 가득 실은 적 열차를 전복시킴. 제5연합구역, 아군 매복 작전으로 차량 6대 및 일부 병력 격멸. 남부 라오스, 라오스-베트남 동맹군이 13번 국도 59km 지점에서 매복 작전으로 적 1개 대대를 공격해, 적 1개 중대를 축출하고 차량 30대 및 직사포 4문을 파괴.

◎ **7일**
북부 삼각주, 아군이 하남 부근의 트엉또(Thượng Tó)를 공격해 제5 외인연대 3대대 병력 230명을 살상. 제5연합구역, 아군이 썬뚱을 기습해 90명을 살상. 디엔비엔푸, 적 증원 병력으로 제2식민공정대대 낙하. 미국 정찰기 디엔비엔푸 상공을 돌며 Hawk 계획 이행을 위한 상황 연구차 정찰실시. 디엔비인푸 전선사령부는 간부회의에서 제2단계 작전을 승리로 규정하고, 잘한 점은 칭찬하고 실수한 점은 비판함. 디엔비엔푸 전선 사령부는 새로운 과업을 산출함.
- 적 증원병력 소멸
- 적진에 대한 공격 및 점령 계속
- 적 보급을 차단하고 전반적인 전투에 유리한 여건을 조성하기 위해서 중앙 전방지역에 돌격을 감행하기 위한 교통호 굴착 강화 및 지속

◎ **9일**
적, 역습을 전개해 C1고지 재점령. 전투는 매우 격렬해짐. 각 진영은 진지의 절반씩을 점령. 아군 12.7mm 대공포가 최초로 적 쌍발기인 C119 격추

◎ **10일**
적, 계곡에 제2식민공정대대 공중낙하 계속. 롱냐이(Long Nhai) 마을에 폭격을 감행해 무고한 민간인 444명이 사망함. 아군은 북부 삼각주 단니엠(Đan Nhiễm, 흥옌성)을 기습공격해 125명 사살

◎ **12일**
아군 대공포가 B24를 50번째 격추의 제물로 삼음. 나바르는 프랑스군을 라오스로 철수시키기 위한 콘도르 계획 이행을 검토. 제5연합구역, 아군이 쁠레이꾸-안케 간 국도에서 매복 작전으로 차량 22대를 파괴.

◎ **13일**

15:00에 적 폭격기 한 대가 므엉타잉 중앙의 북부의 아군을 오폭함.

◎ **14일**

꼬니는 드 까스트리에게 콘도르 계획을 보고함. 동 계획은 고다르(Godard)중령이 지휘하는 4개 대대의 지원 하에 이행 예정. 4월 20일에 해당 병력이 남오우강 계곡에 위치한 므엉코아-빡루옹(Pắc Luông) 방향으로 빠져나가기로 계획함.

◎ **15일**

꼬니는 Hawk 계획을 검토하기 위해 하노이에 온 미 공군 사령관인 패트리지(Partridg) 접견. 드 까스트리는 소장으로 진급.

◎ **18일**

북부 삼각주의 아군이 타이빙성 주옌하에서 소탕작전을 전개하던 적 300명을 사살. 디엔비엔푸에서 105고지(비행장 북쪽 지역) 점령. 북부 삼각주의 아군은 동비엔(Đông Biên, 남딩성)에서 1개 괴뢰대대를 매복 공격해 사살 250명, 생포 254명, 다수의 무기와 탄약을 노획하는 전과를 올림. 미국 대장 칼데라(Caldera)가 대표단을 인솔해 Hawk 계획 준비 상태를 점검하기 위해 사이공에 도착.

◎ **19일**

아군, 적의 105고지에 대한 역습을 격퇴.

◎ **20일**

아군, 북부 삼각주 흥옌성 느퀴잉에서 매복 공격으로 정규군 제3연대 예하 1개 대대를 궤멸시키고, 소총 85정, 기관총과 기관단총 25정 노획, 전차 3대 격파.

나바르는 인도차이나의 군사상황을 프랑스에 보고함. 베트남군의 총공세가 자신의 예상보다 8개월 일찍 개시되었고, 프랑스 정부가 협상 전에 정전을 할 것인지, 정전 없이 협상을 할 것인지를 결정해줄 것과 정부가 새로운 전쟁을 위해 무장되고 미국의 재정적 지원을 받는 새로운 군단을 적극적으로 준비해줄 것을 건의함.

◎ **22일**

아군, 침투전술로 비행장 서쪽의 마지막 진지인 206고지 점령. 이 고지의 점령 여부를 드 까스트리는 다음 날 아침까지 인지하지 못했음. 아군이 비행장을 완전히 통제함. 전선사령부는 디엔비엔푸에 있는 장병들에게 '적 병력에 대한 사냥[09] 및 저격' 운동을 증진시키고 제3단계 공격을 준비하도록 상기시킴. 제3단계 공격은 적 병력 섬멸을 계속하고, 모든 동부 고지군과 서부 임시진지들을 공격 점령하며, 공역 통제 목적으로 이런 고지 군에 아군 화력 수단을 수송해, 중부지역을 위협하며, 적 사살 및 보급품 탈취 행동을 강화하고, 디엔비엔푸에서의 모든 적군을 완전히 축출하는 것임.

◎ **23일**

적 수 개 대대가 전차 5대와 함께 206고지에 역습을 시도했으나 실패. E고지에 있는 아군75mm 포병 소대가 막 진지변환을 실시한 적 105mm 4문을 파괴함. 나바르 참모가 꼬니에게 보고함.'활성탄 150자루와 화학 분말 150자루가 4월 24일 파리에서 이송되어 베트민 보급로에 인공 강우를 조성할 것임' 디엔비엔푸, 동서 양쪽에서 구축해온 교통호 연결.

파리에서 영불 외무장관이 Hawk 계획에 관해 논의.

◎ **26일**

제네바 회의에서 한반도-인도차이나 논의 개시.

◎ **27일**

디엔비엔푸, 전선사령부 당위원회는 여단 정치장교 회의에서 '우익적 일탈과 부정적 현상'에 대한 비판을 상기시킴.

◎ **28일**

아군, 제4연합구역의 으우디엠(Ưu Điếm), 포짜익(Phò Trạch)을 공격해 적군 200여 명을 사살하고 유류고 1개소 소각. 적은 콘도르 계획을 개시하려고 했으나 실패에 봉착함.

---

09 사람에게는 부적절한 표현이나 원문에 따랐다. (역자 주)

◎ **1954년 5월1일**

제3단계 공격 개시. 동부지역, 제98연대가 20일간의 치열한 전투 끝에 C1고지 탈취. 제209연대는 505고지와 505A고지(동부 능선 자락에 위치)에 대한 통제 실시. 서부지역, 제88연대 소규모 공격으로 311A고지 탈취. 남부지역(홍꿈), 제57연대가 C구역을 공격해 적 병력 일부를 축출. 적은 155mm 275발, 105mm 14,000발 및 140mm 박격포탄 5,000발을 포함해 단지 3일치의 보급품만을 보유함.

◎ **3일**

제36연대, 2일 야간부터 므엉타잉 서쪽의 311B고지 점령. 중앙지역을 포위한 아군 교통호는 드 까스트리 사령부 300m 지점까지 접근. 1개 중대가 적이 라오스로 탈출하는 것을 차단하기 위해서 나띠(Nà Ti) 마을로 향함. 꼬니는 드 까스트리에게 다른 철수 계획인 '알바트로스(Albatros) 작전'을 하달. 그러나 어떤 지휘관도 그 계획을 신뢰하지 않음. 드 까스트리는 부상병들과 함께 남기로 결심.

◎ **4일**

적, 311B고지에 수차례 역습을 시도했으나 실패.

◎ **5일**

적, 제1식민공정대대를 계곡에 공수낙하.

◎ **6일**

아군, 적 방공호를 1,000kg의 폭약으로 폭파하기 위해 땅굴을 굴착하고, A1고지를 중앙지역과 고립시키기 위해 A1~A3고지를 가로지르는 교통호 구축.

20:30, 폭파 완료

23:00, 제165연대가 넘좀(Nậm Rốm)강 부근의 505고지를 공격해, 적 제6공정대대의 2개 중대를 축출. 제209연대가 507고지를 공격했으나 실패. 제102연대가 310고지를 공격해 적 제1공정대대 1중대를 축출함.

◎ **7일**

02:30, 우리의 '결전 필승' 깃발이 A1고지 위에 휘날림. 이 고지의 4번째 높은 장교 생포.

05:30, 적 2개 중대와 전차 1대가 A1고지에 대한 역습을 시도, 포병이 격퇴. A1고지에 대한 적의 마지막 역습이었음.

09:00, 제98연대, 아군의 강력한 화력 지원 하에 C2고지를 점령하고 적군 600여 명을 생포. 제165연대 506고지 점령 제209연대 507고지 점령 후 전진 계속. 아군이 A1, C1, C2, 506 및 310고지를 점령하자, 적은 약 1㎢ 지역에서 명맥만 유지. 사기는 소진됨.

10:00, 꼬니와 드 까스트리 무선 통화.

14:00, 적이 자신감을 상실했음을 목격한 후, 제312여단이 209연대에게 므엉타잉 교량 근처의 507고지에 대한 공격을 계속토록 명령. 적진에서 백기 출현. 제209연대는 508 및 509고지를 휩쓸고 넘좀강 가까이 전진. 중앙지역의 적들은 무기를 파괴하거나 강에 투척. 므엉타잉 중앙에서 백기가 휘날림. 최고사령부는 디엔비엔푸에 있는 적 병력을 완전히 격멸하고자 총공격을 명령.

15:30, 드 까스트리는 정전이 내일 07:00시를 기해서 시작될 것임을 꼬니에게 알리기 위해 전문 송신.

16:00, 제312여단의 선두부대가 므엉타잉교를 건넘.

프랑스 참모장인 빠지드(Pagid)가 홍꿈에 있는 라르끌랑(Larclanc)에게 철수 계획을 재촉하는 전화.

16:30, 아군 드 까스트리 사령부까지 진격.

17:55, 제312여단이 전선 사령부에 보고."중앙지역 모든 적 항복. 드 까스트리와 참모단 생포."

18:30, 라르끌랑, 부하들에게 홍꿈을 떠나도록 명령.

19:00, 제57연대가 적을 추격해 복귀토록 강요함. 24:00에 홍꿈을 떠났던 2,000명의 적군이 항복.

이와 같이 55일 주야로 격렬하게 싸웠던 역사적인 디엔비엔푸 작전은 성공적으로 종료. (끝)

제1차 인도차이나 전쟁 기간 중 베트남 연합구역 구분도

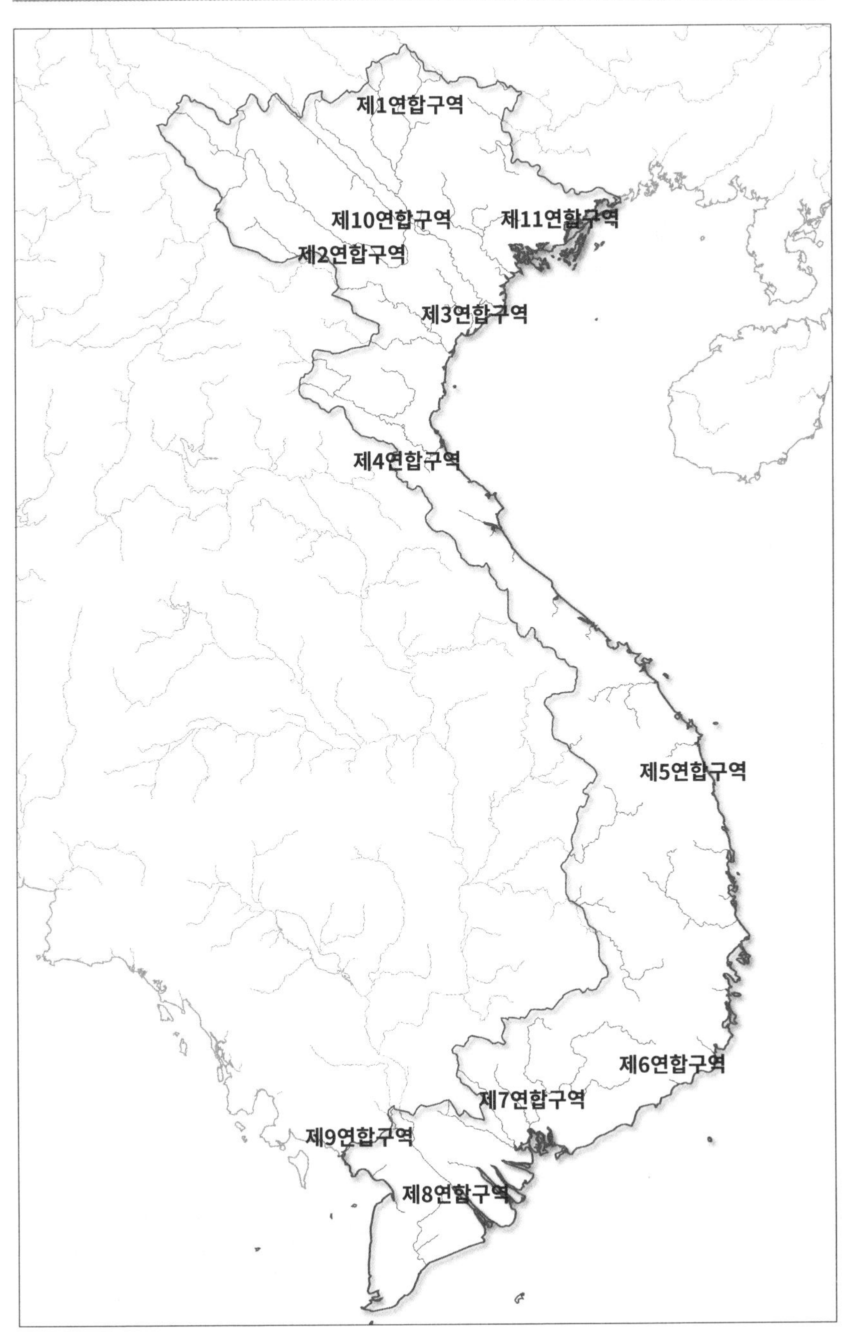